U0348205

张西岭，中国农业科学院棉花研究所副所长、推广研究员，棉花绿色增产增效创新团队首席科学家，国家棉花产业联盟副理事长、秘书长。我国棉花南繁技术研究的主要开拓者，海南棉花四季连种连收连选连育的发明者，出版了南繁专著《棉花南繁》。曾获国家科技进步奖三等奖1项，农业部科学技术进步奖二等奖1项，农业部神农中华农业科技二等奖1项，河南省科学技术进步奖一等奖1项，海南省科学技术奖一等奖1项。发表棉花科技论文80余篇，获得国家发明专利20余项，制定"宽早优"地方标准9项，是新疆"宽早优"植棉模式首次提出人，是"宽早优"植棉理论和技术研究的重要设计者。

王光强，新疆维吾尔自治区科学技术协会党组书记、副主席，曾任新疆生产建设兵团第七师师长、党委书记、政委，新疆塔城地委副书记。国家工业和信息化部电子发展基金专家、中国北方稻作协会理事、国家棉花产业联盟常务副理事长。曾获农业部"有突出贡献中青年专家"、国家信息产业部"信息产业科技创新先进工作者"等荣誉称号，曾获中国科协西部开发突出贡献奖。发表《棉田全程机械化作业及其推广应用》《再论新疆棉花高产栽培理论的战略转移——"向光要棉"的技术途径及其机理》等论文16篇，获得科技成果奖34项，是新疆"一膜三行"棉花种植模式创新的倡导者和践行者，是新疆"宽早优"植棉理论和技术研究的主要奠基人之一。

宋美珍，中国农业科学院棉花研究所研究员、博士生导师，新疆石河子综合试验站站长；现任棉花绿色增产增效创新团队首席助理，植棉技术标准化课题组执行组长。主要从事棉花遗传育种、航天诱变育种、植棉技术标准化技术、棉花生理生化及营养调控的分子生物学机制等研究。获国家科技进步奖二等奖1项，省（部）级奖8项。第一完成人育成中棉所68和74早熟棉品种，参与选育品种12个；发表论文169篇；获国家发明专利8项、品种保护权8项；出版著作6部；制定行业标准2项、地方标准19项；是新疆"宽早优"植棉理论和技术的研究者和实践者，是新疆"宽早优"植棉技术的服务者和宣传推广者。

"宽早优"模式侧封土出苗

"宽早优"模式苗期长势

"宽早优"模式壮苗长势

"宽早优"模式蕾期长势

"宽早优"模式花期长势

"宽早优"模式单株长势

"宽早优"模式吐絮情况

"宽早优"模式机械化采收

新疆

"宽早优"植棉

张西岭　王光强　宋美珍　主编

中国农业科学技术出版社

图书在版编目（CIP）数据

新疆"宽早优"植棉 / 张西岭，王光强，宋美珍主编 . -- 北京：中国农业科学技术出版社，2021.8
ISBN 978-7-5116-5283-6

Ⅰ.①新… Ⅱ.①张… ②王… ③宋… Ⅲ.①棉花—栽培技术—新疆②棉花—产业发展—研究—新疆 Ⅳ.① S562 ② F326.12

中国版本图书馆 CIP 数据核字（2021）第 067023 号

责任编辑　于建慧
责任校对　贾海霞
责任印制　姜义伟　王思文

出 版 者　中国农业科学技术出版社
　　　　　北京市中关村南大街 12 号　邮编：100081
电　　话　（010）82109708（编辑室）（010）82109702（发行部）
　　　　　（010）82109709（读者服务部）
传　　真　（010）82106650
网　　址　http://www.castp.cn
经 销 者　各地新华书店
印 刷 者　北京印刷集团有限责任公司
开　　本　170 mm × 240 mm　1 /16
印　　张　28.5　　　　彩插　8 面
字　　数　508 千字
版　　次　2021 年 8 月第 1 版　2021 年 8 月第 1 次印刷
定　　价　198.00 元

《新疆"宽早优"植棉》
编委会

序　一

　　新疆可能是我国最早栽培一年生棉花的地方。据《听园西疆杂诗述》（1892年）载："中国之有棉花，其中始于张骞"得之西域。如果这项记载是真实的，则公元前2世纪就可能有棉花在新疆种植，比我国内地至少要早数个世纪！另据《梁书·西北诸戎传》（635年，姚思廉撰）记载："高昌国多草木，草实如茧，茧中丝如细纑，名为白叠子，国人多取织以为布。布甚软白，交市用焉。"高昌国即今新疆吐鲁番一带。当时棉布除了穿着外，还用于交易，可见当时新疆棉花分布已很广泛了。时至今日，新疆丰厚的历史底蕴已经成为棉花生产可持续发展的动力源泉。流转的时光，斑驳的过往，记载了新疆棉花发展的古往今来。新中国成立后，特别是1998年以来，新疆棉花产业得到迅速发展，棉花总产量占全国的比重由"三分天下有其一"发展到2012年以来的"半壁江山"甚至更高，为维护国家棉花产业安全作出了巨大贡献，也印证了科学技术促进产业发展的诱人前景。

　　自20世纪80年代，新疆棉区示范推广棉花地膜覆盖，逐步形成"矮密早"植棉模式，在新疆棉花历史上具有里程碑意义，至今仍在棉花生产中广泛应用，在我国棉业界留下了较为深刻的印象。然而，科技在进步，社会在发展，伴随"矮密早"模式逐步出现的"单产徘徊、品质下降"等问题日益凸显，危及新疆棉花产业乃至国家棉花安全，亟待创新和完善。

　　中国农业科学院棉花研究所张西岭研究员带领的科研团队，经过十多年的不断探索，研究形成的"宽早优"植棉模式是对"矮密早"模式的继承、创新和发展。自2005年从北疆开始试验示范以来，很快在全新疆棉区推广应用，2013年农七师推广"宽早优"模式300余万亩，平均亩产籽棉达到400kg，产量和品质上升到兵团植棉大师的先进水平。2015年，南疆第一师推广15万亩，亩产籽棉

400kg以上。几年来，示范推广面积不断扩大，截至2020年累计推广2 300万亩以上，平均亩产皮棉在150kg以上，涌现了大批亩产200kg以上高产典型，有效解决了新疆棉花生产中存在的突出问题。2020年9月，笔者有幸参加由中国农业科学院在新疆主持召开的"宽早优"现场鉴定会，620亩示范田全程机械化采收包装捆扎，亩产籽棉达到508.8kg，因此，对"宽早优"植棉产生了浓厚的兴趣，发现"宽早优"模式不仅保留了新疆棉花单位面积产量较高的优势，而且更适合大规模机械化操作，有效降低劳动力成本，是张西岭研究团队长期研究新疆棉花栽培学的创新性成果，也是保障新疆棉花产业长治久安的重要举措。

为便于"宽早优"植棉技术推广，张西岭研究员主持编写了《新疆"宽早优"植棉》一书，分八章详细记载了"宽早优"植棉理论和技术体系，是他们在新疆长期从事生产实践的结晶。审阅书稿，由衷赞叹！这个小册子，不仅有利于促进新疆棉花产业的发展，还极大地丰富了棉花科技工作者的知识，有点"及时雨""雪中炭"的味道，相信该书的出版发行将为我国广大棉业科技工作者提供有意义的精神食粮。

是为序。

中国科学院院士
北京大学、武汉大学教授

二〇二一年一月三十一日

序　二

　　天地玄黄，宇宙洪荒，日月盈昃，辰宿列张。我们有幸生活在一个社会进步、科技发展日新月异的新时代。新疆作为全国重点棉花产区，又迎来了一件科技发展的好事。

　　近日收到中国农业科学院棉花研究所张西岭研究员编著的《新疆"宽早优"植棉》书稿。细阅书稿，深感其内容的技术传承和创新。我从事农业科教多年，颇多关注新疆棉花生产的科技发展，尤其是"矮密早"植棉模式，为新疆棉花的快速发展发挥了前所未有的作用，堪称新疆棉花史上的里程碑。随着科技进步和产业需求的变化，以"矮密早"为基础的植棉技术出现了一些不适应，尤为突出的是育种技术的进步培育出的增产潜力大的优质高产品种需要壮个体减密度与"矮密早"高密度的不适应；进一步高产需要改善冠层光照条件与"矮密早"高密度群体荫蔽的不适应；膜下肥水滴灌、精量播种、精准覆膜等现代化装备与"矮密早"高密度矮个体的不适应；提质增效必须推广的机采棉技术需要高效脱叶催熟以减低加工降质与"矮密早"脱叶效果差的不适应等，这些"不适应"已成为新疆棉花进一步发展亟需解决的突出问题。张西岭研究员研究的"宽早优"植棉模式正是针对这些问题所做的技术创新，且成效显著。该模式通过"扩行距、降密度、增株高"实现冠层结构分布合理，结铃空间提高，结铃分布均匀，使棉花早发早熟、优质高产，充分挖掘品种优势、现代化装备和温光资源匹配的潜力，据此实现了"矮密早"的向"温"要棉，到"宽早优"向"光""温""优势品种"和现代化装备挖潜的重大转变，还可使新疆"风险棉区"向"稳产高产棉区"转变，可使棉花的订单生产之"难事"转变为"易事"。近年曾有机会到新疆实地考察，目睹了这一现实。"宽早优"的问世，实为新疆棉花生产乃至全国棉花生产发展的大好事。

书稿简繁得体，静心阅读，发现书稿对新疆棉花生产发展历程、"宽早优"植棉等简要概述，使读者明白了"宽早优"模式的形成原因、过程和技术概况；阐述了"宽早优"棉花生育规律、群体调控、早发早熟调控、优质调控和标准化技术，可使读者深入了解"宽早优"植棉的理论和技术，以便应用于生产实践；详述了新疆棉花产业发展展望，为读者拓宽了新疆棉花国际化视野。通读书稿，深感其技术创新明显，还传承了以往使用有效的成果。此书的出版必将为促进新疆乃至全国棉花生产再上新台阶发挥重要作用。

中国农学会棉花分会副理事长
河北农业大学终身教授

二〇二一年一月二十九日

序　三

近年来，新疆逐渐演变成我国主要棉区，其棉花生产总量已占全国 80% 以上，约占全世界的 20%，为国家棉花产业安全作出了重大贡献，在世界棉花产业中也扮演重要角色。我国是世界第一原棉生产国、第一大原棉消费国、第一大纺织品出口国，同时，还是第一大原棉进口国，年均进口量约占我国用棉总量的 30% 左右。进口原棉以中高端"好棉花"（即纤维长度 29 mm、比强度 29 cN/tex 或以上）为主。

棉花为先锋作物，具有抗旱耐逆境的天然优势。新疆独特的生态环境条件，应该是棉花生长的"沃土"，但却生产不出充足数量的"好棉花"，满足我国纺织工业需求。为什么？

究其原因，在新疆大规模推广应用、家喻户晓的"矮密早"种植模式可能是主要"原因"。"矮密早"生产技术是基于精耕细作和手工采摘，于 20 世纪 80—90 年代发展形成的生产模式，为新疆和我国棉花产业发展作出了历史性贡献。伴随着规模化种植和劳动力成本的不断上升，机采棉及其配套技术成为新疆棉花生产发展的必然要求。为满足机采，不得不提前喷施落叶剂，势必对棉花纤维品质造成影响，对品种熟性提出新要求。显然，"矮密早"与"机采棉"呈现出农机农艺不配套现象。

张西岭研究员科研团队，经多年努力，根据"机采棉"发展必然趋势和高品质棉花生产需要，有针对性地研究出"宽等行种植、促早发早熟、优质高产"的"宽早优"植棉模式。该模式从理论到实践，形成了具有显著特点的植棉技术体系，取得了良好效果，为新疆生产"好棉花"探索出新的技术途径。

"宽早优"是对"矮密早"植棉模式的继承、创新和发展。《新疆"宽早优"植棉》一书阐述了"宽早优"种植条件下棉花生长规律、群体调控、早发早熟和优质调控，记述了水、肥、调、控、防、收等标准化技术，展望了新疆棉花发展的广阔前景。全书内容丰富，叙述翔实，具有较强的科学性和适用性。

作为国家棉花产业联盟理事长，为"宽早优"服务"好棉花"点赞，并将此书推荐给大家，愿其为促进新疆棉花可持续健康发展，为维护国家棉花产业安全作出新贡献！

是为序。

国家棉花产业联盟理事长

中国农学会棉花分会主任委员

中国农业科学院棉花研究所所长

二〇二一年二月二日

前　言

　　我国是世界植棉大国和需棉大国，棉花产业在国计民生中占有重要地位。新疆维吾尔自治区（以下简称新疆）依据独特的自然生态条件和发展优势，成为国家划定的棉花生产重点保护区，承担着国家棉花产业安全重任。中华人民共和国成立以来，新疆棉花经历41年（1949—1989年）缓慢发展阶段和8年（1990—1997年）过渡性发展阶段，赢得了快速发展。在1998—2019年的22年里，新疆棉花面积和总产分别占全国的36.14%和46.75%，棉花单产1 730.28 kg/hm^2，相当于新疆外各棉区平均单产1 034.36 kg/hm^2 的1.67倍，成为名副其实的国家棉花生产基地，为维护国家棉花产业安全作出了重大贡献。

　　科学技术是第一生产力。新疆棉花生产的发展也体现了科技的巨大动力。在新中国成立后的30年（1949—1979年）新疆棉花生产处于漫长的技术探索阶段，从引进苏联品种和技术到自育品种和技术创新，生产规模总体较小。期间新疆的棉花面积在3.1万 hm^2 ～17.2万 hm^2，总产皮棉在0.5万～7.9万 t，平均单产169～494 kg/hm^2，棉花总产仅占全国总产的1%～4%。自1980年石河子农科所首次引进棉花地膜覆盖进行试验示范，因地膜覆盖"增温、保墒、增光、抑盐、灭草"五大生态效应和"早熟、增铃、优质"三大生物学效应显著，有效缓解了新疆棉区春季气温低后期降温快，有效积温不足的问题，并配套密植促早，伴随植株矮化，研制推广覆膜播种等机械，使新疆棉花步入了"矮密早"技术创新阶段（1980—1995年）。1983年新疆棉花地膜覆盖面积5.73万 hm^2，1985年前后得到普及。因"矮密早"技术创新推动，1995年新疆棉花面积、单产、总产分别达到74.3万 hm^2、1 338 kg/hm^2、99.4万 t，分别相当于1980年的18.1万hm^2、437kg/hm^2、7.9万 t的4.1倍、3.1倍、12.6倍，占全国的比重由1980年的3.68%、79.45%、2.92%分别提高到1995年的13.7%、155.22%、20.85%，促进了新疆棉花生产的跨越式发展，被称为棉花科技界的"里程碑"，迄今为止仍在生产上广泛应用。在"矮密早"基础上，1996年开始试验示范"膜下滴灌水肥一体化"技术，很快得到大面积推广。膜下肥水滴灌技术，将地膜、水、肥三者有机结合，相互配合，相互促进，实现了由浇地向浇作物的转变，由大量给土壤施肥向定时定量给根区施肥的转变，充分发挥了三者的增效优势，更大限度地提高地膜的增温保墒效应和提高光能利用率，更大限度地提高水分和养分的利用效果，在提高肥料利用率的同时减少了环境污染，保护了生态环境。2004年以来，以精准覆膜、精准铺管、精量播种一体机和机械化采棉机的大面积推广为标志，加上棉田管理过程机械化水平的完善提高，使新疆棉花进入了全程机械化现代化装备武装的新阶段，实现了"定位的精准"（精准确定播种、灌溉、施肥的部位）、"定量的精准"（精准确定种、水、肥、药的施用量）和"定时的精准"（精准确定实施作业的时间），从而达到增产、增效、节本、资源合理利用、可持续发展的目的。经过"矮密早""膜下滴灌水肥一体化"和"全程机械化"的科技创新和发展，使新疆棉花生产走在了全国前列。1998—2007年新疆棉花产量占全国总产的32.3%，为维护国家棉花产业安全发挥了重要作用。

自2007年以来，新疆棉花曾连续5年单产在1 700kg/hm² 左右徘徊，且棉花纤维品质在下降。据2008—2014年我国新体制棉花公证检验质量数据，发现新疆棉花纤维长度27mm级的比例在增加，29mm、30mm级的比例在降低，导致新疆棉区纤维长度持续降低；另据2011—2015年新疆棉花公证检验质量数据，棉花纤维长度平均28.4mm，断裂比强度平均27.9 cN/tex，马克隆值A级和B级占比由2011年的96.2%降为2015年的62.2%。究其原因，目前推广的"矮密早"模式是在中低产条件下发展形成的，与目前高产乃至超高产条件下"膜下肥水滴灌、强优势高产优质品种"等为代表的现代化技术相脱节。因高密度群体过大，在高产超高产条件下中下部烂铃和脱落严重，更多地靠上部成铃形成产量，反而不早熟，上部后期棉铃还降低纤维品质。加之密度越大，需要株高越低，影响群体光合效率和脱叶催熟效果，降低机采棉品质。据此，"矮密早"模式亟待改革和创新。

中国农业科学院棉花研究所（以下简称"中棉所"）作为国家棉花科研机构，张西岭研究员带领的科研团队，针对新疆棉花生产存在的问题，自2007年以来开展了"宽早优"植棉的研究和探索，经过十多年的不懈努力，先后发布实施"宽早优"为核心技术的农业行业标准2项，地方标准9项，国家发明专利5项，发表论文 10 余篇，形成了完善的新疆"宽早优"植棉新模式，标志着新疆棉花进入了"宽早优"植棉新阶段。

"宽早优"植棉，即"宽等行种植，促早发早熟、优质高产"的植棉方式，是通过"宽等行、降密度、壮植株、拓株高"创建高光效群体结构，促进棉花早发早熟集中成熟，实现棉花高产、优质、高效的新模式。它将现代信息技术、遥感技术、机械制造技术等与棉花的育种技术、覆膜播种技术、栽培技术、植保技术、采收技术、加工技术等有机结合，初步进入产业化、市场化、标准化、规范化的现代化产业体系阶段，它是发展过程中对原有技术继承、创新和发展，充分挖掘光能、温度等环境资源，与现代化农业装备、优质高产品种相配套的技术创新。由于研究"立地"于新疆，"顶天"于新疆，针对新疆现实问题做"文章"，该模式一经示范即取得了显著成效。新疆兵团第七师从 2007 年开始示范、推广，2013 年推广 5 万 hm²，占第七师棉花面积的 90%，单产籽棉突破 6 000 kg/hm²，棉花产量跃进兵团前列。

中棉所张西岭团队在新疆采用"宽早优"模式+优质棉品系"中 641"组织订单生产，实现了优质高产目标。生产的原棉经多家纺织企业试纺，各项指标超过美棉和澳棉，可替代部分长绒棉。因此，"'中 641'与'宽早优'相结合的高品质棉生产技术模式"被评为中国农业科学院 2018 年十大科技进展。研制的"一种适用于西北内陆棉区宽早优的原棉生产方法"2020 年 6 月获国家发明专利。2020 年 9 月，中国科学院院士朱玉贤等 9 名棉花专家在新疆昌吉"宽早优"机采棉绿色优质高效技术集成示范田现场鉴定意见中指出，"宽早优"植棉技术是对"矮密早"的创新和发展，通过扩株行、降密度、增株高，实现冠层结构分布合理，结铃分布均匀，结铃空间提高 30% 以上，成铃率和铃重提高 10% 以上，单产提高 10% 以上；增温、保墒、抗旱、促早效果明显；病虫草害发生轻；机采效果好，含杂率降低，原棉品质提升。这是对"宽早优"植棉生产现实的概括和总结，更是对"宽早优"技术的评价和褒扬。

截至 2019 年，新疆累计推广"宽早优"植棉模式 120 万 hm²，增产皮棉11.6 万 t 以上，为解决新疆棉花"单产徘徊、品质下降"问题探索出了新途径，形成了科学、适用的"宽早优"植棉技术体系，为新疆棉花跃上新台阶提供了技术支撑。

为加速"宽早优"植棉技术转化，张西岭研究员为《新疆"宽早优"植棉》编撰工作倾注了大量心血。早在 2016 年新疆"宽早优"试验探索、示范推广大有成效之初就萌生了编撰此书的设想，探究了"宽早优"概念，构思了有关章节和内容，经过一年多的思考和探讨，为书稿编写奠定了思想基础。2018年初组织10余名有关人员讨论拟定了编写大纲，敲定了主要内容，确定了章节和结构，明确了编写人员和进程，为全书顺利撰写提供了保证。

在此书出版之际，由衷感谢新疆农垦科学院陈冠文研究员，已耄耋之年亲撰文稿，提供大量技术资料，为本书增光添彩，彰显了老一辈科学家敬业职守、无私奉献的崇高品德。特别指出的是支春学同志在书稿撰写、修改全过程中付出了艰辛努力，为该书出版作出了重要贡献。本书成稿过程得到新疆生产建设兵团农业技术推广总站王林站长的鼓励和内容框架方面的指导，在此表示感谢！

功夫不负有心人，经过3年不懈努力，终于完成了全书的编撰工作。全书共八章，既独立成章又相互联系，贯穿整体。第一章概述了新疆棉花生产地位、气候特点及区划、植棉技术演变，体现了新疆植棉的发展历程和"宽早优"的由来。第二章叙述了"宽早优"的概念、形成、特点和适应性，使读者对"宽早优"植棉具有基本了解。第三章介绍了"宽早优"棉花的生长发育规律。第四章阐述了群体结构与光合生产系统、行株距配置、合理群体配置、水肥化学调控等，明确了"宽早优"棉花群体调控机理，进而建立了不同类型的群体模型。第五章阐述了早发早熟指标、调控机理及模型。第六章阐述优质概念意义、调控机理、"宽"与"早"对优质的影响、优质标准及模型。第七章详述了"宽早优"植棉的备播播种、生育期管理、膜下肥水滴灌、化学调控、病虫草害绿色防控、残膜治理、防灾减灾、机械化采收等标准化技术，以及发布实施的"宽早优"地方标准（规程），展示了翔实的技术体系，以便于实践操作。第八章展望了新疆棉花产业及其与"一带一路"棉花产业共赢发展的广阔前景，拓展了国际化视野。附录记载了新疆棉花产业大事记等息息相关的有益事件。全书内容丰富，叙述翔实，通俗易懂，具有较强的科技性、适用性和可读性，可供棉花科技工作者、生产者、院校师生等棉花界广大同仁参考阅读。

由衷感谢朱玉贤院士、马峙英教授、李付广研究员在百忙之中审阅书稿，并作"序"，使本书更加增光添彩。

本书编撰尽管十分努力，终因水平所限，谬论和不当之处在所难免，恳请读者不吝赐教，批评指正，以便再版时修改补正。

主编　张西岭

二〇二一年一月二十日

目　录

第一章
新疆植棉发展历程

新疆维吾尔自治区，位于亚欧大陆中部，地处中国西北边陲，北纬 34° 25′ ～ 49° 10′，东经 73° 40′ ～ 96° 23′，总面积 166 万 km²，约占全国陆地总面积的 1/6；国内与西藏自治区、青海省、甘肃省等省（区）相邻，周边依次与蒙古、俄罗斯、哈萨克斯坦、吉尔吉斯斯坦、塔吉克斯坦、阿富汗、巴基斯坦、印度等 8 个国家接壤；陆地边境线 5 600 km 以上，约占全国陆地边境线的 1/4，是中国面积最大、交界邻国最多、陆地边境线最长的省级行政区。

棉花是喜温好光作物，适宜于新疆独特的气候条件和自然资源，新疆的棉花生产不仅是当地的支柱产业，也是我国棉花生产的重点保护区，承担着国家棉花产业安全的重任。新疆棉花生产经历了曲折徘徊、快速发展、健康发展的历程。

第一节　新疆棉花生产地位

一、新疆棉花生产发展历程

据《听园西疆杂诗述》（1892 年）载："中国之有棉花，其中始于张骞，得之西域。"此话如确，则公元前 2 世纪就有棉花在新疆种植。《梁书·西北诸戎传》（635 年，姚思廉）载："高昌国多草木，草实如茧，茧中丝如细纑，名为白叠子，国人多取织以为布。布甚软白，交市用焉。"高昌国即今新疆吐鲁番一带。当时棉布除了穿着外，还用于交易。该书还记载"渴盘陀国，于阗西小国也。西邻滑国，南邻罽宾国，北连沙勒国。……衣吉贝布，著长身小袖袍，小口裤。"渴盘陀国，应是新疆南部昆仑山的北麓，和高昌国相隔塔克拉玛干大沙漠，相距数千里。该国居民服用棉布做的袍子和裤子，反映了塔克拉玛干沙漠南边也生产棉花，可见当时新疆棉花分布已很广泛了。

　　资料显示，近代新疆出土文物又证实了新疆古代棉业的发展。1959 年，新疆巴楚县晚唐遗址中发现棉籽和棉布，经对棉籽鉴定属非洲棉（又称草棉）。这是 1 200 多年前新疆塔里木盆地西缘种植棉花最可靠的实物证据，也是我国现存最古老的棉花种子。从上述资料可见新疆地区的植棉业和织布业历史长远[1]。迄今为止，新疆棉花产业经历了漫长的发展过程。中华人民共和国成立以来，新疆棉花面积、产量发生了翻天覆地的变化（表 1-1），依次经历了缓慢发展阶段、过渡性发展阶段、三分天下有其一阶段和主体发展阶段。

表 1-1　新疆棉花生产情况统计

年份（年）	面积（$1 \times 10^3 hm^2$）			单产（kg/hm^2）			总产量（$1 \times 10^3 t$）		
	全国	新疆	比例（%）	全国	新疆	比例（%）	全国	新疆	比例（%）
1949	2770	31	1.12	160	169	105.63	444	5	1.13
1950	3786	36	0.95	183	177	96.72	693	7	1.01
1951	5485	55	1.00	188	192	102.13	1031	11	1.07
1952	5576	70	1.26	234	218	93.16	1304	15	1.15
1953	5180	58	1.12	227	269	118.50	1175	16	1.36
1954	5462	55	1.01	195	287	147.18	1065	16	1.50
1955	5773	74	1.28	263	360	136.88	1519	27	1.78
1956	6256	123	1.97	231	447	193.51	1445	55	3.81
1957	5775	114	1.97	284	447	157.39	1640	51	3.11
1958	5556	123	2.21	354	469	132.49	1969	58	2.95
1959	5512	140	2.54	310	494	159.35	1709	69	4.04
1960	5225	159	3.04	203	223	109.85	1063	36	3.39
1961	3870	131	3.39	193	226	117.10	748	30	4.01
1962	3498	104	2.97	201	241	119.90	702	25	3.56
1963	4410	119	2.70	258	285	110.47	1137	34	2.99
1964	4935	136	2.76	337	324	96.14	1663	44	2.65
1965	5003	159	3.18	419	483	115.27	2098	77	3.67
1966	4926	169	3.43	474	470	99.16	2337	79	3.38
1967	5098	172	3.37	462	458	99.13	2354	79	3.36
1968	4986	161	3.23	472	426	90.25	2354	69	2.93
1969	4829	154	3.19	431	344	79.81	2079	53	2.55
1970	4997	155	3.10	456	416	91.23	2277	65	2.85
1971	4924	156	3.17	428	397	92.76	2105	62	2.95
1972	4896	159	3.25	400	333	83.25	1958	53	2.71
1973	4942	152	3.08	518	441	85.14	2562	67	2.62

（续表）

年份（年）	面积（1×10³hm²）			单产（kg/hm²）			总产量（1×10³t）		
	全国	新疆	比例（%）	全国	新疆	比例（%）	全国	新疆	比例（%）
1974	5 014	152	3.03	491	380	77.39	2 461	58	2.36
1975	4 956	148	2.99	480	316	65.83	2 381	47	1.97
1976	4 929	142	2.88	417	361	86.57	2 056	51	2.48
1977	4 845	143	2.95	423	340	80.38	2 049	49	2.39
1978	4 866	150	3.08	445	365	82.02	2 167	55	2.54
1979	4 512	162	3.59	489	328	67.08	2 207	53	2.40
1980	4 920	181	3.68	550	437	79.45	2 707	79	2.92
1981	5 185	232	4.47	572	490	85.66	2 968	114	3.84
1982	5 828	285	4.89	617	512	82.98	3 599	146	4.06
1983	6 077	277	4.56	763	568	74.44	4 637	157	3.39
1984	6 923	282	4.07	904	683	75.55	6 258	192	3.07
1985	5 140	254	4.94	807	741	91.82	4 147	188	4.53
1986	4 306	276	6.41	822	782	95.13	3 540	216	6.10
1987	4 844	356	7.35	876	785	89.61	4 245	280	6.60
1988	5 535	356	6.43	750	781	104.13	4 149	278	6.70
1989	5 203	367	7.05	728	803	110.30	3 788	295	7.79
1990	5 588	435	7.78	807	1 077	133.46	4 508	469	10.40
1991	6 539	547	8.37	868	1 169	134.68	5 675	640	11.28
1992	6 835	643	9.41	660	1 038	157.27	4 508	668	14.82
1993	4 985	606	12.16	750	1 121	149.47	3 739	680	18.19
1994	5 528	750	13.57	785	1 176	149.81	4 340	882	20.32
1995	5 422	743	13.70	879	1 338	152.22	4 768	994	20.85
1996	4 722	799	16.92	890	1 177	132.25	4 203	940	22.36
1997	4 491	884	19.68	1 025	1 301	126.93	4 603	1 150	24.98
1998	4 459	999	22.40	1 009	1 401	138.85	4 501	1 400	31.10
1999	3 726	996	26.73	1 028	1 360	132.30	3 829	1 354	35.36
2000	4 041	1 012	25.04	1 093	1 438	131.56	4 417	1 456	32.96
2001	4 810	1 130	23.49	1 107	1 291	116.62	5 324	1 458	27.39
2002	4 184	944	22.56	1 175	1 565	133.19	4 916	1 477	30.04
2003	5 111	1 056	20.66	951	1 516	159.41	4 860	1 600	32.92
2004	5 693	1 137	19.97	1 111	1 568	141.13	6 324	1 783	28.19
2005	5 062	1 161	22.94	1 129	1 615	143.05	5 714	1 874	32.80
2006	5 409	1 269	23.46	1 247	1 725	138.33	6 746	2 189	32.45
2007	5 926	1 783	30.09	1 286	1 690	131.42	7 624	3 013	39.52
2008	5 754	1 719	29.87	1 302	1 760	135.18	7 492	3 026	40.39
2009	4 952	1 409	28.45	1 288	1 791	139.05	6 377	2 520	39.52

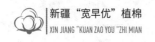

（续表）

年份（年）	面积（1×10³hm²）			单产（kg/hm²）			总产量（1×10³t）		
	全国	新疆	比例（%）	全国	新疆	比例（%）	全国	新疆	比例（%）
2010	4849	1461	30.13	1229	1697	138.08	5961	2479	41.59
2011	5038	1638	32.51	1308	1769	135.24	6589	2898	43.98
2012	4688	1721	36.71	1458	2057	141.08	6836	3539	51.77
2013	4346	1692	38.93	1450	2009	138.55	6300	3518	55.84
2014	4219	1953	46.29	1460	1883	128.97	6161	3677	59.68
2015	3799	1904	50.12	1475	1840	124.75	5605	3503	62.50
2016	3376	1805	53.47	1583	1991	125.81	5343	3594	67.27
2017	3230	1963	60.78	1699	2079	122.41	5486	4082	74.41
2018	3352	2491	74.32	1818	2052	112.87	6096	5111	83.84
2019	3339	2540	76.08	1764	1969	111.62	5889	5002	84.94

数据来源：国家统计局。

（一）缓慢发展阶段（1949—1989 年）

1949 年，全疆植棉面积 3.1 万 hm²，占全国棉花总面积的 1.12%，单产 169 kg/hm²，总产 0.5 万 t。当时主要在吐鲁番和南疆一带零星种植，北疆地区不种植棉花。中华人民共和国成立后，新疆棉花生产得到了逐步发展。新疆生产建设兵团（简称兵团，下同）于 1950 年开始在北疆试种棉花成功，1953 年又在南疆试种了长绒棉，开创了北疆棉区棉花生产和长绒棉的生产。1949—1989 年的 41 年间，平均年度植棉 16.4 万 hm²，占全国植棉面积的 3.24%。其中，1949—1980 年的 32 年间，新疆年度平均植棉 12.6 万 hm²，占全国植棉面积的 2.58%。棉花单产 41 年平均 421.1 kg/hm²，与全国水平相当（相当于全国水平的 102%）。其中，1966—1987 年的 22 年间，平均单产相当于全国平均的 84.3%，低于全国平均单产 15.7 个百分点。棉花总产 41 年平均 8.2 万 t，相当于全国平均年度总产的 3.2%，其中，1949—1980 年的 32 年间，平均年度总产 4.67 万 t，仅占全国年度总产的 2.61%（图 1-1）。

（二）过渡性发展阶段（1990—1997 年）

1990—1997 年的 8 年间，新疆棉花生产属于过渡性发展阶段，棉花生产迅速发展。植棉面积由 1990 年的 43.5 万 hm²，占全国植棉面积 558.8 万 hm² 的 7.78%，发展到 1997 年的植棉面积 88.4 万 hm²，占全国植棉面积 449.1 万 hm² 的 19.68%；皮棉单产 1 301 kg/hm²，比全国平均单产 1 025 kg/hm² 增产 26.9%；棉花总产由 1990 年的 46.9 万 t，占全国棉花总产的 10.4%，到 1997 年的 115 万 t，占全国棉花总产的 25%（图 1-2）。

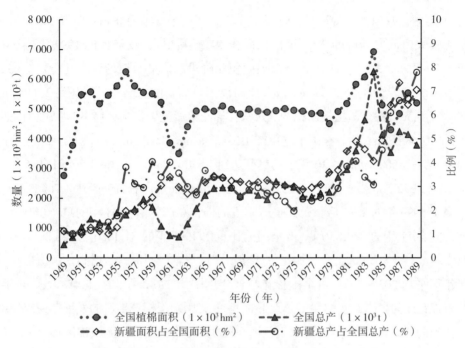

图 1-1　1949—1989 年新疆棉花面积和总产占全国比重

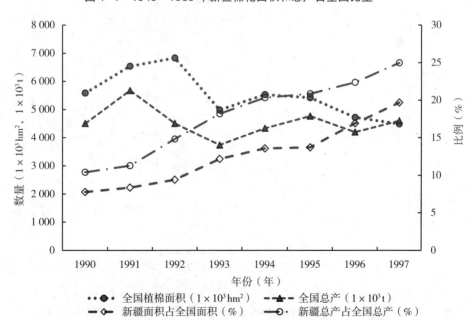

图 1-2　1990—1997 年新疆棉花面积和总产占全国比重

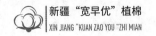

（三）"三分天下有其一"阶段（1998—2011年）

新疆棉花生产经过过渡性发展阶段，进入高位稳定发展期。1998—2011年的14年间，我国棉花生产呈波动发展态势，年度平均植棉面积493万hm²，年度变化较大，最大年份的2007年植棉面积592.6万hm²，较最少的1999年植棉面积372.6万hm²增加59%。新疆植棉面积此阶段总体呈增长趋势，且在高位稳定发展。由1998年的99.9万hm²，占全国植棉总面积的22.4%，上升到2011年的163.8万hm²，占全国植棉面积的32.5%。棉花单产显著提高，14年间新疆棉花单产平均1 585 kg/hm²，较全国平均单产1 161.6 kg/hm²增产36.4%。2002—2011年连续10年超1 500 kg/hm²，10年平均单产达到1 670 kg/hm²，较1998—2001年4年平均单产1 372.5 kg/hm²增产21.7%。2011年163.8万hm²平均单产达1 769 kg/hm²，相当于1999年的1.77倍。尤其是该阶段的棉花总产，由1998年的总产140万t，上升到2011年的289.8万t，占全国的比重由1998年的31.1%上升到2011年的44%（图1-3）。该阶段全国棉花总产随新疆棉花总产的提高而提高，新疆棉花总产年度平均203.8万t，占全国棉花总产年度平均576.2万t的35.4%。这14年，新疆棉花成为名副其实的"三分天下有其一"，因新疆棉花生产的发展，使以新疆为代表的西北内陆棉区与全国棉花主产区的黄河流域、长江流域棉区形成"三足

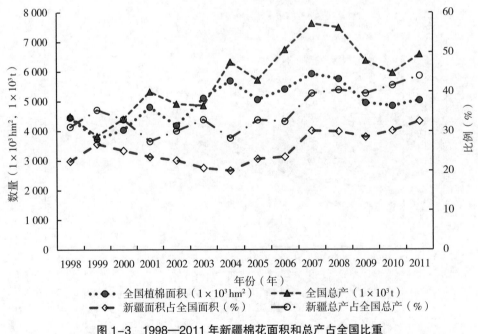

图1-3　1998—2011年新疆棉花面积和总产占全国比重

鼎立"的格局。尤其是 2006—2011 年的 6 年，总产达 1 612.5 万 t，占全国同期总产 4 078.9 万 t 的 39.5%，在全国棉花生产中初步发挥了主导作用。

（四）主体发展阶段（2012—2019 年）

随着社会的进步、科技的发展，特别是新疆棉区实行的以机械化采收为代表的全程机械化和滴水灌溉技术，促进了新疆棉花产业的健康发展。2012—2019 年的 8 年间，全国棉花植棉面积总体呈下降趋势，2019 年，全国植棉面积 333.9 万 hm²，较 2012 年的 468.8 万 hm² 下降了 28.8%，而新疆棉花面积却由 2012 年的 172.1 万 hm² 增加到 2019 年的 254 万 hm²，增加了 47.6%。此阶段虽然全国和新疆棉花单产都在提高，但新疆棉花单产水平较高，年度平均单产 1 985 kg/hm²，较全国年度平均单产 1 588.3 kg/hm² 高 25%，较除新疆外的其余棉区平均单产 1 098.8 kg/hm² 增产 80.7%，说明在全国棉花单产的提高中，新疆发挥着决定性作用。新疆棉花总产由 2012 年的 353.9 万 t，上升到 2019 年的 500.2 万 t，提高了 41.3%；总产占全国的比重，由 2012 年的 51.8% 提高到 84.9%，提高了 33.1 个百分点。新疆棉花年度总产连续 8 年超过全国棉花总产的 50% 以上（图 1-4），平均总产 400.3 万 t，占全国同期年度平均总产 596.5 万 t 的 67.1%，成为我国棉花生产的"主体"。

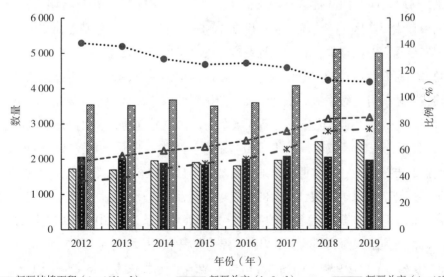

图 1-4　2012—2019 年新疆棉花面积、单产、总产和占全国比重

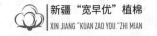
二、新疆棉花生产在我国的重要地位

新疆作为我国棉花的主要产区，依据得天独厚的气候条件和环境资源，尤其是科学技术的驱动发展，使得新疆棉花生产在我国棉花生产乃至农业生产中占有十分重要的地位。

（一）支持国家粮食生产，优化粮棉布局

民以食为天，粮食是安天下的大事。中国作为一个世界人口大国，确保粮食安全是社会稳定、经济发展的基石。棉花是纺织工业的主要原料，是关系国计民生的重要物资，也是重要的食用植物油脂。协调粮棉用地矛盾，保证国家粮食、棉花安全，需要科学规划粮棉布局，达到粮棉双丰收、双高效，既确保国家粮棉安全，又保证农民增收，才能实现粮棉稳定可持续发展。

在全国棉花生产整体布局中，依据棉花对温度、光照、水分等需求特性，形成了黄河流域、长江流域和西北内陆三大主要棉区。在三大棉区中，黄河流域和长江流域不仅是棉花主产区，同时也是小麦、水稻、玉米等粮食主产区，历年粮食产量占全国粮食总产的50%以上，承担着国家棉花、粮食生产的双重任务。2012年，黄河流域和长江流域两大棉区（11个省）的棉花面积和产量分别占全国总量的58.4%和46.5%，粮食面积和产量分别占全国总量的52.38%和52.4%。新疆等西北内陆棉区是国家棉花主要产区，粮食占全国比重相对较少，未列入粮食主要产区。三大棉花主产区在1998—2011年的14年间对棉花生产形成了"三足鼎立"的格局，对国家棉花产业安全发挥了重要作用。

随着国家农业结构的战略性调整，在新的历史条件下，为了确保国家粮食安全和棉花产业的可持续发展，农业部在《全国优势农产品区域布局规划（2008—2015年）》中提出"推进优势农产品区域布局，在最适宜的地区生产最适宜的农产品"，我国棉花的区域布局，将按照"东进、西移、北上"的战略调整布局，形成包括北方盐碱地、华北西北旱地、新疆干旱盐碱地和沿海滩涂地在内的新的棉花生产带，把确保国家粮食安全的重点集中到粮食主产区，把棉花生产集中到上述需要的地区。依据新疆独特的温度、光照等环境条件，2010—2019年的10年间，新疆作为国家西北部的重点棉区，棉花面积年度平均达到191.7万 hm^2，占全国的50%；单产1 934.6 kg/hm^2，相当于全国平均水平的1.28倍（图1-5）；年总产374.03万 t，占全国的62.6%。而"三大"棉区的黄河流域和长江流域的棉花面积大幅度下降（图1-6），粮食面积和产量显著上升。在很大程度上新疆

棉区、黄河流域和长江流域发挥了各自优势。

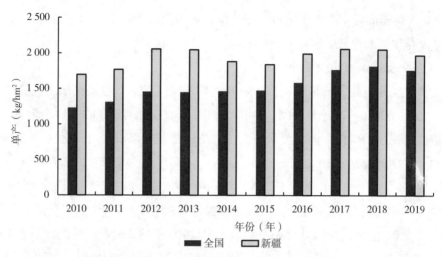

图 1-5   2010—2019 年新疆棉花单产与全国的比较

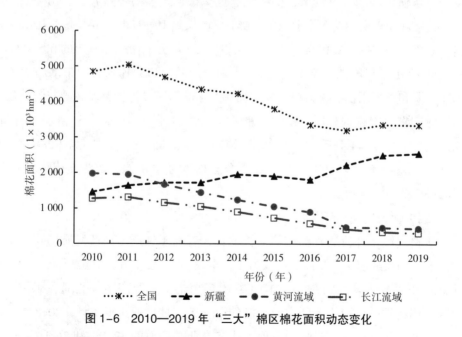

图 1-6   2010—2019 年"三大"棉区棉花面积动态变化

（二）承担国家棉花生产重任

棉花是关系国计民生的重要物资。新疆的棉花生产多年来承担着国家棉花生产的重任。在 1990—2019 的 30 年，新疆棉花总产 1 981.3 万 t，占全国总产的

12.4%，其中，在 1998—2019 的 22 年，新疆棉花总产 6 055.3 万 t，占全国总产的 47.2%；在 2012—2019 的 8 年，新疆棉花总产 3 202.6 万 t，占全国总产的 67.1%，新疆棉花生产在全国占主体地位，成为全国棉花生产的主力军，承担着国家棉花生产的重任。

（三）支撑国家纺织工业

纺织工业是我国的传统支柱产业和重要的民生产业，也是我国的优势产业，"十三五"（2016—2020）期间，全国纺织工业直接就业人口 1 100 余万人，纺织品也是我国出口创汇的主要来源之一。中国棉花年需求量由"七五"（1986—1990）时期的 479 万 t（1980—1989 年的十年工厂纺棉消费 383.2 万 t，以占总需棉的 0.8 计算），增长到"十三五"时期的 1 069.6 万 t（工厂纺棉消费 2010—2014 年 5 年平均为 962.7 万 t，以占总需棉的 0.9 计算）。

进入 21 世纪，全国纱锭不断增长，从 2000 年的 3 353 万锭增长到 2019 年的 1.37 亿锭，19 年增长了 3.1 倍。据国际纺织工业联合会调查，2000 年以来，在经济快速发展的大背景下，棉纺织业也呈快速发展的强劲势头。2000—2018 年，我国规模以上棉纺织企业数由 4 651 户增长到 19 122 户，年均增长 16.83%。据国家统计局数据，2019 年，全国纱产量为 2 892 万 t，是 2000 年的 3.55 倍。

自 2001 年我国加入 WTO 以来，我国纺织品出口快速增长，带动纺织工业迅速发展和纺织用棉需求大幅增加，棉花产需缺口逐步扩大，新疆棉花为满足纺织工业需求、缓解进口压力发挥了重要作用。2014—2019 年的 6 年间，全国棉花消费总量为 4 744.1 万 t，而期间全国棉花总产 3 458 万 t，缺口为 1 286.1 万 t。6 年间，新疆生产棉花 2 496.9 万 t，占全国总产的 72.11%，成为支持纺织工业、缓解进口的主要来源。

（四）促进当地经济发展

新疆气候条件较适宜棉花的生长发育，有利于生产出高产优质棉花，也是我国唯一的长绒棉生产基地。迄今为止，全疆 86 个县（市）中 62 个县（市）植棉，新疆生产建设兵团有 11 个师 120 团场植棉，遍及南疆、北疆和东疆 3 个棉区。棉花种植已成为新疆农业经济的第一大支柱产业。据统计，2018 年，新疆棉花产值为 950 亿元，分别占种植业和农业总产值的 37.4% 和 26.1%。全疆 50% 左右的农户（其中 70% 以上是少数民族）从事棉花生产活动。根据农业农村部农村经济研究中心调查，2019 年，新疆农户棉花收入占家庭现金收入的比重达到 60%。

新疆棉花主产区主要有两种类型。一是以棉为主的植棉大县型。如南疆的阿克苏、喀什、巴音郭楞蒙古自治州等塔里木盆地边沿叶尔羌河、塔里木河流域部分种植结构和经济结构比较单一的棉区。以巴州尉犁县为例，2002 年尉犁县全县作物播种总面积 2.23 万 hm^2，其中棉花播种面积占 87.2%，年产棉花 3.6 万 t，占巴州棉花总产量的 37.3%，棉花是农民收入的主要来源。新疆南疆片区的 5 个地州（喀什地区、巴音郭楞蒙古自治州、克孜勒苏柯尔克孜自治州、和田地区和阿克苏地区），棉花总产量占全疆棉花总产量的 60% 以上，主产县棉花收入占农民人均纯收入的 50% ～ 70%。阿克苏、巴州、喀什 3 个地区的植棉收益在 7 000 元 /hm^2 以上。二是粮、棉、果、畜均衡发展型。南疆的轮台县和北疆的玛纳斯县属此类。以轮台县为例，早在 2002 年轮台县农民人均年收入 2 789 元，其中：农业收入 1 939.02 元，约占人均收入总额的 70%。农业收入中棉花收入为主要来源，占人均总收入的 35.8%，占农业收入的 51.4%。北疆玛纳斯县兰州湾镇，全镇 6 130 hm^2 耕地，农业人口 1 万人，户均耕地 2.06 hm^2，棉花占播种面积 62%，小麦、玉米等粮食作物占播种面积的 8%，酿酒葡萄占 3.8%，加工番茄占 17.5%，蔬菜占 3.2%，饲料占 6.3%。北疆棉区地方多属此种类型。另外，新疆棉花的大面积种植在一定程度上缓解了新疆农业生产中春季灌溉用水紧缺的矛盾，对保证其他作物的合理布局和生产，优化新疆农业结构具有调节水量，适时种植的作用。总之，新疆棉花生产的发展对促进新疆经济增长、农民增收、维护社会稳定发挥了重要作用。

（五）促进"一带一路"健康发展

"一带一路"即"丝绸之路经济带"和"21 世纪海上丝绸之路"，是习近平主席于 2013 年 9 月和 10 月首倡，参与支持"一带一路"的有 60 多个国家，并在不断增加。"一带一路"大多数国家和地区是农业大国，全球纤维和经济作物生产大国，是全球棉花产业的集中带。"一带一路"沿线涉及东亚 13 国、西亚 18 国、南亚 8 国、中亚 5 国、独联体 7 国和中东欧 16 国。

毛树春（2016）研究指出，"一带一路"棉花产业在全球的位置呈"五、六、七、八、九"的特征，即：棉花收获面积和原棉总产占全球的六成多，原棉进口贸易量、棉纱线出口贸易额占全球的七成多，棉花消费量和棉机织物产量占全球的八成多，棉纱线产量占全球的九成。棉机织物出口量占全球的五成多，进口量占全球的六成多。据 2014 年国际棉花咨询委员会（ICAC）数据，近 5 个年度（2011—2014 年），"一带一路"沿线棉花收获面积为 2 337.4 万 hm^2，占全球的 68.7%；产量为 1 828 万 t，占全球的 69.4%；原棉进口量和出口量分别为 772.6 万 t 和 333.3 万 t，分别占全球的 87.5% 和 37.6%；原棉消费量为 2 053.3 万 t，占全球的 86.5%。其中，中国在 "一带一路" 棉花产业中占有重要位置。中国是 "一带一路" 棉花消费大国，占其消费量的 45.3%；是棉纱线产量大国，占其总量的 75%；是棉机织物生产大国，占其生产量的 38.3%；是棉纱线贸易大国，占其出口额的 33%，占其进口额的 35.5%[2]。新疆位于中国西北边陲、亚欧大陆中部，与 "一带一路" 沿线的多个国家相邻，2012—2017 年，新疆棉花面积、单产、总产均居全国之首，居我国棉花生产的 "主导" 地位，也支撑着中国在 "一带一路" 中的重要作用。据此，我国要确立 "立足新疆，辐射中南亚，服务 '一带一路' 的大棉花思路，组织科研力量服务 "一带一路"，在南疆、北疆建立棉花科研基地，推进科研重心向新疆转移，并积极与中亚各国（地区）开展棉花项目的合作，促进、带动 "一带一路" 各国棉花产业健康发展，使新疆棉花产业在我国乃至在 "一带一路" 经济、社会发展中发挥更大作用。

三、新疆棉花生产发展的主要原因

中华人民共和国成立以来，特别是改革开放以来，新疆棉花生产得到长足的发展，其主要原因是项目扶持、政策支持、科技兴棉、体系完善、"地利" 优势等综合因素作用的结果。

（一）项目扶持改善棉花基本生产条件

改革开放以来，随着新疆种植结构的调整，棉花面积、单产、总产得到快速发展，新疆棉花经济及相关产业在 20 世纪 80 年代末期初步显示出强劲的发展势头，使正在谋求发展的新疆经济看到了希望，也为 90 年代新疆棉花产业的超常规发展奠定了基础、增强了信心。"八五" "九五" 期间，国家区域经济结构调整的总体思路已经形成，棉纺织业向西迁移的方针得以确立，国家对棉花产业的发展战略与结构调整也作了具体安排，并在 "九五" 期间实施了包括 "东锭西移" 等措施的全国性棉纺织业结构调整。据樊亚利（2009）资料，在自治区党委和政府的努力下，"八五" 期间，新疆提出了以 "一白一黑"（棉花和石油）产业为重点的优势资源转换战略[3]。同时，经反复论证的 "新疆建成国家级优质商品棉生产基地" 的项目方案被国家批准纳入国民经济 "九五" 计划。项目区分布在全疆 10 个地州的 48 个县（市）和新疆兵团 9 个农业师的 102 个团场，项目总投资 94 亿元，计划开垦宜农荒地 26.67 万 hm^2，改造中低产田 40 万 hm^2，修建防渗渠道 42 100km，新扩建水库 25 座，新建渠道 22 条，打机井 7 200 眼，节水灌溉 2.48 万 hm²，棉花种植面积达到 96.67 万 hm²，计划项目期末使新疆棉花总产达到 130 万 t。经过 1996—2000 年的项目实施，新疆棉花基地建设项目共完成投资 72.475 亿元，其中，自治区和兵团自筹资金 32.8 亿元。累计开荒 26.85 万 hm²，改造中低产田 0.65 万 hm²，新建或加固水库 17 座，打机井 5 480 眼，完成渠道防渗 605 万 km，可新增节水能力 14.7 亿 m³，实现新增有效灌溉面积 26.67 万 hm²，改善灌溉面积达 33.33 万 hm²，生产条件得到突破性改善。由于上下齐心协力，新疆棉区异军突起，棉花总产量于 1999 年即已达到 135.4 万 t，2000 年达到 145.6 万 t，提前 2 年完成基地建设目标。截至 2000 年，棉花面积与总产比 1990 年代初期分别增长了 1.33 倍和 2.67 倍，棉纺织加工能力 10 年增长了 1.5 倍[3]。至此，新疆一跃成为我国具有世界影响力的最大的棉花主产区。

《中共中央国务院关于深入实施西部大开发战略的若干意见（中发〔2010〕11号）》指出，2010 年是实施西部大开发战略 10 周年，其后 10 年是深入推进西部大开发承前启后的关键时期。在投资政策中明确，加大中央财政性投资投入力度，向西部地区民生工程、基础设施、生态环境等领域倾斜。提高国家有关部门专项建设资金投入西部地区的比重，提高对公路、铁路、民航、水利等建设项目投资补助标准和资本金注入比例。中央安排的公益性建设项目，取消西部地区县以下（含县）以及集中连片特殊困难地区市地级配套资金，明确地方政府责任，强化项目监督检查。这为干旱灌溉农业的新疆棉区兴修水利设施提供了投资政策支持。

"十一五"（2006—2010 年）期间，通过优质棉基地建设项目，重点实施了以膜下滴灌技术为主的高标准节水灌溉工程。自治区地方完成投资 5.83 亿元（国家补助资金 2.57 亿元），共完成各类节水工程 82 项，新增节水灌溉面积 9.07 万 hm²，推动了新疆节水农业的发展，为棉花节本增效、科学管控提供了基础保证。承担基金项目，如"十一五"国家科技支撑计划课题"棉花持续优质高效生产技术体系研究与示范"（2006BAD21B02）；新疆维吾尔自治区"十一五"重大科技专项"棉花生产关键技术开发、集成与示范"（200731133），促进了科技进步。"十三五"国家重点研发计划七大农作物育种"西北内陆优质机采棉花新品种培育"（2017YFD0101600），促进了新疆机采棉的发展。

2018 年，棉花"保险＋期货"在新疆阿瓦提、沙雅县、博乐市、柯坪县、叶城县，山东武城县，河北广宗县等地区试点。2019 年 1 月 28 日，棉花期权正式上市交易。棉花"保险＋期货"以及棉花期权的推出，正是顺应了中央一号

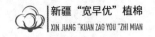

文件提出的努力方向，将对整个产业的发展产生巨大的推动作用。2019年的中央一号文件提出，"全面完成粮食生产功能区和重要农产品生产保护区划定任务，高标准农田建设项目优先向'两区'安排。恢复启动新疆优质棉生产基地建设，将糖料蔗'双高'基地建设范围覆盖到划定的所有保护区，在提质增效基础上，巩固棉花、油料、糖料、天然橡胶生产能力"。

（二）政策支持逐步适应国内外市场

改革开放以来，国家政策逐步由计划经济向市场经济转变。1998年，国务院做出《关于进一步深化棉花流通体制改革的决定》（以下简称《决定》），改革的目标是逐步建立起在国家宏观调控下，主要依靠市场机制实现棉花资源合理配置的新体制。为此，1999年度开始，棉花收购价格、销售价格主要由市场形成，政府不再做统一规定，收购价格由收购企业与农民协商确定；从1999年9月1日新棉花年度开始，经省级政府资格认定的纺织企业可以直接参与收购、加工和经营棉花，但不允许个体棉贩及其他未经资格认定的单位收购、加工棉花。供销社仍是棉花经营的主渠道，但不再是唯一渠道。《决定》的实施标志着棉花流通领域中的计划经济已经结束。同时，由我国棉花经销流通体制变革引发的产业重组，吸引了相当一批拥有较强经济实力的非国有经济介入棉业，从事良种繁育、生产资料经销、纺织服装、信息服务等行业，从而改变了新疆棉花产业的结构与格局。多种所有制的共同参与，使新疆棉业在世纪之交形成了日趋严峻的内外竞争发展态势，但新疆作为国家需要"稳定发展"的主要棉区，仍享受着一定量的国家补贴和优惠政策。因此，至2000年，新疆棉区并未真正进入实质性的改革阶段，也未真正体会到市场竞争的考验。但2001年以来，新疆棉花生产经营的外部环境发生了根本性变化。

2001年11月，我国加入WTO为市场全球化的标志，国际原棉和纺织品服装贸易环境和秩序已发生了根本性变革，中国棉花国际化、市场化的步伐日益加快，棉花生产、纺织品制造、消费和贸易、棉花生产政策支持、原棉内贸等，各项政策的出台必须与国际紧密接轨，各市场主体既要遵从国内相关规则，又要遵从国际相关规则。2001年7月31日《国务院进一步深化棉花流通体制改革的意见》（国发〔2001〕27号）明确提出："新疆自治区人民政府要按照这次棉花流通体制改革的精神，大力推进市场化改革，放开棉花购销与价格，积极发展产业化经营，努力扩大出口，采取有效措施与销区结成稳定的产销关系，促进全国统一开放、竞争有序的棉花市场的形成。"这表明，中央政府对新疆棉花一贯采取的相对灵活宽松的政策将要做相应的调整。2002 年起，每年将有 80 万 t 进口棉以 1% 的关税进入中国。在市场经济条件下新疆棉与进口棉争夺国内棉花市场的序幕正式拉开。自此，新疆棉花产业历经市场频繁起伏波动的严峻考验和冲击，在激烈的市场竞争中不断谋求发展。

市场经济条件下的棉花生产，主要受市场需求和价格的影响，其实质是植棉效益及其原棉下游行业效益的协调发展和利益平衡。棉花生产（种植管理环节）是棉花各产业发展的源头，是棉花加工、纺织、服装等环节发展的前提和基础，这些行业通过与市场的对接效应间接或直接影响着棉花生产。为稳定和促进棉花生产，新疆棉花生产先后得到了多项国家政策支持。

1. 良种推广补贴政策

中央棉花良种推广补贴于 2007 年开始实施，中央财政安排 5 亿元资金，对冀、鲁、豫、苏、皖、鄂、湘、新等 8 个省（区）和新疆生产建设兵团的 222.22 万 hm^2（3 333.3 万亩）棉花生产进行补贴，每公顷补贴 225 元。其中，河北 25.33 万 hm^2（380 万亩）补贴，5 700 万元；山东 42 万 hm^2（630 万亩）补贴，9 450 万元；河南 39.55 万 hm^2（593.3 万亩）补贴，8 900 万元；江苏 12.67 万 hm^2（190 万亩）补贴，2 850 万元；安徽 13.33 万 hm^2（200 万亩）补贴，3 000 万元；湖北省 13.33 万 hm^2（200 万亩）补贴，3 000 万元；湖南 5.33 万 hm^2（80 万亩）补贴，1 200 万元；新疆地方 42 万 hm^2（630 万亩）补贴，9 450 万元；新疆兵团 28.67 万 hm^2（430 万亩）补贴，6 450 万元。新疆地方和兵团共获得补贴资金 15 900 万元，占全国总数的近 1/3。2009 年，实现棉花良种推广补贴全覆盖，地方补贴面积 100 多万 hm^2，补贴资金 2.27 亿元。通过项目实施，每个县确定 2 ~ 3 个棉花品种进行补贴，促进了棉花品种的区域布局，不仅提高了良种覆盖率，也有效遏制了品种"多、乱、杂"现象发生。

2. 高效节水补贴政策

"十一五"（2001—2006 年）期间，新疆多措并举发展高效节水灌溉工程，截至 2008 年年底，新疆节水灌溉工程控制面积达 266.67 万 hm^2，占新疆总灌溉面积的 55% 以上。其中，高效节水面积达到 100 万 hm^2，占总灌溉面积的 20%。2010 年，新疆为改变用水结构不合理、水资源利用率低的现状，自治区决定在更大范围内推行高效节水农业，对新建的高效节水灌溉项目予以补贴。根据自治区人民政府的决定，将在各地全面推行滴灌、喷灌和低压管道灌溉等高效节水技术和常规节水技术。从 2010 年起，自治区财政按照 3 000 元 /hm^2 的标准，对新建高效节水灌溉项目进行补贴,力争每年新增高效节水灌溉面积 20 万 hm² 以上。通过优质棉基地建设项目,重点实施了以膜下滴灌建设为主的高标准节水灌溉工程,自治区地方完成投资 5.83 亿元,国家补助资金 2.57 亿元,共完成各类节水工程 82 项,新增节水灌溉面积 9.07 万 hm²。自治区财政 2009 年补贴资金 2 亿元(13.33 万 hm²,1 500 元 /hm²),2010 年补贴 6 亿元(20 万 hm²,3 000 元 /hm²),实现地方棉田节水灌溉面积 46.7 万 hm² 左右,推动了新疆节水农业的发展。2019年,新疆兵团共落实水利建设投资 38.56 亿元,其中中央投资 27.48 亿元,地方配套 11.08 亿元,全年完成水利建设投资 37.08 亿元,有力保障了重点水利工程、大中型灌区节水改造以及高效节水和防洪工程项目的实施。2019 年,新增高效节水灌溉面积 227 万亩,治理沙化土地 524.89 万亩。截至 2020 年 4 月底,国家发展和改革委、水利部下达新疆生产建设兵团水利 2020 年中央预算内投资 23.78 亿元,进一步改善了水利灌溉条件。

3. 农机具购置补贴政策

地处我国西北战略屏障地区的新疆,既是新丝绸之路经济带的核心建设区也是我国"粮棉果畜"等农业产业比较重大的省区。因而,农机数量在地区农业现代化推进过程中有较大需求。新疆于 1998—2003 年 6 年被农业部列入扶持对象之一,中央财政支持新疆每年 200 万元,资金投向主要用于农业机械的更新,鼓励农户积极购买先进机械,使得农机装备水平在新疆有了显著提高。6 年内累计资金达到 1.42 亿元,其中,包括中央财政补贴 0.12 亿元,自治区配套资金 0.09 亿元,地方财政 0.12 亿元,农机户和农机服务组织自筹资金 1.09 亿元,此外,资金的投入完成了 1 252 台拖拉机与 3 004 台(部)配套农机具、畜牧机械等的更新;在 2004 年的基础上,2005 年补贴资金高达 0.1 亿元,自治区投入补贴资金和农民自筹资金分别为 0.26 亿元和 0.79 亿元,购机总金额约为 1.15 亿元;2006 年中央财政补贴 1 800 万元;在 2007 年,补贴县(市)数范围增加到81 个,覆盖面达到 96%,且中央财政补贴资金额达到 0.62 亿元,自治区投入补贴资 0.32 亿元,当地农民自筹资金 2.82 亿元,购机总额达到 3.76 亿元,共购置农机具 20 000 台(架),是 2006 年的 5.6 倍。随后,中央财政补贴逐年增加,2008 年 2 亿元,2009 年 5 亿元,2010 年 8 亿元,2013 年 10.7 亿元,2014 年补贴范围继续覆盖所有县(市),补贴资金额 10.45 亿元,较 2013 年下降 0.25 亿元,但整体呈递增态势,是 2004 年的 493 倍,拉动地方财政投入和农民自筹资金分别为 5.86 亿元和 35.07 亿元,较 2004 年分别增长了 24 倍和 437 倍;购机总额于 2014 年达到 51.65 亿元，较 2004 增加了 51.54 亿元，增长幅度高达 469 倍；购置农机具高达 127.9 万台（架），受益农户达 88 000 户，分别比 2004 年增长了 482 倍和 331 倍。截至 2014 年，中央财政给予新疆的农机购置补贴资金累计达 59.62 亿元，并带动自治区配套资金和农户自筹资金累计分别近 4 亿元和 165 亿元，补贴农户近 11 年累计达 54.1 万户。为此，全疆整体农机作业水平在强农惠农政策的引导下有了显著提高，农作物耕、种、收综合机械化水平于 2014 年达到 85%，高于同期全国平均水平近 24%。随着农机具购置补贴政策的实施，棉花生产机械化水平显著提高，除棉花打顶和采摘外，已基本实现机械化，机械采摘面积也在迅速扩大。据统计，至 2014 年年底，新疆拥有水平摘锭式采棉机 2 200 余台，其中生产建设兵团 1 920 台，地方 300 台；机采棉清理加工生产线 360 余条，其中兵团 306 条，地方 50 余条；机械采摘面积约 67 万 hm^2，其中兵团 47 万 hm^2，新疆地方近 20 万 hm^2[4]。2018 年以来，全程机械化在新疆棉田得到大范围推广。自治区农业农村厅数据显示，北疆八成以上棉田已实现全程机械化运作，南疆也接近二成。

2020 年，争取国家农机购置补贴资金由 2019 年的 6 亿元增加到 9.294 8 亿元，深松补助资金 9 340 万元，自治区支持农机化发展专项资金安排南疆四地州 579 万元，占地州总资金的 53.76%。目前，已安装农机深松作业远程信息化监测设备超过 2 000 台套，实现了深松整地信息化监测全覆盖。在农机购置补贴政策支持下，已有超 1 万台套农机设备使用北斗导航服务，全区基于北斗导航系统的无人植保飞机总数已超过 5 000 台，无人飞机植保作业面积超 2 000 万亩。2018 年资金年度至 2020 年 8 月全区农机购置补贴实施资金 84 973.41 万元，补贴机具 3.740 6 万套（台），受益农户 2.443 7 万户，销售总价 309 365.89 万元，有力提高了新疆棉花生产全程机械化水平。

4. 政策性保险补助

2007 年，国家安排新疆实施棉花政策性保险试点，棉花承保面积 65.6 万 hm^2，保费率 7%，保额 6 000 元 /hm^2，承保比例达到 36.8%，参加棉花保险农户 66 万户。2008 年，该政策在新疆全面展开，其中，中央财政补贴承担 35%，自治区财政补贴承担 25%，地、县、龙头企业、农户共同承担 40%，有效缓解了地方政府财政救灾资金压力，为受灾棉农及时恢复生产生活秩序、规避植棉风险发挥了主要作用。

2018 年，新疆自治区为进一步完善棉花价格补贴机制，建立棉花目标价格改革补贴可替代路径，开展了棉花"保险+期货"试点工作。博乐市、叶城县、柯坪县成为试点县市，保险的目标价格定为18 600元/t，并在该方案通知中说明了保险计算方式、保险费率上限等一系列的细则。举例来说，博乐市作为自治区列为首批棉花"价格保险+期货"试点市，涉及博乐市5个植棉乡镇、71个行政村、3 900多植棉户，棉花种植面积约48.59万亩，采集籽棉约19.3万t。截至目前，共计理赔植棉户3 676户，占总户数94.3%，理赔金额达到2.62亿元，籽棉每千克补贴1.34元，与2017年棉花价格补贴相比，增幅为76.3%。

5. "以出顶进"政策

该政策是用国际货币结算的国内贸易。商品没有运出国外，但仍按出口规定办理报关、单证和结汇等一切手续，由国内有外汇支付能力的工矿企业购入该商品。这种贸易一般都要报请政府有关机构（如中方各地方上的外经贸委）批准，方可进行。通过加工贸易企业购买新疆棉花，按国际市场价格供货，价格能大大低于国内市场，等于或略低于国际市场。通过国家政策的扶持和退税等政策措施，提高新疆棉花的竞争力。该政策对加快新疆棉花销售，解决新疆棉花积压，保证新疆棉花基地建设，保护新疆棉农利益，维护国家边疆稳定起到了重要作用。

6. 棉花临时收储政策

2010年，我国棉花市场出现前所未有的危机：年初，棉花价格高开高走，至同年3月，中国棉花价格突然开始持续下跌，5个月跌幅高达39%。在这样的形势下，国家出台了临时收储政策保护棉农利益来保障供给、稳定市场。2011年，收储价在1.98万元/t，2012—2013年收储价在2.04万元/t。实施区域包括新疆在内的13个省区，涵盖了全国棉花总产量的98%以上。国家临时收储政策虽然保障了供给、稳定了市场，但由于收储价远高于国际棉价、抛储价超出纺织企业的承受能力，导致大量棉花进入国库而未被纺织企业使用。大量的储备棉给国储管理、国家财政造成了巨大压力。同时，该政策也未给农民带来效益。国家临时收储政策并没有将农民和市场区隔开来、直接补贴，棉花从农民手中采购直到棉纺企业手中经历层层中间商，临时收储政策带来的大部分收益被这些中间商所获取，农民获得直接收益并没有显著改善。

7. 棉花目标价格补贴政策

新疆棉花目标价格改革补贴政策自2014年开始实施，2014—2016年3年试点，2017—2019年继续深化棉花目标价格改革，对于新疆来说，国家给予了新疆持续、稳定的改革政策，进一步保障了棉农的根本利益，巩固了新疆棉花产业地位。

为解决临时收储政策带来的"收储难以为继、棉花品质下降、高库存与大量进口并存"等问题,2014 年,中共中央"一号文件"明确提出,在新疆实施棉花目标价格补贴试点。经国务院批准,国家发改委、财政部、农业部确定 2014 年新疆棉花目标价格 19 800 元/t,新疆与兵团也制定了目标价格补贴具体实施方案。价格改革的方向就是从单纯的制定最低价和执行棉花临时收储转向逐步的实行目标价格,探索通过政府补贴由市场形成棉花价格的机制,在保障棉花实际种植者利益的前提下,发挥市场在资源配置中的决定性作用,合理引导棉花生产、流通、消费,促进产业上下游协调发展。据国家发改委、财政部关于《深化棉花目标价格改革的通知》(发改价格〔2017〕516 号),2014—2016 年,国家在新疆启动了为期 3 年的棉花目标价格改革试点。经过 3 年实践,棉花目标价格改革试点取得了明显成效,探索出一条农产品价格由市场供求形成、价格与政府补贴脱钩的新路子,实现了全国棉花生产布局的战略调整,带动了棉花生产、加工、流通、纺织全产业链发展,提升了国产棉花质量和市场竞争力,为农业供给侧结构性改革提供了实践经验。据《深化棉花目标价格改革的通知》,对新疆实施 3 年(2014—2016)的棉花目标价格进行改革:一是完善目标价格形成机制。继续坚持生产成本加收益的定价原则,棉花目标价格水平按照近 3 年生产成本加合理收益确定。合理收益具体取值综合考虑棉花产业发展需要、财政承受能力和市场形势变化等因素确定。二是合理确定定价周期。棉花目标价格水平 3 年一定。如定价周期内棉花市场发生重大变化,报请国务院同意后可及时调整目标价格水平。三是调整优化补贴方法。对新疆享受目标价格补贴的棉花数量进行上限管理,超出上限的不予补贴,补贴数量上限为基期(2012—2014 年)全国棉花平均产量的 85%。棉花目标价格补贴启动条件、中央财政对新疆维吾尔自治区和新疆生产建设兵团补贴办法等仍按现有规定执行。2014 年,《新疆方案》根据核实确认的棉花实际种植面积和籽棉交售量相结合的补贴方式,将中央补贴资金的 60% 按面积补贴,40% 按实际籽棉交售量补贴,在次年 1 月底前和 2 月底前,乡(镇)财政部门和县(市、区)财政部门凭基本农户和农业生产经营单位的种植证明、籽棉收购票据,按照《新疆棉花目标价格改革试点补贴资金使用管理暂行办法》,以"一卡通"或其他形式分别将面积补贴资金和产量补贴资金先后兑付至基本农户和农业生产经营单位。据此,2014 年度国家拨给新疆目标价格补贴 240 亿元,其中,地方 139 亿元,兵团 101 亿元,对稳定发展新疆棉花生产发挥了重要作用。2015 年，根据中发〔2014〕5 号文件的精神，结合新疆实际，将年度可用补贴总额的 10% 用于向南疆四地州（和田地区，阿克苏地区，克孜勒苏柯尔克孜自治州，喀什地区）基本农户（含村集体机动土地承包户，下同）兑付面积部分补贴，90% 用于兑付全区实际种植者交售量部分补贴。2015 年，新疆棉花目标价格水平为每吨 19 100 元。2016 年，国家继续在新疆实施棉花目标价格改革试点。综合考虑棉花市场供求、生产成本收益等因素，经国务院批准，国家发展改革委发布 2016 年新疆棉花目标价格水平为 18 600 元 /t。2017—2019 年目标价格水平，按上述机制，确定 2017—2019 年新疆棉花目标价格水平为 18 600 元 /t[5]。

8. 棉花质量价格补贴

新疆棉花目标价格改革补贴政策自 2014 年开始实施，巩固了新疆棉花产业地位。2014 年国家在新疆实行棉花目标价格改革试点以来，棉花产业链各参与主体质量意识明显增强，品种、品质结构调整步伐加快，棉花质量在改革 3 年来呈总体向好趋势。新疆棉花长度增加明显，颜色级、强力等指标总体稳定向好，但新疆棉花一致性差、异性纤维、含杂率较高，与美国、澳大利亚等高品质棉花相比仍有一定差距。2017 年 3 月 16 日，国家发展改革委和财政部联合发文，明确从 2017 年起继续在新疆深化棉花目标价格改革，并提出 "可开展补贴与质量挂钩试点"。2018 年，新疆在沙湾、玛纳斯、尉犁、精河、麦盖提、沙雅 6 个县试点按质量补贴，即棉花的补贴与质量挂钩，要求符合棉花纤维长度和强度均达到 "双 29"、马克隆值达到 A 级、南疆地区单一品种棉花集中种植面积达到 300 亩，北疆地区达到 1 000 亩等标准，棉农就能获得 0.3 元 /kg 的补贴。而在 2017 年，新疆棉花补贴以产量补贴和面积补贴两种方式进行试点。2019 年 11 月 15 日，印发《2019 年新疆自治区棉花目标价格改革补贴与质量挂钩试点方案》（新发改规〔2019〕7 号），自公布之日起执行。试点主要内容，包括如下内容。

（1）补贴对象 补贴对象为试点区域范围内棉花实际种植者。

（2）补贴标准 棉花目标价格补贴资金清算结束后，启动质量补贴兑付工作。符合质量补贴条件的籽棉，所属籽棉交售者获得 0.3 元 /kg 的质量补贴。

（3）补贴条件 ①面积规模。沙湾县、昌吉国家农业高新技术园区、精河县棉花实际种植者种植土地规模在 1 000 亩以上；尉犁县、沙雅县、麦盖提县棉花实际种植者种植土地规模在 300 亩以上。②棉花品种。沙湾县、昌吉国家农业高新技术园区、精河县、尉犁县、沙雅县、麦盖提县要求种植者选用棉花品种单一或一主一副（即：一个主栽品种和一个副栽品种相结合）。③质量标准。经加工后的皮棉质量达到"双29"A级（即长度达到29 mm以上、断裂比强度29cN/tex以上、马克隆值A级），且可追溯至棉花实际种植者。④检验要求。棉花加工企业加工后的皮棉按要求进入"专业仓储、入库公检"程序，长度、断裂比强度、马克隆值公检结果与企业自检结果比对一致性达到85%以上。⑤售棉要求：籽棉需交售至试点区域范围内经自治区公示的棉花加工企业。交售信息统计，2020年1月31日24时为交售信息统计的截止时间。

《试点方案》在继续沿用2018年总体框架基础上，对以下相关内容进行了微调：一是将"玛纳斯县"调整为"昌吉国家农业高新技术园区"。根据昌吉州书面申请，考虑该园区规模化种植程度较好，条件较适宜，为总结经验，调整了试点区域。二是对"皮棉包装"提出了要求。由于塑料包装在搬运、储存过程中易破损被污染，且受天气影响易出现霉变和粉化现象，影响了棉花质量，按照国家标准和行业标准相关要求，对皮棉包装提出了具体要求。三是对"建立优质棉档案"提出了要求。针对按整体批次追溯到达标籽棉难度较大和《优质棉交售信息明细表》填报质量不高等问题，为提高优质棉信息准确性，对《优质棉交售信息明细表》的填报和审批工作提出了具体要求。四是对未采纳主要事项说明。根据自治区农业农村厅、市场监管局、供销社"将质量标准'双29'A级标准，扩大至'双29'A+B级"的建议，经测算，需要发放质量补贴资金约1.38亿元，因涉及补贴金额较大，将会摊薄其他棉农补贴标准，因此未采纳。

"十二五"以来，新疆借助优质棉花资源、政策及区位优势，吸引了如意、华孚、红豆等国内纺织服装业龙头企业生产重心"西移"，在阿克苏、库尔勒、乌鲁木齐、喀什等地投资建厂。围绕纺织服装产业，新疆正加快实现百万人就业目标。为此，国家出台包括设立专项资金、税收、电价和补贴等十大优惠政策，进一步提升新疆纺织服装业的可持续发展能力。

纵观新疆的棉花生产，通过多年来国家和自治区对新疆棉花生产的政策支持，使棉花生产的基础条件得到了根本性改善，为棉花生产发展奠定了基础；通过良种推广补贴、高效节水灌溉补贴、农机具购置补贴、政策性保险补助等为新疆棉花生产注入了活力；特别是国家针对新疆制定实施的"以出顶进"政策、临时收储政策、目标价格补贴、质量价格挂钩政策等，使新疆棉花生产在市场经济中逐步成熟，得到稳定和发展。

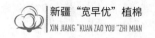

（三）科技兴棉注入发展活力

科学技术是第一生产力。科技兴棉使棉花高产、优质、节本、增效，使棉农增收，这是新疆棉花生产持续稳定发展的关键和基础。科技兴棉在新疆棉花生产发展中发挥了巨大作用（见本章"第三节"）。

（四）产业体系不断完善，促进棉花生产

棉花产业链较长，仅种植环节就涉及良种、农膜、农药、肥料以及植保机械、播种机械、耕翻机械、中耕施肥机械、残膜回收机械、棉花采收机械、灌水设备等相关机械制造、维修等；棉花原棉加工环节涉及籽棉清理、轧花、皮棉清理、打包等；原棉进入纺织环节涉及纺纱、印染、服装设计制造等，棉花副产品涉及油脂加工、医药、建材、精细化工等；围绕棉花产供销需展开的政策法规服务、教育科技服务、市场信息服务、资金信贷服务、仓储运输服务和内外贸易营销等。上述所涉及的各个环节相互联系、相互支持、相互制约、相互传递各种市场信息，各自完成本职能工作，共同完成新疆棉花整个产业发展的重任，有效地促进棉花生产的发展。棉花产业最终的主产品是棉纱和服装，发展新疆棉花纺织和服装产业是牵动棉花生产在内的整个产业链的源头和动力。新疆具有生产原棉的优势，将原棉就地加工成棉纱和服装，实现就地转化，就可减少大量的运输、中转、储存等费用，为整个棉花产业链增加利润空间，为产业发展增添活力。

早在 20 世纪 90 年代，中国农业科学院棉花研究所就曾提出"建设新疆纺织服装城"的设想，因当时的种种原因未能实施。2010 年 5 月，首次中央新疆工作座谈会将"推进新疆跨越式发展和长治久安"作为战略目标。时隔 4 年，第二次中央新疆工作座谈会 2014 年 5 月 28—29 日在北京举行。中共中央总书记、国家主席、中央军委主席习近平在会上发表重要讲话强调，以邓小平理论、"三个代表"重要思想、科学发展观为指导，坚决贯彻党中央关于新疆工作的大政方针，围绕社会稳定和长治久安这个总目标，以推进新疆治理体系和治理能力现代化为引领，以经济发展和民生改善为基础，以促进民族团结、遏制宗教极端思想蔓延等为重点，坚持依法治疆、团结稳疆、长期建疆，努力建设团结和谐、繁荣富裕、文明进步、安居乐业的社会主义新疆。"以经济发展和民生改善为基础"，棉花产业的发展是重要内容，牵涉到第一、二、三产业的多个行业，特别是农业、农村的经济发展、劳动就业和社会稳定。新疆自治区先后发布了《发展纺织服装产业带动就业的意见》《新疆发展纺织服装产业带动就业规划纲要（2014—2023 年）》等文件，表明了新疆大力发展纺织服装产业带动就业的决心与信心。

国家高度重视，国务院办公厅下发了《关于支持新疆纺织服装产业发展促进就业的指导意见》（国办发〔2015〕2号）。该《意见》指出，纺织服装产业具有劳动力密集、市场化程度高、集群式发展、产业链长、品牌优势明显等特点。新疆已初步形成了以棉纺和粘胶纤维为主导的产业体系，具有棉花资源、土地、能源和援疆省市产业援疆等优势，发展纺织服装产业具有较好基础。但同时也面临着劳动力综合成本高、劳动生产率低、远离主销市场、运输成本高、配套产业发展滞后、技术人才缺乏等挑战，现有优势尚未转化为产业优势。大力发展纺织服装产业，是建设新疆丝绸之路经济带核心区的重要内容，对于优化新疆经济结构、增加就业岗位、扩大就业规模、推动新疆特别是南疆各族群众稳定就业、加快推进新型城镇化进程，促进新疆社会稳定和长治久安具有重要意义。《意见》还制定工作目标：到2020年，新疆棉纺业规模和技术水平居国内前列，服装服饰、家纺、针织行业初具规模，民族服装服饰、手工地毯等特色产业培育成效显著，织造、印染等产业链中间环节实现部分配套，粘胶清洁生产和污染治理水平全面达到行业准入要求，产业整体实力和发展水平得到提升，就业规模显著扩大，基本建成国家重要棉纺产业基地、西北地区和丝绸之路经济带核心区服装服饰生产基地与向西出口集散中心。其中，第一阶段（2015—2017年），棉纺产能达到1 200万纱锭（含气流纺），棉花就地转化率为20%，粘胶产能87万t；服装服饰产能达到1.6亿件（套），全产业链就业容量达到30万人左右；第二阶段（2018—2020年），棉纺产能达到1 800万纱锭（含气流纺），棉花就地转化率保持在26%左右，粘胶产能控制在90万t以内，服装服饰产能达到5亿件（套）。全产业链就业容量50万～60万人。相关服务业获得长足发展，就业岗位明显增加。《意见》制定了相应政策措施，促进了工作开展。

第二次中央新疆工作座谈会出台了一系列超常规的支持纺织服装产业政策，包括设立纺织服装产业发展专项资金，新疆纺织服装企业缴纳的增值税全部用于支持新疆纺织服装产业发展等，这些含金量高的特殊政策使新疆形成了纺织产业发展的政策"洼地"，成为纺织产业快速发展的助推器。中央财政用100亿元、新疆自筹资金100亿元支持新疆发展纺织服装产业，为纺织服装产业建设注入了活力。在《新疆发展纺织服装产业带动就业规划纲要（2014—2023年）》明确指出：坚持全产业链高起点高水平发展。大力培育和生产优质棉花等纺织原料，打造新疆棉花品牌，为生产高品质的纺织品服装提供保障；加强人才队伍建设，积极推动企业技术中心和产学研联合开发基地建设，促进产业向依靠品牌创新、科

技创新和管理创新发展，增强产业内生发展动力[6]。这些政策性思路和定位为新疆棉花生产在内的整个产业的健康发展提供了保障。

据中国纱线网资料，新疆纺织在"十二五"规划发展中，依据新疆棉花资源相当丰富，是棉花的主要净输出地，2012棉花年度国家收储新疆棉花406.5万t，占全国收储总量的62%；棉短绒产量占全国的1/2左右，长绒棉产量占全国的90%以上；棉花品级高，可纺性能好，是全国棉纺企业首选原料之一等优势条件，提出新疆"三城七园一中心"的发展思路，同时着力推进产业集聚区的建设与发展，目前已取得较为良好的效果。与此同时，积极引进投资项目，引导各园区避免同质化竞争，主动向差异化、特色化、集群化发展。"三城"：①阿克苏纺织工业城。规划纺织总规模600万锭目标任务；规划期限2010—2020年；建设内容主要包括棉纺、化纤、针织、梭织、染整、家纺、服装、仓储物流、动力能源、生活商贸等十大功能区。园区内现已落户华孚集团、雅戈尔集团、联发纺织、巨鹰集团等国内众多纺织龙头企业。截至2016年年底，入园企业有150家，其中纺织服装企业52家，已建成200万锭纺纱园、华孚色纺园、袜业园、服装产业园、制造产业园、染整工业园等。阿克苏地区纺织服装行业现有从业人员26 479人。②石河子经济技术开发区。石河子市是新疆重要产棉区，2010年石河子被评为"中国棉纺织名城"，还获封获评"2016中国纺织服装行业10大产业园区"。石河子开发区内落户如意、华芳、华孚等10余家国内知名纺织服装企业，共有纺织企业25家，拥有155万锭纺纱、2.3万头气流纺、2万t染色棉、1.67万t家纺、3 000万m高端色织面料、3 500t高档毛巾、60万套服装的生产能力。石河子经济技术开发区是西北地区最大的综合纺织园区，棉纺织产业规模居新疆各地州市第一。其目标是在2023年棉纺织产业总资产达到900亿元，实现工业总产值1 174亿元，工业增加值330亿元，从业人员达到16.05万人。③库尔勒经济技术开发区。库尔勒锁定1 000万锭纺织服装项目建设目标，将打造新型现代纺织工业城，力争在2020年前完成投资670亿元，解决近30万人的就业问题，建成全国最大的人造纤维及系列产品生产基地，全国纺织产业科技环保、循环经济示范基地，带动新疆纺织产业发展和当地经济发展的龙头。目前，入驻库尔勒经济技术开发区的国内纺织企业有30多家，预计今年年底棉纺及粘胶投产规模可达370万锭。而此举能解决当地1.5万人的就业问题。"七园"：①哈密健康生态纺织园。此项目包括纺纱厂（30万锭）、织布（针/梳织布）厂（2万t/月）、着色生产线、制衣厂。总占地约266.7hm²，总投资约18亿元，将分三期投资建设。②玛纳斯县纺织产业园。是玛纳斯县工业园区的重要组成部分。总投资达 36 亿元，生产规模达到 90 万锭。据了解，玛纳斯县两个产业园项目全部建成投产后，每年可实现产值 61 亿元，税收 2.4 亿元，带动就业近 1.14 万人，形成 120 万锭纺纱、500 万套服装的生产规模。该项目主营以有机棉种植、轧花、纺纱为主的家纺、童装及牛仔系列产品研发生产和出口贸易，同时在玛纳斯县建立新疆有机棉种植加工基地，通过香港、广州建立销售网络，不断提升玛纳斯的知名度。项目全部建成后，可增加就业 5 000 余人，新增产值 20 亿美元，实现出口创汇 1.5 亿元人民币，利税 6 000 万元，为玛纳斯县打造新疆乃至中亚出口服装基地奠定坚实的基础。③巴楚纺织工业园。新疆喀什地区巴楚县是古丝绸之路的"三岔口"，其东承丝绸之路的起点长安，西越喀什及葱岭连接罗马，南抵和田至印度。现在，已是新疆南部公路、铁路交通枢纽。巴楚县每年中转、贮运棉花 100 万 t 以上，是全国最大的棉花储备库，约占全国的 1/6，也是新疆最大的棉花生产县，号称新疆"棉花王国"。④阿拉尔纺织工业园。作为阿克苏纺织城的一部分，阿拉尔工业园区于 2004 年启动建设，产业定位为农副产品深加工和棉纺产业。2012 年实现工业总产值 28.1 亿元，占第一师工业总产值的 50% 左右。⑤沙雅纺织工业园。作为阿克苏纺织城的一部分，沙雅纺织工业园按 100 万锭规模、远期按 200 万锭考虑规划建设。重点发展纯棉纺织、粘棉混纺、三聚氰胺纤维与棉纤维混纺、棉花与氨纶混纺。⑥奎屯纺织工业园。奎屯市是自治区规划的纺织服装产业园之一，发展纺织服装产业，有着独特的区位优势、政策优势和资源优势。主要企业包括天虹纺织（100 万锭）等。⑦霍尔果斯纺织工业园。霍尔果斯口岸工业园区位于霍尔果斯口岸南部，规划面积为 973 km^2，"一路一带"战略启动后，江苏、新疆两地将成为"先行先试"的重点区域。经过 10 年发展，以袜业为主的轻纺产业已占到了霍尔果斯工业总产值的 70%。一中心：乌鲁木齐国际纺织品服装商贸中心落户在乌鲁木齐经济技术开发区（头屯河区）河南庄片区，占地约 160 hm^2，于 2015 年正式开工建设，其定位是连接国内、面向国际、集多功能于一体的"一站式"大型纺织品服装电子智能化门户级国际商贸口岸，由综合商务区、生产加工区和物流仓储区等三个部分组成。

新疆"三城七园一中心"纺织服装产业的快速发展，为新疆棉花生产对接国内外市场创造了便利条件，解决了棉花生产环节的后顾之忧，很大程度拉动了棉花生产及其上下游产业，无论是过去、现在和将来，对促进和稳定新疆的棉花生

产，乃至国家棉花产业安全都会发挥重要作用。

（五）自然禀赋具有较大挖掘潜力

新疆棉花生产得以稳定快速发展，在国家、自治区政策项目大力支持下，"地利"因素得到了充分发挥。新疆的"地利"，即自然禀赋，棉花优质高产的自然环境条件。贺林均[7]研究当前新疆棉花几个主要产区：生产建设兵团（棉花主产区为第一师、第三师、第二师、第八师等）、阿克苏地区、巴音郭楞蒙古自治州和喀什地区2011年逐月的气温数据进行比较，可发现石河子、阿克苏、喀什和库尔勒（巴州首府）的年平均气温为7.9℃、11.6℃、12.7℃、12.9℃，再结合新疆棉花种植的周期（4—10月）和棉花种植的适宜气温条件（苗期平均气温为14～25℃，现蕾期棉花要求适宜温度为25℃，花铃期适宜温度范围为15～30℃，可以看出，新疆棉花主产区的气温条件，尤其是棉花苗期和现蕾期的温度非常适宜棉花种植，为新疆棉花的高产和优产奠定了重要的自然条件基础。通过对新疆棉花上述几个主要产区2011年逐月的日照时数数据的比较，可发现石河子、阿克苏、喀什和库尔勒的全年合计日照时数分别为2 799.5 h、2 880 h、3 015.2 h、2 952.1 h，再结合新疆棉花种植的周期（4—10月）和棉花种植所需的良好光照条件可以看出，新疆各棉花主产区的日照条件虽有一定差异，但在棉花种植的几个主要阶段的光照普遍充足，再加上干旱少雨，棉花蕾铃脱落和下部烂铃少，这也在很大程度上保证了新疆各主要产棉区棉花种植的高产、稳产和优产。新疆干旱少雨，年降水量较少（东疆 <39 mm，南疆25～98 mm，北疆100～280 mm），蒸发量大，而新疆山脉融雪等水资源（年径流总量857亿 m³）四季分布正好与棉花需水高峰相吻合，基本可以保证棉花不同生育期对水分的需要，形成了光热水资源较好的夏季优势，特别是6—8月，太阳辐射占全年辐射量的1/3，积温占全年的1/2～2/3，河流来水量占全年的60%以上，是充分发挥光热水资源综合效益的时期，且有利于棉花成铃和后期成熟及机械采收。新疆盆地沙漠增温效应显著。沙漠增温效应是由于干燥的沙漠、湿润的绿洲及空气的比热不同，形成局部热力环流，从而使绿洲地区增温，使棉区热量资源更丰富。另外，新疆土地资源较内地富余，可利用荒地面积1 000万 hm²，其中，易农荒地667万 hm²，配合相关措施，农业、棉花生产具有较大空间。上述说明，新疆棉区具有"得天独厚"的温、光、水和土地资源，给棉花生产提供了"地利"条件和发挥空间，这也是新疆棉花生产得以发展的重要因素之一。

四、可持续发展展望

新疆未来的棉花发展，将依据当地优势，按照国家和自治区政策，实施新疆棉花产业可持续发展战略。

（一）建立持久棉花保护区，承担国家棉花产业安全重任

按照《国务院关于建立粮食生产功能区和重要农产品生产保护区的指导意见》（国发〔2017〕24号）文件精神[8]，承担起"以新疆为重点，黄河流域、长江流域主产区为补充，划定棉花生产保护区233.33万 hm^2（3 500万亩）"的光荣任务，牢固树立和贯彻落实创新、协调、绿色、开放、共享的发展理念，实施藏粮于地、藏粮于技战略，以确保国家粮食安全和保障重要农产品有效供给为目标，以深入推进农业供给侧结构性改革为主线，以主体功能区规划和优势农产品布局规划为依托，以永久基本农田为基础，将"两区"细化落实到具体地块，优化区域布局和要素组合，促进农业结构调整，提升农产品质量效益和市场竞争力，为推进农业现代化建设、全面建成小康社会奠定坚实基础。力争用3年时间完成《意见》划定的棉花保护区任务，做到全部建档立卡、上图入库，实现信息化和精准化管理；力争用5年时间基本完成"棉花保护区"建设任务，形成布局合理、数量充足、设施完善、产能提升、管护到位、生产现代化的"保护区"，国家粮食安全的基础更加稳固，重要农产品自给水平保持稳定，农业产业安全显著增强。按照《意见》要求，围绕保核心产能、保产业安全，正确处理中央与地方、当前与长远、生产与生态之间的关系，充分调动各方面积极性，形成建设合力，确保农业可持续发展和生态改善；建立健全激励和约束机制，加强"两区"建设和管护工作，稳定粮食和重要农产品种植面积，保持种植收益在合理水平，确保"两区"建得好、管得住，能够长久发挥作用[8]。通过国家棉花"保护区"政策，认真落实各项措施，保证完成"保护区"任务，实现新疆棉花的可持续发展，为国家棉花产业安全作出应有的贡献。

（二）实施《规划纲要》带动棉花产业发展

经过多次研究、反复论证，新疆自治区发布了《发展纺织服装产业带动就业的意见》《新疆发展纺织服装产业带动就业规划纲要（2014—2023年）》（以下简称《规划纲要》）等文件，表明了新疆大力发展纺织服装产业带动就业的决心与信心。国务院办公厅下发了《关于支持新疆纺织服装产业发展促进就业的指导意见》（国办发〔2015〕2号）。经过近几年来的实施，新疆"三城七园一中心"纺织服

装产业快速发展，对稳定棉花生产、促进劳动就业、行业协调发展已发挥了作用。

未来一个时期，新疆的棉花生产将依据《规划纲要》，以市场为导向，以效益为中心，以科技为手段，以促进劳动就业为目标，以社会稳定共同致富为宗旨，实施市场带动、科技推动、信息助动、产业联动战略，形成在国际、国内大市场环境下持续稳定发展产业化格局，促进新疆棉花产业可持续健康发展。

（三）以科技创新为突破口，增加发展后劲

针对新疆目前生产条件，通过技术创新，实现从"矮密早"向"宽早优"标准化植棉技术转变。同时，完善以"宽早优"为载体、机械采收优质化生产为核心的品种技术体系、促早发早熟集中成熟技术体系、肥水一体化调控技术体系、精准播种田间管理机械采收全程机械化技术体系、水肥药高效利用技术体系、全程节本高效优质高产技术体系、病虫草害绿色防控技术体系等，通过技术创新，使新疆棉花生产持续优质高产高效，为棉农增收、社会稳定发挥更大作用。

（四）对环境资源科学利用和挖潜

一是通过技术创新进一步挖掘温度、光照等自然资源，提高棉花生育期间的光温利用率；二是探讨棉花生产的耕作制度、种植模式、栽培技术等水资源高效利用的途径和方法，与新疆水资源开发利用相结合，坚持"资源开发可持续、生态环境可持续"，严格落实水资源管理"三条红线"制度，使棉花生产的可持续健康发展与水资源等环境条件相协调；三是探讨新疆滩涂、盐碱地等开发利用、棉花与其他作物轮作倒茬、休耕轮作制度的探讨，开发棉花生产可持续、健康利用的土地资源，为棉花生产发展营造宽松环境。

第二节　新疆棉区气候特点与区划

新疆棉区的温度、光照等气候条件较适宜棉花的生长发育，土地资源相对丰富，为棉花生产提供了得天独厚便利条件。分析了解该棉区气候特点及区域划分，对指导棉花生产、实现可持续健康发展具有重要意义。

一、新疆的地形地貌概况

新疆的地貌可以概括为"三山夹两盆"：北面是阿尔泰山，南面是昆仑山，天山横贯中部，把新疆分为南北两部分，习惯上称天山以南为南疆，天山以北为北疆。南疆的塔里木盆地面积 52.34 万 km²，是中国最大的内陆盆地。位于塔里木盆地中部的塔克拉玛干沙漠，面积约 33 万 km²，是中国最大、世界第二大流动沙漠。贯穿塔里木盆地的塔里木河全长 2 486km，是中国最长的内陆河。北疆的准噶尔盆地面积约 38 万 km²，是中国第二大盆地。准噶尔盆地中部的古尔班通古特沙漠面积约 4.8 万 km²，是中国第二大沙漠。在天山东部和西部，还有被称为"火洲"的吐鲁番盆地和被誉为"塞外江南"的伊犁谷地。位于吐鲁番盆地的艾丁湖，低于海平面 154.31 m，是中国陆地最低点。新疆水域面积 5 500km²，其中博斯腾湖水域面积 992 km²，是中国最大的内陆淡水湖。片片绿洲分布于盆地边缘和干旱河谷平原区，现有绿洲面积 14.3 万 km²，占国土总面积的 8.7%，其中天然绿洲面积 8.1 万 km²，占绿洲总面积的 56.6%。

二、新疆的主要气候特点

新疆属于典型的温带大陆性干旱气候，降水稀少、蒸发强烈，年均降水量 154.4 mm。境内山脉融雪形成大小河流 570 多条。冰川储量 2.13 万亿 m³，占全国的 50%，有"固体水库"之称。水资源总量 727 亿 m³，居全国前列，但单位面积产水量仅为全国平均的 1/6。水资源时空分布极不均衡，资源性和工程性缺水并存。新疆土地资源丰富，全区农林牧可直接利用土地面积 0.67 亿 hm²，占全国农林牧宜用土地面积的 1/10 以上。现有耕地 412 万 hm²，人均占有耕地 0.18 hm²，为全国平均水平的 2 倍；天然草原面积 4 800 万 hm²，占全国可利用草原面积的 14.5%，是全国五大牧区之一。新疆全年日照时间平均 2 600 ~ 3 400 h，居全国第 2 位，为特色优势农产品种植提供了良好的自然条件。新疆棉区属于干旱荒漠、半荒漠绿洲灌溉棉区。棉花从海拔 −154m 的吐鲁番到海拔 1 424m 的于田县，从北纬 36° 51′ 的于田县到北纬 46° 17′ 的夏孜盖，从东经 75° 59′ 的喀什市到东经 95° 08′ 的淖毛湖农场均有种植，棉区南北跨度 1 115km，东西跨度 1 630km。由于新疆特殊的地理环境，形成了典型的气候特点。

（一）温度条件

棉花一生对温度有其基本要求。根据新疆棉花生产实践和科研资料，新疆各棉区的热量条件基本上都能满足棉花生长发育的要求。年均温度 11 ~ 12℃，4—10 月平均温度 17.5 ~ 20.1℃，≥ 10℃积温 2 900 ~ 5 500℃，≥ 15℃积温 2 500 ~ 5 300℃，多数棉区 ≥ 15℃的持续日数为 145 ~ 200 d，7 月平均气温可达 23 ～ 29℃；无霜期 170 ～ 230d。新疆棉区昼夜温差大，一般为 12 ～ 16℃，最大为 20℃；春季气温回升不稳，秋季气温陡降。新疆部分棉区的个别生育阶段的积温达不到棉花的积温要求，如阿克苏的吐絮期，博乐的花铃期，哈密的蕾期。由此可见，新疆棉区植棉的热量条件是相对不足的。

研究表明，随着气候变暖，新疆年均气温升高 ≥ 10℃积温增加、无霜冻期延长，对新疆棉花的生长发育产生一定的影响。受热量资源变化的影响，全疆宜棉区面积增加，次宜棉区和不宜棉区减少；南疆中熟和早中熟棉区的面积扩大，特早熟和不宜棉区减少。

（二）光照条件

棉花生物产量的 90% ～ 95% 来自光合产物。光是作物光合作用的唯一动力，是决定棉花生长发育的基本因素。新疆太阳年总辐射量为 5 000 ～ 6 490 MJ/m²，年光合有效辐射为 2 400 ～ 3 000 MJ/m²，棉花生长期（4—9 月）的太阳有效辐射量为 1 715 ～ 1 968 MJ/m²。新疆棉区降水少，日照时数多，日照百分率高，十分有利于棉花生产。据计算，在新疆皮棉单产 1 500 kg/hm² 的光能利用率约为 2%，皮棉单产 3 000 kg/hm² 的光能利用率达到 2.7%。由此可见，新疆棉区的光能资源十分丰富，挖掘的潜力很大。

（三）温光互补效应

通过上面的分析可以看出，新疆棉区的有利条件是光能的潜力很大，不利条件是热量相对不足。但是，据研究认为，作物的生长发育是在热能、光能和其他能量的共同作用下完成的，且每种能量都是不可缺少的。在作物生长发育的各个阶段，这些能量间都有一个最佳配比组合，当某种能量相对不足时，另一种能量可以起到一定的补偿作用。如棉株上部的棉铃以充足的光照补偿有效积温的不足；而处在光照极差的下部棉铃，则以较多的有效积温补偿光照的不足，最终，上部棉铃和下部棉铃都能正常吐絮。这种温、光互补效应，为热量相对不足而光能资源丰富的新疆棉区实现棉花高产提供了重要的理论依据。

（四）降水条件

从表 1-2 看出，新疆棉区年均降水量 95.7 mm，不仅难以满足棉花的生长发育，且地区间差距较大。新疆整体降水量较少，多数地州难以满足棉花生育期对水分的需求，呈干旱农业的特征。

表1-2 新疆主要棉区降水量　　　　　　　　单位：mm

棉区	地点	1月	2月	3月	4月	5月	6月	7月	8月	9月	10月	11月	12月	全年
南疆	喀什	2.1	5.7	6.7	5.2	8.5	7.7	9.1	7.9	5.3	2.5	1.6	1.7	64.1
	和田	1.6	2.0	1.3	1.5	6.6	8.2	5.7	4.9	1.8	1.3	0.1	1.5	36.4
	莎车	1.1	1.8	3.6	4.3	8.1	9.6	6.7	9.5	3.9	2.3	1.4	0.9	53.4
	库车	1.8	2.9	3.4	2.7	8.7	18.1	12.9	11.6	7.0	3.2	1.1	1.2	74.6
	轮台	1.5	1.6	2.6	3.2	8.4	16.2	13.9	13.3	7.0	2.3	0.8	1.2	72.0
	阿克苏	1.6	2.4	3.5	2.5	8.9	14.0	16.0	14.1	6.2	2.4	0.6	2.5	74.9
	焉耆	1.7	1.2	1.9	2.7	8.5	16.6	18.4	13.0	9.1	4.4	0.7	1.7	80.0
北疆	石河子	6.7	5.2	9.5	23.5	29.6	21.0	21.5	15.1	15.9	17.9	13.0	8.4	187.1
	乌苏	5.6	6.1	8.4	19.6	25.7	22.9	17.8	14.1	13.7	14.8	9.5	7.6	165.9
	克拉玛依	4.2	2.1	3.6	6.6	16.3	13.1	20.2	15.1	7.4	5.6	6.1	5.3	105.7
	精河	4.0	4.1	5.2	10.0	15.5	13.1	11.5	11.0	9.2	7.1	4.5	7.0	102.0
	伊宁	17.9	19.1	20.2	28.0	27.2	28.5	20.2	14.2	14.6	26.1	27.8	25.0	269.0
东疆	哈密	1.3	1.5	1.2	2.0	3.9	6.6	7.3	5.3	3.3	3.3	2.0	1.3	39.1
	吐鲁番	1.1	0.5	1.2	0.5	0.9	2.9	1.9	1.8	1.6	1.7	0.6	1.0	15.6

注：引自中国农业科学院棉花研究所主编《中国棉花栽培学》（2019），本表有删减。

（五）沙漠增温效应

新疆主要棉区分别在南疆塔里木盆地和北疆准噶尔盆地周缘，暖季由于沙漠、戈壁滩的增温效应，使绿洲的热量资源比国内同纬度地区更优越。由于光、热、水的特殊组合，独具特色的新疆绿洲农业具备了建立优质高产高效农业的资源环境条件。

赖先奇研究[9]，沙漠增温的原理是，绿洲周围干燥的沙漠空气与湿润的绿洲空气的比热容不同，加之沙漠面积远远大于绿洲（4∶1），在强烈日照下，沙漠很快被加热，通过空气对流、乱流及长波辐射作用，使附近的空气迅速升温。研究表明，荒漠日间的长波辐射为 87.95 W/m^2，较绿洲高1倍。另外，绿洲地区的绿色植被及湿润的土壤因比热容大，吸收的热量大量用于蒸发、蒸腾水分，升温慢，因而出现沙漠与绿洲间的温度差（势能差），进而形成两地间的空气对流，暖干平流在绿洲气团上面呈暖风形式滑入，绿洲气流又从地面滑入沙漠，形成局地热力环流，从而使绿洲气温随之升高，形成沙漠增温效应。增温效应的实质是沙漠通过自身特殊的热性能，迅速将太阳辐射能转变成热能，又以热能的形式转移到绿洲，提高绿洲的气温，使绿洲农区成为热量的集结处，表现出光、温、水、土资源的耦合。这是沙漠绿洲特有的资源优势。

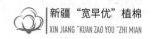

由于沙漠增温效应在暖季，距沙漠越近的区域受到沙漠增温效应的影响越强烈，热量资源相对更丰富，平均温度、有效积温较高。增温效应对绿洲区域棉花的生育进程、干物质积累量、净光合速率和产量等有很大的影响。所以，新疆棉花的主要高产区都分布在塔里木和准噶尔两大盆地的边缘。

（六）新疆棉区与内地主要棉区气候条件比较

新疆棉区由于独特的地形地貌，其气候条件与黄河流域棉区、长江流域棉区有明显的区别，如表1-3。

表1-3　我国主要棉区气候资源比较

项目	长江流域棉区	黄河流域棉区	西北内陆（新疆）棉区
气候区	中亚热带至北亚热带 湿润区 东部季风区	南温带 半湿润区 东部季风区	南温带及中温带 干旱、极干旱区 西部大陆性气候区
≥10℃积温（℃/d）	4 600～6 000	3 800～4 900	3 100～5 400
≥10℃持续期（d）	200～294	196～230	160～215
≥15℃积温（℃/d）	3 500～5 500	3 500～4 500	2 500～4 900
≥15℃持续期（d）	180～210	150～180	145～200
4—10月平均气温（℃）	>23	19～22	16～25
无霜期（d）	>200	180～230	150～220
年降水量（mm）	1 000～1 600	500～1 000	30～280
年日照时数（h）	1 600～2 500	1 900～2 900	2 600～3 400
年均日照率（%）	30～55	50～65	60～75
年辐射量（kJ/m²）	460～532	460～652	550～650

数据来源:《中国棉花栽培学》，2019年。

从表1-3看出，与长江流域棉区和黄河流域棉区相比，新疆棉区具有适合棉花生长发育的气象条件。光照充足，年均日照时数2 600～3 400 h，年均日照百分率60%～75%，比黄河流域和长江流域棉区高10%～20%，年辐射量550～650 kJ/m²，比长江流域和黄河流域棉区高90～110 kJ/m²，尤其是秋季晴天多，光照条件好，极为有利棉铃发育，形成洁白有光泽的优质棉。气候干燥，年降水量仅30～280 mm，加上冬季严寒，棉田病虫害发生较少。

但是，新疆棉区热量相对不足，但日较差大。新疆多数棉区≥10℃的活动积为3 100～5 400℃，≥15℃的持续日数为145～200 d，7月平均气温可达23～29℃，无霜期150～200 d。虽然热量不如长江流域和黄河流域，但能满足早熟棉和早中熟棉的要求。且气温日较差大（多数棉区为 12 ~ 16℃），有利于加快棉花干物质的积累，提高经济系数，进而提高棉花的产量和品质。

三、新疆植棉区域划分

新疆棉区地域辽阔，按照地理位置和气候特点，可划分为东疆、北疆和南疆棉花产区。主要自然条件见表 1-4。

表 1-4　新疆棉区不同亚区主要生态条件及生长特点

项目		东疆中熟、早中熟棉亚区	南疆中早熟棉亚区		北疆早熟棉亚区	北疆特早熟棉亚区
			叶塔次亚区	塔北次亚区		
主要生态特点	无霜期（d）	≥ 200	206 ~ 239	186 ~ 216	175 ~ 220	185 ~ 189
	≥ 10℃积温（℃）	4 500 ~ 5 400	4 147 ~ 4 658	3 823 ~ 4 366	3 500 ~ 4 100	3 190 ~ 3 550
	≥ 15℃积温（℃）	4 110 ~ 4 980	3 547 ~ 3 999	3 730 ~ 3 844	3 000 ~ 3 200	2 500 ~ 3 000
	≥ 28℃最高积温（℃）	5 000 ~ 5 700	3 521 ~ 3 837	2 915 ~ 4 686	3 200 ~ 3 700	2 600 ~ 3 200
	7 月平均温度（℃）	29.0 ~ 32.3	24.6 ~ 27.4	23.6 ~ 28.6	25.5 ~ 27.8	23.0 ~ 25.6
	全年日照时数（h）	3 000 ~ 3 500	2 700 ~ 3 000	2 700 ~ 3 000	2 700 ~ 2 800	2 850
	日照率（%）	67 ~ 80	61 ~ 71	61 ~ 71	59 ~ 64	64
棉花生长特点	适宜品种	中熟、早中熟陆地棉、中熟海岛棉	早中熟陆地棉　早熟海岛棉	早中熟陆地棉	早熟陆地棉	特早熟陆地棉
	栽培特点	稀植、大棵	高密度、矮化	高密度、矮化	高密度、矮化	超高密度、矮化
	主要病虫害	棉铃虫、棉蚜、枯萎病、叶斑病	棉铃虫、棉蚜、棉叶螨、枯萎病、黄萎病	棉铃虫、棉蚜、棉叶螨、枯萎病、黄萎病	棉铃虫、棉蚜、棉叶螨、枯萎病、黄萎病	棉铃虫、棉蚜、棉叶螨

资料来源：《新疆棉作理论与现代植棉技术》，2016 年。

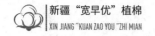

（一）东疆亚区（中熟、早中熟棉亚区）

依据气候条件和棉花品种熟性东疆亚区属中熟和早中熟棉亚区。本区棉田面积和总产约占全新疆的3%左右。棉区以地方为主，新疆生产建设兵团为辅，优质棉基地县有吐鲁番、鄯善、托克逊等，新疆生产建设兵团有红星农场和221团等。这里是国家葡萄和瓜果基地，经济效益高，发展棉花生产受到限制，但应保持一定面积，以满足纺织业对长绒棉的用棉需求。

东疆亚区位于天山东段的山间盆地，棉田主要集中在吐鲁番盆地和哈密山南平原，是我国海拔最低的地区。其中，吐鲁番盆地海拔 –200 ～ –154 m；夏季最干热，素有"火洲"之称，日最高气温 ≥ 35℃的天数达 2 ～ 3 个月，极端最高温度49.6℃。本区 ≥ 10℃的积温 5 400℃以上，保证率80% ≥ 10℃的积温，盆地西部为 5 200℃，积温最少的年份也达 5 100℃；盆地东部鄯善为 4 324℃，最少年份也达 4 070℃。本区是我国热量资源最丰富的棉区。

在本区宜种植中熟陆地棉、中熟海岛棉，其热量条件可保证年霜前花率90%以上，纤维长度、纤维断裂比强度（比强度）均能达到或超过国家标准。本区不利条件是春季常有风沙天气侵袭，对保苗不利。夏季高温酷热，最热月平均气温持续 40℃以上酷热天气持续天数长，年降水量不足 36 mm，经常有干热风为害，造成大量棉花蕾铃脱落。该区的哈密地区位于哈密山南平原和山北淖毛湖地区，易受冷空气和大风的影响，夏季气温较高，干热风多，秋季降温快，对棉花中后期生长不利，适宜种植早中熟陆地棉。该区主要病虫害是棉铃虫、棉蚜、枯萎病和叶斑病。

（二）南疆亚区（早中熟棉亚区）

依据气候条件和棉花品种熟性南疆亚区属早中熟棉亚区。本亚区棉田面积和总产约占全新疆的60%以上，其中，地方占该亚区的60%以上，兵团占40%以下。南疆棉区位于天山以南，塔里木盆地周缘，是我国地势最高的棉区，海拔一般为 737 ～ 1 427 m，西南部最高达 1 500 m。棉区主要分布在塔里木河流域、阿克苏河流域、叶尔羌和喀什噶尔河流域与和田河流域，也是长绒棉集中产区。宜棉范围大致在乌鲁木齐—喀什公路以南和以东，喀什—和田公路以东和以北，在北纬 36° 45′ ～ 41° 45′ 的范围内。由于结构调整和基地建设，形成了一批较大规模的棉花生产基地：库尔勒市、尉犁、阿克苏市、温宿、库车、沙雅、新和、莎车、阿瓦提、麦盖提、巴楚和轮台县（市）等，新疆建设兵团第一师、第二师和第三师，其中，莎车县总产高达9.4万 t，为全国最大的产棉县，第一师总产

超过 20 万 t，为全国最大的产棉师（场）之一。第一师、阿瓦提县、且末县和第
二师是全国最大的长绒棉生产基地。

本亚区主要气候特点是，春早气温回升快，春旱提前造墒，以早播促早发，
5 月降雨易返碱为害幼苗，夏季高温，有干热风为害，主要病虫害有：棉铃虫、
棉蚜、棉叶螨等，枯萎病和黄萎病为害加重。土壤以灌淤土、旱盐土、棕漠土、
盐土为主，均有次生盐渍化。由于秋季降温显著，纤维强力偏低，内糖含量偏
高。该亚区又可划分为叶塔次亚区和塔北次亚区。

1. 叶塔次亚区

本区集中在叶尔羌河、阿克苏河、喀什噶尔河流域和塔里木河上中游流域，
地处塔里木盆地边缘的西北部及西南部海拔 1 400 m 以下的平原地区。包括沙
雅、阿拉尔、阿瓦提、阿克苏南部、巴楚、伽师、喀什、岳普湖、麦盖提、莎
车、英吉沙、泽普、叶城、皮山、墨玉、和田、洛浦、于田等地，新疆兵团第
一师 1 团至 3 团，9 团至 16 团，第三师 42 团至 53 团。本区保证率 80% ≥ 10℃
的积温为 3 900 ～ 4 300℃，保证率 90% 的积温超过 3 800℃，最少年份也大于
3 600℃。无霜期 206 ～ 239 d，棉花霜前花率较高。因此，该区种植早熟海岛
棉和早中熟陆地棉（生育期 125 ～ 135 d）。虽本区热量比中熟棉亚区少 300 ～
800℃，但生育期中有害高温显著减少，棉花品质优，高产纪录不断涌现，是新
疆棉花生产潜力最大的棉区。该区主要的不利气象条件是春季棉花苗期的风、雨
频发引起的盐碱为害。病害主要是枯萎病和黄萎病，非抗虫棉品种不宜种植；虫
害主要是棉铃虫和棉蚜，应以生物防治为主，综合治理。该次亚区的皮山、墨
玉、和田、洛浦、策勒等地，由于浮尘天气多，光照强度减弱，影响棉花的光合
作用，单产略低于本区的其他地区。

2. 塔北次亚区

本区位于塔里木盆地边缘北部、东部和东南部，包括新和、库车、轮台、尉
犁、若羌等县，新疆兵团第二师 28 团至 36 团。本区热量条件较丰富，本区保
证率 80% ≥ 10℃的积温为 3 650 ～ 4 000℃，保证率 90% 的积温超过 3 550℃以
上，都不如叶塔次亚区，以种植早中熟陆地棉和早熟陆地棉品种为宜。不利的自
然条件是水资源较紧张，棉花生产不宜盲目扩大。病害主要是黄萎病、枯萎病，
棉铃虫、蚜虫为害也较重。

（三）北疆亚区（早熟、特早熟棉亚区）

依据气候条件和棉花品种熟性北疆亚区属早熟、特早熟棉亚区。北疆亚区棉

田面积和总产占全新疆的 40%，其中，新疆生产建设兵团约占 60%，地方约占40%。20 世纪 50 年代以前，北疆亚区没有棉区分布。1953 年，玛纳斯河流域屯垦的解放军第 22 兵团（以后的第七师和第八师）在先前试验植棉成功的基础上，开展了 2 万亩棉花大面积取得成功，北疆逐渐开辟了大面积的新棉区，从而形成了目前的棉花种植分布。

北疆亚区位于天山北坡，准噶尔盆地南缘，古尔班通古特沙漠以南，东起芳草湖农场，西至伊犁河谷的霍尔果斯口岸，是我国最北的一个新型棉区，也是新疆主要优质棉产区，分布于玛纳斯河流域、奎屯河流域、博尔塔拉河下游和伊犁河流域。由于结构调整和基地建设，形成了一批规模基地县：玛纳斯、沙湾、乌苏、呼图壁县（市）总产超过 5 万 t，昌吉、精河超 4 万 t，博乐超 3 万 t，克拉玛依超 1 万 t。新疆兵团第八师总产超 20 万 t，第六师和第七师超 10 万 t，第五师超 5 万 t，第四师超 1 万 t。其中，兵团芳草湖农场和新湖农场总产超 3 万 t，面积 2 万 hm^2，是兵团最大的团（场）。依据气候自然条件和棉花品种熟性，北疆亚区可分为早熟次亚区和特早熟次亚区。

1. 北疆早熟棉次亚区

该区是全疆第二大棉区，棉田面积占全疆棉田面积的 38% 左右，总产占全疆总产的 40% 左右。本区位于天山北坡，准噶尔盆地南缘，古尔班通古特沙漠以南，分布于玛纳斯河流域、奎屯河流域、博尔塔拉河下游的绿洲平原，海拔400 m 以下的地区。包括博乐市东部的精河、乌苏、奎屯、沙湾、石河子、玛纳斯、克拉玛依等县市；兵团第五师、第七师、第八师的大多数团场，第六师西线新湖总场、芳草湖总场等团场。本区保证率 80% ≥ 10℃的积温为 3 400 ～3 500℃，积温最少年份也可达 3 000 ～ 3 100℃，最热月平均温度 25.5 ～ 27.8℃，无霜期 175 ～ 220 d，年降水量 150 ～ 200 mm，相对湿度 50% ～ 60%，是我国纬度最北、典型的早熟陆地棉区，也是新疆主要的优质棉产区。主要栽培的棉花品种为新陆早系列品种，生育期 115 ～ 125 d，品种良种化程度高。该区主要病虫害是棉花黄萎病、枯萎病、棉蚜和棉叶螨。该区热量条件、无霜期年际间变化较大，适宜种植品种的首选条件是早熟性，同时要重视优质、抗病、丰产等性状。

2. 北疆特早熟棉次亚区

本区主要集中在准噶尔盆地西南至东南部，海拔 400 ～ 550 m 的狭长地带。包括精河、乌苏、沙湾、石河子、玛纳斯等县市乌伊公路以南的乡镇，呼

图壁县、昌吉市、五家渠市，共青团、六运湖、红旗等团场。本区保证率
80% ≥ 10℃的积温为 3 200 ～ 3 400℃，无霜期 175 ～ 189 d，最热月平均温度
23 ～ 25.6℃。其他零星植棉地区，包括克拉玛依市以北的乌尔禾至夏孜盖地区
（第十师 184 团），伊犁河谷下游含霍城县和察布查尔县部分乡及兵团第四师的
62 团至 64 团。本区适宜种植特早熟陆地棉品种，生育期在 100 ～ 115 d。一切
技术措施要突出"早"字，采取密植及其他充分利用光温资源的栽培措施。

新疆棉区地域辽阔，加上"三山两盆"的地貌环境，使新疆棉区气候条件
差异较大，因此，棉花种植要根据当地气候积温指标和最热月的平均气温来界
定棉花种植区域和品种配置。在满足种植棉花的下限 ≥ 10℃积温 3 150℃的同
时，考虑到棉花花期需要一定的热量强度，对最热月 7 月平均气温不足 24℃的
地区，即使 ≥ 10℃积温能满足棉花生长发育也不宜种植棉花。包括南疆的焉耆
盆地、拜城盆地，北疆的伊犁河谷西部的伊宁、霍城、察布查尔，昌吉州的米
泉、阜康、吉木萨尔，这些地区积温虽能达到植棉要求，但夏季月份温度强度不
够，7 月平均气温低于 24℃，早熟性指标不够，使棉花花铃期延长，霜前花率较
低，产量不高，应限制棉花种植。

四、新疆气候变暖和覆膜对不同熟性棉花种植区域的动态变化

研究表明，地膜覆盖不仅增加土壤温度、保墒，还会对棉株生长中所需的积
温有补偿的作用。全球气候变暖和地膜植棉技术都会影响棉花生长发育中所需的
热量条件，进而影响棉花的种植区域。胡莉婷（2019）等基于 ANUSPLIN 气象
插值软件和 80% 保证率，利用新疆及其邻近国内外 173 个观测站点的气候资料，
分析气候变暖下新疆不同熟性棉花种植区划变化特征，并结合地膜覆盖增温效
应，进一步研究不同熟性棉花种植界限变化特征，为新疆地区棉花品种熟性选择
和合理布局提供科学依据，促进新疆棉花高产稳产[10]。

研究基于栅格计算了 1960—2015 年新疆地区的 ≥ 10℃积温、无霜冻期和 7
月平均温度，分析研究气候变化背景下新疆地区农业热量资源的时空变化特征，
比较和探讨了气候变暖和覆膜影响下，不同熟性棉花可种植区的变化特征以及棉
花区划的热量资源限制因素，得出以下主要结论。

一是 1960—2015 年，新疆地区总体表现为 ≥ 10℃积温、无霜冻期和 7 月平
均温度分别以 64.7（℃·d）/10a、3.3 d/10 a 和 0.2℃ /10 a 的倾向率呈显著增加
趋势；全疆热量资源有较为明显的区域性差异，≥ 10℃积温、无霜冻期和 7 月

平均温度的变化与地势海拔密切相关，总体呈现南疆高（多）于北疆，平原和盆地高（多）于山地。

二是与1960—1989年相比，1990—2015年不同熟性棉区的可种植区存在不同程度的变化趋势，中熟棉区的种植面积明显增加$3.82 \times 10^4 \, km^2$，种植面积占全疆面积的比率增加2.3个百分点，主要增加区域位于塔里木盆地东部地区；早中熟棉区的可种植区域有增大趋势，早中熟叶塔次亚棉区可种植区的增加区域主要分布于准噶尔盆地东部、吐鲁番盆地南部、哈密盆地南部以及塔里木盆地西部；早熟棉区的可种植面积变化趋势不明显，特早熟棉区的可种植面积和不适宜区的面积均减少。

三是地膜增温机制对中熟、特早熟棉区和不宜棉区的种植界限基本无影响，但对准噶尔盆地区域棉区的种植界限影响显著，准噶尔盆地区域内早中熟叶塔次亚棉区、塔哈次亚棉区平均分别东扩65 km和70 km，早熟棉区东扩范围在0～300km；早中熟叶塔次亚棉区可种植面积增加$5.47 \times 10^4 \, km^2$，比率增加3.3个百分点，特早熟棉区面积比率减小1.6个百分点。

四是全疆棉花种植的热量资源限制因素的空间分布特征为，不宜棉区大部分受≥ 10℃积温和7月平均温度限制，而三大山脉处不宜棉区还受无霜冻期限制；北疆宜棉区中不同熟性棉区的主要热量资源限制因子为≥ 10℃积温，南疆主要为≥ 10℃积温和7月平均温度两者共同限制或7月平均温度单个因素限制，大部分早中熟塔哈次亚棉区、早熟棉区和部分特早熟棉区受≥ 10℃积温限制。

五、新疆棉区纤维品质的生态分布

棉花纤维品质性状大多为数量性状，新疆棉区间存在不同程度的纤维品质生态差异。生态的差异对不同品质类型的棉花生产分类布局、定位具有较大影响。新疆棉区棉花纤维品质具有规律性分布。

（一）南疆（东疆）主要棉区品质生态分布

据李雪源等试验[11]，采用南疆9个品种（系）、7个试验点，涉及南疆三大植棉地州有代表性的中早熟棉区及东疆棉区。南疆棉区纤维比强度分布结果，从强到弱依次为吐鲁番＞库尔勒＞沙车＞喀什＞麦盖提＞库车＞阿瓦提。吐鲁番棉区纤维比强度最高平均31.54cN/tex，显著高出其他棉区3.03cN/tex，9个品种有7个品种在吐鲁番的纤维比强度均高于其他棉区，且有遗传比强度较高的品种在吐鲁番种植表现更高的现象，说明吐鲁番为高比强棉区。其次南疆库尔勒纤维比强度最好，平均29.63cN/tex，高于其他棉区1.34cN/tex，9个品种有6个品种比强度高于其他棉区。莎车、喀什、麦盖提、库车为同一比强度棉区，处在28.28～28.91cN/tex，且这4个棉区的品质生态结果与品种遗传品质结果最接近，可作为今后出具各种试验、检验、鉴定、定级报告的代表性样品区。本试验品质结果也基本代表了目前新疆棉花品质水平。

纤维马克隆值分布结果，从粗到细依次为吐鲁番>（库尔勒、沙车、库车、阿瓦提）>（麦盖提、喀什）。其中，吐鲁番棉区棉纤维马克隆值明显偏高偏粗，平均4.9，9个品种最低4.4，最高5.1，属C级水平。南疆其他棉区棉纤维马克隆值均较好，变异幅度不大，处在3.7～4.2，均在国际标准一级范围之内。这也说明新疆棉区纤维细度好，是新疆的优势所在。

纤维整齐度分布结果，从高到低依次为库车、库尔勒、吐鲁番、麦盖提、莎车、阿瓦提、喀什。以库车纤维整齐度最好平均84.1，且9个品种中有7个品种均在84以上，表现出较好的一致性和稳定性，是纤维整齐度最佳生态区。喀什市的棉纤维整齐度最低，平均82.9，为中等水平。其他棉区纤维整齐度均较好，变幅不大，处在83.6～83.9，达到纤维整齐度83以上的高等级标准。

南疆棉区纤维纺纱均匀度分布结果，优良程度依次为库尔勒>喀什>麦盖提>沙车>阿瓦提。以库尔勒棉花适纺性最好。麦盖提、沙车棉花纺纱均匀度好的原因是棉纤维马克隆值适中。试验对各点纤维长度、比强度、马克隆值和整齐度4个性状条件采用灰色关联度分析，南疆棉区综合生态品质最优棉区依次为：库尔勒、莎车、库车、喀什、吐鲁番、麦盖提、阿瓦提。

（二）北疆主要棉区纤维品质生态分布

李雪源（年份）对北疆10个品种（系）、7个试验点，涉及北疆主要棉区、河西走廊及南疆早熟棉区的纤维品质生态分布研究。北疆纤维比强度分布结果，从高到低依次为新疆生产建设兵团第八师121团、乌苏、精河、敦煌、新疆生产建设兵团第七师125团、石河子、墨玉。其中，第八师121团为最好，平均31.26cN/tex，高出其他棉区2.43cN/tex，且10个品种有6个品种比强度在31cN/tex以上。乌苏、精河棉区比强度次之，为30.35～29.86cN/tex，但对于乌苏来说如果品种适当，比强度也会表现较高水平。不同品种在精河棉区比强度表现较稳定。敦煌、第七师125团、石河子、墨玉为第3层次相同比强区为28.55～27.61cN/tex。第八师121团、乌苏、精河为北疆高比强分布区，第八师121团较石河子、墨玉高2.2～2.6cN/tex。

北疆棉纤维马克隆值分布结果，从粗到细依次为新疆生产建设兵团第八师121团、乌苏、石河子、精河、墨玉、敦煌，以墨玉、精河、敦煌为最好，马克隆值在3.9~4.1，10个品种有6个品种处在一级水平，但敦煌棉纤维有偏细、成熟度偏低的现象。新疆生产建设兵团第八师和第七师棉纤维偏粗，10个品种有6个品种均在4.4以上，平均4.4接近C级水平。乌苏、石河子生态区棉纤维略偏粗，马克隆值在4.2~4.3为B级水平。

北疆棉纤维整齐度分布结果，从高到低依次为乌苏、精河、第八师121团、石河子、第七师125团、敦煌。尤以乌苏、精河、第八师121团、石河子棉区纤维整齐度突出，均在85以上高等级水平。其他棉区纤维整齐度也很好，均达到83以上高标准等级。对各点纤维长度、比强度、马克隆值、纤维整齐度4个性状条件采用灰色关联度分析，北疆综合生态品质最优棉区依次为：精河、乌苏、第八师121团、墨玉、敦煌、石河子、第七师125团。

南疆棉区与北疆棉区生态品质差异从对照品种看，中棉所35在南疆绒长29.3 mm，比强度26.9cN/tex，马克隆值4.2，纤维整齐度83.2；新陆早10号在北疆绒长29.6 mm，比强度28.2cN/tex，马克隆值4.4，纤维整齐度84.4，这一结果既代表了目前南北疆生产品种的生产品质，也反映出目前南北疆棉区生态品质差异主要表现在纤维强力、马克隆值和纤维细度的不同。即南疆棉纤维细度优于北疆，北疆纤维强力、整齐度优于南疆。南北疆棉纤维整齐度分布结果显示，纤维整齐度对热量条件要求不是越高越好，而是以中间水平为佳。新疆北疆棉区生态条件更有利于纤维整齐度的提高。

另外，南疆棉区生态品质多样性多于北疆棉区，南疆不同棉区间生态品质差异大于北疆，北疆棉花品质好的原因得益于北疆棉区品质一致性相对较好。与南疆高品质生态区结合较好的品种，生产品质会优于北疆高品质生态区的生产品质。

新疆南疆棉区生态品质分布具有沿塔里木盆地北缘，以阿克苏为辐射点，向东西方向延伸生态品质渐佳特点。北疆棉区生态品质分布具有沿准噶尔盆地南缘，由东向西生态品质渐佳现象。

第三节　新疆植棉技术演变

中华人民共和国成立以来，新疆的棉花生产的发展充分证明了科学技术是第一生产力。新疆植棉技术的发展先后经历了科技探索阶段、"矮密早"技术创新阶段、膜下滴灌水肥一体化阶段、现代植棉全程机械化阶段和"宽早优"标准化植棉阶段。

一、技术探索阶段

在中华人民共和国成立至 1979 年的 30 年间，新疆的棉花面积在 3.1 万～ 17.2 万 /hm²，皮棉总产在 0.5 万～ 7.9 万 t，平均单产 169 ～ 494 kg/hm²，棉花总产仅占全国总产的 1% ～ 4%，生产规模总体较小，植棉技术属探索阶段。在栽培技术方面，1950 年驻守北疆的第二十二兵团第九军第二十五师、第二十六师奉命开赴沙湾县境内的炮台、小湾等地开荒生产，首次在北纬 45° 10′、东经 85° 03′ 成功试种了棉花。1953 年开始，在苏联专家的指导下，南、北疆垦区全面推广苏联先进植棉技术，采用 60 cm 等行距，保苗 9 万～ 12 万株 /hm²，运用施基肥、选种浸种、药剂拌种、间苗定苗、沟畦灌溉、整枝打杈新技术。20 世纪 70 年代后，推广（60+30）cm 宽窄行播种方法，棉花密度增加到 15 万株 /hm² 左右。棉花品种方面：20 世纪 50 年代初进行第 1 次更换，从苏联引入斯 -3173 代替了非洲棉和那勿罗斯基、什万得尔等退化的陆地棉品种，使棉花单产提高 25%；50 年代末进行第 2 次更换，1954—1955 年从苏联引进的 611- 波和克克 1543 在北疆推广，在南疆推广斯 -4744，使棉花单产提高 30% 左右；60 年代初、中期进行第 3 次换种，南疆推广 108 夫，东疆推广岱 65，使单产又提高 10% 左右；70 年代初期、中期进行第 4 次换种，主要推广新疆自育品种 61-72、66-241、农垦 5 号、新陆早 1 号，使单产进一步提高。同时科技人员进行棉花育种工作。姚源松（1997）资料显示，1959—1968 年第一师培育出了海岛棉军海 1 号。1960—1968 年第二师采用多父本混合花粉杂交培育出军棉 1 号，逐步替换了苏联品种 108 夫、C-1470，该品种成为南疆早中熟陆地棉区的主栽品种。1969—1976 年，第八师选育出新陆早 1 号，替代了苏联品种 KK-1543，成为北疆地区的主栽品种，不仅使棉花纤维长度普遍提高到 29 mm，而且产量大幅度提高，解决了新疆棉花早熟、丰产、优质问题[12]。

二、"矮密早"技术创新阶段

进入 20 世纪 80 年代，针对新疆春季气温低且进入 9 月中旬后温度下降快，有效积温不足的问题，研究者们试图通过增加棉花密度实现群体与温度特点相适

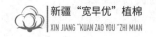

应，解决有效积温不足的问题。

新疆棉花从 20 世纪 70 年代就提出矮密早栽培，到 80 年代又提出地膜加矮密早栽培技术，但对于密到何种程度，矮到什么范围，均无具体数量指标。因此，对棉花生产并无实际指导意义，新疆棉花生产仍按稀植、植株高大松散方式进行，棉花单产一直在 750 kg/hm² 左右徘徊不前。为了探索棉花高产的途径，80 年代末，八一农学院（新疆农业大学前身）在三坪农场、玛纳斯、沙雅、新和、麦盖提、墨玉、第三师水工团等单位设点进行多种单因素和 N、P、K、密度、化调五因素五水平回归设计试验。试验结果经统计分析和计算机仿真，得出影响棉花单产的因素虽然很多，但其主导因素是密度过稀、植株高大旺长，造成营养生长过旺，而生殖生长的蕾铃因得不到充足的养料而大量脱落。据此制订了"棉花高密度矮化高产优质栽培模式"。该模式确定密度是高产优质的关键，建议收获密度南疆为 13.5 万～ 18 万株 /hm²；矮化是高产优质的前提，只有在矮化的条件下才能实行高密度栽培。在棉花生育期间，根据产量指标，利用植物生长调节剂—缩节胺，进行 2 ～ 5 次化调，把株高控制在 60（北疆）～ 70 cm（南疆）；根据棉花的需肥特点和规律，科学施肥是高产的物质基础，即在中等肥力条件下，施尿素、二胺 450 ～ 600 kg/hm²，单产皮棉可达到 1 200 ～ 1 500 kg/ hm²；综合防治病虫害是高产优质的保证，特别是对棉蚜在冬春季的越冬场所和寄生上施药，消灭和降低基数，棉田点片发生时进行挑治，严禁乱打药，伤害天敌。该模式 1990 年在沙雅、玛纳斯大面积推广，仅把密度从 7.5 万～ 10 万株 /hm² 提高到 13.5 万～ 18 万株 / hm²，化调两次，单产大幅度提高，沙雅推广 11 333 hm²，平均单产 1 035 kg/hm²，比 1989 年平均单产 637 kg/hm² 提高 62.5%，其中 10 hm² 超过 1 500 kg/hm²；玛纳斯县推广 4 146 hm²，平均单产 1 062 kg/hm²，比 1989 年平均单产 757.5 kg/hm² 增产 40.2%。1991 年，在沙雅、新和、尉犁、玛纳斯、昌吉市、呼图壁等县全面推广，其中，在沙雅推广 13 333 hm²，平均单产 1 305 kg/hm²，比 1989 年单产提高 1 倍多，使该县由全疆有名的低产贫困县而跃进到高产富裕县的行列，农民的收入仅棉花一项就达 1 000 元，1994 年 20 000 hm² 棉花，平均单产达到 1 440 kg/hm²，比全疆平均单产 1 176 kg/hm² 增产 22.4%，而跻身于棉花生产的高产行列。从 1990—1993 年累计推广面积 10.7 万 hm²，较推广前单产平均提高 67%，有力地促进了棉花生产的发展。

该研究在提出"矮""密"作用的同时还认为，高密度可降低新疆棉花纤维含糖量，其原因是，通过高密度将棉铃调节在 1 ～ 6 果枝的第 1 节位，这些节位的棉铃均在7—8月气温最高的时间里完成的，而7～8果枝的棉铃生长发育时间已到了9月，这时夜温已降到15℃以下，抑制了纤维素合成酶的活力，还原糖只能积累，而不能充分转化为纤维素，故多余可溶性糖滞留于棉纤维中，增加了棉纤维内糖的含量，因此，在矮化的前提下，实行高密度栽培，每株保铃6个左右，既能高产，又能提高纤维品质。这些研究为"矮密早"的技术推广奠定了理论基础。

1980年，石河子农业科学研究所首次进行了0.51 hm²（7.6亩）棉花地膜覆盖栽培试验，平均单产皮棉2 036.3 kg/hm²（135.75kg/亩），较当时全疆平均单产436.5 kg/hm²（29.1kg/亩）增产3.66倍。1981年，生产建设兵团地膜棉扩大到1 333.3 hm²（2万亩），平均单产皮棉1 177.5 kg/hm²（78.5kg/亩），较当年全疆平均单产皮棉490.1 kg/hm²（32.67kg）增产1.4倍。1982年，第一师九团研制成功P-B-2型联合地膜植棉机，八团研制成功MBJ-2型联合铺膜机，为地膜植棉的大面积推广提供了技术条件。1982年，兵团地膜棉面积3.1万hm²（46.6万亩），平均每公顷产皮棉787.5 kg，较当年全疆平均公顷产511.5kg增产53.96%。1983年，兵团农一师、农二师采用膜侧播种获得成功，更利于地膜植棉技术进一步推广，这年全疆地膜棉面积达5.73万hm²。据娄春恒（1989）资料，1982—1984年，新疆农业厅和新疆农业科学研究院在南疆、北疆联合布点24个，开展了丰产、肥料、密度、播期、平垄作、覆盖度、塑膜种类等试验研究，同时进行大面积示范，明确了地膜棉在新疆的适宜地区，它在北疆增产幅度达70.7%，霜前花率提高9.9%～24.7%，在南疆增产42.6%，霜前花率提高8.7%～16.9%；在吐鲁番低温区略有增产，当≥10℃的积温多于5 000℃时，产量则有增有减。1984年，全疆播种棉花27.73万hm²（416万亩），其中，地膜棉8.65万hm²（129.8万亩），占棉田面积31.2%，公顷产皮棉由1983年的547.5 kg增加到660 kg，增加20%。新疆主要产棉区喀什地区，连续6年累计种植地膜棉16.69万hm²，每公顷增产皮棉396～517.5 kg。棉花高产区麦盖提县1987年种植地膜棉0.53万hm²（7.96万亩），平均公顷产皮棉1 242.8 kg，比常规棉增产436.5 kg。岳普湖县1987年种植地膜棉0.2万hm²（2.96万亩），公顷产皮棉1 377 kg。巴楚县在含盐量为0.7%以上的土地上种植地膜棉，较常规棉增产72.4%以上。全疆从1980—1987年，共推广地膜棉69.65万hm²（1 044.8万亩），增收皮棉24.77万t，增加产值8.98亿元[13]。娄春恒还研究了棉花地膜覆盖的增产原因，即地膜覆盖地积温增加显著，地温的增温效应弥补了低气温的不利影响；保墒提墒效果良好；地膜覆盖后，土壤的水、气、热条件得到改善，土壤微生物活动加强，能加速土壤有机质的分解，增强土壤供肥能力；叶面积大，光能利用率高，积累的干物质多；地膜棉能在有限的生育期内增加伏前桃和伏桃，降低秋桃比例，使有限生育期得到较好利用等。陈冠文等（2010）在研究地膜棉田的生态系统结构后发现，露地棉田的生态系统是由土体层、植被层和近地大气层三个子系统组成。地膜棉田由于在地面上覆盖了一层塑膜而将土体层和近地大气层隔开，形成了一个虽然很薄但既不同于土体层，又不同于近地大气层，且有特殊功能的生态子系统——膜下层。因此，地膜棉田的生态系统是由土体层、膜下层、植被层、近地大气层四个子系统组成。这两种生态系统的物质、能量交换方式也截然不同：露地棉田的生态系统是一个开放系统，其物质和能量的传递与交换是一个"直链式"的连续的过程：

土体层 <= = => 植被层 <= = => 近地大气层

地膜棉田由于塑膜的隔离作用，其物质、能量交换方式，形成了两个"双环式"的小循环：

土体层 <= = => 膜下层 <……> 植被层 <= = => 近地大气层

膜下层与植被层之间仅有少量的能量以长波辐射式传递。地膜棉田生态系统的这种特殊的物质、能量传递和交换方式，是它具备增温、保墒、提墒、抑盐、灭草等特殊功能的生态学原因，也是地膜棉田的本质特征[14]。

新疆各地在地膜棉推广之初比较重视棉田的条件，采取稳步发展的方针。但随着地膜棉面积的扩大，土地的肥水条件越来越差，加上耕作管理粗放，其产量和品质受到了一定影响。为了巩固和提高地膜植棉成效，进而提出了棉花地膜覆盖要注意的技术措施：一是权衡条件，稳步发展，要求种植的地膜棉平均单产皮棉应稳定在 975 kg/hm^2 以上，与常规棉相比，公顷增产皮棉不低于 300 kg；二是灵活掌握播期，争取一播全苗，主张霜前播种霜后出苗的同时，为保证作业质量和调剂农活，生产条件较好的地区，棉花播期可提前或推后 7 ~ 10 d，以便根据水、肥、劳力等情况合理安排，提高播种质量，利于一播全苗；三是合理密植，建立丰产群体，肥力较好的棉田，公顷株数以不超过 9.9 万株为宜，早衰棉田应为 12 万株以上，正常棉田的密度可根据肥水情况控制在每公顷 9.9 万 ~ 12万株；四是地膜棉花要提高土壤肥力，并进行土地平整；五是蕾期以后，必须根据棉株长势长相及土壤墒情适时、适量灌水；六是为避免人工除草伤苗，须于播前喷施除草剂。地膜棉易疯长，可根据其长势长相，于根外追肥和喷农药的同时喷施生长调节剂，防止其疯长而减产。

新疆棉花地膜覆盖技术经过几年的试验示范，因其增产效果显著，配套技术及时，很快形成了"矮密早"技术体系，种植密度提高到 18 万～22.5 万株/hm^2，缩节胺系统化调，株高控制在 60～80 cm，机械化播种覆膜等。充分发挥了地膜覆盖"增温、保墒、增光、抑盐、灭草"五大生态效应和"早熟、增铃、优质"三大生物学效应。"矮密早"技术的推广促进了新疆棉花生产的跨越式发展，被称为棉花科技界的"里程碑"，迄今为止仍在生产上广泛应用。在品种方面，该阶段以军棉 1 号为代表的自育陆地棉品种取代苏联系列生态型品种 108 夫、C-1470、KK1543 等。这次品种更换的遗传组分明显较苏联品种的遗传组分拓宽了许多。军棉 1 号的选育成功改变了新疆历史上引进品种占主导地位的局面。

三、膜下滴灌水肥一体化阶段

1996 年以来，新疆开始探索膜下滴灌水肥一体化技术。滴灌是世界上最先进的节水技术之一。棉花膜下滴灌技术是滴灌技术与覆膜植棉技术的结合，加压的水流经过滤设施滤"清"后，进入输水干管（常埋设在地下）、支管、毛管——铺设在地膜下方的滴灌管（带），再由毛管上的灌水器滴入棉花的根层土壤，供棉花根系吸收。顾烈峰研究指出[15]，我国水肥一体化技术的研究是从 1974 年开始的。当时引进了墨西哥的滴灌设备，试验点仅有 3 个，面积约 5.3 hm^2，试验取得了显著的增产和节水效果。1980 年，我国第一代成套滴灌设备研制生产成功。1981 年后，在引进国外先进生产工艺的基础上，我国灌溉设备的规模化生产基础逐步形成，在应用上由试验、示范到大面积推广。从 20 世纪 90 年代中期开始，灌溉施肥的理论及应用技术日益被重视，技术研讨和技术培训大量开展。自 1996 年起，新疆生产建设兵团（以下简称兵团）试验、应用和推广棉花膜下滴灌技术，至今已取得了突破性的进展。2000 年达到 24.98 万亩，2001 年猛增到 78.42 万亩。2002 年统计至 5 月底，又新增 91.60 万亩，总面积已达 170 万亩，2006 年达到 560 万亩，成为全国大田作物应用滴灌技术规模最大的片区。

兵团棉花膜下滴灌技术始于第八师，该师又称石河子垦区，地处新疆天山北麓，全国第二大沙漠——古尔班通古特沙漠的南缘。该区年降水量 100～200 mm，蒸发量高达 2 000～2 400 mm，属干旱—干涸地带，没有灌溉就没有农业。本区属新疆工农业经济发达的天山北坡经济带，但水资源相对匮乏，要维持当地经济可持续发展，维护生态平衡，唯一的出路就是节水。由于农业用水量比例高达95%，因此，节水的首要对象是农业节水。膜下滴灌技术是农业节水需求的产物。

兵团第八师棉花膜下滴灌技术经历了一系列试验过程：1996—1998年，结合生产在棉花地里进行初试、小试、中试3个阶段的膜下滴灌技术试验。1996年在121团25亩弃耕的次生盐渍化地下进行首次膜下滴灌试验研究，结果为棉花生长期净灌溉定额2 700 m^3/hm^2，比地面灌节水50%以上，单产皮棉1 335 kg/hm^2，是盐碱地上从未有过的产量。1997年试验扩大到相距各为100多千米，处于不同地点的3个团场的42.8 hm^2（642亩）棉田上进行，土地大部分是盐碱地或次生盐渍化地，土壤质地差，土壤肥力为中下等，结果是平均省水50%，平均增产20%，其中低产田增产达35%。1998年进行中试，面积扩大到99.133 hm^2（1487亩），其中13.333 hm^2（200亩）是番茄，试验内容深入到探索合理的灌溉制度、防虫、化控、施肥、防滴灌带堵塞、与农业技术措施紧密配合、降低成本等。试验在上述各方面均取得进展，并进一步验证了前两年所取得的成果。经过连续3年试验，且一年迈出一大步，大田棉花膜下滴灌技术在第八师取得了成功，并以其明显的节水增效优势吸引了千家万户。但大面积推广还面临诸多问题。滴灌技术核心的部件即滴灌带，试验时使用的是可多年使用的内镶式滴灌带，质量虽好，但每公顷地需用11 100 m，按1元/m计需11 100元以上，加上首部过滤器和至毛管的各级管道，每公顷概算首次投入需16 020元，若采用国外的滴灌带，则每公顷投入高达30 000元以上，农户只能望"洋"兴叹。滴灌器材，尤其是滴灌带的价格较高是阻碍该技术大面积推广应用的"瓶颈"。为了降低滴灌造价，在兵团的支持下，第八师组建了天业股份有限公司（以下简称"天业"）走"引进、消化、吸收、创新"之路，潜心研究了国内外滴灌带的生产状况，于1998年下半年试制成了一次性边缝式薄壁滴灌带——"天业"牌滴灌带。该滴灌带价格仅0.3元/m，使滴灌首次每公顷投入下降为8 250元左右，农户在种植棉花时有利可图，每公顷净增收2 250元左右。因此，"天业"牌滴灌带一问世，立即受到兵团广大农户的欢迎，为这项棉花膜下滴灌技术在大田作物中推广应用开辟了一条道路。从1998年起，由兵团科委、水利局等有关部门负责就"干旱区棉花膜下滴灌结合配套技术研究与示范"课题开展了3年研究工作，由兵团农垦科学院、兵团石河子大学、兵团第八师和第一师（地处南疆阿克苏地区）4个承担单位。80多位各学科、各单位的中高级科技人员，通力协作攻关，田间观测与室内试验并举，研究与示范相结合，取得干旱区棉花膜下滴灌配套技术成果。由中国水利学会农田水利专业委员会微灌学组专家参加主持的成果鉴定结论是"本课题总体水平为国内领先""具有很好的经济、社会、生态效益，有广泛的推广应用前景"。2001—2003 年，新疆天业集团在引进国外设备的基础上，通过技术创新，实现滴灌材料全部国产化，开发了一次性可回收边缝式迷宫滴灌带、自动反冲洗新型过滤器和大流量补偿式滴头，独辟蹊径地把过滤与滴头改进结合起来。自主研制了先进的废旧滴灌带回收设备，大幅度降低滴灌材料器材的生产成本，打破了国外滴灌产品价格垄断，使滴灌系统造价由 2.25 万元 /hm^2 降低为 0.6 万元 /hm^2 以下。解决了滴灌技术让农民"用得起"、河水利用滴灌技术、废旧滴灌带回收再利用三大难题，从而使滴灌技术能成功地大面积推广应用。

生产实践证明，棉花膜下滴灌技术具有十大优势：①省水。在棉花生长期内，比地面灌省水 40% ～ 50%。②省肥。肥料随滴灌水流直接送达作物根系部位，易被作物根系吸收，提高了利用率；亦可做到适时适量，对作物生长极为有利，平均可省肥 20% 左右。③省药。水在管道中封闭输送，避免了水对虫害的传播。另外，地膜两侧较干燥，无湿润的环境滋生病菌。因而除草剂、杀虫剂用量明显减少，可省农药 10% ～ 20%，杀虫效果好。④省地。由埋入地下及地面移动的输水管道代替地面灌时占地的农渠及田间灌水渠道，可节省地 5% 左右。⑤省工和节能。采用滴灌后，主要工作是观测仪表、操作阀门，工作条件好；滴灌能随水施肥、施药，膜下及旁侧杂草难以生长，土壤不板结，田间人工作业（包括锄草、施肥、修渠、平埂、病害治理等）和机械作业大大减少，人工管理定额大幅度提高，一个农工可以管理 4 ～ 6 hm^2（60 ～ 90 亩）或更多的棉田，劳动生产率提高。⑥便于利用盐碱地。棉花膜下滴灌可使作物根系周围形成低盐区，利于幼苗成活及作物生长。试验看出，不仅脱盐效果好，而且脱盐用水量比地面灌明显减少。⑦有较强的抗灾能力。因作物从下种、出苗起，就得到适时、适量的水和养分供给，棉花各类生长指标均优，抵抗力强。⑧增产。棉花普遍可增产 10% ～ 20%，低产田可增产 25% 以上。⑨提高品质。膜下滴灌营造了棉花良好的生长条件，因而，不但产量高，而且品质好，如棉花的成熟度好，纤维长度增加 0.4 ～ 0.7 mm，纤维的整齐度高，外观光泽好。⑩综合效益好。经济效益方面，膜下滴灌棉花增产 20% 以上，按籽棉价 3.5 元 /kg，每公顷增收 2 850 元。节省水、肥、农药、人力、机力，每公顷平均节支 1 425 元，除去工程投资年折旧费和年运行费每公顷 3 225 元，则每公顷净增收 1 050 元；生态效益方面，膜下滴灌节水 50%，减少深层渗漏，能较好地防止土壤次生盐碱化。滴灌随水施肥、施药，既节约了化肥和农药，又减少了对土壤和环境的污染；社会效益方面，由于滴灌水的利用率提高，滴灌面积不断扩大，兵团水资源紧缺的压力开始缓解。

膜下滴灌将地膜覆盖与节水灌溉有机结合的同时，将肥料溶解于水中，随灌溉滴水追施于棉花根区，不仅减少了施肥用工，也提高了施肥效果。膜下滴灌水肥一体化的要点是，将滴灌管铺设于地膜下，通过滴灌枢纽系统把肥料溶于水中，按照作物不同生育期的生长需求，通过滴灌管道系统均匀、定时、定量地浸润作物根系发育区域，为作物及时提供水分和养分。膜下水肥滴灌技术，将地膜、水、肥三者有机结合，相互配合，相互促进，实现了由浇地向浇作物的转变，由大量给土壤施肥向定时定量给根区施肥的转变，充分发挥了三者的增效优势，更大限度地提高地膜的增温保墒效应和提高光能利用率，更大限度地提高水分和养分的利用效果，在提高肥料利用率的同时减少了环境污染，保护了生态环境。

为促进该技术推广，1999—2003 年，新疆农垦科学院陈学庚院士等对滴灌管铺设技术、种孔防错位技术、排种电子监控技术、膜上打孔精量穴播技术进行深入研究，首创设计出一次联合作业可完成畦面整形、开膜沟、滴灌管铺设、铺地膜、膜边覆土、打孔、播种、种孔盖土、种行镇压等 9 道工序的棉花气吸式铺管铺膜精量播种机。该机的研制成功为新疆大面积推广应用膜下滴灌技术提供了有力的技术保障。

随着滴灌配套技术的解决，使该技术在全新疆得到迅速推广。由 1996 年的 1.67 万 hm² 发展到 2006 年的 37.3 万 hm²，2013 年的 128.2 万 hm²，占全新疆棉田总面积的 54.4%，其中兵团基本全部实行了膜下滴灌。随着"矮密早"和膜下滴灌技术的研究示范和推广，带动了新疆棉花生产的快速发展，自 1998 年以来，新疆的棉花总产占全国的 1/3 以上，自 2012 年以来，新疆棉花总产占全国的 1/2 以上，还带动了新疆棉花机械化采收项目，促进了棉花生产发展。该阶段，结合膜下滴灌技术南疆还引进示范推广了棉花品种中棉所 12 号、中棉所 35 号、冀棉系列和抗虫棉品种等；北疆棉区先后育成早熟、丰产的新陆早 5 号、新陆早 6 号、新陆早 7 号、新陆早 8 号和抗病、优质的新陆早 10 号、新陆早 13 号等品种，提高了棉花增产效果。

四、全程机械化发展阶段

陈发研究指出[16]，新疆的现代植棉全程机械化是由各环节、各时期的机械化逐步发展并和农艺技术创新相结合而形成的。特别是 2004 年以来，以精准覆膜、精准铺管、精量播种一体机和机械化采棉机的大面积推广为标志，及其棉田管理过程机械化的完善提高，使新疆棉花进入了全程机械化现代化装备武装的新阶段。新疆棉田全程机械化的发展由最初的土地耕翻、耙糖、中耕、除草、追肥等，到 20 世纪 80 年代的地膜覆盖机、植保喷药机械等大面积推广应用。再到 20 世纪末，在棉花生产过程中，除了棉花（含副产品）采收环节外，种子精选、播前耕整地、覆膜播种、中耕开沟、化肥深施、化控治虫等生产环节均已实现了机械化，这些机械化技术在新疆棉花生产中发挥了举足轻重的作用。地膜覆盖机械化技术推动了地膜覆盖丰产栽培措施的广泛普及。化肥深施机、联合整地机、平地机、茎秆还田机、新型喷雾机以及相继研制的棉秆收获、残膜回收、棉花收获机具等一大批关键性作业机械已在棉花生产中发挥了重要作用。如化肥深施机械化技术在"八五"期间累计推广 131 万 hm^2，增收节支达 3.6 亿元。自 1995 年以来。新疆农机综合机械化水平连续 3 年名列全国第 3。其中，地膜覆盖播种联合作业技术，机械化治虫喷雾技术等无论是自身科技含量或是应用推广程度均处于全国领先水平。特别是研制成功的机采棉技术、田间残膜回收技术、棉籽机械脱绒技术等已接近或达到世界先进水平[16]。

喻树迅等研究指出[17]，新疆生产建设兵团棉花生产机械化发展大致经历两个阶段。第一阶段为了改变新疆落后的棉花种植模式，兵团 1985 年引进地膜覆盖种植棉花，并在较短时间内全面实现了地膜植棉机械化，引领了新疆铺膜播种机械化技术的发展，使新疆地膜植棉机械化至 2012 年累计推广面积已超过 2 900 万 hm^2，其中，膜下滴灌精量播种推广面积达 510.85 万 hm^2，兵团棉农人均管理定额从 1 hm^2 上升到 3.33 hm^2，平均每公顷皮棉产量从 1980 年的 533.55 kg 上升到 1994 年的 1 230.9 kg，实现了兵团棉花生产的第一次提升。第二阶段始于 20 世纪 90 年代中后期，兵团在地膜植棉技术的基础上，提出了适于采棉机采收作业的全新棉花种植模式，创新研发了与新农艺相配套的系列联合作业机具，至 2013 年兵团机械化植棉面积达到 59.07 万 hm^2，其中棉花膜下滴灌精量播种面积 50.24 万 hm^2。兵团棉农管理定额突破 6.67 hm^2，每公顷皮棉产量 1994 年 1 230.9 kg，提高到 2013 年的 2 479.95 kg，比全国平均水平高 1 086 kg，总产

146.52 万 t，实现了兵团棉花生产的第 2 次提升。

新疆棉花采收机械化是全程机械化的瓶颈。一是随着社会的发展，用工劳动价值的攀升与新疆大面积棉花限期收摘的矛盾加剧，二是棉花采收机械的高技术含量的制约。据此，1996 年新疆兵团投资 3 000 万元开始实施"兵团机采棉引进试验示范项目"，并首先在第一师一团和八团进行机采棉高产技术栽培试验。十多年来，在机采棉种植、脱叶、采收、加工和质量保证等诸多关键环节都已取得重大突破，推广应用机采棉技术的条件日趋成熟。2011 年机采模式棉花种植面积达 23.33 万 hm²，占总播种面积的近 50%。种植品种主要有新陆早 45 号、新陆早 48 号、新陆中 31 号、新陆中 35 号、新陆中 49 号、新陆中 41 号等数十个。种植模式主要是（66+10）cm、（68+8）cm、（74+4）cm 等带状播种三角留苗的株行距配置方式。棉花的作业顺序为：冬翻→春灌→施肥→浅翻→保墒整地→除草→精量播种→中耕→植保→脱叶催熟→机械采收→秸秆粉碎→残膜回收。目前兵团 95% 以上棉田采用机采棉种植模式，累计实施总面积达 297.67 万 hm²，种植密度一般在 25.5 万株 /hm² 左右，株高为 75 cm 左右。据统计，至 2014 年，新疆拥有水平摘锭式采棉机 2 200 余台，其中兵团 1 920 台，地方 300 台；机采棉清理加工生产线 360 余条，其中兵团 306 条，地方 50 余条，机械采收面积约 67 万 hm²，其中兵团 47 万 hm²，地方近 20 万 hm²。数据显示，到 2018 年末，新疆兵团拥有采棉机 2 350 台，机采棉面积逾 68.67 万 hm²（1 030 万亩），棉花机采率超 80%，现已成为中国最大的机械化采棉基地。

生产实践证明，棉花机械采收经济效益明显，以兵团为例，兵团植棉区地势平坦，条田面积大，单台采棉机日采收进度可达 10 ～ 13.3 hm²，高峰期 1 台采棉机日采籽棉超过 80t，相当于 1 000 个拾花工的劳动量。机械化作业效率优势明显，可大幅提升棉花采收效率，缩短采收周期。综合计算，脱叶、采收、清理加工、设备折旧、维护修理等机械化作业各个环节的费用和人工费，机采棉每公顷平均成本约 5 925 元，与人工采棉每公顷平均 11 250 元相比，可节省 5 325 元，而且所采棉花综合质量指标可达到国家现行棉花标准的 2 级水平。

随着全程机械化植棉技术的推广，人工成本费在生产总成本的比重明显降低。据国家棉花市场监测系统显示，2019 年，新疆地方机采棉植棉成本 1 214 元 / 亩，其中，生产总成本 659 元 / 亩、人工总成本 147 元 / 亩、机械作业总成本 355 元 / 亩、其他成本 53 元 / 亩，在总成本中所占比重分别为 54.3%、12.1%、29.2% 和 4.4%。新疆兵团机采棉种植成本 1 460 元 / 亩，其中，生产总成本 808 元 / 亩、人工总成本113元/亩、机械作业总成本420元/亩、其他成本120元/亩,在总成本中所占比重分别为55.3%、7.7%、28.8%和8.2%。人工亩成本147元(地方)和113元(兵团)分别较2015年的859.83元(总成本2 119.09元/亩)降低4.8倍和6.6倍,分别较2015年人工成本占总成本比重40.58%降低28.48和32.88个百分点。特别是棉花采收成本,2019年机采棉采收亩成本187元较手采棉的796元降低76.5%(表1-5)。

随着播种、采收机械化的大面积推广,继承和完善"矮密早"、膜下滴灌水肥一体化等技术,新疆棉花进入了现代化植棉全程机械化的新阶段。在品种方面,随着生产的不断变化,中棉所35逐渐不适应日益严重的病虫害发生,品种自身也发生了变化,随后由中棉所43、中棉所49及南疆自育的陆地棉品种逐渐取代了中棉所35。该阶段,兵团还从河南省农业科学院引进了标杂A₁杂交棉的制种和生产技术,从此,也开始了宽早优植棉技术的探索。

表1-5 2019年中国植棉成本调查   单位:元/亩

项目	内地		新疆地方				新疆兵团	
	手摘棉	同比	手摘棉	同比	机采棉	同比	机采棉	同比
租地植棉总成本	1 258	14	2 322	18	1 656	23	1 902	16
自有土地植棉总成本	798	6	1 880	10	1 214	15	1 460	8
土地成本(租地费用)	460	8	442	8	442	8	442	8
生产总成本	485	−1	659	4	659	4	808	0
其中:棉种	53	−5	55	−4	55	−4	45	−1
地膜	39	1	56	0	56	0	117	−7
农药	105	−1	89	−7	89	−7	68	8
化肥	200	−8	273	22	273	22	344	−15
水电费	88	11	187	−6	187	−6	234	14
人工总成本	170	7	1 008	−2	147	8	113	3
其中:田间管理	120	2	147	8	147	8	113	3
灌溉/滴灌/人工费	50	5	65	4	–	–	–	–
拾花用工费	–	–	796	−14	–	–	–	–
机械作业总成本	72	2	167	7	355	5	420	−1
其中:机械拾花费	–	–	–	–	187	−2	191	−5
其他成本	71	−1	46	1	53	−3	120	6

数据来源:国家棉花市场监测系统。

五、"宽早优"标准化植棉阶段

"宽早优"植棉是新疆棉花生产发展的高科技阶段，它将现代信息技术、遥感技术、机械制造技术等与棉花的育种技术、播种技术、栽培技术、植保技术、采收技术、加工技术等有机结合，初步进入"产业化"、市场化、标准化、规范化的现代化产业体系阶段。2007 年以来，在原探索研究基础上进入了"宽早优"植棉阶段。"宽早优"是通过"宽等行、降密度、壮植株、拓株高"创建高光效群体结构，促棉花早发早熟集中成熟，实现棉花高产、优质、高效的新模式。它是在前几个发展阶段的过程中，对原有技术继承、创新和发展，充分挖掘光能、温度等环境资源，与现代化农业装备相配套的新阶段。

新疆"宽早优"植棉其技术核心是进一步挖掘光、温等优势资源，科学利用良好的生产条件和现代化装备，实现棉花产量跨越的同时，实现棉花优质、节本、便捷、高效，在市场竞争中可持续健康发展。目前的"宽早优"植棉是在新疆近阶段棉花生产发展中逐步完善形成的。自 2001 年新疆建设兵团第五师从河南省农业科学院引进标杂 A1 杂交棉等行试种成功后，2003 年，兵团第五师 89 团采用"宽等行"种植杂交棉标杂 A1 20hm^2，平均单产达到 2 448 kg/hm^2。2004 年，种植扩大到 338hm^2，其中 2.8 hm^2 经兵团专家组现场验收，单产达到 3 262.5 kg/hm^2，显示了"宽等行" + 杂交棉的高产潜力，这为新疆棉区棉花生产的持续发展提供了一条可喜的途径[18]。2004—2006 年连续创造了北疆乃至全国棉花的高产新纪录。2005 年年底，新疆建设兵团成立了农业重大科技攻关项目"杂交棉产业化关键技术研究与示范"，其中包括新疆建设兵团尽快建立自己的杂交棉制种基地。在当时的杂交制种中发现，大面积推广的"矮密早"的种植模式不利于去雄授粉人员长时间在田间的制种操作[19]。经过比较，母本在北疆 9 万株 /hm^2 左右、南疆 6 万～ 7.5 万株 /hm^2 比较合适。行距以 76 cm 等行距较合适。最佳行距可根据亲本的品种特性、当地的有效积温、水肥管理水平而定。以 7 月 15 日其他棉花品种都已封行，而杂交制种田母本行间还有 10 ～ 20 cm 宽的空间不封行为准。减少化控，株高控制在 80 ～ 90 cm，北疆单株果枝 9 ～ 10 个、南疆 10 ～ 12 个。这种群体结构可以显著增加单株的结铃性，提高铃重和籽指，适合生产精品种子，利于去雄授粉人员的操作。马奇祥等为了降低推广杂交棉的成本，减少用种量，2005 年在新疆北疆石河子农科中心进行了"宽等行" + 杂交棉标杂 A1 的种植密度试验。结果显示，在 76cm 宽等行、公顷株数 6 万株、9 万株、12 万株、15 万株和 18 万株中，以每公顷 15 万株产量最高，而每公顷 6 万株低密度条件下，单株结铃 23.8 个，与每公顷 15 万株皮棉产量没有明显差别。2006 年，在第五师 89 团（北疆博乐附近）进行了宽早优 + 标杂 A1 杂交棉 6 个不同密度水平的综合效益比较试验，分别为每公顷 21 万株、18 万株、15 万株、12 万株、9 万株和 6 万株。以新陆早 12 号 24 万株 /hm² 为对照。结果显示，每公顷 12 万株的皮棉单产 3 063.83 kg、15 万株的 2 920.98 kg，分别较对照 2 092.5 kg 增产 46.42% 和 39.59%。2006 年 9 月，农业部及兵团棉花专家组经两次实地测产验收，确认了南北疆皮棉产量 3 300 kg/hm² 以上的 15 个超高产田块。第八师 149 团 19 连的 1.15 hm² "宽等行" + 标杂 A1 收获株数 14.6 万株 /hm²，为 15 个超高产田块中密度最低，而其皮棉产量 4 189.05 kg/hm² 却是 15 个超高产田块中产量最高的，而且是在积温和无霜期对棉花都不十分充足的北疆。由于宽等行（76 cm）、减密度（较高密度 24 万株 /hm² 减至 12 万～ 15 万株 /hm²）、增株高（株高增至 80 ～ 90 cm）塑造了高光效的群体结构，使杂交种（以及类似的增产潜力大的常规棉品种）优势与良好的生产条件、可挖潜的光温等资源优势、高产目标有机结合，实现了棉花高产优质高效的目标。马奇祥等[20] 通过试验研究，提出了新疆杂交棉的适宜密度：在高水肥条田、皮棉产量水平为 3 000 ～ 3 750 kg/hm² 时，南疆杂交棉的大田密度以 9 万～ 12 万株 /hm² 为宜，用种量 12 ～ 18 kg/hm²；北疆杂交棉的大田密度以 12 万～ 15 万株 kg/hm² 为宜，用种量 15 ～ 19.5 kg/hm²。在中等水肥条田、皮棉产量水平为 2 700 ～ 3 000 kg/hm² 时，南疆杂交棉的大田密度以 12 万～ 15 万株 /hm² 为宜，用种量 15 ～ 19.5 kg/hm²；北疆杂交棉的大田密度以 15 万～ 18 万株 /hm² 为宜，用种量 18 ～ 22.5 kg/hm²。新疆中上等水肥条田种植杂交棉，密度降到常规棉密度的 1/2 左右，采取 76 cm 的等行距种植，株高提高到 80 ～ 100 cm，不但有利于杂交棉增产潜力的充分发挥，而且显著降低用种成本，还利于棉花大面积机采，是一举多得的高效措施。在该阶段主要推广的棉花品种有中棉所 49、中棉所 41、新陆早 36、新陆早 45、新陆早 48、新陆中 35、新陆中 36、标杂 A1 等。

中国农业科学院棉花研究所开展了一系列试验研究，为"宽早优"标准化植棉提供了科技支撑。张西岭等[21] 提出了新疆棉区"宽早优"植棉单产皮棉 3 000 kg/hm² 生产技术规程，形成了规范的技术体系；宋美珍等[22] 进行新疆"宽早优"标准化植棉模式研究，提出了"宽早优"的具体规格；王香茹等[23] 进行了氮肥、播期和密度对棉花产量和成铃的影响，王香茹等[24, 25] 新疆棉区棉花化学打顶剂的筛选研究和新疆棉区棉花脱叶催熟剂的筛选研究，贵会平等[26]将棉花苗期耐低氮基因型初步筛选，贵会平等[27]缓/控释肥在棉花上的应用前景，张恒恒等[28]棉花氮高效品种的苗期筛选及综合评价，庞念厂等[29]棉花株式图APP田间记录系统与初步统计，张西岭等[30]我国植棉技术标准化现状及展望，张西岭等[31]新疆"宽早优"机采棉优质高效综合栽培技术，张恒恒等[32]不同机采棉种植模式和种植密度对棉田水热效应及产量的影响等，完善了"宽早优"技术体系。2018年，"宽早优"与新品种相结合技术模式被列入中国农业科学院十大科技进展，2020年9月，"宽早优"综合绿色植棉技术获专家组鉴定，达到国内领先水平。

在试验研究、示范总结的基础上，中国农业科学院棉花研究所编制发布了以"宽早优"模式为核心内容的中华人民共和国农业行业标准NY/T 3251—2018《西北内陆棉区中长绒棉栽培技术规程》、NY/T 3485—2019《西北内陆棉区棉花全程机械化生产技术规范》。在新疆棉区制定发布了"宽早优"植棉的地方标准：《"宽早优"机采棉生产技术规程》《"宽早优"机采棉优质化生产技术规程》《"宽早优"植棉——种子质量标准》等技术规程（见第七章）。这些技术标准的发布实施标志着新疆棉区进入了"宽早优"标准化植棉的新阶段。

"宽早优"植棉模式的示范推广，推动了新疆棉花生产的发展，取得了骄人的成绩。2012年，棉花总产量比2009年增长40.5%，年均增长11.9%，占全国棉花总产量的51.7%，首次超过全国总产量的50%，棉花平均单产137kg/亩，比全国平均单产高41%，其中，亩产超过150kg以上的优质棉田约700万亩，占全区棉花总播面积的30%左右。

截至2019年，新疆棉区累计推广"宽早优"植棉技术120万hm^2，取得了显著的经济效益、生态效益和社会效益。"宽早优"植棉技术的推广，是对"矮密早"技术的创新和完善，是对膜下滴灌技术和现代化植棉全程机械化技术的继承和发展，该技术的大面积推广，解决了新疆棉区中高产田、超高产田进一步高产高效的问题，为新疆棉花占据我国棉花主导地位和实现新的跨越发挥了巨大作用，也将对新疆棉花产业的可持续发展、提高国际竞争力起到科技支撑。

参考文献

[1] 田笑明.新疆棉作理论和现代植棉技术[M].北京：科学出版社，2016.

［2］ 毛树春，李付广．当代全球棉花产业［M］．北京：中国农业出版社，2016.

［3］ 樊亚利．新疆棉花产业60年发展回顾与展望［J］．新疆财经，2009（5）：
18-23.

［4］ 中国农业科学院棉花研究所．中国棉花栽培学［M］．上海：上海科学技术
出版社，2019.

［5］ 国家发展和改革委员会，财政部．关于深化棉花目标价格改革的通
知（发改价格〔2017〕516号）［EB/OL］（2017-03-17）Http://gov.cn/
Xinwen/2017-03/17/content_5178371.htm.

［6］ 新疆维吾尔自治区政府．新疆发展纺织服装产业带动就业规划纲要
（2014—2023年）．

［7］ 贺林均，马威．基于CR4分析的新疆棉花产业集群形成中的自然环境因素
限制和影响分析［J］．经济地理，2013，33（11）：97-101.

［8］ 国务院．国务院关于建立粮食生产功能区和重要农产品生产保护区的指
导意见．国发〔2017〕24号．［EB/OL］（2017-02-10）http://www.gov.cn/
zhengce/con-tent/2017.04/content_5184613.htm.

［9］ 赖先奇．新疆绿洲农业学［M］．新疆：新疆科技卫生出版社，2002.

［10］胡莉婷，胡琦，潘学标，等．气候变暖和覆膜对新疆不同熟性棉花种植区
划的影响［J］．农业工程学报，2019，35（2）：90-99.

［11］李雪源，秦文斌，孙国清，等．新疆棉区纤维品质生态分布研究［J］．新
疆农业大学学报，2003，26（4）：20-27.

［12］姚源松．新疆棉花品种问题与解决途径［J］．新疆农业大学学报，1997，
20（1）：7-11.

［13］娄春恒．新疆棉花地膜覆盖栽培技术的引进与推广［J］．新疆农业科学，
1989（1）：2-4.

［14］陈冠文，余渝，林海．试论新疆棉花高产栽培理论的战略转移——从"向
温要棉"到"向光要棉"［C］//中国棉花学会2010年年会论文汇编.2010.

［15］顾烈烽．新疆生产建设兵团棉花膜下滴灌技术的形成与发展［J］．节水灌
溉，2003（1）：1-3.

［16］陈发．新疆棉花机械化技术发展现状、问题及对策［J］．新疆农机化，
1999（6）：24-26.

［17］喻树迅，周亚立，何磊．新疆兵团棉花生产机械化的发展现状及前景［J］.

中国棉花，2015，42（8）：1-4，7.

[18] 陈冠文，林海，陈崀，等.新疆杂交棉超高产棉田的特征及主要栽培技术
［C］//中国棉花学会2005年年会暨青年棉花学术研讨会论文汇编，2005.

[19] 马奇祥，侯新河，鲁传涛，等.新疆生产建设兵团杂交棉制种技术的改进
［J］.中国棉花，2008（1）：29-30.

[20] 马奇祥，孔宪良，鲁传涛，等.新疆杂交棉的适宜密度试验［J］.中国棉
花，2008（2）：16-17.

[21] 张西岭，庞念厂，王香茹，等.新疆棉区"宽早优"植棉单产皮棉
3 000kg/hm² 生产技术规程［C］//2018年中国棉花学会论文汇编，2018.

[22] 宋美珍，庞念厂，王香茹，等.新疆"宽早优"标准化植棉模式研究［C］//
2018年中国棉花学会论文汇编，2018.

[23] 王香茹，张恒恒，董强，等.氮肥、播期和密度对棉花产量和成铃的影响
［C］//2017年中国棉花学会论文汇编，2017.

[24] 王香茹，张恒恒，庞念厂，等.新疆棉区棉花化学打顶剂的筛选研究［J］.
中国棉花，2018，45（3）：7-12，31.

[25] 王香茹，张恒恒，胡莉婷，等.新疆棉区棉花脱叶催熟剂的筛选研究［J］.
中国棉花，2018，45（2）：8-14.

[26] 贵会平，董强，张恒恒，等.棉花苗期耐低氮基因型初步筛选［J］.棉花
学报，2018，30（4）：326-337.

[27] 贵会平，宋美珍，陈军伟，等.缓/控释肥在棉花上的应用前景［C］//
中国农学会棉花分会2016年年会论文汇编，2016.

[28] 张恒恒，贵会平，董强，等.棉花氮高效品种的苗期筛选及综合评价［C］//
中国棉花学会，2017年中国棉花学会论文汇编，2017.

[29] 庞念厂，魏晓文，贵会平，等.棉花株式图APP田间记录系统与初步统计
［J］.中国棉花，2017，44（8）：16-18，21.

[30] 张西岭，宋美珍，贵会平，等.我国植棉技术标准化现状及展望［J］.棉
花学报，2017，29（增刊）：72-79.

[31] 张西岭，宋美珍，王香茹，等.新疆"宽早优"机采棉优质高效综合栽培
技术［J］.中国棉花，2020，47（9）：34-37，40.

[32] 张恒恒，王香茹，胡莉婷，等.不同机采棉种植模式和种植密度对棉田水
热效应及产量的影响［J］.农业工程学报，2020，36（23）：39-47.

第二章
"宽早优"模式概述

"宽早优"模式是在"矮密早"完善创新过程中，2014年由中国农业科学院棉花研究所张西岭研究员为解决新疆棉花"单产徘徊、品质下降"问题提出的。该模式在"矮密早"基础上，拓宽行距、减行降密、健壮个体，增加株高，逐步形成了具有显著特点的新模式。随着"宽早优"植棉理论和综合配套技术的不断创新完善，使"宽早优"模式的概念、特点、技术规范、适应性等更加具体明确。

第一节 "宽早优"概念及含义

一、"宽早优"概念

"宽早优"植棉（"Kuanzaoyou" Planting Cotton）是指宽等行种植、促早发早熟、优质高产的植棉方式。宽等行指行距较宽，且宽度相等，是区别于宽行、窄行相间种植的方式。优质棉是指符合纺织工业需要，各纤维品质指标匹配合理的棉花 NY/T 1426—2007《棉花纤维品质评价方法》。具体是：76 cm（因高产水平和品种特性可放宽）等行距种植、增强立体采光（株高 80～100 cm，株间通风透光），促早发（4月苗、5月蕾、6月花、7月铃）、早熟（8月中下旬吐絮，霜前自然吐絮率 90% 以上，且不早衰），生产优质原棉（符合纺织工业需要，各纤维品质指标匹配合理的、供纺织厂作纺纱原料等使用的皮棉）的植棉方法。

二、"宽早优"含义

"宽早优"模式的"宽"字，是指"宽等行"种植，是相对于"矮密早"的"窄行距密植"而言的，种植的（66+10）cm 宽窄行，平均行距 38 cm；

（40+20）cm 的宽窄行，平均行距 30 cm；（64+12）cm 宽窄行，平均行距 38 cm 等宽窄行方式。一般种植密度在每亩 1.2 万～1.5 万株（18 万～22.5 万株 /hm²），也常种植 1.5 万～1.8 万株（22.5 万～27 万株 /hm²）。"宽早优"的"宽"，改"矮密早"的"窄行距高密度"为"宽等行适密度"，一般 76 cm 等行距种植较"矮密早"的平均行距放宽了 1～1.26 倍；密度 8 000～11 000 株/亩（12 万～16.5 万株 /hm²），较"矮密早"减少了 30% 以上。"宽早优"的"宽"伴随着种植行距的增宽和密度的调减，棉花的株高也进行调整，由"矮密早"的一般株高 60～70 cm 拓高为 80～100 cm，株高增加了 30% 以上，为立体采光奠定了基础。

"宽早优"的"早"，是"宽"的配套技术体系，是实现"优"的前提和基础，也是实现"优"的技术保证。"早"字包括"早发"和"早熟"。"早发"是指早出苗（4 月苗）、早现蕾（5 月现蕾）、早开花（6 月开花）、早结铃（7 月结铃）；"早熟"是指早吐絮（8 月中下旬吐絮）、早脱叶催熟收获（自然吐絮率 40% 左右喷洒脱叶催熟剂，达到脱叶率 95%、吐絮率 95% 时及时收获）。在新疆棉区，"早"的核心是将群体的开花结铃期调节在最佳的温度、光照等环境条件时段，最大限度利用光热资源，实现优质高产。

"宽早优"的"优"字，是"宽早优"植棉的目标和核心。所谓"优"，是指纤维品质优，其品质"符合纺织工业需要，各纤维品质指标匹配合理的棉花" NY/T 1426—2007《棉花纤维品质评价方法》定义 3.8。"品质优"是提高植棉效益的关键环节，是提高企业市场竞争力的决定性因素，特别是"品质优"可有效提高棉花产业链条的利润空间，为原棉加工的纺织、服装等环节赢得市场的竞争力，带动整个棉花产业的健康发展。尤其是随着社会的进步、生活水平的不断提高，对高质量物质需求的攀升，品质"优"显得更加突出和重要。值得注意的是各级政府对棉花优质优价政策的实施，如《关于印发新疆维吾尔自治区棉花目标价格改革补贴与质量挂钩试点方案的通知》（新政办函〔2017〕199 号），使棉花以质论价走上了科学化轨道，也使品质"优"逐步得到生产者和社会的重视，大大提高"优质棉"的市场竞争力。"宽早优"的"优"还有另一重要含义，是指"宽早优"生产优质棉的技术"优"，通过生产技术的"优"化来实现棉花纤维品质的"优"。品质"优"是目标，技术"优"是手段，目标"优"指导（制定）技术，技术"优"服务目标，目标、技术紧密配合，相互促进，协调发展，实现"优质棉"生产，生产出优质原棉。

第二节 "宽早优"模式的提出与形成

一、"宽早优"模式的提出

新疆"矮密早"植棉模式为新疆棉花生产发挥了重要作用，在新疆棉花发展中具有"里程碑"意义。随着植棉新技术、新装备、新品种在新疆棉区的广泛应用和机采棉规模化发展，新疆棉花晚熟、杂质含量高、原棉品质降低的现象引起棉业界人士的广泛关注，"宽早优"植棉模式就是在此发展过程中提出的。"宽早优"模式提出前后，棉花科技人员对新疆"宽等行"进行了大量研究工作，取得了良好效果，逐步被业界人士重视。

自 20 世纪 90 年代以来，新疆棉区以热量为依据，以密度为突破口，逐步形成了"密、矮、早、膜、匀"的栽培技术模式，棉花生产获得较大发展。但是，随着科技的进步、生产条件的改善，特别是"膜下滴灌水肥一体化"等现代化技术的普及，"矮密早"模式出现了不容忽视的问题，严重影响着该区棉花生产的进一步发展。突出表现是：合理密植虽然能够促进早熟，但密度过高反而不利于早熟。根据试验和实践，当密度超过 22.5 万株 /hm^2 以后，中下部结铃受到严重抑制，烂铃和脱落严重，更多地靠上部成铃形成产量，反而不早熟。加之密度越大，需要株高越低，也不利于机械采收[1]。在此生产方式下，棉花单产徘徊不前（2007—2011 年在 1 700kg/hm^2、2013—2019 年在 2 000kg/hm^2 徘徊），且棉花品质难以保证。据 2008—2014 年我国新体制棉花公证检验质量情况的数据[2]，分析全国不同区域棉花纤维品质及等级分布的变化特征，发现新疆棉区棉花品质存在的问题，纤维长度 27 mm 级的比例在增加，29 mm、30 mm 级的比例在降低，导致新疆棉区纤维长度最低并持续降低；棉纤维强力表现为我国内地棉区的纤维断裂比强度基本稳定在 29 cN/tex，新疆棉区显著低于内地棉区，年际间波动较大且呈显著降低趋势；并在 10 月以后断裂比强度明显下降，甚至降至 27 cN/tex 及以下，致使差级的比例增加、强级的比例降低。纤维断裂比强度偏低的原因主要表现在生产品质和产后品质的双重降低：生产品质受棉花生长后期气温急剧下降和早霜冻、脱叶催熟剂使用的影响；产后品质则与棉花机械采收籽棉含杂高、轧花加工清理工序的增加有关。2011—2015 年新疆棉花公检质量数据[3]，棉花纤维长度平均在 28.4 mm，断裂比强度平均在 27.9 cN/tex；马克隆值 A 级和 B 级占比由 2011 年的 96.2% 降为 2015 年的 62.2%。2010—2017 年度新疆高品质棉

纤维长度（mm）和断裂比强度（cN/tex）均在 28.5 及以上，马克隆值 3.7 ～ 4.6 的棉花占比（表 2-1）看出，优质棉比例从 2010 的 25.61% 下降到 16.68%。

表 2-1　新疆 2010—2017 年高品质棉花占比　　　　　　　　　　单位：%

年份（年）	全疆	地方	兵团	南疆	北疆	手采	机采
2010	25.61	29.32	20.04	22.44	28.23	27.47	5.22
2011	21.97	25.06	17.22	17.06	26.45	23.51	9.50
2012	14.93	17.24	10.64	9.99	20.04	16.72	3.58
2013	6.59	7.07	5.71	2.90	10.90	7.17	4.23
2014	16.45	16.54	16.32	11.13	22.09	16.84	15.42
2015	12.41	11.48	13.62	4.78	21.15	8.95	20.23
2016	19.46	18.33	21.43	9.93	32.41	13.56	30.61
2017	16.68	12.97	23.74	8.11	27.26	8.24	26.82
平均	16.76	17.25	16.09	10.79	23.57	15.31	14.45

　　注：高品质即指长度（mm）和比强（cN/tex）均在 28.5 及以上，马克隆值 3.7 ～ 4.6 的棉花占比（%）。

　　大面积生产实践证明，目前推广的"矮密早"模式，在很大程度上已经不适应当前的生产条件和科技发展，亟待改革和创新，"宽早优"植棉模式就是在此背景下开始研究发展形成的。

二、"宽早优"模式发展过程及试验示范效果

（一）试验及结果

　　李富先等[4] 在新疆南疆的莎车县开展了棉花"宽等行"（60 cm 等行距）试验指出，通过降低棉花种植密度，改宽膜"4 行"（30+60+60+30）cm 排列为"3 行"（60+60+60）cm 等行距排列种植，拉大行距，形成稀植的田间群体结构，改善田间小气候，以稀植代替"矮密早"栽培技术，充分提高光热水资源利用率，使棉花生产达到高产优质高效。通过 2 年的试验，提出了如下观点：通过宽膜"3 行"种植，适当降低密度，可以获得高产；宽膜"3 行"在提高地温、保墒方面，提高了光、热、水资源的利用率；3 行种植充分发挥单株优势，增加了结铃数和单铃重，提高了衣分和品质，易形成高产、高效棉花种植；3 行种植易于管理，适合机械化生产，头水前揭膜更容易，减轻污染，随着棉花市场的逐步放开其应用前景看好；3 行种植的适宜密度在 120 000 ～ 150 000 株 /hm²，收获密度宜在 120 000 株 /hm² 左右；宽膜 3 行种植及其他放宽株行距减少株数的种植方式，

应研究出相应的增产配套技术，并进行示范推广论证，以使该技术更加成熟，为将来能够取代"矮密早"技术打下基础。

马奇祥等[5]在新疆石河子农科中心皮棉产量为 3 000 kg/hm² 水肥条件下，安排了 76 cm 宽等行、每公顷 6 万株、9 万株、12 万株、15 万株和 18 万株的密度试验。试验最终以每公顷 15 万株产量最高，而每公顷 6 万株低密度条件下，由于水肥充足，而且结铃空间大，叶枝铃占 37.7%，单株结铃 23.8 个，与每公顷 15 万株皮棉产量没有明显差别。其试验结果如表 2-2。

表 2-2　标杂 A1 杂交棉不同密度下的单株结铃性和产量表现

密度（万株/hm²）	总铃数（个）	果枝铃（个）	果枝铃占总铃（%）	叶枝铃（个）	叶枝铃占总铃（%）	单株结铃（个）	籽棉产量（kg/hm²）	衣分（%）	皮棉产量（kg/hm²）	位次
6	1 428	889	62.3	539	37.7	23.8	7 036.5	43.95	3 093.0	3
9	932	762	81.8	170	18.2	15.5	6 168.0	43.67	2 995.5	5
12	704	604	85.8	100	14.2	11.7	7 161.0	43.03	3 081.0	4
15	625	582	93.1	43	6.9	10.4	7 416.0	43.15	3 199.5	1
18	501	475	94.8	26	5.2	8.4	7 272.0	43.23	3 144.0	2

2006 年，又在新疆生产建设兵团（简称兵团）第五师 89 团进行了 76 cm 宽等行标杂 A1 杂交棉 6 个不同密度水平的综合效益比较试验，分别为每公顷 21 万株、18 万株、15 万株、12 万株、9 万株和 6 万株。以新陆早 12 号 24 万株 /hm² 为对照。试验结果如表 2-3。

表 2-3　标杂 A1 杂交棉不同密度的综合效益比较

品种	密度（万株/hm²）	用种量（kg/hm²）	种子成本增加（元/hm²）	皮棉产量（kg/hm²）	增产（%）	增产效益（元/hm²）	实际增加效益（元/hm²）
标杂 A1	21	42.0	2 220	2 743.5	31.11	8 137.5	5 917.5
	18	42.0	2 220	2 856.9	36.53	9 555.0	7 335.0
	15	42.0	2 220	2 920.98	39.59	10 356.0	8 136.0
	12	34.5	1 770	3 063.83	46.42	12 141.6	10 371.6
	9	25.5	1 230	2 865.58	36.95	9 663.5	8 433.5
	6	16.5	690	2 758.78	31.84	8 328.5	7 638.5
新陆早 12（CK）	24	60.0	—	2 092.5	—	—	—

结果表明，标杂 A1 的单株结铃数和单铃重与密度水平呈负相关，随着密度的降低，单株结铃数、单铃重呈上升趋势。在 21 万株 /hm^2 的密度水平下，平均单株结铃 6 个，以内围铃为主。而密度下降到 6 万株 /hm^2，平均单株结铃 18.1 个，外围铃和叶枝成铃成为增加单株成铃的主要因素，比其他密度水平从高到低分别增加 12.1 个、10.8 个、9.5 个、7.6 个和 4.8 个，铃重的变化规律也是随着密度的增加而逐渐降低。综合比较，标杂 A1 在 12 万株 /hm^2 时用种量适中，结铃空间充足，铃多铃大，皮棉产量最高，与对照相比，经济效益增加 10 371.6 元 /hm^2。

时增凯等[6]进行了 76 cm 宽等行杂交棉中棉 1206 的试验，采用 1 膜 3 行精量点播，76 cm 等行距，理论密度 7 000 株 / 亩，对照株行距为（66+10）cm × 12.5 cm，理论密度 14 000 株 / 亩，品种选用常规棉中棉所 92 号。试验结果，1 膜 3 行的总铃数、单铃重、衣分、籽棉产量、皮棉产量分别为 87 308 个 / 亩、5.90 g、43.6%、515.12 kg/ 亩、224.59 kg/ 亩，比对照分别增加 9.42%、19.9%、2.5%、31.2% 和 34.6%。

朱朝阳等[7]在南疆塔里木河上游的阿拉尔市托海乡的河滩地上也开展了"宽早优"杂交棉标杂 A1 的种植试验。试验结果显示，虽然标杂 A1 设计密度为 13.5 万株 /hm^2，因水淹受影响实收密度仅 7.35 万株 /hm^2，但仍比中棉所 35 收获密度 23.69 万株 /hm^2 增产 16.5%（表 2-4）。

表 2-4　阿拉尔市托海乡试点密度试验产量结果

品种名称	密度（万株 /hm^2）	收获密度（万株 /hm^2）	单株成铃（个）	总铃数（万个 /hm^2）	铃重（g）	衣分（%）	籽棉（kg/hm^2）	皮棉（kg/hm^2）	增产（%）
标杂 A1	26.25	25.35	5.5	139.5	5.1	47	6 897	3 240	98.9
标杂 A1	18.00	15.53	5.6	87.0	5.7	48	4 830	2 265	39.8
标杂 A1*	13.50	7.35	10.1	74.6	5.6	45	4 178	1 897	16.5
中棉所 40	26.25	23.63	4.2	99.0	4.5	41	4 575	1 875	15.1
中棉所 35	26.25	23.69	4.0	93.0	4.4	39	4 170	1 629	—

注：*原密度为 13.5 万株 /hm^2，因水淹影响。

张占琴等[8]以杂交棉鲁棉研 24 号和常规棉锦棉 993 为材料，采用"矮密早"1 膜 6 行，即（66+10）cm 和"宽早优"1 膜 3 行（76 cm 宽等行）两种处理方式，对杂交棉稀植技术进行了研究。结果表明，两棉花品种处理"宽早优"

的坐果率均比"矮密早"的坐果率高,常规棉锦棉993的坐果率比鲁棉24号的坐果率高;不同处理的LAI均在7月16日达到最大值,"矮密早"的LAI显著高于"宽早优",锦棉993在7月16日LAI max分别为7.43(1膜6行)和4.511(1膜3行),之后其下降速度均较鲁棉24号快。两棉花品种1膜3行模式均比1膜6行模式上部、中部铃所占比例大,下部铃所占比例小。杂交棉鲁棉研24号"宽早优"稀植模式籽棉产量为447.83 kg/亩比"矮密早"模式436.19 kg/亩产量高。试验结论是,杂交棉"宽早优"栽培方式可以发挥杂交棉个体生长的优势,建立合理的高光效群体结构,对于棉花增产具有较高的意义。

李建峰等[9]进行了棉花机采模式下株行距配置对农艺性状及产量影响的研究,选用棉花杂交种鲁棉研24号、常规品种新陆早60号为供试材料,设置处理:①适宜机采的1膜3行76 cm低密度等行距(76+76+76)cm,1穴1株,株距12 cm,理论密度为8 465株/亩,该模式为第七师广泛采用的杂交棉机采模式。②1膜6行宽窄行(66+10)cm高密度,平均行距38 cm,1穴1株,株距12 cm,理论密度为16 931株/亩,该模式为新疆棉区高密度种植常规品种采用的机采模式。③1膜3行等行双株,等行(76+76+76)cm,1穴2株,平均株距≤4 cm,理论密度为16 931株/亩,该模式为探索窄株距对机采棉产量及品质的影响。试验结果表明,等行距低密度下,两种基因型棉花花铃期(开花—吐絮)生长发育较快,其中,杂交棉鲁棉研24号果枝始节高度较宽窄行高密度及等行双株高密度分别高6.3%、2.8%;喷施脱叶催熟剂6 d后,棉株脱叶率较宽窄行高密度高9.8%~11.4%,棉铃吐絮率较宽窄行高密度高8.7%~12.1%;单铃重较宽窄行高密度及等行双株高密度分别高4%~8%、6.3%~17.4%;等行距低密度下,杂交棉鲁棉研24号收获籽棉产量最高。试验结论,等行距低密度下,棉花主要农艺性状符合机械化采收要求,杂交棉鲁棉研24号能充分发挥单株结铃数多及铃重较高的优势而获得高产。

崔涛等[10]试验,新疆第一师、第三师的76 cm"宽早优"机采棉方式的籽棉产量463.9 kg/亩和478.1 kg/亩较(66+10)cm"矮密早"机采棉种植方式的395 kg/亩和403.6 kg/亩,分别增产17.4%和18.5%,主要原因是"宽早优"种植方式棉花单株结铃多,单铃重高。

陈冠文等[11]通过对"宽早优"与"矮密早"的技术背景比较,看出"宽早优"是新疆棉花生产发展的必然趋势,是新疆棉花生产上升的一个新台阶。其技术背景在7个方面进行比较:①种植方式和密度方面,20世纪80年代,棉花种植采用"（60+30）cm"宽窄行种植，密度为 8 000～12 000 株 / 亩，现在采用 76 cm 等行距种植，密度为 6 000～8 000 株 / 亩。这两种种植方式对光能的利用有很大区别。②品种方面，80 年代，新疆主要种植的是早熟、株型紧凑、适宜宽窄行种植的短果枝普通棉花品种，这类品种单株生产力较低。目前，新疆除了种植短果枝的普通棉花品种外，生长势强、自动调节能力强、生产潜力大、适宜单行稀植的长果枝杂交棉品种（和类似的常规品种）已在生产上广泛应用。③灌溉技术方面，80 年代，灌溉方式以沟灌为主，灌水量大，灌水不均匀，导致棉田内棉花长势不整齐，大小苗多，不宜实现高产、稳产。现在采用膜下滴灌和随水施肥技术，保证了水肥的均匀性，棉花生长整齐一致。同时由于施肥周期短，有利于进行水肥调控，使棉花形成梯形受光态势，从而提高了光能利用率。④施肥技术方面，80 年代施肥全凭经验，投肥量较少，而且在沟灌条件下，施肥次数多，不能根据棉花的需肥规律施肥，也不便于因苗施肥。目前，在滴灌条件下应用平衡施肥技术，可以做到精准施肥，同时，由于滴灌间隔期短，可以根据棉花的需肥规律施肥，也便于因苗施肥。⑤调控技术方面，80 年代，棉花生产主要采用化调和打顶技术对棉株进行调控，调控强度小，时间短。现在，随着农业技术的快速发展，通过综合调控技术，能有效地塑造棉花的个体和群体。⑥保苗技术方面，80 年代，由于土地平整度和冬、春灌质量差，导致春季土壤墒情较差，使保全苗、抓匀苗和促壮苗早发十分困难。现在，采用滴水出苗技术，容易实现苗全、苗匀、苗壮。⑦收获技术方面，80 年代，棉花全部由人工采收，对种植方式没有具体要求。现在，新疆大量推广机械收获技术，为了推广纤维品质，必须进行化学脱叶，而单行密植比宽窄行密植更有利于脱叶技术的实施。进一步分析认为，新疆采用的 76 cm 等行距密植技术的理论依据：一是光能资源丰富（比黄河流域和长江流域多 45～298 MJ/m^2），尚有很大的挖掘空间；二是新疆的高能同步期主要集中在 6 月下旬至 7 月下旬的 25～35 d。这种短而集中的高能同步期特征限制了新疆棉花的单株生产潜力。因此，等行距密植是新疆棉花在"向温要棉"的基础上"向光要棉"和进一步提高产量的突破口。其核心是建立高光效群体，充分发挥光温互补效应，提高光能利用率。

王香茹等[12]在北疆胡杨河试验站进行"宽早优"棉花化学封顶试验，结果表明，品种间株型、产量、早熟性和纤维品质差异显著；不同化学打顶剂和不打顶处理棉花株高、果枝数较人工打顶增加，但籽棉产量、早熟性和纤维品质处理间差异不显著，打顶处理以及品种和打顶处理的互作效应显著影响籽棉产量。

在两个品种中，金棉和氟节胺处理籽棉产量均与人工相当或高于人工打顶，而其他化学打顶剂及不打顶处理的籽棉产量品种间趋势差异较大。金棉和氟节胺对品种要求较低，可在新疆棉区推广应用。王香茹等[13]对"宽早优"模式的脱叶催熟效果进行试验，经脱叶催熟剂处理后 20 d 脱絮率达 90% 以上（但因长势强等原因，脱叶率、吐絮率低于（66+10）cm 模式。贵会平等[14]进行"宽早优"棉花品种耐低氮基因的筛选，为品种选择提供依据。结果表明，初步筛选出中棉所35、中棉所 69、豫棉 12、新陆早 12 号、新陆早 23 号等 32 个耐低氮品种，筛选出中棉所 64、中 662、新陆中 15 号、新陆早 53 号等 32 个氮胁迫敏感型品种。试验为减少氮肥用量、节本增效提供了科学依据。贵会平 2017—2019 年在胡杨河试验站（新疆生产建设兵团第七师 130 团 7 连）设置裂区试验，研究"宽早优"和"矮密早"2 种模式对不同棉花品种纤维品质的影响。结果表明，不同品种对 2 种模式响应不同，中棉所 70F2"宽早优"模式的棉纤维长度整齐度指数和上部棉铃纤维断裂伸长率优于"矮密早"模式；中棉所 641"宽早优"模式下下部棉铃纤维长度整齐度指数、断裂伸长率优于"矮密早"模式，而中上部棉铃纤维品质受 2 种模式的影响不稳定；中棉所 92 在"宽早优"模式下马克隆值和下部棉铃纤维长度整齐度指数优于"矮密早"模式；新陆早 50 在"宽早优"模式下马克隆值优于"矮密早"模式。张恒恒等[15]根据氮效率综合值进行聚类分析试验，筛选出 4 个氮高效品种丰抗棉 1 号、巴马那桃大棉、鲁 6269、D14，2 个氮低效品种美国 –1、中植棉 GD89。庞念厂等[16]结合"宽早优"田间试验，创新了田间试验调查方法，便捷高效，为提高试验调查效果创造了条件。张恒恒等（2020）不同机采棉种植模式（"宽早优"和"矮密早"）和种植密度（13.5 万株 /hm²、18 万株 /hm² 和 22.5 万株 /hm² 3 个种植密度）对棉田水热效应及产量的影响试验，结果显示，在生育前期（5—6 月），不同种植模式和密度下耕层土壤温度无显著性差异，而"宽早优"模式提高了花期和铃期的土壤温度，比"矮密早"模式平均高 1.7 ℃。"宽早优"模式的全生育期耕层土壤积温较"矮密早"模式显著提高 8.3% ～ 9.9%（$P<0.05$），主要提升了花铃期的土壤积温（35.1 ～ 88.8℃）；从全生育期耗水量来看，"宽早优"模式的耗水量低于"矮密早"模式，降低 0.8 ～ 6.7 mm；提高种植密度会降低耕层土壤积温，增加棉田耗水量。"宽早优"模式提高了棉花籽棉产量和水分利用效率，其中 2019 年较"矮密早"模式分别显著提高 17.5% 和 18.8%（$P<0.05$）。"宽早优"模式可以改善棉花生长的土壤水热条件，实现产量和水分利用效率的大幅

提高,是更为优化的机采棉种植模式,适合大面积推广。试验为"宽早优"棉田的水热效应提供了科学依据[17]。董强等进行棉花氮高效品种机理机制研究,为"宽早优"模式品种选择、减氮增效提供科学依据。

(二)示范及效果

在试验研究的同时开展了"宽早优"模式示范,并取得了显著效果。李富先等 1999 年在试验的同时,在莎车县农科所示范 800 hm²,单产皮棉 1 500 kg/hm²,比常规对照田增产皮棉 150 kg/hm²,增产 11.1%。第八师 135 团良繁连 2012 年采用"宽早优"模式示范种植杂交棉"中棉所 75"13.33 hm²,宽膜 1 膜 3 行,76 cm 等行距。4 月 12 日播种,5 月 22 日调查成苗 9.75 万株/hm²。9 月 8 日喷脱叶剂之前,该示范田棉花株高 86 cm,单株果枝 11.6 个,棉铃吐絮率 40.5%。由于行距宽,通透性好,到 9 月 30 日机采前叶片全部脱落。机采籽棉产量为 7 800 kg/hm²,而且含杂率不到 7%,含杂率明显低于其他栽培模式的机采棉。2013 年在北疆示范杂交棉"中棉所 75"宽行稀植模式 6 000 hm²。9 月 21—22 日北疆降下多年不遇的早霜,造成棉花显著减产,品质下降。由于杂交棉的生育进程快,结铃性强,加上宽行稀植的通风透光好,充分提高了光能利用率,棉花的吐絮进程提前,受早霜为害较轻,机采棉田籽棉产量 6 000 kg/hm² 左右。

杨旭出等[18]示范,76 cm 等行距,2.05 m 宽膜、1 膜 3 行播种,种植密度 9 170 株/亩,收获株数 7 500～9 000 株/亩,株高 85～90 cm,单株果枝 11～13 苔,单株成铃 12～16 个,下部 1～4 苔双铃率 90% 以上,单铃重 5～6 g,衣分 40% 以上,籽棉单产 500～600 kg/亩,皮棉单产 200～240 kg/亩。

新疆生产建设兵团第七师 123 团王洪彬等示范"宽早优"模式指出[19],杂交棉采用机采棉模式稀植,在节省人工和种子的情况下,可以充分发挥杂交棉个体杂交优势。第七师 123 团运用这种模式连续种植 3 年获得成功,大面积产量在 400 kg/亩左右,2011 年,栽培面积达到 2 000 万 m² 左右,并辐射带动周边团场。认为与常规密度机采模式相比,杂交棉稀植机采模式具有以下优点:节省杂交种 500～800 g 种子;稀植定苗、复查苗节省人工 20 元/亩以上;化控仅封顶控 1 次,节省了机力农药费用;稀植为单行,机采时植株都在最佳机采位置,采净率高;1 膜 3 行薄膜覆盖率更高、采光面更大,有利于提高地温、加快植株发育防止杂草滋生、有降本增产的作用。总之,杂交棉稀植机采模式是减少用工数量、降低成本、提高采净率、增产增收行之有效的一种栽培模式。毛新平[20]研究指出,兵团第 7 师自 2007 年起,通过探索机采棉应用技术,逐步形成了 76 cm "宽早优"模式＋杂交棉鲁棉研 24 号综合配套技术。生产调查显示，76 cm 宽等行 1 膜 3 行 7 650 株 / 亩比 1 膜 6 行（66+10cm）1.3 万～1.7 万株 / 亩的脱叶率提高 5%～10%，吐絮率提高 10%。余力等[21]示范后指出，2013 年第一师农业科学研究所引进棉花新品种新植 2 号，通过第一师八团、十团、十二团以及库车县等农场主要棉花主栽区宽膜稀植（1 膜 3 行，76 cm 宽等行，株距 10.5 cm，种植密度 8 400 株）试验示范后，表现出铃重大、衣分高、品质优、产量高的特点。2014 年，十团 13 连 12 hm² 宽膜稀植棉田经专家组鉴定，籽棉产量达 8 178.9 kg/hm²，2015 年，第一师宽膜稀植棉田累积种植面积扩大至 1 000 hm²。

陈冠文等[22]在评述新疆兵团棉花各阶段增产的主导因素分析中指出，21 世纪前 10 年，从 2003 年第五师引进、试种并获得大面积超高产的杂交棉（标杂 A1）以来，杂交棉面积迅速扩大。杂交棉的推广将成为今后几年兵团棉花产量再上新台阶的主导因素。陈冠文等[23]研究指出，七师从 2007 年开始杂交棉"育苗稀植"试验，通过近几年示范、推广杂交棉＋"宽早优"等行距密植及其配套技术之后，棉花单产逐年提高。2012 年，全师"宽早优"面积达到 2 万多 hm²，这对当年全师籽棉单产突破 400 kg/ 亩发挥了重要作用。2013 年，在热量条件严重不足（9 月 23 日降早霜）的情况下，北疆棉区普遍减产，七师"宽早优"棉田充分表现了光能的补偿效应和群体的自动调节能力，成为降低气象灾害对全师棉花产量影响的关键因素。陈冠文等[23]研究指出了等行距密植（76 cm 等行距，中等肥力棉田 8 000 株 / 亩）的优越性和主要栽培技术。为了保证棉纤维的品质，以单株成铃 13～16 个，每苔果枝平均成铃 1.2～1.5 个为宜，单产籽棉 450～600 kg/ 亩，基本苗 6 000～8 000 株（单铃重按 5.5 g 计算）。陈冠文[24]在对今后新疆棉花高产栽培理论发展的思考中指出，超高产棉田在等行稀植条件下，群体叶面积较小，封行程度轻，行间透光好，群体内光分布较均匀，叶片的光合速率高，但棉田漏光较多，光能利用不充分。同时，超高产棉田在宽窄行密植条件下，群体叶面积较大，封行程度重，行间透光差，群体中下部光照弱，其叶片的光合速率低，棉田的呼吸消耗多。因此，构建超高产棉田高光效群体，就是要通过合理密植，采用科学的株行距配置，使叶面积的时空分布能最大限度地利用光能，而呼吸消耗最小；"向光要棉"的重要内容是充分发挥"光温互补效应"，充分利用新疆棉区丰富的光能资源，发挥光对温度的补偿效应是进一步挖掘新疆的光能资源、克服热量不足限制因素、实现棉花高产再高产的重要途径；建立高光效群体的要素，应满足建立高光效群体条件：一是选用补偿能力强和高光效株型的品种。二是采用有利于建立高光效群体的种植密度和种植方式。三是实施有利于塑造理想株型,建立高光效群体的综合调控技术。陈冠文等[24]阐述了 "宽早优" 高产、稳产机理:棉田群体呈梯形立体受光态势,光合面积大,光能利用率高;单株总干物质和生殖器官积累速率高;光的补偿效应大,有利于棉株的生长发育和产量形成,表现在:生育进程快,加快棉铃发育,单铃重高是等行密植的高产稳产的生物学原因。

通过 "宽早优" 等行距等相关的试验和示范,不仅为 "宽早优" 模式的宽等行、降密度、增株高提供了科学依据,也为大面积推广奠定了思想基础。

三、"宽早优" 模式的推广成效

(一) 推广面积不断扩大

2011 年,新疆生产建设兵团第七师推广杂交棉宽行稀植轻简化栽培技术 0.2 万 hm², 2012 年 2.3 万 hm², 籽棉产量首次突破 6 000 kg/hm²。2013 年推广 5 万 hm²,占第七师棉花面积的 90%。自此 "宽早优" 植棉模式的推广拉开了序幕。经大面积示范推广,截至 2019 年新疆累计推广 "宽早优" 模式面积 120 万 hm² 以上,增产皮棉在 11.6 万 t 以上。

(二) 奠定了由 "矮密早" 向 "宽早优" 转变的思想基础

随着科技水平和生产条件的提高,特别是现代化技术和装备的完善,如 "精准覆膜精量播种" "膜下滴灌水肥一体化" "机械化采收" 等,使新疆棉区单产水平逐步向超高产跨越,"宽早优" 植棉模式的优越性、必要性愈加突出,也越来越被广大棉花生产者、工作者、科技人员所重视,为大面积推广提供了动力源泉。

(三) 出现了一批 "宽早优" 高产典型

2006 年,第八师 149 团 19 连职工李森合的 1.15 hm² "宽早优" 杂交棉,皮棉单产 4 189.05 kg/hm²;2009 年,新疆农业科学研究院经济作物研究所 4 hm² "宽早优" 滴灌棉田单产皮棉 4 900 kg/hm², 2010 年,每公顷籽棉 10.59 t (以衣分 42% 计算,单产皮棉 4 447.8 kg/hm²);2014 年,第一师 10 团 13 连 12 hm² "宽早优" 棉田经专家组鉴定,籽棉产量达 8 178.9 kg/hm² (以衣分 42% 计算,单产皮棉 3 435.1 kg/hm²)。2020 年,第四师 63 团 11 连陈玉清种植的 2 hm² "宽早优" + 中棉所 979 棉田,籽棉 9 660 kg/hm² (亩产籽棉 644 kg, 衣分 43% 计算,亩产皮棉 276.92 kg);第四师 70 团 18 连吴庆文 5.33 hm² "宽早优"+中棉所979棉田，籽棉7 860 kg/hm²（亩产籽棉524 kg衣分43%计算，亩产皮棉225.32 kg）；第六师102团7连刘常青10 hm²"宽早优"+中棉所979棉田，籽棉9 000 kg/hm²（亩产籽棉600kg衣分43%计算，亩产皮棉258 kg）。

在"宽早优"模式带动下还出现了较大面积的高产典型。新疆兵团第七师从2007年开始种植76 cm"宽早优"+杂交棉，通过几年示范、推广，棉花单产逐年提高。2011年，推广0.2万hm²，2012年推广面积达到2.3万hm²，占第七师棉花面积的40%，籽棉产量首次突破6 000 kg/hm²（以衣分42%计算，皮棉单产2 562 kg/hm²），2013年推广5万hm²，占第七师棉花面积的90%，棉花产量跃进兵团前列。2012年在第八师135团良繁连采用宽行稀植模式示范种植杂交棉"中棉所75"13.33 hm²，8月26日测定，该田块棉花平均株高97 cm，单株果枝12.2个，平均单株成铃20.5个，成铃率45.6%。10月10日收摘完毕，籽棉产量为7 680 kg/hm²（以衣分42%计算，皮棉单产3 225.6 kg/hm²）。

2012年，在第八师134团种子站试验地示范杂交棉"中棉所75"+"宽早优"模式3 hm²，单粒播种，宽膜1膜3行，76 cm宽等行。4月12日播种，5月22日调查成苗9.75万株/hm²。9月8日喷脱叶剂之前，该示范田棉花株高86 cm，单株果枝11.6个，棉铃吐絮率40.5%。由于行距宽，通透性好，到9月30日机采前叶片全部脱落。机采籽棉产量为7 800 kg/hm²，而且含杂率不到7%，含杂率明显低于其他栽培模式的机采棉。

2013年，在北疆示范杂交棉"中棉所75"+"宽早优"模式6 000hm²。9月21—22日北疆降下多年不遇的早霜，造成棉花显著减产，品质下降。由于杂交棉的生育进程快，结铃性强，加上宽行稀植的通风透光好，充分提高了光能利用率，棉花的吐絮进程提前，受早霜为害较轻，机采棉田籽棉产量6 000 kg/hm²左右。2012年，新疆生产建设兵团第七师推广杂交棉"宽早优"栽培技术2.3万m²，籽棉产量首次突破6 000 kg/hm²。2013年推广5万m²，占第七师棉花面积的90%。

2020年，新疆昌吉"宽早优"示范效果打破了昌吉周边冷凉棉区棉花种植理念，又一次实现了棉花产量和品质大幅度提高。辐射推广26万亩（1.73万hm²），最高产量出现在102团，籽棉8 790 kg/hm²（亩产籽棉586kg），85%以上的示范户籽棉产量在7 500 kg/hm²（500kg/亩），净收入22 500元/hm²（1 500元/亩）左右，取得了较好的示范带动作用。

（四）取得了显著的经济、社会效益

截至 2019 年"宽早优"模式累计推广面积 120 万 hm²，增产皮棉 11.6 万 t（以增产 5% 计算）以上，经济效益 18 亿元；节省劳动用工 5 400 万个（每公顷节省 45 个计算）左右，节省用工成本 43.2 亿元（每个工值以 80 元 / 日计算），仅此两项增加经济效益 61.2 亿元。节省的用工支援有关行业发展，社会效益更加显著。

2020 年 9 月，新疆昌吉州科学技术局邀请中国科学院朱玉贤院士等 9 名棉花专家，对中国农业科学院棉花研究所在昌吉国家农业园区建立的新疆"宽早优"机采棉绿色优质高效技术集成示范田进行了现场鉴定。经过现场汇报、质询调查、考察访问，机采实收等，形成了以下鉴定意见：

"宽早优"植棉技术是对"矮密早"的创新和发展，通过扩株行、降密度、增株高，实现冠层结构分布合理，结铃分布均匀，结铃空间提高 30% 以上，成铃率和铃重提高 10% 以上，单产提高 10% 以上；增温、保墒、抗旱、促早效果明显；病虫草害发生轻；机采效果好，含杂率降低，原棉品质提升。该技术充分挖掘品种优势、现代化装备（膜下肥水滴灌、精量播种、精准覆膜等）和温光资源匹配的潜力，实现了"矮密早"单一向"温"要棉，到"宽早优"向"光""温""优势品种"和现代化挖潜的转变。制定和颁布"宽早优"相关标准 8 项，国家发明专利 5 项，论文 10 篇，专著 1 部。

2013—2020 年，新疆累计推广面积达到 2 300 万亩以上，产生了良好的经济、生态和社会效益，得到新疆棉区政府、棉农、加工厂和棉花消费者的高度评价，该综合技术达到国内领先水平，具有广阔的应用前景。

经专家组现场组织机械采收，620 亩"宽早优"绿色高效技术集成示范田，实收籽棉产量 508.8 kg/ 亩创新疆昌吉州棉花单产纪录。该项技术采用"'宽早优'＋特早熟优质高衣分机采棉品种"，实现了良种良法、农机农艺有机结合，可使新疆"风险棉区"变为"稳产棉区"，值得大力推广。此鉴定意见是对"宽早优"模式的高度概括和评价。

第三节　"宽早优"模式特点

"宽早优"植棉模式是在新疆棉花生产发展过程中逐步形成的，是对"矮密早"植棉模式的创新和发展。"宽早优"模式从其概念中不难看出模式本身具有显著特点。

一、"宽早优"模式的优势

（一）高产

1. 高产案例

随着棉花生产的科技进步和条件改善，"宽早优"植棉模式既是"矮密早"模式的创新和完善，也是新疆棉花生产发展的高级阶段。因此，"宽早优"模式具有"高产"的基本特点。在"宽早优"模式示范阶段，一般单产皮棉在 2 250 kg/hm²，自 2010 年以来，单产皮棉多在 3 000 kg/hm² 以上。2020 年，陈玉清创下了籽棉 9 660 kg/hm²，皮棉 4 153.8 kg/hm² 高产纪录（亩产籽棉 644 kg，衣分 43% 计算，亩产皮棉 276.92 kg）。

2. 原因分析

（1）宽等行种植棉株根系在土壤中分布均匀，有利于对水肥的吸收 较"矮密早"窄行间根系穿插严重、争水争肥矛盾突出其优势明显，如图 2-1，图 2-2 所示。

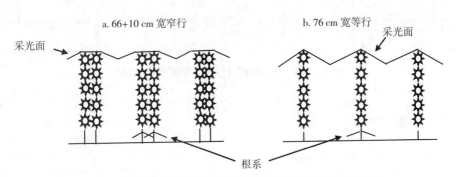

图 2-1 "宽早优"与"矮密早"上部采光及根系分布示意图

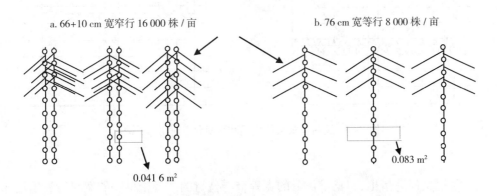

图 2-2 "宽早优"与"矮密早"个体分布示意图

（2）宽等行种植群体结构合理　上部呈"立体采光"结构（图2-3），行间通风透光，有利于提高光能效率，实现"向光要棉"：①1膜3行宽膜覆盖，有利于增温保墒，促全苗早发，缩小膜边行与中间行差距。②株高调增至80～100 cm，较"矮密早"株高60～70 cm增加结铃空间50%以上（图2-4）。③花铃期群体通风透光条件明显改善。④棉花最佳开花结铃期与温光高能同步期相协调等。

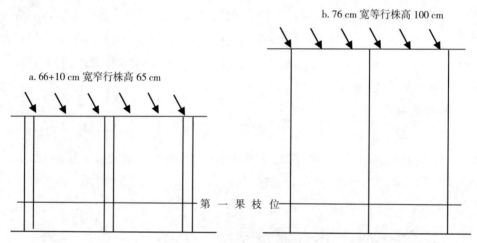

图2-3　宽等行与宽窄行采光空间对比示意图

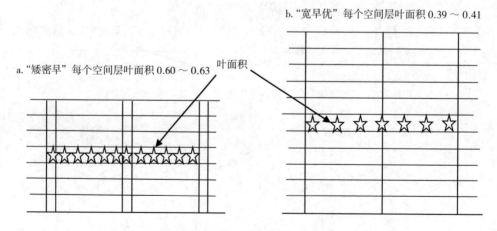

图2-4　两种模式群体空间叶面积分布对比示意图

陈冠文研究指出，"宽早优"的宽等行与现行的"矮密早"的宽窄行高密度种植相比具有下列优越性：正常年份，"宽早优"有利于提高光能利用率，充分发挥杂交棉及与杂交棉相似品种的生长发育优势,争取外围铃和上部铃成铃,实现高产;低温年份,能充分利用光对温度的补偿效应,促进外围铃和上部铃发育成熟,实现稳产。

(二)优质

1. 优质实例

2017年,在北疆精河县采用"宽早优"模式种植面积3 000亩,生产优质原棉535 t,其中"双30"(纤维长度30 mm和强度达到30 cN/tex)品质原棉,委托河南同舟棉业放到期货市场按照高于市场价格700~800元/t进行交易。

2017年,新疆生产建设兵团第七师种植"宽早优"模式2万亩,品种中641,76 cm宽等行种植,滴灌水肥一体化管理,4月15—20日播种,生育期123 d左右,群体结构指标:实收株数8 000~9 000株/亩,株高90~110 cm,单株果枝10~12苔,亩果枝13万~15万,亩铃数7.5万~8.5万个;铃重5.08 g,衣分40.6%,霜前花率85%;亩产籽棉439.4 kg,皮棉178.4 kg,总产皮棉3 568 t。经农业部棉花品质监督检验测试中心测定,纤维长度33.4 mm,断裂比强度33.6 cN/tex,马克隆值4.5,其纤维品质超过美棉和澳棉,其原棉以高出市场价1 200元/t销售给中国第一服装品牌雅戈尔服装公司。2018年,中国农业科学院棉花研究所张西岭研究团队培育的优质棉新品系"中641"与"宽早优"植棉新技术集成,形成的"中641"与"宽早优"相结合的高品质棉生产技术模式,在新疆示范种植增产效果显著,纤维品质明显高于当地主栽品种,在"良种良法配套、农机农艺融合"方面取得重大突破,被列入中国农业科学院发布的"2018年十大科技进展"。

2. 原因分析

(1)"宽早优"棉株根系分布均匀,有利于水肥吸收,保证了棉铃生长发育的水分和养分供应。

(2)群体通风透光条件优越,有利于棉铃发育。

(3)宽行减密(较"矮密早"减少密度)有利于个体发育,健壮个体为棉花优质创造了条件(图2-1至图2-4)。

(4)脱叶催熟效果好,便于机械采收,籽棉含杂率低,减少籽清、皮清对纤维的损伤。

(三)利于机械化作业

棉花生产机械化是社会进步和生产发展的必然趋势,尤其是新疆棉区作为棉花集中产区和国家棉花生产重点保护区,只有普及全程机械化,才能有效降低用工成本,提高植棉效益,也才能稳定棉花生产,保证国家棉花产业安全。"宽早优"实行宽等行种植,有利于用机械的田间作业,尤其是改善了机采棉品质,同时,与"矮密早"的宽窄行相比,还降低了作业机械的制造成本,如播种机械的播种、地膜的打孔、下种、覆土等均减少一半;再如宽等行通风透光,病虫害发生轻,且机械化喷药均匀,防效提高,而宽窄行的窄行内因枝叶穿插严重荫蔽病虫发生重且影响喷药效果,从此角度,宽等行有利于"减药";机械化采收宽等行明显降低含杂率,提高机采品质和效果等;"宽早优"籽棉含杂率降低,可减少籽棉清理和皮棉清理次数,降低清理过程对纤维品质的损伤。

(四)省工

(1)"宽早优"模式76 cm等行距种植,每亩仅用0.8～1 kg种子,单粒播种,不用定苗。

(2)与(66+10)cm机采密植模式相比,由于播种孔减少1倍,杂草明显减少,除草省工。

(3)因种孔减少,减少土壤蒸发,节省水量和用工。

(4)因棉株扩大了生长空间,化控次数和缩节胺用量可减少1倍以上。

(5)因降低密度,打顶省工50%以上,因增加了个体空间,采取配套措施可逐步实现免打顶。

(6)采用精准播种不用抠苗放苗。

(7)只喷1次脱叶催熟剂和1次机采等。因"宽早优"模式管理省工,1个农工可管理200亩棉花,达到亩产皮棉160～180 kg,包括机采平均每生产100 kg皮棉仅用1个工,与普通棉田1人管理50亩,平均亩产皮棉130 kg相比,节省用工70%以上。

(五)高效

"宽早优"模式植棉效益高,主要表现如下。

1.经济效益

(1)增产 在中等肥力以上的棉田,"宽早优"模式比普通模式增产10%以上,在超高产棉田增产在15%以上,以每亩增产皮棉13 kg,单价15元/kg计算,每亩增加效益195元。

(2)省工 "宽早优"模式比"矮密早"等模式减少棉花间苗、定苗、打顶(密度低打顶少)、化控、喷药等用工费;节省种子;减少化控、除草、脱叶催熟用药；节约水肥；减少籽清、皮清耗能等每亩合计减耗增效 300 元左右。以年推广"宽早优"1 000 万亩计算，增加效益 30 亿元。

2．生态效益

（1）减少病虫防治、化学调控、脱叶催熟用药量，从而减轻化学污染。

（2）病虫害减轻，从而减少棉田机械作业，减轻环境污染。

（3）有利于残膜回收，减轻残膜污染。

（4）降低密度、肥水滴灌减少化肥的使用量，保护了生态环境。

（5）在棉花增产的同时，增加了饼肥来源，增施饼肥有利于改善土壤团粒结构和生态环境，培肥地力促进可持续发展。

3．社会效益

主要表现在以下方面：一是棉花增产带来的经济效益投入到科技、工业等行业建设；二是"宽早优"模式节省的劳动用工，支援其他行业发展；三是增产的优质棉花用于纺织、服装行业，产品投入国内外市场；四是棉花增产增加的棉花副产品可用于油脂、化工、医药等行业，促进社会发展；五是棉花增产，维护了国家棉花产业安全，保护了国家利益，有利于强国富民等社会效益显著。

二、"宽早优"模式的特点

（一）种植方式

"宽早优"植棉模式与"矮密早"模式相比，有其独到特点。

1．种植规格

"宽早优"模式为 76 cm 等行距种植（依据地力产量水平可适当调整），种植密度 9 000 ～ 11 000 株 / 亩，收获密度 8 000 ～ 10 000 株 / 亩，单株果枝 9 ～ 11 苔，株高 80 ～ 100 cm；"矮密早"模式为（66+10）cm 或（68+8）cm 等，均为宽窄行种植，种植密度 14 000 ～ 18 000 株 / 亩，收获密度 12 000 ～ 16 000 株 / 亩，单株果枝 6 ～ 7 苔，株高 60 ～ 70 cm。

从种植方式比较，"宽早优"较"矮密早"有三大不同：一是由宽窄行改为宽等行；二是种植密度降低 40% 以上；三是株高调增 40% 以上。"矮密早"代表方式（66+10）cm 机采模式的适宜株高 60 ～ 70 cm，下部 20 cm 是非适宜结铃区，结铃空间高度为 40 ～ 50 cm。76 cm 等行距模式适宜株高 80 ～ 100 cm，减去下部 20 cm 非适宜结铃区，结铃空间高度为 60 ～ 80 cm，比（66+10）cm 模式的结铃空间增加了 30% 以上，为获得更高产提供了较大的结铃空间，特别

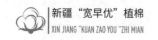

是由于增加了结铃空间，在同样大的叶面积指数下，群体通风透光条件大大改善，提高光能利用率，奠定了高产的物质基础。

2.增温保墒和促早熟效果

用 2.05 m 的超宽膜，(66+10) cm 机采模式是 1 膜 6 行，76 cm 宽等行机采模式是 1 膜 3 行。与 (66+10) cm 机采模式相比，由于 76 cm 等行距模式的播种行减少 1 倍，棉花播种出苗期地膜的增温保墒效果明显提高。2016 年，中棉所石河子综合试验站的研究结果表明，从 4 月 15 日播种到 6 月 15 日滴第 1 水为止，与 (66+10) cm 机采模式相比，76 cm 等行距机采模式播种孔下 5 cm 地深和 10 cm 地深的有效积温分别增加了 150℃和 70℃，76 cm 等行距模式由于播种孔少，水分蒸发量减少，节省土壤水分。"宽早优"模式提高了花期和铃期的土壤温度，比"矮密早"模式平均高 1.7℃[17]。"宽早优"模式的全生育期耕层土壤积温较"矮密早"模式显著提高 8.3%～9.9% (P<0.05)，主要提升了花铃期的土壤积温 (35.1～88.8℃)；从全生育期耗水量来看，"宽早优"模式的耗水量低于"矮密早"模式，降低 0.8～6.7 mm，提高种植密度会降低耕层土壤积温，增加棉田耗水量。"宽早优"模式可以改善棉花生长的土壤水热条件，实现产量和水分利用效率的大幅提高[17]。

(二)生物学特性

1.生育进程

在中国农业科学院棉花研究所新疆石河子综合试验站试验，4 月 14 日播种，试验研究结果表明，"矮密早"(66+10) cm 模式每亩播 18 500 穴，"宽早优"76 cm 等行距模式每亩 9 250 穴和每亩 4 125 穴 3 个处理比较，"宽早优"每亩播种 4 125 穴的处理于 8 月 23 日吐絮、9 250 穴的处理 8 月 25 日吐絮，比"矮密早"18 500 穴的处理 8 月 29 日吐絮，分别早吐絮 6 d 和 4 d。

在相同的温度条件下，"宽早优"76cm 宽等行较"矮密早"(66+10) cm 宽窄行棉田所获得的光能多，积累的总能量也多，因此，能较早地启动下一个生育阶段，从而使整个生育进程加快。据调查，生育前期差距较小，随着生育进程的延后，差距逐步加大，等行距的个体生长发育优势明显，主要表现在主茎日生长量大，出叶和现蕾速度快，成铃多。可加速棉铃发育：据试验定株观察，等行距中密度比宽窄行高密度的下部铃和内围铃的铃期相近，中部外围铃的铃期明显缩短。由于铃重与光有效辐射量关系密切，在单位面积铃数相近的情况下，等行距棉田由于光照充足，其铃重 5.54 g，较宽窄行的 5 g 高 0.54 g。

2. 株高

李建峰[25]研究证明，"宽早优"76 cm 等行距低密度下（理论密度为 10.965 万株 /hm²），棉花株高较"矮密早"宽窄行（66+10）cm 高密度（理论密度为 21.93 万株 /hm²）及等行双株高密度（理论密度为 21.93 万株 /hm²）优势明显，这种模式下收获期杂交棉株高为 83.3 cm，分别比宽窄行高密度及等行双株高密度处理高 23.8%、29%；同样模式下收获期常规品种平均株高为 78.1 cm，分别比宽窄行高密度及等行双株高密度处理高 16.1%、18.5%。

3. 干物质积累

蔡晓莉等[26]试验，76cm 宽等行模式不仅单株干物质积累量多积累速度快，而且能将更多的光合产物向生殖器官输送，且比常规模式速度快、时间长，单株个体优势明显。宽等行模式与常规模式比较，在出苗后 35 d 时，单株总干物质积累速率相当，但生殖器官的积累速率快 220%。在出苗后 65 d，宽等行种植模式较常规模式总干物质积累速率高 51%，生殖器官的积累速度高 60%。在出苗后 90 d，宽等行模式较常规模式单株总干物质积累速率高 106%，生殖器官的积累速度高 140%，单株营养器官积累速率高 85%。出苗后 120 d，宽等行模式较常规模式单株总干物质积累速率高 90%，生殖器官的积累速度高 98%，营养器官积累速率高 136%。

4. 脱叶效果

蔡晓莉等[26]试验，脱叶率 76 cm 宽等行为 93.7%，宽窄行的为 88%。廖凯等[27]试验调查，喷洒脱叶剂后未落地叶片数"矮密早"（66+10）cm 宽窄行的 133.33 片，较"宽早优"76 cm 宽等行的 49.33 片高 1.7 倍。

5. 机采效果

蔡晓莉等[26]试验，采净率、籽棉含杂率"宽早优"等行距分别为 95.5%、9.7%，"矮密早"宽窄行的分别为 90.1%、14.3%，等行距采净率提高 5.4 个百分点，籽棉含杂率降低 4.6 个百分点。

机采后籽棉杂质构成对含杂率的影响，"矮密早"宽窄行机采籽棉杂质细小，分布范围广，铃壳、叶杂清晰看见，导致棉花颜色整体上偏暗；"宽早优"76 cm 宽等行机采籽棉杂质分布较宽窄行少，叶杂大而稀疏，棉花颜色呈较明亮的白色，整体效果较好。轧花后，"矮密早"的皮棉中仍有许多较小的叶杂，棉纤维颜色仍较暗沉；"宽早优"的皮棉叶杂含量很少，平均单粒叶杂面积比宽窄行的稍大，且只有少量叶杂缠绕棉纤维。"宽早优"的大杂总质量（包括铃壳和叶柄枝秆）18.33 g 占 1.83%，比"矮密早"的大杂总质量 26.71 g 占 2.67% 分别减少 31.4% 和 30.4%；"宽早优"的叶杂 0.77% 比矮密早的 1.21% 降低 36.4%。新疆农垦科学院棉花研究所检测两种方式在机采下对品质的影响数据显示，"矮密早"对照组手采棉平均纤维长度为 29.32 mm，取样组机采棉平均纤维长度为 28.36 mm；而"宽早优"的对照组手采棉平均纤维长度为 28.85 mm，取样组机采棉平均纤维长度为 28.55 mm。可以看出由于种植模式不同，"矮密早"的机采棉比手采棉的纤维长度下降了一个品级，而"宽早优"机采棉与手采棉的纤维长度仍在同一品级，一定程度上避免了经济损失。

对皮棉等级的影响："矮密早"的皮棉等级以三级为主，占 82%，纤维长度以 28 mm 为主，占 74%；"宽早优"的皮棉等级以二级为主，占 83%，纤维长度以 29 mm 为主，占 74%。对马克隆值的影响，"矮密早"的马克隆值 A 级的占 70%、B 级的占 28%；"宽早优"的马克隆值 A 级的占 72%、B 级的占 27%，两种方式比较接近。

6. 纤维品质

中国棉花公正检验系统利用从各地纤维检验机构收集汇总的全国棉花质量信息数据库，提供了统一、准确、及时的棉花质量信息。崔岳宁等[28]抽取 2013—2014 年度新疆生产建设兵团两种不同种植模式下的棉花检验数据研究，这两种种植模式分别为：位于天山北麓中段、准噶尔盆地南缘的某 A 团采用的新疆特有的"矮密早"（66+10）cm 宽窄行种植模式；地处天山北麓、古尔班通古特沙漠西缘的某 B 团采用的"宽早优"76 cm 等行距种植模式。两团均已经实现棉花从种到收的全程机械化作业。分别抽取两个团场的棉花加工厂加工的棉花各 800 包质量检验数据，取样规则为从 2013 年 10 月 5 日开始，每隔 10 d 从每个加工厂各抽取 100 包棉花的加工质量检验数据。数据分析显示，"宽早优"等行距棉花长度级主要集中在 28 mm 和 29 mm 两个级别，"矮密早"宽窄行棉花长度级主要集中在 27 mm 和 28 mm 两个级别。在对棉花长度的统计中，"宽早优"等行距棉花平均长度为 28.93 mm，方差为 0.37；"矮密早"宽窄行棉花平均长度为 27.85 mm，方差为 0.29。"宽早优"等行距棉花的长度级要高出"矮密早"宽窄行一个等级。"宽早优"等行距棉花长度整齐度平均值为 81.93%，方差为 1.46；"矮密早"宽窄行棉花长度整齐度平均值为 82.19%，方差为 0.56。可见在长度整齐度方面"矮密早"宽窄行距种植模式要优于"宽早优"等行距种植模式。两种种植模式下棉花颜色级均主要集中在标准等级白棉 3 级；在高于标准颜色级的数量上，"宽早优"等行距要多于"矮密早"宽窄行；在低于标准颜色级的数量上，"宽早优"等行距要少于"矮密早"宽窄行。由此可见，在颜色级分布上"宽早优"等行距种植模式要优于"矮密早"宽窄行种植模式。两种种植模式棉花在反射率方面，"宽早优"等行距棉花反射率平均值为81.39%，方差为0.64；"矮密早"宽窄行棉花反射率平均值为80.43%，方差为1.34。两种种植模式下棉花反射率均主要集中在80.1%～82%，但是"宽早优"等行距棉花在82.1%～84%要高于"矮密早"宽窄行棉花，可见"宽早优"等行距棉花在反射率方面要优于"矮密早"宽窄行棉花。在黄色深度方面，"宽早优"等行距棉花黄色深度平均值为8.03，方差为0.11；"矮密早"宽窄行棉花黄色深度平均值为8.09，方差为0.14，两种种植模式下棉花黄色深度值主要集中在7.6～8.5区间；在7.1～7.5区间，两模式数量相差不多；在8.6～9.5区间，"矮密早"宽窄行棉花数量略高于"宽早优"等行距棉花。综上数据，"宽早优"等行距棉花黄色深度分布略优于"矮密早"宽窄行棉花。在马克隆值统计中，"宽早优"等行距的棉花马克隆值平均值为4.07，方差为0.06；"矮密早"宽窄行的棉花马克隆平均值为3.96，方差为0.02。可以看出"矮密早"宽窄行棉花马克隆分档分布优于"宽早优"等行距种植模式。"宽早优"等行距棉花断裂比强度平均值为27.31 cN/tex，方差为1.08；"矮密早"宽窄行棉花断裂比强度平均值为26.73 cN/ tex，方差为0.75。两种种植模式下棉花断裂比强度主要集中在中等档（26～28.9 cN/tex）；"宽早优"等行距的棉花断裂比强度，在强档（29～30.9 cN/tex）的数量多于"矮密早"宽窄行棉花，在差档（24～25.9 cN/tex）的数量低于"矮密早"宽窄行棉花。由此可见，"宽早优"等行距种植模式的棉花断裂比强度分布情况要优于"矮密早"宽窄行种植模式。"宽早优"等行距棉花纤维的各项品质总差价值为45 375元，"矮密早"宽窄行棉花总差价值为-561元，"宽早优"等行距棉花的差价值要高于"矮密早"宽窄行棉花差价[28]。

（三）生态学特性

1. 采光

棉行顶部的采光，"宽早优"从棉行到行间呈梯形或波浪形，为立体采光；"矮密早"由于窄行较窄，窄行顶部的采光呈平面型，因此，"宽早优"较"矮密早"增加直射光面积20%以上（图2-2）；株间采光因"宽早优"株高增加了40%以上，在相同LAI（叶面积指数）下，较"矮密早"透光性好（图2-5所示），光能利用率提高。

据王香茹2018年试验调查,"宽早优"76 cm宽等行8 000株/亩的冠层光照整体透过率,花期6.29%和吐絮期3.64%,较"矮密早"(66+10)cm宽窄行15 000株/亩的3.05%和2.28%,增加达显著水平。吐絮期冠层的光照强度,"宽早优"76 cm宽等行8 000株/亩的上层39.2 μmol/(m²·s)、中层40.5 μmol/(m²s)和下层41.14 μmol/(m²·s),较"矮密早"(66+10)cm宽窄行15 000株/亩的28.05 μmol/(m²·s)、29.45 μmol/(m²·s)和25.08 μmol/(m²·s)均显著增加。

2. 光温互补效应

棉花生物产量的90%～95%来自光合产物。光是作物光合作用的唯一动力,是决定棉花生长发育的基本要素。新疆太阳年总辐射量为5 000～6 490 MJ/m²,年光合有效辐射为2 400～3 000 MJ/m²,棉花生长期(4—9月)的太阳有效辐射量为1 715～1 968 MJ/m²。新疆棉区降水少,日照时数多,日照百分率高(表2-5),十分有利于棉花生产。据计算,在新疆皮棉单产1 500 kg/hm²的光能利用率约为2%,皮棉单产3 000 kg/hm²的光能利用率只达到2.7%。由此可见,新疆棉区的光能资源十分丰富,生产的潜力很大。

表2-5 新疆棉区的光照条件

棉区	全年日照时数	平均日照时数(h)								7—10月日照时数(h)
		4	5	6	7	8	9	10	平均	
喀什	2 727.6	7.1	8.2	10.1	10.1	9.3	8.6	7.7	8.83	35.7
阿克苏	2 871.4	7.9	8.9	9.8	10.1	9.3	8.8	8.2	9.00	36.4
库尔勒	2 855.1	8.1	8.9	9.2	9.2	9.2	9.0	8.1	8.81	35.5
乌苏	2 668.2	8.4	9.6	10.2	10.4	10.0	9.1	7.1	9.26	36.6
石河子	2 713.7	8.6	9.7	10.4	10.3	9.9	9.0	7.4	9.33	36.6
吐鲁番	2 913.5	8.6	9.7	10.0	10.1	9.9	9.3	8.1	9.39	37.4

通过以上分析可以看出,新疆棉区的有利条件是光能的潜力很大,不利条件是热量相对不足。但是,陈冠文、余渝研究认为:作物的生长发育是在热能、光能和其他能量的共同作用下完成的,且每种能量都是不可缺少的。在作物生长发育的各个阶段,这些能量间都有一个最佳配比组合,当某种能量相对不足时,另一种能量可以起到一定的补偿作用。如棉株上部的棉铃以充足的光照补偿有效积温的不足;而处在光照极差的下部棉铃,则以较多的有效积温补偿光照的不足

（表2-6），最终，上部棉铃和下部棉铃均能正常吐絮。这种温、光互补效应，为热量相对不足而光能资源丰富的新疆棉区实现棉花高产提供了重要的理论依据。

表2-6 各位置棉铃的温光实测值 单位：℃、μmol/（m² · s）

叶位	6	7	8	9	10	11	12	13	14	15	16
≥ 15℃有效积温	661.9	695.7	707.1	687.4	690.0	680.3	647.2	613.2	580.9	554.2	534.3
有效辐射量		117.5		238.2		330.4	376.9	405.6	503.9	512.4	581.6

注：数据来源于1998年新疆农垦科学院。

3. 叶面积指数对有效光辐射影响

随生育时期推进，棉花冠层叶面积指数呈明显先升后降趋势，峰值出现在盛铃期。不同株行距配置下棉花冠层叶面积指数差异较大，"宽早优"等行距低密度下（76 cm等行距，10.965万株/hm²，），生育前期（出苗后0～84 d）杂交棉叶面积指数与"矮密早"宽窄行高密度宽窄行（66+10）cm，1穴1株，理论密度为21.930万株/hm²处理的差距逐渐缩小，生育后期（出苗后84～118 d）叶面积指数下降幅度为10.3%，低于"矮密早"宽窄行高密度处理；同一模式下，常规品种生育后期叶面积指数下降幅度为13.6%，低于"矮密早"宽窄行高密度及等行双株高密度（76 cm等行距，1穴双株，理论密度为21.930万株/hm²）处理。等行双株高密度处理生育后期群体早衰、脱叶严重，叶面积指数下降幅度较大。

陈冠文的测定结果表明，高产棉田在叶面积指数达到4.31时，8：00—11：00时的群体下部光照强度已接近棉叶的光补偿点（表2-7）。因此，在超高产条件下继续增加密度必然会恶化群体中、下部光照条件。

表2-7 叶面积累计量对相对有效辐射量的影响 单位：cm、%

群体高度	测定时间						累计叶面积指数
	8：00	11：00	15：00	18：00	21：00	平均	
76～90	60.6	37.6	41.9	26.4	64.8	46.5	1.21
61～75	16.6	22.4	13.2	16.1	27.0	19.1	2.06
46～60	9.0	17.4	7.3	8.4	13.1	11.0	3.14
31～45	2.8	15.0	6.2	7.3	13.9	9.0	3.90

（续表）

群体高度	测定时间						累计叶面积指数
	8:00	11:00	15:00	18:00	21:00	平均	
16～30	3.4	9.1	5.9	6.6	11.5	7.3	4.31
0～15	1.9	1.6	4.5	6.4	12.3	5.3	4.34

注：相对有效辐射量（%）=（群体内有效辐射量测定值/群体上空有效辐射量测定值）×100。

4.虫害发生情况

王春义等[29]（2018）试验结果表明：棉花行距的不同会影响害虫的田间扩散转移，主要是影响近距离扩散蔓延的害虫；"宽早优"1膜3行76 cm等行距模式的行距较宽，在同样的气候下，同期棉花有棉蚜株率和有棉蓟马株率都低于"矮密早"1膜6行（66+10）cm。1膜3行76 cm等行距"宽早优"模式较1膜6行"矮密早"模式更有利于棉田害虫治理。

5.抗逆性

由于"宽早优"模式棉株配置合理，根系、茎叶分布有利于资源利用，个体发育健壮，根深茎壮，增强了抗旱、抗风、抗寒、耐盐碱能力，为高产稳产奠定了基础。如2013年北疆示范的6 000 hm² "宽早优"杂交棉，在9月21—22日降下多年不遇的早霜，因"宽早优"棉花早熟抗逆性增强，单产籽棉仍达到6 000 kg/hm²，而"矮密早"棉田大幅度减产降质。

（四）成本和效益

2007—2016年的10年，北疆兵团和地方76 cm等行距"宽早优"模式和（66+10）cm "矮密早"模式，其管理功效、成本和效益比较情况见表2-8。

表2-8 "宽早优"模式与"矮密早"模式管理功效、成本和效益比较

项 目	76 cm等行距模式	（66+10）cm模式
播种	1膜3行，播种量0.8～1 kg/亩	1膜6行，播种量2～5 kg/亩
定苗	不定苗，无费用	30元/亩
化控次数费用	苗期和打顶后各1次，每次10元，20元/亩	全程化控5～7次，50～70元/亩
除草	50元/亩	120元/亩
打顶	17元/亩	35元/亩
病虫害防治	30～40元/亩	50～70元/亩

（续表）

项 目	76 cm 等行距模式	（66+10）cm 模式
吐絮情况	9 月 5 日已大量吐絮	9 月 10 日后大量吐絮
喷脱叶剂	喷 1 次，28 元 / 亩	喷 2 次，50 元 / 亩
机采籽棉含杂率	10% ～ 12%	12% ～ 17%
采净率	95% ～ 97%	90% ～ 95%
管理功效，1 人管理规模	200 亩 / 人	80 ～ 100 亩 / 人

　　近十年来，北疆兵团和地方的棉农（66+10）cm "矮密早" 机采模式均籽棉产量 300 ～ 350 kg/ 亩，不仅播种费工，更需要定苗、拔草、化控、打顶等，人均管理规模 80 ～ 100 亩，管理用工多，植棉成本高，脱叶效果一般，机采籽棉含杂率较高。而采用 76 cm "宽早优" 等行距机采模式，平均籽棉产量 350 ～ 400 kg/ 亩，不仅播种简单，更不用定苗，播种、除草、化控和打顶用工减少 50% 以上，增产明显，脱叶效果好，机采籽棉含杂率低，人均管理规模 200 亩以上，植棉效益显著提高。

第四节 "宽早优"模式适应性

　　"宽早优" 植棉模式具有的基本特点，决定了其具有较强的适应性和抗逆性。"宽早优" 较 "矮密早" 棉花生育期提前、植株健壮、单株结铃数多、果枝苔数多、单铃重提高，实现增产优质的现实是 "宽早优" 具有较强的适应性和抗逆性的客观体现。新疆棉区灾害性天气多：春季霜冻、风灾，夏季雹灾、高温，秋季降雨、降温、早霜等，常常给棉花生产带来不利影响。因此，要求棉株具有一定的抗逆性和灾后自我补偿能力。"宽早优" 棉花较强的适应性和抗逆性主要表现在以下方面。

一、增温促早增强适应性、抗逆性

　　"宽早优" 模式由 "矮密早" 的宽窄行改为宽等行，在单位面积上减少了 50% 的行数，同时，播种密度减少 30% 以上，据此使单位面积的地膜上减少了覆土的面积，也减少了地膜的种孔，使覆盖的地膜增温、保墒效果显著提高。新疆棉区在前期低温的环境下，增温有利于促进棉苗早发，实现早现蕾、早开花，其核心是通过早发使棉花开花结铃期与光、温的最佳季节相吻合，即开花结铃关键期与光温高效期同步，这是"宽早优"模式增温保墒的根本意义所在，也是"宽早优"棉花实现优质高产的基本理论之一。

分析增温促早可增强适应性、抗逆性的原因，是棉花发芽出苗的基本特性决定的。棉花种子萌发的最低温度为 10.5 ～ 12℃，出苗对温度的要求比发芽高，播种后温度在 12℃ 以上才能出苗，在适宜的温度范围随温度的升高生长速度加快，可提前进入下一生育阶段。温度的增加使生长速度加快，植株个体逐步增大，茎秆的木质化程度提高，成长叶、健壮叶增多，适应性、抗逆性机能随之增强，这就是"宽早优"模式增温的根本意义。

"宽早优"的增温保墒效果：用 2.05 m 的地膜，76 cm 等行距机采模式是 1 膜 3 行，与（66+10）cm 机采模式 1 膜 6 行相比，由于 76 cm 等行距模式的播种孔减少 1 倍，棉花播种出苗期地膜的增温保墒效果明显提高。2016 年，中棉所石河子综合试验站的研究结果表明，从 4 月 15 日播种到 6 月 15 日滴第 1 水为止，与（66+10）cm 机采模式相比，76 cm 等行距机采模式播种孔下 5 cm 地深和 10 cm 地深的有效积温分别增加了 150℃ 和 70℃；张恒恒等[17] 的试验表明，全生育期耕层土壤积温"宽早优"较"矮密早"模式显著提高 8.3% ～ 9.9%（$P<0.05$），主要提升了花铃期的土壤积温（35.1 ～ 88.8 ℃）；"宽早优"模式的耗水量低于"矮密早"模式，降低 0.8 ～ 6.7 mm；水分利用效率显著提高 18.8%（$P<0.05$）。76 cm 等行距模式的增温保墒效果显著，因此利于棉花早出苗、出全苗、长势壮。

由于"宽早优"等行距种植，减少了地膜的苗孔，增加了地膜实际覆盖度，提高了地温，从而增强了棉花前期的抗低温能力。棉花前期早发，个体健壮，增强了对低温的适应性。研究表明，正常年份，宽等行密植有利于提高光能利用率，充分发挥杂交棉及与杂交棉相似品种的生长发育优势，争取外围铃和上部铃成铃，实现高产；低温年份，能充分利用光对温度的补偿效应，促进外围铃和上部铃在温度较低的情况下发育成熟，实现稳产。同时，由于棉株健壮，也增强了棉株的逆境生长能力，如耐盐碱性、抗倒伏性等显著增强。

近几年在新疆第八师植棉团场多次看到，（66+10）cm "矮密早"机采模式与 76 cm 宽等行 "宽早优"机采模式相邻条田或地块同期播种和滴出苗水，到 6 月中旬滴头水前，（66+10）cm "矮密早"机采模式棉花叶片萎蔫旱象明显，而 76 cm 等行距 "宽早优"模式棉花生长正常没有旱象。在乌苏市和沙湾县农民的棉田也看到，由于相邻两家地块合计面积才百亩左右，共用一个滴灌系统，同期播种和滴出苗水，到 6 月中旬滴头水前，（66+10）cm "矮密早" 机采模式棉花因严重干旱已表现出干旱早衰，而 76 cm "宽早优" 模式生长稳健。

"宽早优" 加速棉株生育进程，增强适应性，"宽早优" 因积温增加，生育进程加快（早吐絮 2～6 d），使有效开花结铃期提前，与北疆高温辐照期相吻合，增强了品种的适应性和抗逆性，因此，北疆矮密早模式仅适宜种植早熟品种，而宽早优 76 cm 等行距模式可种植中早熟品种，发挥出了品种较大的增产潜力。

二、群体合理布局增强适应性、抗逆性

"宽早优" 较 "矮密早" 降低密度 30% 左右，从而带来了一系列变化，增强了适应性和抗逆性。

（一）有利于壮根增强耐瘠性、抗倒伏和抗逆性

"宽早优" 增加了单株占地面积为增强抗性奠定了基础。以 "宽早优" 76 cm 等行距每亩 7 000～9 000 株，与 "矮密早" 的（66+10）cm 宽窄行每亩 14 000～18 000 株相比，平均单株占地面积提高了 50% 以上，减轻了根系穿插程度，缓解了株间争肥争水的矛盾，相比之下，"宽早优" 棉株增加了单位面积的养分和水肥。因此，"宽早优" 棉株耐瘠性和耐旱性大大增强。由于 "宽早优" 棉株的占地优势，棉株生长健壮，发育提前，健壮的个体根深茎壮抗倒伏性、抗病虫性等抗逆性大大增强。

（二）拓展结铃空间且改善光照条件，增强耐荫蔽性

"宽早优" 在扩行、降密的基础上增加株高拓展群体空间，为开花结铃创造良好环境，增强棉株适应性和抗逆性。"宽早优" 通过降密壮株调整打顶时间（或化学封顶，或免打顶）实现 "拓高"，北疆棉区 7 月 1—5 日，南疆棉区 7 月 5—10 日，单株果枝 9～11 苔，株高拓展至 80～100 cm。通过拓展株高：1 增加采光空间。"宽早优" 株高放高至 80～100 cm，在 1 m² 的土地上其采光空间为 0.8～1 m³，比 "矮密早" 的株高 65 cm，采光空间 0.65 m³ 增加了 23.1%～53.8%，据此可容纳较大的叶面积系数，增加制造有机营养的 "工厂"，这是 "宽早优" 优质高产的生理和理论基础，也为增强适应性和抗逆性创造了重要条件。2 降低了群体内单位空间的荫蔽程度，通风透光条件改善，光合效率提高。以同等叶面积系数 3.9～4.1，每 10 cm 高度 1 个空间层为例，"宽早优" 株高 100 cm，平均每个空间层的叶面积为 0.39～0.41，比 "矮密早" 株高 65 cm，每

个空间层 0.6 ~ 0.63，透光的疏散度提高了 35%。换言之，在同等叶面积系数下，"宽早优"较"矮密早"在群体的单位空间内，枝叶间相互遮光程度降低了 35%，形成了良好的通风透光条件。试验调查，群体底层光截获率最大时的盛铃期，"宽早优"较"矮密早"的透光率提高 40% ~ 47.7%，改善了光照条件，这是宽早优棉花健壮生长、增强适应性和抗逆性实现优质高产的"物质"保障。因"宽早优"通风透光，植株健壮，可减少病虫发生，也便于机械喷药防治，可减少用药，降低成本和污染，形成棉株适应性、抗逆性增强的良性循环。

三、增强机械化作业适应性

由于"宽早优"机采模式减少了 50% 的播种行数和降低密度，播种机械阻力明显减小，播种省力、省工，还省去了定苗、中耕和化控，除草和打顶等省工 50%，增强了全程机械化的适应性。因此，人均管理规模成倍扩大，可显著节本增效。特别是，"宽早优"机采模式有利于脱叶催熟、机械化采收。因"宽早优"棉田通风透光好，加上地膜的增温效应，棉花生育期提前，吐絮期集中，有利于脱叶催熟，明显降低了机采籽棉的含杂率，提高了采净率和机采效率，为提高机采棉品质创造了有利条件。

棉花优质高产是群体优势的综合体现。其群体优势的基本特征就是具有较强的生态适应性和环境抗逆性。"宽早优"的群体优势使大面积棉花增强了抗灾夺丰收的能力。如 2013 年北疆七师示范的 6 000 hm² "宽早优"杂交棉，在 9 月 21—22 日降下多年不遇的早霜，因"宽早优"早熟抗逆性增强，单产籽棉仍达到 6 000 kg/hm²，而"矮密早"常规棉田大幅度减产大多在 20% 以上。在此灾害环境下，"宽早优"杂交棉充分表现了光能的补偿效应和群体的自动调节能力，增强了棉花的抗逆性，成为降低气象灾害对全师棉花产量影响的关键因素。

第五节 "宽早优"植棉技术规范

"宽早优"植棉模式，在土壤肥力中等以上、灌溉条件好、机械化程度高、品种增产潜力大等情况下优势明显，可推广应用；在新疆土壤瘠薄、管理粗放的低产棉田不推荐使用。

一、生产目标

皮棉单产 2 200 ～ 3 000 kg/hm²。

1. 产量结构

种植株数 13.5 万～ 18 万株 /hm²，收获株数 10.5 万～ 15 万株 /hm²，单株果枝 8 ～ 10 苔，单株成铃 10 ～ 15 个，公顷总铃数 135 万～ 150 万个，单铃重 5 ～ 6 g，衣分 40% 以上。

2. 品质目标

机采籽棉质量优于 NY/T 1133—2006《采棉机　作业质量》指标。"宽早优"收获的籽棉在加工过程中，经籽清、皮清的次数较常规机采棉减少 1 ～ 2 次；加工后优质原棉比例 90% 以上。纤维品质达到 AA 级以上，其中，纤维长度、长度整齐度指数、断裂比强度、马克隆值符合优质棉指标或符合订单生产要求。

二、基本要求

1. 气候条件

在早中熟、早熟、特早熟棉区，分别满足实时喷洒脱叶催熟剂时自然吐絮率 40% 左右的要求。≥年 10℃活动积温不低于 3 800℃；7 月平均温度 ≥ 25℃；6—8 月 ≥ 15℃活动积温不低于 2 200℃；年日照时数 ≥ 2 800h；无霜期 190 d。

2. 灌排条件

棉田水源和灌排配套系统能满足棉花生育期需水量及冬春灌需求。

3. 棉田规格

棉田长度、宽度、面积、平整度符合或优于采棉机作业条件要求；土壤肥力中等以上。

4. 区域化种植

依据气候、土壤、生产条件等在一个区域内规划种植 1 ～ 2 个棉花品种，并分区种植。

三、优质化生产技术

1. 整地

（1）秋冬整地（10 月中旬至 11 月上旬）宜将秸秆有效粉碎，长度 ≤ 10 cm、残茬高度 ≤ 8 cm，作业后的田块，切碎的棉秆应抛撒均匀，无堆积。机械立秆耧膜后，人工挑拣残膜并运出田外，统一贮放回收，当年回收残膜率达到 90% 以上（如头水前残膜回收，当年的地膜可回收 100%）。采取测土配方施肥、全层施肥、"有机无机配方"、化肥减量等施肥技术。自然肥总量 375 ～ 570 kg/hm²，其中，三料磷肥 300 kg/hm² 全部基施；前茬作物为棉花的施硫酸钾 75 kg/hm²，小麦、玉米茬的施硫酸钾 150 ～ 225 kg/hm²；缺锌土壤，增施硫酸锌 15 kg/hm²。采用施肥、耕地一条龙作业，耕深 30 cm 左右，深浅一致，伐片翻转良好，地面残茬、肥料覆盖严密，耕地笔直、平整，碎土均匀、不重不漏，到头到边，无回垄立伐现象。盐碱地为灌水压盐，冬前进行格田赤地灌水 2 400 ～ 2 700 m³/hm²，如格田茬灌 1 500 ～ 1 800 m³/hm²。冬灌时间南疆在 11 月底前结束，北疆在 11 月上旬结束。

（2）春季播前整地（2—3 月）　在春季积雪融化，土壤夜冻日消、机车能进地时，利用平土器械进行保墒平地。对春季保墒平地后的条田，采用三排齿耧膜耙进行机械搂膜并配合人工捡拾残膜残秆。整地后、播前用 33% 二甲戊乐灵 2 400 ～ 2 700 ml/hm²，兑水 450 ～ 600 kg/hm²，进行土壤处理，做到喷药均匀、不重不漏；播前封闭，防除棉田稗草、灰黎等一年生禾本科及部分阔叶杂草，施药后浅混土，将除草剂混耙到 2 ～ 3 cm 深的土层内。方法是先对角耙，再直耙后收地边一圈，待播种。播种前土壤达到"平（土地平整）、齐（地边整齐）、松（表土疏松）、碎（土碎无坷垃）、墒（足墒）、净（土壤干净无杂草、秸秆、残膜等杂物）、记（对妨碍机械作业又不能清除的障碍物做上醒目标记，播种边线和接行做标记并输入计算机档案，为田间机械导航作业奠定基础）"的标准。

2.品种选择和种子精选

选用纤维品质优良（机采棉籽清、皮清后达到预定品质目标）、适合机械采收、高产（增产潜力大）、抗病、抗逆性强、熟性适宜的棉花品种；依据气候、土壤、生产条件等在一个区域内规划种植 1 ～ 2 个棉花品种，并分区种植；利用现代育种技术，加快培育与采棉机相吻合且符合上述要求的新品种。种子播前晒种、精选，按大小粒分级，田间分级播种，实现整齐出苗、均匀一致。种子质量符合《新疆棉区"宽早优"植棉——种子质量标准》（见第七章）的规定，优于国家标准 GB 4407.1—2008《经济作物种子》、NY/T 1384—2007《棉种泡沫酸脱绒、包衣技术规程》的指标，符合种子精选、粒重分级、分区播种技术要求，以适应单粒穴播需要。

3. 播种技术（4月至5月初）

（1）播种期　当膜下5 cm地温连续3 d稳定通过12℃时即可播种，正常年份在4月5—20日间为宜，保证实现4月苗。

（2）宽等行种植　按照"宽早优"植棉技术要求，实行76 cm（因高产水平和品种特性可适当调整）宽等行距种植；采用铺管（滴灌管带）、铺膜、压膜、精量穴播、播种行覆土等一体机播种，每行1条滴灌带，采用膜厚≥0.01 mm，拉力、强度优于国家标准的地膜，行上覆膜的1膜3行。以76 cm等行距为例，膜宽2.05 m（76 cm等行距），1膜3行，保证两个边行外有10 cm以上的地膜采光面。

也可采用"宽早优"等行距膜侧播种方式。以76 cm等行距为例，用膜宽76 cm，视机械轮距每2～3个行间覆膜（每个行间膜宽76 cm，膜两侧各5 cm左右垂直埋入土中，膜面距棉行3～5 cm），膜侧播种，留一个行间裸地机械行走。该方法节省地膜25.9%，覆盖度（以3个行间覆盖2个为例）为66.7%，且有利于残膜回收，一般回收率近100%，不留残膜。结合膜下肥水滴灌增产增效显著。

（3）种植密度和株高控制　高产棉田（公顷皮棉产量2 200～3 000 kg以上），播种密度13.5万～15万株/hm²，等行距76 cm，株距8.77～9.75 cm；一般棉田（皮棉产量1 500～2 250 kg/hm²），播种密度13.5万～18万株/hm²，等行距76 cm，株距7.31～9.75 cm；株高增至80～100 cm，单株保留果枝8～10苔，改善群体采光结构，提高光能利用率。北疆6月底、7月1日打顶结束，南疆早中熟棉区7月5—15日打顶结束。

（4）覆膜和播种质量　铺膜平展紧贴地面，压膜严实，覆土适宜，边行外膜宽在10～15 cm；每行棉花一条滴灌带；播种时确保迷宫朝上，滴头朝播种行；铺膜压膜铺设管带不错位、不移位；播行端直，接行准确，不漏不重，行距一致；播深1.5 cm，覆土厚度1～1.5 cm，深浅一致，覆土均匀；播量精准，空穴率2%以下，单粒率95%以上，种子与膜孔错位率3%以下，出苗率90%以上。

4. 田间管理技术

（1）播后管理　播后立即完善滴灌设施，接好出地口接头。需滴水出苗的棉田，24 h内滴水，滴水量以浸润区与播种行相接而又不造成地面径流为准（若盐碱较重的地块，浸润区超过播种行5～10 cm）。一般冬茬灌棉田滴水75～150 m³/hm²；未贮水灌溉的棉田滴水150～225 m³/hm²。如播后遇雨，在种行覆土尚未板结成壳时，采用人力和机力在1～2 d内完成破除板结，做到地膜不损坏，无麻眼。

（2）子叶期管理　①主攻目标：增强棉苗抗逆能力。②壮苗标准：4月下旬至5月初出苗。出苗均匀，整齐度在90%以上；出苗后子叶平展、肥厚、微下垂，子叶节较粗，长度5.5 cm左右，子叶宽4～4.5 cm，子叶无伤痕，不带棉壳。将棉苗从土壤中连根拔出时，根系为白色。田间观察无断条，出苗整齐，出苗率≥90%以上，实现早苗、全苗、齐苗、匀苗、壮苗。③管理技术　主要是辅助放苗，雨后及时破除板结；及时防治病虫，棉花现行时立即预防蓟马，防治时可选用20%或36%啶虫脒90～120 g/hm²，被害株率控制在0.5%以下；同时喷施缩节胺7.5～15 g/hm²，培育壮苗，增强抗逆能力。

（3）苗期管理　①主攻目标：促壮苗早发，生长稳健。②壮苗标准：2叶平，两片真叶与子叶在一个平面上，叶面平展，中心稍凸起，叶色浅绿，主茎节间短、粗，株高6 cm左右；4叶平横，4叶时株宽大于株高，棉株矮胖，株高15 cm左右，主茎日生长量0.5 cm左右。③管理技术：一是适时中耕，使接行土质疏松，中耕做到"宽、深、松、碎、平、严"，要求中耕不拉钩、不拉膜、不埋苗，土壤平整、松碎，镇压严实。中耕深度12～14 cm，耕宽不低于22 cm。田间无病虫、杂草为害。二是选用20%或36%啶虫脒90～120 g/hm²防治蚜虫、蓟马为害，卷叶株率控制在1%以下。

（4）蕾期管理　①主攻目标：壮而不旺，打好丰产基础。②壮苗标准：实现6月初现蕾。现蕾时叶片6～7叶，棉株上下窄，中间宽，叶色亮绿，顶心舒展，株高25 cm左右，日生长量1.2～1.5 cm，正常现蕾；6月5—10日盛蕾期，叶片9～11片，棉田叶色深绿，株高40 cm左右，日生长量1.5～2 cm，主茎节间长度5～7 cm，蕾大而壮。③管理技术：一是地膜回收，头水前采用省工高效的膜边松土切膜回收机回收地膜，或采取行间"机器切、人工收"的方式回收边膜。二是适当推迟滴头水时间，一般6月10—15日，用水量300～450 m³/hm²，以浸润区超过棉行10～15 cm为宜。三是清除旋花、苍耳、龙葵、稗草等恶性杂草，做到棉花全生育期田间无杂草。四是加强田间调查，做好红蜘蛛、棉蚜等害虫防治。可选用57%炔螨特、20%四螨嗪、5%噻螨酮、5%阿维菌素防治红蜘蛛；选用20%或36%啶虫脒、20%或70%吡虫啉防治棉蚜。啶虫脒与吡虫啉交替使用，提高防治效果。

（5）花铃期管理　①主攻目标：减少花铃脱落，力争多结铃、结大铃。②壮苗标准：初花期日生长量1.6～1.8 cm，叶片12～15片，果枝7～9苔，叶片大小适中，叶色稍深，生长点舒展，红茎比60%左右，群体陆续开花。盛花期：株高 80～90 cm，果枝 8～10 苔，叶片大小适中，不肥厚，叶色开始褪淡，开花量 70% 以上，红茎比 70%，行间接近封行，有 5%～10% 透光率。铃期：8 月初棉田群体红花盖顶，叶色转深，植株老健清秀，到 8 月下旬，1 枝 1 铃，每株平均有 3～4 苔果枝有 2 个铃或多个铃，且下部两个果枝伸长，可平均结铃 2～3 个，铃饱满，无脱落。③管理技术：一是化学调控，76 cm 等行距棉田以水控为主，在打顶后顶部果枝伸长 5～7 cm 或现第 2 个蕾时，进行第 1 次化学封顶，喷施缩节胺 120～150 g/hm²，待顶部果枝第 2 果节 2～3 cm 时，如长势较旺可进行第 2 次化控，喷施缩节胺 150～225 g/hm²，不旺长只进行 1 次化控，将株高控制在 80～90 cm，一般不超过 100 cm。二是水肥管理全生育期公顷施肥总量按照纯 N 240～300 kg、P₂O₅ 120～135 kg、K₂O 150～180 kg，其中，氮肥的 20%、磷肥的 50%～60% 可作基肥，其余的作追肥。根据棉花长势和土壤质地，结合滴灌耦合追施磷钾肥，初花期追施 30%～40%、花铃期追施 60%～70%。补施硼、锌等微量元素肥料每公顷 15～30 kg。追肥采取水肥耦合完成：第 1 水（6 月 15—25 日），滴水量 270 m³/hm²；加入硼肥和锌肥各 7.5 kg/hm²。第 2～第 5 水（6 月 25 日至 8 月 5 日），滴水量 375～450 m³/hm²，尿素 45～120 kg/hm²，磷酸二氢钾 15～30 kg/hm²，其中，第 3 水加硼肥和锌肥各 7.5 kg/hm²。第 6～第 8 水（8 月 5—25 日）滴水量 300～450 m³/hm²，尿素 75～90 kg/hm²，磷酸二氢钾 30 kg/hm²。8 月 15—20 日停肥，8 月 20—25 日停水。三是打顶，坚持适时早打顶的原则。6 月底至 7 月初开始打顶，一般 7 月 1—10 日打顶结束，北疆棉区适当早打，南疆棉区适当晚打，但不宜晚于 7 月 15 日。示范推广化学封顶和免打顶技术。根据多年来试验，免打顶对棉花产量增、减产不显著的结果，积极示范推广棉花免打顶和化学封顶技术。四是主要虫害防治。加强田间调查，做好棉叶螨、棉蚜、棉铃虫和棉盲蝽等虫害的综合防治。五是初花期、滴头水前采用行间地膜回收机回收地膜，控制土壤和田间残膜。

（6）吐絮期管理 ①主攻目标：增铃重，促早熟，提品质，防早衰，防晚熟。②壮苗标准：青枝绿叶吐白絮，棉铃吐絮畅而不垂落。③管理技术：一是对于有早衰征兆的棉田，开展叶面喷肥；二是调查防治后期虫害；三是适时喷洒脱叶催熟剂。选择适宜的催熟脱叶剂，可采用乙烯利（40% 水剂）1 500～2 250 mL/hm²+噻苯隆 300～450 g/hm² 兑水适量，于日平均气温在 18℃ 以上，喷药时棉株自然吐絮率 40% 以上、上部棉铃铃期 45 d 以上，喷药后 5～7 d 的日平均气温不小于 15℃，夜间最低温度不小于 12℃ 时喷透、喷匀棉株。脱叶催

主要虫害防治方法

a. 棉铃虫，蛀铃率≤2%，防治的药剂可选用 NPV、15% 茚虫威（在卵孵化盛期或低龄幼虫期施用）、5% 虱螨脲、福戈、稻腾（2.5% 溴氰菊酯、2.5% 氯氟氰菊酯等。

b. 棉蚜，7月底，单块棉花卷叶株率≤10%，卷叶面积不超过本片区棉花面积的5%。防治的药剂可选用 20% 或 36% 啶虫脒、20% 或 70% 吡虫啉。

c. 棉叶螨，7月底单块棉田内控制在点片发生阶段，累计红叶面积不超过本片区棉田种植面积的1%；8月底，最大连片面积不超过千平米，累计红叶面积不超过本片区棉田种植面积的3%。防治的药剂可选用 73% 炔螨特、24% 螺螨脂、20% 四螨嗪、5% 噻螨酮、5% 阿维菌素等。

d. 棉盲蝽，花铃期百株有虫20头时，选用新烟碱类、拟除虫菊酯类农药喷雾防治，用量和具体方法按照各说明书使用。农药使用按照 GB 8321—2018《农药合理使用准则》、NY/T 1276—2007《农药安全使用规范　总则》执行。

熟效果不低于 GB/T 21397—2008《棉花收获机》要求（脱叶率80%以上，吐絮率80%以上，籽棉含水率不大于12%，棉株上无杂物，如塑料残物、纤维残条等），满足采棉机作业要求。

5. 适时机采

（1）采收时间　当喷洒脱叶催熟剂后20d左右，脱叶率达到≥90%，吐絮率≥95%，籽棉自然含水率符合机采标准时进行机械采收。机械进地具体时间以早晚避开露水为宜，一般在 10：00—24：00 进行采收。

（2）采收技术　机械采收要依据机采品种在棉田的具体表现：株高、吐絮铃部位、植株性状等，选择相应的采棉机型，并调试机械，提高采收效果。采棉机调试按照 GB/T 21397—2008《棉花收获机》执行。采棉机操作人员要专业培训、熟练操作，严格操作规程。作业质量符合 NY/T 1133—2006《采棉机 作业质量》要求。

（3）籽棉加工　机采籽棉运输到棉花加工厂，经过籽棉清理、皮棉清理等加工工序后的原棉，统一标准包装，逐包建立"信息卡"，为进入市场和质量追溯提供依据。

参考文献

［1］ 白岩，毛树春，田立文，等.新疆棉花高产简化栽培技术评述与展望［J］.中国农业科学，2017，50（1）：38-50.

［2］ 田景山，张旺锋.新疆棉花纤维品质状况、存在问题及对策分析［C］//2015年全国棉花青年学术研讨会论文汇编，2015.

［3］ 李雪源，王俊铎，梁亚军，等.新疆棉花质量效益规模分析与发展适度规模下的质量效益型棉业［J］.中国棉麻产业经济研究，2016（6）：26-40.

［4］ 李富先，裴江文，江崇耀.棉花"矮密早"宽膜三行栽培模式探讨［J］.新疆气象，2001，24（4）：29-30.

［5］ 马奇祥，孔宪良，鲁传涛，等.新疆杂交棉的适宜密度试验［J］.中国棉花，2008（2）：16-17.

［6］ 时增凯，裴亮只，王艳玲，等.新疆北疆杂交棉简易高效种植模式探索［J］.新疆农垦科技，2015（4）：7-8.

［7］ 朱朝阳，赵华.标杂A1在南疆的试种表现［J］.中国棉花，2006（9）：39-40.

［8］ 张占琴.新疆机采模式下杂交棉和常规棉稀植群体质量指标研究［C］//2014年全国青年作物栽培与生理学术研讨会论文集，2014.

［9］ 李建峰，梁福斌，陈厚川，等.棉花机采模式下株行距配置对农艺性状及产量的影响［J］.新疆农业科学，2016，53（8）：1390-1396.

［10］ 崔涛，刘蕴超.棉花花铃期田间管理技术［J］.新疆农垦科技，2014（5）：14-15.

［11］ 陈冠文，王光强，田永浩，等.再论新疆棉花高产栽培理论的战略转移——"向光要棉"的技术途径及其机理［J］.新疆农垦科技，2014，37（2）：3-5.

［12］ 王香茹，张恒恒，庞念厂，等.新疆棉区棉花化学打顶剂的筛选研究［J］.中国棉花，2018，45（3）：7-12，31.

［13］ 王香茹，张恒恒，胡莉婷，等.新疆棉区棉花脱叶催熟剂的筛选研究［J］.中国棉花，2018，45（2）：8-14.

［14］ 贵会平，董强，张恒恒，等.棉花苗期耐低氮基因型初步筛选［J］.棉花

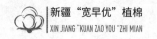

学报，2018，30（4）：326-337.

［15］张恒恒，贵会平，董强，等.棉花氮高效品种的苗期筛选及综合评价［C］//中国农学会棉花分会 2017 年年会暨第九次会员代表大会论文汇编，2017.

［16］庞念厂，魏晓文，贵会平，等.棉花株式图 APP 田间记录系统与初步统计［J］.中国棉花，2017，44（9）：16-18，21.

［17］张恒恒，王香茹，胡莉婷，等.不同机采棉种植模式和种植密度对棉田水热效应及产量的影响［J］.农业工程学报，2020，36（23）：39-47.

［18］杨旭出，杨菊荣，王彦.哈密垦区棉花超宽膜 1 膜 3 行稀植高产栽培技术［J］.新疆农垦科技，2016，39（2）：9-10.

［19］王洪彬，郑本明.机采稀植杂交棉栽培技术［J］.新疆农业科技，2011（6）：33.

［20］毛新平.机采杂交棉等行距种植脱叶技术［J］.农村科技，2014（9）：10-11.

［21］余力，谭志环，马奇祥，等.新植杂 2 号宽膜稀植高产栽培技术［J］.新疆农垦科技，2015，38（6）：7-8.

［22］陈冠文，陈岩，侯东升，等.兵团棉花产量上升阶段划分及增产因素浅析［J］.新疆农垦科技，2007（1）：3-4.

［23］陈冠文，杨秀理，张国建，等.论新疆棉花高产栽培理论的战略转移——机采棉田等行距密植的优越性和主要栽培技术［J］.新疆农垦科技，2014，37（4）：11-13.

［24］陈冠文，余渝，林海.试论新疆棉花高产栽培理论的战略转移——从"向温要棉"到"向光要棉"［J］.新疆农垦科技，2014（1）：3-6.

［25］李建峰，王聪，梁福斌，等.新疆机采模式下棉花株行距配置对冠层结构指标及产量的影响［J］.棉花学报，2017，29（2）：157-165.

［26］蔡晓莉，曾庆涛，刘铨义，等.机采杂交棉等行距高产机理初探［J］.新疆农垦科技，2014，37（11）：3-5.

［27］廖凯，高振江，孙巍，等.农艺条件对机采棉品质的影响分析［J］.中国棉花，2014，41（11）：16-20.

［28］崔岳宁，高振江，杨宝玲.不同行距种植模式下机采棉品质比较分析［J］.中国农机化学报，2016，37（7）：235-240.

［29］王春义，雒珺瑜，张帅，等.北疆 76cm 等行距和宽窄行模式的棉花害虫发生差异［J］.中国棉花，2018，45（2）：31-32.

第三章
"宽早优"棉花的生育规律

"宽早优"棉花因种植结构和环境条件的变化，各器官的生育规律、养分需求特点、生育进程以及对逆境的适应性均有着规律性变化，这一系列变化，形成了独特的株间环境，彼此之间，相互依存，相互制约，构建了"宽早优"棉田动态平衡的生态条件。

第一节　形态结构及发育特点

一、根系的分布和特点

由于"宽早优"较"矮密早"降低密度1/3以上，使其根系生长最大速率较高并延长。据李少昆研究[1]，随着种植密度的加大，根系生长率下降，快速增长期提前，而且根量的52.3%～73.3%集中在地表20～40 cm的范围内，80.6%集中在植株行间两侧0～15 cm的土壤内。随种植密度增加，根系生长最大速率明显降低，但线性增长期提前。每公顷30万株超密栽培条件下，根系生物量在盛铃期即达到最大值，吐絮末时反而下降了34.2%，较早出现衰亡过程。这可能是超密栽培极易出现早衰的内在原因。

棉花根系的侧向分布。棉根密度和根量所占比例从植株向外依侧向距离的增加而递减。全生育期有80.6%以上的根量分布在植株行间两侧0～15 cm的范围内，其中0～5 cm范围内分布着50.7%以上的根量，根系密度高达0.127 6 mg/ cm^3（全层）和0.417 5 mg/ cm^3（地表40 cm土层）。而在宽行中间10 cm区间分布着来自相邻两行不足10%的根量，根系密度在0.008 8 mg/ cm^{3}以下。宽行中间30 cm平均也仅有23.1%的根量。随生育期推延，近植株土体内根量所占比例不断降低，至花铃期为最低，吐絮期又有所回升。此外，在植株行

· 95 ·

间两侧 5 ～ 15 cm 范围内，窄行全层和 0 ～ 40 cm 土层内根系密度所有测试平均为 0.015 8 mg/ cm³ 和 0.031 7 mg/ cm³。宽行为 0.018 3 mg/ cm³ 和 0.036 5 mg/cm³（图 3-1）。说明窄行根系密度及根量所占比例没有表现出较宽行相应部位大的趋势。相反，说明窄行间土壤环境（包括土壤养分、水分等）变差影响了根量的增加，宽行间具有相对优势。

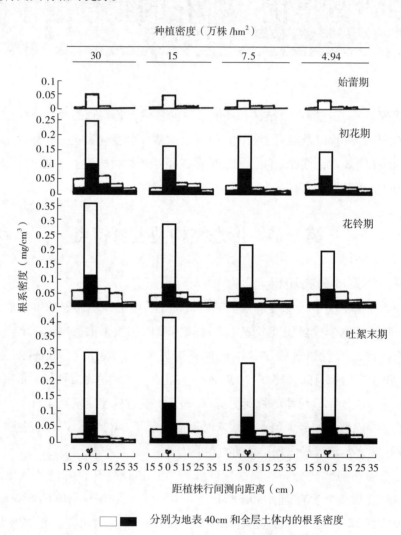

图 3-1　北疆棉花根系侧向分布

结合根系垂直与侧向分布可见，棉株根系分布所占土层体积，即营养面积，随生育时期推延而增大。如生产常用（60+30）cm×15 cm 株行距配置棉根所占营养面积在始蕾、初花、盛铃和吐絮末期分别为 24、63、84.75 和 86.25 dm³/株。在同一生育期同一土层内，稀植的单株根重明显大于密植的，过于密植的植株根系深层根比例明显减少。如每公顷 30 万株处理 40 cm 以下中、深土层内根系所占比例为 11.7%，而每公顷 15 万、7.5 万和 4.94 万株的分别为 16.3%、16.2% 和 14.1%。

二、茎和分枝

"宽早优" 76 cm 宽等行因行距较宽，主茎和个体生长优势明显，株高明显增高。据李建峰[2]试验，76 cm 等行距低密度（株距 12 cm、密度 126 990 株/hm²），较（66+10）cm 高密度（平均行距 38 cm，株距 12 cm、密度 258 930 株/hm²）和 76 cm 等行距高密度（株距 12 cm、每穴 2 株，密度 258 930 株/hm²），因主茎和个体生长优势明显，株高均明显增高，杂交种鲁棉研 24 低密度株高 83.3 cm 较宽窄行高密度及等行双株高密度分别高 23.8%、29%；常规品种新陆早 60 号等行低密度平均株高为 78.1 cm，较其他两种处理分别高 16.1%、18.5%。说明"宽早优"棉花有利于发挥主茎和个体生长优势。株行距配置对棉花株高日增长量影响显著，等行距低密度下，株高平均日增长量高于宽窄行高密度及等行双株高密度，较其他两种处理分别高 20.5%～33.2%、31.5%～52%。杂交棉鲁棉研 24 号杂种优势明显，生育期内株高平均日增长量为 2.5 cm/d，等行距低密度下较常规品种新陆早 60 号高 11.1%。

随生育期推进，棉花叶龄逐渐上升。杂交棉鲁棉研 24 号叶龄高于常规品种新陆早 60 号，杂种优势显著。76 cm 等行距低密度（株距 12 cm、密度 126 990 株/hm²）下，杂交棉叶龄为 14.4，较宽窄行高密度及等行双株高密度分别高 10.8%、19%；常规品种新陆早 60 号叶龄为 13.2，较其他两种处理分别高 11%、15.5%。等行双株高密度下棉株叶龄最低，可能是因为株间水肥光热资源竞争激烈，生长缓慢。

株行距配置对棉花果枝始节及始节高度影响较小。果枝始节受品种影响较大，杂交棉鲁棉研 24 号果枝始节为 6，常规品种新陆早 60 号果枝始节为 5。三种株行距配置下，杂交棉鲁棉研 24 号果枝始节高度均在 20 cm 以上。76 cm 等行距低密度（株距 12 cm、密度 126 990 株/hm²）下，杂交棉鲁棉研 24 号果枝始节高度较宽窄行高密度及等行双株高密度分别高 8.2%、3.1%。杂交棉鲁棉研

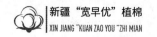

24号果枝始节高度均高于相同株行距配置下的常规品种新陆早60号。

三、棉花的叶和功能

(一)"宽早优"对高效叶面积率的影响

在群体总叶面积中,有效叶面积所占的比例称为有效叶面积率。在有效叶面积率较高的情况下,总铃数也较高。因此,在群体适宜 LAI 的情况下,通过减少无效叶面积的生长,提高有效叶面积的比例,增加有效生物量的积累,进而提高结铃率和产量。在群体总叶面积中,高效叶面积率是指高效叶面积在有效叶面积中所占的比例。高效叶面积率与成铃率具有直接关系,高效叶面积率越高,成铃率越大,总铃数也越多,产量越高。因此,提高高效叶面积是获得高产的关键所在,这就要求在控制群体适宜总果节量和减少棉花无效叶片的基础上,进一步通过化学调控并结合施肥等措施提高成铃率。高效叶面积率的适宜指标愈大愈好,以果节量计,最大极限可达到100%,但高效叶面积率不可能达到100%,因为即使每个果节都能成铃,由于主茎叶的存在,高效叶面积率仍低于100%。因此,提高棉花的高效叶面积率,除提高成铃率外,减少主茎叶在群体中的比例也是一个重要方面,这可以通过减少群体的种植密度(株数)来降低主茎叶比例,并通过增加单株的果枝数来增加群体的高效叶面积率。"宽早优"的宽等行降密度(单位面积较"矮密早"减少 1/3 的株数)为增加群体的高效叶面积率,进而提高产量率,提高产量提供了物质基础。

(二)"宽早优"对棉株脱叶率的影响

据李建峰[2]研究,株行距配置对棉株脱叶率影响较大(表 3-1)。施药后6 d、16 d 及 35 d,76 cm "宽早优"低密度(126 990 株 /hm²)下脱叶率较"矮

表 3-1 不同株行距配置下棉花脱叶率的变化

品种	处理	施药后 16d 脱叶率(%)	施药后 35d 脱叶率(%)
鲁棉研 24 号	76 cm 等行距低密度	87.9 ab	94.4 ab
	(66+10)cm 宽窄行高密度	80.8 b	90.0 b
	76 cm 等行距双株高密度	89.1 a	95.3 a
新陆早 60 号	76 cm 等行距低密度	87.3 a	94.1 a
	(66+10)cm 宽窄行高密度	80.1 a	89.7 a
	76 cm 等行距双株高密度	80.5 a	92.4 a

密早"高密度分别高 2.5%～ 11.4%、8.8%～ 9% 及 4.9%。等行双株高密度由
于株距较小，株间生长竞争激烈，群体早衰，生育后期叶片脱落严重，脱叶率较
高。施药 35 d 后，杂交棉鲁棉研 24 号脱叶率均高于相同株行距配置下常规品种
新陆早 60 号。株行距配置对施药后棉株未脱落的干枯叶及脱落的挂枝叶片数影
响较大（表 3-2）。施药 35 d 后，"矮密早"高密度干枯叶片数较"宽早优"低
密度高 110.6%～ 187%。

表 3-2　不同株行距下棉花施药后叶片数的变化

品种	处理	施药后 16 d		施药后 35 d	
		干枯叶片数 （片 /m²）	挂枝叶片数 （片 /m²）	干枯叶片数 （片 /m²）	挂枝叶片数 （片 /m²）
鲁棉研 24 号	76 cm 等行距低密度	3.2	4.3	19.3	1.1
	（66+10）cm 宽窄行高密度	2.1	8.5	55.4	4.3
	76 cm 等行距双株高密度	0.0	6.2	28.7	0.0
新陆早 60 号	76 cm 等行距低密度	8.6	5.4	24.6	1.1
	（66+10）cm 宽窄行高密度	10.4	16.6	51.8	6.2
	76 cm 等行距双株高密度	1.1	6.4	48.8	2.1

（三）对群体光合性能的影响

群体条件下，当光从棉株顶部穿过叶片时，光照强度会被减弱，这种减弱的
程度用消光系数来衡量；棉花群体内某一层光照强度与自然光强的比值为透光系
数。消光系数和透光系数受叶片大小、所处位置、着生方式等的影响。

1. 透光系数

据王香茹田间试验对冠层光照整体透过率测定，"宽早优"76 cm 等行距花
期的 6.29%、吐絮期的 3.64% 较"矮密早"（66+10）cm 宽窄行花期的 3.05%、
吐絮期的 2.28% 差异均达显著水平。群体底层光截获率最大时的盛铃期，"宽早
优"76 cm 宽等行较"矮密早"（66+10）cm 宽窄行的透光率提高 40%～ 47.7%。
吐絮期测定"宽早优"76 cm 等行距的光辐射值上层 39.2 μmol/（m²·s）、下层
41.14 μmol/（m²·s）较"矮密早"（66+10）cm 宽窄行的上层 28.05 μmol/（m²·s）、
下层 25.08 μmol/（m²·s）均达显著水平，"宽早优"宽等行较"矮密早"宽窄
行提高了光照强度，这是实现优质高产的"物质"保障。

2. LAI 的变化规律

"宽早优" 76 cm 等行距 LAI 有自身的变化规律。随生育时期推进，棉花冠层叶面积指数呈明显先升后降趋势，峰值出现在盛铃期。在不同株行距配置下冠层叶面积指数差异较大，"宽早优" 等行距低密度下（76 cm 等行距，株距 12 cm、密度 126 990 株 /hm²），生育前期（出苗后 51 ~ 84 d）杂交棉鲁棉研 24 号叶面积指数与 "矮密早" 宽窄行高密度 [（66+10）cm，平均行距 38 cm，株距 12 cm，密度 258 930 株 /hm²] 差距逐渐减小，生育后期（出苗后 85 ~ 118 d）叶面积指数下降幅度为 10.4%，低于 "矮密早" 宽窄行高密度及等行双株高密度（76 cm 等行距，株距 12 cm，每穴 2 株，密度 258 930 株 /hm²）；常规品种新陆早 60 号生育后期叶面积指数下降幅度为 13.6%，低于其他两种处理。等行双株高密度叶面积指数下降幅度较大，可能是由于株间生长竞争激烈，生育后期叶片脱落较多。不同类型品种叶面积指数差异较大，杂交棉鲁棉研 24 号 "宽早优" 等行距低密度下，叶面积指数高于同时期的常规品种新陆早 60 号。据姚贺盛（2018）研究，就冠层整体 LAI 值而言，在各处理中按照宽窄行高密度 > 宽窄行中密度 > 等行距低密度的顺序逐渐降低。就不同的冠层部位而言，在冠层上部，各处理的 LAI 值沿着宽窄行高密度 > 宽窄行中密度 > 等行距低密度的顺序呈现逐渐降低的变化趋势；在冠层中部，各处理间 LAI 值没有显著差异；在冠层下部，各处理 LAI 值以等行距低密度 > 宽窄行中密度 > 宽窄行高密度的顺序呈现逐渐降低的变化趋势[3]。

3. 冠层开度的变化

随生育进程的推进，棉花冠层开度呈先降后升趋势，最小值出现在盛铃期。不同株行距配置下冠层开度变化较大，"宽早优" 等行距低密度（76 cm 等行距，株距 12 cm、密度 126 990 株 /hm²）下，生育后期冠层开度上升幅度小于 "矮密早" 宽窄行高密度 [（66+10）cm，平均行距 38 cm，株距 12 cm、密度 258 930 株 /hm²] 及等行双株高密度（76 cm 等行距，株距 12 cm、每穴 2 株，密度 258 930 株 /hm²）。

4. 冠层光合有效辐射吸收率

株行距配置对棉花冠层光合有效辐射吸收率影响显著（表 3-3），生育期内呈先升后降趋势，最大值出现在盛铃期。杂交棉鲁棉研 24 号 "宽早优" 等行距低密度（76 cm 等行距，株距 12 cm，密度 126 990 株 /hm²）下，生育前期冠层光吸收率低于 "矮密早" 宽窄行高密度 [（66+10）cm，平均行距 38 cm，株距

12 cm，258 930 株 /hm²]，生育后期光吸收率下降幅度为 3.7%，低于"矮密早"宽窄行高密度及等行双株高密度。常规品种新陆早 60 号各个主要生育时期，"矮密早"宽窄行高密度下冠层光吸收率高于其他两种处理，生育后期"矮密早"宽窄行高密度及等行双株高密度下光吸收率下降幅度为 8.9%、7.5%，均高于"宽早优"等行距低密度。棉花冠层光吸收率受品种影响较大，杂交棉鲁棉研 24 号"宽早优"等行距低密度下，主要生育时期内冠层光吸收率均高于常规品种新陆早 60 号。

表 3-3　不同株行距配置下棉花冠层光合有效辐射吸收率的变化（李建峰，2016）

品种	处理	出苗后天数（d）				
		54	70	85	97	118
鲁棉研 24 号	等行距低密度	76.4 ± 1.1 b	86.7 ± 1.7 b	88.7 ± 2.3 ab	88.4 ± 2.1 a	85.4 ± 1.9 a
	宽窄行高密度	82.7 ± 1.4 a	90.2 ± 1.8 a	91.4 ± 2.4 a	89.1 ± 1.9 a	83.6 ± 1.3 b
	等行距高密度	72.7 ± 1.6 c	85.4 ± 2.2 b	86.8 ± 1.7 b	81.1 ± 1.5 b	75.4 ± 1.5 c
新陆早 60 号	等行距低密度	75.0 ± 2.2 b	85.3 ± 1.8 b	87.4 ± 1.1 c	86.6 ± 1.5 b	83.7 ± 1.2 b
	宽窄行高密度	84.9 ± 2.6 a	91.5 ± 2.2 a	93.0 ± 1.2 a	91.3 ± 0.7 a	84.7 ± 1.2 a
	等行距高密度	79.1 ± 2.4 b	88.9 ± 2.1 ab	89.5 ± 0.8 b	88.0 ± 1.4 b	82.8 ± 1.1 c

注：仅在同一品种进行显著性差异分析，小写字母分别表示在 0.5 水平差异，相同字母差异不显著。

5.群体光合物质积累量

随生育时期推进，3 种株行距配置方式（"宽早优"76 cm 等行距低密度 126 990 株 /hm²、"矮密早"（66+10）cm 宽窄行高密度 253 980 株 /hm²、76 cm 等行距双株留苗高密度 253 980 株 /hm²）下群体光合物质积累量均呈逐渐上升趋势。"宽早优"等行距低密度下，杂交棉鲁棉研 24 号生育前期群体光合物质积累量与"矮密早"宽窄行高密度差异较小，均高于等行双株高密度，生育后期群体光合物质积累量均高于其他两种处理。等行双株高密度由于株间生长竞争激烈，群体

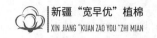

早衰严重，群体光合物质积累量最低。杂交棉鲁棉研 24 号群体光合物质积累量在主要生育时期均高于相同株行距配置下的常规棉新陆早 60 号。

生殖器官光合物质积累量的变化方面，单株蕾铃光合物质积累量随生育期推进呈逐渐上升趋势。不同株行距配置下单株蕾铃光合物质积累量差异明显。"宽早优"等行距低密度下，盛花期起单株蕾铃光合物质积累量明显高于"矮密早"宽窄行高密度及等行双株高密度。杂交棉鲁棉研 24 号杂种优势明显，"宽早优"76 cm 等行距低密度下吐絮期蕾铃光合物质积累量高于常规品种新陆早60 号。

研究生殖器官光合物质分配率的变化结果显示[2]，"宽早优"76 cm 等行距低密度 126 990 株 /hm²、"矮密早"（66+10）cm 宽窄行高密度 253 980 株 /hm²、76 cm 等行距双株留苗高密度 253 980 株 /hm² 3 种株行距配置下，盛铃前期棉花茎叶光合物质分配率高于蕾铃，营养生长占优势。"宽早优"等行距低密度下，盛铃前期棉花蕾铃光合物质分配率低于"矮密早"宽窄行高密度及等行双株高密度，盛铃后期与"矮密早"宽窄行高密度及等行双株高密度蕾铃光合物质分配率差距减小并超越。杂交棉鲁棉研 24 号"宽早优"等行距低密度下，吐絮期蕾铃光合物质分配率较"矮密早"宽窄行高密度及等行双株高密度分别高 7.8%、14.8%。

姚贺盛[3] 研究，就冠层整体而言，"宽早优"76 cm 等行距低密度（14.6万株 /hm²）和"矮密早"（66+10）cm 宽窄行中密度（19.5 万株 /hm²）处理群体光合氮素利用效率最高。冠层上部群体光合氮素利用效率以（66+10）cm 宽窄行高密度（29.2 万株 /hm²）>中密度 >低密度的顺序逐渐降低；冠层中部和下部群体光合氮素利用效率则以低密度 >中密度 >高密度的顺序逐渐减小。

四、棉花生殖器官的发育

1."宽早优"植棉棉铃时空分布特点和规律

（1）"宽早优"棉铃的时间分布规律　试验表明，不同株行距配置（"宽早优"76 cm 等行距低密度 126 990 株 /hm²、"矮密早"（66+10）cm 宽窄行高密度253 980 株 /hm²、76 cm 等行距双株留苗高密度 253 980 株 /hm²）下棉花时间分布差异显著（表3-4）。

表 3-4　不同株行距配置下棉铃时间分布的变化

品 种	处 理	伏前桃		伏 桃		秋 桃	
		株成铃个数	占总铃（%）	株成铃个数	占总铃（%）	株成铃个数	占总铃（%）
鲁棉研24号	等行距低密度	3.9 ± 0.7 a	30.2 ± 4.5 b	9.1 ± 1.3 a	69.8 ± 4.5 a	—	—
	宽窄行高密度	2.6 ± 0.5 b	29.8 ± 6.0 b	6.3 ± 1.2 b	70.2 ± 6.0 a	—	—
	等行双株高密度	3.0 ± 0.6 a	46.9 ± 4.2 a	3.4 ± 0.7 c	53.1 ± 4.2 b	—	—
新陆早60号	等行距低密度	3.6 ± 0.9 a	28.6 ± 3.5 a	9.0 ± 0.5 a	71.4 ± 3.5 a	—	—
	宽窄行高密度	2.4 ± 0.5 b	25.8 ± 5.8 a	7.0 ± 1.0 b	74.2 ± 5.8 a	—	—
	等行双株高密度	2.4 ± 0.5 b	30.6 ± 4.9 a	5.4 ± 0.5 a	69.4 ± 4.9 a	—	—

注：仅在同一品种进行显著性差异分析，小写字母分别表示在0.5水平差异，相同字母差异不显著。

"宽早优"等行距低密度下，单株伏前桃数较"矮密早"宽窄行高密度及等行双株高密度分别高 50%、30%～50%；伏前桃数占总铃数比例较"矮密早"宽窄行高密度高 1.3%～10.9%；单株伏桃数较"矮密早"宽窄行高密度及等行双株高密度分别高 28.6%～44.4%、66.7%～167.6%。常规品种新陆早 60 号伏桃数占总铃数比例三种株行距配置无显著差异。杂交棉鲁棉研 24 号"宽早优"等行距低密度下，伏桃数占总铃数比例较"矮密早"宽窄行高密度无显著差异，均高于等行双株高密度。

（2）"宽早优"棉铃的空间分布规律　如图 3-2 所示，棉铃空间分布受株行距配置（"宽早优" 76 cm 等行距低密度 126 990 株 /hm²、"矮密早"（66+10）cm 宽窄行高密度 253 980 株 /hm²、76 cm 等行距双株留苗高密度 253 980 株 /hm²）影响显著。"宽早优"等行距低密度下，上部果枝成铃率较"矮密早"宽窄行高密度及等行双株高密度分别高 16.9%～35.1%、72.1%～145.3%，第二果节及以外果节成铃率较"矮密早"宽窄行高密度及等行双株高密度分别高 58.3%～128.1%、122.5%～250.1%；单株成铃数较"矮密早"宽窄行高密度及等行双株高密度分别高 74.2%～91.9%、109.1%～158.7%。杂交棉鲁棉研 24 号"矮密早"宽窄行高密度及等行双株高密度和常规品种新陆早 60 号等行双株高密度第三果节收获期均无棉铃。

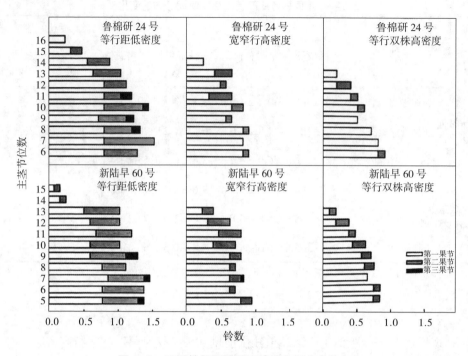

图 3-2　不同株行距配置下棉铃空间分布的变化

2."宽早优"对棉铃铃期的影响

试验表明，株行距配置（"宽早优"76 cm 等行距低密度 126 990 株 /hm²、"矮密早"（66+10）cm 宽窄行高密度 253 980 株 /hm²、76 cm 等行距双株留苗高密度 253 980 株 /hm²）对铃期影响较大（表 3-5）。

表 3-5　不同株行距配置下棉铃铃期的变化　　　　　　　　　单位：株 /hm²

果节	果枝	鲁棉研 24 号			新陆早 60 号		
		等行距低密度	宽窄行高密度	等行双株高密度	等行距低密度	宽窄行高密度	等行双株高密度
1	1	52.4 ± 1.2	53.4 ± 1.8	48.4 ± 1.6	58.1 ± 2.2	60.2 ± 2.0	56.3 ± 1.5
	2	53.0 ± 1.7	56.3 ± 2.1	49.5 ± 1.9	56.7 ± 1.8	61.4 ± 2.0	57.1 ± 2.2
	3	54.2 ± 2.3	58.1 ± 2.7	51.5 ± 2.7	59.2 ± 1.5	62.3 ± 2.2	56.8 ± 1.7
	4	53.3 ± 2.4	57.4 ± 2.8	52.0 ± 2.8	59.0 ± 1.0	61.0 ± 2.3	58.0 ± 2.9
	5	53.3 ± 2.4	57.4 ± 2.8	52.3 ± 2.8	56.9 ± 1.7	58.6 ± 1.8	59.2 ± 2.4
	6	54.1 ± 2.6	59.1 ± 2.4	52.0 ± 1.7	55.3 ± 1.4	57.3 ± 1.4	56.8 ± 1.6

（续表）

果节	果枝	鲁棉研24号			新陆早60号		
		等行距低密度	宽窄行高密度	等行双株高密度	等行距低密度	宽窄行高密度	等行双株高密度
1	7	54.7 ± 2.0	60.5 ± 1.7	54.3 ± 1.0	56.5 ± 2.5	59.0 ± 2.7	56.7 ± 2.0
	8	55.3 ± 2.9	57.9 ± 1.6	55.5 ± 0.7	56.3 ± 2.2	59.0 ± 1.8	60.0 ± 2.8
	9	60.0 ± 2.5	—	—	57.4 ± 0.5	59.3 ± 1.5	60.5 ± 0.7
	10	58.3 ± 2.5	—	—	57.0 ± 1.4	—	—
	11	63.5 ± 2.1	—	—	—	—	—
2	1	53.0 ± 1.4	55.2 ± 1.2	51.1 ± 2.1	58.8 ± 2.8	57.0 ± 1.4	60.0 ± 1.4
	2	59.5 ± 0.7	61.5 ± 0.7	56.5 ± 0.7	58.1 ± 2.8	59.0 ± 2.6	59.3 ± 0.7
	3	55.3 ± 1.5	61.0 ± 1.4	55.6 ± 1.3	57.2 ± 2.7	62.0 ± 0.8	59.7 ± 2.5
	4	54.2 ± 1.8	57.0 ± 1.0	53.0 ± 1.4	58.7 ± 2.0	63.0 ± 0.0	58.3 ± 2.0
	5	54.0 ± 1.0	63.0 ± 1.6	56.5 ± 0.7	58.4 ± 1.5	60.7 ± 0.6	57.5 ± 0.7
	6	58.5 ± 1.9	64.0 ± 0.7	—	58.4 ± 2.1	62.1 ± 2.4	59.0 ± 2.6
	7	59.5 ± 1.9	—	—	57.6 ± 2.8	57.6 ± 1.5	—
	8	60.5 ± 2.1	—	—	58.5 ± 0.7	—	—
	9	61.0 ± 2.6	—	—	60.0 ± 2.5	—	—
3	3	60.0 ± 0.7	—	—	62.5 ± 0.7	—	—
	4	63.0 ± 1.4	—	—	56.0 ± 2.8	—	—

由表 3-5 看出，同一果枝，棉铃铃期有距离主茎越远，铃期越长的趋势，内围铃铃期短于外围铃。棉铃自主茎从下向上铃期有逐渐增加趋势。等行距双株高密度种植下铃期最短，可能是棉花株间竞争激烈，棉株早衰。棉花下部果枝铃期较中部及上部果枝铃期分别短 0.7 ～ 2.6 d、1 ～ 6.3 d，内围铃铃期较外围铃铃期短 0.8 ～ 5.6 d。"宽早优"等行距低密度下，上、中及下部果枝铃期较"矮密早"宽窄行高密度分别短 1.2 ～ 1.8 d、1.5 ～ 3.1 d 及 0.3 ～ 2.3 d。杂交棉鲁棉研 24 号"宽早优"等行距低密度下，纵向及横向果枝铃期均短于常规品种新陆早 60 号。

3. "宽早优"对棉铃吐絮率的影响

"宽早优"76 cm 宽等行低密度 126 990 株 /hm² 下，喷脱叶催熟剂前棉铃吐絮率高于"矮密早"宽窄行高密度及等行双株高密度。施药 6 d 后，"宽早优"等行距低密度下棉铃吐絮率较"矮密早"宽窄行高密度高 8.7% ～ 12.1%。施药

16 d 后，棉花 3 种株行距配置（"宽早优" 76 cm 等行距低密度 126 990 株 /hm^2、"矮密早"（66+10）cm 宽窄行高密度 253 980 株 /hm^2、76 cm 等行距双株留苗高密度 253 980 株 /hm^2）棉铃吐絮率无显著差异。杂交棉鲁棉研 24 号等行双株高密度种植由于株间竞争激烈，群体早衰，吐絮率高于等行距低密度及宽窄行高密度种植。杂交棉鲁棉研 24 号吐絮率均高于相同株行距配置下常规品种新陆早 60 号（表 3-6）。

表 3-6 不同株行距配置下棉铃吐絮率的变化

品种	处理	施药前吐絮率（%）	施药后 6d 吐絮率（%）	施药后 16d 吐絮率（%）
鲁棉研 24 号	等行距低密度	76.5ab	88.9ab	94.8a
	宽窄行高密度	75.5b	81.8b	95.0a
	等行双株高密度	79.9a	95.8a	97.5a
新陆早 60 号	等行距低密度	57.2a	75.1a	92.6a
	宽窄行高密度	48.0b	67.0b	93.6a
	等行双株高密度	55.8a	76.1a	94.6a

注：仅在同一品种进行显著性差异分析，小写字母分别表示在 0.05 水平差异，同字母为不显著。

4."宽早优" 对棉纤维品质（生产品质）的影响

表 3-7 不同株行距配置下棉铃品质的变化

品种	处理	纤维长度（mm）	整齐度指数（%）	断裂比强度（cN/tex）	断裂伸长率（%）	马克隆值
鲁棉研 24 号	等行距低密度	29.4	84.8	28.4	6.2	4.9
	宽窄行高密度	29.6	84.9	28.7	6.1	5.3
	等行双株高密度	29.3	84.8	28.6	6.1	4.8
新陆早 60 号	等行距低密度	31.5	85.1	28.7	6.3	4.3
	宽窄行高密度	30.5	84.4	27.9	6.3	4
	等行双株高密度	30.7	84.6	28.1	6.2	4.1

由表 3-7 看出，株行距配置 76 cm 等行距低密度 126 990 株 /hm^2、（66+10）cm 宽窄行高密度 253 980 株 /hm^2、76 cm 等行距双株留苗高密度 253 980 株 /hm^2 对棉花纤维长度、整齐度指数、断裂比强度、断裂伸长率和马克隆值均无显著影

响，棉纤维品质对株行距配置不敏感。马克隆值受品种影响较大，杂交棉鲁棉研24号棉纤维整齐度指数、断裂比强度及马克隆值较常规品种新陆早60号分别高0.2%、1.2%及21%。常规品种新陆早60号纤维长度及断裂伸长率较杂交棉鲁棉研24号分别高5%、2.2%。

第二节　棉田小气候的特点

"宽早优"较"矮密早"棉花因放宽了行距，降低了密度（1/3左右），拓展了株高（1/3～1/2），使棉田小气候具有其显著的特点，主要表现在温度（地上、地下）、光照、水分等方面。

一、温度

棉花是喜温作物，其生长发育是在一定温度条件下完成的。在大田环境下，"宽早优"棉田因种植方式的变化，使棉田温度也发生了相应的变化，据此促进了棉株的生长发育。

（一）"宽早优"棉株所处环境

"宽早优"与"矮密早"相比，就其前期而言，主要区别在于："宽早优"在同一单位宽度（如76 cm）内的棉行数，如76 cm等行距为"1"行，"矮密早"如（66+10）cm宽窄行为"2"行；在单位面积（仍以76 cm等行距和（66+10）cm宽窄行为例）内，以各自模式的最佳密度"宽早优"13.5万株/hm² 和"矮密早"22.5万株/hm² 相比，"宽早优"减少了穴孔40%。据此，"宽早优"棉花因单位面积内减少了1倍的棉行压膜土带和40%的种孔，提高了地膜覆盖效应。

"宽早优"模式通过减少土带、土堆增加地膜覆盖有效采光面积提高地温，从而除了"膜下层"与"植被层"之间仅有少量的能量以长波辐射式传递外，还增强了"宽早优"棉田增温、保墒、提墒、抑盐、灭草等特殊功能。这是"宽早优"棉田覆膜功能增强的生态学原因，也是"宽早优"棉田的本质特征。

（二）提高地温效果

据试验，4月15日播种至6月15日，"矮密早"76 cm宽等行种植的膜下5 cm和10 cm日平均地温较"矮密早"（66+10）cm宽窄行分别高了2.5℃和1.2℃，有效积温分别增加了150℃和70℃。另据北疆2017—2019年田间试验表明，"宽早优"模式，5—8月光能利用率RUE提高4.9%，透光率提高40%～

47.7%；减少了棉田耗水量，水分利用效率提高8.1%。地温的提高带来一系列变化，例如加快了生育进程，提高了群体光能利用率，对高产优质意义更大。

据张恒恒等[4]试验，①"宽早优"种植模式（76 cm宽等行）较"矮密早"模式［（66+10）cm宽窄行］改变了棉花不同生育时期内的土壤水热状况，在整个生育期，耕层土壤有效积温较"矮密早"模式显著增加8.3%～9.9%，尤其在花铃期，耕层土壤温度平均增加1.7 ℃，从棉花全生育期耗水量来看，"宽早优"模式降低了棉田耗水量，但2种模式间无显著性差异。②种植密度对棉田土壤温度和水分影响不同，在一定范围内，增加种植密度使得耕层土壤积温降低，而耗水量和籽棉产量分别显著提高4.3%～4.9%和7.3%～13.7%。③不同种植模式对籽棉产量和水分利用效率影响显著，年际间差异明显，其中，2019年"宽早优"种植模式较"矮密早"种植模式分别显著提高17.5%和18.8%，"宽早优"种植模式能实现稳产或显著增产，主要通过提高单位面积结铃数，从而提高籽棉产量和水分利用效率。综合研究表明，"宽早优"种植模式可作为高产稳产的机采棉模式进行推广应用。

（三）提高地温的重要意义

新疆棉区春季地温低且升温慢，是制约播种出苗和壮苗早发的主要因素，"宽早优"宽等行种植提高地温的意义如下。

1. 播期提前

提早播种1～3 d。由于"宽早优"的增温效应，在其他条件相同情况下，可提前播种出苗，充分利用前期温度条件，缓解新疆棉区热量不足的问题。

2. 可促进种子早萌发出苗

资料显示，岱字棉15号在12℃时，开始萌发需要12 d，13℃时需要7 d，16℃时需要5 d，22～33℃时只需要2 d。由于"宽早优"宽等行种植的地温提高，可使种子提前萌发并加快发芽出苗进程。

3. 促进早发早熟

由于"宽早优"宽等行种植提高了土壤温度，加快了前期（盛蕾初花前）发育，充分利用了前期的光温资源，实现早现蕾、早开花、早吐絮。在中国农业科学院棉花研究所新疆石河子综合试验站试验[5]，试验4月14日播种，结果表明，"矮密早"（66+10）cm模式每亩播18 500穴，"宽早优"76 cm等行距模式每亩9 250穴和每亩4 125穴3个处理比较，"宽早优"每亩播种4 125穴的处理于8月23日吐絮、9 250穴的处理8月25日吐絮，比"矮密早"18 500穴的处理 8 月 29 日吐絮，分别早吐絮 6 d 和 4 d。"宽早优"宽等行较"矮密早"宽窄行吐絮率提高。据王香茹（2018）在中国农业科学院棉花研究所胡杨河试验站试验，喷洒脱叶催熟剂当天（9 月 7 日）"宽早优" 76 cm 等行距棉花吐絮率 56.4% 显著高于"矮密早"（66+10）cm 宽窄行的 42.5%（高出 13.9 个百分点）。

4. 提高光能利用率

利用杂交棉及类似生长势较强的棉花品种特性，棉花生育前期单株发育较快、叶面积指数与光吸收率迅速增长，生育后期叶面积指数和冠层光吸收率维持在较高水平，群体光合效能较高，因此，"宽早优" 76 cm 宽等行低密度（126 990 株 /hm²）下杂交棉较"矮密早"宽窄行高密度 [（66+10）cm，宽窄行高，密度 253 980 株 /hm²] 及等行双株高密度（76 cm 等行距，双株留苗高，密度 253 980 株 /hm²）冠层结构更优。等行距低密度下，光温互补效应增加，使杂交棉单株优势充分发挥，叶面积指数及光吸收率增加较快且维持在较高水平，生育前期干物质积累量迅速增加，生育后期干物质积累量高于"矮密早"宽窄行高密度及等行双株高密度，最终收获产量最高。

5. 充分利用开花结铃最佳时段

据研究，棉铃正常吐絮的积温值为 ≥ 15 ℃ 活动积温 1 300 ～ 1 500 ℃，1 100 ℃ 为吐絮的积温最低临界指标。将棉花开花结铃调节在最佳时段，有利于棉花早开花、早结铃、早吐絮，实现早熟优质。新疆最佳开花结铃期只有 30 ～ 35 d（7 月 10 日至 8 月 15 日），由于"宽早优" 76 cm 宽等行种植促进前期早发，使棉株自身的生育进程与最佳开花结铃时段相吻合，实现了多结铃（进程加快且减少脱落）、结大铃（温光充足铃重提高），即通过科学合理的株行距配置，将棉株开花结铃调节在优质、高产的最佳时期，还可提高霜前自然吐絮率。

6. 增产提质

株行距配置 1 膜 3 行"宽早优" 76 cm 等行距低密度 126 990 株 /hm²、1 膜 6 行"矮密早"[（66+10）cm，宽窄行高，密度 253 980 株 /hm²]、1 膜 3 行（76 cm 等行距，双株留苗高，密度 253 980 株 /hm²），三种方式对棉花产量及其构成因素影响较大（表 3-8），"宽早优"等行距低密度下单位面积总铃数较"矮密早"宽窄行高密度及等行双株高密度差异较小[6]。

"宽早优" 76 cm 宽等行低密度 126 990 株 /hm² 的铃重较"矮密早"宽窄行高密度及等行双株高密度处理分别高 4.1%、8%。杂交棉"宽早优等行距低密度

处理的籽棉产量较"矮密早"宽窄行高密度及等行双株高密度处理分别高 4.7%、59%。同一模式下常规品种的籽棉产量与宽窄行高密度处理无显著差异，较等行双株高密度处理高 14.3%。

表3-8　不同株行距配置下棉花产量及其构成因素

品种	处理	密度 （万株/hm²）	株铃数 （个）	总铃数 （万个）	铃重 （g）	籽棉产量 （kg/hm²）
鲁棉研 24号	1膜3行	10.7 ± 0.3 b	11.9 ± 0.9 a	127.2 ± 7.3 a	5.4 ± 0.3 a	$6\,907.0 \pm 116.8$ a
	1膜6行	21.3 ± 1.0 a	6.2 ± 0.6 b	132.1 ± 6.3 a	5.0 ± 0.2 b	$6\,596.6 \pm 151.3$ b
	1膜3行双株	20.5 ± 0.3 a	4.6 ± 0.4 c	94.8 ± 7.8 b	4.6 ± 0.3 c	$4\,345.2 \pm 175.6$ c
新陆早 60号	1膜3行	10.7 ± 0.3 b	11.5 ± 0.7 a	124.0 ± 8.0 a	5.1 ± 0.1 b	$6\,318.7 \pm 284.0$ a
	1膜6行	20.7 ± 0.3 a	6.6 ± 0.3 b	136.6 ± 8.3 a	4.9 ± 0.1 b	$6\,687.9 \pm 270.1$ a
	1膜3行双株	21.2 ± 1.0 a	5.5 ± 0.3 b	115.2 ± 3.8 a	4.8 ± 0.1 b	$5\,527.1 \pm 167.2$ b

注：仅在同一品种进行显著性差异分析，小写字母分别表示在 0.05 水平差异，相同字母为不显著。

另外，"宽早优"等行距低密度在提高地温的同时，由于改善了株间环境，喷施脱叶催熟剂 6 d 后，棉株脱叶率较"矮密早"宽窄行高密度高 9.8% ～ 11.4%，棉铃吐絮率较"矮密早"宽窄行高密度高 8.7% ～ 12.1%。

二、"宽早优"棉花光、温互补效应

棉花是喜光植物，光照是决定棉花生长发育的基本要素。光照不足，必然会限制光合作用，光照还能通过影响温度而间接影响棉花生长发育。

"宽早优"植棉模式因其宽等行（相对于矮密早的宽窄行而言）、适密度（相对于高密度而言）、拓株高（相对于矮化栽培）特点，使棉田光照条件也发生了相应变化，光照条件的变化又促进了棉株的生长发育，二者相互促进，相互依存，形成独特的田间"小气候"。

"宽早优"棉花是在新疆高产的生产条件下获得高产，而高产的生产条件通过充分挖掘光合生产潜力、光温互补效应得以实现。

棉铃在发育过程中，需要一定数量的积温和有效辐射量。目前，关于棉铃发育与积温关系的研究较多，而关于棉铃发育与有效辐射量关系的研究其少。陈冠文研究表明，不同果枝位的蕾，其开花期不同；开花—吐絮期棉铃所获的积温也不同，且随果枝位上升，所获的积温逐渐减少。但在一定积温范围内都能吐絮。在大田生产中，同一品种，群体小的棉田比群体大的棉田早吐絮；也常看到积温少的顶部铃比积温多的次位铃先吐絮的现象。究其原因，就是前者比后者的光照条件优越。因此深入研究棉铃发育的温光效应，将有助于从理论上和技术上解决早熟棉区促进早熟、提高产量和提高纤维品质的问题。

陈冠文等[7]研究指出，"宽早优"等行距密植（单产籽棉450～600kg/亩，基本苗6 000～8 000株/亩）与现行的"矮密早"宽窄行高密度种植相比具有下列优越性：正常年份，"宽早优"等行距密植有利于提高光能利用率，充分发挥杂交棉及与杂交棉相似品种的生长发育优势，争取外围铃和上部铃成铃，实现高产；低温年份，能充分利用光对温度的补偿效应，促进外围铃和上部铃发育成熟，实现稳产。

陈冠文等[8]研究认为，棉铃发育是在温度和光照的共同作用下完成的，两者缺一不可。不同棉铃的温光效应值，最高单铃重所对应的温光效应值分别为647℃和2 465 mmol/（dm^2·d），最长纤维长度和最大比强度对应的温光效应值分别为687～690℃和1 200～1 521 mmol/（dm^2·d）。从变化趋势看，温度对纤维品质的影响较大，光照对单铃重影响较大。当温/光值为0.26～0.57时两者的综合效应较大。在温、光两个因素中，当一个因素不足时，另一个因素可以补偿，但在补偿作用下完成发育的棉铃，其单铃重和纤维品质都有一定程度的降低，且这种补偿作用只有在短缺因素达到其下限以上（≥15℃有效积温>535℃，有效辐射量>620 mmol/（dm^2·d）时才有效。进一步分析认为，棉铃发育所需≥15℃积温（有效积温）范围为535～710℃，所需有效辐射量范围为620～4 000 mmol/（dm^2·d）。两者的最佳匹配组合为≥15℃积温654～700℃和有效辐射量1 200～2 465 mmol/（dm^2·d）。在棉铃发育过程中，温度与纤维品质的关系密切；而光照对单铃重影响较大。温度与光照有互补作用：下部棉铃光照不足，可为温度补偿；上部棉铃开花晚，积温不足，可为光照补偿。光温互补值约为17.5 mmol/（dm^2·d·℃），即是说有效辐射量约17.5 mmol/（dm^2·d·℃）可以补偿有效积温1℃。反之亦然。这种补偿作用在一定程度上保证了棉株上不同部位棉铃的正常发育。它是棉铃发育的必要条件，也是棉花在长期系统发育过程中对生态环境适应的结果。但是这种互补作用是有限的，它只能在短缺因素达到必要的下限值以上时，补偿作用才有效。

第三节　生育期进程

"宽早优"棉花由于改善了田间种植结构，群体个体协调，结构合理，温光利用率高、互补性强，加快了发芽出苗、现蕾、开花等生育进程，生育期提前，结铃、吐絮集中，机采质量和效率提高，为提质增效奠定了基础。

"宽早优"棉花一生按照其器官形成的次序和生育进程，一般可划分为子叶期（播种至出苗）、苗期（出苗至现蕾）、蕾期（现蕾至开花）、花铃期（开花至吐絮）、吐絮期（吐絮至收获）等5个时期，各个时期均有其发育规律和特点。就此进行以下论述。

一、子叶期（开始出苗至出苗期）

（一）生育进程

棉花成熟健全的种子在具备适宜的温度、水分和充足的氧气条件下，经过吸胀、萌动和发芽三个阶段，当胚根伸出发芽孔达种子长度的1/2时，即达到发芽标准。胚根伸出的同时，下胚轴逐步伸长，使棉苗顶端适时形成弯钩，以最小的受力面积顶出土面，弯钩及时伸直，子叶展开并脱掉种壳，完成出苗过程。当幼茎直立，长出地面5 cm以上，2片子叶平展即达到出苗标准。当50%的棉苗达到出苗标准时为出苗期。棉花开始出苗至达到出苗期标准前这段时间为子叶期（或幼苗期），一般5～7 d。

"宽早优"棉花由于种子精选、膜上打孔单粒穴播，单位膜面苗孔减少1/3左右（较常规模式），地膜增温效果提高。如在北疆试验，4月15日播种后至6月15日，"宽早优"方法较对照方法膜下5 cm和10 cm地温日均分别提高2.5℃和1.2℃，有效积温较对照方法分别增加了150℃和70℃。因此，在同样条件下，可早出苗0.5～1 d，一般从播种到出苗需经历7～10 d。4月底前（包括5月5日前）出苗为4月苗。

（二）苗情标准

1. 壮苗标准

适时均匀出苗，整齐度在90%以上；出苗后，子叶平展，不夹棉壳，叶片肥厚无伤痕，微下垂；子叶节粗壮，长度5.5 cm左右，子叶宽4～4.5 cm，叶色深绿，心芽健壮，无病虫危害；将棉苗从土壤中连根拔出时，根系为白色。

2. 弱苗标准

叶片小而薄，子叶夹带棉壳，子叶节细长，形成高脚苗，拔出棉苗，根系发黄发黑。

二、苗期（出苗至现蕾）

（一）生育进程

当棉苗幼茎直立，长出地面 5 cm 以上，2 片子叶平展即达到出苗标准。当50% 的棉苗达到出苗标准时为出苗期。棉花出苗以后，长到一定的苗龄，其内部达到一定的生理成熟程度，如温度、光照等条件适宜，便开始分化花芽，这是棉花由苗期进入孕蕾期。随着花芽逐渐长大，当内部分化心皮时，肉眼已能看清幼蕾，这时苞叶基部约有 3 mm 宽，即达到现蕾标准。当50% 棉株的蕾达到现蕾标准时称为现蕾期。从出苗期至现蕾期的这段时间为苗期阶段。陆地棉一般主茎 5 ～ 7 片真叶开始现蕾，历经 20 ～ 25 d，早熟品种历期较短，中、晚熟品种历期较长。

（二）苗情标准

1. 壮苗标准

2 叶平，2 片真叶与子叶在一个平面上，叶面平展，中心稍凸起，叶色浅绿，主茎节间短、粗，株高 6 cm 左右；4 叶平横，四叶时株宽大于株高，棉株矮胖，株高 15 cm 左右，主茎日生长量 0.5 cm 左右。

2. 旺苗标准

2 叶时，真叶明显高于子叶，叶片过大，叶色深绿；4 叶时，生长点下陷，叶片肥大，下垂，叶色深绿，主茎嫩绿，主茎节间过长，株高超过 18 cm。

3. 弱苗标准

2 叶时，子叶和真叶形成两层楼，茎秆细弱，叶片瘦小，叶色黄绿；4 叶时株宽等于或小于株高，叶片小，茎秆细。

三、蕾期（现蕾至开花）

（一）生育进程

棉花蕾期是指从现蕾至开花的这段时期，是棉花营养生长与生殖生长并进时期，一般 20 ～ 30 d。该时期"宽早优"棉花生长加快，光合速率、呼吸消耗等加大，既发棵又现蕾，对肥水需求量逐渐加大。

（二）苗情标准

1. 蕾期壮苗标准

6月1—5日为现蕾期，叶片6～8叶，棉株上下窄，中间宽，叶色亮绿，顶心舒展，株高25 cm左右，日生长量1～1.2 cm，正常现蕾；6月5—10日盛蕾期，叶片9～11叶，棉田叶色深绿，株高40 cm左右，日生长量1.5～1.7 cm，主茎节间长度5～7 cm，蕾上叶数为零，蕾大而壮，果枝4苔；6月中旬开始开花，叶色深绿，茎秆健壮，行间缝隙10～20 cm，通风透光好（矮密早的小行已枝叶穿插、郁蔽严重，大行也近封行）。

2. 蕾期旺苗标准

6～8叶顶心深陷，叶色浓绿，叶片肥大，茎秆粗壮、嫩绿，含水量高，现蕾迟；9～11叶期，叶片肥大、浓绿、生长点下陷，蕾小而少，主茎节间长7 cm以上。

3. 蕾期弱苗标准

6～8叶期，棉株瘦高，茎秆细弱，叶片薄而小，叶色偏淡，棉花现蕾少；9～11叶期，棉株瘦小，顶心上窜，蕾小而少。

四、花铃期（开花至吐絮）

棉花花铃期由营养生长与生殖生长同时并进逐渐转向以生殖生长为主，边长枝、叶，边现蕾、开花、结铃，是形成产量的关键时期。此期棉花花蕾逐渐长大，花器各部分渐次发育成熟，即开花。开花结铃后，原来的花梗即变成铃柄，棉铃经逐步发育、成熟，这时铃壳裂开，铃内露出膨松籽棉，是为吐絮。按照开花量多少，花铃期又分为初花期、开花期、盛花结铃期。当棉田10%的棉株开始开花的日期为初花期；当棉田50%的棉株开花的日期为开花期；当棉田50%的棉株开花至第5～6苔果枝第一果节开花的日期为盛花期；当棉田50%的棉株开始吐絮的日期为吐絮期。通常把棉花从开花期至吐絮期这一生长阶段称为花铃期（也称铃期）。花铃期一般40～50 d，是决定产量品质的关键时期。按照棉株生育特性，花铃期划分为初花期和盛花结铃期两个阶段，各有其不同的生育进程特点和苗情标准。

（一）初花期（开花至盛花期前）

1. 生育进程及特点

7月5日前打顶结束，果枝9～10苔，株高80～90 cm。这段时间，棉株营养生长和生殖生长同时并进，平均单株每天开花1个以上，是高产棉田一生中生长最快的时期，故有人把初花期称为大生长期。据观察，在这半个月左右的时间里，无论是主茎的增长量还是现蕾数，均达到全生育期生长量的1/3。叶面积迅速增大，其增长量约相当于蕾期的2～3倍。

2.苗情标准

（1）初花期壮苗标准　日增长量1.6～1.8 cm，叶片12～15片，果枝8～9苔，叶片大小适中，叶色稍深，生长点舒展，红茎比60%左右，群体陆续开花。

（2）初花期旺苗标准　日生长量超过1.8 cm，叶片肥大，叶色鲜绿发亮，植株深绿，主茎茎秆嫩绿，一碰即断，中部主茎节间长超过7 cm，蕾小，开花迟。

（3）初花期弱苗标准　叶色灰绿，无生机，植株矮小，瘦弱，叶片小，开花迟。

（二）盛花结铃期

1.生育进程及特点

进入盛花结铃期，棉株的营养生长逐渐转慢，生殖生长开始占优势，营养物质分配转为供应蕾、铃生长为主。这个时期的主茎日增量一般为1 cm左右，此后渐趋停止增长，现蕾速度也逐渐减慢，转向以增铃为主；叶面积系数达到最大值。整个花铃期棉株根系生长速度大大落后于地上部，而根系吸收能力进入最旺盛时期。

"宽早优"棉花此时的优势在于，群体通风透光条件改善，降低了下部和外围棉铃脱落率，为优质高产创造了条件。

2.苗情标准

（1）盛花期壮苗标准　株高80～90 cm，果枝9～10苔，叶片大小适中，不肥厚，叶色开始褪淡，开花量70%以上，红茎比70%，行间接近封行，有5%～10%透光率。

（2）盛花期旺苗标准　植株高大，主茎节间长5～7 cm，叶片大而肥厚，叶色深绿，主茎粗而嫩绿，上部脆而易断，开花量少，果枝过长，嫩绿易折断，蕾与蕾之间节长超过8 cm，且小。

（3）盛花期弱苗标准　植株瘦弱，叶片小，开花少，叶色发灰、发黄，裸地过多。

（4）铃期壮苗标准　8月初棉田群体顶部可见红、白花，叶色转深，植株老

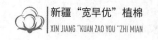

健清秀，到8月下旬，1枝1铃，每株平均有3～4苔果枝有2铃或多铃，且下部两个果枝伸长，可平均结铃2～3个，铃饱满，个大，斑点满身，铃结实，无脱落。

（5）铃期旺苗标准 8月上旬顶部不见花或少见花，叶色浓绿，植株高大，群体发棵大，果枝长而郁闭、茎秆青绿，赘芽丛生，到8月下旬，中下部铃仍青绿无斑点或斑点少，铃小，下部有烂铃，下部果枝因郁闭而不结铃，或结铃小而晚。

（6）铃期早衰弱苗标准 7月下旬红花盖顶，植株瘦小，不封行；8月红茎比大于95%，叶色淡绿，上部蕾小，有叶斑病或红叶病发生，铃小而少。

五、吐絮期（吐絮至收获期）

棉花吐絮期是营养生长逐步趋向停止，棉株基本定型，主要是棉铃发育、充实，直至成熟吐絮的阶段。

（一）生育进程及特点

这个阶段棉株内部的有机营养物质，通过生理、生化的作用，形成经济产量。在开始吐絮时棉株下部少量棉铃已经成熟，中部棉铃正在充实，上部棉铃增大体积，同时还在继续开花结铃；以后随着时间的推移，棉铃由下而上，由内而外地逐步成熟吐絮；枝、叶由生长缓慢，逐步到停止生长；叶片的光合功能，由下而上逐渐减弱；其组织逐步衰老，直至最后干枯。地下部的根系，由生长缓慢趋向停止；其吸收能力也渐趋减弱，直至停止。棉株体内有机营养的分配，几乎90%以上供应给棉铃的发育。因此，吐絮期也是增加铃重的关键时期。

（二）苗情标准

1.吐絮期壮苗标准

青枝绿叶吐白絮，棉铃吐絮畅而正常。

2.吐絮期旺苗标准

吐絮晚或吐絮不畅，下部铃多霉烂，田间停水过晚，贪青晚熟，中部铃多青绿。

3.吐絮期弱苗早衰标准

8月下旬大量吐絮，植株矮小，棉田停水过早，棉絮小而轻，单铃重低。黄叶位高于吐絮位。

第四节　对逆境的适应性

新疆植棉地域广袤，生态多样，多种自然灾害发生，特别是春季温度回升慢，秋季温度下降快，使棉花生长发育期间的高能同步期短，抵御自然灾害的回旋余地小。因此，提高新疆棉花的抗灾能力，增强对逆境的适应性显得非常重要。"宽早优"棉花健壮的个体、适宜的群体和生态条件的改善，增强了对干旱、风沙、霜冻、冰雹、高温、低温、盐害、雨害等自然灾害的抵抗能力和适应性，对实现新疆棉花的优质、高产、稳产、高效意义重大。

一、干旱

（一）干旱的发生规律及危害

干旱是指降水异常偏少，造成空气过分干燥，土壤水分严重亏缺，地表径流和地下水大幅度减少的现象。干旱使供水水源匮乏，除危害作物生长、造成作物减产外，还危害居民生活，影响工业生产及其他社会活动。

衡量一个地区是否属于干旱气候，常用蒸发势与降水量的比值即干燥指数来表示。蒸发势以降水量相等时，干燥指数等于1，表示干湿适中；当蒸发势小于降水量时，干燥指数小于2，表示过分潮湿、雨水过多；当蒸发势大于降水量时，干燥指数大于1，则表示干旱、雨水不足，特别是当干燥指数大于4时，就表示极端干旱。

新疆绿洲农业属于干旱地区，大气降水占新疆年平均降水的20%，无法满足动植物需要，只有靠冰雪融水和地下水。从影响范围和程度看，干旱是新疆大陆性气候条件下经常发生的自然灾害。其干旱形成的原因主要是，地理位置离海洋较远，大量水汽难以到达新疆；三面环山的地形，特别是南面青藏高原阻挡了南来的水汽；青藏高原的加热作用。新疆干旱特点如下。

1. 干旱频繁，旱情严重

干旱是新疆的经常性自然灾害，1950—2000年新疆有记载的干旱灾害共有47次，平均每1.06年发生1次。在发生的47次干旱灾害中，特大旱灾、重大旱灾、中度旱灾及轻度旱灾分别有9次、10次、14次、14次，分别占干旱发生年总数的19.2%、21.2%、29.8%、29.8%。

2. 灾害范围广，受灾面积大

往往一出现干旱就是几个县、几个地州甚至全疆干旱，如 1989 年出现了全疆性干旱，涉及北疆、南疆、东疆 44 个县。

3. 干旱灾害损失大

干旱灾害持续时间长、成灾面积大，因此对社会经济造成的损失和影响比其他灾害更加严重。

新疆干旱分春旱和夏旱。春旱主要是指 3—4 月正值棉花播种季节，春季用水十分紧张，特别是南疆更为突出，故有"春水贵如油"之说。由于供水不足，棉花不能正常进行春灌，影响棉花及时播种，有时强行播种，结果棉苗不整齐，而且缺苗断垄现象严重，从而严重影响产量。夏旱是指棉花进入生殖生长阶段，需要浇水时，因河流、水库供水不足而使棉田受旱的现象。

干旱胁迫下棉花地上部营养体变小、营养吸收前中期比例大、发育提早。干旱胁迫使绿叶面积、叶日积量减少，光合速率降低，导致光合物质生产能力下降，进而影响产量形成。盛蕾期、初花期是棉株营养生长的旺盛时期，缺水对棉株营养生长影响最大，受旱减产的主要原因是单株成铃数减少。盛铃期、始絮期干旱胁迫则加速棉叶衰老，叶片功能期缩短，从而减少了光合产物供应，受旱减产主要是铃重下降较多所致。

（二）"宽早优"棉花对干旱的适应性及减灾效果

1. "宽早优"棉花对干旱的适应性

一是"宽早优"棉花播种穴孔减少，降低了水分蒸发量；二是"宽早优"棉花减少了行间根系穿插争水肥的矛盾，增强了棉株的抗旱能力；三是由于降低了种植密度，在单位面积根系条件改善，延伸了根系深度，增强了对深层水的利用；四是由于"宽早优"棉株个体发育健壮，促进了根系向四周拓展，吸收水分范围增加。

但是，应高度重视的是，"宽早优"棉花由于中、后期蕾、花、铃大量增加，对水、肥亏缺敏感，一定要保证水肥供应，否则将导致蕾铃大量脱落、减产。

2. 减灾措施及效果

根本措施是加强农田水利基本建设，坚持施用有机肥，提高土壤蓄水、保水能力。推广应用膜下滴灌等节水灌溉技术。旱灾频发区选用抗耐旱性强的棉花品种。

春旱主要预防措施是，南疆采用秋灌减轻春灌用水紧张的矛盾，第二年早春及时整地覆膜保墒，当温度升到播种要求时及时播种。北疆机采棉区，机采后棉田可以及时翻耕、整地、保墒。夏旱的预防目前较好的方法主要是使用抗旱剂等。未冬、春灌的滴灌棉田，春播后及时安装滴灌管道，尽早滴出苗水。常规畦灌棉田，灌水后及时浅中耕保墒，防止棉花受旱。

二、风沙

（一）风沙的发生及危害

风沙灾害是新疆干旱地区的一大特色，它是大风过程与地表物质及热力状况相互作用的结果。风沙灾害通常包括气象观测中的浮尘、扬沙和沙尘暴3种天气现象。对于能见度极差的沙尘暴，当地人习惯称为"黑风"。

1. 发生及分布

风沙灾害的主要区域是：南疆塔里木盆地西南部和阿尔金山北麓，年平均风沙日数多在50～100 d甚至以上；塔里木盆地东北部，风力强劲，沙源丰富，就地起沙现象较严重；吐鲁番、哈密盆地是个绿洲，风沙日数达10～60 d，损伤作物，沙埋农田、渠道；北疆准格尔盆地南部风沙也较频繁。

（1）沙尘暴 沙尘暴是指强风将地面上大量的沙尘吹起，使空气混浊，水平能见度在1 km以内。扬尘能见度在1～10 km，两者不同之处是能见度差别。新疆沙尘暴较多，强度很大，一般产生在风口地区，危害很大。沙尘暴日数年分布具有北疆少南疆多，山区少于盆地，西部少于东部的分布规律。北疆一般5～8 d，天山南麓一带约15 d，昆仑山麓一带约20 d，伊犁河谷比较湿润，还不足2 d。沙尘暴最多的地方是柯坪，年平均38.3 d，最多年份53 d，这不仅是新疆沙尘暴最多的地方，也是全国沙尘暴最多的地方。其次是民丰为35.4 d，最多年份58 d；和田32.9 d，最多年份54 d；叶城24.7 d，最多年份44 d；且末34.5 d，最多年份53 d。沙尘暴北疆集中在暖季（3—10月），但有的地方集中在春季，如黑山头、庙尔沟等地，沙尘暴一年四季都能出现，不过冬季偏少，春季偏多。而南疆地区则很普遍，特别是塔里木盆地西部和南部地区，绝大部分全年各月均有出现。沙尘暴以春季最多，可占全年的50%左右，尤其是4—6月最多，为全年的70%左右，其次是7月、8月，冬季较少。

（2）扬沙 扬沙地理分布和沙尘暴一致，也就是说，沙尘暴多的地方扬沙多，沙尘暴少的地方扬沙日数也少，北疆一般不足5 d，南疆除偏东地区外，一般10 d左右。在南疆西部约20 d左右。而昆仑山南部偏多，一般在50 d以上。

新疆扬沙最多的地方是塔里木盆地东部民丰、罗布泊洼地铁干里克，一般年平均可达 73 d 以上。最多年份各为 108 d 和 95 d，这两个地方不仅是新疆扬沙最多的地方，也是我国之冠。其次是塔里木河上游的阿拉尔，年平均可达 62.7 d，最多年份为 75 d。和田达 53.1 d，最多年份 81 d，南疆南部和东部，是新疆扬沙最多的地方。扬沙日数年季分布和沙尘暴一致，一般以春、夏季最多，南疆春、夏、秋季最多，在南疆南部和东部地区，则一年四季都有出现，同时也有的地方各月均有出现。例如，阿拉尔 6 月为最多月，平均 13.5 d，最多可达 18 d；6 月几乎每两天就有 1 d 扬沙天气，其次为 5 月，平均可达 10.7 d，5 月几乎每 3 d 出现一次扬沙。

（3）浮尘　浮尘是新疆灾害性天气之一。通常尘土细沙均匀地浮游在空中，能见度在 10 km 以内者为浮尘。浮尘出现时，天空中黄沙波涛，腾空而来，浮尘出现时不仅使直接辐射大量减少，对农作物有着很大危害，特别是春季棉花苗期、玉米真叶期，在作物幼芽上，覆盖厚厚的一层尘土，影响植物的呼吸作用；同时，也影响植物的光合作用，是农业生产中有害的天气现象。

田笑明研究[9]，新疆浮尘日数一般具有北疆少南疆多，西部少东部多，山区少平原多，潮湿区少于干旱区的分布规律。北疆一般 1 ～ 10 d，伊犁地区还不足 3 d，南疆可达 100 d 以上，是北疆的几十倍甚至百倍以上。浮尘高值区自西向东延伸，像一条长舌状，可达 115° E，浮尘日数可达 20 d 以上。最高值出现在昆仑山北麓，于田、和田、民丰一带，一般可达 180 ～ 200 d，其次是西部，为 150 ～ 180 d，天山南麓 100 d，东北部为 50 ～ 80 d。浮尘日数最多的季节和沙尘暴、扬沙相同，都以干燥的春季或春夏之间为最多。和田、民丰、且末一带，3—8 月平均浮尘都在 20 d 以上，其中，且末、民丰 4—5 月，和田 4—7 月可达 24 d 以上，是新疆浮尘最多的月份，也是全国浮尘最多的月份。在和田一带，一般全年各月均有浮尘出现，而冬季出现次数较少。和田年平均可达 202.4 d，最多年份达 260 d，即 2/3 的时间有浮尘覆盖和笼罩，且末 193.7 d，最多 228 d；若羌 115.2 d，最多 150 d；莎车 115 d，最多 140 d；喀什 107 d，最多 150 d。可见，浮尘是南疆重要的天气现象。

2. 危害

风沙的危害，大风常裹着细沙将棉叶打得千疮百孔，将茎秆打得伤痕累累或将生长点打断，将棉田地膜和滴灌带吹起。造成棉苗大片倒伏、根系松动外露、叶片及棉花茎秆青枯破碎、折断等机械损失，有些死亡。出苗期风灾可造成揭膜，降低地温和土壤墒情，影响出苗。苗期风灾可造成嫩叶脱水青枯，大叶撕裂破碎，生长点青枯，叶片刮断，形成光秆等。

喀什地区西部由于受帕米尔高原阻挡，西风带上的冷空气部分翻山进入盆地造成大风天气。每年6—8月喀什植棉区都会出现1～2次大风天气过程，此期间棉花正处于开花结铃盛期，抗风能力较差。如遇大风，往往棉株倒伏，枝叶损伤严重，引起蕾铃脱落。据调查，大风可使蕾铃脱落率较常年增加8%～20%，夏季如遇雷雨大风会引起棉株间、蕾铃间的剧烈摩擦和碰撞，则使蕾铃大量脱落。特别是对于土质肥沃、长势旺盛的棉花，单株花蕾多，结铃多，植株负荷较重，一旦遭遇大风天气，棉株容易发生倒伏，根系受损，吸收和输导能力减弱；加之棉株相互叠压，下部枝叶着地，叶片的光合作用无法正常进行，有机养料供应不上，导致蕾铃大量脱落。例如，2018年7月2日、4日、5日、26日、28日，喀什地区相继出现7～8级以上大风，部分地方出现扬沙或沙尘暴，致使棉花出现大面积倒伏。7月31日后调查，倒伏棉株蕾铃脱落率较常年同期增加18%以上。

风灾是新疆棉区的重要气象灾害之一。受风沙危害较轻的棉株，生长受到抑制。一般在受灾后3 d左右开始恢复生长，7 d左右开始正常生长。随着灾害程度的加重，恢复越慢，恢复的质量也越差。受灾较重的棉株，灾后1周内部分棉株可能出现恢复生长的迹象，但1周后仍会陆续死亡。

（二）"宽早优"棉花对风沙的适应性及减灾效果

"宽早优"棉花现蕾以后，植株健壮，对风沙的抵抗能力增强，有一定的抗逆性；现蕾前，由于群体较小，受风沙危害较重，影响较大。

对风沙的防御，主要是建立防风固沙林为主的生态保护体系，从根本上阻止流沙移动。对受灾的棉田采取加强水肥等相应的补救管理措施，加快恢复生长，促进生长发育，以减少风沙危害带来的损失。

三、霜冻

（一）霜冻的发生与危害

1. 形成及分类

霜冻是一种较为常见的农业气象灾害，发生在秋、春季，多为寒潮南下，短时间内气温急剧下降至0℃以下而受害。当温度低于0℃地面和物体表面上有水汽凝结成白色结晶的是白霜；当空气过于干燥，虽气温降至0℃或0℃以下，却不能凝结成霜的受害天气称为"黑霜"。对农作物都产生冻害，称霜冻。霜冻按发生的季节可分为秋霜冻和春霜冻，即秋季的第一次霜冻和春季的最后一次霜冻，气象学上称为初霜冻和终霜冻。按照霜冻形成的原因霜冻可分为3种：平流霜冻，多是由于北方冷空气侵入而引起的，常见于早春和晚秋。通常平流霜冻发生时风力强劲，故又称为"风霜"。辐射霜冻，主要由于下垫面辐射降温，主要是夜间辐射冷却，地表或植物表面降温而引起。平流辐射霜冻，由于平流降温和辐射冷却这两种气象条件共同作用下降温而发生的霜冻，又称为"混合霜冻"。

2. 分布

新疆霜冻的时空分布在终霜冻日空间分布方面总体呈现"南疆早，北疆晚；平原和盆地早，山区晚"的分布格局。塔里木盆地中、西部，以及吐鲁番盆地的终霜冻日出现最早，在3月中、下旬；塔里木盆地东部、哈密盆地大部，以及北疆沿天山一带、伊犁河谷在4月上、中旬；北疆北部平原地带和南疆中、低山带为4月下旬至5月上旬；阿尔泰山、天山和昆仑山1 500～4 500 m的中、高山带在5月中旬至7月上旬；各山体海拔4 000～5 000 m及以上的高寒地带终年有霜冻。新疆春霜冻（终霜冻）以大风干旱型霜冻为主，降雨湿润型霜冻对棉花影响较大。春霜冻在新疆经常发生，但危害最重的是北疆和东疆。新疆每年都会发生春霜冻，只有出现比较晚的春霜冻，才会形成危害。新疆春霜冻发生时间一般在4月初至5月上旬，以4月中、下旬为普遍。

新疆初霜冻日的空间分布特征，与终霜冻日大体相反，呈现"北疆早，南疆晚；山区早，平原和盆地晚"的分布格局。吐鲁番盆地及塔里木盆地中、西部初霜冻日出现较迟，在10月下旬至11月上旬；塔里木盆地东部、哈密盆地大部及北麓沿天山一带、伊犁河谷在10月上、中旬；北疆北部为9月下旬至10月上旬；阿尔泰、天山及昆仑山1 500～4 500 m的中、高山带初霜冻日出现较早，在7月下旬至9月中旬；海拔1 000～5 000 m及以上的高寒地带终年有霜冻。新疆霜冻分布的规律是：北疆重于南疆，南疆东部重于西北；最低温度与最低气温相差较大，且越往南差距越大；霜冻的年际变化大。

3. 危害

春霜冻危害造成烂种、烂根、死苗、发育滞缓等，最终造成缺苗、断垄、晚发影响产量品质。秋霜冻出现早的年份往往有大量棉桃还没有吐絮，形成大量霜后花，使棉花产量品质受到极大影响。

（二）"宽早优"棉花对霜冻的适应性及减灾效果

棉花抗霜冻的能力随叶龄增加而减弱。经过适应性锻炼的棉苗，子叶可耐 –3℃～ –4℃低温 2 h，一般死苗率较低。1 片真叶可耐 –1℃～ 2.5℃低温 2 h。2 片真叶可耐 –0.5℃～ –1℃低温 2 h。

"宽早优"棉花由于发育早、吐絮早而集中，对秋霜冻具有一定抵抗能力。据陈冠文等（2014）资料，新疆兵团第七师从 2007 年开始杂交棉"育苗稀植"试验，通过近几年示范、推广杂交棉等行距密植及其配套技术之后，棉花单产逐年提高。2012 年，全师等行距密植面积达到 2 万多 hm^2，这对当年全师籽棉单产突破 400 kg/ 亩发挥了重要作用。2013 年，在热量条件严重不足（9 月 23 日降早霜）的情况下，北疆棉区普遍减产，第七师"宽早优"76 cm 宽等行种植棉田充分表现了光能的补偿效应和群体的自动调节能力，成为降低气象灾害对全师棉花产量影响的关键因素[7]。

四、冰雹

（一）冰雹的发生与危害

当地表的水被太阳曝晒汽化，然后上升到了空中，大量水蒸汽在一起，凝聚成云，此时，相对湿度为 100%，当遇到冷空气则液化，以空气中的尘埃为凝结核，形成雨滴（热带雨）或冰晶（中纬度雨），越来越大，当气温降到一定程度时，空气的水汽过饱和，形成降雨或冰或雪，如果温度急剧下降，就会结成较大的冰团，也就是冰雹。新疆地形复杂，植被覆盖度低。在阳光照射下容易形成较强的热对流。某些有利的环流形势在地形影响下，可以产生强烈发展的中小尺度天气系统，造成局地性冰雹灾害。

1. 冰雹发生特点

新疆冰雹多发季节是 5—8 月，多发地区是新疆西北山区及天山山区中段。主要有 4 个特点：

（1）局地性强　每次冰雹的影响范围一般宽约几十米到数千米，长约数百米到十多千米。

（2）历时短　一次降雹时间一般只有 2 ～ 10 min，少数在 30 min 以上。

（3）受地形影响显著　地形越复杂，冰雹越易发生。

（4）年际变化大　在同一地区，有的年份连续发生多次。有的年份发生次数很少，甚至不发生。

据史莲梅等对 1964—2014 年统计分析[10]，雹灾频次、受灾面积、经济损失及灾损指数 4 个特征参数的高值期均出现在 3—9 月，分别占全年的 98.7%、93.1%、98% 和 95.4%，并且都在 6 月达到极大值，分别为 432 县次、94.1 × 10^4 hm^2、116 × 10^3 万元和 29，占全年的 30.3%、29.2%、28.6% 和 28.9%。1961—2014 年，新疆累计出现 1 426 县次冰雹灾害，年均雹灾 26.4 县次，2011 年最多，达 71 县次，1990 年次多，为 68 县次。温泉县、石河子市、昭苏县为北疆雹灾出现最多的县（市），乌什县为南疆雹灾出现最多的县。按照地区累计灾损指数将新疆雹灾划分为 5 个等级，阿克苏地区属严重雹灾区，地区累计灾损指数达 40.2，喀什地区、塔城地区、伊犁州属重雹灾区，灾损指数 11.1 ~ 15.8。石河子地区、博州、昌吉州、巴州、克拉玛依属中雹灾区，灾损指数 1.1 ~ 7.8。阿勒泰地区、克州、和田地区、哈密地区属轻雹灾区，灾损指数 0.1 ~ 0.8。吐鲁番地区和乌鲁木齐市属微雹灾区，灾损指数低于 0.05。

喀什地区冰雹最早出现在 3 月，最晚出现在 9 月，主要集中在 5—8 月，占全年的 85%。雹灾范围小，时间短，但却来势汹，强度大，对蕾铃脱落的影响具有毁灭性。轻度受害区域冰雹直接打落蕾铃，使棉花出现大面积损害，严重时甚至棉株直接被打成光秆，蕾铃全无，造成绝收。2017 年 7 月 17 日，喀什地区部分植棉区出现冰雹天气过程，造成辖区内 15 村、16 村、17 村、18 村等村镇不同程度受灾。受害较轻区域，蕾铃脱落率比非受灾区提高了 16% ~ 25%，而重灾区棉株主茎被折断、叶片破损，蕾铃脱落。

王昀等研究[11]，在 1951—2017 年间新疆有 78 个县（市）出现了雹灾，其余 28 个没有出现雹灾。新疆雹灾年均出现 1 次以上的多灾区在天山北侧的博州和奎玛流域、天山西端的昭苏县、天山南侧的阿克苏地区，其中，温泉县最多，年均达 2.3 次，昭苏县 2.1 次，沙湾县和阿克苏市各为 2 次。年均受灾面积超过 2 000 hm^2 的大灾区在塔城市、博乐市、奎玛流域、昭苏县、阿克苏地区，阿克苏市最多，年均受灾 6 795 hm^2，沙湾县 5 805 hm^2，阿瓦提县 4 809 hm^2。年均经济损失超过 200 万元的重灾区在博州、奎玛流域、霍城县、昭苏县、库尔勒市、阿克苏地区、喀什地区北部，年均经济损失前 3 位的均在阿克苏地区，阿克苏市最多 1 069 万元，阿瓦提县 853 万元，沙雅县 607 万元。

2. 雹灾的危害

（1）苗期　雹灾后叶片撕裂破碎，子叶节有黄褐色伤斑或折断，生长点被打伤或打断。苗期按棉苗受伤程度可分为 4 级：1 级，叶片基本完好，主茎受伤很轻；2级，叶片部分破碎或脱落，主茎（含子叶节）上有明显的伤点；3级，子叶基本脱落，真叶叶尖或叶缘萎缩，主茎（含子叶节）上伤点较深，表皮有轻度皱缩；4级，子叶节折断或多处受伤，伤口处干皱凹陷，真叶青枯。

（2）蕾期 雹灾后，叶片撕裂破碎，叶、蕾脱落，形成"光杆"，茎枝折断，严重的断头率达80%～100%。蕾期雹灾可分为2级：1级，部分主茎被打断，叶片被打破，但果枝和蕾保留较多且较完好的棉田。2级，大部分棉株被打成"光杆"，形成绝产或严重减产。

（3）花铃期 雹灾是指发生在6月底至8月中旬的雹灾，按照受害程度可分为3个类型：①光杆绝收型。棉花植株主茎及果枝全部被打断，仅剩少量花蕾，产量损失在90%以上的棉田。②严重损失型。棉花植株主茎断头率在30%～50%，果枝、蕾铃损失为50%以下，大多数叶片被打破，少量脱落，产量损失在30%～40%的棉田。③较轻损伤型。棉花植株主茎断头率在10%以下，少数果枝被打断，叶片被打破，蕾、铃保留较多，铃面有一定数量的伤点和伤斑，个别被搭打裂的棉桃。

（二）"宽早优"棉花对冰雹的适应性及减灾效果

"宽早优"棉花苗期遭受雹灾，1、2级受灾较轻的因棉苗健壮恢复生长较快，但受伤严重的棉田（如4级），因棉花密度较稀，需重播和补种几率较高。蕾期和花铃期受灾较轻的，因棉株健壮，抗灾和恢复能力较强，减产幅度相对较小。遭受雹灾后，需及时采取补救措施，如补充水分、养分、提高地温等，促进棉苗发育，尽快恢复生长，以减轻雹灾带来的影响。

五、高温

棉花适宜生长的温度是20～30℃，气温超过35℃棉花生长受到抑制甚至带来危害，使棉叶凋萎、花粉干缩和蕾铃脱落。高温还会导致棉叶螨的危害。新疆不少地区夏季常常超过35℃，尤其是吐鲁番地区，每年日最高气温>35℃的日数多年平均在70～98 d。

辜永强等分析认为,高温对棉花的影响，棉花蕾铃脱落严重，经常有中空、上空现象[12]。遇个别年份持续高温天气会使蕾铃大量脱落，如2015年7月，喀什植棉区出现了罕见的高温极端天气，持续16 d出现≥35℃高温天气过程。持续高温天气使棉株光合作用减弱，棉叶有机养料的制造受阻，导致棉株体内有机养料缺乏；同时高温使棉株呼吸活动能力加强，营养消耗大，造成消耗大于合

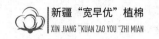

成，棉株蕾铃生长发育所需的营养得不到满足而引起蕾铃大量脱落。另外，高温使植株蒸腾和棉田蒸发加剧，如果水分供应不足，植株内就发生水分亏缺，代谢活动受阻引起蕾铃大量脱落。因此，该年高温天气结束后（7月30日）大田调查显示，蕾铃脱落率较历年同期提高了7%。

预防方法：选用耐热棉花品种，高温季节保证及时灌水，降低株间温度，使热害减轻。采取促早技术规避在高温期开花。塑造合理生殖结构，提高高温后棉花开花成铃的补偿能力。

"宽早优"棉花现蕾以后，尤其是花铃期通风透光条件改善，可增加一定的耐高温能力，对高温可具有一定的适应性。

六、低温冷害

冷害是指在作物生长季节出现0～10℃或15℃低温对植物体造成生理损伤，而导致减产的灾害称为低温冷害。它与冻害、霜冻造成的作物受害的生理机制完全不同。冷害使作物生理活动受到障碍，严重时某些组织遭到破坏。但由于冷害是在0℃以上，甚至是在接近20℃条件下发生的，作物受害后，外观无明显变化，故有"哑巴灾"之称。

（一）低温冷害的发生规律和危害

5—8月是新疆棉花生长发育的关键时期，当北疆棉区6月的平均气温距平≤-0.5℃，南疆棉区5月、6月气温持续偏低且月平均气温距平≤-0.5℃，可使棉花生育推迟，产量下降。当6—8月中至少有两个月的月平均气温为负距平0.4℃时，可能出现一般气候减产年；而当6—8月各月的温度距平均为负值，且其平均气温距平≤-0.5℃时，就有可能出现严重的气候减产年。例如，1996年，南疆夏季持续低温造成棉花单产减产7%左右，其中，喀什棉花开花期比常年晚5 d以上，阿克苏棉区和巴州棉区晚3 d以上，出现一般气候减产年；2001年北疆大部分棉区7月底出现的障碍型低温冷害致使北疆沿天山一带大部分棉区棉花单产减产达30%～50%。冷害本质上是低温对植物体造成的生理伤害。棉花是起源于热带的喜温植物，其生长发育的最低温度在10℃以上，但不同生育阶段对温度的要求不同，当大气温度低于某一生育阶段的最低温度时就可形成冷害。低温冷害对棉花的危害，主要表现在以下3个方面。

1.低温破坏了棉花对温度的依存关系

棉花在长期的系统发育过程中，形成了对特定温度的依存关系，即不同的生育阶段要求特定的与之相适应的温度，当温度得不到满足时，它的生长发育就会受到一定的影响，甚至造成细胞、组织或器官的伤害。一般来讲，当环境温度大于10℃以上而低于某一生育阶段要求的温度下限时（表3-9），低温仅影响棉花的生育进程；但当温度低于10℃以下时，就会在不同程度上破坏棉花的细胞、组织或器官，甚至造成棉苗死亡。

表3-9　棉花生物学三基点温度[13]　　　　　　　　　　　单位：℃

三基点	发芽	出苗	现蕾	开花	吐絮
最低温度	10～12	15	19	15	16
适宜温度	25～30	18～22	24～25	24～25	25～30
最高温度	36	37	38.5	35	42

2.冷害对棉花生理功能的影响

一是对棉株根系吸收功能的影响。0～10℃的低温能影响根系的活动和生长，根系生长缓慢，首先是根毛透性改变，限制了对水分与养分的吸收，造成植株叶片枯萎。随着低温胁迫的加强，根系吸收硝态氮、磷和钾的量明显减少。随着低温时间的延长，还会造成棉株体内物质向外渗透，产生吸收和运转紊乱。

二是对棉株光合作用的影响。低温胁迫对棉花植株光合色素含量、叶绿素亚显微结构、光合能量代谢及光合系统Ⅱ（PSⅡ）活性等一系列重要的生理、生化过程都会明显影响。

三是对棉株呼吸作用的影响。棉株刚受到冷害时，呼吸速率会比正常时高，以抵抗寒冷。但随着冷害时间的延长，呼吸速率会迅速降低。低温冷害还会破坏线粒体结构和氧化磷酸化解偶联，无氧呼吸比重增大。如果冷害时间略长，可使组织中毒。

四是对原生质流动性产生影响。研究证明，冷害使植物的原生质环流运动降低。因为，环流运动是依赖能量进行，并需在膜完整的条件下才能正常进行。受冷害植物的氧化磷酸化解偶联，ATP含量明显下降，原生质的结构遭到破坏，这些都会影响原生质的流动和正常代谢。

3.冷害对棉株体内细胞和组织的影响

冷害和冻害，特别是0℃以下的低温，可使植株细胞内的水分形成冰晶，伤害细胞的结构，特别是使细胞质膜和细胞器膜系统遭到破坏，导致细胞内代谢紊

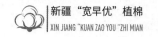
乱。细胞结构和组织被破坏后，常在植物体的形态上出现伤痕。

（二）棉花冷害防控

新疆影响棉花春季冷害的气象因子主要是低温强度和持续时间。在新疆低温常伴有浮尘天气，造成光照不足，使冷害加重。低温冷害对棉花造成的影响表现在：发育延迟、烂芽、烂根、烂种，僵苗不发（小老苗）、器官分化抑制、叶片和生长点呈水渍状青枯、子叶叶面出现乳白色斑块、甚至死苗等症状。低温冷害的主要防治措施如下。

（1）秋耕冬灌　秋耕深度 25～30 cm，将表层病菌和病残体翻入土壤深层使其腐烂分解，以减少表层土壤的病菌。冬灌不仅可为病残体的腐烂分解提供适宜的水分，还可以为次年的整地、播种和种子发芽、出苗提供适宜的水分，提高出苗率。

（2）选用早熟耐低温品种　生产实践表明，南疆棉区的新陆中 28 号、新陆中 37 号、中棉所 35 和北疆棉区的新陆早 24 号、新陆早 26 号、新陆早 45 号是防控冷害较好的备选品种。

（3）种子包衣　精选种子，要求饱满、发芽率高、发芽势强。用杀菌剂、抗寒剂拌种或用含有杀菌剂的种衣剂包衣，常用的种衣剂有福多甲，拌种剂有多菌灵、拌种双等。

（4）科学确定播种期　当膜下 5 cm 地温连续 3 d 在 12℃以上时再播种，使种子到下胚轴生长时期发芽，避开低温天气。

（5）在春季低温多雨的棉区采用双膜覆盖技术。

（6）补种或重播　对已受害的棉田，根据受害程度及时重播（烂种、死苗面积 >40%）或人工（机械）补种。重播棉苗易旺长，应增加化调次数，防止棉苗旺长。

（7）注意中长期天气预报　根据夏、秋中长期天气预报，在可能出现延迟型冷害的年份，应适当控制水肥，加强整枝工作，改善田间通风透光条件，以加快棉株的生殖生长。

（三）"宽早优"棉花对低温冷害的适应性

"宽早优"棉花对低温冷害具有一定的适应性和抗性，主要体现在：苗期，通过膜孔的减少，提高了地温和土壤水分，增强了向地表的热辐射；棉株健壮，增强了抗性和耐性。

七、土壤盐渍化

（一）土壤盐渍化的发生、危害及预防方法

1.发生危害

土壤盐渍化（Soil Salinization）是指土壤底层或地下水的盐分随毛管水上升到地表，水分蒸发后，使盐分积累在表层土壤中的过程，是指易溶性盐分在土壤表层积累的现象或过程，也称盐碱化。中国盐渍土或称盐碱土的分布范围广、面积大、类型多，总面积约 1 亿 hm^2。主要发生在干旱、半干旱和半湿润地区。盐碱土的可溶性盐主要包括钠、钾、钙、镁等的硫酸盐、氯化物、碳酸盐和重碳酸盐。硫酸盐和氯化物一般为中性盐，碳酸盐和重碳酸盐为碱性盐。

新疆是我国最干旱的地区之一，干燥炎热，土壤中的淋溶作用极其微弱，地面蒸发作用十分强烈，大量的地下水和土壤中的盐分随着土壤毛细管不断上升至地表而积聚，造成新疆土壤的积盐过程十分强烈。新疆盐类按成土母质和土壤盐化过程分为 6 类（表 3-10）。

表 3-10　新疆盐土的分类及分布（姚源松，2004）

土壤类型	分布	盐分组成
盐化灌淤土	冲积扇下部扇缘带，南疆、北疆主要地州的部分县市	硫酸盐型和氯化物型
盐化潮土	南疆喀什、阿克苏、巴州，北疆昌吉、博州面积较大	镁质盐化、苏打盐化、硫酸盐化和氯化物盐化
盐化管耕林灌草甸土	塔里木河、叶尔羌河、克孜河、玛纳斯河沿岸	硫酸盐化、氯化物盐化、苏打盐化
盐化灌耕草甸土	遍及全疆各地，主要分布在盆地周缘地带，干三角洲和冲积平原下游	硫酸盐化、氯化物盐化、苏打盐化
盐化灌耕棕漠土	主要分布在吐鲁番、阿克苏、克州、喀什、和田等地州	硫酸盐型和氯化物型
盐化灌耕灰漠土	北疆天山北坡棉区分布	硫酸盐化、氯化物盐化、苏打盐化

新疆盐渍化土壤面积大，种类多、分布广，南疆地区尤为突出。南疆四地州盐渍化面积达到 61.48 万 hm^2，占耕地面积的 43%。其中，轻度 45.18 万 hm^2、重度 3.77 hm^2。土壤盐渍化地区主要分布在洪积、冲积扇缘、大河三角洲中下部、干三角洲低部、河流低阶地及滨湖平原等处。由于地下水位相对较高（多在 1～2.5 m），排水不畅导致盐分表聚，作物不能正常吸收水分和养分，也导致土壤理化性质恶化，严重危害农业生产。目前，新疆棉区土壤盐渍化面积占总耕地

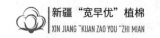

的33%，其中重盐渍化土壤占8%以上。

耕地土壤由于人为因素造成积盐，使非盐碱土变成盐碱土，或轻盐碱土变成重盐碱土和盐土的过程，称为土壤次生盐渍化。其原因一是地下水位升高。由于灌溉和排水工程不完善，灌水方法不得当，如过量灌溉产生大量田间渗漏、平原水库和灌溉渠系渗漏、排水系统不健全等引起地下水位迅速上升。二是农艺技术措施不当。耕作粗放、耕翻时露耕、夏收后未及时伏耕、秋收后未及时秋耕、灌水后未及时中耕、洗盐后未及时翻耕种植，都会加剧耕层土壤水分蒸发，造成表土积盐；播种、保苗措施不力，苗不齐、长势差，使地面覆盖度降低，加剧表土水分蒸发；耕层以下有板结层阻碍灌溉水下移，盐分集聚分布不均，会随水分蒸发，形成面积不等的片状盐斑，俗称"癞痢头"。重灌轻排，地下水矿化度升高。在推广膜下滴灌技术下，许多棉区填平了原有的明排水沟，只灌不排在新疆植棉不可持续。采取膜下滴灌仍要加强排水系统建设，控制灌区地下水位，能够有效阻止盐分表聚，避免土壤次生盐碱化的发生。

土壤盐渍化对棉花危害机理主要是离子胁迫、渗透胁迫、氧化胁迫、呼吸受阻、营养亏缺和光合作用下降等方面。

2.防御和治理

综合新疆棉花盐害改良利用经验，可概括为：排（排水及种稻洗盐）、灌（合理灌溉及渠道防渗）、平（平整土地）、肥（施有机肥和实行秸秆还田）、林（营造林带）、草（种植苜蓿和绿肥）六字方针，这六个方面互相促进、互相制约，但在不同地区，不同时期其侧重点应有所区别。

根据新疆多年来改良利用盐渍化土壤的经验和"盐随水来，盐随水去"的规律，盐渍化土壤的改良措施为：一是对流域进行全面规划，上下游兼顾，综合治理；二是建设完善的棉田排灌系统，使盐渍化地区特别是重盐渍化地区有灌有排，灌排结合，提高秋灌和春灌的压盐质量，加速土壤脱盐；三是做好农田基本建设，使条田、林带、渠系、道路配套。特别是要做好条田土地平整工作，保证灌水均匀，提高水的利用率；四是采用生物措施，种树种草，充分发挥生物排碱作用；五是采用农业措施，增施有机肥，实行秸秆还田和种植苜蓿绿肥，培肥土壤，改良土壤理化性状，巩固土壤脱盐效果；六是实行合理的粮、棉、草轮作制度，有条件的地区可实行水旱轮作。

新疆大规模节水灌溉技术推广和应用的同时，部分地下水埋深较浅的地区土壤盐渍化、次生盐渍化也在加重，造成部分棉田土壤含盐量升高，棉花出苗困难，生长受到抑制，严重影响了棉花的生长发育，明显降低了棉花产量。结合滴灌技术的棉花种植，主要应该在以下方面做好防治措施。

（1）土地整理　对盐碱较重的棉田轮作小黑麦，小黑麦具有很强的耐盐碱性，且生物量较大，对盐碱地改良效果好、见效快，一般翌年就可种植棉花。秋季拾花后及时犁地、平整土地，冬灌要做到均匀一致，以达到较好的洗盐效果。对于盐碱较重的农田，应先深松 50～55 cm，然后犁地灌水，亩灌量达到 180 m³ 以上，积水时间超过 24 h，洗盐效果显著。对于中盐碱地，灌后应保持水层在 20 cm，2～3 d 以上，才能达到泡盐和洗盐的目的。春季天气干旱多风，土壤水分蒸发量大，盐随水来，随着土壤水分蒸发，盐分在土壤表层聚结成层，使种子不能正常吸水，影响生长发育。为了避免和减少表面盐结层的形成，一方面要早耕地保墒，另一方面在播种时适当调整刮土器，将表层盐结层刮除 1～2 cm，以降低种植周围的含盐量。

（2）农艺措施　适期播种是盐碱地一播全苗的关键，多年实践表明，盐碱地应保证棉花播种后 7 d 左右出苗，种子在土壤里停留时间短，发芽出苗快，受盐碱危害小。对盐碱地来说，选择最佳播期、推广干播湿出技术，是实现一播全苗的关键。棉花发芽出土时，耐盐碱力最差，对膜上点播棉田，若洞穴封不严，膜内水分易蒸发，使穴孔处形成盐积层，影响出苗。因此，播种后要及时封洞。盐碱地棉苗生长发育迟缓，棉苗单株生产力较低，因此，要加大种植密度，以群体优势创高产，盐碱地的合理密植应综合考虑土壤盐分含量、水分条件和其他管理措施。

（3）水肥调控　滴灌可有效起到洗盐和抑盐的作用。在滴水的作用下，以滴头为中心形成根区盐分淡化区域，在水平和垂直方向上，由于水分不断扩散和下渗，使土壤表层的湿度经常保持在较高水平，含盐量较低。利用滴灌技术可控性强的特点，可采用少量多次滴灌方式，加压滴灌全生育期滴水 10 次或 11 次，无压滴灌全生育期滴水 5 或 6 次，使土壤始终保持最优含水状态，既保证棉苗的正常发育，又防止深层盐分随水上移，优化棉株根系环境。盐碱地土壤养分含量低，土壤理化性质差，每亩增施 2 t 左右有机肥可缓冲盐碱危害，改善盐碱的土壤理化性质，促进棉花发育，提高棉花产量效果显著。

（二）"宽早优"棉花对土壤盐渍化的适应性

棉花是较耐盐碱的作物之一，"宽早优"棉花因改善了个体生长发育条件，较"矮密早"减少了苗孔，减少了盐分地表聚集；株行配置合理，植株健壮，抗盐渍化能力也较强。

八、雨害

（一）雨害的发生、危害与防控

新疆棉区属于干旱、半干旱地区，虽然降雨稀少，但春季降雨后，由于新疆土壤含盐量较高，降雨常造成返盐，影响出苗和棉苗的生长；秋季降雨伴随降温，常造成大面积红叶早衰。

春季雨害。棉花播种后至苗期降雨，常给出苗和棉苗生长造成一定的影响。出苗前降雨，播种孔上形成盐壳或形成圆柱形土疙瘩，阻止棉苗出土；子叶至二叶期降雨，也会在棉苗幼茎的周围形成包围幼茎的盐壳和土疙瘩，导致棉苗出现盐害或形成"掐脖子"苗，使棉苗生长受阻或死亡。春季雨害的防御和救灾主要是推广双膜覆盖技术；控制覆土厚度，播种时膜上覆土厚度控制在 0.5 ～ 1 cm；中耕除草，出苗期，雨后及时破盐壳或"瓶塞"。苗期，雨后及时中耕松土，破除板结，清除杂草；及时分类追肥，未现蕾的棉田以氮肥为主，促棉苗快速转化升级，及时喷洒硼肥（如 0.2% 速乐硼 2 次或 3 次），进入盛蕾期的棉田，以氮肥为主，配合适量的磷、钾肥；雨后用 2% 甲氨基阿维菌素苯甲酸盐或 5% 悬浮剂防治盲蝽象。

秋季雨害。新疆棉区秋季连续降雨之后，常在降雨区出现大面积红叶早衰。主要特征是，连续降雨 2 ～ 3 d 后，棉株上部叶片变灰绿色或出现水渍状斑块；4 d 左右，叶片正面出现不规则的片状浅红色斑块（但叶片背面仍为绿色）；以后红色斑块逐渐扩大，红色加深；10 d 后叶背边缘叶开始出现红色，最后变褐、干枯、脱落。受灾重的棉田，远看呈黑褐色。与此同时，上部的蕾开始脱落，幼铃变褐色，后亦脱落。大铃的铃壳变红。在低洼地段还会造成根系组织坏死，叶片青枯。秋季雨害防御和救治主要是：平整土地，修好排灌系统，做到久雨能排，久旱可灌，保持土壤适宜的含水量，以保证棉花根系正常生长，在暴雨或连阴雨时，要及时排水防涝；深中耕，高培土，促进棉花多发根，向下扎根，提高根系的吸收能力，同时还可加快雨后排水，防止积水；初花期重施花铃肥，保证后期不脱肥，合理施用氮肥，增施磷、钾肥，使棉株生长健壮并防止疯长；连续降雨后及时进行根外追肥，促进棉花生理功能的恢复；群体较小的棉田，雨后及时中耕、散墒，群体大的棉田，雨后及时整枝，加快田间水分蒸发。

（二）"宽早优"棉花对雨害的适应性

"宽早优"棉花对春季雨害，因地膜苗孔减少、地温增高，增强了出苗的顶土力，抗害性增强，但由于苗间距扩大，互作的顶土力减弱。对秋季雨害，"宽早优"棉花具有较强是抗性和适应性，表现在，"宽早优"棉花发育早、吐絮集中，躲避或减轻了雨害的影响。

参考文献

［1］ 李少昆，王崇桃，汪朝阳，等.北疆高产棉花根系构型与动态建成的研究［J］.棉花学报，2000，12（2）：67-72.

［2］ 李建峰.机采模式下株行距配置对棉花冠层特征和成铃特性的影响［D］.石河子：石河子大学，2016.

［3］ 姚贺盛.新疆棉花机采模式下高光效冠层结构特征及调控研究［D］.石河子：石河子大学，2018.

［4］ 张恒恒，王香茹，胡莉婷，等.不同机采棉种植模式和种植密度对棉田水热效应及产量的影响［J］.农业工程学报，2020，36（23）：39-47.

［5］ 王香茹，张恒恒，胡莉婷，等.新疆棉区棉花脱叶催熟剂的筛选研究［J］.中国棉花，2018，45（2）：8-14.

［6］ 李建峰，王聪，梁福斌，等.新疆机采模式下棉花株行距配置对冠层结构指标及产量的影响［J］.棉花学报，2017，29（2）：157-165.

［7］ 陈冠文，杨秀理，张国建，等.论新疆棉花高产栽培理论的战略转移——机采棉田等行距密植的优越性和主要栽培技术［J］.新疆农垦科技，2014（4）：11-13.

［8］ 陈冠文，余渝.棉铃发育温光效应的初步研究［J］.新疆农业大学学报，2000，23（4）：14-19.

［9］ 田笑明.新疆棉作理论与现代植棉技术［M］，北京：科学出版社，2016.

［10］史莲梅，赵智鹏，王旭.1961—2014年新疆冰雹灾害时空分布特征［J］.冰川冻土，2015，37（4）：898-904.

［11］王昀，王式功，王旭，等.新疆农作物生长期雹灾的时空分布及危害性评估［J］.农业工程学报，2019，35（6）：149-157.

［12］辜永强，刘静，李茂春，等.新疆喀什棉花蕾铃脱落气象条件分析及防御对策［J］.中国棉花，2019，46（7）：42-43.

［13］郑维，林修碧.新疆棉花生产与气象［M］，乌鲁木齐：新疆科技卫生出版社.1992.

第四章
"宽早优"植棉群体调控

"宽早优"植棉早熟优质高产是以群体和个体相结合形式来实现的，主要考量单位面积群体光合生产能力。为了提高群体对光能的利用，增加生物学产量，进而提高经济学产量，就必须营造一个合理的动态群体结构。

第一节　群体结构

棉花群体由若干个体组成，但又不是个体的简单相加；单个植株的长势长相与群体中的长势长相既有联系，又有不同。随着个体的生长发育，棉花群体结构、群体与个体的关系及群体内部环境不断变化。棉花生产既要追求个体的健壮发育，又要追求群体稳健、合理的发展。因此，协调田间条件下棉花群体与个体的矛盾，创造合理的群体结构，使个体潜力得到充分发挥，群体产量显著提高，成为棉花栽培的重要任务。采取科学的栽培措施，合理调节群体结构，协调个体与群体的关系，对优质高产具有重要意义。

棉花的一个单株称为个体，单位面积上所有单株的总和称为群体，群体由许多个体组成的，作物个体、群体与环境之间彼此影响，逐步发展成为互相适应、互相制约的有机整体，在空间和时间上形成特定的群体结构和群体环境。

棉花的群体结构，即群体的组成方式，包括个体数量和生育状况，以及群体所占空间大小、叶片的排列与分布。包括单位面积上的株数、果枝数、果节数、叶片数、叶面积及其在空间的分布。由于棉花具有无限生长习性和株型的可控性、结铃具有自动调节能力，其生育习性和光合系统中的各因素对群体结构的优劣都会产生影响，由此形成了群体结构的自身特点。

群体分布是指群体内个体以及个体各个器官在群体中的时空分布和配置。时间分布是指随着生育进程的群体发展状况。空间分布包括垂直分布和水平分布。垂直分布可分为光合层、支持层和吸收层3个层次。光合层包括所有叶片、嫩茎、铃壳等绿色部分，它是制造养分的场所，是群体生产的主体，只有得到相应的扩展，才能积累大量的有机物质，形成生物产量和经济产量。光合层主要涉及叶面积系数、叶片的空间配置、叶片光合作用的特性和功能。支持层的主体是茎秆，其功能是支持光合层，使叶片能有序地排列在空间，扩大中间空间，使空间内部有良好的光照和通风条件，它涉及株高、节间长短和稀密、叶序的排列等。支持层的适宜程度直接影响光合层的发展和功能，进而影响到产量的形成和产量的高低。吸收层指棉花的根系，是直接吸收无机养分和水分并支持、固定棉株的重要器官。在棉花的生长发育过程中，应尽可能使这3个层次能达到协调、均衡的发展，以保证最佳的产量形成。除了根、茎、叶3个主要器官外，还有一个最重要的器官——经济器官。棉花经济器官在棉株上、中、下部均有分布，而且横向空间分布又可分为内围铃和外围铃等。生产上要协调发展光合层、支持层和吸收层，最终目的是使产量器官获得最大的发展，以达到高产的目的。水平分布主要是指个体分布的均匀程度、整齐度、株行距、套作的预留行宽度等。栽培管理上应保证个体在土地上分布均匀，保证水平分布的合理与得当，可减少作物个体间对光能、水分、养分的竞争，并能改善通风透光条件，从而提高群体光能利用率和产量水平。

合理的群体结构，从生产角度看，是在当时条件下，获得最大经济效益的结构；从理论上分析，是在这样的条件下，能够有效利用太阳辐射，尽量提高单位面积上的光合产量，并运输分配合理，从而获得最高经济产量的群体。群体结构的合理是相对的，随着条件的不同而不同，随着条件的变化而相应的变化。棉花群体结构的塑造，首先要使起点群体的大小既适应个体生产力的充分发挥，又使群体生产力得到最大提高，在群体发展过程中不断协调营养生长和生殖生长的关系，其核心是，在控制群体适宜叶面积的同时，又能促进群体总铃数的增加，达到扩库、强源、畅流的要求，使开花结铃期至吐絮期，群体具有很强的光合生产和干物质积累的能力。

资料显示，棉花个体和群体营养器官和生殖器官之间的比例关系和干物质的分配量受水肥条件的显著影响。适量追施氮肥，提高生育后期群体光合速率，延长其高值持续时间，对于增加生育后期的光合物质累积量，最终提高产量具有重要作用；施肥不足，营养生长差，蕾铃干重所占比例增长快，前期干物质分配给蕾铃的比率高，其结果是迫使棉株早衰；施肥过多，营养生长过旺，则蕾铃所占比率增长慢，前期分配比率低，往往导致棉株徒长。因此，棉花要实现高产，必须通过合理的施肥、灌水和化学调控，使各生育阶段的群体结构合理，营养生长与生殖生长协调发展，既要有较高的干物质积累量，又要有合理的分配比例[1]。

为了提高群体光合产量，在一般情况下，增加叶面积最易见效。但是在群体条件下由于叶片相互遮阴，叶面积过大（包括排列不当），必然会影响群体的透光性能，反过来又会影响到光合能力，而导致光合产量下降。因此，叶面积过大或过小对光合产物的生产和积累不利，应该有一个适宜的单位土地面积上的群体叶面积，即适宜的叶面积指数（LAI）。

LAI 是衡量群体冠层结构是否合理的一个重要指标。棉花群体适宜 LAI 有一定的范围，在一定范围内，棉花的产量与 LAI 呈正相关。LAI 过大引起冠层中下部荫蔽，光照条件变劣，光合有效面积减小，群体光合速率降低而导致减产。随着产量水平的提高，LAI 的适宜范围及其发展动态也发生了变化。研究表明，高产棉田 LAI 生育前期增长快，盛铃期峰值高，生育后期缓慢下降。一般产量棉田群体冠层形成初期 LAI 小，截取的光能少，是制约整个光合生产体系光合效率的障碍因子。苗期、现蕾期，高产棉田 LAI 比一般棉田分别高约 25%～50%，61.54%～69.23%，从现蕾期到始花期 LAI 急剧增加到 2.5 左右，至结铃盛期 LAI 达最高值。

LAI 受多种栽培措施的影响，主要有种植密度、田间配置方式和水肥管理状况。"宽早优"棉花等行距、适密度、拓株高协调了盛蕾期至盛铃期群体上、中、下部通风透光条件，叶面积分布合理，提高了群体光合性能。"宽早优"宽等行棉花冠层 LAI 在临结铃前迅速达到高峰阶段，为大量结铃创造了条件；且结铃高峰阶段冠层 LAI 下降幅度较小，即叶面积功能持续时间较长，为棉铃成长发育、特别是中后期棉铃发育提供了物质保证，延长了有效结铃期，促进了成铃吐絮，实现优质高产。一定的水肥范围内的 LAI 在花铃期随灌水和施肥量的增加而增大。

姚贺盛研究[2]，由于杂交棉鲁棉研 24 号在当地生产实际中具有较大的种植面积，试验在研究棉花整体 LAI 生育期变化的基础上，对鲁棉研 24 号 76 cm 宽等行及不同种植密度下盛铃期内 LAI 冠层空间分布差异开展了深入的研究。测定结果显示，种植模式密度对冠层不同部位 LAI 空间分布的影响显著。就冠层整体 LAI 值而言，在各处理中按照宽窄行高密度［（66+10）cm 宽窄行，29.2 万

株 /hm²] > 宽窄行中密度 [(66+10+66) cm 宽窄行，19.5 万株 /hm²] > 等行距低密度（76 cm 宽等行，14.6 万株 /hm²）的顺序逐渐降低。就不同的冠层部位而言，在冠层上部，各处理的 LAI 值沿着宽窄行高密度 > 宽窄行中密度 > 等行距低密度的顺序呈现逐渐降低的变化趋势；在冠层中部，各处理间 LAI 值没有显著差异；在冠层下部，各处理 LAI 值以等行距低密度 > 宽窄行中密度 > 宽窄行高密度的顺序呈现逐渐降低的变化趋势。

种植密度对棉花冠层开度（DIFN）也有显著的影响。试验结果显示，不同处理棉花 DIFN 在整个生育期内均随生育时期的推进呈现先下降后上升的变化趋势。从苗期到盛铃前期，各处理 DIFN 均随生育时期推进而逐渐降低；在盛铃前期（约出苗后 88d）DIFN 达到最低值，在 0.03 ~ 0.11；进入盛铃期后，各处理 DIFN 逐渐增大，但不同处理 DIFN 增长速率不同，T5-PS 31.5 万株 /hm² 处理 DIFN 上升最快。同一生育时期不同处理棉花 DIFN 差异显著，从蕾期到盛铃期，种植密度越大则 DIFN 越小；从盛铃期到吐絮期，T3-PS 19.5 万株 /hm² 处理 DIFN 值最小。

群体光合速率（CAP）反映了单位土地面积上的光合能力，与产量的关系较单叶光合速率关系更为紧密。在盛花、盛铃和吐絮期，CAP 与生物学产量呈显著正相关，表明 CAP 越高，干物质积累越多，但 CAP 与生殖器官的干物质累积在盛花期相关不显著，这主要是由于不同产量水平条件下光合产物的分配不同所致；在盛铃期和吐絮期，CAP 与皮棉产量呈显著正相关。

对不同种植密度条件下（株距配置）棉花群体光合速率的测定结果表明，各处理群体光合速率在整个生育期内均呈现先升后降的变化趋势。从苗期开始，各处理 CAP 随生育时期推进而逐渐增大。至盛铃期，各处理棉花 CAP 到达峰值（CAPmax），不同处理峰值出现的时间和大小均不同。T1-PS 7.5 万株 /hm²、T2-PS 13.5 万株 /hm²、T3-PS 19.5 万株 /hm² 处理 CAPmax 出现在盛铃期（出苗后 96 d 左右），CAPmax 值分别为 35.2、34.3 和 39.4 μmol/（m²·s）；而 T4-PS 22.5 万株 /hm² 和 T5-PS 31.5 万株 /hm² 处理 CAPmax 出现在盛铃前期（出苗后 88 d 左右），CAPmax 值分别为 38.3 和 39.8 μmol/（m²·s）。盛铃期以后，各处理 CAP 均逐渐下降，下降速度随种植密度的增大而增大。

另据在新疆棉区的相关研究，在盛花期皮棉产量 2 500 ~ 3 200 kg/hm² 棉田的 CAP 为 18.5 ~ 26.4 μmol/（m²·s），而皮棉产量在 3 500 kg/hm² 的超高产棉田的 CAP 已达 38.6 μmol/（m²·s）；进入盛铃前期，不同产量水平棉田 CAP 均达最高值，3 500 kg/hm² 以上的超高产棉田为 43.4 μmol/（m²·s），较 2 500～3 200 kg/hm² 棉田高 23.6%～35.4%，较 2 250 kg/hm² 和 1 050 kg/hm² 分别高 33.3% 和 92.8%；至吐絮期，3 500 kg/hm² 以上的超高产田仍能保持在 16.3 μmol/（m²·s）左右，4 365 kg/hm² 以上的超高产田可维持在 28.2 μmol/（m²·s）左右，而其他产量水平棉田均已下降至 12 μmol/（m²·s）以下。这表明，超高产棉田不仅 CAP 峰值较高，而且高值持续时间长。这与棉花生长后期仍能维持较高的叶面积指数和单叶光合速率较高有关。

群体光合速率的高低取决于叶面积指数（LAI）、冠层结构和单叶光合速率（Pn），同时受生态因素的影响。光是影响光合作用最重要的因素。据新疆高产棉田冠层光辐射量（PFD）的测定，PFD 由冠层顶部向 2/3 株高、1/2 株高和近地面递减，到达基部的 PFD 的百分比为 7.1%。一般天气情况下，棉田基本处于光补偿点以上，高产棉田群体内光照强度下降缓慢，通风透光好，光分布理想。在光强较高的 12：00—13：00 时测试冠层垂直方向上 CO_2 浓度分布，最低值出现在株高 2/3 处和冠层顶部，与功能叶 Pn 最高分布位置一致。

罗宏海研究[3]，提高冠层光截获（FIPAR）是提高作物群体光合作用的能量基础。作物群体能够截获直接的光辐射和间接的散射辐射，上部叶片可接受直接的或散射的辐射，而作物冠层下部的叶片仅能接受小部分直接辐射。穿透冠层的光受 LAI 和叶片展布模式所影响，叶倾角影响作物冠层内辐射的截获和分布。光截获影响棉花群体光合速率，适当提高群体的光截获量能够提高光合能力、增加产量。但冠层顶部光截获率太高，尤其是生育后期，将削弱中下部叶层的光照条件，降低光合能力，进而影响冠层总光合。研究表明，在晴天条件下，冠层对 APR 的反射率变化幅度较小，而透过率和截获率则明显与太阳高度角的大小有关，日变化过程表现很明显；中午前后透过率增高很快，截获量下降较大，LAI 越小变化幅度越大。

群体透光率（CAP）可以反映出光在群体内的分布状况，冠层中光的分布决定于冠层结构，反过来又对叶片寿命和光合作用产生重要影响。盛花期至吐絮期，群体光透过率在各冠层高度的变化均呈二次曲线。盛花期至盛铃期，逐渐下降，并达到最低值；盛铃后期至吐絮期，由于棉株开始衰老，光透过率逐渐升高。低密度群体株数少，LAI 低，虽然 MFLA 高，但中下部光透过率大，群体漏光损失严重；高密度群体中下部光透过率低，群体内部通风透光性差，在棉花结铃吐絮的关键时期，以 LAI 过高（达到 4.4），冠层上层叶片截获光能过多，导致中下层叶片光照不足，无法为棉铃的正常吐絮提供充足的养分。而中密度群体的光透过率一直较稳定，保证后期棉铃的正常吐絮所需要的养分，因而有利于产量的形成。

第二节 "宽早优"群体调控研究及效果

一、"宽早优"与"矮密早"株行距配置比较

（一）"宽早优"等行距配置及其优势

等行距是指作物行距相等、没有宽窄行之分的种植方式。棉花的宽等行距配置，一般土壤肥力较高，生育期较长，棉株相对较高的棉田。"宽早优"的行距一般76 cm等行距，可依据土壤肥力、产量水平、品种等适当调整；土壤瘠薄，皮棉产量水平在1 500 kg/hm² 以下、矮小株型品种的棉田不宜应用。

"宽早优"以等行距76 cm、密度13.5万株/hm² 为例（株距为9.75 cm），适宜皮棉单产2 250 ～ 3 000 kg/hm² 水平；超高产（3 000 kg/hm² 以上）棉田，密度可适当降低（密度12万株/hm² 左右，株距10.96 cm左右；也可86 cm等行距，密度10.5万株/hm² 左右，株距11.07 cm）；2 250 kg/hm² 及以下中低产棉田、北疆早熟特早熟棉区密度可适当增加（密度15万株/hm² 左右，株距为8.77 cm左右）。"宽早优"（76 cm等行）植棉模式是一种宽等行种植、促早发早熟、品质优良的植棉方式。具体是76 cm等行距种植、增强立体采光（株高80 ～ 100 cm，株间通风透光），促早发（4月苗、5月蕾、6月花、7月铃）、早熟（8中下旬吐絮，适时喷施脱叶剂时自然吐絮率达40％以上，且不早衰），生产优质原棉的植棉方法。

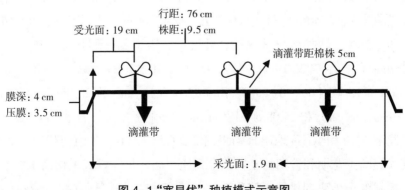

图4-1 "宽早优"种植模式示意图

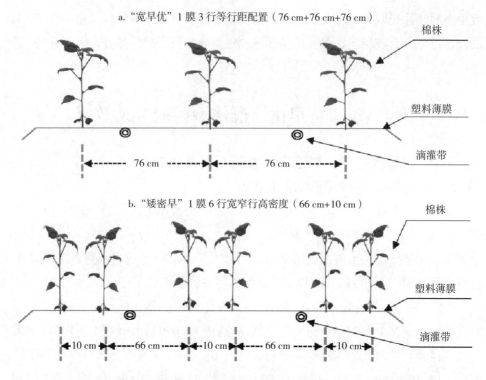

a. "宽早优" 1 膜 3 行等行距配置（76 cm+76 cm+76 cm）

b. "矮密早" 1 膜 6 行宽窄行高密度（66 cm+10 cm）

图 4-2 "宽早优"等行距 1 膜 3 行与矮密早宽窄行 1 膜 6 行对比示意图

　　"宽早优（76 cm）"植棉模式（图 4-1 和图 4-2a），实行"三改"技术：改"矮密早"（66+10）cm 宽窄行（图 4-2b）为 76 cm 宽等行、改 22.5 万株 /hm² 以上高密度为 13.5 万～ 16.5 万株 /hm²、改株高 60 ～ 65 cm 调增为 80 ～ 100 cm。"宽早优（76 cm）"植棉模式优势为结铃空间提高了 40% 以上；群体光照条件改善方面，试验结果显示，76 cm 宽等行 12 万株 /hm² 的冠层光照整体透过率，花铃期 6.29% 和吐絮期 3.64%，较（66+10）cm 宽窄行 22.5 万株 /hm² 的 3.05% 和 2.28%，增加达显著水平；吐絮期，冠层的光照强度，76 cm 宽等行 12 万株 /hm² 的上层 39.2 μmol/（m²·s）、中层 40.5 μmol/（m²·s）和下层 41.14 μmol/（m²·s），较（66+10）cm 宽窄行 22.5 万株 /hm² 的 28.05 μmol/（m²·s）、29.45 μmol/（m²·s）和 25.08 μmol/（m²·s）均显著增加；播种后 60 d 里，"宽早优"膜下 5 cm 和 10 cm 地温日均提高 2.5℃和 1.2℃。张恒恒研究[4]，"宽早优"模式提高了花期和铃期的土壤温度，比"矮密早"模式平均高 1.7 ℃。"宽早优"模式的全生育期耕层土壤积温较"矮密早"模式显著提高 8.3%～9.9%

（$P<0.05$），主要提升了花铃期的土壤积温（35.1～88.8 ℃），从而提高了结铃强度，增加了铃数、提高了品质。据此，实现了由"矮密早"的"向温要棉"到"宽早优"的"向光、温和现代装备挖潜"的转变。由于"宽早优"种植模式的行数和株数相应减少、群体通风透光条件改善；因此，该模式在实现向光、温和现代装备挖潜的同时，还适应了优质高产品种，方便了机械作业，减少了棉花打顶、化控、病虫防治等管理用工，实现了节本增效。

"宽早优"的宽等行距配置，其优势在于：①通过加宽行距，改善群体结构，通风透光，提高光合效率。②使株高增高，拓展了结铃空间，改善了结铃环境。③促进了棉花早发、早熟。④提高全生育期特别是开花结铃期土壤温度，提高结铃强度，盛铃后叶片功能期延长，实现对光、温的挖潜。⑤提高脱叶催熟效果，降低机采籽棉含杂率，减少加工对品质的损伤。⑥便于机械化作业，提高劳动生产效率，降低生产成本。⑦实现了由"矮密早"的向温要棉，到"宽早优"的向温度、光照、优质高产品种（优质高产的杂交种及生长势强优质高产的常规棉品种）、现代化装备（以膜下肥水滴灌、精量播种、精准覆膜等）的挖潜。

（二）"矮密早"宽窄行配置特点及弊端

宽窄行是指宽行、窄行相间种植的方式。新疆棉区的"矮密早"模式是以宽窄行种植的。常用的宽窄行种植方式有（66+10）cm，（20+40+20+60）cm，（28+50+28+65）cm 等。矮密早以宽窄行（66+10）cm，密度 22.5 万株 /hm^2 为例，平均行距 38 cm，株距 11.7 cm 左右，适宜单产皮棉 2 250 kg/hm^2 的水平；中低产田密度在 27 万株 /hm^2 左右，株距 9.75 cm 左右。

"矮密早"顾名思义，即株高矮，在 60～65 cm；密度大，一般在 21 万株 /hm^{2}以上，高密度达 30 万株 /hm^2；"早"是以高密度促群体早发早熟。

"矮密早"宽窄行种植方式的特点：通过窄行增加密度，通过宽行改善通风透光条件，有利于保证密植；由于增加了单位面积的种植行数，在相同密度下可增加株间距离。"矮密早"宽窄行种植的弊端是：窄行过小，较早荫蔽，不利棉株个体发育，下部坐桃率低；植株矮小，群体光能截获率低；不利于机械化作业和全程机械化；机采棉田，常因窄行枝条穿插严重，脱叶挂枝较多，增加机采籽棉含杂率，使籽棉加工环节被迫多次清杂，降低原棉品质；在植保方面，由于窄行荫蔽，病虫害发生重，且不利于机械作业的药液均匀喷洒，影响作业效果，导致病虫害发生较重等。最关键的是，矮密早的宽窄行方式，适合于中低产水平、紧凑矮株型品种，随着新疆棉花产量水平的大幅度提高（2018 年全疆植棉 2 491.3 千

hm²，平均单产皮棉 2 051.5 kg/hm²），现代化、机械化程度的快速发展，以膜下肥水滴灌为代表的人为可控性强的现代化技术水平提高，"矮密早"的宽窄行方式显示了诸多的不适应，这也是逐步被"宽早优"等行距而取代的根本原因所在。

二、"宽早优"群体调控研究及效果

（一）"宽早优"等行距配置对群体结构的影响

"宽早优" 76 cm 等行距配置，由于改善了群体结构，促早发早熟效果明显。李健伟在南疆阿瓦提县新疆农科院试验基地进行的机采棉品种与株行距配置试验验证了其效果[5]。试验地前茬为棉花，沙壤土，pH7.6，0～40 cm 土层含全氮 8.9 g/kg、有效磷 30.9 mg/kg、速效钾 157.6 mg/kg、有机质 8.7 g/kg、碱解氮58.9 mg/kg。

试验采用裂区设计，主区为品种，副区为机采种植模式。品种分别为新陆中 54号（株型较松散）、新陆中 75 号（株型较紧凑），理论密度 22 万株 /hm²，株行距配置分别用 R_1、R_2、R_3 表示（如图 4-3）：R_1[（10+66+10+66+10）+66]cm×12 cm：1膜 6 行，平均行距 38 cm，株距 12 cm；R_2[（66+10+66）+86]cm×8 cm：1 膜 4行，平均行距 57 cm，株距 8 cm；R_3[（76+76）+76]cm×6 cm：1 膜 3 行，平均行距76 cm，株距 6 cm。

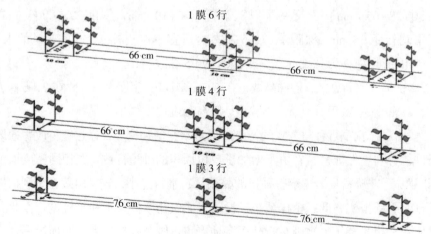

图 4-3 不同机采种植模式示意图

试验地于 2016 年进行冬灌，灌水量为 3 000 m³/hm²，2017 年 4 月 10 日犁地深翻，施入基肥尿素 225 kg/hm²、磷酸二铵 450 kg/hm²、硫酸钾 150 kg/hm²、厩

肥 30 t/hm²。4 月 17 日进行人工播种，地膜宽 2.05 m，厚度 0.01 mm，采用膜下滴灌方式。全生育期内总灌量 4 500 m³/hm²，追肥为尿素 600 kg/hm²、滴灌专用肥（N：P₂O₅：K₂O=11：21：18）450 kg/hm²、磷酸二氢钾 150 kg/hm²。6 月 19 日滴头水，滴施 10% 追肥，以后每 8 天灌水 1 次，每次滴施 15% 追肥，灌水共 7 次。7 月 5 日打顶，其余田间管理按当地高产田管理模式进行。"宽早优"76 cm 等行距模式对生育进程等影响及效果表现在以下方面。

1. 对生育进程的影响

不同机采棉种植模式对棉花生育进程的影响如表 4-1、表 4-2 所示。同一品种 R₃（76 cm 等行距）模式出苗比 R₁（66+10 cm 宽窄行）早 2 d，现蕾、开花早 2 d。盛铃期之前 R₂、R₃ 模式较 R₁ 模式各生育阶段提前 1～3 d，R₃ 模式封行较 R₁ 晚 8 d。新陆中 54 号 R₃ 较 R₁ 提前 5 d 吐絮；新陆中 75 号 R₃ 模式较 R₁ 提前 4 d 吐絮，R₁ 和 R₂ 之间差异不明显。新陆中 54 号 R₃ 模式较 R₁ 模式生育期提前 3 d，新陆中 75 号 R₃ 模式较 R1 模式生育期提前 2 d。76 cm 等行距促进了早发早熟，为高产优质奠定了基础。

表 4-1　不同机采棉种植模式棉花生育进程　　　　　单位：月.日

品种	模式	播种	出苗	现蕾	开花	盛花	盛铃	吐絮	封行时间
	R₁	4.17	4.27	5.31	6.30	7.10	7.26	9.14	7.31
新陆中 54 号	R₂	4.17	4.25	5.29	6.29	7.08	7.25	9.11	8.03
	R₃	4.17	4.25	5.28	6.28	7.07	7.23	9.09	8.08
	R₁	4.17	4.25	5.30	6.28	7.07	7.26	9.12	7.29
新陆中 75 号	R₂	4.17	4.23	5.27	6.27	7.05	7.24	9.11	8.01
	R₃	4.17	4.23	5.28	6.25	7.05	7.22	9.08	8.06

表 4-2　不同种植模式棉花生育阶段　　　　　单位：d

品种	模式	播种—出苗	苗期	蕾期	花铃期	生育期
	R₁	10	34	30	76	140
新陆中 54 号	R₂	8	34	31	74	139
	R₃	8	35	29	73	137
	R₁	8	35	29	76	140
新陆中 75 号	R₂	6	34	31	76	141
	R₃	6	35	28	75	138

2. 对棉花前期生长速度的影响

不同机采种植模式对棉花主茎日生长量和出叶速率的影响如表 4-3、表 4-4 所示。新陆中 54 号苗期主茎日增长呈现 $R_3 > R_2 > R_1$ 的规律，且 R_3 显著高于 R_1 处理；新陆中 75 号苗期主茎日增长呈现 $R_2 > R_3 > R_1$ 的规律，且 R_2 显著高于 R_3 和 R_1 处理。新陆中 54 号蕾期主茎日增长量 R_3 最大，显著高于 R_1、R_2 处理；新陆中 75 号蕾期主茎日增长量 R_2、R_3 之间差异不显著，但显著大于 R_1。新陆中 54 号初花期主茎日增长量 R_2、R_3 处理间差异不显著，但均高于 R_1 处理；新陆中 75 号初花期主茎日增长量 R_3 显著高于 R_1 和 R_2 模式。

表 4-3　不同机采棉种植模式棉花主茎日增长量　　　　　单位：cm/d

品种	模式	三叶期—现蕾	现蕾—初花	初花—打顶
新陆中 54 号	R_1	0.76 a	1.16 a	1.07 c
	R_2	0.93 ab	0.99 a	1.30 b
	R_3	1.07 b	1.41 b	1.27 bc
新陆中 75 号	R_1	1.09 b	1.92 c	1.21 c
	R_2	1.47 d	2.15 d	1.17 c
	R_3	1.28 c	2.09 cd	1.66 a

注：同列不同字母表示在 5% 水平下差异显著。

表 4-4　不同机采棉种植模式棉花出叶速率　　　　　单位：日/片

品种	模式	三叶期—现蕾	现蕾—初花	初花—打顶
新陆中 54 号	R_1	4.62 a	4.61 ab	3.99 a
	R_2	5.28 a	5.41 a	3.07 a
	R_3	4.84 a	5.15 a	3.49 a
新陆中 75 号	R_1	4.62 a	3.63 b	3.00 a
	R_2	4.62 a	4.23 b	3.17 a
	R_3	5.28 a	4.68 ab	3.01 a

注：同列不同字母表示在 5% 水平下差异显著。

3. 对棉铃时空分布的影响

由表 4-5 可知，新陆中 54 号伏前桃和伏桃所占比例表现为 $R_2 > R_1 > R_3$，秋桃所占比例表现为 $R_3 > R_1 > R_2$，R_1 模式下伏前桃达到 35.6%，R_3 模式下秋桃最多，所占比例为 19.4%，说明在 R_3 模式下棉株健壮，后期长势好。新陆中 75 号伏前桃所占比例表现为 $R_3 > R_1 > R_2$，伏桃数所占比例表现为 $R_2 > R_3 > R_1$，秋桃

所占比例表现为 $R_1 > R_2 > R_3$，说明 R_3（76 cm 等行距）不仅前期早发，而且早熟，秋桃比例最小。但紧凑型长势弱的品种要注意防止后期早衰。

表 4-5　不同机采棉种植模式棉花"三桃"比例　　　　单位：%

品种	模式	伏前桃比例	伏桃比例	秋桃比例
新陆中 54 号	R_1	35.6 b	56.4 b	8.0 b
	R_2	31.7 c	62.0 a	6.3 c
	R_3	29.7 c	50.9 c	19.4 a
新陆中 75 号	R_1	41.3 a	49.1 c	9.6 b
	R_2	37.5 b	53.7 b	8.8 b
	R_3	43.5 a	51.3 c	5.2 a

注：同列不同字母表示在 5% 水平下差异显著。

棉铃横向、纵向分布如表 4-6、表 4-7 所示。各处理间产量的主体部分均为内围铃和中部铃。新陆中 54 号 R_1、R_2、R_3 棉花内围铃比例表现为 $R_3 > R_1 > R_2$，新陆中 75 号表现为 $R_1 > R_2 > R_3$。对于新陆中 54 号，R_3 模式内围铃所占比例较 R_1 和 R_2 模式分别高 2.2% 和 7.1%，但新陆中 75 号 R_3 外围铃所占比例模式较 R_1 和 R_2 模式分别高 9.6%、2.6%。新陆中 54 号 R_1、R_2 和 R_3 下部棉铃所占比例分别为 40%、35%、31.4%，中部棉铃所占比例分别为 44.7%、53.7%、52.8%，上部棉铃所占比例分别为 15.3%、11.3%、18.6%。新陆中 54 号 R_1 模式下部棉铃所占比例较高，R_2 和 R_3 处理中上部棉铃所占比例较大。新陆中 75 号下部棉铃所占比例 R_1、R_2、R_3，分别为 38.4%、8.4%、4.2%，中部棉铃所占比例分别为 57.7%、54.4%、49.3%，上部棉铃所占比例分别为 2.9%、37.2%、46.5%。新陆中 75 号 R_1 模式处理中下部棉铃所占比例较高，R_2 和 R_3 处理中上部棉铃所占比例较高。说明 R_1 模式下部棉铃所占比例较大，R_3 模式下部铃比例减少且上部铃比例提高，不同品种间棉铃纵向分布差异明显，R_3 模式上部增铃优势明显。

表 4-6　不同机采棉种植模式棉花棉铃的纵向分布　　　　单位：%

品种	模式	上部比例	中部比例	下部比例
新陆中 54 号	R_1	15.3 cd	44.7 c	40.0 a
	R_2	11.3 d	53.7 ab	35.0 b
	R_3	18.6 c	52.8 b	31.4 c

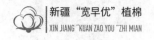

（续表）

品种	模式	上部比例	中部比例	下部比例
	R_1	2.9 e	57.8 a	38.4 ab
新陆中 75 号	R_2	37.2 b	54.4 ab	8.4 d
	R_3	46.5 a	49.3 c	4.2 e

注：同列不同字母表示在 5% 水平下差异显著。

表 4-7　不同机采棉种植模式棉花棉铃的横向分布　　　单位：%

品种	模式	外围铃比例	内围铃比例
	R_1	11.3 d	75.4 c
新陆中 54 号	R_2	29.3 a	66.1 e
	R_3	17.3 bc	77.6 c
	R_1	10.4 d	89.6 a
新陆中 75 号	R_2	16.3 c	81.6 b
	R_3	21.0 b	79.0 bc

注：同列不同字母表示在 5% 水平下差异显著。

4. 对影响脱叶主要群体结构指标和脱叶率的影响

3 种机采种植模式 R_1、R_2、R_3 平均行距分别为 38 cm、57 cm 和 76 cm，平均株距分别为 12 cm、8 cm、6 cm。果枝交错系数是反映棉花群体株行之间果枝重叠交错程度。新陆中 54 号平均果枝长度 $R_3 > R_2 > R_1$，R_3 平均果枝长度显著大于 R_1 和 R_2 模式，但新陆中 75 号 3 种模式平均果枝长度差异不显著。相同模式下新陆中 54 号平均果枝长度、果枝交错系数大于新陆中 75 号，说明新陆中 54 号果枝交错程度高于新陆中 75 号。随着行距的增加，平均果枝长度有不同程度增加，相同品种间 R_2、R_3 模式果枝交错系数 a_1 低于 R_1 模式，机采种植模式对果枝交错系数影响显著。说明行距越大，果枝交错系数 a_1 越小，行间果枝相互重叠部分越少；株距越小，果枝交错系数 a_2 越大，株间果枝相互重叠部分越大。由于 R_3 模式行距最大，提高了脱叶效果。喷药后 20 d 左右，脱叶率可达 70% 以上。喷药后第 25 d，新陆中 54 号 R_2 和 R_3 模式较 R_1 模式脱叶率分别高 2.93% 和 3.23%，达到显著差异水平；新陆中 75 号 R_3 模式较 R_1 和 R_2 模式脱叶率分别高 2.54% 和 3.67%，达到显著差异水平（图 4-4）。

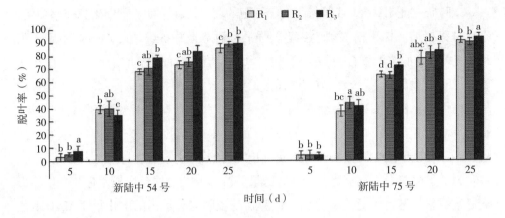

图4-4 不同机采种植模式下棉花脱叶率比较

5. 对棉花产量及其构成因素的影响

3种机采棉种植模式间棉花产量及其构成因素的差异比较如表4-8所示。3种机采棉种植模式之间收获株数差异不显著,均为20.5万株/hm² 左右。新陆中54号 R_3 单株结铃数较 R_1 增加0.2个,单铃重增加0.4g。新陆中75号则表现相反, R_2、R_3 单株结铃数较 R_1 分别降低0.3、0.4个,R_3 单铃重减少0.2g。新陆中54号 R_3 模式较 R_1 模式衣分下降0.7%,R_1 和 R_2 处理间衣分差异不显著,新陆中75号3种模式间衣分差异不大。新陆中54号 R_2 和 R_3 较 R_1 处理籽棉产量分别增加7.2%和10%,皮棉产量分别增加7.8%和8.9%;新陆中75号 R_2 和 R_3 较 R_1 处理籽棉产量分别下降5.8%和8.2%,皮棉产量分别下降5.6%和8.2%。

表4-8 不同机采种植模式棉花产量构成因素

品种	模式	收获株数 (万株/hm²)	单株结铃数 (个)	单铃重 (g)	衣分 (%)	籽棉产量 (kg/hm²)	皮棉产量 (kg/hm²)
新陆中 54号	R_1	20.6 a	6.0 c	5.5 d	44.3 a	6 830.6 d	3 009.8 c
	R_2	20.5 a	6.0 c	5.9 c	44.1 ab	7 383.3 c	3 244.6 b
	R_3	20.6 a	6.2 b	5.9 c	43.6 b	7 531.0 c	3 278.2 b
新陆中 75号	R_1	20.5 a	6.9 a	6.2 a	40.9 c	8 740.6 a	3 575.1 a
	R_2	20.5 a	6.6 b	6.1 ab	41.0 c	8 235.9 b	3 374.3 b
	R_3	20.5 a	6.5 b	6.0 bc	40.9 c	8 022.4 b	3 281.2 b

注:同列不同字母表示在5%水平下差异显著。

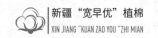

试验研究证明，76 cm 等行距由于行距的增加，在苗期、蕾期生长速率加快，生育进程提前。株型松散型生长势较强的品种新陆中 54 号在 76 cm 等行距 1 膜 3 行模式下，群体配置合理，早发早熟，单株结铃数和单铃重表现较好，增产显著。说明了"宽早优"等行距应选择生长势强较松散的棉花品种，以发挥等行距配置的优势；株型紧凑型品种新陆中 75 号在 1 膜 3 行模式下未能发挥空间优势，影响了增产潜力的发挥，说明 76 cm 等行距 1 膜 3 行不适合选择紧凑早衰型品种。

（二）"宽早优"群体调控对棉花生长发育的影响

为了了解南疆"宽早优"与"矮密早"群体调控对棉花生长发育及产量的影响，辛明华等进行了对比试验[6]。试验在南疆阿克苏境内的中化集团 MAP 示范农场（沙雅县红旗镇依勒尕尔村，北纬 41° 46′，东经 82° 84′，海拔 986 m）进行。试验设"宽早优"代表模式 76 cm 等行距配置，膜宽 2.05 cm 1 膜 3 行，株距 7.2 cm，理论密度 18.3 万株 /hm²；"矮密早"代表模式（66+10）cm 宽窄行配置，膜宽 2.05 cm 1 膜 6 行，株距 10.4 cm，理论密度 25.2 万株 /hm²。均采用 1 膜 3 管滴灌方式。4 月 16 日播种，4 月 17 日滴水出苗，7 月 3 日人工打顶。两种不同配置模式对比，获得以下结果[6]。

1. 对生育进程的影响

在出苗期至开花期均表现等行距模式晚于宽窄行模式 1 ~ 3 d，这可能是由于宽窄行模式双行效应导致地温升高，提早了生育进程；开花期以后，随着群体的增大，等行距模式较宽窄行模式更利于光、温、水、肥等资源利用，棉株开始生长发育加快，吐絮期较"矮密早"模式早 3 d（表 4-9）。

表 4-9　宽早优与矮密早棉花生育进程变化　　　　　　单位: d

处理	播种后时间						
	出苗期	三叶期	现蕾期	开花期	盛花期	盛铃期	吐絮期
宽窄行模式	12	33	51	72	84	94	129
等行距模式	13	35	54	73	83	91	126

2. 对棉花冠层结构的影响

（1）对农艺性状的影响　从表 4-10 可以看出，等行距模式除始果枝节位高于宽窄行模式 0.1 节，表现为差异不显著外，株高、茎粗、始果枝节位高度、单株果枝数以及单株结铃数分别比宽窄行模式多了 7.8 cm、0.14 cm、4.1 cm、1.1 个、1.2 个，均表现为显著性差异。这说明，同等田间管理条件下，等行距模式棉花的生长发育能力要强于宽窄行模式。

表 4-10　不同模式棉花植株形态特征

处理	株高 （cm）	茎粗 （cm）	始果枝节位 （节）	始果枝节位 高度（cm）	单株果枝数 （个）	单株成铃数 （个）
宽窄行模式	80.4 ± 0.8 b	1.53 ± 0.03 b	6.3 ± 0.1 a	18.6 ± 0.4 b	9.1 ± 0.2 b	8.5 ± 0.6 b
等行距模式	88.2 ± 1.3 a	1.67 ± 0.01 a	6.4 ± 0.1 a	22.7 ± 0.3 a	10.2 ± 0.1 a	9.7 ± 0.4 a

注：同列数字后不同小写字母代表在 5% 水平上差异显著（$P<0.05$）。

（2）行距配置对棉花叶面积指数的影响　图 4-5 表明，行距配置对棉株叶面积指数有影响，在 2 种种植模式下均随生育期的推进呈现先升后降的趋势。等行距模式叶面积指数在前期虽低于宽窄行模式，但在生育后期上升幅度较大，于播种后 86 d 达到峰值，此时 2 种模式差距最小，等行距模式叶面积指数（5）较宽窄行模式叶面积指数（4.8）高 4.17%。

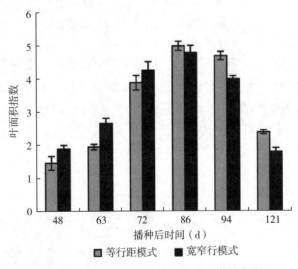

图 4-5　不同行株距配置下叶面积指数变化

3. 对棉花光合特性的影响

（1）叶片 SPAD 值的变化　如图 4-6 所示，叶片 SPAD 值随生育期推进表现出先升后降的变化趋势，且于播种后 86 d 达到峰值。播种后 48 ～ 72 d，等行距模式下的叶片 SPAD 值（48.9 ～ 57.5）低于宽窄行模式下的 SPAD 值（49.9 ～

58.8），其平均降幅达到 10.6%。播种后 86～121 d，等行距模式下的叶片 SPAD 值（58.8～51.9）明显高于宽窄行模式下的 SPAD 值（57.5～53.3），其平均增幅达到 17.8%。这说明前期宽窄行模式下棉株生长发育更好，棉花 SPAD 值高，但生育后期由于群体叶片早衰，SPAD 值下降较快。

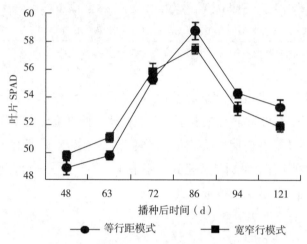

图 4-6　不同行距配置下叶片 SPAD 变化

（2）冠层光截获率（PAR）变化　由图 4-7 可以看出，播种 72 d 之前，宽窄行模式下的群体 PAR 大于等行距模式，播种 86 d 之后，则小于等行距模式。生育前期 2 种行距配置下的群体 PAR 差异不大，随生育时期推进，等行距模式的群体优势逐渐展现，致使冠层 PAR 迅速扩大，表现出较强的群体光能截获率，

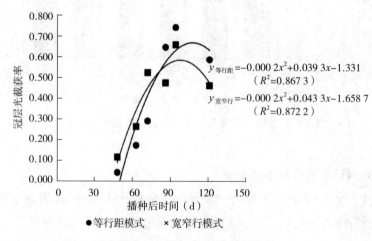

图 4-7　不同行距配置下冠层光截获率变化

于播种后 94 d，等行距模式 PAR 达到最大值 0.74。生育后期宽窄行模式下 PAR 下降迅速，121 d 时的 PAR 仅为 0.46。

4. 对光合物质积累、产量和产量构成的影响

（1）对光合物质积累的影响　等行距模式下棉花生物量快速累积期起始时间、终止时间均晚于宽窄行模式，生物量的最大增长速率也高于宽窄行模式，且等行距模式的生物量最大速率累积持续时间比宽窄行模式下的生物量最大速率累积持续时间多 3 d，整体表现为快速累积时间长、累积速率高的规律。

（2）对机采棉产量性状的影响　由表 4-11 可知，行距配置显著影响了总成铃数、铃重、籽棉和皮棉产量，对衣分影响较小。宽窄行模式下的总成铃数较等行距模式增加 30.7 万个 /hm²，但等行距模式下的铃重、籽棉和皮棉产量较宽窄行种植模式下分别提高 6%、8.57% 和 7.31%。

表 4-11　不同模式下产量与产量构成因素

处理	收获株数 （万株 /hm²）	总成铃 （万个 /hm²）	铃重 （g）	衣分 （%）	籽棉产量 （kg/hm²）	皮棉产量 （kg/hm²）
宽窄行模式	19.7 a	167.4 a	5.0 b	43.3 a	5 430.4 b	2 351.4 b
等行距模式	14.1 b	136.7 b	5.3 a	42.8 a	5 895.6 a	2 523.3 a

注：同列数字后不同小写字母代表在 5% 水平上差异显著（P<0.05）。

总之，等行距机采植棉模式是南北疆植棉区重要的简化植棉方式，此模式可以使棉花冠层结构合理，减少株间竞争，增强光合作用，有利于干物质积累和产量提高。这可能与等行距稀植模式下棉花充分利用地力和光能，减少种群间资源竞争，为棉株生长提供充足的叶面积，使得棉花生长光合作用增强，积累干物质比较合理有关。同时，等行距种植模式更利于通风透光，降低人工管理成本，提高棉田机采质量，有利于实现棉花生产"低成本和高效益"的目标。

据 2017—2018 年度在北疆昌吉国家农业园区、玛纳斯县安排试验点进行不同播种模式比较试验，设置三种配置，配置 A：行距配置为（66+10）cm，株距 10 cm；配置 B：行距配置为（72+4）cm，株距 10.5 cm；配置 C：行距配置为（76+76）cm 等行距，株距 5.6 cm。分别在不同生育阶段对光合效率、冠层结构、叶绿素及农艺性状、脱叶效果、含杂率等进行测定，比较其差异。品种选择该地区主栽品种新陆早 57 号和新陆早 50 号。通过试验结果得出结论：不同株行距配置对棉花生育进程有显著影响，其中，76 cm 等行距模式生育进程显

著快于其他模式；76 cm 等行距种植模式生育前期光合势高，后期吐絮早；不同株行距配置下棉花冠层透光率总体变化一致，都是先高后降低再升高。但在临界点前（66+10）cm 透光率大于（72+4）cm、（76+76）cm 等行距配置，在临界点后（72+4）cm、（76+76）cm 等行距两种模式透光率大于（66+10）cm 配置；（66+10）cm 与（76+76）cm 两种配置相比，76 cm 等行距配置脱叶速率显著高于（66+10）cm 配置，最终也是（66+10）cm 配置的植株残留叶高于（76+76）cm 配置。不同株行距配置对机采棉产量构成和纤维品质均有较大影响。（76+76）cm 等行距配置的产量与其他两种种植模式差异不大，但机采含杂率和纤维品质优于另两种种植模式。

第三节 "宽早优"植棉水肥调控

棉花的生命活动受光、温、水、肥、培、管技术等多因素的影响，其中，水分和养分是最重要的因子，支撑着棉花一生的生命活动。因此，水分和养分的供应，在棉花生长发育、营造合理群体结构过程中具有重要的调控作用。

一、水分的调控

在棉花一生中，水分参与其生理及生命活动的全过程，并与产量形成和品质改善有着密切的关系。因此，改善水分条件，科学灌溉和排水，最大限度发挥水分对棉花生长发育的调控作用，使之按照优质、高产、高效、环保可持续的方向发展，对提高棉花产量和品质具有重要作用。

（一）水分对棉花的生态生理作用及功能

"宽早优"棉花具有独特的生长发育规律，同样，伴随着生长发育对水分需求也有其特点。一般在水促技术实施后 3～5 d 开始发挥作用，7～10 d 促进作用最强，10 d 以后作用逐渐减弱。相应的水分调控措施主要包括以下方面。

（1）蓄足底墒，为早播全苗打基础 大量试验证明，棉花播种时以 0～20 cm 土层的土壤水分占田间持水量的 70%～80% 较为适宜，土壤水分低于 70% 时，种子吸水困难，发芽缓慢，即或发芽，也会因以后水分供应不上而"烧芽"干死，不能出苗；土壤含水率高于 85% 时，由于水分过多，地温低，且土壤通透性较差，棉籽发芽出苗慢，而且容易染病霉烂。因此，棉花蓄墒应采取秋耕冬灌蓄墒，结合早春耙耱保墒的方法，盐碱棉田还可结合灌水压盐，减轻盐碱为害。

为了争取适时早播，也可采取"干播湿出"的方法，即缺墒播种，播后随滴水造墒，其水量满足发芽出苗和苗期生长发育需要即可。

（2）蕾期前控水增温，促壮苗早发 新疆"宽早优"棉花蕾期前气温处于上升阶段，棉株也处于生长发育时期，此时温度是制约棉株生长、叶面积扩大的主要因素。因此，在足墒播种或滴水出苗保证棉苗健壮生长的前提下，直至到盛蕾期控制灌水，以促进地温提升，实现壮根、健株、扩大光合面积、为开花结铃奠定基础的目的。可结合宽膜覆盖、苗孔减压土、膜面免压土提高地温的同时，进行裸地行中耕，促进保墒增温，以达到"控制灌水"而满足棉株需水的目的。

（3）饱浇花铃水，多结铃促高产 棉花盛蕾后，温度光照进入高值阶段，棉株逐步进入大生长期，将迅速搭建丰产架子，需水量（包括需肥量）剧增，以满足开花结铃的需要。此阶段的水分调控，以"饱"和"全"为主。"饱"是要使土壤田间持水量达到 70% ～ 80%，满足花铃期供水模系数 50% ～ 65% 的需要，以此保证叶面积系数达到适宜的最高值，提高光合效率；"全"是要使棉田以水为主导（主要是水肥一体化），足以使棉株健壮生长贯穿温光高值期的"全"阶段，从而实现多结铃结大铃、高产优质的目标。

（4）吐絮后控水减量，促早熟优质 盛铃期过后，棉铃趋于成熟吐絮，棉株生长势逐步衰退，所需水量逐步减少。此阶段的水分调控，应保证棉株不早衰、不旺长，棉铃集中成熟吐絮、优质高产为原则。这个时期以保持田间持水量的 55% ～ 70% 为宜。吐絮初期如土壤缺水（土壤水分相当于田间持水量的55%），仍应坚持灌水，以防止叶片过早枯黄，减少有效叶面积系数而降低光合效率，要确保种子和纤维的发育，从而增加铃重和衣分，提高产量和品质。但土壤水分高于田间持水量的 70%，又会延长吐絮期，霜后花明显增多，降低棉花品质；而且，由于土壤湿度高，导致枝叶过旺生长，棵间湿度大，也会导致大量烂铃或僵桃，降低产量和品质。一般南疆应在 9 月上旬，北疆在 8 月下旬或 9 月初（沙土棉田）停水，并在停水前 5 ～ 7 d 停肥。

（二）"宽早优"棉田膜下滴灌水分运筹研究

新疆棉区年降水量少，尤其是南疆地区年降水量不足 100 mm，农业生产对灌溉水的需求大，水资源紧缺已成为新疆绿洲区制约作物产量和农业发展的重要因素，针对水资源的紧缺且用水效率低的普遍问题而提出非充分滴灌，非充分灌溉研究表明，适度的水分亏缺使作物具有适应性和补偿性且有利于作物生长及产量的形成。膜下滴灌技术具有现代化的节水、增肥保肥、增产、增效和改善作物

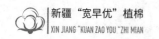

品质等优点，促进了新疆棉花产业的发展。非充分滴灌（2 800 m³/hm²）与常规滴灌（3 800 m³/hm²）在棉花单铃重和皮棉产量上差异不显著。如何合理分配滴灌周期与频次以在非充分滴灌中实现机采棉花既节水又高产成为目前机采棉生产的关键问题。

"宽早优"机采种植模式作为一种新的种植模式，可达到优化棉花冠层结构的目的，使棉花生育后期植株间通风透光，很大程度上增强群体光合作用，增加结铃数和单铃重，显著提高机采棉籽棉和皮棉产量。前人在常规滴灌下滴灌周期与频次的合理分配研究较多，但在非充分滴灌下滴灌周期与频次相结合对等行距机采棉生长发育的影响方面还鲜见报道。因此，阿不都卡地尔·库尔班等针对非充分滴灌周期与频次对"宽早优"机采棉生长发育、产量及水分利用率的影响进行研究，以期为干旱地区等行距机采棉滴灌高效管理技术提供科学依据[7]。

1."宽早优"种植模式非充分滴灌技术方案

据 2017 年 4—10 月在新疆维吾尔自治区阿瓦提县试验。试验中心位于塔里木盆地西北沿，处于东经 80° 44′，北纬 40° 06′，海拔 1 025 m，地势平坦，坡度 <1°，属暖温带大陆性气候，无霜期 183 ~ 227 d，多年平均气温 10.4 ℃，全年≥ 10℃积温 3 987.7℃，多年平均降水量 46.7 mm，多年平均蒸发量 1 890.7 mm，年日照时数为 2 750 ~ 3 029 h。试验地为砂壤土，供试土壤养分状况见表 4–12。

表 4–12　供试土壤基本化学性质

不同深度（cm）	pH	有机质（g/kg）	水解性氮（mg/kg）	有效磷（mg/kg）	速效钾（m/kg）
0 ~ 20	7.2	6.6	49.2	26.9	102
20 ~ 40	7.2	4.1	34.4	20.4	122
40 ~ 60	7.3	2.8	27.2	1.6	160

采用裂区试验设计，主区设 2 个滴灌周期，分别为 T_1（7d/ 次，CK），T_2（10d/ 次），副区设 3 个滴灌频次，分别为 D_6（6 次）、D_7（7 次），D_8（8 次，CK）；总的滴灌量为 2 800 m³/hm²。供试棉花品种为新陆中 54 号，采用"宽早优"1 膜 3 行 76 cm 等行距机采棉种植模式，株距为 6 cm，理论密度为 21.93 万株 /hm²。

根据棉花生育期需水情况，分别 6、7、8 次滴灌，每次灌水量由水表控制。

滴灌时间与滴灌量（表4-13、表4-14）。施用的肥料为尿素（N 46%）、三料磷肥（P_2O_5 46%）和硫酸钾（K_2O 50%）。基肥：尿素施用总量的20%，三料磷肥施用150 kg/hm^2，硫酸钾施用75 kg/hm^2；追肥：全部施用尿素（总量的80%）前6次灌水以一水一肥形式施肥。

表4-13　滴灌方案　　　　　　　　　　　　　单位：月/日

滴灌周期（d/t）	滴灌频次（t）	滴灌时间							
	D_6	6/21	6/28	7/5	7/12	7/19	7/26		
T_1	D_7	6/21	6/28	7/5	7/12	7/19	7/26	8/2	
	D_8	6/21	6/28	7/5	7/12	7/19	7/26	8/2	8/9
	D_6	6/21	7/1	7/11	7/21	7/31	8/10		
T_2	D_7	6/21	7/1	7/11	7/21	7/31	8/10	8/20	
	D_8	6/21	7/1	7/11	7/21	7/31	8/10	8/20	8/30

表4-14　滴灌量　　　　　　　　　　　　　单位：m^3/hm^2

滴灌周期（d/t）	滴灌频次（t）	滴灌量								总滴灌量
	D_6	280	560	560	560	560	280			2 800
T_1	D_7	280	420	420	560	420	420	280		2 800
	D_8	280	280	420	420	420	420	280	280	2 800
	D_6	280	560	560	560	560	280			2 800
T_2	D_7	280	420	420	560	420	420	280		2 800
	D_8	280	280	420	420	420	420	280	280	2 800

2."宽早优"机采棉非充分滴灌周期与频次的影响及效果

（1）对生育进程的影响　表4-15、表4-16看出，不同处理间生育进程在初花期前差异不大，初花期后差异较显著。同一滴灌频次处理下，生育进程随着滴灌周期的推迟而明显推迟，滴灌周期T_1处理比T_2处理提前了1～11 d；就整个生育期来看，滴灌周期T_1处理比T_2处理均提前4～6 d。同一滴灌周期下，在初花期后，生育进程随着滴灌频次的增加而呈现先增后降趋势。D_6、D_8较D_7处理分别提前5～6 d和2～3 d；从整个生育期来看，D_6、D_8较D_7处理分别提前6 d和2～3 d。说明了D_6、D_8处理自盛铃后出现轻度早衰现象，至吐絮期D_6处理出现严重早衰。

表4-15　不同处理下棉花生育进程　　　　　单位：月/日

滴灌周期（d/t）	滴灌频次（t）	盛蕾期	初花期	盛花期	盛铃期	吐絮期
T_1	D_6	6/13	6/29	7/11	7/26	9/2
	D_7	6/13	6/28	7/10	7/28	9/8
	D_8	6/13	6/27	7/9	7/24	9/6
T_2	D_6	6/13	6/28	7/13	7/30	9/7
	D_7	6/13	6/28	7/12	7/31	9/13
	D_8	6/13	6/28	7/10	7/28	9/10

表4-16　不同处理下棉花生育期　　　　　单位：d

滴灌周期（d/t）	滴灌频次（t）	盛蕾—初花	初花—盛花	盛花—盛铃	盛铃—吐絮	生育期
T_1	D_6	16	12	15	38	130
	D_7	15	12	18	42	136
	D_8	14	12	15	44	134
T_2	D_6	15	15	17	39	135
	D_7	15	14	19	44	141
	D_8	15	12	18	44	138

（2）对农艺性状的影响　由表4-17可知，同一滴灌频次处理下，随着滴灌周期的拉长，株高、主茎节间增长，倒四叶宽降低，真叶数反而增加，果枝数、有效果枝数则无显著差异。同一滴灌周期下，株高和倒四叶宽随着滴灌频次的增加而降低，均表现为 $D_6 > D_7 > D_8$，主茎节间长和真叶数随着滴灌频次的增加而增加，均表现为 $D_8 > D_7 > D_6$，果枝数和有效果枝数均表现 D_7 处理优于其余两个处理。综上所述，滴灌周期 T_2 处理虽然株高较 T_1 处理低，但真叶数和有效果枝数优于 T_1 处理，且增加效果明显；滴灌频次间 D_7 处理表现最优。

表4-17　不同处理下棉花农艺性状比较

滴灌周期（d/t）	滴灌频次（t）	株高（cm）	主茎节间长（cm）	真叶数	倒四叶宽（cm）	果枝数	有效果枝数
T_1	D_6	78.5 a	5.1 bc	10.8 b	12.6 a	9.8 b	4.8 a
	D_7	77.5 ab	5.4 ab	11.2 b	11.7 ab	10.8 a	5.3 a
	D_8	73.0 abc	5.5 a	12.3 ab	11.1 b	9.7 b	5.0 a
T_2	D_6	72.2 bc	4.8 c	12.7 ab	11.6 ab	10.2ab	5.2 a
	D_7	70.5 c	5.0 c	13.3 ab	10.5 bc	10.7 a	5.5 a
	D_8	68.5 c	5.1 c	13.7 a	9.8 c	9.7 b	5.0 a

注：不同小写字母表示差异达 $P<0.05$ 显著水平，下同。

（3）对 LAI 的影响　如图 4-8 所示，在初花期各处理差异不大，初花期后各处理差异显著。同一滴灌频次下，随着滴灌周期的拉长，LAI 呈现降低趋势，滴灌周期 T_1 处理对 T_2 处理而言 LAI 平均降低了 11%。同一滴灌周期下，LAI 随滴灌频次的增加呈先上升后下降的趋势（除吐絮期外），在盛铃期达到最大值，各滴灌频次处理 LAI 均表现为 $D_7 > D_6 > D_8$。在滴灌周期 T_1 处理下 D_7 处理 LAI 较 D_6、D_8 处理分别增加了 8.2%、16.9%。在滴灌周期 T_2 处理下 D_7 处理 LAI 较 D_6、D_8 处理分别增加了 5.4%、15.9%。至吐絮期，各滴灌频次处理 LAI 均表现为 $D_8 > D_7 > D_6$，在滴灌周期 T_1 处理下 D_8 处理 LAI 较 D_7、D_6 处理分别增加了 14.8%、31.7%，在滴灌周期 T_2 处理下 D_8 处理 LAI 较 D_7、D_6 处理分别增加了 2.8%、11.7%。说明滴灌周期 T_2 处理下 D_7 处理更有利于塑造良好的冠层结构，提高光能利用率，为产量的提高奠定了良好的基础。

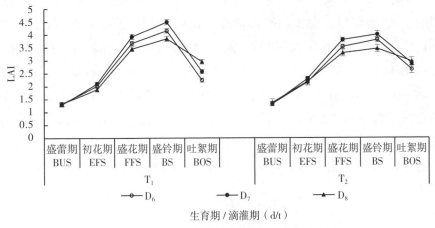

图 4-8　不同处理下棉花 LAI 的变化

（4）对 SPAD 值的影响　由图 4-9 可以看出，机采棉 SPAD 值随生育进程的延长呈先升后降的趋势。同一滴灌频次下，滴灌周期 T_1 处理比 T_2 处理 SPAD 值在现蕾至盛蕾均增加了 1.4～3.9，在吐絮期反而降低了平均 1.1～1.6。同一滴灌周期下，SPAD 值随着滴灌频次的增加呈先增后降的单峰曲线，各处理在盛花期达到峰值，不同滴灌频次处理表现为 $D_7 > D_6 > D_8$。反而在吐絮期则表现为 $D_8 > D_7 > D_6$。说明滴灌周期短或滴灌频次多使机采棉叶绿素含量分布不均匀，易造成机采棉早期的旺长和贪青晚熟。

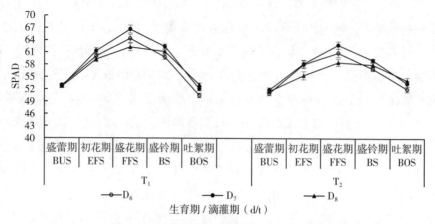

图 4-9　不同处理下棉花 SPAD 值的变化

（5）对"三桃"比例的影响　由图 4-10 可知，同一滴灌频次下，滴灌周期 T_1 处理比 T_2 处理伏前桃比例平均增加了 6.3%，同一滴灌周期下，均表现为 $D_6 > D_7 > D_8$。伏桃比例很大程度上决定了棉花产量，同一滴灌频次下，滴灌周期 T_1 处理比 T_2 处理伏前桃比例平均降低了 4%，同一滴灌周期下，均表现为 $D_7 > D_8 > D_6$。从秋桃比例来看，同一滴灌频次下，滴灌周期 T_1 处理比 T_2 处理伏前桃比例平均降低了 2.3%，同一滴灌周期下，均表现为 $D_8 > D_6 > D_7$。结果表明，不同滴灌分配处理对棉花"三桃"比例有一定影响，前中期的高滴灌量可促进伏桃比例的增加，减少秋桃比例，降低提前停水对棉花产生的不利影响，从而提高产量。

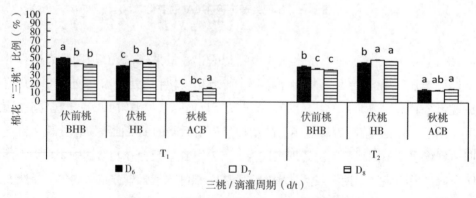

图 4-10　不同处理下棉花"三桃"比例的变化

（6）对蕾铃消长动态的影响　由图4-11可知，同一滴灌频次下，随着滴灌周期的拉长，现蕾数呈现降低趋势，滴灌周期T_2处理对T_1处理而言现蕾数平均降低了0.97个/株。同一滴灌周期下，随着滴灌频次的增加，现蕾数呈现为先增后降的趋势，初花期达到峰值，各处理现蕾数均表现为$D_7 > D_6 > D_8$。由图4-10可知，同一滴灌频次下，随着滴灌频次的增加，成铃数呈先增加后降低趋势，滴灌周期T_2处理对T_1处理而言成铃数均增加了0.54个/株。同一滴灌周期下，随着滴灌频次的增加，成铃数呈现为先增后降趋势，盛铃期达到峰值，滴灌周期T_1处理成铃数均表现为$D_7 > D_8 > D_6$，滴灌周期T_2处理成铃数均表现为$D_7 > D_6 > D_8$。综上所述，不同处理蕾铃消长情况表现为此消彼长的关系，成铃数均表现为滴灌周期T_2处理下D_7处理增加幅度最大，对滴灌周期T_1处理下D_7处理而言成铃数增加了2.15%，说明较多的现蕾数与成铃数是获得产量的关键。

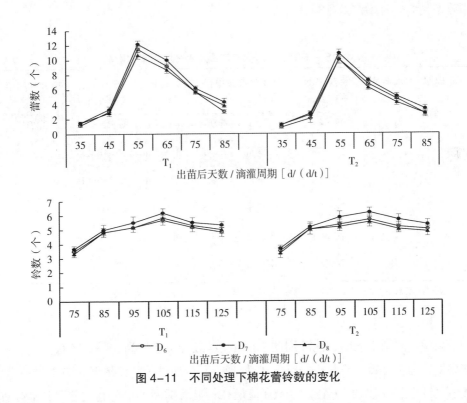

图4-11　不同处理下棉花蕾铃数的变化

（7）对产量及水分利用率的影响　如表4-18所示，各处理等行距机采棉花单株结铃数、单铃重两个产量构成因素差异达到显著水平（$P < 0.05$），收获株

数、衣分无显著差异（$P > 0.05$）。同一滴灌频次下，滴灌周期 T_1 处理比 T_2 处理籽棉、皮棉产量平均降低了 $88.12 \sim 617.68 \ kg/hm^2$、$82.86 \sim 252.23 \ kg/hm^2$。同一滴灌周期下，不同处理随着滴灌频次的增加单株结铃数与籽棉、皮棉产量呈先增后降的趋势，在滴灌周期 T_1 处理下，不同滴灌频次处理表现为 $D_7 > D_8 > D_6$，D_7 处理较 D_6、D_8 处理单株结铃数分别增加了 0.54、0.28（个/株），籽棉产量分别增加了 17.8%、11.1%；在灌水周期 T_2 处理下，不同灌水频次处理表现为 $D_7 > D_6 > D_8$，D_7 处理较 D_6、D_8 处理单株结铃数分别增加了 0.24、0.37（个/株），籽棉产量分别增加了 7.5%、15.9%。在水分利用率方面，同一滴灌频次下，滴灌周期 T_2 处理比 T_1 处理增加了 3%。滴灌周期 T_1 处理而言，不同滴灌频次表现为 $D_7 > D_8 > D_6$，D_7 处理较 D_6、D_8 处理水分利用率分别增加了 18%、11.3%。滴灌周期 T_2 处理而言，不同滴灌频次表现为 $D_7 > D_6 > D_8$，D_7 处理较 D_6、D_8 处理水分利用率分别增加了 7.7%、16%。说明滴灌周期 T_2 处理与 D_7 处理组合水利用效率最高，且增产效果最优。

表 4-18　不同处理对棉花产量及水分利用率的影响

滴灌周期（d/t）	滴灌频次（t）	收获密度（万株/hm²）	单株铃数（个）	单铃重（g）	衣分（%）	皮棉产量（kg/hm²）	水分利用率（%）
T_1	D_6	19.94 a	4.71 d	5.96 ab	45.27 bc	2 515.15 c	2.00 d
	D_7	20.39 a	5.25 ab	6.17 a	46.85 ab	3 090.42 a	2.36 a
	D_8	20.08 a	4.97 c	5.95 ab	45.56 abc	2 706.44 bc	2.12 c
T_2	D_6	20.25 a	5.07 bc	6.05 a	44.51 c	2 767.38 b	2.22 b
	D_7	20.56 a	5.31 a	6.09 a	47.46 a	3 173.28 a	2.39 a
	D_8	20.08 a	4.94 c	5.81 b	43.65 c	2 536.23 c	2.06 cd

注：数字后 a、b、c 等不同字母分别表示 $P \leqslant 5\%$ 水平下显著性差异。

试验研究结果表明，滴灌周期（10 d）T_2 处理虽然株高、LAI 较 T_1（7 d）处理略低，但真叶数、有效果枝优于 T_1 处理，且增加显著；滴灌频次方面以 D_7 处理下真叶数、果枝数、LAI 和 SPAD 值最高；显著提高了水分利用效率，最终有利于产量的形成。本研究表明，伏桃比例很大程度上决定了棉花产量，各滴灌周期与频次处理间，现蕾与成铃数均呈现先增后减的趋势。蕾铃消长情况均表现为

滴灌周期 T_2 处理下 D_7 处理最高。有利于营养生长及时向生殖生长转化，促进最终产量的形成。两个滴灌周期间单铃重、皮棉产量及水利用效率差异不显著，但随着滴灌频次的增加其呈先增后降的趋势，以 D_7 处理最高，分别比 D_6、D_8 平均增产 12.7%、13.5%，水分利用效率分别提高了 12.9%、13.7%。因此，在南疆阿克苏地区，76 cm 等行距机采棉滴灌周期为 T_2（10 d/次）条件下，滴灌频次为 D_7（7 次）适宜。

（三）"宽早优"植棉模式对棉田水热效应的影响

张恒恒等[4]为研究"宽早优"模式下土壤水热效应对棉花生长发育和产量的影响，开展了本试验。试验于 2018—2019 年在中国农业科学院棉花研究所胡杨河（北疆）试验站（北纬 44°44′，东经 84°48′，海拔 481 m）进行，试验材料为中棉所 109，采用裂区试验设计，主区为机采棉种植模式，分别为"矮密早"种植模式（66+10 cm，1 膜 6 行，M_1）和"宽早优"种植模式（76 cm 宽等行，1 膜 3 行，M_2），种植方式如图 4–12 所示。

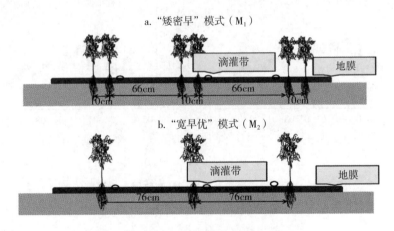

图 4-12　不同机采棉种植模式的示意图

副区为种植密度，2018 年设 2 个密度，分别为 13.5 万株 /hm^2（D_1）、18 万株 /hm^2（D_2），2019 年设 3 个密度，分别为 13.5 万株 /hm^2（D_1）、18 万株 /hm^2（D_2）和 22.5 万株 /hm^2（D_3），试验共 6 个处理，每个处理重复 3 次。2018 年 4 月 22 日播种，9 月 21 日收获，2019 年 4 月 20 日播种，9 月 25 日收获。棉花全生育期内随水滴施 300 kg/hm^2 磷酸二氢铵、75 kg/hm^2 氯化钾和 60 kg/hm^2 腐植酸，全生育期共滴施 11 次。其他田间管理措施与高产田管理一致。试验结果如下。

1. 耕层土壤温度与土壤积温的变化

2018—2019 年不同处理下棉花田间耕层土壤温度的动态变化如图 4-13 和图 4-14 所示。对 2018—2019 年不同处理下棉花全生育期耕层积温进行分析，结果见表 4-19。

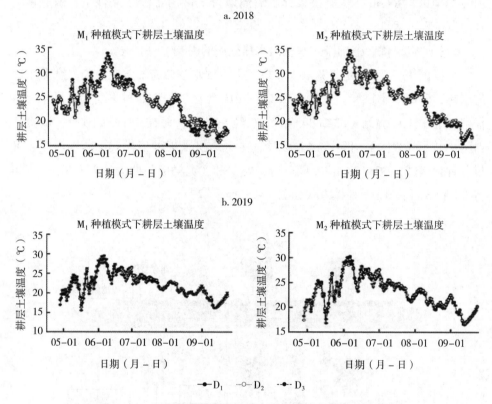

图 4-13　不同种植模式下种植密度对耕层土壤温度的影响

注：D_1 为种植密度 13.5 万株 /hm^2，D_2 为种植密度 18 万株 /hm^2，D_3 为种植密度 22.5 万株 /hm^2。

不同种植模式下耕层土壤积温为 M_2 显著高于 M_1（$P<0.05$），与 M_1 处理相比，M_2 处理的耕层积温在 2018 年和 2019 年分别提高了 8.3%～9.9% 和 8.3%～8.6%（图 4-15），表明"宽早优"种植模式可以有效提高耕层土壤积温。种植密度对耕层土壤积温的影响未达到显著水平，在不同年份和种植模式下，耕层积温随种植密度的提高均呈下降趋势。密度大由于植株对地面的遮阴率更大，减少了到达地面的太阳辐射量，D_3 的耕层积温最小。种植模式和种植密度对土壤耕层积温无互作效应。

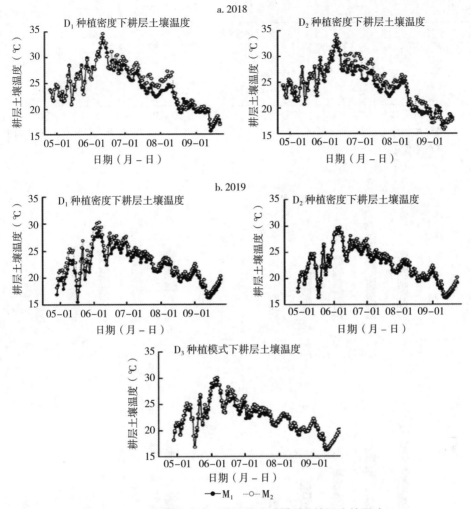

图 4-14　不同种植密度下种植模式对耕层土壤温度的影响

表 4-19　2018—2019 年不同处理的棉花田间耕层土壤积温

处理	2018 年	2019 年
M_1D_1	1 437.5 a	1 246.0a
M_1D_2	1 401.7a	1 229.4a
M_1D_3	—	1 217.4a
均值	1 419.6B	1 231.0B
M_2D_1	1 557.5a	1 351.7a
M_2D_2	1 540.8a	1 332.1a
M_2D_3	—	1 322.2a
均值	1 549.2A	1 335.3A

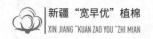

（续表）

处理	2018 年	2019 年
模式	**	**
密度	ns	ns
模式 × 密度	ns	ns

注：同列不同小写字母表示不同种植密度间差异显著（$P<0.05$）；同列不同大写字母表示不同种植模式处理间差异显著（$P<0.05$）；*、** 分别表示在 0.05、0.01 水平上显著相关，ns 表示不显著。

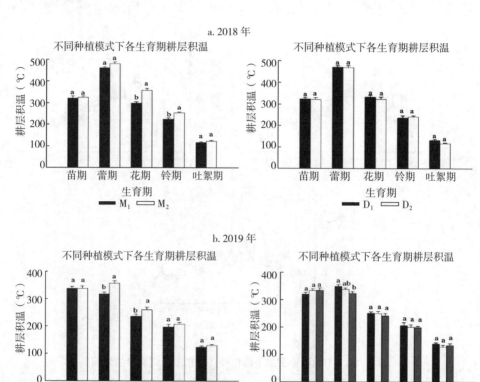

图 4-15　2018—2019 年不同处理对棉花各生育期耕层土壤积温的影响

注：不同小写字母表示处理间在 0.05 水平差异显著。

2. 棉花耗水特征

对 2018—2019 年不同处理下棉花耗水量进行分析（表 4-20），结果表明，与 M_2 处理相比，M_1 处理的耗水量增加 0.8 ～ 6.7mm，但未达到显著水平。同一种植模式下，随着种植密度的提高，棉花全生育期的耗水量随之显著提高

（$P<0.05$），2018 年，种植密度从 13.5 万株 /hm² 增加到 18 万株 /hm²，耗水量增加 4.9%；2019 年，种植密度从 13.5 万株 /hm² 增加到 22.5 万株 /hm²，耗水量增加 4.3%。棉花各生育期耗水量的变化特征表明（图 4-16），棉花耗水主要集中在蕾期、花期和铃期，不同种植模式下各生育时期棉花耗水量无显著性差异；"宽早优"模式主要提高花期的田间耗水量（1.9 ～ 6 mm），在其他时期耗水量低于"矮密早"模式。在苗期和蕾期，随着种植密度的提高耗水量略微降低；花期到铃期的棉花耗水量随着种植密度的增加而增加。

表 4-20　不同处理的棉田耗水量　　　　　　　　　单位：mm

处理	2018 年	2019 年
M₁D₁	504.1b	498.5b
M₁D₂	528.2a	506.8ab
M₁D₃	—	523.3a
均值	512.5A	509.5A
M₂D₁	495.1b	493.2b
M₂D₂	520.0a	504.1ab
M₂D₃	—	511.1a
均值	511.7A	502.8A
模式	ns	ns
密度	**	*
模式 × 密度	ns	ns

注：同列不同小写字母表示不同种植密度间差异显著（$P<0.05$）；同列不同大写字母表示不同种植模式处理间差异显著（$P<0.05$）；*、** 分别表示在 0.05、0.01 水平上显著相关，ns 表示不显著。

3. 棉花产量及水分利用效率

种植模式和种植密度对籽棉产量及产量构成和 WUE 的影响如表 4-21 所示。棉花籽棉产量在不同年份间差异较大，2019 年产量显著低于 2018 年，这是由于后期气温不足，部分棉铃未吐絮或吐絮不畅，不能形成产量。在 2018 年，"宽早优"模式下籽棉产量比"矮密早"模式略高，但差异不显著；而在 2019 年，"宽早优"模式下籽棉产量比"矮密早"模式高 17.5%，达到显著性水平（$P<0.05$），主要通过显著影响单位面积铃数提高籽棉产量，2 年间"宽早优"模式呈现稳产和增产态势。种植密度显著影响籽棉产量（$P<0.05$），籽棉产量随着种植密度的增加显著增加 7.3% ～ 13.7%。年际间种植模式对水分利用效率影响

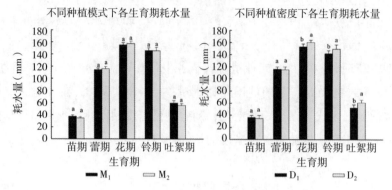

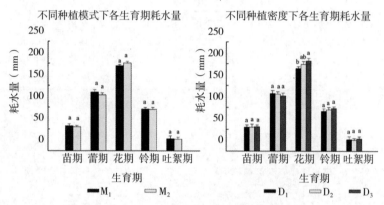

图 4-16 不同处理对棉花各生育期耗水量的影响

不同，2018 年，种植模式对水分利用效率无显著性影响，而 2019 年，"宽早优"模式比"矮密早"模式显著提高 18.8%（$P<0.05$）。2 年间种植密度对水分利用效率无显著性影响。试验经讨论分析得出如下结论。

表 4-21　不同处理对棉花全生育期水分利用效率和产量及产量构成的影响

处理	单位面积铃数（个/m²）		单铃质量（g）		衣分（%）		水分利用效率[kg/（hm²·mm）]		籽棉产量（kg/hm²）	
	2018	2019	2018	2019	2018	2019	2018	2019	2018	2019
M_1D_1	137.7 a	89.1 b	4.1 a	4.3 a	40.8 a	37.9 a	12.2 a	8.0 a	6 165 a	3 964.0 ab
M_1D_2	161.9 a	133.2 ab	3.9 a	4.4 a	40.9 a	39.6 a	12.5 a	8.5 a	6 590 a	4 332.0 a
M_1D_3	—	160.4 a	—	4.1 a	—	39.3 a	—	8.9 a	—	4 664.5 a
均值	149.8 A	127.5 B	4.1 A	4.3 A	40.8 A	37.7 A	12.4 A	8.5 B	6 377.5 A	4 320.2 B

（续表）

处理	单位面积铃数（个/m²）		单铃质量（g）		衣分（%）		水分利用效率[kg/(hm²·mm)]		籽棉产量（kg/hm²）	
	2018	2019	2018	2019	2018	2019	2018	2019	2018	2019
M_2D_1	143.6 b	139.5 c	4.2 a	4.7 a	41.0 a	37.4 a	12.5 a	9.8 a	6 209.8	4 850.0 b
M_2D_2	199.4 a	182.0 b	4.4 a	4.5 a	41.8 a	38.0 a	12.8 a	9.9 a	6 649.4	5 016.8 ab
M_2D_3	—	230.5 a	—	4.1 a	—	38.0 a	—	10.4 a	—	5 362.0 a
均值	171.6 A	183.9 A	4.3 A	4.4 A	41.4 A	39.0 A	12.5 A	10.1 A	6 429.6 A	5 076.3 A
模式	ns	**	ns	ns	ns	ns	ns	*	ns	**
密度	ns	*	ns	ns	ns	ns	ns	ns	**	*
模式×密度	ns	ns	ns	ns	ns	ns	ns	ns	ns	ns

（1）种植模式和种植密度对耕层土壤温度和积温的影响　研究发现在生育前期（苗期和蕾期），"宽早优"模式和"矮密早"模式下耕层土壤温度和有效积温无显著性差异，但"宽早优"模式可以明显改善全生育期耕层土壤积温，较"矮密早"模式提高了8.3%～9.9%。这是因为，在生长前期棉花植株冠层覆盖度小，地面能直接吸收太阳辐射，两种种植模式的增温保墒效果基本相同。进入蕾期后，棉花逐渐生长，形成较大的作物冠层，阻碍了地面接收太阳辐射，地膜增温效应减弱，同时田间开始滴灌进水，水的比热容大，土壤升温速度慢，棉田土壤温度开始降低并上下波动，但"宽早优"模式的土壤温度要高于"矮密早"模式，在生殖生长阶段形成较高的土壤积温，这可能由于与（66+10）cm宽窄行模式相比，76 cm等行距模式下棉花生育前期单株发育快，群体叶面积指数及光吸收率增长迅速，形成合理的冠层结构，一方面有利于棉花中后期生长发育，能维持较高的群体叶面积及光吸收率，干物质积累量大进而利于获得高产；另一方面群体通风透光性高，地面能吸收更多的太阳辐射，保持相对稳定的土壤温度，利于棉花的生长。研究还发现，随着种植密度的提高，耕层土壤积温逐渐下降，且在蕾期后的生育时期变化规律一致。对于种植密度，作物冠层遮盖是影响土壤温度的主要因素，在苗期，植株矮小，无遮盖作用，各密度处理间地面接收太阳辐射能相差不大，土壤积温无差异；到花期以后，高密度处理易形成较大的冠层结构，棉花封垄之后阻碍太阳辐射到达地面，大大降低了地温。

（2）种植模式对棉花耗水、产量和水分利用效率的影响　新疆是大陆性干旱气候，干旱、灌溉用水不足和水分利用率低之间的矛盾限制了农业的发展，配套合理的种植模式对于提高棉花水分利用效率和产量具有重要意义。本研究发现，"宽早优"种植模式增加了花期的耗水量，降低了其他生育时期的耗水，全生育期的耗水量总体呈现降低趋势。研究表明，"宽早优"模式会使棉花生育期提前，开花和吐絮进程加快。这可能因为合适的土壤温度和高耗水量满足了棉花生长的需求，增加了生殖器官干物质的积累及持续时间。在本研究中，棉花全生育期耗水量随着种植密度的增加而增加，这与孙仕军等[8]研究结果一致。增加种植密度而增加的耗水量主要是由棉花花铃期耗水量的增加导致，可能由于该时期土壤水分供应充足，群体植株间没有形成水分竞争，可满足植株正常需水量。

水热条件是作物生长发育需求的重要环境因素，作物产量的形成往往是二者综合作用的结果。与"矮密早"种植模式相比，"宽早优"种植模式提高了全生育期的土壤有效积温，降低了棉花耗水量，影响棉花生长发育并最终提高了棉花产量和水分利用效率。"宽早优"种植模式作为一种新的种植模式，可以构建合理的冠层结构，使棉花生育中后期植株间通风透光，利于棉花群体进行光合作用和干物质累积，增加铃数和单铃质量，显著提高棉花籽棉产量。本研究表明"宽早优"种植模式具备较好的蓄水保墒能力，可显著改善土壤表层的热量条件，显著提高了棉花的籽棉产量和水分利用效率。Dai等[9]研究发现，在一定种植密度范围内，棉花产量随种植密度的增加而增加。本研究得出相似结论，这是由于合理的种植密度可以形成强大的冠层结构，截获更多的光合有效辐射，增强群体光合作用能力，进而提高产量。同时随着种植密度的提高，棉花水分利用效率增加，高密度种植一方面增加了作物耗水量，另一方面降低了蒸发和蒸腾比例，进而实现了作物水分的高效利用。随着新疆棉花机械化生产程度的提高，生产中棉花脱叶效果达不到机采要求，机采棉含杂率高，原棉品质差等问题突出。"宽早优"种植模式作为一种新的机采棉种植模式，行间通风透光性好，提高了脱叶率和采净率，降低了挂枝率和含杂率，机械采收质量佳，增产潜力大，可作为高效的种植模式在新疆进行大面积推广。同时，加强适宜模式的机采棉品种、配套化学打顶和脱叶催熟等技术及"光温水"理论等方面的研究，进一步挖掘"宽早优"模式的增产提质潜力，对促进新疆棉花产业发展具有重要意义。

经过两年试验研究，得出如下结论。

一是"宽早优"种植模式改变了棉花不同生育时期内的土壤水热状况，在整个生育期，耕层土壤有效积温较"矮密早"模式显著增加 8.3% ~ 9.9%；尤其花铃期，耕层土壤温度平均增加 1.7 ℃，从棉花全生育期耗水量来看，"宽早优"

模式降低了棉田耗水量，但两种模式间无显著性差异。

二是种植密度对棉田土壤温度和水分影响不同，在一定范围内，增加种植密度使得耕层土壤积温降低，而耗水量和籽棉产量分别显著提高 4.3% ～ 4.9% 和7.3% ～ 13.7%。

三是不同种植模式对籽棉产量和水分利用效率影响显著，年际间差异明显，其中 2019 年"宽早优"种植模式较"矮密早"种植模式分别显著提高 17.5% 和18.8%，"宽早优"种植模式能实现稳产或显著增产，主要通过提高单位面积结铃数，从而提高籽棉产量和水分利用效率。综合研究表明，"宽早优"种植模式可作为高产稳产的机采棉模式进行推广应用。

二、养分的调控

施肥是调节棉花所需矿质营养丰缺的主要手段，也是调节棉花群体结构的重要措施之一。养分的调控主要是通过施肥的时期、施用的品种和数量来对棉花个体和群体进行调控。

养分调控的主要特征表现在：调控方向是以促为主，以控为辅，且控的强度较小，控制主要用于控制过旺生长和调节养分供应，是配合促的养分调节措施。对于"宽早优"超高产棉田来讲，肥促是实现目标产量的强有力的调控技术。调控时段是从冬前基肥开始至生育后期最后 1 次追肥。调控途径主要是通过改变棉株的生态来调控根系吸收矿质营养的种类和数量，进而调节棉株的生长速度、群体结构和生育进程；其次是通过叶面积（叶面喷肥）快速补充棉株急需的矿质营养。调控的时效为：基肥发挥效应的时间是在出苗后，其时效较长（可维持到吐絮后）；追肥发挥效应的时间和时效与水调的技术相同；叶面肥发挥效应的时间较短，一般在 3 d 左右即可看到叶色的变化，但时效较短，一般为 7 ～ 10 d。养分调控的强度随着施肥量的增加或减少，调控的强度具有相应的变化。不同的施肥品种对棉株的生长发育具有不同的作用和影响，对调控的作用强度具有不同的效率。

（一）"宽早优"棉田养分需求

试验研究，在单产皮棉 2 531.3 kg/hm² 下，棉花吸收氮（N）、五氧化二磷（P_2O_5）、氧化钾（K_2O）的数量分别为 312.4 kg/hm²、106.5 kg/hm² 和 308.3 kg/hm²，比例为 1∶0.34∶0.99。在膜下滴灌方式下，超高产（单产皮棉 3 000 kg/hm² 以上）棉田，苗期同样以根生长为中心，但吸收氮、五氧化二磷、氧化钾养分量较多占一生吸收总量的 10% ～ 13%。蕾期，棉株生长加快，根系迅速扩大，吸肥能力显著增强，吸收的氮、五氧化二磷、氧化钾占总量的18.4%、25%、21.6%。开花期至盛铃期吸收的氮、五氧化二磷、氧化钾数量分别占棉株一生总量的36.7%、38.2%、50.2%，是棉花养分的最大效率期和需肥最多的时期。盛铃期至吐絮期养分吸收量开始减少，吸收的氮、五氧化二磷、氧化钾数量分别占棉株一生总量的25.4%、23%、21.4%。吐絮期至采收，棉花长势明显减弱，吸肥量迅速减少，叶片和茎、枝等营养器官中的养分均向棉铃转移而被再利用，对钾的吸收成负值，棉株吸收的氮、五氧化二磷、氧化钾数量分别占棉株一生总量的10%、1.1%、5.6%，对磷、钾养分的吸收强度也明显下降。

"宽早优"膜下滴灌超高产棉花，氮、磷、钾在棉株各器官的分配具有其规律。陈冠文（2009）资料显示，氮的分配规律为：在营养器官中叶片＞茎枝＞根系，苗蕾期尤为突出。在生殖器官中，花蕾在盛蕾期含量高于叶片，进入花铃期后，生殖器官含量占干物质百分率的顺序为棉籽＞蕾＞铃＞铃壳＞棉纤维，棉籽高于叶片。不同生育阶段主要营养器官内氮素分配率为：出苗—现蕾期，叶片占总氮的74%～93%，茎枝占10%～11%，根占7.2%～8.6%。现蕾—开花期，叶片占总氮的55.9%～64.5%，蕾花铃占19.5%～22.6%，茎枝占8.7%～14.6%，根约占7%。开花—盛铃期养分由营养器官大量向生殖器官转移，蕾花铃占总氮量的38.1%～55.1%，叶片占33.3%～47.8%，茎枝占8.2%～10.2%，根占3.4%～3.8%。盛铃期以后，铃占总氮的63%～68.7%，叶片占18.1%～26.1%，茎枝占8.4%～10.3%，根占2.6%～3.2%。磷在棉株各器官的分配规律为：首先，在营养器官中，茎枝和根的含磷量在苗期—盛花期呈明显下降趋势，之后趋于稳定，而叶片含磷量在苗期较高，蕾期下降，盛花期和盛铃期又有所增加，以后有所下降。其次，在生殖器官中，铃壳和棉纤维的含磷量随棉铃的发育呈下降趋势，棉籽的含磷量则增加。第三，不同器官在不同生育阶段中含磷量的分配率不同：出苗—现蕾，叶片占总磷的55.6%～84.2%，茎枝约15%，根占15.8%～20.3%。现蕾—开花，叶片占总磷的46.4%～56.4%，蕾花铃占21.9%～27.7%，茎枝占10.1%～14.6%，根占11.2%～12.7%。开花—盛铃期，磷素由营养器官大量向生殖器官转移，蕾花铃占总磷的50.1%～64.6%，叶片占22.6%～31%，茎枝占8.4%～10%，根占4.2%～8.5%。盛铃期以后，铃占总磷的61.1%～63.7%，叶片占18.5%～22.7%，茎枝占11.3%～12.8%，根占4.8%～6.3%。钾素在棉株各器官的分配规律为：钾的含量在生育期始终保持着较高水平，其变化趋势是随生育期进程的推移，在营养器官中，茎枝和根的钾含量呈下降趋势，而叶片钾的含量保持平稳。生殖器官中，蕾花铃的钾含量接近，棉籽的钾含量较稳定，棉纤维的钾含量呈下降趋势，而铃壳的钾含量随棉铃发育呈明显上升趋势，与氮、磷在铃壳中的变化不同。钾在不同器官中的含量变化表现为：叶片的钾含量高于其他器官的含量，仅在吐絮期，铃壳的钾含量高于其他器官的含量。各生育阶段主要营养器官内钾素分配率为：出苗—现蕾期，叶片占总钾的 61.5% ～ 83.1%，茎枝约 17%，根占 16% ～ 17%。现蕾—开花期，叶片占总钾的 54.2% ～ 61.1%，蕾花铃占 12.8% ～ 15.4%，茎枝占 16.2% ～ 21%，根占 9% ～ 10%。开花—盛铃期，蕾花铃占总钾的 36.6% ～ 44.5%，叶片占 34.3% ～ 40.7%，茎枝占 17% ～ 18%，根占 4% ～ 5%。盛铃期以后，铃占总钾的 48.7% ～ 50.6%、叶片占 28% ～ 30.9%，茎枝占 14.9% ～ 17.9%，根占 3.7% ～ 4.9%。研究表明，氮的最大吸收强度出现在出苗后 92 ～ 93 d，一天中最大吸收速率为 0.0302 g/ 株；磷的最大吸收强度出现在出苗后 82 ～ 83 d，一天中最大吸收速率为 0.0072 g/ 株；钾的最大吸收强度出现在出苗后 83 ～ 84 d，一天中最大吸收速率为 0.0445 g/ 株。棉株对氮、磷、钾吸收开始进入快增期的时间分别是出苗后第 66 ～ 67 d、61 ～ 62 d 和 64 ～ 65 d，分别持续 52 ～ 53 d、41 ～ 42 d 和 38 ～ 39 d。棉株对氮、磷、钾最大吸收强度出现的时期，氮在初花期—盛铃期（6 月 30 日至 8 月 10 日），磷在现蕾期至初花期（6 月 4 日至 6 月 30 日），钾在盛铃期至吐絮期（8 月 10 日至 9 月 7 日），此时棉株对钾仍保持较高的吸收强度。

（二）养分调控措施

1. 养分用量

（1）膜下滴灌棉田　皮棉在 1 800 ～ 2 250 kg/hm² 的条件下，施用棉籽饼 750 ～ 1 127.5 kg/hm²，氮肥（N）300 ～ 330 kg/hm²，磷肥（P₂O₅）120 ～ 150 kg/hm²，钾肥（K₂O）75 ～ 90 kg/hm²；皮棉在 2 250 ～ 2 700 kg/hm² 的条件下，施用棉籽饼 1 125 ～ 1 500 kg/hm²，氮肥（N）330 ～ 360 kg/hm²，磷肥（P₂O₅）150 ～ 180 kg/hm²，钾肥（K₂O）90 ～ 120 kg/hm²。对于缺硼、锌的棉田，补施水溶性好的硼肥 15 ～ 30 kg/hm²，硫酸锌 22.5 ～ 30 kg/hm²。硼肥适宜花铃期叶面喷施，锌肥可以作基肥施用。氮肥基肥占总量的 25% 左右，追肥占 75% 左右（其中，现蕾期 15%，开花期 20%，花铃期 30%，棉铃膨大期 10%），磷肥、钾肥基肥占 50% 左右，其余作追肥。全生育期追肥次数 8 次左右，结合滴灌系统实行灌溉施肥。提倡选用全水溶性肥料作追肥，选用磷酸一铵等作追肥需配合 1.5 倍以

上的尿素追肥。

（2）常规灌溉（淹灌或沟灌）棉田　皮棉在 1 650～1 950 kg/hm² 的条件下，施用棉籽饼 1 125～1 500 kg/hm² 或优质有机肥 22.5～30 t/hm²，氮肥（N）300～345 kg/hm²，磷肥（P₂O₅）120～150 kg/hm²，钾肥（K₂O）45～90 kg/hm²。对于缺硼、锌的棉田，注意补施硼肥和锌肥。地面灌溉的棉田 45%～50% 的氮肥用作基肥，50%～55% 作追肥。30% 的氮肥用在初花期，20%～25% 的氮肥用在盛花期。50%～60% 的磷、钾肥用作基肥，40%～50% 用作追肥。

2. 养分的调控技术

（1）水肥一体化技术　该技术在我国又称为微灌施肥技术，是借助压力系统（或地形自然落差）将微灌与施肥相结合，利用微灌系统中的水为载体，在灌溉的同时进行施肥，实现水肥一体化利用和管理。并根据棉花的需肥特点、土壤环境和养分含量状况，不同生育期需水、需肥规律进行需求设计，使水和肥料在土壤中以优化的组合状态供应给棉株吸收利用。

南疆、北疆滴灌施肥一般在 8～10 次，除前期和后期外，基本上都是采用 1 水 1 肥的随水追肥的一体化方式。

第 1 水：（6 月 15—25 日），用水量 18m³/亩。

第 2—第 5 水：（6 月 25 日至 8 月 5 日），用水量 25～30 m³/亩，尿素 3～8 kg/亩，磷酸二氢钾 1～2 kg/亩。

第 6～第 8 水：（8 月 5—25 日）用水量 20～30 m³/亩，尿素 5～6 kg/亩，磷酸二氢钾 2 kg/亩。8 月 20—25 日停水，8 月 15—20 日停肥。

但南北疆之间由于气候、土质及棉花品种的差异，追肥的时间和追肥比例也存在差异：其一，北疆在棉花蕾期—初花期的追肥量相对较多，占总追肥量的 42.8%，初花期—铃期（有效花期结束的时间）占 39.3%，铃期—吐絮期占 17.97%。而南疆的追肥投入量大多集中在初花期—铃期，占总追肥量的 63.5%，蕾期—初花期占总追肥量的 18.6%，而铃期—吐絮期所占比例相对较少，仅为 17.8%。适当增加棉花中后期的追肥量，有利于促进棉花的生长发育，获得高产。

（2）叶面肥施用技术　把肥料配成一定浓度的稀释溶液，喷施在棉花叶片上的施肥方法，称为叶面施肥或根外施肥。其主要调控作用是调节棉花苗蕾期对养分的需求，补充由于棉花苗期根系吸收养分较弱而造成棉株体内养分的不足，促进棉花早期生长发育，为棉花优质高产打下基础。一般从苗期开始，共喷施 4

次，间隔 7 d 左右 1 次。用作叶面喷施的肥料有尿素、磷酸二氢钾和有机络合微
肥。苗期的 4 次喷施，第 1 次用尿素 3 000 g/hm²、磷酸二氢钾 1 500 g/hm²、有机
络合微肥 1 500 g/hm²；第 2 次用尿素、磷酸二氢钾、有机络合微肥分别为 3 750 g/hm²、
2 250 g/hm²、2 250 g/hm²；第 3 次分别为 4 500 g/hm²、3 000 g/hm²、3 000 g/hm²；
第 4 次分别为 6 000 g/hm²、3 750 g/hm²、3 750 g/hm²。

通过水肥等综合调控技术，将棉花群体结构调节在最佳状态，即叶面积适
宜，通风透光良好，光能利用充分，开花结铃与温光高效期同步，最大限度促进
棉花早开花、早结铃，集中成熟、吐絮，实现高产优质高效。

（三）"宽早优"植棉氮肥、密度试验研究

1. 氮肥用量试验

试验于 2019 年在新疆农垦科学院棉花所试验地（北疆）进行，种植模式为
"宽早优" 76 cm 等行距机采棉模式（株距 5.5 cm），理论株数 15 950 株 / 亩，供
试品种为新陆早 64 号。氮素处理设 N_0（不施氮）、N_1（纯氮 8 kg/ 亩）、N_2（纯
氮 16 kg/ 亩）、N_3（新疆膜下滴灌棉花大田纯氮施用量 24 kg/ 亩）、N_4（纯氮
32 kg/ 亩）5 个梯度。

氮肥用量对产量构成的影响。由表 4–22 可见，各处理间的收获株数介于 1.20
万～ 1.35 万株 / 亩，占理论株数的 75%～ 85%；N_2 处理的亩铃数最多，而 N_3 处
理的单铃重最高。结果表明，以常规大田施氮量 N_3 处理的籽棉产量最高；N_2 处理
在氮肥减施 33% 的条件下产量比对照 N_3 处理降低 1.4%，说明 N_2 处理能够实现高
产和稳产，有利于提高投入产出比，提高氮肥利用效率；而在过量施氮（N_4 处理）
情况下，籽棉产量明显降低，减产幅度为 5.8%；不施氮处理 N_0 与少量施氮处理
N_1 二者间产量水平一致，分别较对照 N_3 处理减产 11.4% 和 10.6%。

表 4–22　氮肥优化试验的产量及其构成因子

施氮量	收获株数 （万株 / 亩）	单株铃数 （个）	亩铃数 （万 / 亩）	单铃重 （g）	籽棉产量 （kg/ 亩）
N_0	1.25	5.6	6.99	4.58	320.8
N_1	1.34	5.2	6.91	4.69	323.6
N_2	1.31	6.1	7.96	4.48	356.8
N_3	1.21	6.4	7.71	4.70	361.9
N_4	1.31	5.9	7.70	4.42	340.9

氮肥用量对纤维品质的影响。由表4-23可见，随氮肥用量增加，纤维长度、比强度受到一定程度的影响。但差异没有达到显著水平。

表4-23 不同施氮量棉花纤维品质变化情况

处理	纤维长度（mm）	整齐度（%）	马克隆值	比强度（cN/Tex）	伸长率（%）
N_0	30.19	85.07	4.60	31.17	6.90
N_1	30.30	84.80	4.57	31.23	6.92
N_2	29.98	85.00	4.35	31.58	6.92
N_3	29.72	85.05	4.67	30.08	6.88
N_4	29.78	84.72	4.48	29.91	6.90

研究结果表明，在纯氮用量由常规24kg/亩降至16kg/亩，棉花产量实现高产和稳产，有利于提高投入产出比，提高氮肥利用效率，并且提高了纤维断裂比强度，纤维马克隆值降低，纤维品质提升。

2."宽早优"植棉密度与氮肥对生长发育及产量的调控效应

2019年，在南疆阿瓦提县丰收二场农科院试验基地试验，"宽早优"76 cm等行距机采棉种植模式，薄膜幅宽2.3 m，采用裂区试验设计，主区设3个种植密度，分别为D_1（22万株/hm^2、株距6 cm）、D_2（16.5万株/hm^2、株距8 cm）、D_3（13万株/hm^2、株距10 cm）。副区为3个追氮肥比例，总施氮量（纯氮）为320 kg/hm^2，其中，20%作基肥外，其余80%作追肥，3个不同追氮肥比例分别是：N_1（5%、10%、15%、15%、10%、10%、10%、5%）；N_2（5%、10%、15%、20%、10%、10%、5%、5%）；N_3（0%、10%、15%、20%、15%、10%、5%、5%）。供试品种新陆中84号，小区长9.5 m，宽7.5 m，重复3次。总滴灌量3 800 m^3/hm^2。棉花播种前，采集土样并测定底值，播种出苗后，对田间土壤含水量、生育进程、农艺性状、光合参数、叶绿素荧光参数、冠层结构、生物量、植株养分、产量构成因素等进行了调查和测试，并在棉花吐絮后采集了棉纤维样品送至农业部农产品测试中心测其棉纤维主要品质指标。试验结果如下。

（1）密度和氮肥对叶面积指数（LAI）的影响 由图4-17可见，棉花LAI随生育进程的推移先增大后减少。在铃期以前，各处理的棉花LAI随密度的增大而增大。N_2在盛铃期后，高密度处理的LAI低于其他处理。这或许是高密度限制了下部果枝的伸展，并且上部叶片较多易引起棉花群体冠层过分荫蔽棉田内部环境恶化，下部叶片衰老脱落加快，这说明适宜密度可以获得较高的 LAI，维持时间长，有利于获得较高的光合产物积累。

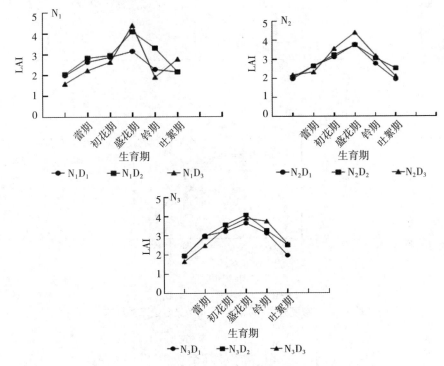

图 4-17　密度与氮肥滴施对棉花叶面积指数的影响

（2）密度和氮肥对净光合速率（Pn）的影响　由图 4-18 可以看出，各处理净光合速率都呈现先增后减的趋势，并在盛花期达到峰值。各氮肥处理下 D_2 处理高于 D_1 和 D_3，N_2 处理下表现更明显。在同一密度下 N_2 较 N_1、N_3 高。N_2 处理下 D_1 较 D_2 下各氮肥处理的棉花 Pn 下降，初花期、盛花期、盛铃期及吐絮期分别下降了 3.2%、2.7%、3.2% 和 10.9%。不同生育时期随着施氮量的增加棉花 Pn 均表现为 $D_2 > D_1 > D_3$。

（3）密度与氮肥对叶绿素含量的影响　在整个生育时期，各处理主茎功能叶的绿素含量表现为上下波动（图 4-19），但整体呈逐渐上升的趋势，到达最高峰后逐渐下降。在棉花苗期，各处理叶绿素含量呈逐渐上升趋势，处理间表现为前期氮肥比例大的处理 N_1 叶绿素含量明显比其他处理高，且增长速率较快。SPAD 值呈现先增后减的趋势。相同施氮量条件下 D_2 的叶绿素含量高于 D_1 与 D_3，分别平均高出 8.7% 和 4.9%。3 个施肥处理间则呈现 $N_1 > N_2 > N_3$ 的趋势。

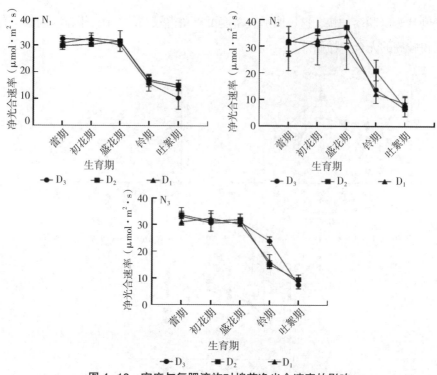

图4-18　密度与氮肥滴施对棉花净光合速率的影响

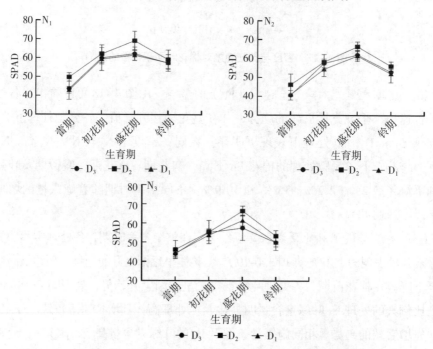

图4-19　密度与氮肥滴施对棉花叶绿素含量的影响

（4）对干物质积累的影响　棉花群体干物质累积量随生育期的推进而逐渐增大（图4-20）。在盛铃期（8月13日）以前，棉花群体干物质累积量均随密度提高而增大；盛铃期（8月13日）以后，同密度下各氮肥群体干物质累积量差异较小，说明提高种植密度可增大棉花群体干物质累积量，但当植棉密度提高到适宜群体后，群体干物质累积量则受种植密度的影响较小。群体干物质 D_1 较 D_2、D_3 处理高，D_2、D_3 差异不明显。相同氮肥处理下密度呈现 $N_1 > N_2 > N_3$ 的趋势。

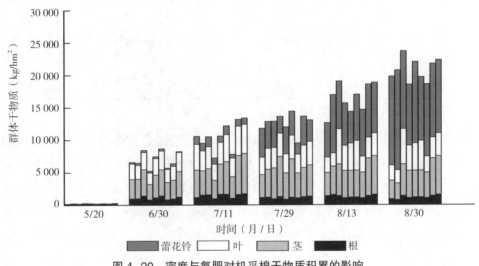

图4-20　密度与氮肥对机采棉干物质积累的影响

（5）对干物质分配的影响　营养器官的干物质分配系数随着生育进程的推进逐渐减小，而生殖器官干物质分配系数则逐渐升高，盛花之前分配系数变化幅度较小，之后生殖器官干物质分配系数大幅度增加，到盛絮期达到最大值（表4-24）。在相同施氮条件下，群体干物质积累量随种植密度的增大而增加。但吐絮期生殖器官所占干物质积累总量的比例表现为 $D_2 > D_3 > D_1$，表明 D_2 密度较 D_1、D_3 处理生殖器官与营养器官分配比例协调。同一生育时期，种植密度影响生殖器官干物质分配比例，总体上表现为中种植密度（D_2）的生殖器官干物质分配系数高于低种植密度（D_3）和高种植密度（D_1）。吐絮期，D_2 的种植密度下棉花的生殖器官分配比例达43.7%、40.9%、38.7%。而各个氮肥处理之间 N_1 生殖器官分配比例较 N_2、N_3 高。生殖器官的干物质分配比例最高，进而获得较高的皮棉产量以及较优的纤维品质，说明适宜种植密度既保证了足够群体，又培育了健壮个体，保持了适宜的干物质分配比例，因而可以获得较优的产量品质。

表 4-24 密度与氮肥滴施对棉花干物质分配含量的影响

氮肥	密度	吐絮期群体干物质积累（kg/hm²）	营养器官干物质分配比（%）	生殖器官干物质分配比例（%）
N_1	D_1	19 778.3	62.5	37.5
	D_2	20 744.6	57.3	43.7
	D_3	23 689.6	60.1	39.9
N_2	D_1	18 532.2	62.9	37.1
	D_2	22 033.2	59.1	40.9
	D_3	23 690.6	62.4	37.6
N_3	D_1	18 611.0	66.7	33.3
	D_2	21 750.8	61.3	38.7
	D_3	22 325.6	65.6	34.4

（6）对棉花产量及构成因素的影响 单铃重有随着密度的增大呈现逐渐减小的趋势，中密度 N_2 的单铃重高于 N_1、N_3。单株结铃数随着密度的增加而减小，N_2、N_3 施氮量下低密度（D_3）单株结铃数显著高于中密度（D_2）和高密度（D_1）。单株结铃数与氮肥滴施比例无显著影响。最大单株结铃数在 $N_1 D_1$ 处获得，说明前期氮肥多有利于植株产生更多的营养器官形成。密度与氮肥对衣分均无显著影响，但 D_2 的衣分高于 D_1、D_3。N_1 处理下籽棉及皮棉产量高于 N_2、N_3。而在同样的氮肥处理下中密度（D_2）的产量高于 D_1 和 D_3，说明降低密度对产量并无影响。

第四节 "宽早优"植棉化学调控

棉花的化学调控是在栽培过程中，应用植物生长调节物质或其他化学物质，对棉株的生长发育进行适当的调节，以改善群体光照条件，减少蕾铃脱落，促进生殖生长，从而提高棉花产量的一项技术措施。"宽早优"棉花进行了相关化学调控研究，取得了相应的科学依据。

一、"宽早优"化学打顶（封顶）调控技术

长期以来，新疆棉区一直采用传统的人工打顶方式。随着我国经济和社会的发展，近年来棉花生产中劳动力缺乏和劳动力价格上涨导致棉花成本居高不下，

植棉效益降低，实现全程机械化成为现代棉花生产发展的必然趋势。新疆棉区棉花生产机械化程度较高，尤其是新疆生产建设兵团，耕地、播种、植保和采收基本实现机械化，唯有打顶环节主要依赖人工，严重制约机械化作业的发展。

近年来，有关化学打顶技术的研究备受关注。化学打顶是指应用植物生长调节剂降低棉花主茎和果枝顶芽的分化速率、抑制上部主茎节间的伸长生长，起到与人工打顶相似的作用。研究表明，化学打顶不会造成产量和品质的显著降低，且在某些条件下会有增产作用。然而，也有研究指出化学打顶棉花空果枝和脱落数增加导致棉花产量较人工减少，且生产中也因发生化学打顶棉田减产而导致化学打顶技术在生产上难以广泛推广使用，新疆棉花打顶仍以人工为主。化学打顶棉花产量表现不一致可能与品种、打顶剂种类、打顶技术及配套栽培措施有关。基于以上因素，王香茹等开展了"宽早优"植棉化学封顶技术的研究，得到如下结果[10]。

（一）适宜化学封顶剂筛选

试验于 2017 年在中国农业科学院棉花研究所新疆胡杨河试验站（新疆兵团第七师 130 团 7 连，北纬 44° 43′，东经 84° 48′）进行，试验采用 76 cm 等行距种植方式，株距 9.8 cm，每公顷 13.4 万株。供试品种（品系，以下称品种）为中早优 1702（杂交组合）和中 641，供试化学打顶剂为氟节胺（浙江禾田化工有限公司研发生产）、金棉（新疆金棉科技有限责任公司生产，以下简称金棉，DPC⁺）、智控专家（北京神农源生物科技发展有限公司生产）、西域金杉（乌鲁木齐碧都农业科技有限责任公司生产）和万佳丰（东立信生物工程有限公司生产）。试验采用裂区设计，品种为主区，打顶处理为裂区，包括 5 种化学打顶剂处理、空白（不打顶）和人工打顶共 7 个处理。人工打顶时间为 6 月 30 日（该地区打顶时间）；6 月 30 日喷施氟节胺 1 号药（1 500 ml/hm²，整枝塑性，仅氟节胺处理的小区），7 月 10 日喷施氟节胺 2 号药（1 200 ml/hm²，封顶）、金棉（750 ml/hm²）、西域金杉（2 250 ml/hm²），万佳丰（750 ml/hm²）和智控专家（750 ml/hm²）各化学打顶剂用量为推荐剂量。试验设 3 次重复，共 42 小区。

1. 不同打顶剂处理对棉株生长的影响

由图 4-21 和图 4-22 可以看出，品种间棉花株高差异较大。中 641 各打顶处理最终平均株高为 95.7 cm，单株果枝数为 15.1 个；中早优 1702 各打顶处理最终平均株高和果枝数分别为 108.3 cm 和 15.6 个，较中 641 株高增加 13.2%，果枝数增加 0.5 个。

与人工打顶相比,化学打顶剂和空白处理棉花株高和果枝数增加(图4-18,图4-19)。人工打顶后9d(7月9日)棉花纵向生长已基本停止,株高和果枝数不变。喷施化学打顶剂后6d(7月16日),各化学打顶剂处理棉花株高较打顶前增加1~3cm,药后6~14d棉花株高基本固定,不再增加。化学打顶剂处理后27d(8月6日),单株果枝数较处理前增加1个左右,较人工打顶增加1~3.5个。空白处理(不打顶)棉花株高和果枝数变化与化学打顶处理一致,且无显著差异。

由图4-21和图4-22可以看出,品种间棉花株高差异较大。中641各打顶处理最终平均株高为95.7cm,单株果枝为15.1个;中早优1702各打顶处理最终平均株高和果枝分别为108.3cm和15.6个,较中641株高增加13.2%,果枝增加0.5个。

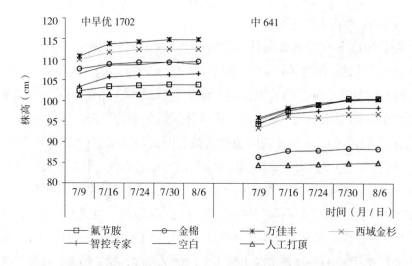

图4-21　化学打顶后0~27d各处理棉花株高的动态变化

与人工打顶相比,化学打顶剂和空白处理棉花株高和果枝数增加(图4-21、图4-22)。人工打顶后9d(7月9日)棉花纵向生长已基本停止,株高和果枝数不变。喷施化学打顶剂后6d(7月16日),各化学打顶剂处理棉花株高较打顶前增加1~3cm,药后6~14d棉花株高基本固定,不再增加。化学打顶剂处理后27d(8月6日),单株果枝较处理前增加1个左右,较人工打顶增加1~3.5个。空白处理(不打顶)棉花株高和果枝数变化与化学打顶处理一致,且无显著差异。

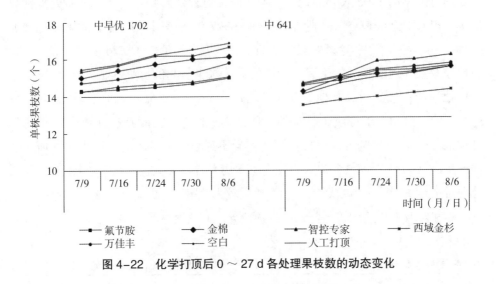

图 4-22 化学打顶后 0 ～ 27 d 各处理果枝数的动态变化

2. 不同打顶剂对棉花产量与产量构成因素的影响

方差分析结果（表 4-25）显示，品种对棉花产量与产量构成因素影响显著。中早优 1702 各打顶处理平均籽棉产量、单位面积收获铃数、铃重和衣分分别为 7 256.1 kg/hm²、136.5 个 /m²、6.4 g 和 45.2%，较中 641 分别显著增产 8.6%（578.8 kg/hm²）、减少 9.7%（14.5 个 /m²）、增加 25.5%（1.3 g）和提高 4.9 百分点。

打顶处理极显著影响籽棉产量和铃重，而对铃数和衣分影响较小。各打顶处理中，空白（不打顶）产量最高，人工打顶略有减少，但差异不显著。与人工打顶相比，化学打顶剂金棉和氟节胺处理籽棉产量分别减少 0.8% 和 2.1%，但差异不显著。化学打顶剂西域金杉、万佳丰和智控专家处理籽棉产量较人工打顶显著减少 2.8%、4.6% 和 5.2%。人工打顶铃重最低，空白对照、金棉和氟节胺处理铃重较人工打顶增加 0.3 ～ 0.4 g，西域金杉、万佳丰和智控专家处理较人工打顶显著增加 0.6 ～ 0.8 g。

品种和打顶处理的互作效应显著影响籽棉产量（表 4-25）。对于中早熟品种中早优 1702，金棉和西域金杉两种打顶剂处理棉花产量与传统人工打顶相当，氟节胺处理较人工打顶产量减少 3%，但差异不显著；万佳丰和空白处理两者产量较人工打顶显著减少 4.5% 和 4.9%；智控专家处理产量最低，较空白和其他化学打顶剂处理减少 2.9% ～ 7.7%，较人工打顶显著减少 7.6%。不同打顶处理对中早优 1702 衣分和铃重影响较小，对铃数影响显著。氟节胺处理铃数最多，较人工打顶和空白分别增加 7.4% 和 27.9%，较其他化学打顶剂处理增加 9.2% ～ 41.2%。智控专家处理铃数最少，较其他处理减少 3.6% ～ 26.2%，表明智控专家处理产量减少主要是铃数的显著减少引起的。中 641 各打顶处理中，空白处理产量最高，较其他处理显著增加 6.5% ～ 12.6%；西域金杉处理产量最低，较空白和人工打顶处理分别减少 11.2% 和 5%。除西域金杉外，其他化学打顶剂处理棉花产量与人工打顶相比差异不显著。中 641 的 5 种化学打顶剂处理产量高低为氟节胺 > 金棉 > 智控专家 > 万佳丰 > 西域金杉。不同化学打顶剂处理对中 641 衣分和铃数影响较小，铃重较人工打顶增加 0.5 ～ 1 g，智控专家、万佳丰和西域金杉处理铃重与人工打顶差异达到显著水平。

表 4-25　品种和打顶处理对棉花产量与产量构成因素的影响（王香茹，2018）

处理		籽棉产量（kg/hm²）	总铃（个/m²）	铃重（g）	衣分（%）
品种	打顶处理				
中早优 1702[#]	氟节胺	7 248.5ab	161.1a	6.3ab	45.3a
	金棉	7 483.5a	118.4bc	6.3ab	45.4a
	万佳丰	7 137.0bc	137.9abc	6.7a	45.8a
	西域金杉	7 434.0a	147.3abc	6.5ab	44.4a
	智控专家	6 906.5c	114.1c	6.5ab	44.5a
	空白	7 110.0bc	126.0abc	6.5ab	45.4a
	人工打顶	7 473.5a	151.0ab	6.0b	45.6a
中 641[#]	氟节胺	6 689.4bc	147.3a	5.2abc	40.4a
	金棉	6 641.0bc	155.4a	5.1abc	40.4a
	万佳丰	6 443.5bc	141.6a	5.3ab	40.4a
	西域金杉	6 400.5bc	133.5a	5.6a	39.7a
	智控专家	6 596.0c	152.3a	5.3ab	40.7a
	空白	7 205.5a	166.7a	4.6bc	40.6a
	人工打顶	6 765.0b	152.9a	4.6c	40.3a
主效应分析品种	中早优 1702	7 256.1a	136.5a	6.4a	45.2a
	中 641	6 677.3b	150.0a	5.1b	40.3b
打顶处理	氟节胺	6 969.0abc	154.2a	5.7abc	42.8a
	金棉	7 062.3ab	136.9a	5.7abc	42.9a

（续表）

处理		籽棉产量 （kg/hm²）	总铃 （个/m²）	铃重 （g）	衣分 （%）
品种	打顶处理				
打顶处理	万佳丰	6 790.2cd	139.7a	6.0a	43.1a
	西域金杉	6 917.3bcd	140.4a	6.1a	42.1a
	智控专家	6 751.2d	133.2a	5.9ab	42.6a
	空白	7 157.7a	146.3a	5.6bc	43.0a
	人工打顶	7 119.3a	152.0a	5.3c	42.9a
变异来源					
品种		**	*	**	**
打顶处理		**	NS	**	NS
品种 × 打顶处理		**	NS	NS	NS

注：#品种和打顶处理的互作效应显著，品种分开单独分析；* 代表 $P<0.05$ 水平差异显著，** 代表 $P<0.01$ 水平差异显著，NS 代表 $P<0.05$ 水平差异不显著。相同小写字母代表 $P<0.05$ 水平差异不显著。

3. 不同化学打顶剂处理对棉花熟性的影响

由图 4-23 可知，品种显著影响棉花熟性。中早优 1702 各处理平均吐絮率在 50% 以上，显著高于中 641（平均为 9.9%）。不同打顶处理之间棉花吐絮率差异均不显著，表明不同打顶处理对棉花熟性影响较小。品种与打顶处理的互作效应也不显著。

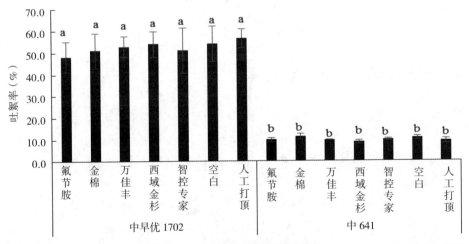

图 4-23　不同打顶处理棉铃吐絮率

注：图中相同字母表示 $P < 0.05$ 水平差异不显著。

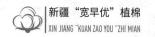

4.不同打顶剂处理对纤维品质的影响

方差分析结果（表4-26）显示，两品种间不同部位棉铃纤维品质均存在显著或极显著差异。中641各处理平均纤维长度和断裂比强度分别为35 mm和34.2 cN/tex（下部）、33.6 mm和34.1 cN/tex（中部）、31.8 mm和32.5 cN/tex（上部），均在"双30"以上；中早优1702各打顶处理的平均纤维长度和断裂比强度分别为32.3 mm和32.2 cN/tex（下部）、32.5 mm和32.4 cN/tex（中部）、29.3 mm和29.6 cN/tex（上部），较中641纤维长度显著减少1.1～2.7 mm，断裂比强度显著降低1.7～2.9 cN/tex。中641中下部棉铃马克隆值显著高于中早优1702，但上部棉铃马克隆值显著低于中早优1702。

由表4-26可知，打顶处理、品种和打顶处理的互作效应对纤维品质的影响均不显著，化学打顶不会造成纤维品质显著降低。

表4-26　品种和打顶处理对棉花纤维品质的影响

处理	下部			中部			上部		
	上半部平均长度（mm）	断裂比强度（cN/tex）	马克隆值	上半部平均长度（mm）	断裂比强度（cN/tex）	马克隆值	上半部平均长度（mm）	断裂比强度（cN/tex）	马克隆值
品种									
中早优1702	32.3 b	32.2 b	4.0 b	32.5 b	32.4 b	4.4 b	29.3 b	29.6 b	4.9 a
中641	35.0 a	34.2 a	4.2 a	33.6 a	34.1 a	4.6 a	31.8 a	32.5 a	4.6 b
打顶处理									
智控专家	33.8 a	33.4 a	4.3 a	32.8 a	33.2 a	4.6 a	29.9 a	30.4 a	4.8 a
万佳丰	33.1 a	33.5 a	4.3 a	33.1 a	32.5 a	4.6 a	30.1 a	31.2 a	4.9 a
西域金杉	33.8 a	32.5 a	4.1 a	33.7 a	34.3 a	4.4 a	31.2 a	31.3 a	4.7 a
氟节胺	33.7 a	32.8 a	4.1 a	33.3 a	33.8 a	4.5 a	30.6 a	30.7 a	4.8 a
金棉	33.6 a	33.9 a	3.9 a	32.9 a	32.9 a	4.6 a	30.9 a	30.7 a	4.7 a
空白	33.3 a	32.7 a	4.0 a	33.2 a	33.2 a	4.6 a	30.7 a	31.7 a	4.9 a
人工打顶	34.2 a	33.7 a	3.9 a	32.4 a	32.9 a	4.5 a	30.4 a	31.4 a	4.6 a
变异来源									
品种	**	**	*	**	**	**	**	**	**
打顶×处理	NS	NS	NS	NS	NS	NS	NS	NS	NS
品种×打顶×处理	NS	NS	NS	NS	NS	NS	NS	NS	NS

试验表明，化学打顶处理棉花株高和主茎叶片数高于人工打顶，但化学打顶前后棉花株高增长不足 5 cm，说明化学打顶能有效调控株型。化学打顶或不打顶处理的棉花纤维品质不低于人工打顶；化学打顶对棉花产量的影响与打顶剂种类和棉花品种有关，对于早熟品种可选氟节胺、金棉和西域金杉，而生育期较长品种可选金棉、氟节胺和万佳丰。金棉和氟节胺处理棉花产量、纤维品质和熟性不低于人工打顶，且品种适应性较广，可在新疆棉区推广应用。

（二）"宽早优"棉花化学打顶效果试验

为提高化学打顶剂增效缩节胺（DPC$^+$）的施药效果，韩焕勇等 2013—2014 连续两年在石河子新疆农垦科学院棉花所试验地进行了增效缩节胺不同剂量化学打顶效果的试验研究[11]。试验采用 76 cm 等行距种植，随机区组设计，DPC$^+$ 施用剂量设 3 个处理为：450 ml/hm^2、750 ml/hm^2、1 050 ml/hm^2，分别用 D$_1$、D$_2$、D$_3$ 表示，以人工打顶作为对照 CK（7 月 8 日左右人工打顶），化学封顶与人工打顶同期处理。小区面积 45.6 m^2，重复 3 次。各处理施肥水平和常规 DPC 应用时间及剂量一致。共随水滴施纯氮（N）300 kg/hm^2、P$_2$O$_5$ 78 kg/hm^2 和 K$_2$O 51kg/hm^2，N 肥来源为尿素，P$_2$O$_5$ 和 K$_2$O 的来源为磷酸二氢钾。每年于头水前、7 月 2—3 日、7 月 9—10 日喷施 37.5 g/hm^2、30 g/hm^2、150 g/hm^2 DPC。其他管理措施同当地大田。吐絮期各小区随机选均匀有代表性的植株 20 株，调查棉花株高（子叶节到最顶端距离）、果枝苔数等农艺性状，调查单株结铃数，收取连续 10 株吐絮铃（整株）并统计铃数，室内考种后得到单铃重和衣分数据。最后对小区实收计产。

1. DPC$^+$ 喷施剂量对棉花农艺性状的影响

试验表明，随 DPC$^+$ 喷施剂量增加，株高和果枝苔数均呈现降低趋势。与 CK 相比，2013 年 D$_1$ 处理株高和果枝苔数分别比 CK 增加 11.4 cm 和 5.4 苔，增幅分别为 17% 和 57.4%，株高和果枝苔数与 CK 相比差异均达显著水平；D$_2$ 处理株高和果枝台数分别增加 7.6 cm 和 4.9 苔，增幅分别为 11.4% 和 52.1%，株高和果枝苔数与 CK 相比差异均达显著水平；D$_3$ 处理果枝苔数较 CK 增加 2.8 苔，增幅为 29.8%，差异达显著水平。2014 年 D$_1$ 处理株高和果枝苔数分别比 CK 增加 9.8 cm 和 5.5 苔，增幅分别为 14.5% 和 61.1%，差异均达显著水平；D$_2$ 处理株高和果枝苔数分别增加 8 cm 和 5.4 苔，增幅分别为 11.8% 和 60%，差异均达显著水平。D$_3$ 处理果枝苔数较 CK 增加 3.6 苔，增幅为 40.0%，差异达显著水

平。可见 DPC$^+$ 在控制棉花株高方面的优势，显著影响了棉花株高和果枝苔数。

2. DPC$^+$ 喷施剂量对棉花产量性状的影响

由表 4-27 表明，针对 DPC$^+$ 设置的 3 个喷施剂量，随着剂量的增加，单株结铃有增加趋势，但单铃重有降低趋势，两年的结果表现一致。在 D$_1$ 条件下，单株结铃要显著低于 CK，D$_3$ 条件下，单株结铃与 CK 差异不显著。单铃重和衣分各处理间差异均不显著。从籽棉和皮棉产量来看，2013 年 CK 产量最高，D$_2$ 剂量处理次之（籽棉、皮棉表现一致）；2014 年 D$_2$ 处理籽棉产量显著高于其他处理，皮棉产量仍是 D$_2$ 处理略高，但 D$_2$ 处理衣分略有降低，D$_1$、D$_3$ 产量与 CK 基本持平。从两年的产量结果来看，D$_2$ 处理的产量略有一定优势，但与 CK 差异不显著。

表 4-27 DPC$^+$ 喷施剂量对棉花产量性状的影响

年份	处理	单株结铃	单铃重（g）	衣分（%）	籽棉产量（kg/hm^2）	皮棉产量
2013	D$_1$	6.1 c	4.9 a	41.3 a	5 318.1 a	2 196.4 a
	D$_2$	6.6 bc	4.8 a	41.0 a	5 857.3 a	2 401.5 a
	D$_3$	7.0 ab	4.7 a	42.0 a	5 537.1 a	2 325.6 a
	CK	7.4 a	4.8 a	41.6 a	5 819.5 a	2 420.9 a
2014	D$_1$	6.3 b	5.0 a	42.3 a	5 156.0 b	2 181.0 b
	D$_2$	6.7 ab	4.9 a	41.3 a	5 887.4 a	2 431.5 a
	D$_3$	7.1 a	4.7 a	42.9 a	5 304.4 b	2 275.6 ab
	CK	7.3 a	4.9 a	42.6 a	5 542.0 ab	2 360.9 ab

注：DPC$^+$，25%DPC 缓释型水乳剂，称为增效 DPC。同一列内不同小写字母表示差异达 0.05 显著水平。

3. DPC$^+$ 喷施剂量对棉花纤维品质的影响

本试验条件下，与 CK 相比，DPC$^+$ 喷施剂量对纤维长度、整齐度和伸长率影响不大，随剂量升高，马克隆值和比强度略有升高，但差异均未达显著水平。

研究结果表明，随 DPC$^+$ 剂量增加，株高和果枝苔数均呈现降低趋势，但单株结铃有增加趋势，单铃重有降低趋势，各处理间纤维品质的差异不大。综合来看，中剂量 750 ml/hm^2 处理籽棉产量和皮棉产量最高。生产中可根据棉花长势，在中剂量的基础上，适当调整 DPC$^+$ 用量，保证施药效益，持续提升棉花简化栽培的潜力。

二、"宽早优"棉花化学脱叶催熟技术

棉花的化学催熟和脱叶是指在生育后期应用人工合成的化合物促进棉铃开裂和叶片脱落，以解决棉花后期晚熟问题和机采棉的含杂问题。用于催熟和脱叶的化合物被称为催熟剂和脱叶剂。需要指出的是，叶片一旦脱落，棉铃即停止发育。脱叶的目的是使叶片死亡并从植株上脱落，要做到这一点，脱叶剂不能立即杀死叶片，而要使它的生命保持足够长的时间以形成离层；如果叶片干燥过快，将附着在植株不能脱落，起不到脱叶目的。为提高脱叶催熟效果，选择适宜的化学脱叶催熟剂和提高施药技术是关键环节，开展其试验研究非常必要。

（一）"宽早优"机采棉适宜化学脱叶催熟剂筛选

为了提高机械采收效率、降低机采棉杂质含量，机采棉田采收前需进行脱叶催熟处理。目前生产上所使用的脱叶催熟剂主要是脱吐隆（噻苯隆和敌草隆复配剂）、噻苯隆及乙烯利的复配剂。然而，脱叶催熟剂的效果受天气条件的影响较大，在不同的地区或者不同时间喷施效果差异较大。为此，王香茹等（2018）开展了不同品系和种植模式下棉花脱叶催熟效果试验，以进一步研究种植模式、品种和脱叶催熟剂种类对脱叶催熟剂效果的影响，并筛选出适宜的脱叶催熟剂，以降低脱叶催熟成本，保证脱叶催熟效果，为新疆棉区"宽早优"机采棉脱叶催熟技术提供科技支撑[12]。试验情况如下。

1. 试验材料与方法

试验于 2017 年在中国农业科学院棉花研究所新疆胡杨河试验站（新疆兵团第七师 130 团 7 连）进行。供试材料为中 641（优质棉材料，生育期 125 d 左右）和中早优 1702（杂交组合，生育期 120 d 左右，果节较短，果枝夹角小，株型紧凑；早熟性好，吐絮畅而集中）。试验采用裂裂区设计，共设 3 次重复。种植模式为主区，分别为 1 膜 6 行（A_1，行距 66+10 cm，株距 19.5 cm）和 1 膜 3 行（A_2，行距 76 cm，株距 9.8 cm）2 种模式；品种为裂区，包括中 641 和中早优 1702 两个品系；脱叶催熟剂处理为裂裂区，设 5 个脱叶催熟剂处理和空白对照（表 4-28）。试验小区行长 7.2 m，宽 2.28 m，小区面积 16.41 m^2，播种密度为 13.5 万株 /hm^2。于 9 月 7 日用背负式喷雾器人工喷施脱叶催熟剂，药液用量为 600 L/hm^2。

表 4-28　棉花脱叶催熟剂处理

处理代号	脱叶催熟剂种类	每公顷药剂用量	有效成分含量
脱吐隆	噻苯·敌草隆（540 g/L SC）+乙烯利（40% AS）	180 ml+1 500 ml	97.2 g+600 L
脱净	噻苯·敌草隆（540 g/L SC）+乙烯利（40% AS）	180 ml+1 500 ml	97.2 g+600 ml
棉爽	噻苯·敌草隆（540 g/L SC）+乙烯利（40% AS）	180 ml+1 500 ml	97.2 g+600 ml
朝越	噻苯·敌草隆（540 g/L SC）+乙烯利（40% AS）	180 ml+1 500 ml	97.2 g+600 ml
欣噻利	噻苯·乙烯利（50% SC）	1 800 ml	180 g+720 ml
对照	空白（未处理）	—	—

2. 脱叶催熟的影响和效果

（1）对脱叶率和吐絮率的影响　方差分析结果（表 4-29）表明，种植模式不影响施药前棉株叶片数以及药后 10 d、20 d 脱叶率，但药后 5 d 76 cm 等行距种植的脱叶率显著低于（66+10）cm 种植模式，这可能是由于宽行距下棉花个体较大，上部果枝幼叶较多，叶片活力旺盛对脱叶剂敏感性较差，导致叶片叶柄离层形成较晚，叶片脱落所需时间较长。两个品系间施药前叶片数、药后 5 d 和药后 20 d 脱叶率差异不显著；而药后 10 d 中 641 脱叶率较中早优 1702 显著高 9.8 百分点，这可能跟中 1702 的生长特性有关。中早优 1702 为早熟品系且果枝紧凑、果节较短，生长后期二次生长较中 641 旺，果枝赘芽较多且被吐絮棉铃遮挡不易着药，因而导致脱叶较慢。脱叶催熟剂处理对药后 5 d、10 d 和 20 d 的脱叶率影响显著，但种植模式、品系和脱叶剂处理间没有互作。

药后 5 d、10 d 和 20 d，各脱叶催熟药剂处理的脱叶率均高于对照（表 4-29）。药后 5 d，空白对照脱叶率仅为 16.6%，而各药剂处理脱叶率在 40%～56%；药后 10 d，空白对照脱叶率不到 30%，各药剂处理脱叶率在 65%～82%；药后 20 d 左右，空白对照脱叶率为 40.6%，各药剂处理脱叶率均高于70%，显著高于空白对照。5 种脱叶催熟剂处理中欣噻利处理脱叶率最高，显著高于其他药剂处理（药后 5 d 脱吐隆除外）。药后 20 d 左右，各处理脱叶率表现为欣噻利>朝越>脱吐隆>棉爽>脱净>空白对照。

方差分析结果（表 4-29）表明，种植模式和品系显著影响施药当天（0 d）吐絮率，但两者互作效应不显著，其中 76 cm 等行距模式下棉花吐絮率显著高于（66+10）cm 种植模式（高 13.9 百分点），说明等行距宽行种植有利于提高棉花早熟性。中早优 1702 早熟性较好，施药当天（药后 0 d）吐絮率较中 641 高

39.9百分点。药后5～20 d，各种植模式和品系之间吐絮率差异不显著。脱叶剂处理对药后5 d和10 d的吐絮率影响不显著，但药后20 d脱叶催熟剂处理棉铃吐絮率显著高于空白对照，且吐絮率在94.5%～96.8%，满足机采的要求。各处理吐絮率表现为欣噻利>脱吐隆>脱净>朝越>棉爽>空白对照。种植模式、品系和脱叶催熟剂处理之间没有互作。

表4-29 脱叶催熟剂处理对棉花脱叶率和吐絮率的影响（王香茹，2018）

		施药当天叶片数	脱叶率（%）			吐絮率（%）			
			5d	10d	20d	0d	5d	10d	20d
种植模式	A₁（66+10）cm	43.5 a	42.6 a	65.8 a	72.6 a	42.5 b	66.2 a	84.5 a	96.5 a
	A₂ 76 cm 等行距	53.7 a	39.3 b	62.9 a	69.6 a	56.4 a	73.0 a	84.6 a	93.9 a
品系	中641	45.4 a	43.2 a	69.2 a	75.4 a	29.5 b	52.2 a	72.8 a	91.1 a
	中早优1702	51.8 a	38.8 a	59.4 b	66.8 a	69.4 a	87.0 a	96.3 a	99.3 a
脱叶催熟剂	脱吐隆	51.1 a	51.6 a	71.4 b	77.2 bc	48.1 a	65.9 a	82.7 a	96.8 a
	脱净	45.3 a	39.6 b	65.8 b	71.6 c	48.5 a	70.6 a	86.5 a	95.8 ab
	棉爽	50.5 a	40.0 b	65.8 b	72.6 c	49.1 a	71.4 a	84.7 a	94.5 ab
	朝越	48.9 a	42.6 b	72.8 b	79.1 b	50.5 a	70.9 a	84.0 a	95.1 ab
	欣噻利	46.6 a	55.4 a	81.5 a	85.5 a	47.6 a	71.7 a	88.3 a	97.1 a
	对照	49.1 a	16.6 c	28.5 c	40.6 d	52.8 a	66.9 a	81.0 a	91.9 b
变异来源	模式	0.091	0.008	0.071	0.257	0.045	0.523	0.991	0.428
	品系	0.294	0.104	0.023	0.060	0.013	0.071	0.073	0.086
	脱叶催熟剂	0.345	0.000	0.000	0.000	0.589	0.856	0.582	0.019
	模式 × 品系	0.650	0.946	0.465	0.467	0.349	0.606	0.629	0.382
	模式 × 脱叶催熟剂	0.109	0.585	0.882	0.688	0.612	0.457	0.447	0.461
	品系 × 脱叶催熟剂	0.306	0.297	0.352	0.446	0.658	0.638	0.270	0.063
	模式 × 品系 × 脱叶催熟剂	0.803	0.613	0.698	0.228	0.370	0.812	0.511	0.425

注：同列同一因素数据后的不同字母代表在0.05水平差异显著；A₁，行距（66+10）cm，株距19.5 cm，1膜6行；A₂，行距76 cm，株距9.8 cm，1膜3行。

（2）对产量性状的影响 由表4-30可知，种植模式对籽棉产量、铃重和衣分影响较小，显著影响了单株铃数。76 cm等行距种植模式单株铃数较（66+10）cm种植模式增加3.2个。品系对产量和产量构成因素的影响显著（单株铃数除外），中早优1702各处理平均籽棉产量较中641高17.1%，铃重高1.3 g，衣分提高5.9百分点。脱叶催熟剂处理对棉花产量和产量构成因素影响较小，但籽棉产量和单株铃数较对照有增加趋势。欣噻利处理籽棉产量最高，较对照增加4.5%，

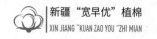

较其他脱叶催熟剂处理增产 1.2% ～ 3.9%。种植模式、品系和脱叶催熟剂处理之间没有互作。

表 4-30 脱叶催熟剂对产量和产量构成因素的影响

	处理	籽棉产量（kg/hm²）	单株铃数（个）	铃重（g）	衣分（%）
种植模式	A₁（66+10）cm	6 837.0 a	12.1 b	5.4 a	41.8 a
	A₂ 76cm 等行距	6 687.3 a	15.3 a	5.5 a	42.1 a
品系	中 641	6 229.3 b	14.1 a	4.8 b	39.0 b
	中早优 1702	7 295.0 a	13.3 a	6.1 a	44.9 a
	脱叶催熟剂				
	脱吐隆	6 842.4 a	14.5 a	5.4 a	41.7 a
	脱净	6 820.4 a	12.9 a	5.3 a	42.0 a
	棉爽	6 667.6 a	14.5 a	5.6 a	41.8 a
	朝越	6 689.6 a	13.7 a	5.4 a	41.8 a
	欣噻利	6 927.0 a	13.7 a	5.5 a	42.4 a
	对照	6 625.9 a	12.9 a	5.5 a	41.9 a
变异来源	模式	0.276	0.000	0.713	0.306
	品系	0.001	0.157	0.000	0.000
	脱叶催熟剂	0.269	0.264	0.399	0.162
	模式 × 品系	0.066	0.273	0.047	0.161
	模式 × 脱叶催熟剂	0.664	0.901	0.089	0.640
	品系 × 脱叶催熟剂	0.160	0.402	0.501	0.630
	模式 × 品系 × 脱叶催熟剂	0.114	0.949	0.336	0.246

注：同列同一因素数据后不同字母代表在 0.05 水平差异显著；A₁：行距（66+10）cm，株距 19.5 cm，1 膜 6 行；A₂：行距 76 cm，株距 9.8 cm，1 膜 3 行。

（3）脱叶催熟剂处理对纤维品质的影响 由方差分析结果（表 4-31）可知，种植模式对中、上部铃纤维品质影响较小，而品系效应显著。中 641 纤维长度和强度分别为 34 mm 和 33.7 cN/tex（中部铃）、32.3 mm 和 32.6 cN/tex（上部铃），较中早优 1702 分别显著增加 1.3 mm 和 1.2 cN/tex、2.4 mm 和 3.3 cN/tex。种植模式和品系没有互作效应。

脱叶催熟剂处理对纤维品质影响较小，喷施脱叶催熟剂不会造成纤维品质的显著降低（表 4-31）。然而，脱叶催熟剂对纤维品质的影响效应显著受到种植模式和品系以及二者之间互作效应的影响。种植模式和脱叶催熟剂的互作效应显著影响中上部铃纤维长度、中部铃马克隆值和伸长率以及上部铃纤维整齐度指数。例如，对于中部棉铃，（66+10）cm 行距种植模式下，脱吐隆处理平均纤维最长，欣噻利处理最短，而在 76 cm 等行距种植模式下正相反。而对上部棉铃，（66+10）cm 行距种植模式下，脱净处理平均纤维长度最长，显著高于其他处理，脱吐隆处理最短；76 cm 等行距种植模式欣噻利处理平均纤维最长，显著高于其他处理，脱吐隆处理纤维最短（表 4-32）。品系和脱叶催熟剂互作显著影响上部铃纤维强度和整齐度指数。脱净处理的中 641 纤维强度最高，而欣噻利处理的中早优 1702 平均纤维强度最高。种植模式、品系及脱叶催熟剂三者的互作效应显著影响上部铃整齐度指数。（66+10）cm 行距种植模式下，中 641 棉爽处理纤维整齐度最低，而空白对照整齐度最高。

表 4-31　脱叶催熟剂处理对棉铃纤维品质的影响

处理	中部铃					上部铃				
	上半部平均长度（mm）	整齐度指数（%）	断裂比强度（cN/tex）	马克隆值	伸长率（%）	上半部平均长度（mm）	整齐度指数（%）	断裂比强度（cN/tex）	马克隆值	伸长率（%）
种植模式 A₁（66+10）cm	33.5 a	85.5 a	33.2 a	4.5 a	6.9 a	31.2 a	84.9 a	31.0 a	4.7 a	6.7 a
模式 A₂ 76 cm 等行距	33.2 a	85.4 a	33.0 a	4.7 a	6.9 a	31.0 a	84.8 a	30.9 a	4.8 a	6.7 a
品系 中 641	34.0 a	85.1 a	33.7 a	4.8 a	6.9 a	32.3 a	84.6 a	32.6 a	4.6 b	6.7 a
中早优 1702	32.7 b	85.8 a	32.5 b	4.4 b	6.9 a	29.9 b	85.1 a	29.3 b	4.9 a	6.7 a
脱叶催熟剂 脱吐隆	33.5 a	85.3 a	33.5 a	4.6 a	6.9 a	30.6 a	84.9 a	30.8 a	4.7 a	6.7 a
脱净	33.4 a	85.4 a	33.1 a	4.6 a	6.9 a	31.7 a	84.8 a	31.2 a	4.7 a	6.8 a
棉爽	33.0 a	85.4 a	32.9 a	4.7 a	6.9 a	31.0 a	85.0 a	30.9 a	4.7 a	6.7 a
朝越	33.3 a	85.6 a	32.7 a	4.6 a	6.9 a	31.5 a	84.7 a	31.3 a	4.8 a	6.7 a
欣噻利	33.2 a	85.2 a	33.5 a	4.6 a	6.9 a	31.0 a	85.1 a	31.0 a	4.8 a	6.7 a
CK	33.5 a	85.8 a	33.2 a	4.7 a	6.9 a	30.9 a	84.7 a	30.6 a	4.8 a	6.6 a
变异来源 模式	0.665	0.309	0.491	0.053	0.757	0.182	0.623	0.661	0.419	0.562
品系	0.054	0.068	0.057	0.004	0.367	0.006	0.083	0.000	0.051	0.923
脱叶催熟剂	0.572	0.520	0.495	0.628	0.671	0.077	0.780	0.633	0.847	0.355
模式 × 品系	0.847	0.102	0.644	0.739	0.489	0.690	0.863	0.768	0.783	0.376
模式 × 脱叶催熟剂	0.010	0.080	0.701	0.030	0.043	0.008	0.013	0.174	0.225	0.112
品系 × 脱叶催熟剂	0.076	0.937	0.295	0.618	0.118	0.059	0.034	0.006	0.151	0.495
模式 × 品系 × 脱叶催熟剂	0.276	0.874	0.340	0.817	0.146	0.410	0.001	0.213	0.721	0.263

注：同列同一因素数据后不同字母代表在 0.05 水平差异显著；A₁：行距（66+10）cm，株距 19.5 cm，1 膜 6 行；A₂：行距 76 cm，株距 9.8 cm，1 膜 3 行。中部铃：第 5～8 果枝铃；上部铃：第 9 及以上果枝铃。

本试验证明，76 cm 等行距模式下棉花吐絮率显著高于（66+10）cm 种植模式（高 13.9 百分点），说明等行距宽行种植有利于提高棉花早熟性。喷施欣噻利棉花脱叶和催熟效果最好。药后 20 d 左右，脱叶率和吐絮率分别达到 85% 和 97%；籽棉产量为 6 927 kg/hm^2，比对照增产 4.5%，较其他脱叶催熟剂处理增产 1.2% ~ 4%。欣噻利处理与其他脱叶催熟剂处理纤维品质间的差异较小，且与对照相比纤维品质未显著降低。因此，综合考虑对脱叶率和吐絮率以及棉花产量和纤维品质的影响，欣噻利可在新疆棉区进行推广应用[10]。

表 4-32　种植模式、品系和脱叶催熟剂种类对中、上部铃纤维品质的影响

种植模式		脱叶催熟剂	中部铃		上部铃		
			上半部平均长度（mm）	马克隆值	上半部平均长度（mm）	整齐度指数（%）	断裂比强度（cN/tex）
（66+10）cm	中641	脱吐隆	34.8 a	4.9 abc	31.4 bc de	83.6 e	33.4 abc
		脱净	34.0 ab	4.6 abcdef	34.6 a	85.8 abc	33.6 ab
		棉爽	34.9 a	4.9 abc	32.4 b	83.4 e	32.0 abcde
		朝越	33.2 ab	4.6 abcdef	31.7 bc de	84.7 abc de	32.3 abcd
		欣噻利	32.9 ab	4.6 bcdefg	32.3 b	84.3 bcde	32.3 abcd
		对照	34.3 ab	4.8 abc	31.9 bcd	86.2 a	32.4 abcd
	中早优1702	脱吐隆	33.6 ab	4.3 efg	29.9 defg	85.2 abcd	29.4 ghij
		脱净	33.2 ab	4.3 fg	31.1 bcdef	83.8 de	29.1 hij
		棉爽	32.3 ab	4.5 cdefg	29.4 fg	85.5 abc	28.6 ij
		朝越	32.5 ab	4.5 cdefg	30.3 cdefg	85.7 abc	30.1 efghij
		欣噻利	32.7 ab	4.2 g	29.8 efg	85.5 abc	29.2 hij
		对照	32.9 ab	4.3 defg	30.2 cdefg	85.5 abc	29.9 fghij
76 cm	中641	脱吐隆	32.6 ab	4.7 abcd	31.2 bcdef	84.9 abcde	31.8 bcdef
		脱净	34.1 ab	5.0 ab	32.4 b	84.1 cde	34.0 a
		棉爽	34.5 ab	4.7 abcde	32.8 ab	85.6 abc	33.3 abc
		朝越	34.2 ab	5.0 ab	32.9 ab	84.1 cde	32.5 abcd
		欣噻利	34.4 ab	5.0 a	32.6 ab	84.1 cde	32.6 abcd
		对照	33.5 ab	4.7 abcde	32.0 bc	84.5 bcde	31.5 cdefg
	中早优1702	脱吐隆	32.9 ab	4.3 defg	29.7 efg	85.9 ab	28.8 ij
		脱净	32.4 ab	4.6 abcdef	28.7 g	85.5 abc	28.1 j
		棉爽	32.4 ab	4.6 bcdefg	29.1 g	84.3 bcde	28.4 ij
		朝越	32.1 b	4.7 abcdef	29.1 g	85.6 abc	28.6 ij
		欣噻利	33.4 ab	4.5 cdefg	31.2 bcdef	84.7 abcde	30.9 defgh
		对照	32.2 b	4.3 defg	30.0 cdefg	84.1 cde	30.2 efghi

注：同列数据后不同字母代表在 0.05 水平差异显著；中部铃：第 5 ~ 8 果枝铃；上部铃：第 9 及以上果枝铃。

（二）"宽早优"与"矮密早"种植模式脱叶催熟效果对比

为探讨"宽早优"与"矮密早"种植模式的脱叶催熟效果，王香茹于2018年在北疆胡杨河试验站开展试验。设置种植模式"矮密早"（66+10）cm 1膜6行和"宽早优"76 cm等行距1膜3行，理论密度均为13.5万株/hm²；脱叶催熟时间（9月3日、9月10日和9月17日）和脱叶催熟剂用量（M_1，112.5 kg/hm²脱吐隆+1 125 kg/hm²乙烯利；M_2，225 kg/hm²脱吐隆+1 500 kg/hm²乙烯利；M_3，337.5 kg/hm²脱吐隆+1 875 kg/hm²乙烯利；M_0，分两次喷施，第一次喷112.5 kg/hm²脱吐隆+1 125 kg/hm²乙烯利，5d后喷225 kg/hm²脱吐隆+1 500 kg/hm²乙烯利），研究处理前后棉花叶片数和吐絮数变化，探明种植模式是否会影响脱叶催熟效果以及不同的施药时间和脱叶催熟剂用量对脱叶催熟效果的影响。

1. 对催熟效果的影响

种植模式显著影响单株铃数，76 cm等行距种植显著高于（66+10）cm模式（表4-33）。种植模式对吐絮率的影响较小，不同模式间差异不显著。喷药前，两种模式吐絮率一致，处理后15 d和20 d，两种模式的吐絮率出现显著差异，（66+10）cm模式较等行距高7.3和6.7百分点。

脱叶催熟时间显著影响催熟效果（表4-33）。9月3日（T_1）喷施脱叶催熟剂，药后0～20 d吐絮率由1.5%增加到66.8%，推迟喷施脱叶催熟到9月10—17日，棉田吐絮率显著提高，施药当天吐絮率较T_1显著提高16.6～30.1百分点。药后5 d，T_1和T_2处理吐絮率较施药前高15.5百分点和9.1百分点，T_3处理8.5百分点，且吐絮率显著高于T_1和T_2，说明推迟催熟时间有利于提高催熟效果，这可能跟铃龄有关。药后20 d，T_3吐絮率为91.5%，显著高于T_1（66.8%）和T_2（75.6%），说明推迟脱叶催熟剂喷施时间，最终催熟效果受到显著影响。

从表4-33中可以看出，增加脱叶催熟剂剂量（1050～1350 ml/hm²乙烯利）有提高棉田吐絮率的趋势，但差异并不显著。

表4-33　种植模式、脱叶催熟剂喷施时间和药剂用量对吐絮率的影响

	处理	总铃数	药后0 d	药后5 d	药后10 d	药后15 d	药后20 d
模式	66+10 cm	11.2 b	17.1 a	29.5 a	44.6 a	64.2 a	81.3 a
	76 cm	12.2 a	17.1 a	26.0 a	41.3 a	56.9 b	74.6 b

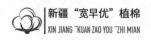

（续表）

	处理	总铃数	药后0 d	药后5 d	药后10 d	药后15 d	药后20 d
喷药时间	T$_1$	11.3 a	1.5 c	17.0 c	35.3 b	44.9 c	66.8 c
	T$_2$	12.1 a	18.1 b	27.2 b	36.6 b	60.7 b	75.6 b
	T$_3$	11.7 a	31.6 a	39.1 a	56.9 a	76.2 a	91.5 a
药剂用量	M$_0$	11.6 a	15.5 a	23.5 a	37.9 a	54.8 b	75.4 a
	M$_1$	12.0 a	17.1 a	26.1 a	42.6 a	59.1 ab	75.6 a
	M$_2$	11.3 a	19.2 a	32.5 a	46.3 a	63.0 ab	79.5 a
	M$_3$	11.8 a	16.6 a	28.9 a	44.9 a	65.4 ab	81.3 a
方差分析	模式	0.019	0.988	0.309	0.422	0.030	0.004
	喷药时间	0.247	0.000	0.000	0.000	0.000	0.000
	药剂用量	0.597	0.834	0.265	0.469	0.116	0.172
	模式 × 时间	0.632	0.351	0.305	0.700	0.409	0.486
	模式 × 剂量	0.413	0.860	0.815	0.845	0.977	0.920
	脱叶时间 × 剂量	0.749	0.939	0.894	0.910	0.788	0.384
	模式 × 时间 × 剂量	0.426	0.479	0.553	0.857	0.729	0.206

2. 对脱叶效果的影响

由方差分析（表4-34）可知，种植模式对脱叶催熟处理前单株叶片数的影响不显著，对药后5～20d的脱叶率影响不显著。

脱叶催熟时间对单株叶片数的影响较大（$P<0.05$），9月3日喷施脱叶催熟剂时，单株叶片数为24～31.3，9月17日时喷施单株叶片数为24，显著减少7.3片叶（与9月3日相比）。9月10日（T$_2$）喷施脱叶催熟剂，药后5 d脱叶率最高，提前到9月初（T$_1$，9月3日），脱叶率显著降低8.8百分点，推迟到9月17日喷施，脱叶降低19.5百分点，差异不显著。药后10～20 d，不同喷施时间脱叶率差异较小。

脱叶催熟剂剂量极显著影响脱叶率（$P<0.01$）。中剂量M$_2$（150 ml/hm^2 脱吐隆 +1 200 ml/hm^2 乙烯利）和高剂量M$_3$（225 ml/hm^2 脱吐隆 +1 350 ml/hm^2 乙烯利）脱叶率在药后5～20 d均无显著差异，与低剂量M$_1$（75 ml/hm^2 脱吐隆 +1 050 mL/hm^2 乙烯利）相比，除药后5 d外，药后10～20 d均达到显著差异，药后20 d，中高剂量处理较低剂量显著高3.7百分点和4.4百分点。可见，

随着脱叶催熟剂剂量的增加，脱叶率显著增加，脱叶效果较好，但需要控制在一定范围。

表4-34　种植模式、脱叶催熟剂喷施时间和药剂用量对脱叶率的影响

处理		叶片数	脱叶率（%）			
			药后 5 d	药后 10 d	药后 15 d	药后 20 d
模式	66+10 cm	27.9 a	46.4 a	72.5 a	80.0 a	84.1 a
	76 cm	29.2 a	46.9 a	72.9 a	81.1 a	85.9 a
喷药时间	T_1	30.3 a	47.3 b	74.2 a	79.0 a	84.8 ab
	T_2	31.3 a	56.1 a	73.3 a	81.5 a	86.4 a
	T_3	24.0 b	36.6 c	70.5 a	8.01 a	83.7 b
药剂用量	M_0	28.8 a	39.1 b	73.8 a	85.9 a	90.7 a
	M_1	29.7 a	47.0 a	68.7 b	75.7 c	80.4 c
	M_2	27.6 a	49.8 a	73.4 a	79.9 b	84.1 b
	M_3	28.1 a	50.6 a	74.8 a	80.6 b	84.8 b
方差分析	模式	0.162	0.784	0.820	0.353	0.072
	喷药时间	0.000	0.000	0.107	0.191	0.103
	药剂用量	0.403	0.001	0.024	0.000	0.000
	模式 × 时间	0.505	0.698	0.156	0.156	0.303
	模式 × 剂量	0.268	0.338	0.458	0.058	0.217
	脱叶时间 × 剂量	0.705	0.069	0.016	0.004	0.017
	模式 × 时间 × 剂量	0.276	0.106	0.839	0.367	0.814

3. 对产量和产量构成因素的影响

方差分析结果（表4-35）显示，种植模式对铃重、衣分、皮棉产量和籽棉产量均无显著影响。等行距种植模式籽棉产量 6 072.2 kg/hm²，较宽窄行模式提高 2.6%（154.4 kg/hm²）。脱叶催熟时间和药剂用量会对棉花产量及产量构成因素产生一定影响。种植模式、喷药时间及药剂用量均无互作效应。

表4-35　对产量和产量构成因素的影响

处理		籽棉产量（kg/hm²）	皮棉产量（kg/hm²）	铃重（g）	铃数（个/m²）	衣分（%）
模式	66+10 cm	5 917.8 a	2 342.1 a	4.0 a	174.2 a	39.5 a
	76 cm	6 072.2 a	2 354.8 a	4.0 a	176.7 a	38.7 a

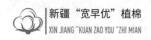

（续表）

处理		籽棉产量 （kg/hm²）	皮棉产量 （kg/hm²）	铃重 （g）	铃数 （个/m²）	衣分 （%）
喷药 时间	T₁	5 847.9 a	2 273.7 a	3.9 a	171.1 a	38.8 a
	T₂	6 084.2 a	2 371.2 a	4.0 a	181.9 a	38.9 a
	T₃	6 052.8 a	2 400.3 a	4.0 a	173.3 a	39.6 a
药剂 用量	M₀	5 960.0 a	2 305.3 a	3.9 a	171.3 a	38.6 a
	M₁	6 002.6 a	2 328.8 a	4.1 a	177.6 a	38.7 a
	M₂	6 070.1 a	2 409.2 a	4.0 a	170.0 a	39.7 a
	M₃	5 947.2 a	2 350.3 a	3.9 a	182.8 a	39.5 a
方差 分析	模式	0.303	0.865	0.697	0.637	0.058
	喷药时间	0.376	0.356	0.245	0.233	0.252
	药剂用量	0.936	0.785	0.225	0.312	0.140
	模式×时间	0.585	0.849	0.342	0.363	0.661
	模式×剂量	0.982	0.996	0.155	0.897	0.887
	脱叶时间×剂量	0.976	0.952	0.318	0.213	0.466
	模式×时间×剂量	0.885	0.943	0.761	0.100	0.919

第五节 群体调控模型

"宽早优"棉花经过一系列栽培及调控措施，塑造了实现优质、高产、高效的群体模型，包括群体的生育进程模型、叶面积动态模型、温光效应模型、优质棉铃时空分布模型等，其模型具有相对的"模型"特征。对群体模型进行科学分析，旨在为"宽早优"植棉技术推广提供支持。

一、生育进程模型

1. 模型内容

以单产皮棉 2 700 kg/hm² 左右、优质棉 90% 以上为例。产量构成为播种密度 13.5 万～15 万株/hm²，收获株数 12 万株左右，单株成铃 11～15 个，公顷总铃数 132 万～158 万个，单铃重 5～6 g。其生育进程（膜下滴灌方式）模型为：播种期，4 月 5 日至 4 月 20 日；出苗期，4 月 15 日至 4 月底；现蕾期，5 月 20 日至 6 月初；开花期，6 月下旬至 7 月初；吐絮期，8 月下旬至 9 月 10 日。

力争实现 4 月苗，5 月蕾，6 月花，7 月铃，8 月絮的生育进程。

生育期长势长相如下。

（1）苗期　壮苗早发，生长稳健、敦实，阶段生育期 30 d 左右，主茎日生长量 0.5 ～ 0.7 cm，主茎高度 15 cm 左右，节间长度不超过 3 cm，主茎叶片数 5 片。

（2）蕾期　生长稳健，根系发达，早蕾不落，第一果枝着生节位 5 ～ 6 节，5 月底现蕾，6 月见花，生育天数 25 d 左右，主茎日生长量 0.8 ～ 1 cm，主茎高度 45 cm 左右，主茎叶片数 12 ～ 13 片。

（3）花铃期　初花期稳长，盛花结铃期生长势强，后期不早衰，吐絮不贪青，生育期 60 d 左右；初花到打顶主茎日生长量 1.3 ～ 1.5 cm，打顶后保证株高 80 ～ 90 cm，果枝苔数 9 ～ 12 苔，主茎叶片数 14 ～ 17 片。

2. 模型分析

（1）模型创建原则　以生态条件为基础，充分利用热量、光照等环境资源，特别是挖掘生育期间前期和后期的潜能，拓展有效开花结铃期；强化花铃期调控，提高高能期结铃强度，使群体高效结铃期与温光高能期同步，最大限度促进多结铃、结大铃、集中成铃吐絮。

（2）模型的核心　早发、早熟，集中成熟吐絮，不早衰；温、光等生态资源和生产条件高效利用。

（3）模型创建关键措施　以"'宽早优'模式＋优质良种"形成的综合技术体系，最大限度延长开花结铃的高能转化期。

二、叶面积动态模型

叶片是棉花进行光合作用和物质生产的主要器官，叶面积系数 LAI（指单位土地面积上的绿叶面积与土地面积的比值）是反映棉田群体大小和群体生产力的重要指标。建立叶面积动态模型，对提高光合效率、促进优质高产具有重要意义。

1. 模型内容

单产皮棉 3 000 kg/hm² 左右，棉田叶面积指数如下。

常规棉：苗期（出苗期至现蕾前）0.04 ～ 0.45；蕾期 0.7 ～ 1.2；初花期 2.4 ～ 3.1；盛花期 3.6 ～ 4.1；盛铃期 3.9 ～ 4.4；初絮期 2.5 ～ 2.8；盛絮期 0.4 ～ 0.5。

杂交棉：苗期（出苗期至现蕾前）0.03 ～ 0.36；蕾期 0.4 ～ 0.9；初花期

2.7～3.2；盛花期3.5～4.4；盛铃期4.8～5.1；初絮期2.5～3.5；盛絮期0.4～0.6。

超高产棉田普通棉和杂交棉叶面积指数模拟模型分别为：

常规棉：$y=5.139 \times \exp \left[-0.5 \times \left[(x-92.189)/21.433 \right]^2 \right]$

杂交棉：$y=5.562 \times \exp \left[-0.5 \times \left[(x-93.454)/23.751 \right]^2 \right]$

式中，$\exp=2.718$，是自然对数的底数；x为出苗后天数。

随着叶面积动态变化，群体结构要达到如下条件：盛花期棉行上封下不封，中间一条缝，地面可见零星光斑，光斑面积不少于5%；盛铃期红花上顶的时间，北疆7月25日至7月28日，南疆8月1日前后；吐絮期随吐絮铃位的上升，叶片逐渐枯黄或脱落，但"黄叶位，不过絮"（黄叶的叶位不超过吐絮的叶位）。

2.模型分析

（1）动态规律 棉花叶面积指数（LAI）研究表明，不同类型棉花品种的主要生育时期叶面积指数有一定差异，株型较紧凑的品种与株型较松散的品种在现蕾期至盛花期叶面积指数无明显差异；自盛铃期起，株型较松散品种的叶面积指数逐渐增大，吐絮期依然保持在较高水平。不同产量水平下的棉花叶面积指数变化也不相同，皮棉产量2 550 kg/hm²的棉花，盛铃期株型较紧凑品种的LAI为3.9～4，大叶株型较松散品种的LAI为4.1～4.4。棉花生长发育过程中，保持冠层不同层次间的叶面积均匀分布，使群体内光分布合理，进而提高群体光合效能，显著促进生物量的增加，尤其在生育后期，叶片衰老缓慢，脱叶或者失绿较少，群体绿叶面积持续维持在较高水平，充足的光合面积及较高的光合效能有助于超高产的形成。

（2）叶色变化 随着叶面积的变化，与光合速率密切相关的叶色（叶色深浅可反映叶片内叶绿素含量），也表现出规律性变化：苗期淡，现蕾期前浓；现蕾期淡，盛蕾期浓；开花—盛花期淡，盛铃期浓；吐絮期淡。其中，苗期随着营养生长的加强，叶色逐渐加深，现蕾前达到高峰；现蕾期，营养物质加快向生殖器官输送，叶色出现短暂的转淡，随着营养生长的进一步加强，叶色又迅速转浓，盛蕾—初花期，叶色达到最深；初花后，随着生殖器官对营养的大量消耗，叶色再次转淡，盛铃期后，为了保证生殖器官对营养的大量需求，营养生长再次加强，叶色又转浓；吐絮期，随着棉株的衰老，叶色相继落黄。

（3）"宽早优"超高产叶面积特点 一是透光性好的品种可容纳的叶面积系

数较大，如鸡脚叶型的标杂 A1，由于叶裂深，透光性好，叶片上举，其叶面积系数最大值可达到 5 以上。其种植密度在 15 万株 /hm² 时，前期增长慢，盛蕾后上升较快，其变化动态为：现蕾期、盛铃期、开花期、盛花期和盛铃期叶面积系数依次为 0.44、1.31、3.68、4.02 和 4.28；二是普通棉花在 21 万～27 万株 /hm² 的密度范围内，其叶面积指数也存在前期增长慢，盛蕾期后上升较快的特点，其最大值可达到 4.3。但各生育阶段的值均小于杂交棉。其叶面积指数的变化动态为：苗期、现蕾期、盛蕾期、开花期、盛花期和盛铃期依次为 0.07～0.1、0.4～0.46、0.8～1.1、2.8～3.2、3.7～4.1 和 4～4.3。三是在同样条件下，"宽早优"棉田较矮密早棉田可容纳较大的叶面积指数，尤其是在高产、超高产条件下更为明显，这与"宽早优"棉株拓高、群体叶面积分布合理、光合速率提高有关，也是"宽早优"棉花有利于夺取高产、超高产的生理原因。四是"宽早优"棉花盛铃期后叶面积下降慢，有效结铃期内较大的光合面积保证了后期棉铃的营养物质供应，促进了优质高产。

三、温光效应模型

（一）温度效应模型及分析

棉花是喜温作物，其生长发育需要一定的温度条件。棉花种子从萌发到第一个棉铃吐絮大致需要活动积温 3 200～3 500℃。细绒棉种植的基本温度是 >10℃活动积温在 3 200℃以上，>15℃活动积温在 2 700℃以上。从播种到出苗所需积温 200℃左右，出苗至现蕾所需积温 600℃左右，现蕾至开花所需积温 700℃左右，开花至吐絮所需积温 1 400℃左右，吐絮完毕所需积温 1 000℃左右。低于最低临界温度或高于最高极限温度，均会引起发育障碍。

从出苗到吐絮，总的趋势是中期需温较高，前、后期需温较低，与气温的季节性变化趋势大致吻合。完成不同生育阶段要求不同的最低临界温度和活动积温。一般早熟品种对温度条件要求稍低，而中熟品种要求稍高。

北疆棉花从播种至枯霜期一般所需 ≥ 10℃活动积温 3 362～3 633℃。其中，播种—出苗为 239.7～194.3℃；出苗—现蕾为 713.7～715.9℃；现蕾—开花为 645.8～657.8℃；开花—吐絮为 1 356.6～1 476.4℃。

南疆棉花从播种至枯霜期一般所需 ≥ 10℃活动积温 3 756.2～3 938.4℃。其中，播种—出苗为 233.6～191.5℃；出苗—现蕾为 951.2～833.4℃；现蕾—开花为 666.2～605℃；开花—吐絮为 1 628.9～1 690.01℃。

东疆长绒棉从播种至枯霜期一般所需≥10℃活动积温5364.2℃。其中，播种—出苗为246.9℃；出苗—现蕾为1136.5℃；现蕾—开花为769.3℃；开花—吐絮为1787.6℃。

（二）光照效应模型及分析

1. 光合速率模型指标

（1）单叶光合速率模型　单叶光合速率随生育进程的变化一般表现为蕾期较高，盛花期达到最大值，盛铃期逐渐降低，至初絮期下降明显。叶片在棉株上着生位置不同，光合速率也有差异。棉株打顶以前，主茎各叶位叶片光合速率以倒4叶、倒5叶最大，呈单峰曲线。打顶后，随着棉株的生长，最大光合速率也发生变化，从顶4叶逐渐过渡到顶1叶（最上一片展叶），最大光合速率以下叶片随叶位降低光合速率依次递减。

棉叶光合速率的日变化有两种类型，一是早晨低，中午高，下午又逐渐降低的单峰曲线型；二是中午出现"午休"的双峰曲线型。在典型晴天，新疆棉田棉花蕾期、花铃期单叶光合速率的变化为双峰曲线。

单叶光合速率常规品种超高产水平时[13]，在盛蕾期至盛铃期均维持在31 μmol/（m^2·s）以上，盛花期达到最大值，吐絮期仍维持在22 μmol/（m^2·s）以上；杂交棉的单叶光合速率的变化规律与普通棉相似，但最大值出现时期提早到花期。超高产棉花单叶光合速率动态模型见表4-36。

表4-36　超高产棉花单叶光合速率动态模型　　　单位：μmol/（m^2·s）

基因型	生育时期				
	盛铃期	初花期	盛花期	盛铃期	吐絮期
常规棉	31.6～32.6	32.3～33.7	34.9～35.8	31.7～33.1	22.6～24.0
杂交棉	31.5～33.2	35.5～36.7	32.5～34.4	31.4～32.6	21.1～25.5

资料来源：《超高产棉花苗期诊断与调控技术》，新疆科学技术出版社，2009。

（2）群体光合速率模型　盛花期以前，棉花群体光合速率稳定上升，至盛铃期达到高峰，盛铃后期至吐絮期仍保持高水平。这是超高产棉花群体光合的基本特征。不同基因型品种间群体光合速率表现也不同，常规棉超高产棉田群体光合速率在初花期应达到24 μmol/（m^2·s）以上，盛铃期达到最高值，吐絮期保持在12 μmol/（m^2·s）以上；群体呼吸速率盛花期最大值低于14 μmol/（m^2·s），呼吸占群体总光合的比例低于40%，吐絮期呼吸占群体总光合的比例降为20%。

杂交棉超高产棉田群体光合速率在初花期为 26.3 ～ 34.3 μmol/（m²·s），盛铃期达到最大值，吐絮期保持在 11 μmol/（m²·s）以上。群体呼吸速率盛花期最大值低于 13 μmol/（m²·s），呼吸占群体总光合的比例低于 33%，吐絮期呼吸占群体总光合的比例仅为 17% ～ 19%。与普通棉花相比，杂交棉初花期的群体光合速率明显高于常规棉，群体呼吸消耗在盛花期—吐絮期低于常规棉。超高产棉田不同生育时期群体光合速率模型指标见表 4-37。

表 4-37　超高产棉田不同生育时期群体光合速率模型指标　　单位: μmol/（m²·s）

基因型	指标	生育时期			
		初花期	盛花期	盛铃期	吐絮期
常规棉	群体光合速率	24.1 ～ 29.5	30.3 ～ 34.1	34.7 ～ 38.1	12.3 ～ 16.1
	群体呼吸速率	6.2 ～ 8.4	10.2 ～ 13.5	8.7 ～ 9.6	2.3 ～ 3.4
	呼吸占群体光合的比例（%）	25.8 ～ 28.6	33.7 ～ 39.7	25.1 ～ 25.9	19.1 ～ 21.3
杂交棉	群体光合速率	26.3 ～ 34.3	33.6 ～ 37.8	35.4 ～ 44.2	11.4 ～ 16.6
	群体呼吸速率	5.1 ～ 7.9	10.2 ～ 12.2	7.1 ～ 8.5	2.1 ～ 2.8
	呼吸占群体光合的比例（%）	19.5 ～ 23.1	30.6 ～ 32.3	19.2 ～ 20.1	16.7 ～ 18.7

资料来源:《超高产棉花苗期诊断与调控技术》，新疆科学技术出版社，2009。

2. 冠层光分布模型指标

作物群体是一个获取和转化太阳辐射能的体系。依据作物群体光分布与叶面积的关系，形成了著名的群体消光定律，提出了群体物质生产的概念。该理论在品种选育上的指导意义，主要是通过选择合理的冠层结构，让更多的光到达底层叶片，增加冠层截获光的比例，使品种获得高产。在栽培技术上，主要是通过水肥和化学调控，培育合理的群体结构，改善群体内光辐射分布，提高光能利用率而获得高产。

陈冠文等研究，影响群体冠层光分布的主要因素是群体结构。作物冠层结构模型指标主要包括：叶面积指数、平均叶倾角、散射辐射透过系数、直射辐射透过系数、光截获率等[13]。

（1）平均叶倾角模型　叶倾角是反映冠层结构的指标之一。叶倾角为叶轴和水平面之间的夹角，叶倾角愈大，叶片愈呈直立状；叶倾角愈小，叶片愈呈水平状；叶倾角的变化直接影响冠层对光能的截获。随生育进程的推移，平均叶倾角角度由小变大，盛铃期以后开始减小。平均叶倾角动态模型见表 4-38。

表 4-38　棉田群体平均叶倾角

	初花期	盛花期	盛铃期	初絮期
常规棉	36°～38°	44°～49°	58°～63°	52°～55°
杂交棉	34°～36°	42°～45°	54°～58°	51°～53°

　　超高产棉田平均叶倾角在生育中后期角度较大，反映出超高产棉田的叶片较直立，利于冠层的透光。杂交棉品种标杂 A1 超高产田的平均叶倾角在整个生育期均低于常规棉，这与该品种特性及种植密度较低有关。

　　（2）冠层辐射透过系数模型　冠层辐射透过系数反映冠层的透光状况。其值愈小，冠层截获的太阳辐射越多。对不同产量水平棉田冠层辐射透光系数的测定表明：散射辐射透光系数（TCDP）和直射辐射透过系数（TCRP）随生育期的推移逐渐减小，盛铃期达到最小，至吐絮期又有所增大。冠层辐射透过系数模型见表 4-39。

表 4-39　棉田冠层辐射透过系数模型

基因型	冠层辐射透过系数	初花期	盛花期	盛铃期	吐絮期
常规棉	散射	0.40°～0.65°	0.35°～0.45°	0.20°～0.30°	0.25°～0.35°
	直射	0.59°～0.67°	0.46°～0.55°	0.29°～0.33°	0.46°～0.53°
杂交棉	散射	0.45°～0.52°	0.39°～0.46°	0.16°～0.27°	0.30°～0.40°
	直射	0.47°～0.57°	0.45°～0.53°	0.30°～0.40°	0.38°～0.47°

　　（3）冠层光分布（光截获率）的变化　光分布影响棉花群体光合速率。适当提高群体的光截获量能够提高光合能力、增加产量，但冠层顶部光截获率太高，尤其是生育后期，将削弱中下部叶层的光照条件，降低光合能力，进而影响冠层总光合。因此，塑造合理的高产结构，调节冠层内的光分布，有利于提高群体光合速率，进一步挖掘品种产量潜力，实现超高产。超高产棉田光分布（截获率）见表 4-40。

表 4-40　棉田的光分布（截获率）　　　　　单位：%

基因型	生育时期	测定部位			总截获率
		上层	中层	下层	
常规棉	初花期	35～40	22～29	20～26	78～84
	盛花期	56～60	21～28	11～15	92～94
	盛铃期	58～63	22～30	10～16	93～95
	初絮期	53～59	18～24	10～13	80～85

（续表）

基因型	生育时期	测定部位			总截获率
		上层	中层	下层	
杂交棉	初花期	45～50	24～31	8～12	82～88
	盛花期	50～54	22～30	13～17	91～94
	盛铃期	49～53	23～29	18～21	92～95
	初絮期	40～46	25～30	16～20	83～86

棉田的光分布，在初花期，杂交棉总的光截获率应为82%～88%，常规棉为78%～84%，漏光损失均须低于12%。在盛花期和盛铃期不同品种棉花总的光截获率无显著差异，冠层对光能的截获率均在92%～95%，漏射率为3%～4%，但不同品种棉花在各层次上的纵向光分布不同。杂交棉实现超高产其上层光截获率应为49%～54%，中下层占40%～42%；常规棉田上层光截获率应在60%左右，下层光截获率为34%～36%。吐絮期，超高产棉田仍具有较高的光截获率，保持在80%～86%。可见，在各生育期均维持较高的光截获率，且不同层次的光分布较均匀，是实现超高产的关键。

（三）温光互作效应模型及分析

从各位置棉铃发育有效积温校正值和有效辐射累计值及其距平均值差值的比值可以看出，其差值的温/光值除6叶位铃外，都在12.3～21.7，平均值为17.5，即是说有效辐射量约17.5 mmol/（dm^2·d·℃）可以补偿有效积温1℃。反之亦然。

棉铃发育是在温度和光照的共同作用下完成的，两者缺一不可。棉铃发育所需≥15℃积温范围为535～710℃；所需有效辐射量范围为620～4 000 mmol/（dm^2·d）。两者的最佳匹配组合为≥15℃积温654～700℃和有效辐射量1 200～2 465 mmol/（dm^2·d）。在棉铃发育过程中，温度与纤维品质的关系密切；而光照对单铃重影响较大。不同棉铃的温光效应值最高单铃重所对应的温光效应值分别为647℃和2 465 mmol/（dm^2·d），最长纤维长度和最大比强度对应的温光效应值分别为687～690℃和1 200～1 521 mmol/（dm^2·d）。从变化趋势看，温度对纤维品质的影响较大，光照对单铃重影响较大。当温/光值为0.26～0.57时两者的综合效应较大。在温、光两个因素中，当一个因素不足时，另一个因素可以补偿。但在补偿作用下完成发育的棉铃，其单铃重和纤维品质都有一定程度的降低；且这种补偿作用只有在短缺因素达到其下限以上（≥15℃有效

积温 >535℃ ，有效辐射量 > 620 mmol/（dm² · d）时才有效。

温度与光照有互补作用：下部棉铃光照不足，可为温度补偿；上部棉铃开花晚，积温不足，可为光照补偿。光温互补值约为 17.5 mmol/（dm² · d · ℃）。这种补偿作用在一定程度上保证了棉株上不同部位棉铃的正常发育。它是棉铃发育的必要条件，也是棉花在长期系统发育过程中对生态环境适应的结果。但是这种互补作用是有限的，它只能在短缺因素达到必要的下限值以上时，补偿作用才有效。

四、优质棉铃时空分布模型

优质棉铃的时间和空间分布，与开花的时间顺序及空间分布规律密切相关。当苗、蕾期达到所需积温后，在适宜的温度光照等条件下，棉花的花朵按照一定的顺序开花、成铃、吐絮。主茎上不同果枝的棉铃从下向上开放，同一果枝上不同果节的棉铃由内（靠近主茎的节位）向外逐步开放。若从最下部第一果枝的第一果节开始，由内围向外围呈 3/8 螺旋体开放，按此开花顺序可划出若干个开花圆锥体，其时间和空间分布如图 4-24 所示。

10.17 / 8.17	10.7 / 8.8	9.30 / 8.1			
10.6 / 8.8	9.28 / 7.31	9.21 / 7.24	9.26 / 7.29	10.3 / 8.6	10.11 / 8.14
9.26 / 7.28	9.19 / 7.21	9.12 / 7.15	9.17 / 7.20	9.24 / 7.27	10.1 / 8.3
9.18 / 7.22	9.11 / 7.15	9.5 / 7.8	9.9 / 7.1	9.15 / 7.19	9.22 / 7.26
9.9 / 7.13	9.3 / 7.7	8.28 / 7.1	9.1 / 7.4	9.7 / 7.1	9.13 / 7.16
9.3 / 7.7	8.27 / 6.30	8.21 / 6.24	8.25 / 6.28	9.1 / 7.5	9.7 / 7.11

图 4-24　新疆棉花开花结铃时空分布示意图

注：▲代表果节，其上数字分别为开花和吐絮月日。

同时，棉花具有蕾铃脱落习性，特别是进入开花期后，棉铃脱落加重，一般在开花后 3～5 d 的幼铃脱落最多，8 d 以上的棉铃脱落很少，因此，一般成铃率在 30% ～ 40%，低的在 25% 左右，最高 60% 左右。而成铃率的高低不仅影响棉花产量，还影响棉铃的时间和空间分布，进而影响棉铃品质。据此，建立优质棉铃的时间和空间分布模型，对实现棉花优质高产具有重要意义。

1. 时间分布模型

棉铃发育的适宜温度为 24 ～ 30℃，所需 ≥ 15℃活动积温 1 300 ～ 1 500℃，1 100℃为棉铃吐絮的积温最低临界值。据此，优质棉铃的铃期（从开花至吐絮的天数）必须满足 > 1 100℃，这是棉铃在自然生态条件下时间分布的基本要求。

新疆棉区早春升温慢，秋季降温快，优质棉铃的发育必须充分利用季节高能期（植棉区一年中温度和日照都能充分满足棉花生长发育的时期）。根据南疆（库尔勒）和北疆（奎屯）多年的气象资料，新疆棉区以温度为指标的季节高能期为 6 月上中旬至 8 月中旬。新疆气候干燥，夏季日照时间长，光照强度大，日照条件优越，将新疆棉区季节高能期的日照指标定为 8.5 h/d。同时，根据库尔勒、奎屯的日照时数资料，新疆棉区以日照为指标的季节高能期为 5 月上旬至 9 月中旬。从气候条件看，新疆棉区光照充足，温度是棉花生长发育限制因素。因此，新疆棉区的季节高能期集中在 6 月中旬至 8 月中旬。

集中开花成铃期是棉花光能利用率最高，将光能转化为经济产量最多的时期。因此，这个时期称为高能转化期。试验研究表明，单株开花 ≥ 0.2 个 /d 可作为新疆棉花高能转化期的指标。正常年份，南疆的高能转化期在 6 月 25 日至 7 月 30 日；北疆的高能转化期在 6 月 25 日至 7 月 25 日。高能转化期开花的棉铃多为优质棉铃。达到优质铃指标的单株开花数（ ≥ 0.2 个 /d）时间分布见表 4-41。

表 4-41 新疆棉区优质棉铃单株开花数时间分布 单位：朵 /（株·d）

月 / 日	6/20	6/25	6/30	7/5	7/10	7/15	7/20	7/25	7/30	8/5	8/10	年份	品种
第二师农科所		0.3	0.3	0.5	0.6	0.4	0.4	0.3	0.1	0.1		1995	军棉 1 号
29 团		0.4	0.2	0.3	0.9	0.6	0.4	0.4	0.1			1997	冀棉 20
129 团	0.3	0.6	0.7	1.7	1.3	1.8	0.8	0.1	0.1			1997	新陆早 6 号
148 团			0.3	0.3	0.2	1.4	1.3	0.2	0.1	0.1	0.3	1996	新陆早 4 号

资料来源：《新疆棉作理论与现代植棉技术》，2016。

据观察，南疆、北疆棉区 6 月 25 日前后，棉株上第一朵花与第二朵花开花

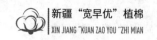

期的间隔天数为 2～4 d，即单株开花 0.25～0.5 朵；单株开花 0.2 朵/d 的终止期，北疆 81 团在 7 月 24—27 日（7 月 27 日至 8 月 3 日的开花数低于 0.2 朵/d），南疆 3 团在 7 月 29 日至 8 月 1 日（表 4-42）。这与表 4-44 的结果基本一致，说明新疆棉区优质棉铃的时间分布模型具有较大参考价值。

表 4-42　南、北疆棉株优质棉铃开花日期分布　　　　单位：月/日

年份	单位	品种	主茎叶位										
			5 节	6 节	7 节	8 节	9 节	10 节	11 节	12 节	13 节	14 节	15 节
2005	81 团	81-3	6/26	6/29	7/2	7/5	7/8	7/11	7/15	7/19	7/24	7/27	8/3
2006	3 团	中棉所 35	6/24	6/28	7/1	7/4	7/8	7/12	7/15	7/20	7/24	7/29	8/1
2006	149 团	标杂 A1		6/25	6/27	6/29	7/1	7/4	7/8	7/11	7/14		

优质铃开花期的时间分布，是高能转化期与高能同步期相重叠的结果。新疆棉区高能同步期表现"短而集中"的特点，充分利用这"短而集中"的高能同步期是棉花优质高产的关键。同步时间越早、时间越长，则产量越高，品质越好。新疆棉区的高能转化期明显短于季节高能期的事实表明，高能同步期短是新疆棉花高产的重要限制因素；同时说明，新疆棉区棉花生产的气候资源潜力还很大。因此，"宽早优"植棉前期促早发、后期早熟不早衰，在提高高能转化期结铃强度的同时，使棉花高能转化期向高能同步期两端延伸，成为挖掘新疆棉区光、热资源，实现棉花优质高产的创造性途径。

2. 空间分布模型

棉铃的空间分布是一个三维结构，它包括以主茎为纵坐标，以内围铃为计量单位的纵向分布和以果枝为横坐标，以果节位计量单位的横向分布两个方面。棉铃的空间分布反映棉株不同部位器官对产量的贡献，也反映了各项栽培技术对产量形成所起的作用。同时其优质铃分布模型也是指导群体调控的科学依据。

（1）常规棉优质铃空间分布　此模型棉铃分布的基本特征，一是中下部果枝除内围铃外，还有一定比例的外围铃；二是棉株以中下部棉铃为主，同时还有一定比例的上部铃。此特征表明，中下部内围铃是超高产棉田优质铃的主体，也是产量的主体，而中下部外围铃和上部内围铃则是实现优质、超高产的潜力所在。常规棉超高产条件下优质铃的空间分布模型见表 4-43。

表4-43　常规棉超高产棉田优质铃空间分布　　　　单位：%

品种	产量（kg/hm²）	棉铃纵向分布			棉铃横向分布		
		上部	中部	下部	果节1	果节2	其他
中棉所35	3 109.5	17.9	39.1	43.0	99.3	0.7	
冀棉668	3 045.0	24.5	48.0	27.5	93.3	6.7	
99B	3 022.5	21.0	49.3	29.7	86.3	8.9	4.8
新陆早13	3 118.5	13.2	51.5	35.3	70.6	26.5	2.9
平均	3 073.9	19.2	47.0	33.9	87.4	10.7	3.9

资料来源：《超高产棉花苗情诊断与调控技术》，新疆科学技术出版社，2009。

（2）杂交棉优质铃空间分布　杂交棉标杂A1的棉铃空间分布的特征，一是中部结铃比例最大，上部与下部相近，其空间呈纺锤型；二是第二果节成铃比例约占总铃数的1/4；三是杂交棉（如标杂A1）叶枝生长势强，叶枝成铃对产量有一定贡献，也是超高产栽培中值得挖掘的潜力之一。杂交棉超高产棉田优质铃空间分布见表4-44。

表4-44　杂交棉超高产棉田优质铃空间分　　　　单位：%

品种	纵向分布			横向分布			吐絮	僵铃	烂铃
	上部	中部	下部	果节1	果节2	叶枝			
标杂A1	25.0	52.0	23.0	73.0	22.0	5.0	94.0	2.0	2.0
标杂A1	26.8	36.6	36.6	82.5	15.7	1.7	92.3	1.1	3.3
标杂A1	25.3	48.4	26.3	73.7	26.3		92.6	1.1	1.1
标杂A1	26.0	58.0	16.0	76.5	23.5		97.5	3.7	
标杂A1	20.0	53.8	26.2	60.0	35.4	4.6			
棉杂	24.6	47.7	27.7	63.1	30.8	6.1			
平均	24.6	49.4	26.0	71.5	25.6	4.4	94.1	2.0	2.1

资料来源：《超高产棉花苗期诊断与调控技术》，新疆科学技术出版社，2009。

从优质棉铃的时间和空间分布不难看出，优质棉铃的时间分布和空间分布均处于新疆棉区季节的高能期，且处于高能转换期，这正是"宽早优"棉花使高能转化期向高能同步期两端延伸的具体体现，也是"宽早优"棉花实现高产、超高产的关键和潜力所在。

参考文献

［1］ 中国农业科学院棉花研究所.中国棉花栽培学［M］.上海：上海科学技术出版社，2019.

［2］ 姚贺盛.新疆棉花机采模式下高光效冠层结构特征及调控研究［D］.石河子：石河子大学，2018.

［3］ 罗宏海.新疆高产棉花冠层结构特征及调控研究［D］.石河子：石河子大学，2005.

［4］ 张恒恒，王香茹，胡莉婷，等.不同机采棉种植模式和种植密度对棉田水热效应及产量的影响［J］.农业工程学报，2020，36（23）：39-47.

［5］ 李健伟，吴鹏昊，肖绍伟，等.机采种植模式对不同株型棉花脱叶及纤维品质的影响［J］.干旱地区农业研究，2019，37（1）：82-88.

［6］ 辛明华，李小飞，韩迎春，等.不同行距配置对南疆机采棉生长发育及产量的影响［J］.中国棉花，2020，47（2）：13-17.

［7］ 阿不都卡地尔·库尔班，杨培，李健伟，等.非充分滴灌分配对等行距机采棉生长特性、产量及水分利用率的影响［J］.干旱地区农业研究，2019，37（1）：160-166.

［8］ 孙仕军，朱振闯，陈志君，等.不同颜色地膜和种植密度对春玉米田间地温、耗水及产量的影响［J］.中国农业科学，2019，52（19）：3 323-3 336.

［9］ Dai J L, Li W J, Tang W, et al. Manipulation of dry matter accumulation and partitioning with plant density in relation to yield stability of cotton under intensive management[J]. Field Crops Research, 2015, 180: 207-215.

［10］ 王香茹，张恒恒，庞念厂，等.新疆棉区棉花化学打顶剂的筛选研究［J］.中国棉花，2018，45（3）7-12，31.

［11］ 韩焕勇，杜明伟，王方永，等.北疆棉区增效缩节胺应用剂量对棉花农艺和经济性状的影响［J］.西南农业学报，2019，32（2）：327-330.

［12］ 王香茹，张恒恒，胡莉婷，等.新疆棉区棉花脱叶催熟剂的筛选研究［J］.中国棉花，2018，45（2）：8-14.

［13］ 陈冠文，陈谦，宋继辉，等.超高产棉花苗期诊断与调控技术［M］.新疆：新疆科学技术出版社，2009.

第五章
"宽早优"植棉早发早熟调控

早发早熟是"宽早优"模式提出的初衷，是新疆棉花实现优质高产高效的基础，明确早发早熟的调控机理，对实现早发早熟目标，建立早发早熟模型，指导棉花生产具有重要意义。

第一节　早发早熟指标

一、早发早熟概念

棉花播种后，种子在适宜的温度、水分和充足的氧气条件下，经过吸胀、萌动、发芽、出苗，进而现蕾、开花、吐絮成熟，其间各生育阶段具有渐进发展和不可逆的特点。因此，在一定生态条件下，棉花生长发育进程具有一定规律，其间，不同的水肥等管理对棉花的生长发育进程具有加速、延迟影响，这为棉花生长发育进程指标的制定和标准化管理提供了依据。

棉花的根、茎、叶、蕾、花、铃等器官的生长，按照生态条件和管理技术要求，棉株在预定时间达到了预定的形态指标，称之为早发。棉铃在预定的时间吐絮成熟称之为早熟。

"宽早优"棉花早发早熟的根本意义在于，早发充分利用前期可挖掘的温度、光照等环境资源，加快生育进程，为早熟奠定基础；早熟在早发的基础上，将开花结铃期调节在最佳结铃季节（温光高能转化期），使开花结铃期与温光高能转化期同步，提高温光效率，挖掘温光资源，实现对温度、光照等环境资源的高效利用，从而达到优质、高产、高效的目的。

"宽早优"棉花的早发早熟是棉株自身的生育规律和生态条件相统一的结果，也是人为可控性的具体体现。棉花实行地膜覆盖提高地温，加快了根系生长，扩大了水肥吸收范围和强度，进而促进了地上部的生长发育；"宽早优"植棉减少了地膜的覆土行数和面积，提高了地膜覆盖度，增加了地温，促进了生长发育；"宽早优"降低密度，缓解了"苗荒苗"现象，促进了个体发育，改善了花铃期群体通风透光条件，促进了成铃吐絮；在足墒下种的基础上，控制前期水分，提高地温，促进前期发育；加强花铃期管理，实行水肥耦合膜下滴灌，保证水肥供应，促进开花结铃，加速生育进程等措施的落实，为实现早发早熟指标创造了条件。

二、早发早熟指标（标准）

依据新疆植棉的生态条件，棉花早发的指标为：4月苗、5月蕾、6月花、7月铃；早熟的指标为：8中下旬吐絮，自然条件下霜前花率95%以上，且不早衰。适时喷洒脱叶催熟剂是自然吐絮率40%以上。各生育阶段早发早熟的形态和进程指标如下。

1.幼苗期

当膜下5 cm地温连续3 d稳定通过12 ℃时播种，正常年份在4月5—20日间为宜，保证实现4月苗（包括5月5日前出苗）。一般播种至出苗期为7～10 d。

壮苗指标：适时均匀出苗，整齐度在90%以上；出苗后子叶平展、肥厚、微下垂，子叶节较粗，长度5.5 cm左右，子叶宽4～4.5 cm，子叶无伤痕，不带棉壳，叶色深绿，心芽健壮，无病虫为害；将棉苗从土壤中连根拔出时，根系为白色。棉田观察：苗早、苗全、苗齐、苗匀、苗壮特征。弱苗：叶片小而薄，子叶夹带棉壳，子叶节细长，形成高脚苗，拔出棉苗，根系发黄发黑。

2.苗期（出苗—现蕾）

从出苗至现蕾20～25 d，主茎5～7片叶现蕾。

（1）壮苗指标 2叶平，2片真叶与子叶在一个平面上，叶面平展，中心稍凸起，叶色浅绿，主茎节间短、粗，株高6 cm左右；4叶平横，4叶时株宽大于株高，棉株矮胖，株高15 cm左右，主茎日生长量0.5 cm左右。

（2）旺苗指标 2叶时，真叶明显高于子叶，叶片过大，叶色深绿；4叶时，生长点下陷，叶片肥大，下垂，叶色深绿，主茎嫩绿，主茎节间过长，株高超过18 cm。

（3）弱苗指标 2叶时，子叶和真叶形成两层楼，茎秆细弱，叶片瘦小，叶色黄绿；4叶时株宽等于或小于株高，叶片小，茎秆细。

3. 蕾期（现蕾—开花）

（1）壮苗指标　6月1—5日为现蕾期，现蕾时叶片6～8叶，棉株上下窄，中间宽，叶色亮绿，顶心舒展，株高25 cm左右，日生长量1～1.2 cm，正常现蕾；6月5—10日盛蕾期，叶片9～11叶，棉田叶色深绿，株高40 cm左右，日生长量1.5～1.7 cm，主茎节间长度5～7 cm，蕾上叶数为零，蕾大而壮，果枝4个；6月中旬开始开花，叶色深绿，茎秆健壮，行间缝隙10～20 cm，通风透光好（矮密早的小行已枝叶穿插、郁蔽严重，大行也近封行）。

（2）旺苗指标　6～8叶顶心深陷，叶色浓绿，叶片肥大，茎秆粗壮、嫩绿，含水量高，现蕾迟；9～11叶期，叶片肥大、浓绿、生长点下陷，蕾小而少，主茎节间长7 cm以上。

（3）弱苗指标　6～8叶期，棉株瘦高，茎秆细弱，叶片薄而小，叶色偏淡，棉花现蕾少；9～11叶期，棉株瘦小，顶心上窜，蕾小而少。

4. 花铃期（开花—吐絮）

花铃期是指棉花从开花至吐絮期间、边开花边成铃的时间。花铃期一般40～50 d，6月下旬至8月上旬为"宽早优"棉花花铃期。当50%的棉株开花到第5～6苔果枝的日期为盛花期。从棉株开始开花至盛花期的这段时间为初花期阶段，这个阶段棉花生长发育迅速，被称为棉花的大生长期，在棉花生长发育进程中具有重要意义。为了便于制定方案进行技术指导和管理，常把花铃期划分为初花期和盛花结铃期两个阶段：

（1）初花期（开花—盛花期前）　初花期壮苗指标：日增长量1.6～1.8 cm，叶片12～15片，果枝8～9苔，叶片大小适中，叶色稍深，生长点舒展，红茎比60%左右，群体陆续开花。旺苗：日生长量超过1.8 cm，叶片肥大，叶色鲜绿发亮，植株深绿，主茎茎秆嫩绿，一碰即断，中部主茎节间长超过7 cm，蕾小，开花迟。弱苗：叶色灰绿，无生机，植株矮小，瘦弱，叶片小，开花迟。

（2）盛花结铃期（盛花—吐絮）　盛花期壮苗指标：株高80～90 cm，果枝9～10苔，叶片大小适中，不肥厚，叶色开始褪淡，开花量70%以上，红茎比70%，行间接近封行，有5%～10%透光率。旺苗：植株高大，主茎节间长5～7 cm，叶片大而肥厚，叶色深绿，主茎粗而嫩绿，上部脆而易断，开花量少，果枝过长，嫩绿易折断，蕾与蕾之间节长超过8 cm，且小。弱苗：植株瘦弱，叶片小，开花少，叶色发灰、发黄，裸地过多。

铃期壮苗指标：8月初棉田群体顶部可见红、白花，叶色转深，植株老健清秀，到8月下旬，一枝一铃，每株平均有3～4苔果枝有2铃或多铃，且下部两个果枝伸长，可平均结铃2～3个，铃饱满，个大，斑点满身，铃结实，无脱落。旺苗：8月上旬顶部不见花或少见花，叶色浓绿，植株高大，群体透光差，果枝长而郁闭、茎秆青绿，赘芽丛生，到8月下旬，中下部铃仍青绿无斑点或斑点少，铃小，下部有烂铃，下部果枝因郁闭而不结铃，或结铃小而晚。早衰弱苗指标：7月下旬红花盖顶，植株瘦小，不封行；8月红茎比大于95％，叶色淡绿，上部蕾小，有叶斑病或红叶病发生，铃小而少。

5.吐絮期（吐絮—收获）

吐絮期壮苗指标：青枝绿叶吐白絮，棉铃吐絮畅而不垂落。旺苗：吐絮晚或吐絮不畅，下部铃多霉烂，田间停水过晚，贪青晚熟，中部铃多青绿。弱苗早衰：8月下旬大量吐絮，植株矮小，棉田停水过早，棉絮小而轻，单铃重低，黄叶位高于吐絮位。

三、早发早熟与产量品质的关系

棉花产量和品质的形成是随着生育进程逐步发育完成的。产量构成及品质与棉花的生育阶段密切相关，保证棉花早发早熟不早衰是获得优质高产对棉花生育进程的基本要求。早发早熟促进生育进程与产量品质具有密切关系。

（一）苗期是产量品质形成的基础阶段

棉花播种后保证一播全苗，促进棉苗生长，形成壮苗，才能使棉花具有合理的密度，从而形成合理的群体结构，为提高棉花光热利用率、实现优质高产奠定基础。如果群体不合理，成铃率下降，产量降低也难以保证棉花的优质。

当棉苗生长至二、三叶期时，已经开始花芽分化，而花芽早分化是早现蕾、早开花成铃的生育基础。在花芽分化后至现蕾，根据花芽分化规律，虽可见果枝数仅1个，但棉株顶端已分化7个果枝，8～9个花芽，这些花芽都可能形成伏前桃和伏桃，因而苗期是有效花芽分化的重要时期，是决定增结前期铃的关键阶段，也进一步说明促进苗期早发是形成棉花优质高产的基础。

（二）蕾期是产量品质形成的敏感阶段

蕾期的棉花生长特点表现为营养生长与生殖生长并进，营养生长越来越旺盛，生殖生长不断加强，但营养物质分配中心仍是营养器官中的新叶和新枝，是两类生长的敏感时期，因此在保证棉苗一定营养生长的基础上，促进花蕾和果枝的不断形成，减少棉蕾脱落，是保证形成较多伏前桃和伏桃的关键。蕾期形成的花芽又是形成秋桃的基础，秋桃是棉花获得高产的必要补充，营养生长不足或生殖生长过强，均会影响秋桃的形成。因此，结合蕾期的生长特点，采取促控结合的方法，保持棉苗的发棵稳长，是促进棉花早发早熟、优质高产的重要环节。

（三）花铃期是决定产量品质的关键阶段

棉花花铃期是决定棉花产量构成因子中铃数、铃重以及纤维品质的关键时期。这一时期既是棉花营养生长和生殖生长两旺的时期，又是营养生长与生殖生长矛盾最为激烈的时期。盛花前以营养生长为主，盛花后则转入以生殖生长为主。因此在盛花前继续防止棉苗旺长，防止群体过大、提早封行而引起蕾铃大量脱落是这一阶段的重点内容。进入盛花后，棉株大量开花结铃，到结铃盛期，蕾铃积累的干物质占地上部干物质量的 40% ~ 50%，蕾铃增长干物质量占开花到结铃盛期增长干物质量的 60% ~ 80%，这时，保证充足的营养，防止早衰是多结伏桃，增结秋桃，结大桃的关键，是提高铃重和纤维品质的关键阶段。

（四）吐絮期是产量品质形成的巩固阶段

吐絮期棉花生长发育开始衰退，根系活力下降，这一阶段是决定棉株中上部铃重和品质的主要时期，在栽培上为产量与品质形成的巩固阶段或增强阶段。棉花进入吐絮期，虽然棉株下部棉铃开始成熟吐絮，但中上部棉铃仍处于充实和体积增大阶段，因此这一时期的栽培管理对棉花的产量和品质仍有较大的影响。此外，这一时期如遇阴雨低温，过旺的营养生长和较大的叶面积，使下部棉铃由于群体郁蔽而难以获得生长发育所需的光合产物，并容易发生病害，造成脱落和烂铃，严重降低了棉花产量和品质。因此，在吐絮期保持棉花既不贪青迟熟又不早衰，是棉花优质高产的保证。

四、"宽早优"早发早熟效果

"宽早优"棉花由于种植方式和管理模式的特点，使棉株具有了早发早熟的基本特性，在生育进程中表现出良好效果，主要体现在生育期提前和成铃吐絮集中两个方面，最终实现优质、高产、高效之目的。

李建峰等研究[1]，等行距低密度（1 膜 3 行，76 cm 等行距，1 穴 1 株，10.965 万株 /hm²）下，棉花株高较宽窄行高密度（1 膜 6 行（66+10）cm 宽窄行，1 穴 1 株，21.93 万株 /hm²）及等行双株高密度（1 膜 3 行，76 cm 等行距，1 穴 2 株，21.93 万株 /hm²）优势明显。这种模式下收获期杂交棉株高为 83.3 cm，分别比宽窄行高密度及等行双株高密度处理高 23.8% 和 29%，同样模式下收获期常规品种平均株高为 78.1 cm，分别比宽窄行高密度及等行双株高密度处理高 16.1%、18.5%。等行距低密度下，单位面积总铃数较宽窄行高密度及等行双株高密度差异较小。铃重较宽窄行高密度及等行双株高密度处理分别高 4.1% ～ 8%、6.3% ～ 17.4%。杂交棉等行距低密度处理的籽棉产量较宽窄行高密度及等行双株高密度处理分别高 4.7%、59%。同一模式下常规品种的籽棉产量与宽窄行高密度处理无显著差异，较等行双株高密度处理高 14.3%。

新疆建设兵团第八师 135 团良繁连 2012 年采用 76cm 宽等行模式示范种植杂交棉 "中棉所 75" 13.33 hm²，用 16 穴播种盘播种。8 月 26 日测定，该田块棉花平均株高 97 cm，单株果枝 12.2 个，平均单株成铃 20.5 个，成铃率 45.6%。10 月 10 日收摘完毕，籽棉产量为 7 680 kg/hm²。2012 年在第八师 134 团种子站试验地示范 "中棉所 75" "宽早优" 1 膜 3 行，76 cm 等行距。9 月 8 日喷脱叶剂之前，该示范田棉花株高 86 cm，单株果枝 11.6 个，棉铃吐絮率 40.5%。由于行距宽，通透性好，到 9 月 30 日机采前叶片全部脱落。机采籽棉产量为 7 800 kg/hm²，而且含杂率不到 7%，含杂率明显低于其他栽培模式的机采棉。2013 年，在北疆示范 "宽早优" 模式 6 000 hm²。9 月 21—22 日北疆降下多年不遇的早霜，造成棉花显著减产，品质下降。由于 "宽早优" 通风透光好，充分提高了光能利用率，棉花的吐絮进程提前。

程林等试验 1 膜 3 行 76 cm 等行距栽培模式对棉花生育期的影响，各品种开花期和吐絮期 "宽早优" 模式早于 "矮密早" 模式 1 ～ 3 d，籽棉和皮棉产量分别较对照增加 8.3% 和 10.78%[2]。

2016 年在中国农业科学院棉花研究所新疆石河子综合试验站试验，4 月 14 日播种，"矮密早" 66+10 cm 模式每亩播 18 500 穴，"宽早优" 76 cm 等行距模式每亩 9 250 穴和每亩 4 125 穴 3 个处理比较，试验结果表明，"宽早优" 每亩播种 4 125 穴的处理于 8 月 23 日吐絮、9 250 穴的处理 8 月 25 日吐絮，比 "矮密早" 18 500 穴的处理 8 月 29 日吐絮，分别早吐絮 6 d 和 4 d。

王香茹等在中国农业科学院棉花研究所新疆胡杨河试验站（新疆兵团第七师 130 团 7 连）试验[3]，品种中 641（优质棉材料，生育期 125 d 左右）和中早优 1702（杂交组合，生育期 120 d 左右）。方差分析结果表明，种植模式显著影响棉花早熟性，9 月 4 日 "宽早优" 76 cm 等行距模式下棉花吐絮率显著高于 "矮密早"（66+10）cm 种植模式（高 13.9 百分点），说明 "宽早优" 种植有利于提高棉花早熟性。

第二节 早发早熟调控机理

"宽早优"棉花通过早发早熟实现了优质、高产，而"早发早熟"是以"宽早优"为载体实现的，即"宽早优"调控实现了"早发早熟"到优质高产。"宽早优"调控"早发早熟"其机理主要有以下方面。

一、棉花具有的基本特性和习性是调控的基础

棉花原是多年生植物，经长期种植驯化、人工选择和培育，演变为一年生作物，因此，它既具有一年生作物生长发育的普遍规律，又保留有多年生植物无限生长的习性；棉花产于热带、亚热带地区，随着人类文明的发展逐渐北移到暖温带，具有喜温、好光的特性；棉花的地理分布范围广，所处的气候条件复杂多变，使得棉花又具有很强的抗旱、耐盐能力和环境适应性。棉花具有的这些基本特性为实现早发早熟、优质高产奠定了调控的基础。

二、株行距配置调控，优化空间分布，促早发早熟

调整株行距配置是实现群体结构合理布局，并使其与机械采收技术相结合的重要手段。机采棉株行距配置由采棉机采摘头决定，新疆高密度下机采棉主要运用"矮密早"（66+10）cm 和（68+8）cm 等配置方式。一般认为，收获期棉株适宜机采的株高应该在 75 ～ 85 cm，果枝始节高度应 ≥ 18 cm，果枝始节过低易造成采摘不净，脱叶催熟效果差使含杂率提高。原"矮密早"高密度种植模式下田间行距较小，株矮密闭，喷施脱叶剂脱叶效果差，棉株干枯叶、挂枝叶较多，导致收获前脱叶不彻底，达不到机采要求，机采籽棉杂质含量较高，严重影响机采原棉品质。

"宽早优"植棉的宽等行（76 cm）、适密度（收获株数 11 万～ 18 万株 /hm²）、拓株高（80 ～ 100 cm）模式，因调控优化了群体结构，通风透光条件改善，脱叶催熟效果好，适应了机采，降低了机采含杂率，提高了机采棉品质，实现了早发早熟、优质高产高效。其调控作用主要体现在以下方面。

（一）宽等行

"宽早优"以 76 cm 等行距为例，为棉花优质高产营造了适宜环境。首先，

宽等行放宽行距，较宽窄行更有利于发挥优质、高产品种的潜力。优质高产品种生长势强，品质优良、增产潜力大是其优势，这是由遗传基因所决定的，推广的杂交棉及生长势强的高产优质品种的高产实例可以说明。宽等行种植为优质高产品种营造了适宜的发挥个体生长优势的空间，实现了品种特性与所需环境的统一。特别是随着生产条件的不断改善，产量水平的提高，追求优质高产高效的欲望愈来愈高，高产品种＋宽等行，这种良种、良法的效果在推广应用中得到公认。其次，减少了宽窄行中小行的根系穿插，避免了争水争肥的矛盾。其三，宽等行因行间较宽，避免了宽窄行的窄行间枝叶穿插、郁蔽严重的现象，通风透光条件改善，自 5 月下旬棉花现蕾到 7 月下旬，宽等行处于下封上不封（枝叶不穿插）的采光状态，较宽窄行增加直射光面积 15% 以上。因此，宽等行行间通风透光条件优越，成铃率较宽窄行提高 8% ～ 10%，增产 20% 以上。尤其是棉花开花结铃期，76 cm 等行距群体光照条件改善，促进结铃强度提高，为优质高产提供了保证。

（二）适密度

"宽早优"植棉以宽等行为基础，并较"矮密早"降低密度 1/3 左右，能够更好地与生长势强的棉花品种、现代化生产条件配套，也与宽等行相协调，充分发挥其优势。"宽早优"降低密度，具有三大意义：一是为发挥"生长势强"的良种特性拓展了空间，这是杂交棉或生长势强的品种获得优质高产的基本条件；二是提高棉株的经济系数，为实现高效创造了条件；三是通过降低密度，改善群体结构，提高光能利用率，为挖掘新疆光温资源奠定了基础。

（三）拓株高

"宽早优"棉花以宽等行、降密度为前提，拓展株高，较"矮密早"的株高 60 ～ 70 cm 提高至 80 ～ 100 cm（不超过 100 cm）。拓展株高，具有两大调控功能：一是增加叶面积容量和成铃空间。宽等行株高放高到 80 ～ 100 cm，在 1 m^2 的土地上其采光空间为 0.8 ～ 1 m^3，比宽窄行的株高 65 cm、采光空间 0.65 m^3 增加了 23.1% ～ 53.8%，据此可容纳较大的叶面积系数和成铃空间，即增加制造有机营养的"工厂"，这是"宽早优"优质高产的生理和理论基础。二是降低了群体内单位空间的荫蔽程度，通风透光条件改善，光合效率提高。以叶面积系数 3.9 ～ 4.1，每 10 cm 高度为 1 个空间层为例，宽等行株高 90 cm，平均每个空间层的叶面积为 0.43 ～ 0.46，比宽窄行株高 65 cm，每个空间层 0.6 ～ 0.63，疏散度提高了 27%。换言之，宽等行较宽窄行在群体的单位空间内，枝叶间相互遮光郁蔽的程度降低了27%，形成了良好的通风透光条件，改善了成铃空间，即"工厂"环境。试验调查，群体底层光截获率最大时的盛铃期，宽等行较宽窄行的透光率提高40%～47.7%，提高了宽等行的光合效率，这是实现优质高产的"物质"保障，也是"宽早优"棉花实现优质高产的理论依据和"物质"保障。

（四）"宽早优"株行距配置可促进早发早熟

"宽早优"76 cm宽等行配置及降密度优化了棉株的空间分布，可有效调控早发早熟，其根本原因在于：生物的每一个生育阶段都需要一定的能量（包括光能、热能等）才能完成。由于"宽早优"种植棉株个体扩大了空间、改善了环境，获得的温度、光照增加，积累的总能量也随之增加，且减少了地膜上单位面积的压土面积和穴孔数量，提高了覆膜的增温、保墒效果。因此，能较早地启动下一个生育阶段，从而使整个生育进程加快，可有效促进棉花早发早熟。试验表明，等行距棉花前期由于棉花密度小，田间蒸散弱，覆膜效果好，在灌水之前起到保墒作用，对棉花生长有利。而花铃期以后，"矮密早"宽窄行由于棉花密度大，棉田郁蔽，蒸散作用弱，土壤湿度变大，"宽早优"等行距土壤湿度则小，则有利于棉花的快速裂铃吐絮，促进棉花早熟，提高产量品质。

在光照方面，据田间试验对冠层光照整体透过率测定，"宽早优"76 cm等行距花期的6.29%、吐絮期的3.64%较"矮密早"（66+10）cm宽窄行花期的3.05%、吐絮期的2.28%差异均达显著水平。群体底层光截获率最大时的盛铃期，"宽早优"宽等行较"矮密早"宽窄行的透光率提高40%～47.7%。吐絮期测定"宽早优"76 cm等行距的光辐射值上层39.2 μmol/（$m^2\cdot s$）、下层41.14 μmol/（$m^2\cdot s$）较"矮密早"（66+10）cm宽窄行的上层28.05 μmol/（$m^2\cdot s$）、下层25.08 μmol/（$m^2\cdot s$）均达显著水平，"宽早优"宽等行较"矮密早"宽窄行提高了光照强度，这是实现优质高产的"物质"保障。由于提高冠层光照整体透过率，也提高了土壤温度，从而提高了结铃强度，促进优质高产。由于"宽早优"群体结构改善，在临结铃前冠层叶面积指数迅速达到高峰阶段，为大量结铃创造了条件，且结铃高峰阶段叶面积指数下降幅度较小，即叶面积功能期持续时间较长，为棉铃成长发育，特别是中后期棉铃发育提供了物质保证，延长了有效结铃期，促进了成铃吐絮。

三、关键技术调控，优化生育进程的时间分布

"宽早优"棉花早发早熟的生育进程与栽培技术密切相关。通过配套技术的调控，优化生育进程，使开花结铃期与光温高效期相吻合，提高光温效率。其栽

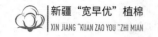
培技术对早发早熟的调控主要体现在以下方面。

（一）准、精种子促早发

好"种"出好苗，出早苗、出齐苗。这里所说的"准"是指选"准"与"宽早优"模式相配套的、具有生长势强的棉花品种，也是"宽早优"模式创新的初衷之一。"矮密早"需要的小株型与大面积推广的高产大株型品种不适应；"矮密早"的小株型高密度影响脱叶催熟效果，进而降低机采棉品质的不适应；"矮密早"的小株型高密度与膜下滴灌水肥一体化等现代化植棉技术不适应。选"准"生长势强的棉花品种，依靠品种内因，促进早发早熟、优质高产。"精"是精选种子，所谓"精"，一是种子的发芽出苗率要达到95%以上，以满足"宽早优"棉花单粒机播、1穴1粒、高出苗率的需要；二是对发芽率合格的种子按照籽粒大小进行分级，一般以该品种平均粒重的90%～120%为一级，80%～89%的为二级，<80%和>120%的为三级，此标准的三级种子在"宽早优"棉田为不合格种子，不得使用，在其他棉田可按照相关要求执行。分级的一级和二级种子分别包衣、包装，在田间分区或分地块单独种植，为出苗整齐、匀苗早发奠定基础。

（二）前期关键调控技术，促进早发早熟

1. 增宽边行膜、播种行不覆土及膜上不压土增温促早发

强化地膜的"增温保墒"功能促棉苗早发。棉苗边行膜窄于中间行，受热量相对减少是边行棉苗迟发的根本原因，"宽早优"棉花增加边行地膜覆盖宽度，使边行外地膜采光宽度在10～20 cm，保证边行棉苗受热量，促棉苗早发、整齐一致；依靠播种机行走惯性给种行覆土，采取"种行不覆土"（指不专门覆土）的方法，这是经过多次田间试验调查、观察研究发现的：在机车作业行进速度保持在5～6 km/h时，不仅苗孔与种子对应一致率高，且种行自然回土厚度1.4～1.6 cm左右，在膜下滴灌情况下有利于播种出苗。解决了机械工序"种行覆土"的4大弊端：首先是"程序化覆土"致使覆土过厚（3～5 cm），影响出苗，出苗晚0.5～1d，既增加了工序和成本又带来了副作用。其次，因覆土过厚，导致出苗率降低5%～10%；其三，因覆土过厚，使发芽出苗过程棉苗消耗了大量营养和能量，棉苗瘦弱，对风、寒、病虫、干旱、盐碱等抗逆性降低，影响形成壮苗；另外，增加的覆土程序、设备，加大了播种机阻力，浪费了机械资源。相比之下，"种行不覆土"，发挥了相应优势，促进了棉苗早发。"宽早优"植棉采取膜面不压土，是在膜下滴灌情况下，通过膜下滴灌使地膜紧贴地面，有效控制了大风揭膜，是解决"膜面压土"弊端的创造性方法。"膜面压土"的本

意是在沟灌、地面灌溉情况下防止大风揭膜。但是"膜面压土"有两大弊端：一是一般压土面积占膜面面积的 5%～8%，减少了地膜的有效采光面积，使地温降低，影响棉苗早发；二是"膜面压土"影响残膜回收，不利于残膜治理。因此，膜下滴灌棉田采取"膜面不压土"可有效提高覆膜效果、促进棉苗早发。

2. 及时滴出苗水

在滴灌条件下，干播湿出、需滴水出苗的"宽早优"棉田播种后及时滴出苗水，使地膜贴于地面，提高增温、保墒效果，为棉苗早发提供良好的温度、水分条件。

3. 头水迟滴促早发

新疆的气候特点是春季升温慢，直到 6 月上旬前，一直处于低温阶段，影响棉苗早发，增加地温促早发是实现棉苗早发的途径之一。依据水的热容比是空气的 3 倍左右的基本道理，"宽早优"棉苗在春季低温阶段、足墒下种墒情适宜的情况下，苗期不灌水（滴水），以保证土壤增温，促进根系、棉苗早发。据此，"宽早优"棉田苗期不灌水，滴头水（新疆所说的头水是指，足墒播种或播后足墒的情况下，苗期不灌水，在停水后的蕾期、6 月上中旬滴停水后的第一次水）的时间推迟在 6 月上中旬，且滴水量控制在 15～20 m³/ 亩，浸润深度达到 40～45 cm。据"宽早优"棉田试验，5 月 15 日滴水，在之后的 30 d 内，5 cm 平均地温不滴水较滴水的累计高 23℃左右，增加主茎真叶 0.7 片，促进了生育进程。

（三）蕾铃期关键技术调控，促早发早熟

1. 以水肥调控为主，减少化控促早发早熟

"宽早优"棉花通过宽等行、降密度、拓株高，为个体生长发育拓展了空间，以发挥其品种"生长势强""壮个体"的特性。因此，在"调控"上要采取"多促、少控"原则。多促，如蕾期前控水增温（此时温度是生长发育的主要限制因素），促早发。花铃期保证水肥供应（此时期是棉花大量成铃的需水需肥高效期）促发育。除出现旺长趋势的棉田适当化控、防止旺长，以及为抑制无效花蕾在打顶后化控外一般不化控，主要以水控（适当降低土壤湿度）、以水抑肥控制为主，最大限度发挥棉株自身的早发早熟功能。"宽早优"棉花化学控制无效花蕾一般在打顶后顶部果枝伸长 5～7 cm 或现第 2 个蕾时，进行第 1 次化学封顶，喷施缩节胺 120～150 g/hm²，待顶部果枝第 2 果节 2～3 cm 时，如长势较旺可进行第 2 次化控，喷施缩节胺 150～225 g/hm²，不旺长只进行 1 次化控。与"矮密早"等系统化控相比，"宽早优"棉花化控次数减少 1/2 至 2/3，对发挥品种优

势、促进早发早熟调控效果显著。

2.重施花铃肥、饱滴花铃水，水肥一体化促早发早熟

花铃期是棉花开花结铃的关键时期，是一生中需要水、肥最多的阶段，一般占全生育期需水肥量的60%～70%。因此，"宽早优"棉花采取重施花铃肥、饱滴花铃水、水肥一体化，不仅可搭建理想丰产架子，还可有效促进早发早熟。一般花铃肥、水分别占生育期总量的60%～70%、50%～60%，花铃肥分2～3次结合滴水滴施，花铃水分6～8次滴入。新疆棉花花铃期温度、光照已进入高峰阶段，也是光、温利用高效期，此时重施水肥，可满足棉株开花结铃的生理需求，实现开花结铃与高能期同步，挖掘光、温资源，特别是为"扩库""增源"提供物质保障，对早结铃、多结铃、结大铃，集中开花、结铃、吐絮，实现早发早熟具有重大调控意义。

3.适迟打顶拓株高促早发早熟

"宽早优"与"矮密早"在同等叶面积系数下，因株高的不同，"宽早优"枝叶间相互遮光程度较"矮密早"明显降低，形成了良好的通风透光条件。试验调查，群体底层光截获率最大时的盛铃期，株高100 cm较株高65 cm的透光率提高40%～47.7%，改善了光照条件，提高了光能利用率，这是拓株高促进早发早熟、实现高产优质的"物质"保障。

适迟打顶拓株高促早发早熟，其调控早发早熟的机理主要体现在：一是植株个体健壮。由于放高株高后通风透光条件改善，有利于个体生长发育，促进形成健壮个体，为早发早熟、承载高产奠定了基础。二是因拓株高株间环境条件改善，抑制了病虫害发生，使棉株抗逆性增强，形成环境与棉株的良性循环。三是因改善通风透光条件，下部（早期的）果枝的成铃率、优铃率提高，实现了早发早熟，避免了早期棉铃脱落或烂铃造成的"迟发""晚熟"；中部铃脱落减少、成铃率提高，实现集中结铃、集中吐絮；上部棉铃光照优越，较强的光温互补效应减少和避免后期降温影响，实现早发早熟。"宽早优"棉花一般于有效开花期终止前18～22 d，北疆棉区7月1—5日，南疆棉区7月5—10日，单株果枝9～11苔，株高至80～100 cm时进行打顶。打顶后，北疆7月25日，南疆8月1日前后"红花上顶"（棉田冠层上面可见到红花或白花），可较好发挥适迟打顶的调节功能。

4.吐絮期控制水肥

"宽早优"棉花由于花铃期旺盛的生殖生长，吸收消耗了大量水肥，到吐絮期，各器官明显衰退，对水肥的需求明显减少。吐絮期阶段需水量一般为 30 ～ 90 mm，模系数 5.6% ～ 16.5%，日需水强度 1.3 ～ 2.3 mm/d。N、P_2O_5、K_2O 积累分别占总量的 7.8%、6.9% 和 6.3%。因此，在棉铃正常发育的情况下，严格控制水肥供应，田间土壤持水量控制在 60% 左右，抑制枝叶和无效花蕾生长，集约养分向棉铃运输，促进棉铃早熟吐絮，使棉铃的吐絮随铃位的上升，叶片逐渐落黄或脱落，但"黄叶位，不过絮"（黄叶的叶位，不超过吐絮的叶位），保证养分供应。

5.植保防护促早发早熟

"宽早优"所采用的病虫草害综合防控，其调控棉花早发早熟的功能主要体现在：从棉田生态系统的整体出发，改善群体通风透光条件为基础，发挥以棉株为主体的自然控害能力（棉株的抗病、虫性，耐病、虫性和补偿性），通过改善作物布局、增加作物种类的多样性等综合措施，创造有利于天敌增殖、转移的环境，而恶化棉花害虫和病原微生物栖息、繁殖的环境条件，抑制其发生和为害。当某一病虫发生关键期，在益、害博弈中，辅助以农业的、生物的，或无毒无残留的化学制剂帮助控害，达到控害增益绿色的目的，保证棉株健壮生长发育，以调控棉花早发早熟，达到优质高产的目的。

6.脱叶催熟调控棉花早熟优质

为适应棉花机械化采收，吐絮成熟期适时喷洒脱叶催熟剂，加速乙烯释放促进棉铃吐絮成熟、叶片形成离层干枯前落地，以解决棉花后期晚熟问题和机采含杂问题。"宽早优"棉花脱叶催熟调控早熟优质主要表现在：当棉株进入吐絮成熟期，良好的通风透光环境，不仅有利于棉株老健、棉铃成熟和均匀喷洒脱叶催熟药液，提高施药效果，促进叶柄离层形成，便于棉叶脱落着地，避免了棉叶挂枝，降低机采棉含杂率，从而减少了清杂次数，缓解了加工过程的品质下降，相对提高了原棉品质。

四、合理的冠层结构调控，最大限度挖掘光温等环境资源

"宽早优"棉花合理的冠层结构，源于宽等行、适（低）密度、拓株高及其配套的栽培技术。合理的冠层结构对促进棉花早发早熟的调控机理表现在以下方面。

（一）冠层叶面积调控促进开花成铃、集中成熟吐絮

"宽早优"棉花随生育时期推进，棉花冠层叶面积指数呈明显先升后降趋势，

峰值出现在盛铃期（图5-1）。

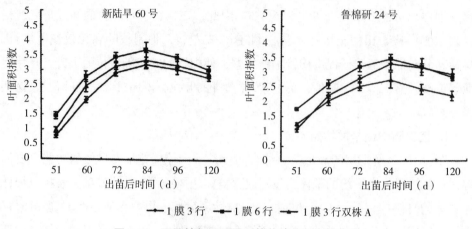

图5-1　不同株行距配置下棉花叶面积指数变化

"宽早优"1膜3行76 cm等行距低密度（10.965万株/hm²）下，生育前期（出苗后0～84 d）杂交棉叶面积指数与"矮密早"1膜6行宽窄行（66+10）cm高密度（21.93万株/hm²）处理的差距逐渐缩小，生育后期（出苗后84～118 d）叶面积指数下降幅度为10.3%，低于"矮密早"宽窄行高密度处理；同一模式下，"宽早优"等行距低密度常规品种生育后期叶面积指数下降幅度为13.6%，同样低于"矮密早"宽窄行高密度及等行双株高密度处理，但较杂交棉品种后期叶面积指数下降幅度大，说明"宽早优"76 cm等行距棉花冠层叶面积指数在临结铃前迅速达到高峰阶段，为大量结铃创造了条件；且结铃高峰阶段冠层叶面积指数下降幅度较小，即叶面积功能期持续时间较长，为棉铃成长发育、特别是中后期棉铃发育提供了物质保证，延长了有效结铃期，促进了成铃、吐絮，具有较强的调节功能[1]。相比之下，常规品种结铃后期调节结铃的功能相对较弱。冠层开度、光吸收率与叶面积指数也有较好协同。

　　随生育进程的推进，棉花冠层开度呈先降后升趋势，最小值出现在盛铃期。"宽早优"1膜3行76 cm等行距低密度（10.965万株/hm²）下，生育后期的冠层开度升幅小于"矮密早"1膜6行宽窄行高密度及等行双株高密度处理。其中，杂交棉冠层开度升幅仅为"矮密早"宽窄行高密度及等行双株高密度处理升幅的37.7%和45.7%，常规品种冠层开度升幅仅为"矮密早"宽窄行高密度及等行双株高密度处理升幅的37.2%和79.7%。

光吸收率显著提高。生育期内棉花冠层光吸收率呈先升后降趋势，最大值出现在盛铃期，而株行距配置对棉花冠层光吸收率影响显著。生育前期，"宽早优"杂交棉等行距低密度处理的冠层光吸收率迅速增加至最高值，生育后期吸收率下降幅度仅为3.7%，低于"矮密早"宽窄行高密度及等行双株高密度处理，而生育后期常规品种"宽早优"等行距低密度处理的冠层光吸收率下降幅度为4.2%，同样低于同品种其他处理。说明"宽早优"棉花光吸收率前期增加迅速且生育后期下降较慢，从而显著提高光吸收率，干物质积累量提高，促进棉铃发育。

（二）"宽早优"棉花群体的光温互补效应强

在棉铃发育过程中，温度与纤维品质的关系密切；而光照对单铃重影响较大。陈冠文等（2000）研究，温度与光照有互补作用：下部棉铃光照不足，可由温度补偿；上部棉铃开花晚，积温不足，可由光照补偿。光温互补值约为17.5 mmol/（$dm^2 \cdot d \cdot ℃$）。这种补偿作用在一定程度上保证了棉株上不同部位棉铃的正常发育，是棉铃发育的必要条件，也是棉花在长期系统发育过程中对生态环境适应的结果。但是这种互补作用是有限的，只能在短缺因素达到必要的下限值以上（≥15℃有效积温>535℃，有效辐射量>620 mmol/（$dm^2 \cdot d$））时，补偿作用才有效[4]。上述现象称之为棉花的光温互补效应。

由于"宽早优"较"矮密早"棉花上部呈立体采光，受光面积大，群体中下部相互遮光少，而无光合功能器官的比例较少，光能利用率高，干物质积累量多。因此，"宽早优"棉花光温互补效应高，可有效调节棉铃的发育和纤维优质成熟。陈冠文等调查结果表明，出苗后65 d，"宽早优"76 cm等行距较"矮密早"（66+10）cm宽窄行的单株总干物质积累速率高51%，生殖器官的积累速率高60%；出苗后120 d，"宽早优"等行距比"矮密早"宽窄行种植的单株总干物质积累速率高90%，生殖器官的积累速率高98%。这充分说明，"宽早优"等行距不仅干物质积累量多，积累速度快，而且能将更多的光合产物向生殖器官输送[5]。

（三）"宽早优"增加了花铃期土壤温度，提高了结铃强度

张恒恒等试验证明，76 cm宽等行与（66+10）cm宽窄行在生育前期（5—6月）不同种植模式和密度下耕层土壤温度无显著性差异，而"宽早优"模式提高了花期和铃期的土壤温度，比"矮密早"模式平均高1.7℃。"宽早优"模式的全生育期耕层土壤积温较"矮密早"模式显著提高8.3%～9.9%（$P<0.05$），主要提升了花铃期的土壤积温（35.1～88.8℃），从而提高结铃强度。2019年，试验结果表明"宽早优"76 cm宽等行结铃183.9个/m^2较"矮密早"（66+10）cm宽窄行的

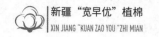

127.5 个 /m² 增加达显著水平。"宽早优"模式棉花籽棉产量和水分利用效率，较"矮密早"模式分别显著提高 17.5% 和 18.8%（$P<0.05$）[6]。

第三节　早发早熟模型分析

"宽早优"棉花早发早熟模型的建立是指导棉花生产、实现优质高产高效的重要措施。其早发指标为：4 月苗、5 月蕾、6 月花、7 月铃；早熟指标为：8 中下旬吐絮，自然条件下霜前花率 95% 以上（适时脱叶催熟时吐絮率 40% 以上），且不早衰。

一、壮苗早发模型分析

新疆棉花实现壮苗早发的根本意义在于，充分利用前期（早春季节）可以利用的温度条件，通过早播种、早出苗，使棉花开花结铃高效期与温度光照高能期同步，实现壮苗早发早熟指标，最大限度提高光、温利用率。因此，壮苗早发模型必须具备适应生态条件和以提高前期地温为重点的有效促进壮苗早发的技术措施两个方面。

（一）提供适宜的温度条件——前期增温促早发

1. 以温度条件为基础，确定适宜的播种期

研究证明，棉花种子萌发的最低温度为 10.5 ～ 12℃，最高温度是 40 ～ 45℃，最适温度为 28 ～ 30℃，棉籽在最高、最低范围内，温度越高萌发越快。棉花种子出苗对温度的要求比发芽要高。播种后，温度在 12℃以上才能出苗，胚根维管束开始分化需要 12 ～ 14℃，下胚轴伸长并形成维管束需要在 16℃以上。棉花种子萌发与出苗除了需要一定的临界温度外，还需要一定的积温。从播种至出苗，需要 12℃以上的有效积温 50 ～ 70℃，活动积温 150 ～ 250℃。

依据棉花种子发芽出苗对温度的要求和播种季节温度逐步升高的特点，在新疆棉花生产中，"宽早优"棉花常把膜下 5 cm 地温连续 3 d 稳定通过 12℃时作为播种的温度指标。同时根据当地的生态条件和气温变化规律确定具体的播种期，确保在正常发芽出苗的前提下，适时进行早播，以促进壮苗早发、充分利用前期可以利用的有效积温，从基础上延长棉花的有效开花结铃期。

据此，东疆棉区于 4 月 1—10 日进行播种、南疆棉区于 4 月 5—15 日进行播种、北疆棉区于 4 月 10—20 日进行播种，有利于播种出苗、壮苗早发，实现 4

月苗，充分利用前期有效积温。

2. 采取农艺措施，增温促壮苗早发

（1）秋耕冬灌　秋耕冬灌的目的和作用是蓄足底墒，较播种前春灌整地的土壤细而绵，无大小土块，返温快、提高播种时地温，还可减少翌年春灌的压力，有效减轻田间病虫害，秋耕冬灌棉铃虫的田间越冬基数减少90%以上；盐碱棉田灌水适量和水深（一般每公顷灌水量1 500～1 800 m³，灌水深度20～30 cm）可减轻盐碱为害。秋耕冬灌应尽早进行。新疆棉花种植多连茬，由于收获期晚，与土壤封冻的间隔期很短，因此在前茬作物收获后，应及时进行耕翻，翻后灌水。

（2）早春耙耱　早春土壤解冻后，播种前适墒整地，包括耙地、耱地和镇压，一般是先耙耱（耙的后边带耱子），后耙压（耙的后边带环形镇压器）。通过耙耱达到保墒增温的效果。

（3）覆膜早播　棉田地膜覆盖具有明显的增温保墒效果，覆盖地膜可提早播种2～3 d，促苗早发、早熟。"宽早优"76 cm等行距采用2.05 m 1膜3行，保证边行外膜面10～15 cm，提高边行增温效果，解决边行外膜太窄（5 cm以下）造成的棉苗不整齐现象。"宽早优"棉花按规格（宽等行、适密度）播种，为壮苗早发奠定基础。

（4）控水增温促早发　新疆棉区5月底以前处于地温回升阶段，由于水的热容量较大，过度灌水会导致地温降低，影响棉苗生长发育。因此，在足墒播种或干播湿出滴水出苗后，土壤水分在65%以上一般要控制滴水，以保证地温提升，直到棉花现蕾、6月上旬后酌情进行滴头水，这是"苗期不滴水、迟滴头水"的根本意义所在。

（二）保证养分供应

"宽早优"是优质高产的棉花种植模式，前期壮苗早发需要一定的营养条件。棉花苗期是以生根、长茎、长叶，增大营养体的时期，虽然需要养分较少，但是对氮、磷、钾等养分敏感，尤其是对磷的需要。此时期如缺氮则抑制营养生长，延迟现蕾。棉花磷、钾的营养临界值均出现在2～3叶期，此时缺磷叶色暗绿发紫、植株矮小；缺钾则光合作用减弱、容易感病。必须保证养分供应，才能满足营养体增大，为下一生育阶段奠定基础。保证养分供应，主要是施足基肥：按照平衡施肥原理，基肥施入优质腐熟有机肥每公顷1.5万～2.25万 kg或腐熟饼肥1 500～2 250 kg，或商品有机肥等优质有机肥，以培肥地力，改善土壤结构；氮肥的20%和全部的磷肥、钾肥作基肥施入。施足基肥保证养分源源不断地供应棉苗生长，促进壮苗早发。

（三）以促为主，减少化控

"宽早优"棉花放宽了行距、降低了密度，旨在给生长势强的棉花品种创造优质高产的空间。为促进壮苗早发，健壮个体，"宽早优"棉花在不旺长的情况下只在打顶后化控，其余一般不化控，最大限度发挥棉株自身的早发早熟功能。较常规、系统化控减少了多次化控，有效促进了壮苗早发。

在苗蕾期不化控的情况下，要实现棉苗壮而不旺，主要是通过以水肥调节，控制棉苗旺长。"宽早优"棉花在足墒播种或干播湿出滴水出苗后，一般不滴水，直到棉花现蕾6月上旬后酌情进行滴头水的方法不仅具有提高地温、促苗早发的功能，对控制棉苗旺长、形成壮苗也具有重要意义。

二、花铃期早发早熟模型分析

棉花开花的适宜温度一般为25～30℃，过高、过低的温度都不利于开花，甚至会引起花器官败育。"宽早优"棉花改善了群体结构，促进了苗期早发，使开花结铃期与高温富照期同步（6月下旬开花，7月上旬成铃，8月下旬吐絮），为实现棉花优质高产奠定基础。棉花早开花、早结铃、提高成铃强度、集中成铃吐絮是通过一系列调控措施实现的，主要包括以下方面。

（一）重施花铃肥，水肥一体化，提高成铃强度

棉花从开花至吐絮的花铃期是一生中需水、需肥的高效期，特别是新疆的7—8月为棉铃生长、纤维发育的关键期，保证水肥供应对促进开花成铃、集中成铃吐絮、早熟优质具有决定性意义。

（二）适迟打顶，调控棉铃部位，促棉铃早熟

"宽早优"棉花适迟打顶，可拓展结铃空间，为高产创造条件；适迟打顶在宽等行、降密度下拓展株高可改善通风透光条件，提高光温效率，加速中、下部棉铃生育进程，促进早熟，减少脱落；适迟打顶可控制顶部无效花蕾，减少养分消耗，集约养分向棉铃运输提高上部成铃率，充分挖潜光温互补效应，促进多结铃、早吐絮、优质高产。

（三）拓展自身调控，减少化学调控，促进早发早熟

"宽早优"棉花群体环境改善后，减少化学调控，发挥自身调控功能，以促进个体健壮，形成健壮个体和合理群体。如出现旺长趋势，依靠水、肥进行调控。"宽早优"棉花化控，只在打顶后5～7d进行1次或2次化控外，一般不化控，促进棉铃发育，提早成熟吐絮。

三、吐絮期早熟模型分析

"宽早优"棉花自8月中下旬青枝绿叶吐白絮后，20～30 d吐絮率达80%以上，且吐絮畅而不落；机采时吐絮率95%以上，落叶（着地）率90%以上是理想模型。

（一）吐絮期水肥调控促早熟

棉花吐絮后需水肥量减少，应在吐絮初期适量滴水、滴肥基础上，减少水分供应，土壤相对含水率控制在65%～70%，8月中下旬停水，停水前停肥，促进棉铃发育成熟。

（二）脱叶催熟促早熟

当棉株自然吐絮率40%左右时，中上部棉铃已达35 d以上，机采前15～20 d进行化学脱叶催熟对产量、品质影响较小。经脱叶催熟促进吐絮率、脱叶率提高，适应机采，实现早熟优质。

参考文献

［1］ 李建峰，王聪，梁福斌，等.新疆机采模式下棉花株行距配置对冠层结构指标及产量的影响［J］.棉花学报，2017，29（2）：157-165.

［2］ 程林，郑新疆，朱晓平，等.一膜三行等行距栽培模式对棉花生长及产量的影响［J］.安徽农业科学，2017，45（1）：44-45，48.

［3］ 王香茹，张恒恒，胡莉婷，等.新疆棉区棉花脱叶催熟剂的筛选研究［J］.中国棉花，2018，45（2）：8-14.

［4］ 陈冠文，余渝.棉铃发育温光效应的初步研究［J］.新疆农业大学学报，2000，23（4）：14-19.

［5］ 陈冠文，王光强，田永浩，等.再论新疆棉花高产栽培理论的战略转移"向光要棉"的技术途径及其机理［J］.新疆农垦科技，2014（2）：3-5.

［6］ 张恒恒，王香茹，胡莉婷，等.不同机采棉种植模式和种植密度对棉田水热效应及产量的影响［J］.农业工程学报，2020，36（23）：39-47.

第六章
"宽早优"植棉优质调控

第一节　优质棉概念及意义

一、优质棉的概念

优质棉（High-quality Cotton）即符合纺织工业需要，各纤维品质指标匹配合理的棉花[1]。从"优质棉"概念看出，优质棉具有最基本的两个特征，既"符合纺织工业需要"又"纤维品质指标匹配合理"，或是说与纺织工业需要相一致的、纤维品质指标匹配合理的棉花，也可以认为，按照纺织工业需要生产的、纤维品质指标匹配合理的棉花即为优质棉，进一步延伸认为，按照市场需要，纺织工业选用的纤维品质指标匹配合理的棉花。因为，只有这样，纺织企业才能获得较高的经济效益，也才能从源头上提升整个棉花产业、包括种植业的市场竞争力，从而促进和带动棉花产业的健康可持续发展。"优质棉"的概念还表明，优质棉和纺织工业之间具有密切的关系。

二、棉纺企业对优质棉综合品质的需求

棉织物的性能由纱线性能和织物结构决定，纱线的性能由纤维性能和纱线结构决定。因此，棉花的质量在一定程度上决定着纱线和织物的质量。

（一）棉花质量性能与纺织产品的关系

棉花性能与成纱质量关系密切（表6-1）。棉纤维含糖影响成纱质量。新疆棉纤维外糖（附着在纤维表面的外源物质中的糖类即外糖，是与"内糖"——纤维本身所含的"生理糖"的区别）含量主要是受棉蚜蜜露的污染，也有认为与苞叶和棉叶蜜腺分泌物有关。外糖含量高是造成纺织上"三绕"（绕皮辊、绕皮

圈、绕罗拉）的主要原因。

表 6-1　棉花性能与成纱质量

棉花性能	成纱质量
纤维长度	纤维长，纺纱断头少，成纱强力高，可纺细号纱（高支纱、特高支纱）
短绒率	短绒率低，制成品率高，成纱条干均匀，成纱强力高
比强度	比强度高，成纱强力高，纺纱断头少
马克隆值	马克隆值高，纤维粗，纱的截面纤维根数少，成纱强力低，条干也差；在成熟度正常情况下，马克隆值稍低一点，纤维细，成纱强力高，成纱条干好，可纺细号纱；成熟度差，马克隆值低，棉结高，同时单纤维强力低，成纱强力低
杂质、疵点	杂质、疵点多，成纱棉结杂质多，特别是索丝、棉结、软籽表皮带纤维籽屑对成纱质量影响大
异纤纤维	由于异纤纤维的外观颜色和吸色性能差异大，对坯布、漂白布和染色布的外观质量影响大；异纤维粗细程度差异大，纺纱时也会造成断头增加
含糖	纺纱时缠绕罗拉、皮圈、胶辊，产生断头，成纱条干变差

（二）纺织企业对棉花性能的要求

棉花质量性能与纺织产品质量关系密切。当前，现行有效的细绒棉国家标准中规定的质量标准有 11 项，分别是颜色级、轧工质量、长度、马克隆值、回潮率、含杂率、断裂比强度、长度整齐度指数、为害性杂物（异性纤维含量）、反射率、黄色深度。对棉纺织品的生产质量影响相对较大的有长度、马克隆值、断裂比强度、短绒率（毛棉籽上短绒的重量占毛棉籽总重量的百分数。标准中暂没有）、棉结（由棉纤维不成熟或轧工不良造成的纤维纠缠成的结点。一般在染色后形成深色或浅色细点。指标中暂没有）、为害性杂物（异性纤维含量）、含杂率、轧工质量等。

（三）通用类棉花质量指标要求

通用类棉花，手摘棉与机采棉品质指标见表 6-2。

表 6-2　通用类棉花、手摘棉与机采棉品质指标

项目	通用棉	手摘棉	机采棉
纤维长度（mm）	＞29.0	＞30	＞29.5
12.7 mm 的短绒率（%）	＜7.5	＜7.0	＜7.2
马克隆值	3.7～4.8	4.0～4.5	4.0～4.5
马克隆值变异系数（CV%）	＜5.0	＜5.0	＜5.0
纤维强度（g/tex）	≥30.0	≥31.0	≥30.5
棉结（粒/g）	≤180	≤160	≤220
含杂率（%）	＜1.7	＜1.2	＜1.6
异性纤维含量（根/227kg）	＜8	＜8	＜4（含碎地膜）

資料来源：《当代全球棉花产业》，中国农业出版社，2016。

（四）进口棉综合品质比较

近年来，澳棉品质在逐渐提升，从2012—2014年安徽华茂公司采购进厂的澳棉看，质量整体较好，长度平均达到30 mm左右，强度达到31 g/tex以上，棉花颜色较白，棉花中"三丝"极少，尤其是发"荧光"的化纤品异纤更少，生产漂白品种给客户的纱线基本无"三丝"投诉，可纺性也好，基本上未出现缠绕罗拉、皮辊现象。美国SJV的细绒棉的强度高，安徽华茂公司每年都采购一定数量的SJV美棉，其纤维长度在29 mm以上、强度都在32.5 g/tex以上，主要用于对强度要求比较高的高支纱或高档品种上，棉花中"三丝"少，能做漂白品种。因此，棉纺企业建议，有关部门对棉花质量要进一步研究，并在管控上努力，提高我国棉花整体质量水平，向棉纺企业提供优质棉花，从而为提升我国棉纺产品质量和国际市场竞争力提供更坚实的原料基础。

三、新疆机采棉与美棉、澳棉的比较

棉花机械化采收是现代植棉业的先进技术。美国于20世纪60年代全面实现机械化采收，70年代棉花机械化率达到100%，生产效率大幅度提高。按生产1 t皮棉所需的人工工时，1950年640个，1970年减少到110个，1990年减少到1个。1990年，全美棉花农场的雇工费仅43.8美元/英亩（约人民币49.28元/亩）。据国家统计局资料，2013年，我国每生产50 kg皮棉所用工时11个，即每吨皮棉所用工时220个，我国棉花生产效率约相当于美国60年代初期水平，落后55年。

新疆机采棉与美棉、澳棉相比存在诸多差距，主要表现在以下方面。

1. 一致性差、含杂率高、异性纤维多、短绒率高、绒长短等问题突出

与美棉、澳棉相比，新疆机采棉含杂率多在 2% 左右，杂质粒数多，杂质面积是澳棉、美棉的 150 倍以上。多数棉纺企业反映，与美棉相比，新疆机采棉的前纺落棉率远高于美棉，个别企业高达 10% 以上，而美棉的落棉率仅在 5% 左右。新疆机采棉成纱品质差，表现为棉结、索丝（棉纤维相互纠缠成条索状，难以从纵向扯开的纤维束）粒数过多，大部分在 350 ~ 450 粒 /g，对纱布品质负面影响很大。新疆机采棉短绒率多在 16% 以上，且长度在 27 mm 左右，整齐度低，单纤维强力低，影响中高支纱质量，使得企业配棉成本较高（表 6-3）。

表 6-3　美棉、澳棉 M 级与新疆 3 级棉的品质比较

项目	马克隆值	成熟度	长度（mm）	整齐度（%）	< 12.7 mm 短纤（%）	比强度（cN/tex）	伸长率（%）	杂质（%）
澳大利亚原棉	4.39	0.88	29.97	82.70	10.48	29.18	6.48	1.64
美国原棉	4.26	0.87	29.17	81.70	11.66	29.83	7.91	1.76
新疆机采棉 1	3.90	0.84	28.30	81.80	18.20	27.00	5.50	2.90
新疆机采棉 2	4.03	0.85	28.19	81.70	12.70	27.70	6.60	3.00
新疆机采棉 3	4.25	0.86	27.89	81.50	11.60	28.30	7.50	1.90

资料来源：中国棉纺织行业协会。

2. 新疆机采棉有害杂物"三丝"问题极为突出

新疆机采籽棉的废地膜及其碎片很多，棉纺企业难以清除，导致总体异纤维含量远高于美棉和澳棉。

3. 新疆棉轧花加工质量问题突出

新疆机采棉的轧花加工工艺以及管理不当，使得棉结、杂质、带纤维籽屑、软籽皮的数量多而变小，疵点是手采棉的 5 倍以上。许多疵点都以带纤维籽屑的形式出现，疵点小、重量轻，在开清棉工序过程中很难被清除，在纺纱过程中很容易随纤维而转移到下一工序，加重了梳棉工序开松、除杂、梳理的负担。特别是棉结、短粗节较多，而且这些疵点在纺纱过程中很难被清除，既增加了纺纱成本，也使成纱棉结难以明显改善（表 6-4）。

4. 新疆机采棉的棉纺织品质量低，仅适纺中低支纱

新疆棉成纱棉结比澳棉、美棉高 10% ~ 40%，这类棉结对后工序织造的影响绝大多数都是以棉球的形式出现；同时，新疆机采棉成纱的毛羽也比澳棉、美

棉高 10% ～ 20%。特点是长毛羽（作为纺织术语，毛羽是影响纱线外观和风格的一个重要质量指标，纱线毛羽的状态直接影响到织造效率、布面风格和染色效果）更明显，一般情况下这类毛羽对高质量的针织物有害，即高质量的针织物用纱很难用机采棉纺纱，即使使用也要严格控制疵点数量。

表 6-4　新疆机采棉与澳棉、美棉 M 级配棉纺纱的质量差异

类型	棉花类型	强力	条干变异系数（CV %）	50% A 粗节	50% 细节	200% 棉结
JC50S	澳棉 M	199.8	13.1	18	7	33
	美棉 M	188.5	12.9	20	6	43
	新疆机采棉 3 级	180.3	13.5	30	15	57
C32S	澳棉 M	251.2	14.0	59	2	125
	美棉 M	242.1	14.5	65	3	130
	新疆机采棉 3 级	240.1	14.3	75	3	150

注：JC50S 表示精梳纱 50 支，C32S 表示普梳纱 32 支。资料来源于中国棉纺织行业协会。

5. 棉纺企业对适纺中高档棉纺织产品对国产棉的质量要求

随着纱线质量水平的不断提高，对原棉质量的要求也越来越高，国产棉能够满足需要的棉花数量越来越少。棉纺企业应用新疆机采棉纺纱的指数主要集中在 20 ～ 40 支，个别品种最多不超过 60 支。一般情况下，在生产超高支纱时需要采用新疆长绒棉、美国皮马棉或埃及长绒棉，生产中高支纱主要采用 2 级棉或 3 级棉，生产中低支纱时主要采用 4 级棉，不同的企业原棉采购有不同的标准。比较特殊的要求是做漂白纱对原棉的异性纤维含量有特殊的要求：生产高档漂白纱时要求异性纤维每包（227 kg）不能超过 4 根，一般加工漂白纱不能超过 8 根，常规品种不能超过 20 根。

棉纺织业提出适纺中高支纱原棉技术指标：纤维长度≥ 29 mm；含杂率≤ 1.3%；马克隆值 3.7 ～ 4.9；长度整齐度≥ 83%；断裂强度≥ 30 cN/tex；≤ 12.7 mm 短绒率≤ 6.8%；≤ 16.5 mm 短绒率≤ 10.8%；棉结≤ 160 粒 /g，见表 6-5。

关于机织、针织纺织企业对棉花质量的要求，以 40S 支纱为例，HVI 指标原棉纤维长度在 28 mm 及以上、马克隆值在 3.5 ～ 5、断裂比强度在 27.5 cN/tex 以上、12.7 mm 和 16.5 mm 的短纤维含量分别在 7.5% 或 11.5% 及以下；对异性纤维纺漂白纱企业的要求高，而对纺色纺纱企业的要求相对较低（表 6-6）。

表6-5　棉纺织业中高端棉纺产品对国产棉质量要求

精梳长度≥（mm）	含杂率≤（%）	马克隆值	长度整齐度≥（%）	断裂强度≥（g/tex）	≤12.7 mm短绒率（%）	≤16.5 mm短绒率（%）	棉结≤（粒/g）
国产细绒棉2级（颜色级21级及以上）							
29.5	1.3	3.8～4.8	83.5	30.5	6.8	10.8	160
国产细绒棉3级（颜色级31级）							
29.3	1.5	3.7～4.8	83	30.5	7.0	11	170
国产细绒棉4级（颜色级41级）							
29.0	1.7	3.7～4.9	83	30	7.5	11.5	210
新疆长绒棉1级							
37.0	1.9	3.6～4.2	87	42.5	4.5	6.5	130

资料来源：中国棉纺织行业协会。

表6-6　机织、针织企业对棉花质量的要求

支数	用途	纤维长度（mm）	马克隆值	长度整齐度（%）	断裂比强度（cN/tex）	成熟度指数（%）
≥40S	机织	≥29.0	3.5～4.2	≥83	29.0	≥85
	针织	≥28.5	4.0～4.5	≥82	28.5	≥88
≤40S	机织	≥28.5	3.5～4.9	≥82	28.0	≥85
	针织	≥28.0	4.0～5.0	≥81	27.5	≥88

资料来源：中国棉纺织行业协会。

四、生产优质棉的意义

1.优质棉纺制品质量优

棉花是重要的纺织工业原料，原棉品质优劣直接关系到产品质量。优质棉内在质量好，品质指标匹配，有利于棉纺企业纺制优质产品。因此，优质棉为制造优质纺制品奠定了基础。

2.优质棉可促进企业增效

优质棉品质优且匹配，不仅产品优且有利于增效。如优质棉一般纤维长度长，生产的纱线条干好，增强纱线强力；优质棉纤维整齐度高，短绒率低，落棉少，节本增效；特别是优质棉异性纤维及杂质少，不仅可省加工工序，且产品质量优，为节本增效创造了条件。

3.优质棉可提高棉花产业竞争力

生产实践证明,优质棉可提高棉花产业竞争力,促进可持续发展。我国多年来大量进口原棉,特别是优质棉的进口,足以说明优质棉在市场竞争力的地位和作用。

4.优质棉紧缺

世界棉花看中国,中国棉花看新疆。2018 年,新疆棉花总产皮棉 511.1 万 t,占全国总产的 83.8%。但是,新疆棉花品质却令人担忧。北疆"主体品质"为"双 28"标准,即纤维长度 28 mm、强度 28 cN/tex、马值 B2 级为主。南疆棉花品质基本上都在"双 28"以下、马克隆值 B2 或 C2 级。2017 年,全疆领取优质棉(双 29 的棉花)补贴的籽棉仅 5 285 t,皮棉约 2 100 t(不足 1 万亩)。2017 年,我国纺织企业对中高端原棉("双 28.5",即 28.5 mm、28.5 cN/tex,马值 A 或 B2 级)的需求量约 300 万 t(2 500 万亩),而我国达标的 99 万 t,缺口 201 万 t,缺口 2/3(1 675 万亩)。纺织企业认可的品牌棉花,澳棉品质是:纤维长度 29 mm、比强度 29 cN/tex,A 级为主。这就是纺纱企业抢购美棉、澳棉的原因所在。

中国农业科学院棉花研究所采用"中 641"与"宽早优"相结合的高品质棉生产技术模式,2016 年,示范面积 2 000 亩,采收籽棉 600 余 t,加工中长绒原棉 220t,经江苏联发纺织股份有限公司、新疆溢达纺织有限公司等国内多家纺织企业试轧,其纤维长度长、短绒少,棉结少,长度和强度以及综合纺织特性均优于澳棉和美棉,无需配棉可直纺 40S、50S 支纱,且棉纱强力高于常规细绒棉 20 ～ 30 cN/tex,适合用各种高速喷气织机,提高后道工序织造加工布机效率,纺织 60S 及以上高级纱可减少长绒棉配比,节省成本。2017 年,在新疆第一师、精河县等全疆主要植棉团场和县市开展了大面积的优质棉示范,累计推广面积超过 20 万亩,并且在精河县牵头组建"优质棉订单生产新模式"。生产的棉花加工后达到自治区棉花目标价格改革补贴与质量挂钩试点要求(即长度达到 29 mm 以上、断裂比强度 29 cN/tex 以上、马克隆值 A 级 3.7 ～ 4.2),仅精河县生产籽棉 897 t,占全县优质棉补贴的 93.5%,占全新疆优质棉补贴数量的 17%。其中"双 30"(纤维长度和强度均达到"30")品种中棉所 3 763 原棉,投入到期货市场按照升贴水 16 500 元 /t 价格进行交易,高于同期期货价格 700 ～ 800 元 / t;中 641 中长绒原棉以高出市场价 1 200 元销售给中国第一服装品牌雅戈尔服装公司。通过"优质棉"魅力,不仅增强了植棉活力,也大大提高了市场竞争力。特别是组织规模化生产，科学化、系统化、规范化管理，采取"优质棉"生产，可显著提高我国棉花国际市场竞争力，促进新疆棉花产业的可持续发展。据此，中国农业科学院棉花研究所开展的中 641 与"宽早优"相结合的高品质棉生产技术模式，因 2018 年在新疆示范种植增产效果显著，纤维品质明显高于当地主栽品种，在"良种良法配套、农机农艺融合"方面取得重大突破，被列入中国农业科学院"2018 年十大科技进展"[2]。

第二节　优质调控机理

棉花的原棉品质与遗传品质、生产品质和加工品质密切相关。遗传品质是指由育种家直接提供的某个棉花品种的种子在适宜的生态、生产条件下，棉花植株生产所能达到的纤维品质，通常以纤维长度、细度、强度等作为衡量指标。遗传品质是由一个品种遗传基因决定的内在品质，是原棉品质形成的基础。棉花的生产品质是指在遗传品质的基础上，通过栽培种植所生产出的原棉的实际品质。霜后花（下霜后积温等条件变差）和僵瓣花（不利因素所致未正常吐絮）所占的比重可以较好地反映棉花生产品质，两者所占比重越小，则生产品质越高。加工品质，是指棉田生产的棉花经过籽棉、皮棉加工后形成的纤维品质，即原棉品质。加工环节对纤维品质损伤越重，加工品质降低幅度越大，其加工品质也越差。因此，加工环节应尽可能减轻对纤维的损伤，以提高或保护原棉品质。遗传品质相对较稳定，加工品质可控性相对较强，本节优质调控机理，着重阐述"宽早优"棉花的生产品质环节。

棉花的生产品质是在从种植到收获及其相关的整个过程中形成的，包括种植方式、播种技术、各项管理技术等，而诸多环节又是通过改善棉株生长发育的环境条件发挥作用，如改善光照、温度、水分、矿质营养等条件，从而提高棉株生产优质棉的能力，以达到提高和保证生产品质的目的。因此，针对影响棉株生产品质的主要因素和农艺措施的优质棉调控机理介绍如下。

一、生态条件对纤维品质影响

1. 温度对纤维品质的影响

棉花是喜温作物，温度是影响棉花产量和品质的主要因素。温度制约着纤维细胞的分化、伸长、干物质积累和次生壁加厚，最终影响纤维品质的建成。纤维素合成的最适温度是 28 ～ 29℃，温度影响新陈代谢的速率，温度过高使纤维细胞的蛋白质变性，降低纤维素合成酶的活性，延缓纤维发育，而低温也会降低酶的活性。发育棉铃纤维中可溶性糖含量与纤维素含量的变化呈高度负相关，而棉铃发育前期糖分的大量积累有利于后期纤维素的合成，低温对纤维干物质积累的影响大于纤维素合成，15℃的日均温度是纤维干物质积累趋于停止的临界温度，在 15℃以下，纤维不再增重，但已进入纤维中的可溶性糖还在向纤维素转化。据研究，纤维强力、细度、成熟度与铃期 ≥ 20℃有效积温呈显著相关，相关系数（r）分别为 0.813、–0.8772 和 0.8554，而纤维细度与铃期 ≥ 20℃有效积温呈负效应。7—10 月 ≥ 15℃有效积温对比强度影响最大，与比强度、2.5% 跨长、整齐度、反射率均为正相关。棉纤维伸长主要在夜间，夜间温度与纤维伸长关系密切，如果白天温度高，夜间又能保持在 21℃以上，纤维伸长到最大长度一般只需 20 d 左右；如果白天温度不高，夜间温度又只有 10℃左右时，纤维伸长减慢，一般要持续 30 d 左右才能达到应有的长度，且最终长度缩短；在纤维的加厚期，初生壁内侧沉淀纤维素与温度有关，在 20 ～ 30℃内，温度愈高加厚愈快，夜间低于 20℃，纤维素的沉积就受影响，15℃以下时，纤维素沉积就会停止。纤维细胞分化的最适温度是 25 ～ 30℃，低温和高温都不利于纤维细胞的分化，温度胁迫的最大效应是开花前48h前后。当高温较高且日较差较大时（ ≥ 12℃），纤维成熟且强度有加强的趋势；当高温偏低且日较差较小时（ ≤ 11℃），纤维成熟度下降且强度有减小趋势。后期低温可能是导致新疆棉纤维内糖含量高的主要原因[3]。因此，"宽早优"植棉提高了生育期地温，改善了群体结构，加快生育进程，使棉铃发育时期与当地光热资源最丰富的时期一致，同时提高花铃期结铃强度，这是"宽早优"植棉提高产量、品质的主要途径之一。

2. 光照对纤维品质的影响

光照对棉纤维品质的影响表现出 3 个重要特点：一是光照对棉花纤维品质指标的影响往往伴随着温度的变化；二是光照可以直接影响棉纤维的品级，吐絮期阴雨连绵会显著降低棉纤维的品级；三是光照不足会延缓棉纤维的发育，尤其在阴雨天气期间，棉铃得不到物质积累，光合产物减少，以致纤维素淀积缺少所需要的葡萄糖。

研究表明，在总有效花期后的 70 d 至吐絮期间，光照对纤维品质至关重要。日照时数不足会导致棉铃干重下降，纤维细度和成熟度降低，比强度下降。在纤维伸长过程中，前期遮阴对纤维长度影响较大，后期影响较小；未遮阴的对照在开花后 25 d 左右达最大纤维长度，棉铃发育 20 d 内遮阴处理的在花后 35 d 才达最大长度，21 ～ 40 d 遮阴处理的在开花后 30 d 左右达最大长度，而花后 41 d 到吐絮遮阴处理对纤维伸长无显著影响。在棉纤维伸长期内遮阴虽然延长纤维的伸长期，但是却使纤维最终长度变短，这可能与遮阴降低光照强度，降低叶片光合速率，致使向棉铃供应的光合产物减少，从而降低棉纤维的伸长速率有关。纤维比强度、马克隆值和成熟度主要取决于纤维素沉积量和纤维细胞厚度，各时期遮阴都降低了这 3 个指标，但以棉铃发育 21 ～ 40 d 遮阴处理影响最大，其他时期影响较小。这 3 指标下降的原因在于，遮阴降低了棉花叶片的光合速率，减少了碳水化合物向棉铃的输送，减少了棉纤维中糖分及糖分向纤维素的转化。同时，遮阴后的光照主要是散射光，含蓝紫光比例较多，而红光才有利于碳水化合物的积累，遮阴后棉株体内碳氮代谢失调，影响棉铃及其纤维的发育质量。

研究表明，一定范围内，光照时间长、温度高有利于纤维成熟，马克隆值、纤维长度、比强度同时增加。温度在 30 ～ 31℃，光照时间在 6 ～ 10 h，空气湿度在 65% ～ 74%，降水量均匀且在 2 ～ 4 mm 时，棉花纤维品质最优。

3. 水分对纤维品质的影响

水分可通过影响棉株的生理过程影响棉纤维发育。土壤水分对纤维分化也有一定的效应，表现在干旱对纤维分化的抑制作用，但其抑制作用远不如温度那么明显，推测其抑制作用可能不是直接的，而是通过影响棉株的生长发育后引起的。一般认为，土壤湿度和降水都影响纤维长度，土壤中有效水分少（干旱胁迫），会造成纤维长度缩短；同时，缺水干旱还会引起棉铃过早吐絮，次生壁的沉积较少。研究证明，土壤持水量为 65% ～ 75%，对纤维绒长、强力、马克隆值最好。纤维伸长期历时 20 ～ 30 d，这期间对水分十分敏感，如天气干旱，不及时补水，会使纤维平均长度缩短 3 ～ 4 mm。水分和热量是影响纤维长度和细度的主要因素，若全生育期降水充足、分布较均匀或灌溉补充适时适量，纤维长度将保持原品种特性，若严重干旱或雨涝，长度将明显缩短。土壤干旱对纤维素积累和纤维强度有显著的影响。

4. 营养元素对纤维品质的影响

在氮素供应充足时，每粒种子上的纤维、纤维长度、皮棉重量及种子的含氮量均增加，这种增加可能是由于氮素肥料通常使植株的营养生长全面加强所致，氮素的施用对纤维的成熟度无明显改变。氮素提高衣分而没有改变纤维长度和马克隆值。试验结果表明，在严重缺氮的情况下，施氮肥可以提高纤维品质，但氮素供应过多，容易形成多汁性植株，引起枝叶旺长，田间荫蔽，往往导致纤维品质向劣质化方向转变。合理施用磷肥可增加纤维长度，提高纤维强度。在缺钾棉田施钾肥会增加平均纤维长度和整齐度，显著改善纤维品质。微量元素硼、铁、铜、钼和锌等对棉花纤维品质也有一定的影响。

二、农艺措施对纤维品质调控作用

1. 促早调节优质机理

"宽早优" 宽等行适密度下，杂交棉（或类似的常规棉品种）更能充分发挥品种优势，生育前期单株生长迅速，生育后期能够维持较高的叶面积指数及光吸收率，为较高的光合物质积累、保证品质和产量奠定基础。

不同栽培方式对棉花纤维品质有显著调控作用。采取地膜覆盖等促早措施，使生育进程、株高及株高日增长量、果枝数和果节量基本合理，节枝比增加，伏桃和早秋桃比例高，单株成铃数和铃重显著增加，产量最高；纤维长度、纤维整齐度、纤维强度、伸长率、反射率和纺纱均匀度指数等品质指标得到明显改善，达到了促棉早发、提高产量和改善品质的目的。

2. 选择适宜品种，控制纤维含糖

北疆棉纤维内含糖高，这主要是北疆秋季气温下降快，棉株下部棉铃可溶性糖转化慢。只有选育早熟品种，采取促早措施，最大限度地调节棉株成铃高峰期和棉区光热资源丰富的时期相吻合，才能实现高产优质；南疆棉区无霜期较长，秋季气温下降稍晚，可选用产量潜力大的早中熟品种。

3. 栽培技术的优质调控

采用宽膜覆盖提高增温效果，促棉株早发，调节优质铃生育进程；"宽早优"采取宽等行如 76 cm 等行距种植方式，改善棉株空间条件，为棉铃发育、优质高产创造条件；选用优质、高产杂交棉品种或具有类似特性的常规种，以优质的遗传品质保证生产品质；拓展株高（株高由 60 ~ 70 cm 增至 80 ~ 100 cm），扩大叶面积立体空间，使叶面积合理分布，改善棉田通风透光条件，塑造理想群体结构，提高群体光合效率，为棉铃优质化发育创造良好空间；应用膜下滴灌水肥一体化技术，适时适量为棉株健壮生长、优质铃发育提供适宜的水分和矿质营养；合理密植，在高产、超高产条件下，将中低产的高密度（每公顷 22.5 万株以上）调减为中低密度（每公顷 13.5 万 ~ 16.5 万株），促进个体发育，协调群个体矛

盾，为培育壮株、实现优质高产奠定基础；适期早播，充分利用前期可以利用的光热资源，延长有效开花结铃期，为优质高产创造有利条件；充分利用膜下滴灌、水肥一体化、化学调控等技术措施，将棉花的开花结铃期，特别是优质结铃期调节在温度、光照等高能转化期，最大限度发挥各项措施的调控效应，使棉铃发育处于最佳的环境条件之中，促进优质高产。

总之，棉花纤维品质决定于纤维发育过程，多种外界因子通过调节纤维发育过程而影响纤维品质指标。在选择优质品种的基础上，通过优化包括气候因子在内的环境因子及栽培技术，调控棉纤维发育过程，将有效提高棉花纤维品质，这是棉花优质栽培调控的重要依据。

第三节 "宽"与"早"对优质的影响

"宽早优"植棉其显著的栽培技术特点，在于"宽早优"的宽、早、优三者之间，具有密切的内在联系，"宽"和"早"对其生产的纤维品质具有促进"优"的重要作用。

一、"宽""早""优"之间的关系

从"宽早优"植棉的概念（指宽等行种植、促早发早熟、品质优良的植棉方式）不难看出，"宽早优"的"宽""早""优"之间的关系存在着相互促进、协调、配套、补充的内在联系。其中，"宽"是基础，"早"是关键、是过程，"优"是结果和目的。通过"宽"实现"早"，进而达到"优"的目的。反过来，通过"优"体现"宽"和"早"的重要性。

宽等行种植是行距相等、且行距较宽，区别于宽行、窄行相间种植的一种种植方式。又因等行距的行间距较宽窄行的宽行的行间距还宽，故称为"宽等行"。从宽等行种植的优越性可看出"宽"对"早"和"优"的促进作用。宽等行种植的优越性主要表现在以下方面。

1. 避免了窄行的长期荫蔽现象

以"宽早优"76 cm 等行距与"矮密早"（66+10）cm 宽窄行对比为例，宽窄行的窄行从现蕾期（5月中旬前后）直至吐絮期（8月中下旬），长时间处于枝叶相互遮阴状态，尤其是盛花结铃期，中下部荫蔽严重，通风透光条件差，不仅使下部的早期棉铃大量脱落或形成劣质的僵瓣花，还不利于中下部棉铃发育，导

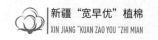

致纤维品质下降。相比之下，"宽早优"宽等行的棉行分布均匀，不存在窄行遮阴现象，群体结构改善，光能利用率提高，为多结优质铃提供充足的光合产物创造了条件。

2.减少了棉株根系穿插

"宽早优"宽等行行间相距较远，避免了"矮密早"宽窄行的窄行间根系穿插、争水争肥矛盾，为宽等行地上部空间良好的光照条件增添了"根源"基础，从株行距配置上解决了宽窄行的"大行欺小行、小行不结桃"（或结桃较少）问题，也有效控制了窄行的劣质铃、劣质棉数量。

3.增加立体采光程度

"宽早优"宽等行于盛花期前（或打顶前）冠层上部呈行上高、行间低，一起一伏的立体采光状态，而"矮密早"宽窄行自现蕾期开始，窄行上部因枝叶穿插已形成平面采光状态。相比之下，"宽早优"宽等行的立体采光增加了冠层直射光面积，改善了群体冠层光照条件，有利于提高成铃率、形成优质铃。如采用配套的免打顶技术，宽等行棉株上部自始至终呈立体采光结构，光合效率将进一步提高。

4.提高了单位面积地膜有效覆盖度

棉花地膜覆盖具有增温保墒效果，在新疆早春升温慢、秋季降温快，热量相对不足的生态条件下，提高地膜增温效果、延长高效结铃期意义更大。但是，地膜的增温效果与地膜的有效覆盖度（单位面积上可直接受到太阳光照射的地膜面积占单位总面积的比值，以％表示）呈正相关。以76 cm等行距与（66+10）cm宽窄行对比为例，同样为地膜宽2.05 m，"宽早优"宽等行的种行覆土带为3条，较"矮密早"宽窄行的6条减少了50％，相比之下，宽等行的地膜有效覆盖度75.6％，较宽窄行的61％提高了14.6个百分点，促进地温提高。据在北疆试验，4月15日至6月15日，76 cm等行距较（66+10）cm宽窄行膜下5 cm和10 cm地温日均分别提高2.5℃和1.2℃，有效积温较对照方法分别增加了150℃和70℃。"宽早优"模式的全生育期耕层土壤积温较"矮密早"模式显著提高8.3％～9.9％（$P<0.05$），主要提升了花铃期的土壤积温（35.1～88.8 ℃），从而提高了结铃强度。

5.便于全程机械化

"宽早优"宽等行为较宽的等行距、匀株距种植方式，此方式不仅便于机械化播种覆膜、铺设滴灌带，节省播种机动力（宽等行较同样带宽的宽窄行减少了50%的播种行数，因此，减少了相应的开沟前行、播种、覆土等的动力），而且便于行间精准中耕作业、培育壮苗。特别是通过机械化可提高棉花品质，表现在："宽早优"宽等行不仅因通风透光条件改善，减轻病虫害发生，而且可使植保机械喷洒均匀，提高防治效果，如病虫防治效果、脱叶催熟效果、化学调控塑造株型效果等，均可提高棉花的品质和产量；便于残膜回收，一则可减轻残膜为害，促进棉苗发育，二则减少机采籽棉含杂率提高纤维品质。

6.提高脱叶催熟效果

机采棉喷洒脱叶催熟剂是为了促进棉花集中成熟和收获前棉叶脱落着地，解决机采棉含杂率高、品质差（多次清杂，损伤品质）的问题。据试验，喷洒脱叶催熟剂 0～6 d 内，"宽早优"等行距下吐絮率增长较快，高于"矮密早"宽窄行，即集中吐絮。这主要是由于"宽早优"的相对低密度为棉铃生长发育提供适宜的光热水肥条件，避开生育后期的低温条件，促进了棉铃吐絮。其次，由于"矮密早"的宽窄行的窄行间枝叶荫蔽、穿插严重，与"宽早优"宽等行相比，宽窄行的窄行间不仅难以均匀喷药，而且脱落的叶片挂枝较多，机采籽棉含杂率高的问题仍未从根源上解决。相比之下，"宽早优"宽等行不仅有利于均匀喷药，而且因枝叶分布均匀，很少出现脱落叶片挂枝现象，从根源上解决了机采棉含杂率高、品质下降问题。据李建峰等研究，株行距配置对棉花脱叶率、吐絮率影响较大，施药后 6 d、16 d 和 35 d，"宽早优"等行距低密度（76 cm 等行距，1 穴 1 株，8 465 株/亩）下，脱叶率较"矮密早"宽窄行高密度［（66+10）cm，1 穴 1 株，16 931 株/亩］高 9.8%～11.4%、8.8%～9% 和 4.9%；脱叶催熟后 6 d，"宽早优"等行距低密度下棉铃吐絮率较"矮密早"宽窄行高密度高8.7%～12.1%[4]。因此，"宽早优"宽等行是机械化采收、保证品质的优选相配套技术。

综上所述，"宽早优"宽等行种植通过调整、放宽行距配置，拓展株高，改善棉株群体与个体生长发育环境，光能利用率提高，棉苗早发，植株健壮，叶功能期延长，拓展了光温高能季节的结铃高效期，增强了结铃强度，实现了早结铃、多结优质铃的目标；因早发早结铃、集中结铃、脱叶催熟效果好、机采含杂率低，从而提高原棉品质；也体现了"宽早优"宽等行充分挖潜环境资源（光能、热能、土壤等）和现代化生产装备潜力的重要作用，它使优势条件与优质高产品种相配套，形成环境、装备、品种最佳组合，相得益彰，对促进新疆棉花由中产向优质高产迈进具有重大意义。

二、"宽"与"早"的关系

"宽"与"早"的关系，简言之，"宽"是"早"的手段，"早"是"宽"的目的；"宽"是"因"，"早"是"果"，"早"发、"早"熟通过"宽"及其配套措施来实现。

早发早熟对新疆棉区来说，是夺取优质高产的关键，在很大程度上决定着棉花的产量和品质。"宽早优"的宽等行对促进早发早熟意义重大，主要表现在以下方面。

1. 提高地温促早发

宽等行较宽窄行提高地膜覆盖的有效覆盖度，从而提高地温，促进早出苗、早发育（1～2 d）。李建峰研究，"宽早优"76 cm 等行距低密度（10.96 万 /hm² 株）下，单株伏前桃数较"矮密早"（66+10）cm 宽窄行高密度（21.93 万 /hm² 株）及 76 cm 等行双株高密度（21.93 万 /hm² 株）分别高 50%、30%～50%；伏前桃数占总铃数比例较"矮密早"宽窄行高密度高 1.3%～10.9%；单株伏桃数较"矮密早"宽窄行高密度及等行双株高密度分别高 28.6%～44.4%、66.7%～167.6%[5]。

2. 群体、个体布局合理，加快棉铃生育进程

"宽早优"的宽等行合理的种植密度及其行株距配置，避免了地下部分行间的根系穿插、争水争肥矛盾，地上部分的枝叶穿插、遮阴少光，改善了棉株地上、地下生长发育的环境条件，提高了水肥和光温的利用率。

试验表明："宽早优"等行距下，棉花在内围果节（1、2 节位）及中下部果枝成铃数较高的基础上，提高了上部果枝及外围果节成铃数，单株结铃数最高，保证和提高了单位面积总铃数。张恒恒等[6]研究，"宽早优"76 cm 等行距单位面积结铃数 183.9 个 /m² 较"矮密早"66+10 cm 宽窄行的 127.5 个 /m² 显著增加。依据棉铃的营养和区位优势，加快了棉铃发育，促进了优质高产。"宽早优"76 cm 等行距适密度（10.96 万 /hm² 株）下，上、中及下部果枝铃期较"矮密早"（66+10）cm 宽窄行高密度（21.93 万 /hm² 株）分别短 1.2～1.8 d、1.5～3.1 d 及 0.3～2.3 d，加快了棉铃的生育进程。喷脱叶催熟剂前，棉株自然吐絮率"宽早优"宽等行的 57.2%，较"矮密早"宽窄行的 48% 提高了 9.2 个百分点。

3. 调节优质铃的时间分布

"宽早优"的宽等行棉花通过早发和群体个体的合理布局，加快了棉花的生育进程，现蕾、开花期分别提前 2 ～ 3 d，拓展了有效开花结铃期，特别是优质铃发育的时间分布与当地温度、光照高能期同步，为优质铃发育营造了时间优势，满足优质铃对温度、热量的需求，促进形成优质铃。

三、"早"与"优"的关系

新疆棉区光照充足，热量相对不足，是制约棉花优质高产的主要限制因素。解决热量不足的有效措施，就是"早"，通过早发早熟，缓解和解决热量不足的制约。"早"的本质及内涵，就是充分利用前期可以利用的现蕾开花期，促使棉株尽早现蕾开花，而后期延长叶片功能期控制有效结铃期内不早衰，从而拓展棉株的有效开花结铃时间，同时增强结铃强度，实现早结铃、多结铃、早吐絮、集中吐絮的目的。

棉花开花期的适宜温度为 24 ～ 25℃；棉铃发育的适宜温度为 24 ～ 30℃；新疆棉区季节高能期的日照指标为 8.5 h/d。据此可以说，达到 24℃时（此时已达到日照指标），棉花就可以进入开花结铃期，而生产实际往往在此之后棉株才开始开花，浪费了前期可以利用的有效开花时间（表 6-7）。

表 6-7　新疆库尔勒、奎屯温度、日照资料（1955—1988 年）

地点	月	5月			6月			7月			8月			9月		
	旬	上	中	下	上	中	下	上	中	下	上	中	下	上	中	下
库尔勒	温度（℃）	19.7	20.4	22.4	24.1	25.0	25.5	25.8	26.5	26.6	26.6	25.6	23.8	21.7	20.0	17.4
	日照（h/d）	8.8			9.2			9.4			9.3			8.7		
	日照率（%）	61.0			61.0			63.0			68.0			72.0		
奎屯	温度（℃）	17.4	18.8	20.9	22.5	24.2	25.3	25.8	26.1	25.9	24.9	24.6	22.2	20.0	18.0	14.8
	日照（h/d）	9.2			9.3			10.3			9.9			8.6		
	日照率（%）	63.0			63.0			69.0			71.0			70.0		

资料来源：《新疆棉作理论与现代化技术》，2016。

从表 6-7 看出，达到日照高能期的期间较温度宽，说明温度是主要限制因素。就温度指标而言，南疆（库尔勒）从 6 月上旬开始，至 8 月中下旬为有效开花结铃期，时间为 80 ～ 90 d；北疆（奎屯）从 6 月中旬开始，至 8 月中旬为有效开花结铃期，时间为 70 d；生产现实开花期往往推后 5 ～ 7 d，甚至更后。特别是，如以高能转化期（集中开花成铃期是棉花光能利用率最高，将光能转化为经济产量最多的时期，称为高能转化期）的指标（单株开花 ≥ 0.2 个 /d），正常年份，南疆的高能转化期在 6 月 25 日至 7 月 30 日，北疆的高能转化期在 6 月 25 日至 7 月 25 日。由此可见，"早"字的重要性及潜力所在，也是新疆棉区千方百计促进早发早熟、采取促早措施的理论依据。

四、"宽"与"早"对"优质"的影响

"宽"与"早"对棉花纤维品质的促进作用，是依据棉花具有无限生长习性和株型的可控性、结铃性具有自动调节能力的特点，通过棉花群体结构（即指群体的组成方式，包括个体数量和生育状况，以及群体所占空间大小、叶片的排列与分布。包括单位面积上的株数、果枝数、果节数、叶片数、叶面积及其在空间的分布）的优化，形成合理的群体结构。合理的群体结构，从理论上分析，是在这样的条件下，能够有效利用太阳辐射，尽量提高单位面积上的光合产量，并运输分配合理，从而获得优质、高产、最高经济产量的群体。因此，"宽"与"早"对棉花优质的促进作用，是贯穿棉花全生育期，乃至全生产体系（包括原棉加工）的调节过程。主要体现在以下方面。

（一）"宽"与"早"对促进"优质"的调节作用

"宽"与"早"对促进优质的调节作用，主要是通过增加有效积温和光合效率来实现的。据新疆生产建设兵团统计局（2017）资料，新疆棉区的纤维比强度逐月明显降低，且以新疆兵团表现最为明显，特别是在 2010 年之后 10 月的纤维比强度较 8—9 月亟剧下降，降至 27 cN/tex 及以下，这可能与新疆棉区机采面积迅速扩大，需配套喷施脱叶催熟剂等密切相关。据唐淑荣等[7]研究表明，≥ 10℃有效积温是影响棉花纤维品质最主要因素，气象因子影响纤维长度和马克隆值顺序为 ≥ 10℃有效积温、降水量和日照时数；影响比强度和纺纱均匀性指数的顺序为 ≥ 10℃有效积温、日照时数和降水量。据此，"宽"等行通过早发早熟，充分利用 ≥ 10℃有效积温，同时发掘光能资源。

"宽"等行在群体发展过程中不断协调营养生长和生殖生长的关系，其核心是，在控制群体适宜叶面积的同时，改善通风透光条件，提高光合生产效率，为棉铃发育提供物质保证，从而促进群体总铃数的增加，达到扩库、强源、畅流的要求，使开花结铃至吐絮期，群体具有很强的光合生产和干物质积累的能力，促进形成优质铃；早发早熟对优质的调节作用，主要是通过早发早熟将棉株自身

的生长发育优势期与高能转化期相吻合，从而提高结铃强度和棉铃质量，优质铃时间分布前移，减少后期积温不足的棉铃比例，实现优质。同时，由于"宽"与"早"，改善了株间环境，既减少病虫害发生为害，也降低棉田荫蔽程度，减少烂铃和僵瓣花，促进优质。据试验，宽等行的纤维长度、断裂比强度和整齐度指数分别为 31.5 mm、28.7 cN/tex 和 85.1%，较宽窄行的 30.5 mm、27.9 cN/tex 和 84.4% 均有所提高。

崔岳宁等[8]研究表明，76 cm 等行距棉花长度级集中在 28 mm 和 29 mm 两个级别，（66+10）cm 宽窄行棉花长度级集中在 27 mm 和 28 mm 两个级别。在对棉花长度的统计中，等行距棉花平均长度为 28.93 mm，方差为 0.37；宽窄行棉花平均长度为 27.85 mm，方差为 0.29。等行距棉花长度级要高出宽窄行棉花一个等级。

等行距的断裂比强度，在强档（29～30.9 cN/tex）的数量（35 包）多于宽窄行（8 包）棉花，在差档（24～25.9 cN/tex）的数量（75 包）低于宽窄行（155 包）棉花。由此可见，等行距棉花断裂比强度分布情况要优于宽窄行模式。

在高于标准颜色级的数量上，等行距棉花（白棉 1 级 40 包，2 级 234 包）要高于宽窄行（白棉 1 级 4 包，2 级 133 包），在低于标准颜色级的数量上，等行距棉花（白棉 3 级 526 包，4 级 0 包）要低于宽窄行（白棉 3 级 617 包，4 级 45 包，还有淡点污棉 1 级 1 包）。由此可见，在棉花颜色级分布上等行距要优于宽窄行模式。

在棉花反射率方面，等行距棉花反射率平均值为 81.39%，方差为 0.64；宽窄行棉花反射率平均值为 80.43%，方差为 1.34；等行距棉花在 82.1%～84%区间（142 包）高于宽窄行（29 包）。可见，等行距棉花反射率优于宽窄行模式。等行距棉花在黄色深度上也略优于宽窄行。

经济效益比较，"宽早优"等行距棉花（220 kg）的总差价值为 45 375 元，"矮密早"宽窄行棉花的总差距值为 –561 元，等行距棉花差价值要高于宽窄行棉花差价值，其差距较大，造成这一现象是上述品质差距的结果。

（二）提高脱叶催熟效果，保证原棉品质

机采棉技术是一项涉及棉花品种选育、栽培模式、田间管理、机械采收、清理加工和收购检测等多环节的系统工程。棉花机械采收前普遍使用脱叶催熟剂，以促使叶片迅速脱落，这势必减少了叶片光合产物向棉铃的供应量，影响了棉铃和纤维发育。良好的脱叶效果可以有效降低机采籽棉含杂率，减少棉花机械采收和清理加工对纤维的潜在损伤。"宽"与"早"提高脱叶催熟效果,保证原棉品质,主要表现在:一是在早发早熟情况下,降低脱叶催熟剂用量和适当推迟施药时间,减轻药剂对纤维品质的不良影响。新疆特别是北疆棉区,生育后期热量资源有限,温度下降快。为确保机械采收,植株上部棉铃尚未发育完全就实施脱叶催熟,这势必严重影响成铃和纤维发育,增加了不成熟棉铃和纤维的比例,导致产量下降和品质变劣。田景山研究[9],脱叶催熟剂对纤维长度的影响较小,其损伤量在 $-0.5 \sim 0$ mm,且有半数品种呈增加趋势。纤维比强度则受脱叶催熟剂的影响较为明显,其损伤量变幅更大、集中分布在 $-4 \sim 0$ cN/tex,并随喷施时间提前损伤变幅显著扩大;但在铃龄 37 d 喷施时有 61% 的品种其比强度表现增加趋势,纤维比强度对脱叶催熟剂的反应更为敏感。纤维比强度与棉铃体积呈显著正相关关系,棉铃体积越大则需要较长的棉铃铃期,而纤维比强度损伤量随棉铃铃期延长而加剧。因此,可根据"脱叶催熟剂喷施时间/棉铃铃期"综合考虑棉铃铃期和比强度损伤量,以确定脱叶催熟剂的喷施时间。当生产 > 31 cN/tex 的纤维就需要棉铃体积 > 31.8 cm³,棉铃铃期 > 60 d,确保"脱叶催熟剂喷施时间/棉铃铃期" > 0.68,在铃龄 40.9 d 后喷施脱叶催熟剂可控制纤维比强度损伤小于 0.5 cN/tex。二是宽等行的棉株枝叶分布合理,早发早熟避免了旺长带来的荫蔽,施药均匀,提高脱叶催熟效果,保护棉花品质。特别是,"宽早优"植棉,以实现良好的脱叶催熟效果为基础,加强基于光、热特征的技术体系应用,通过早发早熟,确保趋于全部棉铃发育成熟,以便选择适宜的脱叶催熟时间,既能促使棉株顶部棉铃趋于发育成熟,又能满足脱叶所需的气温条件,为缩小生产品质和遗传品质的差距创造了可能。

(三)有利于棉花机械采收,减轻机采对纤维品质的影响

棉花机械采收对纤维品质各指标的影响存在差异。纤维长度和马克隆值在机采棉和手采棉间无显著性变化,且在不同试验点和品种间差异较小;与手采棉相比,机采棉的纤维比强度、整齐度及纺纱一致性指数显著降低,其中,比强度和纺纱一致性指数在不同试验点变化较大,最大降幅可达 11%、26%,且有 63% 的品种呈显著降低趋势。多个纤维品质指标中以短纤维率的变化最为明显,机采棉的短纤维率较手采棉平均增加了 51%,试验点和品种间的最大增幅分别达到 90%、130%[8]。

"宽早优"宽等行群体结构、棉铃空间分布合理,有利于采棉机作业,可减轻机械采收过程对品质的不良影响,同时降低机采含杂率。

（四）减轻机采棉清理加工工序对纤维品质的不良影响

机采棉含杂率高被迫进行多次籽清（籽棉清理）和皮清（皮棉清理），导致清理过程中对纤维品质的损伤和破坏，造成品质下降。据试验，籽棉清理对纤维比强度的影响较为复杂，77% 的试验点呈下降趋势，且有 1/3 的试验点达显著性差异水平、平均损伤量 1.4 cN/tex；并以第 2、3 道工序的损伤最大，每道损伤 0.65 cN/tex。籽棉清理后比强度的损伤量受籽棉叶杂含量的影响不显著，而与叶杂黏着性密切相关；但是，新疆棉区审定的棉花品种中，几乎没有无茸毛叶片的品种。因此，籽棉清理使比强度存在潜在损伤，损伤量的大小主要与叶杂黏着性有关，品种选择应注重叶片特性和苞叶性状，使机采籽棉叶杂首清率 >45%。试验结果表明，机采棉清理加工使纤维长度缩短了 0.1 ～ 1.9 mm、比强度降低了 -0.1 ～ 2.2 cN/tex。"宽早优"早发早熟提高了脱叶催熟效果，使机采含杂率降至 5% ～ 8%（最高在 10% 以下），从根源上减少清理次数，控制生产品质的下降幅度。

与轧花前相比，每经过一道锯齿式皮棉清理，比强度下降 0.6 ～ 0.7 cN/tex。纤维长度和短纤指数的变化最为明显，纤维长度损伤量 >1 mm 的试验点占全部试验点的 46%、短纤指数损伤率 >20% 的试验点占全部试验点的 85%。不同清理道数间，以第三道皮棉清理对纤维损伤较大，使纤维长度降低 0.35 mm、短纤指数增加 0.65%。因此，新疆棉花加工厂皮清最多采用 1 道、或尝试不使用皮棉清理，坚决不能使用 3 道皮棉清理。据此，"宽早优"早发早熟可使免除皮棉清理成为现实，相对提高原棉品质。

第四节　优质调控的理想模型

"宽早优"植棉的目的是生产"符合纺织工业需要、纤维品质指标匹配合理"的棉花，即"优质棉"。依据棉花生长发育规律和生态条件、农艺措施对纤维发育的影响，进行人为的调控，是获得优质棉的基本途径。因此，建立"宽早优"植棉优质调控的理想模型，对提高纤维品质具有重要意义。

一、优质模型的纤维品质标准

针对我国棉花品种的纤维长度和强度大多只能满足加工 32 ～ 42 支纱的质量要求，相对缺乏可加工 60 支以上细纱（长度 31 mm 以上、比强度 32 cN/tex

以上、马克隆值在 3.7～4.2）的优质棉的现实，参照国家棉花品种审定对主要纤维品质指标的要求（表 6-8），为提高优质棉市场竞争力，生产的优质棉其纤维长度（上半部平均长度）应在 31 mm 以上、比强度 32 cN/tex 以上（HVICC 校准水平）、马克隆值在 3.7～4.2，长度整齐度指数在 U1（≥ 86%）和 U2（83%～85.9%）范围。

表 6-8 我国棉花纤维品质审定标准概况

类型	类型描述	纤维长度（mm）	比强度（cN/tex）	马克隆值
Ⅰ型	高产优质	≥ 31.0	≥ 32.0	3.7～4.2
Ⅱ型	普通优质	≥ 29.0	≥ 30.0	3.5～5.0
Ⅲ型	普通高产	≥ 27.0	≥ 28.0	3.5～5.5

资料来源：唐淑荣等，《不同熟性棉花品种纤维品质分析与评价》，2019。

二、优质棉调控模型

依据优质棉纤维品质指标及其生态条件和农艺措施的调控效应，"宽早优"优质棉制定以下调控模型。

1. 早发调控模型

（1）调控的核心 以促为主，促苗早发，最大限度延长高效结铃期。

（2）早发指标 播种后 5～7 d 出苗；子叶平展后 5～6 d 增加 1 片主茎叶，5～6 片主茎叶现蕾；5 月下旬至 6 月初达现蕾期，现蕾时棉株健壮，叶序（从上至下）4、3、2、1，株高 25～30 cm，棉株宽度大于高度；红茎比例 3/5～2/3，叶色深绿，茎秆粗壮。

（3）调控模型 秋冬耕翻、灌水蓄墒（盐碱地压盐），早春耙糖保墒，播种前土壤达到"平（土地平整）、齐（地边整齐）、松（表土疏松）、碎（土碎无坷垃）、墒（足墒）、净（土壤干净无杂草、秸秆、残膜等杂物）"的标准；4 月 5—20 日膜下 5 cm 地温连续 3 d 稳定通过 12℃时播种；采取 76 cm 等行距、1 膜 3 行 3 管、1 穴 1 粒膜上打孔精量机播，膜边压牢、行间免压土、行上浅覆土（靠机械前行自然回土 1～1.5 cm 覆盖种子）；干播湿出棉田播种后随滴水，达到种行土壤湿润、湿土层连接底墒为度；裸地接行中耕保墒增温；调查防治苗期病虫草害。

2. 早熟调控模型

（1）调控的核心　将开花盛铃期调节在高效转化期（正常年份，南疆在6月25日至7月30日，北疆在6月25日至7月25日）。

（2）早熟指标　6月花、7月铃，8月中下旬吐絮，自然霜前花率95%以上，适时脱叶催熟时棉株自然吐絮率40%以上，且不早衰。群体长相指标，盛花期：棉行下封上不封，中间一条缝，地面可见零星光斑，光斑面积不少于5%；盛铃期："红花上顶"的时间，北疆7月25—28日，南疆8月1日前后；吐絮期：随吐絮铃位上升，叶片逐渐枯黄或脱落，但"黄叶位，不过絮"（黄叶的叶位不超过吐絮的叶位）。

（3）调控模型　群体适宜，保铃增重；防止贪青，促进早熟。主要调控技术：在适宜密度调控群体成熟期基础上，水肥调控适时提前，6月上中旬进行苗蕾期停水后的第1次滴水（头水），花铃期滴水6～8次，结合滴水随水滴肥，花铃期滴肥量氮肥占总氮量的40%～50%，滴磷量占总磷量的20%～25%，滴钾量占钾量的20%左右；8月中下旬停水，停水前5～7 d停肥。北疆6月底7月初、南疆7月5—10日打顶，结合打顶期前化调可免打顶。打顶期后进行化调，控制无效花蕾。采收前18～25 d，连续7～10 d平均气温18～20℃时喷洒脱叶催熟剂。

3. 优质调控模型

（1）调控的核心　全程调控，突出重点，环环紧扣，保证品质。

（2）调控指标　品质优良、产量高产、产出高效、绿色环保。

（3）调控模型　①产前环节：选择优质、高产、抗病虫、抗逆性强、适宜机采的棉花品种；打好播前整地基础。②生产环节：宽等行、适密度（宜于优质早熟高产的种植密度）种植，1膜3行3管、1穴1粒膜上打孔精准机播；科学配方结合水肥一体化精准滴施；适时适量因苗化学调控；适时化学封顶或打顶，放株高，控劣质和无效花蕾；绿色防控病虫草害；头水前机械回收残膜（当年地膜回收率100%）；适时脱叶催熟，提高采收质量。③加工环节：经籽棉烘干，控制机采时的加湿水分，使籽棉达到适宜清理的水分含量；充分松解籽棉，但不损伤纤维和棉籽；籽棉清杂，严控杂质含量，特别是为害较大的特殊杂质，但不损坏纤维品质、减少籽棉损耗；力争经籽棉清理、或1次皮清即可达到清杂标准，保证和提高原棉品质。

参考文献

［1］ 农业部.棉花纤维品质评价方法：NY/T 1426—2007［S/OL］.［2017–12–01］http://www.doc88.com/P-2065 376688268.html.

［2］ 中国农业科学院关于发布2018年十大科技进展的决定.农科院科〔2019〕14号.

［3］ 中国农业科学院棉花研究所.中国棉花栽培学［M］.上海：上海科学技术出版社，2019.

［4］ 李建峰，梁福斌，陈厚川，等.棉花机采模式下株行距配置对农艺性状和产量的影响［J］.新疆农业科学，2016，53（8）：1 390–1 396.

［5］ 李建峰.机采模式下株行距配置对棉花冠层特征及成铃特性的影响［D］.石河子：石河子大学，2016.

［6］ 张恒恒，王香茹，胡莉婷，等.不同机采棉种植模式和种植密度对棉田水热效应及产量的影响［J］.农业工程学报，2020，36（23）：39–47.

［7］ 唐淑荣，魏守军，郭瑞林，等.不同熟性棉花品种纤维品质特征分析与评价［J］.中国生态农业学报，2019，27（10）：1 564–1 577.

［8］ 崔岳宁，高振江，杨宝玲.不同行株距模式下机采棉品质比较分析［J］.中国农机化学报，2016，37（7）：235–240.

［9］ 田景山.新疆机采棉纤维品质影响因素及提质途径研究［D］.石河子：石河子大学，2018.

第七章
"宽早优"植棉技术标准化

"宽早优"植棉是各项栽培技术相互联系、紧密配合的技术体系，是新疆棉花种植技术体系的综合创新，非一"宽"了之。标准化植棉技术体系包括品种选择、备播、播种、生育期管理、膜下肥水滴灌、化学调控、有害生物绿色防控、残膜治理、防灾减灾、机械化采收等标准化技术。

第一节　备播及播种技术

棉花备播及播种质量直接影响着一播全苗、壮苗早发、个体发育、群体结构、机械作业等环节。因此，提高棉花备播及播种质量，是"宽早优"植棉的关键，对实现棉花优质、高产、节本、增效具有重要意义。

很多年来，植棉以"费工费时"为特点，20世纪棉农常说"三分种七分管，棉花丰收才保险"，不仅说明了棉花播种后田间管理的重要性，也说明棉田管理的繁琐和艰辛程度。生产实践证明，以省工高效的现代化装备和技术打好播种基础、提高播种质量，实行以播代管，不仅可使播种环节省工高效，也可大幅度降低播后管理的繁琐程度，将"七分管"降低到"三分"或更低，向"轻简化栽培"发展不仅是人心所向也是完全可能的。

所谓"轻简化栽培"，是指采用现代农业装备代替人工作业、减轻劳动强度、简化种植管理、减少田间作业次数，农机农艺融合，实现棉花生产轻便简捷、节本增效的耕作栽培方式和方法。轻简化栽培的"减轻劳动强度、简化种植管理"不仅是栽培技术的进步，也是社会发展的必然需求，更是实现棉花优质高产、节本增效可持续发展的必由之路。"宽早优"植棉，就"一播全苗"和"轻简化"而言，备播是基础，播种是关键，对实现一播全苗和以播代管具有决定性意义。

一、备播技术

在"七分种,三分管"减耗增效"轻简化栽培"理念指引下,备播环节对播种质量及其之后的管理和效果具有重要影响。"宽早优"植棉的备播标准化主要包括土地准备、种子准备、播种机械准备、其他物资准备等。

(一)土地准备

土地准备主要包括贮水灌溉、净地、秋施肥、秋耕、初春播前整地、除草剂土壤封闭、农机具准备及物资准备等。

1.贮水灌溉

贮水灌溉是西北内陆棉区灌溉农业的一项重要技术。其目的,一是在土壤中贮存水分,以保证下一年播种时土壤有足够的水分供种子发芽和棉苗生长;二是通过灌水将作物生育期内积累盐分淋溶到土壤深层或通过排水系统排走,为种子发芽出苗和棉苗生长创造适宜的土壤环境。贮水灌溉包括冬前灌溉和春季灌溉两种。

(1)冬前灌溉　冬前贮水灌溉包括茬灌和秋冬灌两种方式:①茬灌:即带前茬作物灌溉,如前茬是棉花,一般收摘两次后即进行带茬灌溉,主要是因棉花收获后距土壤封冻间隔期很短,没有足够的时间进行犁地、平地、筑埂、灌水。采取沟灌或畦灌的棉田灌水量为 $1\,050 \sim 1\,350\ m^3/hm^2$;滴灌方式灌水量 $450 \sim 600\ m^3/hm^2$ 即可。灌水要均匀、渗透一致,便于犁地机车进地作业。②秋冬灌:一般指作物收获耕翻后的灌水,时间在秋末冬初,灌水方法有多种,常见的有平地大水漫灌、沟灌和打埂作畦灌等。一般灌水量 $1\,500 \sim 1\,800\ m^3/hm^2$,灌水深度 $20 \sim 30\ cm$,保持水层时间,视土壤含盐碱量而定,一般 $3 \sim 5\ d$,灌水后的土壤含盐量应低于 0.3% 以下。秋冬灌的目的和作用是蓄足底墒,减少来年春灌的压力,还可有效减轻棉田病虫害。据调查,经过秋耕滴灌处理,田间棉铃虫越冬基数减少 90% 以上;冬灌棉田土细无坷垃,因此,大力提倡秋冬灌。

(2)春季灌溉　春季灌水一般适用于春季缺墒地块、盐碱重的地块和地下水位高的下潮地。一般在春季完全解冻时,尽可能早灌。灌水方法有打埂作畦灌、干播湿出滴灌和播前滴水春灌等。①打埂作畦灌:春季返盐重的或墒情不足的棉田,应于播种前 $15 \sim 20\ d$ 筑埂,灌水压盐补墒,灌水质量同冬前贮水灌溉,一般灌水量 $1\,500 \sim 1\,800\ m^3/hm^2$。地下水位高的下潮地要严格控制灌水量,以防延误播期。②干播湿出滴灌:未滴灌但已整地至待播状态的棉田,播种后应及时安装、调试滴灌系统，当地温上升到适宜棉花出苗温度时，进行膜下滴灌，一般灌水量 150 m³/hm²。该技术出苗快、整齐，省水省工。③播前滴水春灌：在前茬作物收获后及时进行秸秆还田、残膜回收、施足底肥、耕翻耙耱平整，第二年春后，先铺滴灌带和地膜，公顷滴水量 1 350 m³（分两次滴水，每次滴水量 525 ～ 675 m³/hm²），待膜内 5 cm 地温达 14℃以上，气温相对稳定时，在膜上打孔点播。该方法可起到省水、省工、防风、保全苗的作用。

2. 净地

净地即净化土地，使地表比较清洁干净，能给后期机车进行作业带来方便，提高作业质量，同时使作物正常生长。净地主要包括回收残膜及滴灌带、棉秆粉碎、地表清理等。

（1）回收残膜和滴灌带　热量较丰富的南疆棉区推行头水前揭膜（即6月上、中旬揭膜），回收率一般在90%以上，基本不留残膜。可采用生育期残膜回收机回收，回收干净且效率高，也可机械铲动膜边结合人工回收的方法。在热量欠缺和膜下滴灌的棉田，可在秋后棉花收完后，立即回收地膜和滴灌带、粉碎秸秆还田，耕翻耙耱，结合平整土地和耙耱进行二次回收残膜，播种前组织人工进行 3 次回收，逐步清理原残留地膜，直至无残膜为止。

（2）棉秆粉碎　棉秆不作加工原料的，在棉花收获后，及时用秸秆粉碎机将其粉碎，均匀抛撒地面。棉秆粉碎要全面彻底，留茬高度最高不得超过 15 cm。无法进行机械化净地的小地块，可采取人工方法，确保净地质量。

3. 秋施肥

基肥深施具有提高土壤持续供肥能力、提高肥效的作用。秋施肥即结合秋季土地耕翻施入底肥，肥料以有机肥的全部，包括厩肥、粪尿肥、饼肥等，100%的磷肥、20%～30%的氮肥、50%的钾肥，在耕地前均匀撒于地面，然后耕翻土中。采取耕地机械安装施肥装置的方法省工高效。

4. 土壤翻耕

土壤翻耕又称为犁地。耕翻土地具有翻转疏松耕层，并利用晒垡、冻融，改善耕层的物理、化学、微生物状况，还起到翻埋肥料与残茬、减轻返盐、消灭杂草与病虫害等作用。

（1）翻耕原则　深度是质量重要指标，适宜的翻耕深度，必须根据两条原则。一是因地制宜原则，一般肥地、旱地、较黏重及地表土盐分多的土壤，可耕得深些；水浇地、水稻田、沙土地及新土含盐多的土壤，可耕得浅些。上黏下沙

的土层不能过分深耕，避免漏水漏肥；上沙下黏的土则可适当加深，使沙黏混合，利于改良土质。二是因翻耕时间制宜，秋耕、冬耕和伏耕晒垡，耕得需深。春耕和播前耕地需浅。但在干旱少雨与风沙地区，秋冬耕过深容易跑墒或遭风蚀为害，应以浅耕为宜。

（2）翻耕要求　最好在前茬作物收获后立即进行。一般要在适耕期翻耕，翻耕深度 ≥ 25 cm，不重垡，不漏耕，犁地到边到角，无明显的墒沟、垄背。对于土地平整度差、黄萎病较重的棉田，可通过大马力拖拉机深翻、深水灌溉压盐等措施进行中低产田改造，遏制黄萎病蔓延。超深耕使用大马力拖拉机，配套单体深翻犁作业，翻耕深度可达 50 ～ 70 cm，4 ～ 5 年进行 1 次。

5. 整地

整地分为冬前整地和开春整地。冬前整地是在前茬作物收获后及时进行秸秆还田、残膜回收、施足底肥、耕翻耙糖平整；开春土壤解冻后，对于秋冬灌的棉田，播种期适墒整地，使土地处于待播状态。

整地分为平地和耙整地两道工序完成。平地：对地形复杂、高低差距大的棉田，要选用刨式平地器进行平地；对地形较平坦、高低差距小的棉田，可采用框式平地器平地。

耙整地又包括耙地、糖地和镇压 3 道工序。一般是先耙糖（耙的后边带糖子），后耙压（耙的后边带环形镇压器）。地形较平坦的可选用联合整地机进行复式作业，一次完成，减少机械对土壤的多次碾压。

整地标准要达到"齐、平、松、碎、净、墒"六字标准。"齐"，整地到头、到边、到角，每个地方都要整齐；"平"，地平如板，要求在一播幅（4 ～ 5 m）内高度差距小于 2 cm；"松"，表土疏松，松土层 5 ～ 6 cm；"碎"，土碎无大土块，要求在 1 m² 内直径 2 cm 以上的土块不多于 3 块；"净"，地表干净，无残枝、根茎、废膜等。要求地表无 10 cm 以上的硬物；"墒"，要求墒情达到"手握成团，落地即散"的标准。

6. 土壤封闭

土壤封闭指的是通过播种前喷洒除草剂防治杂草的一种方法。目前，常用的除草剂和方法如下。

（1）48% 氟乐灵乳油　防治对象一般为稗草、马齿苋等一年生禾本科和小粒种子的阔叶杂草。每公顷用药量 1 200 ～ 1 800 ml，沙壤土取下限，黏土取上限。要求喷洒均匀，不重不漏，喷药后立即混土或喷药与混土复式作业，混土深度不宜超过 8 cm。喷药时最好是夜间以避光提高药效。使用氟乐灵要注意严格控制用药量，剂量过大可造成苗期急性药害；宜与其他除草剂交替使用，多年连续使用可引起棉株慢性中毒；该药见光易分解失效，要避光喷药和及时混土；喷药后不宜再进行土地平整。

（2）90% 禾耐斯（乙草胺）乳油　防治对象为 1 年生禾本科杂草及部分双子叶杂草。每公顷用药量 1 950 ～ 2 700 ml。在表层土壤足墒时不必耙地混土；在表土干旱时应浅耙混土作业。在土壤透水性较差且土壤墒足时应减少用药量。

（3）33% 菜草通（二甲戊乐灵）乳油　防治对象一般为禾本科杂草及一些阔叶杂草。每公顷用药量 2 250 ～ 2 550 ml。该药通过杂草幼芽、幼根和茎吸收药剂，抑制分生组织细胞分裂，使杂草幼苗死亡。具有活性高、杀草谱广、持效期长，对作物安全等特点。

（二）作业机具及物资准备

1.作业机具准备

棉花播种前对作业需要的拖拉机、播种机、喷药机、中耕机、残膜回收机、采棉机等机具，及其各零部件进行维护、检修和调试，确保在作业时运行状态、机械性能良好，提高播种质量和作业质量。特别是覆膜、铺管（滴灌带）、打孔、播种、覆土、镇压一体化精量播种机，要依据"宽早优"模式因地设计密度调试种盘，确保密度准确、1 穴 1 粒、种子膜孔对应，出苗率90% 以上，免间苗、定苗、放苗、补苗；作业机械配备的卫星导航系统准确无误，为田间全程机械化作业奠定基础。

2.物资准备

棉花播种前除做好土地、种子、作业机具准备外，还要做好相应的肥料、农药、地膜、滴灌设备等农用物资的准备工作，确保适期播种、适期作业，质优高效，不违农时。

（三）种子准备（种子质量标准化）

种子是品种优良性状的载体，是有生命的、重要的生产资料，是实现棉花优质高产高效的基础和前提。种子质量直接影响着"宽早优"的精量（1 穴 1 粒种子）播种，对播种出苗具有决定性意义。2018 年，中国农业科学院棉花研究所首次制定了针对"宽早优"精量播种的种子质量标准（新疆昌吉地方标准 DBN6523/T 233—2018），种子质量标准化，播种前种子准备要选择适宜品种并精选包衣，为精量播种（1 穴 1 粒）、全苗壮苗奠定基础。

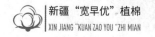
1."宽早优"机采棉对品种的要求

由于"宽早优"等行距种植的行距宽，个体发育条件改善，因此，对种植的棉花品种有其相应的要求。一是生长势强，自动调节能力强；结铃性好，生产潜力大；棉株整齐度好。对于矮株紧凑型品种不宜使用。二是叶片中等大小，上举，中长果枝，叶枝少，以利于构建立体受光的群体和争取外围铃。三是茎秆粗壮，根系发达，抗倒伏。此外，还要具有适合新疆棉花生产的以下基本要求：

（1）早熟性 棉花是喜温好光作物，新疆棉区春季升温慢且不稳，秋季降温快，无霜期短，高能同步期短，有效积温相对不足。因此，早熟性是新疆棉区品种选择的首要条件。应依据不同地区的温度、霜期等条件选择生育期相协调的品种。

（2）抗病性 新疆棉田重茬面积大，重茬年限长，枯萎病、黄萎病发生面积大，为害程度重。因此，抗病性是本棉区选用品种的重要条件。

（3）抗逆性 新疆棉区灾害性天气多，春季霜冻、风灾；夏季雹灾、高温；秋季降雨、降温、早霜等，常常给棉花生产带来不利影响。因此，要求棉花品种的抗逆性和灾害自我补偿能力强。

（4）适合机采特性 新疆棉花必须具有适宜机械化采收的特性，因为机械化采收是节本增效的主要措施之一，也是棉花生产发展的必然趋势，是实现稳定可持续发展的基本条件。适合机采的棉花品种应具有的条件是：①果枝长度≤35cm，第1果节长度10～15 cm。过短不利于前期对光能的利用，过长不利于后期化学脱叶作业。②吐絮快而集中，含絮力中等，平均吐絮期在35～40 d，铃壳开裂好。③最下部果枝着生在主茎的位置距地面高度或最下部的棉铃距地面高度在18 cm以上。④对脱叶剂较敏感。⑤纤维较长，整齐度较好。选择的棉花品种的纤维长度比生产目标对原棉要求长度长1～2 mm。⑥与手采棉相比，生育期缩短20 d左右；依据机械采收时间的陆续进度，形成与成熟期的搭配，保证品种的适采期与机采进度协调。

综上所述，"宽早优"适宜的棉花品种以杂种优势强的早熟、中早熟杂交棉品种为主，也可使用一些生长势强、结铃性好、中长果枝、适合机械采收的常规棉花品种，以及具有一定杂种优势、性状优良的杂交种二代。

2.快速繁种技术

快速繁种是选用良种的保证。"宽早优"植棉模式的降密度（较"矮密早"）、1穴1粒精播的特点，无论是对种子的遗传内因还是种子质量均提出了严峻挑战。目前"三圃制""二圃制"等繁种技术已难以满足科技快速发展的需要。中国农业科学院棉花研究所植棉技术标准化团队研究的"棉花'裂变式'繁种技术",就是迎接此挑战的有效方法。该技术具有繁殖系数高(年内20万倍)、质量优、便捷高效的特点,生产应用发挥了良好效果,促进了新品种推广。

通过快速繁种,在冬季南繁"快速繁殖"的基础上,经过新疆南疆超高产棉田的"裂变繁殖",在一周年的时间里,完成了两个世代"裂变式"繁种的全过程。以中641为例(图7-1),使育种家的1 kg种子在1年内扩大为20万倍以上。按照此扩繁技术,如获取育种家种子200 kg,在1周年时间里扩繁的种子即可种植全国棉花面积(以5 000万亩计)的80%以上。优良的棉花品种在一年内将可得到推广普及。

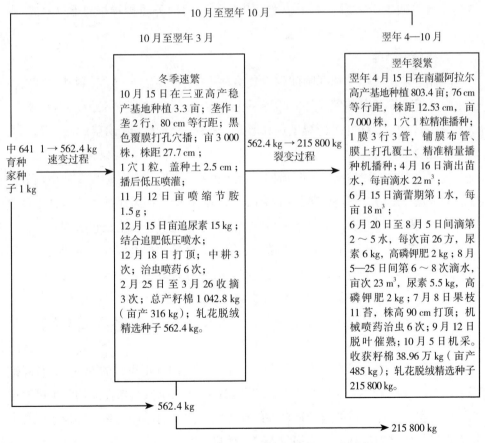

图7-1 棉花品种中641年20万倍制(生产)种方法示意图

3. 提高种子质量标准

种子质量是实现一播全苗和壮苗早发的关键。随着植棉技术水平的提高,特别是"宽早优"技术体系的不断完善，播种技术和机械性能的精准化，节本增效的社会需求，对棉花种子的质量标准要求更高。目前实施的国家标准 GB 4407.1—2008《经济作物种子　第 1 部分：纤维类》和农业行业标准 NY 400—2000《硫酸脱绒与包衣棉花种子》，对棉花毛子、光子和包衣种子，原种和大田用种，品种的纯度、种子净度、发芽率和水分作了标准划分。其中，有些标准如光子和包衣子的"发芽率不低于 80%"不适应当前生产需要，以发芽率 80.1% 为例，虽符合标准要求，但按照此标准执行，会不同程度增加生产成本，降低植棉效益。为此，"宽早优"植棉对种子质量标准需适当调整，其中，将光子和包衣子的发芽率由"不低于 80%，提高到 95%"，以满足"精量播种、1 穴 1 粒、匀苗壮苗"的生产需求。毛子、光子和包衣子的种子质量指标见表 7-13、表 7-14 、表 7-15 和表 7-16（附录）。

4. 播种前晒种

晒种是指在播种前选择晴朗的天气将种子摊晒连续 3 ～ 5 d。晒种可打破种子休眠，提高发芽率和发芽势。晒种要注意的是，在水泥地摊晒厚度不宜太薄，以 5 ～ 6 cm 为宜，防止太薄温度过高形成"铁籽"，影响发芽出苗。

5. 包衣或拌种

种子包衣或拌种是指为了防治棉花苗期病虫害采取药剂处理以及使用调节剂促进种子发芽出苗、齐苗壮苗的植物保护措施。目前普遍采用的方法是种子企业进行批量的种衣剂包衣技术，主要包衣剂有福多甲包衣剂和卫福包衣剂。

福多甲包衣剂内含福美霜、多菌灵、甲基立枯灵 3 种杀菌剂，属棉花专用型包衣剂。以药种比 1∶50 的比例进行包衣。可在包衣机里进行包衣，也可在搅拌机里进行包衣，边包衣边装袋，包衣质量也较好。卫福包衣剂为光谱性包衣剂，可对多种作物的种子进行包衣，药种比为 1∶200，药效期较短。包衣方法同福多甲包衣。

可采用杀菌剂、杀虫剂混合拌种。一般多菌灵用种子重量的 5‰，或敌磺钠用种重量的 4‰进行拌种。杀菌剂要提前 15 d 拌入，杀虫剂随拌随播。也可根据当地生产实际、拌种目的选择针对性的拌种剂、调节剂进行包衣或拌种，但必须建立在试验研究的基础上，确保包衣拌种效果。

二、播种技术

"宽早优"植棉提高播种质量，实现以播代管轻简化技术，主要包括适期播种、提高播种质量和播后管理三个主要环节。

（一）适期播种标准

适期播种可使种子实时发芽出苗、一播全苗、壮苗早发，促进早现蕾、早开花，延长有效结铃期和优质结铃期，有利于早熟、高产、优质。但是，播种过早、地温低，出苗时间延长，养分消耗多，棉苗生活力弱，易发生病害，则会导致"早而不全"和生育期推迟，造成晚熟减产。反之，如果播期过迟，虽然温度高出苗快，但又"全而不早"，不仅浪费了宝贵的热量资源，还常常形成瘦弱的高脚苗。因此，播种期的过早和过迟均是不可取的。所谓"适期"，主要包括以下指标。

1. 温度指标

棉花种子发芽出苗必须具备适宜的温度条件。一般情况陆地棉中熟品种发芽出苗的最低临界温度为 11.5℃，早熟品种稍低于此指标为 10.5℃，晚熟品种稍高于此指标为 12℃。发芽最适温度为 28～30℃，最高温度为 40～45℃。发芽试验所用的温度一般为恒温，但在自然条件下为变温。在自然条件下，从播种到出苗的温度是开始时较低（冬季南繁棉花除外），后来渐高；一日之内是凌晨较低，中午较高。试验研究证明，在日平均温度相等或相近的情况下，昼夜温差较大的处理，发芽速度较快。因此，在日均温度相等或相近的地区，温差大的播种期比温差小的可适当提早一些。

新疆"宽早优"植棉普及了地膜覆盖技术，为确保播种出苗效果，播种期以膜下 5 cm 地温连续 3 d 稳定通过 12℃时为温度指标。还要掌握霜前播种霜后出苗，盐碱土壤区的棉田播种期适当推迟。

2. 土壤水分

据研究，陆地棉种子萌发时的适宜含水量为其风干种子重的 60%～80%，如欲继续发芽，并达出苗要求，其需水量需更高些。棉籽发芽出苗所需水分主要来自土壤，故土壤墒情对出苗有决定性作用，土壤过干、过湿都对发芽不利。适宜种子发芽出苗的土壤水分为田间持水量的 70%～80%。棉花种子进行脱绒形成光子，减少了棉短绒对水分的吸收，种子内胚芽和子叶可尽早吸收水分，加快发芽出苗进程。播种后适当镇压，增加了土壤与种子接触的紧密度，有利于种子对水分的吸收，促进发芽出苗。

3. 土壤氧气

陆地棉种子中含有较多的油脂和蛋白质，因此，棉籽发芽时，比一般禾谷类种子需要更多的氧气，才能使这些物质顺利进行氧化、分解和利用。如果氧气不足，酶的活性降低，子叶中的养料分解慢，呼吸强度低，甚至进行无氧呼吸，产生有害物质，对棉籽发芽有害。适合种子发芽的土壤空气中应含氧 7.5% ~ 21%，CO_2 浓度不能超过10%，但土壤空气中含氧量增至 21% 时，CO_2 浓度虽高至 15%，对棉根生长也无不良影响。在棉花生产上，播种的种子出苗好坏还与播种覆土及通气状况关系密切，覆土过深或有大坷垃压盖种子时，不利下胚轴的延伸、顶土、出苗。播种后遇雨、灌水，地面板结或土壤水量过大，都会由于氧的不足造成烂子，影响出苗。播种后机械作业不宜在种行上碾压，一则碾得太实，使种子处土壤通气性差导致氧不足，影响发芽出苗；二则碾压太实，增加下胚轴顶土压力，不利发芽出苗。

4. 终霜期

终霜期主要影响到棉花幼苗能否遭受霜害。特别是新疆棉区，有时棉花出苗后还遭受晚霜的危害，所以，播种期最早也只能在终霜期之前 10 d 左右播种，以免遭受霜害。掌握霜前播种、霜后出苗或霜后放苗的原则，还要考虑覆盖地膜的方式和方法。如果是先覆膜后播种，播种不必过早，以防早出苗受冻害；如果平覆沟种或超宽膜覆盖法，可适当提早播种。

5. 前作茬口

除前茬是棉花外，冬、春季种植作物收获后种植棉花的，这些前茬也影响到播种期。一般情况，前茬长势差，成熟早的，可适当早播，反之，适当晚播。

6. 各棉区适期播种期

南疆亚区气温较高，无霜期长，早春气温上升快且较稳定，播种期以 4 月 5—10 日为宜；北疆亚区无霜期短，而且易遭受晚霜为害，故应霜后出苗为原则，以 4 月 10 日以后至 4 月 25 日播种为宜；东疆陆地棉于 4 月 4—20 日播种，特早熟的海岛棉在 4 月 10—15 日播种。

（二）轻简化播种技术

播种技术直接影响棉花种子发芽出苗。棉花是双子叶植物，出苗靠下胚轴的延伸把子叶顶出土面，且子叶较大。因此，棉花的出苗顶土比其他作物困难得多。播种的深度、覆土厚度、土壤紧实度都会影响发芽出苗；播种株行距配置、种植密度以及下种的穴粒数、均匀度直接影响个体发育和整个生育期的群体结构，乃至温光的利用效果等。

"宽早优"植棉模式经过技术创新，目前的标准化播种技术是 76 cm 等行距

（可依据产量水平适当调整）播种，机械化覆膜压膜、膜上打孔、单粒穴播（按照计划密度 1 穴 1 粒种子），机械铺设滴灌带，一机（次）完成的多项作业，且做到了定位的精准—精准确定播种、灌溉、施肥的部位；定量的精准—精准确定种、水、肥、药；定时的精准—精准确定实施作业的时间。经过现代装备的机械化播种，不仅实现了播种环节的高标准，而且为播种后田间管理减少了诸多用工、极大地方便作业，诸多内容实现了以播代管，使传统的"七分"管理降低为"三分"或更低，为节本增效创造了条件。

1. 以播代管轻简化技术

（1）按照预定密度 1 穴 1 粒精准播种代替人工间苗、定苗　"宽早优"植棉采用气吸滚筒式精量穴盘器，完成 1 穴 1 粒精准播种（使用棉花精量播种机械，按照栽培要求将预定数量的高质量棉花种子每穴 1 粒播到棉田土壤中适当位置的播种技术方法），避免了间苗、定苗两次必需的人工操作，不仅减少了用工，也解决了一穴多粒的"苗荒苗"影响前期生长发育的问题。

（2）地膜覆盖增温保墒抑制杂草减少中耕除草技术　与播种配套的地膜覆盖具有明显的增温保墒抑制杂草的效果，据此，可节约用水、减少中耕除草次数，进而减少田间机械碾压。

为降耗增效和治理残膜污染，应示范推广棉花行间覆膜、头水前揭膜（机械回收残膜）技术，不仅可减少地膜投资 20% 以上，增温促早效果显著，还可实现当年地膜无残留目标。

（3）铺设滴灌带实施膜下滴灌、水肥一体化科学灌水施肥技术　与播种配套铺设滴灌带实行膜下滴灌、水肥一体化技术，实现了由浇地向浇苗、由给地施肥向给根施肥的转变，不仅节约用水 40%～50%，节肥（尿素）18%～25%，还减少了地面灌水人为的排引堵拦，解放了大量劳动力。特别是通过膜下滴灌技术，通过滴灌枢纽系统把肥料溶于水中，按照棉花不同生育期的生长需要，通过滴灌管道系统均匀、定时、定量地浸润棉花根系发育区域，为棉花及时提供水分和养分，增强了人为的调控能力，为塑造理想生育进程、促进优质高产奠定了基础。

（4）各作业机械功能装置协调配套　播种装置、铺膜装置、铺管装置以及牵引机械等在作业过程中，相互衔接、配套，互不带来负面影响；播种机行数、行距等配置，除应满足农艺要求、适应田块、道路条件和配套动力外，应尽可能与后续使用的田间管理机械（如中耕机械、植保机械等）、收获机械等的匹配，为后续的机械按照播种轨迹行驶作业奠定基础；整机作业应尽可能少留地头，且整齐一致。

2．"宽早优"播种技术

主要包括播种模式、密度及株行距配置、播种质量等。

（1）播种模式　"宽早优"播种方式为膜上点播增温保墒方式。该方式既发挥了膜上播种方式不用放苗、节省劳力等优点，又通过"宽等行、降密度"减少了种孔行数和数量，提高了地膜的有效覆盖度，实现了增温保墒。目前，大面积推广的"宽早优"播种方式实现了多功能一体机械化播种，包括铺管（滴灌管带）、铺膜、压膜、精量穴播、播种行覆土等一体机完成，做到了播种、灌溉、施肥（滴水灌溉水肥一体化）部位的精准，播种量精准（1穴1粒率95%以上，空穴率3%以下），棉行千米垂直误差在3 cm以内，播幅连接行误差在3 cm以内。"宽早优"播种方式为棉田管理全程机械化奠定了良好基础。

（2）密度及株行距配置　"宽早优"植棉的适宜密度，南疆12万～15万/hm²，北疆13.5万～18万/hm²，东疆亚区10.5万～13.5万/hm²。超高产田、生长势强的杂交棉和生育期偏长的早中熟棉品种取低限，反之取高限。

行距与产量水平及采棉机相配套，一般以76 cm等行距为主，超高产田、大株型杂交棉可适当放宽。株距以密度和行距具体确定。大面积推广的以膜宽2.05 m，地膜厚度0.01 mm以上，1膜3行，76 cm等行距，滴灌带设置于3行棉行中间、偏向边行5 cm的膜下（2管3行）。为节约用水，可3管3行，滴灌带置于棉行5 cm处的膜下。为提高地膜增温保墒效果，特别是保证边行与中间行棉苗的一致性，边行外膜面要保持距棉株15 cm左右。

（3）播种质量　播种质量优劣直接影响棉花出苗效果，覆膜质量高低与出苗关系密切。播种覆膜质量要达到以下要求：一是适时覆膜播种。地膜覆盖一般可提高地温2～4℃，因此，播种时间可比露地直播的提前5～7 d，以充分利用前期的有效温光资源。二是覆膜要求。铺膜平展紧贴地面，压膜严实，覆土适宜；地膜松紧度适中，过紧易拉破，过松会受风影响上下摆动，影响增温保墒效果。要特别注意地头、路边、中间设施周围的地膜要压紧，以防大风揭膜。膜面平展、采光面大。膜边垂直埋入土中，每边入土5～7 cm；机车作业速度应保持5～6 km/h，以保持膜面干净，提高采光效果。保持膜边、棉行直如线条，膜边与棉苗的距离在10 cm以上。防大风揭膜。覆膜播种时，视当地具体情况在宽膜中间放置土堆，土量适中，分布均匀，防止大风揭膜。播种后视天气情况滴水出苗，使地膜紧贴地面，提高防风效果。三是膜孔与种子对应。严格控制机车行走速度，确保种子在膜孔中间，种子行与膜孔覆土行不错位，防止种子与膜孔不对应而人工放苗。种孔覆土均匀，种孔覆土厚度1.5 cm左右，孔穴露盖率5%以下。四是铺管要求。铺管（指滴灌带）与铺膜同时进行，滴管在铺设过程中应注意，有滴头的一面朝上，不要拖拽滴管，防止被尖利的石块等划破。最好开3～5 cm浅沟埋住滴管。滴管的在棉行的位置准确一致。铺设滴灌带技术标准：①滴灌带铺设中的拉伸率≤1%，保证管卷支撑架强度、管卷蕊轴内孔与支撑套间隙、管卷挡盘对滴灌带卷的限位要适当，使管卷转动的灵活度适宜，以滴灌带的拉伸度适宜为标准；②滴灌带与种行行距一致性变异系数≤8%，为保证其一致性，引导环要光滑、无毛刺，不划伤滴灌带，材质硬度应高于滴灌带。使用中对引导环的技术要求是滴灌带铺设过程中顺利拉出，沿引导环光滑表面导向开沟浅埋铺设装置。引导环不宜过宽，两端应呈圆弧形，在滴灌带从管卷拉出过程中不翻面；③滴灌带铺设应无破损、打折或打结扭曲，对开沟浅埋铺设装置的技术要求：安装于开沟器内的铺管轮转动灵活、光滑、无毛刺，即便在拉伸率大的状态下也不易划伤滴灌带；开沟器两边侧板能有效护住铺管轮不接触到土壤，保持铺管轮转动的灵活性，铺管轮内孔应耐磨，铺管轮轴应光滑；开沟器宽度要窄，安装后刚性要好，受外力作用后不变形，开沟器过去后土壤能自动向沟内回流，保持畦面平整，不影响铺膜质量；④播种整体质量，铺膜平展紧贴地面，压膜严实，覆土适宜；滴水管带每行棉花一带，播种时确保迷宫朝上，滴头朝播种行，位置准确；铺膜压膜铺设管带不错位、不移位；播行端直，棉行千米垂直误差在3 cm以内，播幅连接行误差在3 cm以内；深浅一致，覆土均匀，接行准确，不漏不重；播量精准，空穴率2%以下，单粒率95%以上，出苗率90%以上。

达到播种质量要求的棉田，不仅保证一播全苗、齐苗、匀苗，还通过种子精选，保证出苗率，减少了查苗补种用工；通过单粒穴播，节省了间苗定苗及打顶等后续用工；通过卫星导航机械化精播，为全程机械化作业，实现节本增效奠定了基础。

（三）播后出苗期管理

主攻目标是增强棉苗抗逆能力。

壮苗标准：出苗均匀，整齐度在90%以上；出苗后子叶平展、肥厚、微下垂，子叶节较粗，长度5.5 cm左右，子叶宽4～4.5 cm，子叶无伤痕，不带棉壳。将棉苗从土壤中连根拔出时，根系为白色。田间观察无断条，出苗整齐，出苗率≥90%以上，实现早苗、全苗、齐苗、匀苗、壮苗。播种至出苗期主要管

理如下。

（1）查苗及补种　对播种时因机械故障造成漏播的地段，当时就做好标记，播种机过后立即补种，应注意种行连接，不得错行，以防中耕时伤苗。

（2）对未播到头、未到边的地方，使用小型播种机或播种器或人工补种。

（3）对于膜上播种，种孔土板结，或因土壤缺墒，播后浇水造成种孔板结，应人工用钉齿滚破除板结，助苗出土。出苗过程发现缺苗进行补种。

（4）出苗后，因烂种死苗、病虫为害造成缺苗断垄的，对棉田出苗情况进行调查，做出标记，及时用简易播种器人工补种。

（5）扫净膜面　因播种时速度过快造成膜面覆土过多的棉田，播种后及时人工清除膜面碎土，以提高增温效果。改进播种机覆土装置，从根源上控制膜面碎土。

（6）安装滴灌系统　播种结束，立即组织人工安装毛管和支管，要求一块条田在播种后 2 d 内安装完毕，如果发现局部地方有缺墒干旱，可立即滴水补墒，保证一播全苗。安装时，先安滴灌设施在田间出水桩位置与播种行垂直铺设支管，将支管通过阀门接入地面出水桩，并固定好。支管铺设好后，将支管处膜下滴灌软管（滴灌带）剪断，用专用打孔器在支管上垂直打孔，将三通压入支管，将剪断的滴灌带分别接入三通。支管及条田地两头滴灌带装好堵头，进行滴灌系统试水调试。

（7）播后滴水　田间滴灌系统安装调试后，对于干播湿出的棉田，待地温上升到适宜棉花出苗的温度时，对棉田进行膜下滴灌，滴水量一般为 75 ～ 150 m^3/hm^2。足墒播种的棉田视墒情到需要滴灌时进行滴灌。

新疆棉花播种后的出苗水滴量过大的为害较多。北疆棉花播种至出苗期低温天气常发，棉种对出苗水的多少非常敏感。滴水过多，地温降低，土壤结块，棉种发芽出不了苗。由于当时的地温刚刚超过棉花生长的温度 15℃，滴水过多会造成土壤温度降低到棉种出苗的临界温度以下，病菌侵染造成烂种烂芽甚至成片死苗导致重播。

在北疆棉区由于滴出苗水时间太长，或者滴灌毛管断裂、接口松动不严密，出苗水滴得向走道流甚至在地头成片流的现象较多。露天的走道水分蒸发散失后或者降雨后肯定会长出杂草，接着土壤会板结和裂缝，那么及时中耕除草和破板结保墒就成了必需的被动措施。

适宜的滴水量，走道地表是干燥的。加上播种前喷施过封闭除草剂，只要不去破裂土壤表面的除草剂药膜层，杂草就不会发生。所以在干旱缺水、实行膜下滴灌的新疆棉区，勤中耕没有必要。

目前，有些地方由于缺乏及时的棉花合理用水技术指导，新疆棉花生产上存在把管水部门按照干旱土壤滴成饱和水分配下来的水量全部用完，宁可连续多次过量灌溉。由于过量用水而引起的出苗效果差，还要勤中耕、重复化控，最终造成了棉花贪青晚熟、减产明显、脱叶困难、籽棉含杂率高、还不利于机采的恶性循环。这是滴水量过大带来的严重后果，应引起高度重视。近年来，部分植棉技术先进的团场提倡播种后滴两次出苗小水，第一次滴 $6 \sim 10 \ m^3/$ 亩，间隔 7d 左右棉种发芽后，由于水分扩散土壤的田间持水量下降到 60% 以下时，再滴 $5 \sim 10 \ m^3/$ 亩。这种方式由于地温下降不明显，水分利用率提高，有利于棉花早出苗、出全苗、长壮苗，可示范推广。

（8）加强子叶期管理　主要是辅助放苗，雨后及时破除板结；及时防治病虫，棉花现行时立即预防蓟马，防治时可选用 20% 或 36% 啶虫脒 $90 \sim 120 \ g/hm^2$，被害株率控制在 0.5% 以下；同时喷施缩节胺 $7.5 \sim 15 \ g/hm^2$，培育壮苗，增强抗逆能力。

（9）防风措施　新疆棉区春季大风天气频发，为防止大风揭膜，一是播种覆膜环节提高覆膜压膜质量，增强抗风能力；二是结合墒情适时滴水，使地膜紧贴地面；三是大风频发棉田，适当增加压膜带或土堆。

第二节　生育期管理技术

一、苗期管理

棉花苗期管理是指从出苗期（50% 的棉株达到出苗标准的日期）至现蕾期（50% 的棉株开始现蕾的日期）这段时间的管理。一般 $25 \sim 30 d$。该阶段的管理依据苗期的生育特点和苗期指标，应突出重点搞好病虫防治、酌情中耕等标准化管理。

1. 苗期的生育特点

以营养生长（根、茎、叶的生长）为主，同时开始果枝和叶枝的分化（生殖生长）是棉花苗期生育的特点。一般苗期可形成 $8 \sim 11$ 片小叶，展平 $5 \sim 7$ 片叶，基本定形节间 $4 \sim 6$ 节；同时，$2 \sim 3$ 叶龄开始花芽分化。

2.壮苗早发指标

苗期发育动态指标是：主茎日生长量在 0.44 cm/d 左右、叶龄日增长量 > 0.26 片 /d，宽大于高、叶色鲜绿油绿。子叶至 1 叶期，子叶肥厚、微下垂，子叶节高 4～5 cm，子叶宽 4 cm 左右，红茎比 0.6 左右。

二叶期壮苗长相——二叶平，两片真叶的叶面与子叶的叶面大体处在同一平面上，叶片肥大，中心稍凸起，边缘稍下翻，叶面平展、苗高 1 cm，红茎比：0.2～0.3。

五叶期壮苗长相——四叶横。4～5 叶期：4 叶横，株宽大于株高，宽高比 2.5～3，棉株矮胖。自上而下叶序为 4、3、2、1。株高 5 cm，主茎日增长量 0.3～0.4 cm。棉苗 4 片大叶的叶面大体处在同一平面上。从上向下看，第 3、4 片叶的叶尖间距大于第 1、2 片叶的叶尖间距；从全株侧面看，棉株的宽度大于棉株高度，形成一个"矮胖"的长相。此外，出叶快，叶色油绿，顶芽凹陷、茎粗、红茎比 0.3～0.4。五叶期非正常苗诊断如下。

（1）弱苗　棉株瘦高，茎秆细，红茎比大于 0.7，叶片小，叶肉薄，第 3、第 4 叶全缘无裂片，顶四叶的叶序呈 2、3、1、4 排列，第 1、第 2 真叶叶柄与主茎夹角较大。形成弱苗的主要原因是棉花出苗后，养分不足；土壤板结，根系生长差。

（2）旺苗　棉株高大，但株高与株宽差距不大；茎秆粗，节间长，红茎比小于 0.3；叶片肥大下垂，叶色深绿油亮；顶芽肥嫩，下陷较深。形成旺苗的主要原因是阴雨天过多，光照不足；土壤施肥过多，肥水碰头。

（3）缺锌苗　棉株矮小，节间短；叶片小，多叶缘上卷成瓢形；叶面的叶肉组织出现黄色或血青色条纹。

（4）渍害弱苗　棉苗根系生长瘦弱，茎秆较细，叶小而薄，叶色淡，叶片由下而上逐渐变黄。

（5）除草剂药害　陈冠文调查显示，除草剂药害是造成弱苗或畸形苗的原因。常见的除草剂药害有氟乐灵药害、禾耐斯药害、菜草通药害等[1]。① 氟乐灵药害。氟乐灵施用量超过正常量 1 倍以上时，棉苗出土后先出现急性药害症状：子叶肥大，真叶迟迟不伸出。当氟乐灵的药效减弱后，受抑制的主茎快速伸长，形成基部节间特长的高脚苗，以后棉株正常生长。它与一般高脚苗不同的是一般高脚苗是下胚轴和上胚轴同时伸长；而氟乐灵过量的药害主要是上胚轴伸长，形成"长脖子苗"。受害较重的棉株，浅土层内或近地面的主茎出现肿大结节现象。

这些结节，组织疏松，易断，植株较弱小。花铃期遇到高温天气，常常发生萎蔫、死亡。②莱草通药害。子叶边缘先褪绿、变黄，再变褐色，上卷，全叶逐渐干枯，后发展至茎上部干枯，但茎下部和根正常，无明显受害症状。受害棉苗在田间呈非连续的条状分布，有的是 1～2 株，有的是连续数株；死苗不是同时发生，而是陆续发生，长达 10 d 左右。

（6）缩节胺药害诊断　缩节胺过量或喷洒不均匀，导致棉苗受害。较轻微的药害表现为叶片正面出现不规则的浅黄色条纹。随着药害程度的增加，浅黄色条纹增多，叶形皱缩不平，略显畸形。药害严重时，可出现明显的畸形叶，主茎节间短，植株矮缩，顶心下陷。

7～8 叶期苗情诊断：6 叶挺，株型上下窄，中间宽，株高 13～18 cm，主茎日增长量 1～1.4 cm，开始现蕾。

3. 苗期管理目标

在苗全、苗匀、苗壮、早发、壮根的基础上，促进棉苗稳健生长，实现壮苗早发。

4. 苗期管理技术

（1）调查防治病虫害　当田间发生蚜虫、蓟马时选用 20% 或 36% 啶虫脒 90～120 g/hm² 进行防治，将蚜虫为害卷叶株率控制在 1% 以下。

（2）酌情中耕　在土壤墒情适宜，无杂草、不板结的情况下可不中耕。反之可对接行进行中耕，使接行土质疏松，中耕做到"宽、深、松、碎、平、严"，要求中耕不拉钩、不拉膜、不埋苗，土壤平整、松碎，镇压严实。中耕深度 12～14 cm，耕宽不低于 22 cm。

二、蕾期管理

棉花蕾期是现蕾期（50% 的棉株开始现蕾的日期）至开花期（50% 的棉株开始开花的日期）之间的时期。蕾期是棉花营养生长与生殖生长并进，以营养生长为主的时期。该时期随着温度的升高、植株的壮大，棉花生长加快，对水肥的需求量逐渐增多。加强该阶段的管理，对协调营养生长与生殖生长矛盾，实现稳健生长具有重要意义。

1. 生育特点

蕾期是棉株生长速度加快，水肥需求增加，由营养生长向生殖生长转化的过渡时期。此期的特点是，以营养生长为主，但生殖生长正在迅速加快。此期的

营养生长主要是伸出和展平主茎6（7）～13叶，同位主茎节间也同时伸长和定型。同时伸出1～6苔果枝和形成对应的果枝叶；形成次生根系。此期的生殖生长主要是蕾的分化与发育。蕾期将分化幼蕾14个左右。

2.壮苗标准

实现5月底至6月初现蕾。现蕾时叶片6～7叶，棉株上下窄，中间宽，叶色亮绿，新叶盖顶，生长点下凹，顶4叶序为（4、3）、2、1，即第4与第3二叶位的叶位差要小于0.5 cm，顶心舒展；株高25 cm左右，日生长量1.2～1.5 cm，正常现蕾；茎秆粗壮叶片密，主茎节间短，果枝与主茎所成角度较大；现蕾速度快，蕾壮、柄短苞叶紧；6月10日盛蕾期，叶片9～11片，棉田叶色深绿，株高40 cm左右，日生长量1.5～2 cm，主茎节间长度5～7 cm，蕾大而壮。红茎比0.5～0.6。叶面积指数指标：普通棉0.7～1.2，杂交棉0.4～0.9。

3.管理目标

棉株壮而不旺，促进蕾多、蕾壮、花早；协调营养生长与生殖生长矛盾，促棉株稳健，根系发达，打好丰产基础。

4.管理技术

（1）肥水与调控　适当推迟滴头水时间，一般6月10—15日，用水量300～450 m³/hm²，以浸润区超过棉行10～15 cm为宜。对于高产壮苗棉田，应以棉花见初花或盛蕾期灌水，水量不宜太大。滴灌棉田滴水量控制在300 m³/hm²左右，追施尿素75～150 kg/hm²。沟灌棉田应控制在600～750 m³/hm²，灌水深度达到沟深的2/3，做到小水漫灌，不漫垄，不漏灌，不积水。灌水前3～5 d，视棉花长势长相喷洒缩节胺7.5～15g/hm²，追施尿素150 kg/hm²左右，也可追施磷酸二铵150～225 kg/hm²。对于低产棉田，长势慢且弱的棉田可提早灌水，结合灌水追施尿素225～300 kg/hm²，以奠定丰产基础。对于旺长棉田，以控为主，采取提前8～10 d揭去地膜晾晒、推迟浇水、缩节胺15 g/hm²化控等。"宽早优"植棉，除旺长棉田轻控外，一般不需要化控，主要通过水肥来调节。

（2）地膜回收　头水前采用省工高效的膜边松土切膜回收机回收地膜，或采取行间"机器切、人工收"的方式回收边膜，达到当年地膜全部回收，逐步减少往年残膜量。

（3）清除杂草　清除旋花、苍耳、龙葵、稗草等恶性杂草，做到棉花全生育期田间无杂草。

（4）加强田间调查　做好盲蝽象、棉蚜、红蜘蛛等害虫防治。可选用57%

炔螨特、20% 四螨嗪、5% 噻螨酮、5% 阿维菌素防治红蜘蛛；选用 20% 或 36% 啶虫脒、20% 或 70% 吡虫啉防治棉蚜。啶虫脒与吡虫啉交替使用，提高防治效果。

三、花铃期管理

棉花的花铃期是从开花期至吐絮期（50% 的棉株开始吐絮的日期）之间的阶段，该阶段边长枝、叶，边增蕾、开花、结铃，并以开花、结铃为主，故称为花铃期。花铃期由营养生长与生殖生长同时并进，逐渐转向以生殖生长为主，是形成产量的关键时期。搞好此阶段的田间管理，对实现棉花优质高产高效十分重要。

1. 花铃期生育特点

花铃期一般 40～50 d，6 月底至 8 月上旬为新疆棉花花铃期。按照棉株生育特性，花铃期又可划分为初花期和盛花期两个时期。初花期通常指从棉株开始开花到第 4～5 果枝第一果节开花这段时期，此后进入盛花结铃期。初花期这段时期，棉株的营养生长与生殖生长并进，是高产棉花一生中生长最快的时期，故称为棉花的大生长期。初花期后棉株的营养生长逐渐转慢，生殖生长开始占优势，营养物资分配转为供应蕾、花、铃生长为主。花铃期根系生长速度大大落后于地上部，而根系吸收能力进入最旺盛时期。

2. 壮苗标准

（1）初花期　日生长量 1.6～1.8 cm，叶片 12～15 片，果枝 7～9 苔，叶片大小适中，叶色稍深，生长点舒展，红茎比 0.6% 左右，群体陆续开花。棉叶叶色转淡；棉行留有 15 cm 左右空间。

（2）盛花期　株高 80～90 cm，果枝 8～10 苔，叶片大小适中，不肥厚，叶色开始褪淡，开花量 70% 以上，红茎比 0.7%，行间接近封行，有 5%～10% 透光率。

（3）盛铃期（下部第 4、5 个果枝的第 1 果节棉铃达到直径 2cm 标准）　北疆 7 月 28 日，南疆 8 月 1 日前后"红花上顶"。8 月初棉田群体红花盖顶，叶色转深，植株老健清秀，到 8 月下旬，一枝一铃，每株平均有 3～4 苔果枝有 2 个铃或多个铃，且下部 2 个果枝伸长，可平均结铃 2～3 个，铃饱满、结实，无脱落。

3. 管理目标

综合运用水肥等促控措施，建立合理的群体结构，塑造丰产株型，提高光温互补效应，实现花铃发育与高温富照期同步，最大限度挖掘光、温资源，促进早开花、早结铃，少脱落，多结铃、结大铃，实现"三桃"满挂。

4. 管理技术

（1）化学调控　76 cm 宽等行棉田以水控为主，在打顶后顶部果枝伸长 5～7 cm 或现第 2 个蕾时，进行第 1 次化学封顶，喷施缩节胺 120～150 g/hm²，待顶部果枝第 2 果节 2～3 cm 时，如长势较旺可进行第 2 次化控，喷施缩节胺 150～225 g/hm²，不旺长只进行 1 次化控，将株高控制在 80～90 cm，一般不超过 100 cm。

（2）水肥管理　公顷施肥总量按照纯 N 300 kg、P_2O_5 135 kg、K_2O 180 kg 的水肥耦合完成，第 1 水（6 月 15—25 日），滴水量 270 m³/hm²；加入硼肥和锌肥各 7.5 kg/hm²。第 2～5 水（6 月 25 日至 8 月 5 日），滴水量 375～450 m³/hm²，尿素 45～120 kg/hm²，高磷钾肥 15～30 kg/hm²；其中，第 3 水加硼肥和锌肥各 7.5 kg/hm²。第 6～8 水（8 月 5—25 日）滴水量 300～450 m³/hm²，尿素 75～90 kg/hm²，高磷钾肥 30 kg/hm²。8 月 15—20 日停肥，8 月 20—25 日停水。

（3）打顶　坚持适时早打顶的原则。一般 7 月 1—5 日打顶结束，不宜晚于 7 月 10 日。示范推广化学封顶和免打顶技术。据多年来的免打顶试验，免打顶与人工打顶相比，产量差异不显著，只是免打顶的主茎顶端呈塔尖型的 1～3 个空果枝，且高低欠整齐。但是不影响机械化采收，从节本增效角度化学封顶及免打顶有其重大意义。

（4）主要虫害防治　加强田间调查，做好棉叶螨、棉蚜、棉铃虫和棉盲蝽等虫害的综合防治。①棉铃虫，蛀铃率≤2%，防治的药剂可选用 NPV、15% 茚虫威（在卵孵化盛期或低龄幼虫期施用）、5% 虱螨脲、福戈、稻腾（2.5% 溴氰菊酯、2.5% 氯氟氰菊酯等）。②棉蚜，7 月底，单块棉花卷叶株率≤10%，卷叶面积不超过本片区棉花面积的 5%。防治的药剂可选用 20% 或 36% 啶虫脒、20% 或 70% 吡虫啉。③棉叶螨，7 月底单块棉田内控制在点片发生阶段，累计红叶面积不超过本片区棉田种植面积的 1%；8 月底，最大连片面积不超过 1 000 m²，累计红叶面积不超过本片区棉田种植面积的 3%。防治的药剂可选用 73% 炔螨特、24% 螺螨酯、20% 四螨嗪、5% 噻螨酮、5% 阿维菌素等。④棉盲蝽，花铃期百株有虫 20 头时，选用新烟碱类、拟除虫菊酯类农药喷雾防治，用量和具体方法按照各说明书使用。农药使用按照 GB 8321—2018《农药合理使用准则》、NY/T 1276—2007《农药安全使用规范　总则》执行。

四、吐絮期管理

棉花的吐絮期是指自吐絮开始至收获结束的这段时期。该时期是营养生长逐步趋向停止，棉株基本定型，主要是棉铃发育、充实，直至成熟吐絮的阶段。此期棉株内部的有机营养物质通过生理、生化的作用，形成经济产量，但同样受外界环境条件的影响，加强棉田管理仍十分重要。

1. 吐絮期生育特点

棉花吐絮期就地上部而言，在开始吐絮时，棉株下部少数棉铃已经成熟，中部棉铃正在充实，上部幼铃增大体积，同时还在继续开花结铃；之后随着时间的推移，棉铃由下而上、由内而外逐步成熟吐絮；枝叶由生长缓慢逐步停止生长；叶片的光合功能由下而上渐趋减弱；其组织衰老，直至最后干枯。地下部的根系，由生长缓慢趋向停止；其吸收能力也逐渐减弱，直至停止。棉株体内有机营养的分配，几乎90%以上供应给棉铃的发育。因而，吐絮期也是增加铃重的关键时期。

2. 壮苗标准

初絮期棉株长相，绿叶托白絮，即随吐絮铃位的上升，叶片逐渐落黄或脱落，但"落叶位，不过絮"（落叶的叶位，不超过吐絮的叶位）。棉株不早衰、不旺长，棉铃吐絮畅而不垂落。群体状况看，要通风透光。

3. 管理目标

增铃重，促早熟，提品质，防早衰，防晚熟。

4. 管理技术

（1）有早衰征兆的棉田　开展叶面喷肥；早衰棉田视墒情补滴1次水。

（2）贪青晚熟棉田　降低棉田土壤水分，改善透光条件。

（3）适时喷洒脱叶催熟剂　选择适宜的催熟脱叶剂，可采用乙烯利（40%水1 500～2 250 ml/hm² + 噻苯隆300～450 g/hm² 兑水适量，于日平均气温在18℃以上（喷药时棉株自然吐絮率40%以上、上部棉铃铃期45 d以上，喷药后5～7 d的日平均气温不小于15℃，夜间最低温度不小于12℃）时喷透、喷匀棉株。脱叶催熟效果不低于GB/T 21397—2008《棉花收获机》要求，满足采棉机作业要求[2]。

（4）调查防治后期虫害　主要是秋蚜和棉铃虫为害。

第三节　棉田膜下肥水滴灌技术

新疆棉区在大面积推广"矮、密、早、膜"技术之后，水土资源的有限性与棉花生产快速发展的矛盾凸显，促使科技工作者在棉花节水灌溉技术上继续创新。膜下滴灌水肥一体化节本增效技术是将滴灌技术、施肥技术与地膜覆盖植棉技术有机结合，形成高效节水、节肥、增产的农业技术体系，是对传统地面灌溉、施肥的一次革命，为新疆绿洲农业发展优质高产、高效节水、节肥农业开拓了一条新路。

该技术体系的要点是：将滴灌带铺设于地膜下，通过滴灌枢纽系统把肥料溶于水中，按照作物不同生育期的生长需求，通过滴灌管道系统均匀、定时、定量地浸润作物根系发育区域，为作物及时提供水分和养分。

水肥一体化技术优点：一是节水。较常规灌溉的畦灌和大水漫灌，水量常在运输途中或非根区内浪费。而该技术使水肥相融合，通过可控管道滴状浸润作物根系，减少水分的下渗和蒸发，提高水分利用率，通常可节水 30%～40%。二是提高肥料利用率。该技术采取定时、定量、定向的施肥方式，在减少肥料挥发、流失及土壤对养分固定的同时，实现了集中施肥和平衡施肥，在同等条件下，一般可节约肥料 30%～50%。三是改善土壤微环境。水肥一体化技术使土壤容重降低，孔隙度增加，增加土壤微生物的活性，减少养分淋失，从而降低了土壤次生盐渍化发生和地下水资源污染，耕地综合生产能力大大提高。水肥一体化标准化技术主要包括以下内容。

一、施肥、灌水原则

基于棉花生长具有"大生长期"特点，无限生长，生长发育时间长，营养生长与生殖生长并进等特性，水肥一体化节本增效技术应结合其特性，科学运筹水肥，达到节约水肥、节本增效的目的。

1. 需肥规律和施肥原则

施肥的原则应与生长发育的需肥规律相协调。棉花不同生长发育时期对各种营养元素需求不同：一般苗期（出苗至现蕾，约 45 d 左右）需肥量较少，占总需肥量的 10%～15%（氮 N、磷 P_2O_5、钾 K_2O 分别为 5%～10%、3%、9%）；

蕾期（现蕾至开花，约25 d左右）需肥量倍增，占总需肥量的20%～30%（氮N、磷P_2O_5、钾K_2O分别为11%～20%、7%、3%）；花铃期需肥量达到高峰，占总需肥量的60%以上，其中，开花至盛花的20 d左右需氮量达到高峰（氮N、磷P_2O_5、钾K_2O分别为40%～56%、24%、36%），盛花至吐絮的30 d左右需磷、钾量达到高峰（氮N、磷P_2O_5、钾K_2O分别为32%、51%、42%）；后期（吐絮至收获，约60 d左右）需肥量减少，占总需肥量的10%（氮N、磷P_2O_5、钾K_2O分别为5%、14%、11%）。据此，需肥高峰前应施足肥料，满足植株此生育阶段的养分需求。

据李雪源研究，新疆南疆棉区不同产量水平的需肥量为亩（667m^2）产皮棉95～100 kg，吸收氮（N）、磷（P_2O_5）、钾（K_2O）分别为12.33 kg、3.39 kg和11.78 kg，N：P_2O_5：K_2O=1：0.27：0.96；亩产皮棉145～150 kg，吸收氮（N）、磷（P_2O_5）、钾（K_2O）分别为14.42 kg、3.67 kg和13kg，N：P_2O_5：K_2O=1：0.25：0.9；亩产皮棉190～195 kg，吸收氮（N）、磷（P_2O_5）、钾（K_2O）分别为17.65 kg、4.77 kg和17.19 kg，N：P_2O_5：K_2O=1：0.27：0.97[3]。

膜下滴灌水肥一体化的施肥原则应坚持充分利用有机肥资源，增施有机肥，重视秸秆还田，为棉花全程稳长提供保障；依据土壤肥力和肥效反应，适当调整氮肥用量、增加生育期施用比例，合理施用磷、钾肥，生育期间随水滴施化肥，前期轻施，实现壮苗、稳长；中期重施花铃肥，促使多结伏桃；后期补施，为桃大、质优、防早衰提供保障；施肥与高产优质栽培技术相结合，尤其要重视水肥一体化调控。

2. 需水规律和灌水原则

通常情况下，棉田水分消耗主要包括棉田蒸发、植株蒸腾、径流损失、深层渗漏等4个方面。在膜下滴灌条件下，灌溉系统得到很好控制，一般不会有径流损失和深层渗漏。膜下滴灌棉田的薄膜覆盖度达到90%以上，水分通过田间蒸发途径的损失量也很小。因此，蒸腾作用是膜下滴灌棉田水分消耗的主要途径。棉花膜下滴灌各生育阶段的田间需水量及耗水率见表7-1。

表7-1　膜下滴灌棉花田间需水和耗水率量

项目	苗期	蕾期	花铃期	吐絮期	全生育期
田间阶段需水量（mm）	45～60	53～75	305～400	25～50	431～650
田间耗水率（mm/d）	1.3	2	5.5	2.3	2.9

数据表明，棉花膜下滴灌蕾期以前、吐絮期以后的田间耗水量较低，耗水高峰期是花铃期，因此，膜下滴灌棉田水分管理的关键时期是花铃期，此期适宜的水分管理是保证棉花产量形成的基础。

根据膜下滴灌棉花田间耗水率和需水量，在膜下滴灌的水分管理中，应坚持棉花苗蕾期、始花期、盛花—盛铃期不同时段对水分利用量的不同，采取不同的水分管理方法。

二、滴灌管网铺设技术

播种过程滴灌设施的铺设和分布是提高膜下滴灌水肥效果的前提和关键。

1.滴灌管网布置应遵循的原则

（1）符合滴灌工程总体设计要求　井灌区的管网以单井控制灌溉面积作为一个完整系统。渠灌区应根据作物布局、地形条件、地块性状等分区布置，尽量将压力接近的地块分在同一个系统。

（2）出地管、给水栓位置　给水栓的位置应当考虑到耕作方便和灌水均匀。给水栓纵向的间距一般在 80～120 m，横向间距一般取 150～300 m（自动化控制条件下取 100～200 m），在当前水质过滤质量较低、滴头流量较大（1.8～3.2 L/h）的情况下，横向间距适当降低（如 100～200 m）有利于提高灌溉均匀度。

2.安装铺设技术要求

铺管与铺膜、播种同时进行，滴灌在铺设过程中应注意，有滴头的一面向上，不要拖拽滴灌带，防止被尖利石块划破，最好开 3～5 cm 浅沟浅埋滴灌带；播种后 48 h 内管网安装完毕如果发现局部地方有缺墒干旱，可立即滴水补墒；管网安装时，先按滴灌设施在田间出水桩位置与播种行垂直铺设支管，将支管通过阀门接入地面出水桩，并固定好。支管铺设好后，将支管处膜下滴灌管（滴灌带）剪断，用专用打孔器在支管上垂直打孔，将三通压入支管，并剪开滴灌带两端分别接入三通。支管和条田地两头滴灌带装好堵头，进行滴灌系统试水调试。

在"宽早优"模式，76 cm 等行距种植情况下，1 膜（膜宽 2.05 m）3 行棉花滴灌带铺设在 3 行棉苗的中间膜下（2 管 3 行棉花），2 条滴灌带设置于向边行棉苗偏 5 cm；为节约用水，也可 3 行 3 管，将滴灌带铺设在每行棉苗边 5 cm 处。在该模式下，每条滴灌带只负责一行棉花生长发育的供水需要，能最大限度地保证棉田灌水的均匀性，同时也便于小水量、高频率自动化控制灌溉措施的落实。

三、膜下肥水滴灌技术

1. 生育期间滴灌周期及灌水定额

棉花膜下滴灌属"浅灌、勤灌"的灌溉技术，苗期、蕾期灌溉较少或不灌溉，花铃期灌水密集，这两个生育阶段的灌水定额为 25～60 mm，蕾期灌水周期为 9～10 d，花铃期灌水周期为 6～8 d，盛铃期以后灌水周期为 9～11 d，全生育期灌水定额冬前未灌溉的"干播湿出"棉田为 400～480 mm，灌水次数 9～12 次；入冬前灌溉的棉田，灌溉定额为 380～440 mm，灌水次数 10～12 次。

2. 滴灌适宜的"湿润比"

雷廷武通过对膜下滴灌高产棉田的研究表明，其"湿润比"为 80% 左右较适宜新疆地区棉花的种植体系，有利于高产。所述的"湿润比"是指被湿润土体与计划湿润层总体积的比值。在滴灌工程规划设计时，用湿润地面以下 20～30 cm 处的平均湿润面积与作物种植面积的百分比近似表示。作物种植面积为滴灌系统控制的面积，地面以下 20～30 cm 处的平均湿润面积为滴灌所能湿润到的实际湿润面积，也是滴灌系统实际灌水的面积[4]。

3. 避免或减轻滴灌堵塞的措施和方法

（1）过滤　如果水中有不明显杂质或藻类，在水分进入施肥系统之前，使用适宜的过滤器清除植物碎屑、泥沙颗粒及藻类以提高灌溉用水质量。

（2）酸化灌溉水　当灌溉用水为 pH 值 7 以上，就应该进行酸化处理，除了降低堵塞的可能性外，还能提高肥效。使用酸性肥料如脲硫酸氮素肥料也可起到提供酸、肥料和降低 pH 值的作用。但是，脲硫酸氮素肥料不能与其他肥料混合施用，否则会导致沉淀物生成。

4. 选用优质滴灌专用肥

滴灌专用肥是一种水溶性肥料。它是水肥一体化技术的载体，是实现水肥一体化和节水农业的关键。水溶性肥料是一种可以完全溶解于水的多元复合肥料，能够迅速溶解于水中，更容易被作物吸收利用。它不仅可以含有作物所需的氮、磷、钾等全部营养元素，还可以含有腐植酸、氨基酸、海藻酸、植物生长调节剂等。水溶性肥料主要包括滴灌肥、冲施肥、叶面肥，滴灌肥与冲施肥相比，水不溶性杂质含量更低。功能型水溶性肥料是营养元素和生物活性物质、农药等一些有益物质混配而成，满足作物的特需性，可以刺激作物生长，改良作物品质，防

治病虫害等。

根据新疆大田生产的要求，滴灌专用肥必须具有以下特点：①新疆土壤多呈碱性，这就要求滴灌专用肥首先应为酸性肥料，其 pH 值应小于 6，减少水及土壤中碱性物质对肥效的影响。②滴灌专用肥应具有与各种中性、酸性农药，植物生长调节剂混用等性质。③滴灌专用肥必须水溶性好（≥ 99.5%），含杂质及有害离子（如钙、镁等）少，各营养元素间无拮抗现象，防止滴头堵塞造成农田肥水不匀及肥效降低。④滴灌专用肥养分分配比可根据作物营养诊断和测土结果进行灵活调整，并可根据需要添加中量、微量元素，为作物供给全价营养。

5. 滴灌施肥装置的选用

常用的将肥料加入滴灌系统的方法可分为两种，一种为肥料罐法，根据进出肥料罐两端水流压力差的不同，通过水流将肥料带入灌溉系统中。具有代表性的就是井水滴灌条件下使用的压差式施肥罐。压差式施肥罐是肥料罐（由金属制成，有保护涂层）与滴灌管道并联连接，使进水管口和出水管口之间产生压差，通过压力差将灌溉水从进水管压入肥料罐，再从出水管将经过稀释的营养液注入灌溉水中。另一种是采用肥料泵的方法，将肥料注入灌溉系统，这一方法可定量地控制加入肥料的数量。滴灌施肥装置主要有 3 种：①压差式施肥装置。该装置制作工艺简单，生产成本较低，操作简易，固体或液体肥料均适宜，是新疆膜下滴灌棉田应用最为普遍的一种施肥装置。②气压式施肥装置。该装置是提高调节外接气泵的压力将密封施肥罐中的肥料溶液压入灌溉水中，从而实现均匀施肥的一种滴灌施肥方式。③吸入式滴灌施肥装置。该装置仅限于在河水滴灌条件下使用，制作工艺简单，生产成本较低。目前使用的压差式肥料罐进行肥料混合施用，存在灌溉施肥的养分分布不均匀问题；提高滴灌施肥效率，探寻滴灌施肥新方法已经成为人们关注的问题。陈剑等[5]研究认为，随着新疆棉花滴灌水肥一体化的不断发展，滴灌施肥装置也将通过自动化与智能化来逐步实现"均匀施肥""少量多次施肥""变量控制施肥"和"精量化施肥"，有效地减少当前滴灌施肥中人为操作的粗糙性、差异性和随意性，进一步发挥节水滴灌技术在节约农业资源、提高作物产量上的优势。

6. 膜下滴灌棉田施肥标准

皮棉在 1 800 ~ 2 250 kg/hm^2 的条件下，施用棉籽饼 750 ~ 1 127.5 kg/hm^2，氮肥（N）300 ~ 330 kg/hm^2，磷肥（P_2O_5）120 ~ 150 kg/hm^2，钾肥（K_2O）75 ~ 90 kg hm^2。

皮棉在 2 250 ～ 2 700 kg/hm^2 的条件下，施用棉籽饼 1 125 ～ 1 500 kg/hm^2，氮肥（N）330 ～ 360 kg/hm^2，磷肥（P$_2$O$_5$）150 ～ 180 kg/hm^2，钾肥（K$_2$O）90 ～ 120 kg/hm^2。

对于缺乏硼、锌的棉田，补施水溶性好的硼肥 15 ～ 30 kg/hm^2，硫酸锌 22.5 ～ 30 kg。硼肥适宜叶面喷施，锌肥可以作基肥施用。

7. 水肥耦合的标准化技术

"干播湿出"棉田，播种后待地温上升到适宜棉花出苗的温度时，对棉田进行膜下滴灌，灌水量一般为 75 ～ 150 m^3/hm^2。之后停水，到盛蕾、初花期进行停水后的第 1 次滴水（即通常所说的"头水"）。从第 1 次滴水（头水）起至结束共滴水 8 次左右，肥料随水滴入。

第 1 水：（6 月 15—25 日），滴水量 270 m^3/hm^2；加入硼肥和锌肥各 7.5 kg/hm^2。

第 2 ～第 5 水：（6 月 25 日至 8 月 5 日），滴水量 375 ～ 450 m^3/hm^2，尿素 45 ～ 120 kg/hm^2，磷酸二氢钾 15 ～ 30 kg/hm^2；其中第 3 水加硼肥和锌肥各 7.5 kg/hm^2。

第 6 ～第 8 水：（8 月 5—25 日）滴水量 300 ～ 450 m^3/hm^2，尿素 75 ～ 90 kg/hm^2，磷酸二氢钾 30 kg/hm^2。

8 月 15—20 日停肥，8 月 20—25 日停水。

8. 棉花施肥精准控制技术

李富先等根据膜下滴灌棉田水肥管理的要求，在建立施肥模型和施肥方案的基础上，研发适用于大田棉花膜下滴灌的比例混合变量施肥系统，该系统可通过计算机程序控制（CPC）、单板机时序控制（PLC）和遥控控制（RC）等三种方法，实现变量控制施肥，控制部分可在 24 V 的电压下工作，施肥器通过水流驱动无需动力，实现提高肥料利用率 10% 以上[6]。其技术原理及效果如下。

一是本系统为比例混合变量控制施肥系统，包括变量控制部分和施肥部分，其中，控制部分又分为施肥决策和控制部分。

二是通过棉花生长资料、土壤养分资料及肥料养分资料等的数据，以肥料效应函数法和养分平衡法为基础，利用计算机编程，构建施肥模型，制定棉花施肥决策方案，然后再通过 3 种控制方式，即可编程控制器、计算机控制和遥控控制，对变量施肥系统进行控制，进行变量施肥。其控制过程见图 7-2。

三是该施肥系统适合于大田棉花膜下滴灌系统灌溉施肥应用，可控制面积 1.3 ～ 66 hm^2，既可在滴灌系统首部也可在单个轮灌区内使用，控制器和电磁阀的工作电压仅需 24 V。可利用有线或无线控制系统对电磁阀进行时间控制，并

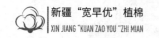

能与计算机滴灌自动化控制系统相配套，实现有线、无线或一体化的水肥统一调控。

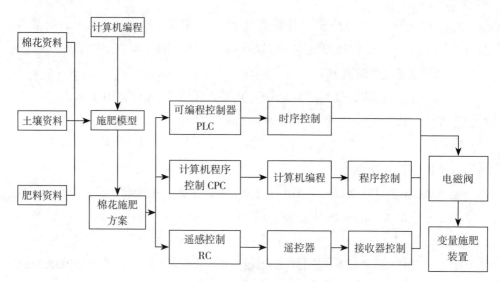

图 7-2　变量施肥系统的工作及控制过程

　　四是比例混合施肥系统不需外接动力，仅靠水流力量即可实现施肥工作，施肥泵实行旁路连接，对滴灌系统的运行压力较小，可实现节能降耗，极大地降低滴灌系统的运行成本。

　　五是通过设定时间或遥控进行变量控制，施肥器可按比例调控，与原来压差式施肥系统短时间、大肥量一次性施入相比，肥料在灌水过程中通过水流缓缓施入，减少了肥料的流失，提高了肥料施入的均匀性和肥料利用率。

第四节　化学调控技术

一、缩节胺化学调控技术

1.苗期

　　"宽早优"植棉膜下滴灌棉田，棉花出苗早，如果苗期生长速度快，出现旺长，化调也要相应提早。在土壤水分充足的条件下，旺长棉田一般于子叶期进行第1次化调，缩节胺用量为 15～45 g/hm²；3～4 叶期根据苗情进行第 2 次化调，缩节胺用量为 7.5～15 g/hm²，弱苗可以不化调。

2. 蕾期

棉花现蕾后，生长逐渐加快，节间开始拉长，如出现旺长，可在 7 叶期用缩节胺 $15 \sim 30$ g/hm^2 轻调，一般不超过 45 g/hm^2。棉株进入盛蕾期时，根系增强，生长速度明显加快，营养生长与生殖生长并进。为了促进营养生长与生殖生长协调发展，防止棉花旺长，应及时进行调控，缩节胺用量 $22.5 \sim 45$ g/hm^2；若需灌水，可在灌水前 $2 \sim 3$ d 化调，缩节胺用量根据苗情确定。

3. 花铃期

棉花进入花铃期后，若水肥充足，温度较高，棉花生长势较强，必须及时调控，以防止营养生长过旺。一般在二水前后，缩节胺用量 $30 \sim 60$ g/hm^2。

棉花打顶后，主茎停止生长，顶部果枝开始伸长。打顶后 $5 \sim 7$ d 顶部果枝长 $3 \sim 5$ cm 时化调，一般缩节胺用量 $105 \sim 135$ g/hm^2，多结盖顶桃；也可分两次化调：第 1 次化调于打顶后 $5 \sim 7$ d，缩节胺用量 $75 \sim 105$ g/hm^2，再隔 $10 \sim 15$ d 进行第 2 次化调，缩节胺用量 $90 \sim 105$ g/hm^2。

为了保证化学调控效果，化调的方法和实施要根据化调的部位作相应调整。苗期对行喷叶；现蕾到盛花期，采取上部喷雾和侧面吊臂喷雾结合，以提高对下部叶枝和果枝的控制效果，更好地塑造理想株型。打顶后化调以喷施上部果枝为主。

在"宽早优"模式下，由于改善了棉株个体空间，可以水肥调控为主，促进棉花健壮发育，仅在关键时期进行化学调控，如打顶后控制后期无效花蕾，其他生育一般不化控，这样，既可促进个体发育，又减少了化学调控的投资和用工，利于节本、增产、增效。

二、化学封顶技术

棉花具有无限生长习性，主茎和侧枝顶心在温度等环境条件适宜时可陆续延伸。但是，因后期温度、光照等环境条件的限制，过度延伸增加的生殖器官不能正常开花吐絮，浪费了养分，成为无效消耗。因此，长期以来，棉田管理都要进行人工打顶。打顶即人为打去主茎顶尖（一般打去主茎顶尖 1 叶 1 心），以控制主茎生长、调节养分分配。近年来，随着经济和社会发展，劳动用工缺乏和劳动力价格上涨成为植棉成本增加、效益降低的主要因素之一。可以说，植棉费工费时、成本高、效益低已成为阻碍棉花生产发展、有目共睹的"瓶颈"问题。因此，研究化学打顶代替人工打顶技术、提高植棉效益具有"里程碑"意义。

1. 化学封顶的必要性

（1）提高植棉效益，降低人工成本　采用化学封顶，大型喷药机械每天可喷洒 100～150 亩，小型喷药器械可喷洒 30～50 亩，即使背负式喷雾器也可喷洒 15～20 亩，相当于手工打顶的 7 倍以上。以人工打顶每个工值 80 元、每天打顶 2～3 亩计算，每亩用工费为 27～40 元，与人工打顶相比，背负式喷雾器喷洒人工费 4～5.3 元/亩，小型喷药器械人工费 1.6～2.66 元/亩，大型喷药机械人工费仅 0.53～0.8 元/亩，亩减少用工投资 20～30 元以上。减去用药成本 5～6 元/亩，亩净增效益 15～20 元，还降低了人工打顶的辛苦程度。节省的劳动用工支援其他行业，可产生明显的社会效益。

（2）适合机械化作业　全程机械化是现代植棉的发展方向，是提高植棉效益的必然选择。特别是随着农村土地流转等政策的不断完善，农业合作社和家庭农场的土地经营方式的示范和推广，机械化喷洒的化学封顶将备受欢迎。

（3）对棉花产量、品质无不良影响　为了进一步明确品种和打顶剂种类对化学打顶效果的影响，筛选出新疆棉区适宜的化学打顶剂，王香茹等[7]在新疆胡杨河试验站（新疆兵团第七师 130 团 7 连，44°43′ N，88°48′ E）试验，76 cm 等行距种植（理论密度 13.4 万 /hm² 株），供试品种为中早优 1702（杂交组合）和中 641。试验结果表明，不同化学打顶剂和不打顶处理棉花株高、果枝数较人工打顶增加，但籽棉产量、早熟性和纤维品质处理间差异不显著。"金棉"和氟节胺对品种要求较低，可在新疆棉区推广应用。各打顶处理中，空白处理（不打顶）产量最高，人工打顶略减少，但差异不显著。与人工打顶相比，化学打顶剂金棉和氟节胺处理籽棉分别减少 0.8% 和 2.1%，但差异不显著。人工打顶铃重最低，空白对照、金棉和氟节胺处理铃重较人工打顶增加 0.3～0.4g。打顶处理、品种和打顶处理的互作效应对纤维品质的影响均不显著，化学打顶不会造成纤维品质的显著降低。康正华等（2015）研究证明，化学打顶能有效控制棉花株高，控制果枝数，提高产量[8]。

（4）改善棉株农艺性状　化学打顶抑制主茎顶尖和上部果枝的伸长，使棉株上部呈塔状，改善了田间通风透光，有利于中上部棉铃发育。杨成勋等研究证明，与人工打顶相比，化学打顶株高、主茎节数增加、株宽变小，株形紧凑；不同部位 DIFN（冠层开度）较大，叶面积指数较高，不同冠层光吸收较人工打顶的均匀，中、下部冠层光吸收率高；不同打顶剂表现为氟节胺处理的棉花产量有增加的趋势[9]。

（5）减少对棉株的人为损伤　与人工打顶相比，化学打顶避免了人为对棉株的创伤。

2. 化学封顶技术

（1）化学封顶前的准备　①喷药前棉田管理，加强棉花管理，使棉株正常生长发育；如棉花长势过旺，可在化学封顶期前 5 ～ 10 d 喷洒 1 次缩节胺，缩节胺的用量可较正常用量适当增加；如棉田干旱需灌水，要适时提前，保证间隔一定时间和机械顺利作业。②选用打顶剂，宜选用氟节胺（及其氟节胺复配剂）、金棉化学打顶剂（主要成分为缩节胺、缓释剂、助剂等）。选用的打顶剂需符合 GB/T 8321.1—2000《农药合理使用准则》、HJ 556—2010《农药使用环境安全技术导则》要求。③喷洒机具准备，提前维修、检测喷药机械，清洗喷药机械的容器和药液循环系统；配备必要的稀释母液的容器和用具。机具操作人员提前接受技术培训，要达到熟练操作程度。喷药机械安全技术按照 GB 10395.6—2006《农村拖拉机和机械安全技术要求》执行。

（2）化学封顶的喷药时间　喷药时间以"枝到不等时，时到不等枝"的原则确定打顶期，同样条件下化学打顶期比常规的人工打顶期推迟 5 ～ 6 d。对于熟性较早、土壤沙质、棉株长势较弱的棉田打顶期适当提前，反之适当推后。一般以 7 月 5—20 日为宜，最迟 7 月下旬前打顶结束。

以氟节安为例，也可采取喷洒两次的方法。第一次施药时间：根据棉花长势，当棉株高度在 55 cm 左右、果枝达到 5 个时，6 月 15 日左右（高度、果枝苔数和时间其中一个达到要求即可施药）开始喷（Ⅰ型）药，可起到塑形整枝的效果。第二次喷药的时间：株高在 75 ～ 80 cm、果枝在 8 个左右，正常情况在 7 月 5—10 日开始喷施（Ⅱ型）药，可起到化学封顶的作用。

（3）药剂用量　对于长势正常的棉田，按照药剂说明书推荐的用量和方法使用。对于沙质土壤、发育较早、长势较弱的棉田可适当减少用药量，反之适当增加用药量。

以氟节胺为例，第 1 次施药，采用顶喷（机械喷施），用药量 1 500g/hm^2，每公顷用水量 450 kg。第 2 次采用顶喷（机械喷施），用量 2 250g/hm^2，每公顷用水量 600 kg。

（4）配药方法　按照 GB/T 8321.1—2000《农药合理使用准则》要求操作，药剂需进行二次稀释，具体方法：用量杯量取所需要的药量，倒入提前备好的水桶中稀释成母液并搅拌均匀；然后倒入已加 1/2 水的药箱，最后给药箱加水至应

有数量，搅拌均匀备用。

（5）喷药技术　机车喷药先在田外试喷，确保机械部件连接牢固、喷头雾化良好、喷药量和位置准确、机械运转正常、过滤环节顺畅等；喷药位置，每个喷头对准 1 行棉花，喷头距主茎顶部上 20～30 cm；喷洒药液量 450～600 kg/hm²；喷雾压力稳定在 0.4 Mpa；行走速度控制在二挡，4 km/h，喷洒药液时数量准确无误，不重喷、不漏喷；作业期间观察喷头喷雾、过滤、药液输送等环节，严禁跑、冒、滴、漏现象发生；小型喷雾机和背负式喷雾器可参照上述技术操作。

（6）化学封顶剂与缩节胺调控的配套技术　棉花化学封顶剂只抑制棉株顶端优势，起到替代人工打顶的作用。而缩节胺主要是抑制细胞拉长，起到控制节间长短和株高的作用，所以棉花化学控顶整枝剂和缩节胺不能互相替代。但是可与缩节胺混合使用，提高棉株顶部结铃率，提高稳产性。

（7）注意事项　①化学打顶剂可与缩节胺相互调剂使用，不可与农药、叶面肥混合使用；②根据喷药机具往返 1 次的面积，确定药量和水量，做到定点、定时、定量添加；③喷药时田间风速不高于 4 m/s；④避开露水期和一天中高温阶段喷药，以 16:00 后喷药效果较好；⑤喷药后如遇雨，视间隔时间和药剂说明书要求，需要补喷的及时适量补喷；⑥作业结束随后清洗机械。

（8）化学封顶后棉田管理技术　①第 2 次喷施氟节安后，必须控水 5 d 以上方可进行灌水，灌水量要适当，不宜大水大肥。做到不旱不灌，避免棉花贪青晚熟。土壤田间持水量低于 60% 以下及时浇水抗旱；②花铃期如肥力不足可补施盖顶肥，用尿素 75～120 kg/hm² 滴灌施入；③花铃期用 2% 尿素加 0.2%～0.5% 的磷酸二氢钾水溶液兑水适量喷洒叶面 2～3 次，两次间隔 7～10 d；④封顶 7～10 d 后棉株仍旺长，用缩节胺 45～75 g/hm² 兑水 300～375 kg/hm² 喷洒中部、上部枝叶；⑤调查棉田病虫害发生情况，坚持"绿色为主，综合防治"方针，达到防治标准选用高效低毒无残留的农药及时防治。农药防治按照 GB/T 8321.1—2000《农药合理使用准则》和 HJ 556—2010《农药使用环境安全技术导则》执行。

三、脱叶催熟技术

棉花脱叶催熟技术是伴随着机械化采收大面积推广应用的生产技术，其技术的标准化对机械化采收具有重要意义。

1. 棉花脱叶催熟的概念及意义

棉花的化学催熟和脱叶是指在生育后期应用人工合成的化合物促进棉铃开裂和叶片脱落，以解决棉花的后期晚熟问题和机采棉的含杂问题。用于催熟和脱叶的化合物被称为催熟剂和脱叶剂。由于棉铃开裂和棉叶脱落均在很大程度上受到乙烯的调节，因此，刺激发生的化合物往往同时具有催熟和脱叶的功能，只是两方面的功能一般不会等同。由于无法在化学结构上将催熟剂和脱叶剂区分，所以国际上一般将这些物质统称为收获辅助剂。

棉花的棉铃开裂成熟和棉花叶片脱落是其固有的生理过程。研究发现，在棉铃即将开裂前，铃柄基部的维管组分形成一个软木层，阻止水分进入棉铃。与此同时，维管组分的内层与心皮（铃壳）之间也发生分离，加之随后的脱水过程，导致棉铃开裂。韩碧文研究表明，棉铃开裂与铃壳内过氧化物酶活性的升高存在明显的正相关关系。他们推测，乙烯促进了该酶活性的提高，过氧化物酶继而加速生长素的降解，最终导致棉铃乙烯与生长素平衡关系的改变，促进棉铃成熟开裂。叶片自然脱落发生于衰老的叶片，是由一系列生理生化变化引起叶柄离层形成所导致的。已经证明，植物激素平衡的变化在叶片脱落过程中起重要作用，衰老叶片的生长素含量降低，乙烯及脱落酸含量上升，同时离层远轴端至近轴端的生长素梯度消失，叶片对乙烯和脱落酸的敏感性增加。

由于乙烯促进棉铃的开裂，且开裂伴随着铃壳的脱水干燥过程，因此可用干燥剂和乙烯释放剂促进棉铃吐絮，实现化学催熟。化学脱叶是通过化合物的抗生长素的性能、促进乙烯发生或刺激伤害乙烯发生而达到目的。

2. 脱叶催熟技术

（1）施药前准备　清除棉田中的障碍物、残膜残管和杂草等，尤其是龙葵等恶性杂草，以免机采时污染棉花，影响棉花等级；标记无法清除的障碍物；行车路线做到不重不漏。

（2）施药适期　施药前 3～5 d 的日最低气温应不低于 12℃，日平均气温不低于 20℃；用药后 5～7 d 天气晴好，光照充足，日平均气温 16℃以上；棉田自然吐絮率达 40% 以上；上部棉铃铃期达到 35 d 以上。

南疆棉区以 9 月中旬为宜，秋季气温下降慢的年份，可延迟到 9 月下旬；北疆以 8 月底至 9 月上旬为宜。

（3）配制母液　田间喷施前需将脱叶剂、催熟剂和助剂各自配成农药母液。准备 3 个大于 15 L 的水桶，桶内各加等量半桶清水，分别将脱叶剂、催熟剂和

助剂倒入 3 个水桶中，边加药边搅拌，加药结束后，进行顺时针和逆时针回水搅拌，直至搅拌均匀。

（4）配制用药 机载喷雾机药箱中应先加脱叶剂母液，然后加催熟剂母液，最后加脱叶剂助剂母液。加农药母液同时启动药箱内搅拌泵，然后机载喷雾机药箱进行二次加水至规定浓度并搅拌。严禁加水过满，药箱顶部必须加盖封闭；药液应随混随用，已混好的药剂不能隔夜放置。

（5）药剂及用量 南疆使用脱叶宝、脱吐隆 300 ～ 450 g/hm² 加 40% 乙烯利 1 050 g/hm²；北疆则宜用脱叶宝、脱吐隆 450 ～ 600 g/hm² 加乙烯利 1 050 g/hm²。

对于群体过大或倒伏的棉田可采用分次施药方法：第 1 次施药期可比正常施药期提前 5 ～ 7 d，药量为正常药量的 50% ～ 70%；10 d 以后（多数叶片已脱离时）进行第 2 次施药，药量不低于正常量的 70%。选用袖筒式喷雾器或类似的具有鼓风功能的喷雾器，以达到施药均匀的目的。

（6）施药技术 作业机具可选择高地隙高架喷雾机等，悬挂牵引式喷杆喷雾机行走速度宜为 4 ～ 5 km/h，大型自走式喷杆喷雾机行走速度宜为 8 ～ 12 km/h。喷施药液要均匀，不重不漏。

选用植保无人飞机施药时，宜采用超微量高浓度喷洒，植保无人机在整个作业过程中应保持匀速和一定高度，航线高度不大于 5 m，飞行速度为 3 ～ 5 m/s，避免作业中的漏喷和重喷。植保无人飞机作业质量符合 NY/T 3213—2018《植保无人机质量评价技术规范》要求。

（7）安全防护 作业时要戴口罩、保护镜和橡胶手套，穿保护性工作服，严禁吸烟和饮食。药瓶等各类包装物要集中放置，统一处理。

（8）效果检查及采收 喷药后 6 h 内若降雨，应根据降水量来确定重喷药量与时期，小雨或微雨不需要重喷。

田间施药后 3 ～ 5 d，检查如有漏喷并及时补施；5 ～ 7 d 检查用药效果，脱叶率低、催熟效果差的宜第 2 次用药。脱叶催熟效果不低于 GB/T 21397—2008《棉花收获机》要求，符合采棉机作业标准。

当脱叶催熟施药后 20 d 左右，棉株吐絮率 95% 以上、脱叶率 90% 以上、籽棉自然含水率符合机采标准时及时采收。

第五节 病虫草害绿色防控技术

一、新疆棉花病虫害发生概况

病虫害是棉花生产的主要限制因素之一。新疆由于干旱、降雨少的特殊气候条件，与内地相比，棉花病虫害种类较少。随着新疆植棉面积的扩大，作物结构、耕作制度和品种的更换，棉田生态条件发生了相应的变化，导致棉田病虫种类和为害程度也发生了明显改变。20世纪50年代新疆棉铃虫发生面积不足6 667 hm²，60年代平均为1.9万 hm²，70年代平均为2.867万 hm²，80年代达5.067万 hm²，90年代平均发生面积40万 hm²，2005年为31.361万 hm²。棉叶螨近年发生面积也突破了6.667万 hm²，2005年为15.7万 hm²，并有逐年上升的趋势。目前，病虫草害的种类也在明显增多，如20世纪棉花病害以棉花立枯病和黄萎病为主，虫害以棉蚜和棉铃虫为主，现在有了烂铃病，虫害有双斑长跗萤叶甲、烟粉虱、绿盲蝽等在棉田造成大面积为害。老的病虫害发生程度也日趋严重，如棉花黄萎病近几年面积急剧增加，致病性增强，部分地区后期发病率达100%；棉铃虫在南疆、北疆发生程度和频率也大大增加，北疆棉叶螨由土耳其斯坦叶螨为优势种变为土耳其斯坦叶螨与截形叶螨混合发生，盲蝽原为次要害虫，近几年除了优势种牧草盲蝽在棉田种群数量增多，为害加重外，绿盲蝽也开始在棉田造成严重为害，入侵害虫烟粉虱已在全疆普遍发生，尤其在吐鲁番和南疆地区给棉花的产量和品质造成一定影响。对棉花生产严重威胁的重要入侵害虫扶桑绵粉蚧（*phenacoccus solenopsis*）已入侵新疆（目前还未在新疆棉田发生），棉田杂草尤其是龙葵亦日趋严重，发生面积增加，防治困难[10]。

据资料，新疆棉花病害有17种以上。其中，为害普遍的优势种群有棉花立枯病、红腐病、棉铃红粉病、棉花枯萎病、棉花黄萎病等。潘洪生等[11]研究，新疆常见的棉花害虫多达50余种，是导致棉花产量损失的主要原因之一，20世纪90年代以来，新疆棉花种植面积突飞猛进，棉花害虫发生程度逐渐加重。因此，搞好病虫害防治，是实现棉花优质高产高效的基本保障。

二、主要病害绿色防控技术

1.棉花枯萎病绿色防控措施

对新疆棉花枯萎病的防治，应当坚持"绿色为主，综合防治"的植保方针，

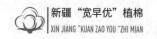

并根据实际情况，采取"做好种子处理、播种无病种子和种植抗病品种及病田进行轮作"为主的绿色防控措施。

（1）组织病情普查 确切划分疫区和无病保护区。在每年的6月上中旬和8月中旬进行枯萎病普查，依据普查结果为无病留种田和品种合理布局提供指导。在无病田严禁种植带病种子、施入带菌棉籽壳、未腐熟的粪肥等，保护无病田不受枯萎病菌感染。

（2）重病田轮作倒茬，减轻病害的发生 在重病田用小麦、玉米、高粱、向日葵等作物与棉花轮作，可有效减轻棉花枯萎病的发生，但采取秸秆还田的重病田，则应增加轮作年限，轮作5年以上可减少病原菌的基数。在南疆种植水稻的地区，重病田采取水旱轮作，可有效减轻枯萎病的发生。

（3）播种无病种子，保护无病区 各种子繁育单位应建立无病留种田，在无病留种田也要注意病株的普查，田间发现病株后及时拔除并带出田外深埋，在无病留种田中收获的棉种，应采取单收、单晒、单轧和单独加工，避免与别的棉籽混合。对外引或外面购买的种子，则应加强种子的消毒处理。在种子硫酸脱绒后，用2 000倍抗菌剂"402"药液，加温至55～60℃，浸种30 min；或用含有效浓度0.3%的多菌灵胶悬液，在常温下浸种14 h，可消除种子内外的枯萎病菌，将种子晾干后播种。

（4）在病田种植抗（耐）病品种，压缩重病区 种植抗（耐）病品种是防治枯萎病最为经济和有效的措施，"九五"末期到"十二五"以来，新疆引进了一批高产和抗病棉花品种，同时，新疆审定的棉花品种大多数对枯萎病表现了较高的抗性，这是近年来新疆枯萎病为害较轻的一个重要原因。

（5）加强栽培管理，提高植株的抗病能力 加强大田管理等农业防治措施，创造不利于病菌侵入为害而有利于棉株健壮生长的条件，增强棉株对枯萎病的抵抗能力。在水分控制方面，土壤水分过高或过低，对棉株的生长都不利，因此，要注意苗期中耕培土和棉田排灌工作。在肥料施用方面，增加腐熟农家肥及磷、钾肥，避免偏施氮肥，培肥地力，增强植株的抗病性。在耕作过程中，机耕作业从一块地完成向另一块地转移时，应注意将机具上携带的泥土清除干净，避免将带病土壤传播至无病田。在田间管理过程中，应根据天气情况，适期播种，定苗时及时拔除病苗，在苗期发病高峰期及时深中耕和追肥，以提高植株抗病能力，减轻枯萎病的发生。

（6）化学防治与生物防治 近年来，筛选了大量的化学药剂用于减轻棉花枯萎病的为害，其中，2.5%适乐时1 500倍液，农用氨水、99植保500倍液等灌根对棉花枯萎病病区有较好的防治效果，此外。病田施入生物有机肥可有效改善棉田土壤微生物种群，减轻棉花枯萎病的为害；在棉田施入木霉菌及滴灌枯草芽孢杆菌发酵液等均可有效减轻棉花枯萎病的发生，并表现出明显增产的效果。

2. 棉花黄萎病绿色防控技术

棉花黄萎病是土壤传播的维管束病害，针对黄萎病菌在土壤中常年存在而又难以消灭的特征，结合棉花不同时期，采取以抗病品种为基础、以增强棉株抗病性为重点、加强栽培管理为核心的绿色、综合防治措施。由于棉花黄萎病与枯萎病的传播方式基本相同，因此其防治方法与棉花枯萎病基本相同，需要特别强调以下内容。

（1）加强植物检疫，保护无病区，禁止从病区调种，特别应严禁将落叶型黄萎菌株随调种传入。

（2）棉花黄萎病菌的致病性分化比枯萎病更加复杂，且落叶型菌株对棉花造成的损失也更大，因此各植棉区应加大菌株致病性鉴定的分析和种子的灭菌处理，防止落叶型菌系进一步传播。

（3）新疆种植的长绒棉品种均较抗黄萎病，而陆地棉品种抗性资源少，仅有少量抗、耐病品种，因此在长绒棉和陆地棉混种区可考虑将长绒棉与陆地棉品种合理布局，减轻黄萎病的发生；在不能种植长绒棉，而棉田黄萎病发病程度有较大差异的地区，可结合棉花黄萎病普查结果，选择耐病及丰产品种进行合理搭配，以达到减轻病害和增产增效的目标。

（4）黄萎病菌主要以微菌核在土壤中长期存在，其存活时间长，短期轮作防病效果不明显，因此重病田需要与禾本科作物长期进行轮作，有条件的地区可以采取土壤深翻或者水旱轮作等方式减轻黄萎病的为害。

（5）目前一些生物有机肥及生防菌均具有减轻黄萎病发生的作用，在重病田可考虑采用增施生物有机肥或者生防菌剂的方法减轻黄萎病的为害，此外可结合新疆棉田滴灌的优势，将生物有机肥及生防菌剂随水滴施至棉花根际，均可有效防止棉花黄萎病的发生。

三、主要虫害绿色防控技术

由于新疆棉区棉花面积扩大，耕作制度、栽培模式、管理技术的变化，特别是地膜棉的推广、药剂拌种、种衣剂的使用和滴灌技术应用，棉田主要害虫种群

及消长也相应改变。从 20 世纪 90 年代开始至今以棉铃虫、棉蚜、棉叶螨为主。

1. 棉铃虫绿色防控技术

（1）合理作物布局　棉田与麦套玉米、单作玉米、麦田按照一定比例种植，可有效减少棉田棉铃虫的落卵量。

（2）诱捕诱杀成虫　利用频振式杀虫灯、杨树枝把、糖醋液等诱捕诱杀棉铃虫成虫效果明显。棉田四周种植早熟玉米诱捕棉铃虫成虫。

（3）种植抗虫棉品种　近 10 年来，新疆棉区种植转 BT 基因抗虫棉的实践证明，种植该抗虫棉品种，对减轻棉铃虫为害发挥了重要作用。

（4）进行抗药性监测　为避免生产上滥用农药的现象，对棉铃虫的重点区域定点进行抗药性监测，作为药物防治的依据，防止棉铃虫抗药性的产生。

（5）生物防治　建立以"保益灭害、增益控害"为核心的绿色综合防控技术体系，保护和利用自然天敌，使用保护天敌、杀伤害虫的选择性药物；筛选利用天敌生物控制棉铃虫发生为害，如赤眼蜂等。喷洒 BT 制剂、阿维菌素防治棉铃虫。

（6）秋耕冬灌，铲埂灭蛹　在棉花、秋作物收获后封冻前，深翻灭茬，铲埂灭蛹，破坏蛹室，加上冬灌，使大量越冬蛹死亡。

（7）选用对路农药、交替轮换用药，进行化学防治

2. 棉蚜绿色防控技术

棉蚜防治在"绿色防控，综合防治"方针的指导下，强调充分利用和发挥自然天敌的控制作用以增加棉田前期天敌数量入手，辅之以科学合理的化学防治，达到持续控制棉蚜为害的目的。

（1）生物防治　以生物防治为主，保护利用天敌，充分发挥生物防治作用。在棉花出苗后 10 ～ 15 d，棉田棉蚜发生初期，在棉田周边杂草上释放室内扩繁的普通草蛉卵，增加棉田草蛉基数，提高防控效果，为减少棉田化学农药施用量奠定基础。

（2）点片防治　对点片发生的棉株采取涂茎单独防治的方法，控制扩散。

（3）增益控害技术　合理调整作物布局，麦棉邻作，可有效地增加棉田天敌数量；种植诱集天敌植物，在棉田周围种植油菜，地头和林带种植苜蓿，可有效增加棉田前期天敌数量，控制棉蚜为害。

（4）保益控害技术　采取荫蔽施药的方法，采用内吸性农药以点片涂茎的方法加以控制，既可有效地控制棉蚜数量，又可最大限度地保护田间天敌生存发

展。合理控制化学农药使用，防治其他虫害时，采用生物农药尽量减少对天敌的杀伤。

（5）加强虫源防治　对早春棉蚜集聚的植物和场所进行围歼，控制向棉田扩散。

（6）化学防治　阿克泰不仅对棉蚜毒力高，且对十一星瓢虫、多异瓢虫杀伤力较小，具有较高的安全性；50%氟啶虫胺腈防治棉蚜效果优于马拉硫磷、啶虫脒、毒死蜱、吡虫啉等。

3. 棉叶螨绿色防控技术

棉花害螨的防治应以压低虫源基数和控制在点片发生阶段为重点，协调运用农业防治、生物防治和化学防治等方法，控株、控点相结合，力争把棉花害螨控制在 6 月底以前，保证棉花不受为害。

（1）农业防治　①秋冬防治：越冬前应及时清除棉田杂草，在为害重的棉田喷药，降低越冬虫量。在秋播时翻耕整地，通过深翻将越冬叶螨翻压到 17～20 cm 的深土以下。在棉苗出土前，及时铲除田间或田外杂草，也可大大降低虫源基数。②点片防治：坚持"查、抹、摘、打、追"等措施。"查"是查虫情，逐垄检查被害棉株，并抽查其他寄主上的虫源；"抹"是发现棉叶上有少数棉叶螨时用手抹掉；"摘"是在查虫情时，随身携带 1 个塑料袋，发现棉叶螨多的棉叶，摘下放入塑料袋内带出田外；"打"是摘、抹被害棉株外，插上标志喷药，发现 1 株喷 1 圈，发现 1 窝打周围；"追"是跟踪追击找虫源，同时追肥壮苗，造成不利于棉叶螨的繁殖条件。③生长调节剂：棉花蕾期受朱砂叶螨为害后，适量施用缩节胺可提高受害植株的耐害补偿能力，减少产量损失。

（2）生物防治　首先要注意保护利用自然天敌。7 月初棉田释放胡瓜钝绥螨防治棉叶螨，田间释放量以 30～45 头 /m² 为宜。努力创造有利于自然天敌安全生存的环境条件，尽可能选择对天敌毒性小的杀螨剂，必须使用对天敌杀伤力大的药剂时，应采用拌种、涂茎或带状间隔喷雾等对天敌安全的施药方法，引进或利用本地捕食螨进行防治。

（3）化学防治　当大面积发生时常用的喷雾药剂有 73% 克螨特 EC、20% 哒螨酮 EC、10% 浏阳霉素 EC、2% 阿维菌素 EC 等药剂。

4. 棉盲蝽绿色防控技术

盲蝽成虫有较强的飞行扩散能力，若虫活动灵活、隐蔽性强、不易发现，其为害初期症状不明显、易于忽视，常常错过防治适期，导致其种群的爆发成灾。

（1）农业防治　①毁减越冬场所。新疆棉区的牧草盲蝽以成虫在滨藜等杂草及树木的落叶下蛰伏越冬。在开始结冰后清除这些杂草和枯枝烂叶使其失去越冬场所而冻死。②清除早春寄主：盲蝽的早春寄主植物主要包括果树、作物、杂草等。对于果树与作物，可以采取栽培管理来消灭虫源。杂草寄主上的盲蝽虫源可以通过喷施除草剂或人工除草来控制。③避免多寄主混作：根据盲蝽寄主多的特点，在作物布局上要合理安排，正确布局。尽可能使棉花、果树等同种作物集中连片种植，要避免棉花与苜蓿、向日葵、枣树等，或者果树与蔬菜、牧草等地毗邻或间作，以减少盲蝽在不同寄主间交叉为害。④加强棉花生长管理：棉花需及时打顶，促使棉蕾老化，减少为害；清除无效边心、赘芽和花蕾，减少虫卵。在花蕾期，根据长势可喷施1或2次缩节胺，能缩短果枝，抑制赘芽，减少无效花蕾，从而减轻盲蝽的发生为害。

（2）诱集防治　绿盲蝽成虫偏好绿豆，于棉花播种时在棉田一侧种植早播绿豆诱集带，优先种植在田埂侧，可以隔离绿盲蝽从棉田向棉田的扩散，减少棉田入侵虫量。结合诱集带上每周1次的化学防治，能有效降低棉田的发生为害，还有利于棉田生态环境的优化、改善。另外，向日葵、蓖麻等也能作为棉花盲蝽的诱集植物。

（3）生物防治　已报道的棉花盲蝽捕食性天敌有10余种、寄生蜂3种，在田间有一定的控制效果。建议使用对天敌较安全的选择性农药防治盲蝽，减少对天敌昆虫的负面影响。并可以通过改进施药方法，如滴心、涂茎等有针对性的局部施药，减少地毯式的药剂喷雾，将有助于天敌种群的增殖。

（4）物理防治　频振式杀虫灯对棉花盲蝽成虫有较好的诱杀作用，可用于其测报防治。

（5）化学防治　生产上采用的防治指标为2代（苗、蕾期）盲蝽百株虫量5头，或棉株新被害株率达2%～3%；3代（蕾、花期）盲蝽百株虫量10头，或被害株率5%～8%；4代（花、铃期）盲蝽百株虫量20头。当前，盲蝽对化学农药的抗药性水平还很低，因此化学防治的关键在于掌握确切的防治时机。棉花盲蝽化学防治的适期为2～3龄若虫高峰期。在棉花苗期、现蕾初期，选用40%氧化乐果乳油等内吸性较强的药剂200倍液滴心，或按1:（3～4）的比例与机油混匀后涂茎。这种方法对早期盲蝽有很好的控制作用，是一种比较理想的预防措施。但虫量超过防治指标时，每亩用5%丁烯氟虫腈乳油30～50 ml、10%联苯菊酯30～40 ml、35%硫丹乳油60～80 ml、40%灭多威可溶性粉剂

35～50 g、45%马拉硫磷70～80 ml、40%毒死蜱60～80 ml兑水50～60 kg
喷雾。

5.蓟马类绿色防控技术

（1）农业防治　上茬作物收获后及时清理田间及四周杂草，集中烧毁或沤
肥；施用腐熟有机肥、增施磷钾肥、适时追肥，提高棉株抗虫能力；合理密植，
剪除空枝、顶心、边心、嫩芽，增加田间通风透光度；及时整枝，7月20日前
打去顶尖，密度大棉田立秋后适当打边尖、剪空枝、打去下部老叶，减轻郁蔽，
改善田间通风透光条件。

（2）药剂防治　生物防治与化学防治相结合。在棉花苗期和蕾期可选用1%
阿维菌素1 000倍液加10%吡虫啉可湿性粉剂2 000倍液均匀喷雾，或50%辛
硫磷、20%抗蚜威兑水1 500倍液常规喷雾防治。棉花开花期每朵花中虫量达
几十头时就必须进行防治，否则蕾铃大量脱落，可选择对天敌比较安全的农药，
如35%赛丹500倍液、10%吡虫啉可湿性粉剂2 000倍液、48%乐斯本乳油
1 000～1 500倍液均匀喷雾防治。

四、主要草害绿色防控技术

棉田恶性杂草是妨碍棉花增产的重要因子之一。20世纪60年代以前主要靠
人工、机械除草。70年代初引进了氟乐灵等化学除草剂，改变了棉田杂草防除
以人工为主的局面。进入21世纪，随着膜下滴灌技术的推广和作物布局的改变，
新疆棉田杂草群落发生的特点也出现了较大变化，亟待加强杂草的科学防除。

从现有技术水平、棉田种植历史及杂草为害特点，应以防除棉田杂草、控制
为害为总目标，在防除杂草对象上，应一次性防除单、双子叶类杂草。在防除
时期上，应以控制早期杂草为主，强调"防早、防小"。棉田草害防治也要坚持
"绿色为主，综合防治"的指导思想。

1.农业防治

一是对农家肥进行腐熟，消灭可存活的杂草种子；二是改善棉田环境，创造
有利于作物生长发育而不利于杂草繁殖、蔓延的条件；三是采取科学的轮作倒茬
制度，改变其生态环境，控制杂草为害；四是在进行轮作倒茬的同时，更换除草
剂，从而避免长期单一施用同类除草剂。如麦、棉轮作可有效减少龙葵的发生，
稻棉交替，杂草量可减少50%；五是通过深翻将地表的杂草种子翻埋于土壤深
层，使其不能发芽。

2. 人工防除

一是清除棉田四周杂草，防止通过风力、流水、人畜活动带入棉田，或通过地下根茎向棉田扩散，特别是杂草在种子成熟前要彻底清除，防止蔓延扩散；二是结合田间作业如放苗、定苗等拔除杂草，并用土封严苗孔，严禁破坏膜面，保护地膜的灭草功能；三是棉花机采前，人工清除龙葵、田旋花等杂草，既可减少其种子的下年扩散，又可提高采棉质量。

3. 物理防除

物理防除又称机械防除，一是苗期中耕 2 ～ 3 次，将杂草消灭在为害之前；二是棉花浇头水后宜墒期中耕，不仅可疏松土壤还可保墒除草。

4. 化学防治

新疆的化学除草主要是前期的化学防除。一是播种期土壤封闭。在覆膜前用 33% 二甲戊灵 180 ～ 220 ml/ 亩、48% 氟乐灵 150 ～ 200 ml/ 亩或 90% 乙草胺 120 ～ 150 ml/ 亩兑水 40 kg 喷洒，也可选用丁草胺、敌草胺、都尔、除草统等药剂。由于部分除草剂对光比较敏感，见光易分解，喷后 4 h 之内要及时混土，耙地不能太深，太深会破坏药剂层影响除草效果。为了兼顾防除阔叶杂草，同时还可混配果尔、伏草隆、扑草净、恶草灵等药剂。部分地区覆盖黑色地膜不仅能达到保温效果，同时也提高了除草效果。二是棉花苗蕾期化除。播种时没有及时用药防除或除草效果不好的情况下，棉花出苗至现蕾期前期，棉田大部分害草已出苗生长，进入幼苗期，在防除上要进行茎叶处理，一般采用精稳杀得、高效盖草能、精禾草克、拿捕净等防除禾本科杂草；当棉苗高于 30 cm 时，用草甘膦、百草枯等灭生性除草剂进行低位定向喷雾。三是棉花中后期，要及早采用茎叶处理剂消灭害草。选用的药剂主要以灭生性的草甘膦、百草枯进行行间低空定向喷雾[10]。

第六节　棉田残膜治理技术

农作物地膜覆盖具有增加地温、抑制地表水分蒸发、抑草灭草、抑盐保苗、增加作物冠层光照均匀程度和增加散射光等作用，也是能够提高农作物产量和改善产品品质的重要原因。

新疆棉区日照充足，前期低温，干旱少雨，属灌溉棉区，地膜覆盖是该区棉花种植、促进优质高产高效的关键技术。农用地膜是一种由聚乙烯加抗氧剂（抗

· 292 ·

紫外线材料）制成的高分子碳氢化合物聚氯乙烯，具有分子量大、性能稳定等特点，在自然条件下很难光解和热降解，也不易通过细菌和酶等生物方式降解，在土壤中可以残存 200～400 年。经过近 30 年连续的地膜覆盖应用，地膜残留已经成为该区域一个重大的农业环境污染问题——"白色污染"。

　　大量的残留地膜破坏了土壤结构，导致土壤通透性和土壤孔隙度逐渐下降，进而影响了土壤中水肥运移，影响土壤微生物活动和土壤正常结构的形成，导致土壤肥力下降，恶化了植物的生活条件；残留地膜具有较高的韧性和延展性，植物根系难以穿透，导致根系生长困难，影响作物生长发育，降低了农作物产量。此外，地膜残留还带来一系列的其他负面作用，如焚烧残膜产生的有害气体，影响农田机械耕作作业导致播种质量下降等。因此，在推广地膜覆盖技术、发挥地膜覆盖优势的同时，根治"白色污染"，推广普及残膜治理技术，对促进棉花生产可持续健康发展具有十分重要的意义。

一、土壤残膜现状及成因分析

1. 土壤残膜现状

　　由于普通 PE 地膜具有不易分解的特性，长期使用地膜的棉田土壤中必然会产生残膜聚集。长期覆膜棉田地膜残留量在 42～540 kg/hm^2，平均残留量在 200 kg/hm^2 以上。同时显示，棉田中地膜残留呈斑块状分布，具有小区域和田块水平的不一致。南疆地区棉田的地膜残留要比北疆棉田低，新疆生产建设兵团南疆团场 18 个点的调查结果显示，棉田地膜残留量为 184.5 kg/hm^2（范围在 41.9～414.8 kg/hm^2），而北疆地区团场 64 个点的地膜残留量平均为 282.4 kg/hm^2（范围 123.2～655 kg/hm^2）。

　　严昌荣等调查[12]，在北疆连续 20 年覆膜单作棉花、棉花—西红柿轮作和连续 10 年覆膜单作棉花的农田土壤地膜残留量平均分别为（307.9 ± 35.84）kg/hm^2、（334.4 ± 47.88）kg/hm^2 和（259.7 ± 36.78）kg/hm^2。这说明不同种植模式与覆膜年限对地膜残留量影响大，覆膜年限越长，土壤中地膜残留量越高。调查结果还显示，棉田土壤中残留地膜基本上分布在耕作层，且主要集中在 0～20 cm 表层土壤中，由于耕翻等导致残膜向深层土壤转移。棉田土壤中地膜都呈现出不同形状和大小的碎片，数量 1 000 万～2 000 万片 /hm^2。残膜片面积大小差异很大，从 1 cm^2 到 2 500 cm^2 不等。棉田土壤中单块残膜面积 >25 cm^2 的片数比率在 16%～25%，4～25 cm^2 的片数比率在 44%～54%，<4 cm^2 的片数比率在

21%～40%。在棉田耕层土壤中，面积较小的残留农膜一般呈片状，而大块残膜一般以棒状、球状和圆筒状等不规则形态存在。调查还发现，在棉田耕层土壤中残留农膜分布形式多样，主要有水平状、垂直和倾斜状分布。同时，棉田土壤中残留地膜片数同地膜残留量的关系密切，残膜片数与残膜量呈正相关关系。

据颜林（2007）在北疆的调查结果，残膜量随着覆膜年限的增加而不断增多，连续种植地膜棉 20 年的棉田，残膜量可达 402 kg/hm²，数量惊人。据姜益娟等在南疆棉田调查，在坚持每年头水前揭膜、收获后机械加人工拾膜的情况下，连续种植 12 年地膜棉的残膜量仅 57.7 kg/hm²，明显少于北疆。据新疆维吾尔自治区农业厅对 16 个县（市）的调查（1999），棉田平均残膜量为 52.5 kg，最高 268.5 kg。又据新疆各地调查，在灌头水之前揭膜的情况下，连续覆盖 5～6 年，棉田平均残膜量 60 kg/hm²，年均残留 10～12 kg/hm²，残留量占覆膜量的 17.5%～21%；棉花收获后或是在第 2 年春季拾膜的情况下，连续覆盖 3～8 年的棉田，残留量 103～226 kg/hm²，年均残留量 34.2～38.3 kg，残膜量占覆盖量的 47%～57%。在 0～15 cm 土层残膜量占总残留量的 60%～90%。残膜主要为害：一是破坏土壤物理性状；二是残膜影响机械作业；三是影响种子发芽出苗和生长发育。据研究，土壤残膜 360 kg/hm² 时，棉花减产 10%～15%[13]。

2. 成因分析

（1）国家标准宽松，地膜厚度较薄　地膜厚度与地膜回收效果有密切关系，覆盖时间同样长的地膜、同样的回收方法，地膜厚度厚的便于回收，其回收率提高，相反地膜越薄，回收效果越差。GB 13735—2017《聚乙烯吹塑农用地面覆盖薄膜》农用地膜标准是 0.008 mm，且允许厚度误差为 ±（0.002～0.003）mm。企业为减少成本，往往按低限标准（0.006～0.005 mm）生产。根据我国制定的标准，如果农民使用 0.008 mm 的地膜，每公顷地膜投入量为 60～68 kg，如果换成 0.005 mm 的超薄地膜，每公顷地膜投入量为 30～35 kg，这样就节省了一半的成本。农民为了降低成本，更倾向于使用超薄地膜。很多地膜生产厂家为迎合市场需要，更多的是生产不符合国家标准的超薄型地膜。调查发现，南疆地区在 2015 年之前所使用的地膜厚度在 0.006～0.008 mm，远低于发达国家地膜厚度标准（0.015～0.02 mm）。这种地膜由于强度不够，加上新疆日照时间长，超薄地膜老化快，在人为或自然条件下易破损，易老化，为后期的残膜回收带来了很大的困难。在国外，大多数国家使用的地膜厚度为 0.02～0.05 mm，抗拉强度大，可连续使用 2～3 年。欧美的一些国家，为防止残膜对土壤造成危害，主要是推广使用高强度、耐老化地膜以便回收后再利用。

（2）使用方法欠科学　在棉花地膜覆盖中，注重覆盖的操作，忽视与回收的配合：如棉行上打孔播种，回收时横跨棉行增加了回收难度；播种时增加的压膜土堆（土带），不利残膜回收；覆盖时间过长，本来覆盖的地膜作用已尽，应在浇头水时进行地膜回收，却到棉花收获后进行回收，致使地膜风化破碎，难以回收等。

（3）残膜回收措施不力　王佳琪等研究认为，植棉收益波动较大，造成植棉户地膜回收积极性低[14]。2000年以来，植棉户生产成本逐年上升，棉花收益波动幅度较大。2000年，新疆每亩棉花种植成本为557.33元，2014年上升到2 193.06元，增幅达44.74%。同期，新疆农户每亩棉花的利润从282.17元，下降到-345.04元，降幅达到84.4%。且回收地膜费工费时，每清除1亩残膜约需60元人工成本，至少1～2个工作日，农民清理残膜的积极性不高。多年农户的收益不佳，造成农户不愿意在棉田白色污染的治理上花费更多的投入，甚至倾向于选择价格低廉的超薄地膜来降低生产成本，这使得棉田白色污染问题更加严峻。

据董伟伟等调查，新疆耕地1亩平均残膜量为16.88 kg，是全国平均水平的4～5倍。棉田每亩残膜量平均为5.73 kg，最高达26.65 kg，而目前，新疆利用残膜回收专用机械开展残膜回收的棉田仅为14.7万hm^2，仅占新疆棉田总面积的10.45%[15]。

（4）回收机械性能不过关及回收机械短缺　残膜数量与碎膜率有密切关系，现有的残膜回收作业机械对于10 cm^{2}以下地膜的回收能力不强，对于土壤中夹杂的各层残膜难以实现回收，目前的残膜回收均以地表残膜的回收为主。残膜的处理方式主要为机械搂膜作业，搂膜机械回收率一般为66%～79%，仍有较大残留。表面地膜机械回收有了很大进展，但需要解决回收率低、与秸秆和土壤分离等问题。

地膜回收的时间紧张，回收机械严重不足，新疆尤其是北疆地区，棉花采收期短。农户在11月中旬之前必须采收完毕，部分地区甚至更早，棉花采收后，随即进入漫长的冬季，留给农户秋耕的时间极为短暂，残膜只能等到来年春耕时处理。而在新疆的春耕春播时间同样很短暂，农户为了抢墒播种，没有足够的时间将残留在耕地中的地膜进行有效回收。与此同时，回收机械严重不足，更是加剧了这一矛盾。在调查中发现，几个村子在回收地膜时共用1台回收机械，部分

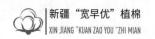
村庄甚至没有专业地膜回收机械，使得农户想要依靠机械回收地膜成了一大难题。因此，残膜回收大部分仍须人工捡拾。

目前，由于残膜回收技术不成熟，回收残膜的设备研制困难，机具复杂且故障率高，残膜回收成本与收益间存在一定的问题，阻碍了机械化回收残膜的进程。

（5）回收网络不健全，工作机制不完善　长期以来，鼓励残膜回收的政策支持力度不够，废旧地膜回收渠道不畅，未形成有利于地膜生产、使用、残膜回收及资源化利用的综合治理长效机制。企业经营残膜回收、加工利用项目效益差，积极性不高；回收站点少，无法满足残膜加工利用的需要。调查情况显示，目前，回收后残膜的利用情况较差，回收后的残膜处理方式主要以田间堆积以及现场焚烧为主，造成了二次污染。

二、残膜治理技术

（一）基本策略

（1）使用符合质量标准地膜，提倡宽膜覆盖　严格执行国家标准 GB 13735—2017《聚乙烯吹塑农用地面覆盖薄膜》中"5.1（厚度和厚度偏差）"和"5.5 力学性能指标"要求。地膜的最小标称厚度不得小于 0.01 mm，覆盖使用时间 ≥ 180 d（Ⅰ型：耐老化）和 ≥ 60 d（Ⅱ型：普通）的规定（表 7-2）。

表 7-2　地膜厚度极限偏差和平均厚度偏差

标称厚度 do（mm）	极限偏差（ mm ）	平均厚度偏差（％）
0.10 ≤ do<0.015	+0.003 -0.002	
0.15 ≤ do<0.020	+0.004 -0.003	+15
0.20 ≤ do<0.015	+0.005 -0.004	-12
0.25 ≤ do<0.015	+0.006 -0.005	

5.5 力学性能指标应符合表 7-3 要求。推广 76 cm 等"宽早优"1 膜 3 行种

植模式。

表 7-3　力学性能指标

项目	要求		
	0.010 mm ≤ do< 0.015 mm	0.015 mm ≤ do< 0.020 mm	0.020 mm ≤ do< 0.030 mm
拉伸负荷（纵、横向）（N）	≥ 1.6	≥ 2.2	≥ 3
断裂标称应变（纵、横向）（%）	≥ 260	≥ 300	≥ 320
直角撕裂负荷（纵、横向）（N）	≥ 0.8	≥ 1.2	≥ 1.5

（2）推广科学覆膜、适时回收的标准化技术　见（二）残膜治理技术示范推广棉花行间覆膜方式。实行浇头水前机械回收地膜为主，结合人工拾检，实现当年地膜回收率 100%。

（3）研制和推广残膜清理机械　针对目前残膜回收机械存在问题，研制新型回收机械，形成覆膜机械、生育期间残膜回收机械、耕前播前回收机械配套体系，保证当年残膜回收干净、逐步减少老化残膜。

（4）研究无污染新型地膜　研究开发无污染的光解膜、生物降解膜、有机物地膜等。

（5）替代地膜技术　通过培育早熟、特早熟棉花品种，培育高光效品种、耐低温品种，创新栽培技术等途径替代地膜效应。

（6）提高环保意识，强化政策力度　以地膜质量的国家强制性标准为基础，完善地膜的生产、经销、使用、回收、加工、利用等环节法制、制度体系建设，使地膜的应用成为人人遵守的社会行为。

（二）残膜治理技术

（1）提高播种覆膜质量，以便残膜回收　播种覆膜中，就有利于残膜回收的环节包括：①选择不低于国家标准厚度、力学性能指标的地膜。②宽等行、宽膜覆盖，以"宽早优"76 cm 等行距，1 膜 3 行、宽等行行间或行上覆盖种植为宜。③棉行要直。行直有利于铺膜平展，有利于后续作业不损伤地膜，从而有益于地膜回收。④铺膜平展且拉伸适中。铺膜平展受光均匀，使耐拉力均匀有利于地膜回收；铺膜时横向、纵向拉伸不宜过紧或过松，以拉展均匀为度，使地膜受力均匀以便回收。⑤膜沟要直、深浅一致，覆土均匀，压膜 5～7 cm，边行外膜面 10～15 cm。⑥种行覆土少而精，压严种孔即可，不宜太多，厚度 1.5 cm，宽度 5 cm。

（2）行间覆膜标准化技术　棉花行间覆膜具有行上覆膜的增温保墒效果，且具有便于残膜回收的优点，因其较行上覆膜减少了棉行上穴播打孔后留下的横跨棉行、盖于土带下的地膜，这是残膜难以回收的关键，也是行间覆膜的主要优点之一。行间覆膜、残膜回收标准化技术如下。①与采棉机配套的"宽早优"76 cm宽等行种植模式。②选用性能良好的行间覆膜播种机，确保播种、覆膜、铺管（滴灌带）质量；滴灌带埋于地面下 3～5 cm，以稳定滴灌带位置和方便滴头水前地膜回收。③卫星导航播种，棉行端直，膜边距棉行 3～5 cm，压膜沟深浅一致、距棉行远近一致，膜面平展，纵横拉伸适中。④于滴头水前（6月上中旬），采用与行间覆膜播种机配套的行间残膜回收机回收地膜，回收后人工检查、拾检，确保回收彻底。⑤回收残膜后及时滴水。

（3）棉花生育期行间揭膜回收技术　棉花地膜覆盖的重要作用是提高地温及其带来的一系列变化，而且主要是提高种子发芽出苗和苗蕾期的地温，因为播种和生育前期地温较低（南繁棉花除外），通过覆盖地膜提高地温，促进种子发芽、出苗和苗期健壮生长，促进早现蕾、早开花、早结铃，从而促使棉株的开花、结铃期与当地的高温、富照、环境优势阶段相协调，也就是常说的"将开花结铃期调节在当地气候的最佳阶段"，实现棉花优质高产高效，这就是棉花地膜覆盖的重要意义。

生产实践证明，在棉花大田生产情况下，播种至苗蕾期温度较低阶段覆盖地膜可提高地温，促进棉株生长发育，而到盛蕾初花以后，随着气温的升高，地温随之升高，即使不盖地膜，此时的地温足以达到棉花正常生长发育的需要，至此之后，覆盖地膜的增温效果趋尽，失去了像前期一样增温促早效果，甚至会造成棉株根系入土浅，吸收水肥范围小、抗倒伏能力降低等弊端。

棉花地膜覆盖的地膜通常厚度在 0.01～0.02 mm，大田情况下，随着太阳光的照射、空气流动带来的地膜摆动，在迅速老化，原有的韧度、抗拉力减退，大田暴晒的时间越长，老化愈严重，抗拉力愈差，回收时破碎残留的可能性也愈大。据此，当覆盖的地膜增温效果趋尽，地膜抗拉力较强、便于回收时应及时进行地膜回收，是提高残膜回收效果的关键。这正是棉花生育期行间揭膜回收的意义所在。棉花生育期间揭膜回收的技术包括以下环节：①选择宽等行的播种覆膜种植模式。随着生产条件改善、棉花产量水平的提高，选择宽等行（76 cm）种植模式，可改善群体结构，提高光温利用效率，是新形势下实现棉花高产再高产的有效途径。不仅如此，宽等行较宽窄行种植还减少了单位面积的棉花行数和种孔数,有利于残膜回收,为确保回收效果奠定了基础。②选择与播种覆膜机配套的生育期行间揭膜回收机。该回收机具有护苗挡板保护棉苗不受损伤,切膜铲(行上覆膜的,如是行间覆膜播种的可免去该装置)将沿苗孔一侧切断土带埋压的地膜,松土铲将埋压地膜的土带松散,起膜装置将地膜与地面分离,导膜轨道、脱膜箱、脱膜滚筒等装置将起膜装置分离的地膜顺利地汇集于集膜袋中,随着机械前行,陆续揭膜、导膜、集膜,完成回收过程。该机回收地膜较完整、彻底,回收率98%以上。③确定回收时间。依据新疆棉花生育和气候特点,以滴头水前、6月上中旬进行回收为宜。并回收后及时滴水。④生育期行间揭膜回收注意事项。一是在棉田外进行回收机调试,检修紧固各功能部件;二是操作人员进行技术培训,熟练掌握操作、调试技能;三是根据田块大小,适时清理揭膜机携带的残膜,最好在地头清理;四是行走速度均匀,以 8 ~ 10 km/h 为宜;五是出现故障及时处理。⑤回收的地膜及时运送收购场站,禁止就地存放或焚烧,造成二次污染。

第七节　棉花防灾减灾技术

新疆植棉地域广袤,生态多样,春季温度回升慢,秋季温度下降快,棉花生长期间常有低温冷害、霜冻、冰雹、干旱、风沙等自然灾害发生。因此,提高对灾害的防御能力、减轻灾害对棉花的影响,对提高棉花产量和品质具有重要意义。

一、冷害的诊断与防救

低温冷害是早熟、特早熟棉区最常见的气象灾害之一。低温冷害,是当温度低于棉花某生育期所需要的最低温度时给棉花生产造成的为害。低温冷害,按低温的程度又分为冷害、霜冻和冰冻 3 种。

冷害,指0℃以上低温对棉花种子、幼芽、幼苗和其他生育期棉株的为害。冻害,是指0℃以下低温对棉花种子、幼芽、幼苗和其他生育期棉株的为害。它又根据低温时间的长短,分为霜冻和冰冻。时间短的称为霜冻;时间长的称为冰冻。

冷害在棉花各个生育阶段都可发生,其中以播后—出苗期发生频率最高,对棉花生产影响也最大;其次是苗期和吐絮期;蕾期和花铃期发生频率较低,影响较小。

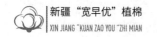

1. 播后—苗前冷害诊断与防救

在热量条件较差的新疆棉区，为了充分利用有限的光热资源，"适期早播"是棉花高产的措施之一，而"适期早播"的最大威胁就是冷害。它是造成烂种、烂芽的主要原因。

（1）播后—苗前冷害对棉花生产的影响　播后—苗前冷害常常造成大面积烂种、烂芽。使棉花生产十分被动，轻者点片人工补种或局部机械补种，重者大面积重播。这不仅增加了人力、机力和种子、塑膜等的成本，而且延误了最佳播种期，直接影响了棉花产量和纤维品质。

（2）烂种、烂芽的形态诊断　棉种萌动期冷害表现为烂种，已萌动种子的初生幼根和胚芽在10℃以下的低温条件下，发生碳水化合物和氨基酸外渗，皮层崩溃；胚根和胚芽发黄、腐烂；发芽阶段冷害表观为烂芽，已伸出种壳的幼根和幼芽在10℃以下的低温条件下，也会发生碳水化合物和氨基酸外渗，皮层崩溃，幼根和幼芽呈黄褐色并变软、腐烂。

（3）烂种、烂芽的温度指标　①烂种的温度指标。棉花播种后至出苗前遇低温阴雨天气造成的烂种烂芽，一般称之为苗前冷害。郑维等研究表明[16]，棉花播种后的棉种萌动期，遇6小时≤5℃的低温，即可造成烂种。而≤5℃、6小时的低温相当于日平均气温≤10℃。因此≤10℃的日平均气温是烂种的温度指标。一般情况下，≤10℃日平均气温4～5d以上时，烂种严重。②烂芽的温度指标。据研究，棉花烂芽的发生主要是在≤12℃的气候条件下出现，因此日平均气温≤12℃是烂芽的温度指标。③冷害敏感期及其气候指标。

在≤10℃的低温条件下，烂芽比烂种更容易发生，在烂种、烂芽率为100%时，烂种需要≤10℃的低温8～10d，而烂芽仅需4d左右。因此，从开始发芽到胚轴显著伸长是棉花苗前冷害敏感期。

在烂种、烂芽的过程中，当冷害（≤12℃）日数在3d以上，棉苗一般就会发生中度以上的烂种或烂芽，因此，冷害（≤12℃）日数持续3d以上的称为苗前冷害天气。

（4）影响烂种、烂芽的因素　①决定棉花种子冷害的主要因素是低温的程度。据研究，10～12℃和13～17℃的两种温度处理，不论发芽床水分的多少和处理时间的长短，其发芽率都在80%以上，而4～5℃和0～-2℃的两种温度处理的发芽率都在80%以下。②低温持续时间也是影响冷害的重要因素。据研究，无论在何种温度和何种水分条件下，随处理时间的延长，发芽率下降：但处理的温度越低，发芽率降低速度越快（表7-4）。③土壤水分的多少也决定着冷害的程度。王思林研究[17]，如在高水分（20.95%）处理下，棉籽的平均发芽率仅69.5%。而在中、低水分（13.3%和3.55%）处理下，发芽率分别为74.2%和80.9%。因此，土壤水分以控制在中等水分（10%～15%）为好。

表7-4 不同温度和处理时间下的发芽率[1]　　　　　　　　　单位：%

处理温度 （℃）	处理时间（d）				
	CK	3	6	9	12
15～17	94.6	92.3	91.8	91.5	92.0
10～12	92.7	93.6	87.8	85.6	82.1
4～5	97.9	72.3	37.3	30.1	11.9
0～-2	94.9	84.4	83.4	42.4	37.8

（5）播后—苗前冷害的防控　①秋耕冬灌。秋耕深度25～30 cm，将表层病菌和病残体翻入土壤深层使其腐烂分解，以减少表层土壤的病原。冬灌不仅可为病残体的腐烂分解提供适宜的水分，还可为次年的整地、播种和种子发芽、出苗提供适宜的水分，提高出苗率。②选用早熟耐低温品种，精选饱满、发芽率高、发芽势强的种子。③种子包衣。用杀菌剂、抗寒剂拌种或用含有杀菌剂的种衣剂包衣，常用的种衣剂有福多甲，拌种剂有多菌灵、拌种双等。④科学确定播种期。根据中长期天气预报，适时播种。一是选在冷尾暖头，二是膜下5 cm地温连续3d在12℃以上时播种，使种子发芽至下胚轴生长时期避开低温天气。⑤采用双膜覆盖技术。在春季低温多雨的棉区采用双膜覆盖技术。⑥补种或重播。已受害的棉田，根据受害程度及时重播（烂种、死苗面积＞40%）或人工（机械）补种。重播棉苗易旺长，应适时化调，防止棉苗旺长。

2. 苗期冷害的诊断与防救

（1）苗期冷害对棉花生产的影响　苗期冷害轻则造成叶片受伤，影响叶片的光合功能，进而延缓棉株的生育进程，削弱棉株的营养生长；重则造成部分或全田棉苗死亡，导致补种或重播。

（2）棉田苗期冷害诊断　①子叶期冻害。陈冠文等研究子叶期冻伤的棉苗，表现为子叶正面呈银白斑块，以后渐变为暗红或朱红色斑[18]。梅拥军等[19]对受冷害后存活的棉苗进行调查的结果表明，随着子叶受冷害程度的加重，棉苗出现第一片真叶的频率显著增大，说明子叶损伤可能有利于真叶的出现；一片子叶完好或受伤很轻，另一片子叶受伤严重的棉苗不但第一片真叶的出现速度加快，而且能最大程度地促进真叶干物质的累积，有利于促苗早发。①1～2片真叶期冻害。冻害的形态诊断。真叶分化后至快速生长期冻伤较轻的棉苗，表现真叶皱缩不平；出现黄色不规则斑点或条纹，有的叶片背面出现分布均匀的针孔状小洞，但不穿透叶面；有的叶肉淡绿，叶脉发黄，叶缘上卷、凹曲成勺状。冻伤严重的棉苗，叶片很快枯萎脱落，茎变黑，棉苗死亡。②冻害的温度指标。研究表明，棉苗子叶期叶面温度在 –4.1℃条件下，棉苗全部死亡；1片真叶期，在 –2℃条件下大量死亡，–2.7℃全部死亡；2片真叶期，在 –1.8℃时全部死亡。

实践表明，在田间湿润条件下，二叶龄棉苗在 –1.8℃时，全部死亡；而在干旱条件下，–3.2℃时，仅死亡56.3%。因此，霜前有降雨的天气过程时，同样低温的情况下，冻害会明显加重。

研究还指出，膜下播种（先播种后覆膜）的棉苗，出苗前后抗霜能力弱，受冷害往往比较严重。一般气温降到2℃时，地面温度最低为 –1～ –2℃时为临界霜冻指数。而膜上点播（先覆膜后播种）棉苗，当气温降到 –1℃，地面温度降到 –4℃时，棉苗才受到霜冻为害。棉花的花芽分化期冷害。陈冠文等[20]研究，棉花的果枝分化要求的最低温度为19℃，而叶枝分化要求的温度较低。所以，当花芽分化期遇到低于19℃的温度时，花芽就会分化成叶枝，即在本应出现果枝的主茎叶位上，出现叶枝。但是，不同棉区所培育的品种花芽分化对温度的要求略有不同，出现花芽分化期冷害的温度指标也略有不同。如2000年5月13日，南疆29团遇到19.4℃的低温（此为百叶箱内温度，地面温度应低于19℃），同一条田同日播种的"军棉一号"（新疆培育）和"冀棉20"（河北培育）的表现不同："军棉一号"未出现果枝异常，而"冀棉20"在果枝始节以上的叶位出现4%～4.7%的叶枝（表7–5）。

表7–5　果枝分化异常情况调查结果

棉田号	品种	棉种期（月／日）	果枝分化异常率（%）	异常果枝叶位	果枝始节叶位
西5–1	军棉1号	4/5	0.0		
	冀棉20		4.7	7.1	5.9
羊圈南西7–10	军棉1号	4/8	0.0		
	冀棉20		4.0	6.8	5.7

（3）苗期冷害的防救措施　①选用早熟、耐低温品种。②根据中长期天气预报，针对不同的气候年型，科学确定播种期。一般不能早于终霜前 7 ～ 10 d 播种。③采用增温的塑膜覆盖栽培。④选用杀菌剂、抗寒剂拌种或用种衣剂包衣等技术处理种子。⑤及时放苗炼苗。棉苗的抗冻能力与棉苗的适应锻炼有关。出土顶膜未放的棉苗抗冻能力最低，若当天晚上出现 −0.5℃的低温持续 2 h，可致幼苗死亡；放苗后经过 1 d 以上的自然环境适应锻炼的棉花幼苗可忍耐 −3.9℃的低温 2h，死亡率只有 1% ～ 2%。因此，霜冻来临前 1 d，及时组织人工放出子叶已顶在膜下的棉苗并用土封孔，可增强抗冷性。⑥点火熏烟。在春季天气骤冷时，要注意天气预报，做好防冷害准备，在棉田四周堆放干草树枝，在夜间气温降到0℃前 1 ～ 2 h 点火熏烟，直到第 2d 地温上升时为止。⑦补种或重播。已受害的棉田，根据受害程度及时重播（烂种、死苗面积 > 40%）或人工（机械）补种。重播棉苗易旺长，应适时化调，防止棉苗旺长。补种棉田应加强田间管理，充分发挥单株生产潜力；合理多留双株，多留 1 ～ 2 个果枝，促使棉花单株结铃数和铃重都有所增加，减轻产量损失。

3．秋季早霜冻害的诊断与防救

（1）秋季早霜对棉花生产的影响　秋季霜冻是指因 0℃以下短暂低温造成棉株上部叶片大量死亡的现象。秋季早霜冻对棉花产量和品质的影响很大，轻则造成中上部叶片早枯，使中上部棉铃的铃重减轻，霜后花增多，棉花产量和纤维品质受到一定程度的影响；重则造成棉株全株枯死，严重减产，霜后花大幅度增加。

（2）形态诊断　棉花生育后期遭到冻害，嫩枝、新叶弯曲变形，重者枝叶凋枯，生长停滞，棉铃不能正常发育和成熟，俗称"水桃子"。

（3）防救措施　①根据当地气候条件，选择熟期适宜的品种。②根据中长期天气预报，9 月气温偏低的年份，铃期要适当控制灌水量，控氮补钾，防贪青晚熟。③中后期及时控制旺长，改善通风透光条件；已旺长的棉田，要及时打群尖、去空枝，改善田间的通风透光条件。④秋季适时停水防贪青。一般棉田在 8 月 20 日前后停水；沙土和早衰棉田推迟停水；黏土和贪青晚熟棉田提早停水。

4．延迟型冷害的诊断与防救

新疆棉区属西北内陆早熟棉区，延迟型冷害常常造成棉花不同程度的减产。但因延迟型冷害对棉株的为害具有隐蔽性、长期性和滞后性而常常被人们忽视。

（1）延迟型冷害的特点及对棉花生产的影响　延迟型冷害是在棉花某一生育

阶段内,某一时段的气温低于该时段正常年份的气温,从而使棉花的正常生育进程推迟,最终导致减产或纤维品质下降的气象灾害。李新建等研究[21],延迟型冷害具有 3 个特点:一是伤害的隐蔽性,即棉株形态上没有明显的伤害表现,容易被人们忽视;二是作用的长期性,即低温对棉花的影响不是短暂的 1 ~ 2d,而是通过较长的时间的低温效应;三是影响的滞后性,即它对棉花的影响不是很快表现,是在一段时间甚至最后才表现出来。因此,它对棉花生产的影响主要表现为生长发育推迟,产量降低,品质变差。

(2)延迟型冷害诊断 延迟型冷害没有明显的冷害症状,但棉株的生育进程明显延迟,棉铃发育减慢,单铃重降低。

(3)防救措施 ①选用对本棉区异常热量条件具有较强适应性的早熟品种。②根据当年气象的长期预报,确定可行的栽培技术,苗蕾期低温,增加中耕次数,适当推迟头水。花铃期低温,在不受旱的情况下,适当减少灌水次数,提早灌最后一水,比正常年份早打顶,早整枝,控制氮肥量防旺长,必要时,采用化学催熟技术。

二、冰雹灾害的分级与救治

1.冰雹灾害分级

雹灾有明显的地域性和突发性。新疆棉区棉花生长发育的各个时期都可能发生雹灾,且发生的频率较高,常常给棉花生产造成巨大损失。不同生育期雹灾为害的器官和程度不同,调查时,分级的标准也不同。

(1)苗期雹灾 苗期雹灾后叶片撕裂破碎,子叶节有黄褐色伤斑或折断,生长点被打伤或被打断。陈冠文等根据叶片和主茎(含子叶节)受伤程度将苗期雹灾分为 4 级:1 级(叶片基本完好,主茎受伤很轻);2 级(叶片部分破碎或脱落,主茎(含子叶节)上有明显的伤点);3 级(子叶基本脱落,真叶叶尖或叶缘萎缩,主茎(含子叶节)上伤点较深,表皮有轻度皱缩);4 级(子叶节折断或多处受伤,伤口处干皱凹陷,真叶青枯)。

不同苗情恢复生长的效果不同:1 级棉苗受伤轻,恢复生长快,减产少。2 级棉苗与重播苗产量相当但霜前花比例较重播苗高。

(2)蕾期雹灾 陈冠文研究[22],蕾期雹灾后叶片撕裂破碎,叶、蕾脱落,形成"光秆",茎枝折断严重的断头率达80% ~ 100%。蕾期雹灾可分为 2 级:1 级(部分主茎被打断,叶片被打破,但果枝和蕾保留较多且较完好的棉田);2

级（大部分棉株被打成"光秆"，形成绝产或严重减产）。

（3）花铃期雹灾 花铃期雹灾主要发生在6月底至8月中旬。按受害程度它可以分为3个类型：①光秆绝收型。棉花植株主茎及果枝全部被打断，仅剩少量花蕾，产量损失在90%以上的棉田。②严重损伤型。棉花植株主茎断头率为30%～50%，果枝、蕾铃损失为50%以下，大多数叶片被打破，少量脱落，产量损失为30%～40%的棉田。③较轻损伤型。棉花植株主茎断头率10%以下，少数果枝打断，叶片被打破，蕾、铃保留较多，铃面有一定数量伤点或伤斑，个别铃被打裂的棉田。

2.冰雹灾害的防救

（1）苗期冰雹灾害的救治措施 ①抢时重播或补种。棉花苗期雹灾为害达到3～4级的棉苗比例大于80%的棉田，要及时排水散墒，抢时重播；雹灾为害达到3～4级的棉苗比例达到50%～80%，及时逐行错行补种；雹灾为害达到3～4级的棉苗比例达到30%～50%，及时隔行补种；雹灾为害达到3～4级的棉苗比例达到小于30%，及时零星补种。②水、肥管理。棉花在受灾后比正常棉田管理难度大，既要加强肥水管理，同时又要防止大水大肥导致棉花旺长。一般在棉花受灾后喷施叶面肥＋尿素（100g/亩）1～3次，让棉株尽快恢复生长，多发新枝嫩叶。棉株现蕾后要注意"稳氮控水"，增加钾肥投入，适当推迟灌头水，灌水量以正常棉田的50%～60%为宜。雹灾后的旺、壮苗棉田，应推迟到见花前后再酌情浇头水，以促进营养生长向生殖生长转化。③及时整枝。受雹灾棉花大多数形成多头棉，枝、叶茂密，若不及时整枝，会影响棉田的通风透光，结的铃少、铃小。所以，棉花现蕾后要及时整枝，有主茎的保留主茎，无主茎的视侧枝蕾、花数保留2～3个侧枝，其余的去除，剪去空枝，抹除赘芽。当果枝达到6～8苔时，及时打顶，并整去伸向大行中间的群尖，以保证大行通风透光。④加强化控。这是雹灾棉田管理的关键。棉花恢复生长后第一次化调，亩用缩节胺0.3～0.5g，7～10d后，第二次亩用缩节胺0.8～1.2g，可有效控制赘芽的发生和侧枝的伸长，促进棉株早现蕾、多现蕾、现大蕾。6～7叶期，亩用缩节胺1.5～2g。打顶后5～7d，亩用缩节胺7～10g；隔5～7d，亩用缩节胺6～8g再化调1次。⑤及时防治病虫害。受灾后的棉田棉花枝叶幼嫩，较容易发生病虫害。因此，要加强棉蚜和棉铃虫等害虫的监测和调查工作。在防治上坚持以生物防治、农业防治和物理防治为主，以化学防治为辅的原则，有效保护和利用好天敌，把棉铃虫为害控制到最小程度。

（2）蕾期雹灾救治措施　①1级受灾棉田的管理，及时排水，中耕散墒，促根系生长；适当早灌头水、早追肥。断头株新发枝条现蕾后，施用叶面肥（尿素200 g/亩＋磷酸二氢钾150 g/亩），加快花蕾的发育；因地、因苗"早、勤、偏重化调"。受灾后恢复生长的棉花，结铃晚、结铃期短，晚桃偏多的棉田，吐絮期可用40％乙烯利叶面喷施催熟；及时整枝。断头株根据新枝发生情况，主茎仅断头的，以保留现有果枝为主，充分利用其第二果节成铃来弥补果枝苔数的不足；主茎折断位较低的，每株留2～3条新发枝（雹灾发生早的保留2条，雹灾发生晚的保留3条）。留枝原则是去上留下，去小留大，去新留老。整枝时间从新枝条3叶期开始。适时打顶、去群尖。新枝条开花3～4朵时开始打顶，根据苗情适时打群尖。加强病虫害的综合防治。②2级受灾棉田。南疆棉区可重播特早熟棉花品种。其他棉区，改播其他作物，如复播玉米、饲料玉米、早熟油葵和黄豆等。

（3）花铃期雹灾救治措施　①光秆绝收型棉田，根据热量资源情况改播其他作物，如复播早熟饲料玉米、油葵（翻压绿肥）和大豆等。②严重损伤型和较轻损伤型棉田，雹灾后及时排水、中耕，及时喷施广谱型杀菌剂（如多菌灵等）和叶面肥，保铃护叶。追施适量的氮肥和磷、钾肥，防止受伤叶片脱水干枯，加快棉株恢复生长。加强病虫害防治，保证现有蕾、铃正常发育。加强整枝和水控，防治"二次生长"。秋季停水应早于正常棉田。晚发晚熟棉田，合理施用催熟剂；机采棉田的化学脱叶时间应安排在正常棉田之后。

3. 人工防雹措施

（1）根据棉区冰雹云发生规律，研究制定相应的防雹减灾措施，提高人工防雹作业效果。

（2）作业时，先火箭，后高炮，形成射程远近、射高长短搭配，催化、爆炸交叉影响的作业形式对发展中的中强单体冰雹云，以火箭作业为主，高炮作业为辅；对发展中的传播冰雹云和点源冰雹云及复合多单体冰雹云，火箭、高炮要根据情况配合作业；对发展较强的云体采用火箭作业或火箭和高炮联合作业；对较弱的云体采用高炮作业，防止冰雹云合并加强造成对下游的威胁；对已发展成熟的冰雹云，采用高炮进行区域联防作业，利用地理优势，人为改变冰雹的自然落区，缩小降雹面积，减少受灾程度。

三、干旱的危害和防御

1. 干旱对棉花的影响

干旱胁迫下棉花地上部营养体变小、营养吸收前中期比例大、发育提早。干旱胁迫使绿叶面积、叶日积量减少、光合速率降低，导致光合物质生产能力下降，进而影响产量形成。盛蕾期、初花期是棉株营养生长旺盛时期，缺水对棉营养生长影响最大，受旱减产的主要原因是单株成铃数减少。盛铃期、始絮期干旱胁迫则加速棉叶衰老，叶片功能期缩短，从而减少了光合产物供应，受旱减产主要是铃重下降所致。

2. 干旱灾害的防救

（1）防御干旱灾害的根本措施　①加强农田水利基本建设。②坚持施用有机肥，提高土壤蓄水、保水能力。③旱灾频发的棉区，选用抗旱性强的品种。

（2）春旱的预防方法　①南疆用秋灌的办法，减轻春灌用水紧张的矛盾；早春及时整地铺膜保墒，当温度升到播种要求时再播种。②北疆的机采棉区，机采后棉田及时翻耕整地保墒。③未冬、春灌的滴灌棉田，春播后及时安装滴灌管道，尽早滴出苗水。④常规畦灌棉田，灌水后及时浅中耕保墒，防止棉花受旱。

（3）夏旱的防御　目前较好的办法是使用抗旱剂，如用叶面喷施"旱地龙"等抗旱剂，减少棉株的蒸腾量，促进棉花根系发育，以减轻棉花的受旱程度和旱情对产量的影响。

四、风沙灾害的防御与救治

风灾是新疆棉区的重要气象灾害之一。李茂春等[23]研究认为，新疆棉区被大面积的沙漠包围，每年4—5月常出现风沙天气，风力可达8～10级，持续时间一般在0.5～2d，大风常常裹着细沙将棉叶打得千疮百孔，将茎秆打得伤痕累累或将生长点打断，把棉田地膜和滴管带吹起。风灾主要发生在春季和夏季。春季风害属于低温风沙害类型，对棉花生产威胁很大。夏秋季的风害属于高温干旱的干热风类型，它可使植株体内的水分快速蒸发，导致棉花枯死。

1. 风沙对棉花的影响

（1）春季风沙害　对棉苗的影响。根据陈冠文等[24]对库尔勒棉区1995年5月17日风灾的系统调查：受灾较轻的棉株，生长会受到一定的抑制，一般在受灾后3d左右开始恢复生长，7d左右恢复正常生长。但随着受灾程度的加重，

恢复越慢，恢复的质量也越差。受灾较重的棉株，灾后1周内部分棉株可能出现恢复生长的迹象，但1周后仍会陆续死亡（表7-6）。

表7-6　风沙的为害

风害级别	0	1	2	3	4
风害后3 d	生长正常	开始恢复生长	部分生长点开始恢复生长	无恢复表现	无恢复表现
风害后15 d	生长正常，新生叶3.4片	生长正常，新生叶2.3片	死亡1株，新生叶3.5片	全部死亡	全部死亡

注：风害时间：1995年5月17日，风害后3d调查结果。

对棉花生育期的影响。调查结果（表7-7）表明，棉花遭受风害后，现蕾期、开花期比正常年份晚5～6 d，受害程度越重，现蕾、开花期越晚。而补种的棉花生育期更晚。

表7-7　各级风害对棉株的现蕾、开花期的影响　　　　单位：月/日

风害级别	0	1	2	补种	正常年份
现蕾期	6/4	6/7	6/9	6/24	5/29
开花期	7/4	7/9	7/13	7/27	6/28

对棉花产量和纤维品质的影响。陈冠文等[24]研究认为，风害对棉花产量和纤维品质有明显的影响，从表7-8可以看出，随风害程度的加重，对棉花产量和纤维品质的影响越大（其中的0级棉株因靠近林带，生长较差，因此反而不如1级棉株）。

表7-8　风害对棉铃性状和纤维品质的影响

风害级别	单株铃数（个）	单铃重（g）	衣分（%）	单株皮棉（g）	籽棉绒长（mm）	比强度（g/tex）	马克隆值	霜前花（%）
0	5.4	4.9	34.5	9.13	31.2	21.7	4.4	92.6
1	5.7	5.4	34.8	10.71	29.7	22.0	4.3	89.5
2	5.0	5.3	32.9	8.72	31.6	19.1	4.4	86.0
补种	3.9	4.5	31.2	5.48	29.4	19.8	4.1	66.7

（2）夏秋季的干热风害　"干热风"亦称"干旱风"。由于干热风温度高、湿度小，使棉株的蒸腾呕速增大，体内水分快速散失，导致棉花枯死，对棉花生产影响很大。

2.风沙的防御与救治

（1）春季风沙害防救措施　①灾后及时调查灾情，针对灾情制定救灾措施。苗期受灾的棉田死苗率在 > 50%，且能在现蕾期之前完成重播的棉田或地段，应考虑用超宽膜重播原品种或改播早熟品种；棉苗死亡 20% ～ 50% 的棉田，进行机械隔行补种；棉苗死亡 10% ～ 20% 的棉田，进行人工零星补种；地膜被严重吹破的可揭膜重播，不严重的可人工补膜播种。播后立即滴水补墒。蕾期及其以后受灾棉田死苗率在 50% 以上的棉出，应考虑改播其他生育期较短的作物；死苗率在 20% ～ 50% 的棉田或地段，应加强水肥管理和整枝工作，促进灾后新生枝早现蕾，早开花。死苗率在 < 20% 的棉田，及时加强管理，提高单株产量。②中耕增温促早发。遭受风灾的棉田，地温低，所以风停后，应及时中耕，以提高地温。黏土地应中耕两次，中耕深度 14 ～ 16 cm。③加强肥水管理。灌水方面，早灌头水，促棉苗早发，尽快搭起丰产架子。灌水的原则是适当减少灌水量，增加灌水次数。到 8 月上旬，适当控水，从而加快棉株生殖生长，增加铃重。施肥方面，受灾棉田由于前期生长量不够，要以促为主。前期施肥要以氮肥为主；后期以多元复混肥或磷钾肥为主。施肥方法应采取少量多次，同时叶面追肥 3 ～ 4 次，4 ～ 5 叶期，亩用赤霉素 20 mg/kg 浓度的溶液 40 kg 加磷酸二氢钾 100g 喷施；现蕾期和盛花期，分别亩用尿素 150 g 加 100 g 磷酸二铵喷施各喷施 1 次。有脱肥趋势的棉田，要结合灌水补施尿素 5 kg/ 亩，防止出现早衰。④合理化控。在合理的肥水运筹情况下，及时进行化控十分重要，受灾棉花在头水后 3 ～ 5 d 进行 1 次化控，用量视棉苗的长势而定，一般亩用缩节胺 0.5 ～ 1 g，第 2 水前用缩节胺 1.5 ～ 2 g，打顶后 7 d 和 15 d 亩用缩节胺 6 ～ 8 g，各控 1 次。切忌有"一水、二水前后旺长不化控让其多长、快长"的想法。⑤及时整枝、打顶、打群尖。受灾棉田打顶工作与正常棉田的打项时间同步进行，不能人为推迟打顶时间，发育快的棉田还可提早一点，坚持时到不等枝，只有 5 ～ 6 苔果枝，也要坚持及时打顶，一般在 7 月 5—10 日打顶结束。打顶后，应及时对叶枝进行打群尖，避免无效花蕾的滋生，影响棉花早开花、结铃。⑥综合植保。受灾棉花枝叶偏嫩，易发生虫害，要及时进行虫情的调查，特别要加强二代棉铃虫的防治。8 月下旬至 9 月上旬棉铃虫的防治工作，要以诱集带诱杀成虫为中心。对棉铃虫超标的棉田，

可用对天敌杀伤性小的赛丹 120 g/亩喷雾，以有效保护天敌，控制棉蚜的为害。

（2）夏秋季干热风害的防御措施　阿布力孜等[25]研究提出了以下干热风害的防御措施。①建设农田防护林网，改善农区生态环境。②施肥。高温期间肥料按少量多施的原则进行，一般每次追尿素 45～75 kg/hm²，肥料过多易加剧高温和干热风的为害。③灌水降温。干热风来临前，适时灌水改善田间小气候。降低棉田群体内的温度。也可采用喷灌或喷雾器，将水直接喷洒在棉花茎叶部位。高温期间，滴灌棉田采用"少量多次"方法，沟灌棉田采用灌"跑马水"的方法，可将干热风对棉花所造成的为害降低到最低程度。④化学防御措施。试验证明，花铃期叶面喷施 0.2%～0.4%的磷酸二氢钾 2 250～3 000 kg/hm² 水溶液，每 7 d 喷施 1 次。连续喷施 2～3 次，可提高棉花对干热风的防御能力。⑤防治棉花虫害。棉叶螨大发生的棉田可选用阿维菌素、呢嗪朗、双甲脒等进行防治。

五、雨害的防御与救治

1.雨害对棉花生长发育的影响

（1）春季雨害　棉花播种后至苗期遇到降雨，常常给出苗和棉苗生长造成一定的影响。出苗前降雨，播种孔上形成盐壳或形成圆柱形土疙瘩，阻止棉苗出土，影响全苗；子叶—二叶期降雨，也会在棉苗的幼茎周围形成包围幼茎的盐壳或土疙瘩，导致棉苗出现盐害或形成"掐脖子"苗，使棉苗生长受阻或死亡。

（2）秋季雨害　陈冠文等[26]研究表明，新疆棉区秋季连续降雨之后，常常在降雨区内出现大面积红叶早衰。其主要特征是，连续降雨 2～3 d 后，棉株上部叶片变灰绿色或出现水渍状斑块；4 d 左右，叶片正面出现不规则的片状浅红色斑块（但叶片背面仍为绿色）；以后红色斑块逐渐扩大，红色加深；10 d 后，叶背边缘也开始出现红色；最后变褐、干枯、脱落。受灾重的棉田，远看呈黑褐色。与此同时，上部的蕾开始脱落，幼铃变褐色，后亦脱落。大铃的铃壳变红。在低洼地段还会造成根系组织坏死，叶片青枯。

2.雨害防御和救治

（1）春季雨害　①推广双膜覆盖技术，双膜覆盖技术不仅增温效果好；而且揭膜前有良好的防雨效果，可防止播种孔穴返盐。②控制覆土厚度，播种时，膜上覆土厚度要求控制在 0.5～1 cm。③中耕除草，出苗期，雨后及时破碱壳、破"瓶塞"。破碱壳的工具可以自已制作，或推自行车碾压。苗期，雨后及时中耕松土，破除板结，清除杂草。④及时分类追肥。未现蕾的棉田以氮肥为主，促棉苗快速转化升级；缺硼棉田，及时喷施硼肥（如0.2%速乐硼2~3次）；进入盛蕾期的棉田，以氮肥为主，配合适量的磷、钾肥。⑤防虫害。雨后用2%甲氨基阿维菌素苯甲酸盐或5%氟虫腈悬浮剂防治盲蝽象。

（2）秋季雨害　①平整土地。修好排灌系统，做到久雨能排，久旱可灌，保持土壤中适宜的含水量，以保证棉花根系正常生长，在暴雨或连阴雨后，要及时排水防涝。②深中耕，高培土。促进棉花多发根，向下扎根，提高棉株根系的吸收能力。同时还可加快雨后排水，防止积水。③初花期重施花铃肥，保证后期不脱肥。④根外追肥。连续降雨后，及时进行根外追肥，促进棉花生理功能的恢复。⑤中耕，整枝，散墒。群体较小的棉田，雨后及时中耕，散墒；群体较大的棉田，雨后及时整枝，加快田间水分蒸发。

六、秋季高温的危害与防救

棉花虽然是喜温作物，但当气温高于35℃以上时，棉花生长也会受到抑制，甚至带来为害，使棉叶凋萎、花粉干缩和蕾铃脱落。

1. 秋季高温对棉花生产的影响

（1）对棉花开花成铃的影响　前人研究结果，棉花开花结铃期，在持续高温天气下，出现花药不开裂，不散粉，生活力低和花粉粒败育等生殖障碍，导致花而不实。

（2）对产量的影响　李保成等的调查表明[27]，花铃期高温可能导致每株棉株比正常年份少1.5~2个铃，估计减产幅度可能达到10%~20%。

（3）对棉纤维品质的影响　①缩短纤维伸长期，使棉纤维长度变短。②高温期内的昼夜温差大，可能使棉纤维强力和马克隆值偏高。③高温期后，有的棉株可能在其上部和外围结铃，但这些棉铃由于开花较晚（都属秋桃），纤维品质都会比中、下部内围铃的品质差，也将影响棉纤维的整体品质。

2. 减灾措施

（1）根据中长期天气预报，及早做好防灾减灾预案。

（2）采用群体补偿力强的种植方式，如76 cm等行距方式。

（3）调控好合理的群体。预报7月出现高温灾害的年份，应适当增加花铃期的氮肥量；减少化调次数及用量；补偿力差的品种适当推迟打顶期。

（4）高温期间，缩短灌溉周期（≤7 d），采用少量多次的灌溉方案是减灾的主要措施。

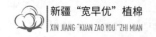

3.灾后棉田管理的建议

（1）受灾后"二次生长"较严重和贪青晚熟的棉田，应控水控氮，增加磷、钾肥；组织人工抹赘芽。

（2）机采棉田的化学脱叶技术　①以中下部大铃为主的棉田，适当提早喷施脱叶剂。②高温后结小铃较多的棉田，采用两次化学脱叶，第一次采用吊杆上喷方式，用脱叶剂脱去中下部叶片；第二次，采用顶喷的方式，用脱叶剂加催熟剂脱去上部叶片。③后期青枝绿叶的棉田，适当加大脱叶剂用量。

第八节　机械化采收技术

新疆棉区推广机采棉意义重大，喻树迅等以新疆生产建设兵团为例[28]，植棉区地势平坦，条田面积大，单台采棉机日采收进度可达 10 ～ 13.33 hm²，高峰期 1 台采棉机日采籽棉超过 80 t，相当于 1 000 个拾花工的劳动量，机械化作业效率优势明显，可大幅提升棉花采收效率，缩短采收周期。综合计算脱叶、采收、清理加工、设备折旧、维护修理等机械化作业各个环节的费用和人工费，机采棉每公顷平均成本约 5 925 元，与人工采棉每公顷平均成本 11 250 元相比，可节省 5 325 元，而且所采棉花综合质量指标可达到国家现行棉花标准的 2 级水平。

2018 年中国农业科学院棉花研究所首次制定了 DBN6523/T 232—2018《"宽早优"机采棉生产技术规程》和 DBN6523/T 231—2018《"宽早优"机采棉优质化生产技术规程》，为提高机采效果和质量提供技术支持。机械化采收技术标准化主要包括以下内容。

一、采收适期

根据棉株的生育进程，当棉株自然吐絮率40%以上、上部棉铃铃期45 d以上，且喷药时日平均气温在18℃以上、喷药后5 ～ 7 d的日平均气温不小于16℃，夜间最低温度不小于12℃时，选择适宜的脱叶催熟剂，喷透、喷匀棉株。

当脱叶催熟适期喷药后 20 d 左右，脱叶率达到 ≥ 95%，吐絮率 ≥ 95%，籽棉自然含水率符合机采标准（< 10%）时进行机械采收。机械进地具体时间以早晚避开露水为宜，一般在 10—24 时进行。

为保证机采的适宜期，可根据采棉机的作业能力和进程，在品种选择、播种期上适当搭配，以延长机械采收的适宜时间。

二、机械化采收及打模运输设备的田间管理

1. 采棉机有关田间管理

（1）棉田要求　①棉田的棉花种植模式要根据采棉机的采收模式进行种植；地面较平坦，最好使用激光平地机平整土地；棉田地面应保证没有沟渠，大的田埂，要将无法清除的障碍物处作出明显的标记。②采收前需对棉花进行化学脱叶催熟处理，并达到脱叶催熟标准，棉株上应无塑料残物、化纤残条等杂物。③棉株的适宜高度 60 ～ 80 cm，棉株最下部棉铃距地面 15 ～ 18 cm 以上。④棉株直立不倒伏。⑤设立采棉机转弯带，避免机车碾压棉株。

（2）消防和安全要求　①严禁在采棉机驾驶室内吸烟、采棉机的采摘头上站人或坐人，高压线下严禁装卸棉花。②作业时消防水车要及时跟随，同时要经常检查消防水泵等消防设备，田间地头要配备灭火器，确保采棉机正常工作。③对相关人员进行安全知识培训，作业期间和棉田严禁吸烟。④晚间检查调整和排除故障时严禁用明火照明。

（3）采棉机自身要求　①采棉机必须报户挂牌，参加保险，各安全标志标在明显处。②在保证高采净率同时，要将压茎板间隔调整适当，减少磨损和打火。③非驾驶人员不得随意上采棉机。④棉箱升起时与高压线应有足够的安全距离。

2. 棉花打模过程中的田间管理

（1）打模场地要求　①方便作业，地势平坦，便于安全防护。②地面结实，利于打模机反复踩实。③留有足够的机车运输、转弯的距离。

（2）棉模要求　①保证棉模较高的压实度。②棉模呈南北方向放置，有利于防水和防风，棉模之间要留出通风通道，同时保证消防设施齐全。③建立棉模档案，记录棉农信息、棉花品种、采摘打模日期、回潮率、含杂等信息。④棉模的温度要勤检查，根据时间先后和温度高低合理安排加工的棉模。防止棉模内部温度升高，当温度超过 20℃时立刻轧花。⑤棉模裹紧罩布，形成完整的罩盖。

三、"宽早优" 机采棉品种标准

棉花机械化采收是全程机械化的重要内容，也是新疆规模化植棉、节本增效的关键环节。采棉机是结构较复杂、技术含量高的农业机械，对作业对象——棉株有着相应的技术要求，品种不配套，将影响机采效果和质量。据此，明确"宽早优" 机采棉品种标准，可使优良品种与"宽早优" 模式、采棉机性能相协

调，最大限度发挥整体效能；可促进"宽早优"机采棉花新品种培育，即加速培育适合"宽早优"机采棉花品种，实现机采品种标准化，促进良种推广；农艺农机结合有利于机械化采收的技术推广；有利于完善"宽早优"机采棉花的规范化、标准化体系；通过"宽早优"机采技术水平的提高，促进全程机械化乃至棉花产业的可持续发展。"宽早优"机采棉品种标准主要包括以下内容。

1.品种长势

品种生长势强，具有充分利用地力和"宽早优"模式的潜力；以杂交种或杂交种二代或类似的常规品种为宜。

2.纤维品质

品种的纤维长度加工损伤后可满足用棉要求，其品质值应大于或等于品质目标值与损伤值之和（现行加工技术和工艺流程使棉纤维长度损失 1 mm，纤维比强度至少损失 1 cN/tex，纤维整齐度指数损失 2～3 个百分点）。为保证机采棉品质，一般上半部纤维长度 ≥ 31 mm，断裂比强度 ≥ 30 cN/tex，马克隆值 3.5～4.5，整齐度指数 ≥ 85%；籽棉衣分 ≥ 40%。

3.丰产稳产性

棉株生长势强，且早熟、不早衰；个体健壮，可充分利用"宽早优"营造的环境条件；年度间高产（皮棉 2 250 kg/hm² 以上）且稳定，除重大灾害外均能实现预期产量目标。

4.株型特征

（1）株型　不过于松散又不过于紧凑，为相对紧凑的Ⅱ式果枝、果枝节间长度 7～10 cm 为宜；结合肥水和化控，大田株型达到"相对紧凑"标准。

（2）株高　滴灌棉花株高 80～100 cm。

（3）果枝始节高度　吐絮铃果枝始节高度 20 cm 以上。

（4）叶型　叶片硬朗上举，叶片的大小和厚度适中，叶片表面绒毛少等。

（5）群体特性　适宜 76 cm 等行距"宽早优"模式，滴灌高产棉田理论种植密度 146 000～187 800 株/hm²（以收获株数 85% 计为 124 100～159 630 株/hm²），最适最大叶面积指数（LAI）为 4.2～4.5。

5.早熟性

（1）生育期　较手工采收常规品种平均缩短 15 d 左右；要求特早熟 110 d，早熟 120 d，早中熟 125 d 以内，并在同一机械化采收区对不同熟性棉花品种合理布局和搭配，以便于依次采收。

（2）吐絮要求　最佳结铃期结铃 90% 以上，吐絮快而集中，平均吐絮期在 35 ～ 40 d ；含絮力中等，铃壳开裂度大小合适。

（3）脱叶催熟对早熟性要求　当适宜喷施脱叶催熟剂时（连续 7 ～ 10 d 日平均气温 20℃左右），棉株自然吐絮率在 40% 以上；脱叶催熟后 20 d 左右达到机采指标：吐絮率 95% 以上，脱叶率 95% 以上。

6. 抗性

（1）抗病虫性　具有抗当地主要病、虫害的特性，保证棉株健壮整齐，病虫为害轻。

（2）抗风性　茎秆粗壮，花铃期—吐絮期在强风（6 级风，风速 10.8 ～ 13.8 m/s）下主茎弯曲度 ≤ 29.9° ，且恢复力强。

（3）抗倒性　茎秆壮韧抗倒，倒伏的年遇率和倒伏率在 10% 以下。

（4）抗旱性　抗旱、耐旱性强，在一定水分范围内，棉株可正常生长发育。

（5）耐盐碱　在盐碱棉田，培育耐盐碱的棉花品种，中度盐碱化棉株生长发育基本正常。

（6）稳长性　在水肥正常范围内，棉株能健壮地生长发育，具有较强的早发、稳长、早熟、不早衰的特性，特别是温光高能期结铃强度高。

（7）对脱叶催熟剂敏感性　对脱叶催熟药剂较敏感，喷施后营养传递迅速，且落叶快、吐絮集中；或后期具有自然落叶的特性；脱叶催熟效果不低于 GB/T 21397—2008《棉花收获机》要求，满足采棉机作业条件。

7. 机采特性

（1）吐絮畅易采收，不卡壳；风吹、碰撞不脱絮；烂铃僵瓣少。

（2）茎枝铃壳有弹性，机采过程不断裂，含杂少。

（3）采净率 > 92%，籽棉含杂率 < 8%。

四、机采棉"集中成熟"（栽培）技术

为满足机械采收一次收获尽可能多的吐絮铃，从而提高机采效率和机采棉质量，就要求棉株从开始吐絮到吐絮结束（或吐絮 90% 时）的时间短而集中，即"集中成熟"。

1. 机采棉集中成熟指标

在充分利用前期热能资源的基础上，实现棉花早发早熟，从棉株第一个棉铃吐絮至吐絮 90% 以上的时间 30 d 左右，不超过 35 d ；当棉田自然吐絮 40% 以

新疆"宽早优"植棉
XIN JIANG "KUAN ZAO YOU" ZHI MIAN

上，日平均气温在15℃以上，经脱叶催熟后20 d左右，满足机采条件要求（脱叶率95%以上，脱絮率95%以上，籽棉含水率＜12%）。

2.集中成熟技术

（1）选用早发早熟、集中成熟的品种　生产实践证明，一般早熟品种具有早发早熟的特性；开花结铃速度快的品种，有利于集中吐絮成熟。因此选用具有该特性的品种，可为集中成熟奠定基础。

（2）打好播种基础，促进前期早发　采取秋冬蓄水、早春耙糖、足墒下种等提高地温，使早发芽、早出苗；种子精选分级、单粒穴播、浅播精盖促个体发育；适期早播、宽膜覆盖等促进前期发育。

（3）确定适宜密度，调整群体的集中开花结铃期　依据当地的温光资源和代表品种的生育进程，计算出目标产量的总铃数，以及最佳开花结铃时段达到总铃数90%以上所需要的株数，通过适宜的群体结构，实现光温的最佳时段集中开花结铃，实现集中成熟。

（4）加强花铃期管理　一是膜下滴灌、水肥耦合，给棉株的开花结铃提供充足的水肥条件；二是开展叶面喷洒硼肥、锌肥等叶面肥；三是采取以水、肥调控为主，化学调控为辅的调控措施，调节养分集中向棉铃供应；四是结合密度和温度条件，适时早打顶或化学封顶，集中养分向优质铃供应；五是搞好病虫害防治，保障棉株正常生长发育。

（5）吐絮后管理　吐絮后叶面喷肥防早衰，适时停水防旺长，促进棉铃发育；适时喷洒脱叶催熟剂，人为调节集中成熟、脱叶。

五、机采棉优质化栽培和采收

棉花机械化采收因高效、省工被大家所认同。但是，机采棉也存在不容忽视的问题。张旺峰研究认为[29]，同样条件下机采棉与手摘棉相比，一是含杂率高10%以上。二是清杂后纤维品质降低1～2级。三是减产3%～4%（采净率问题、落地棉等）。机械采收棉花存在的纤维品质变劣问题日趋突出，导致机采棉销售进度缓慢。资料显示，在新疆棉区的机采棉快速推广中，原棉品质降低问题日益突出，致使多数棉花贸易公司和纺织企业不愿经营和使用机采棉，势必严重影响新疆棉业的可持续发展。

从机械化采收角度，棉花品种、播种、栽培模式、田间管理、水肥控制、病虫害防治、生长发育的控制、化学脱叶、集中吐絮、适时机采、采收操作技术到籽棉储运、加工等，诸多环节都会影响到机采效果和质量。因此，研究制定"宽早优"机采棉优质化栽培和采收技术，无论对"宽早优"植棉的技术推广，还是对机械化采收的技术应用，均具有重要的现实和长远意义。2018年中国农业科学院棉花研究所编制、在新疆昌吉发布实施了 DBN 6523/T 231—2018《"宽早优"机采棉优质化生产技术规程》地方标准，以促进机采棉优质化技术推广。机采棉优质化生产应抓好遗传品质、生产品质和加工品质3个环节，包括以下主要内容。

1.机采棉质量标准

依照中华人民共和国国家标准 GB/T 21397—2008《棉花收获机》对采棉机作业性能指标的要求：在使用说明书规定的作业速度下，并符合规定的作业条件下，采棉机作业性能指标应符合表7-9的规定。

表7-9 采棉机作业性能指标 单位：%

项 目	指 标
采净率	≥ 93
籽棉含杂率	≤ 11
撞落棉率	≤ 2.5
籽棉含水率增加值	≤ 3

标准规定的采棉机作业条件是：棉花种植模式必须符合采棉机采收的要求，待采棉田的地表应较平坦，无沟渠、较大田埂，便于采棉机通过，无法清除的障碍物应作出明显的标记；棉花需经脱叶催熟处理，经喷洒脱叶剂的棉花采摘棉花脱叶率应在80%以上，棉桃的吐絮率应在80%以上，籽棉含水率不大于12%，棉株上应无杂物，如塑料残物、化纤残条等；棉花生长高度在65 cm以上，最低结铃离地高度应大于18 cm，不倒伏，籽棉产量在3 750 kg/hm² 以上。标准对采棉机性能等也作出了具体规定。

为了提高采棉机的采净率，降低籽棉含杂率、撞落棉率，从而提高机采棉的产量和品质，必须从栽培管理入手，创造提高采棉机作业性能的条件。

2.机采棉优质化栽培技术

（1）品种选择（决定遗传品质） 选择的品种加工后原棉纤维品质满足生产（市场）目标，应品质优良（籽清、皮清后达到预定品质目标）、适合机械采收、高产、抗病、抗倒伏、抗逆性强的早熟或特早熟棉花品种；利用现代育种技术，加快培育与机采相吻合且符合上述要求的新品种进程。种子质量符合 DBN 6523/T 233—2018《"宽早优"植棉——种子质量标准》（见本章第九节）的规定，优于 GB 4407.1—2008《经济作物种子》、NY/T 1384—2007《棉种泡沫酸脱绒、包衣技术规程》的指标，符合种子精选、粒重分级、分区播种技术要求。通过正确选择品种保证遗传品质，为生产品质（栽培环节）和加工品质（加工环节）奠定基础。

（2）宽等行种植　按照"宽早优"植棉技术要求，实行 76 cm 宽等行距种植（依据生产水平可适当调整）；采用铺管（滴灌管带）、铺膜、压膜、精量穴播、播种行覆土等一体机播种，每行 1 条滴灌带，采用膜厚 ≥ 0.01 mm，拉力、强度优于国家标准的地膜，1 膜 3 行，膜宽 2.05 m（76 cm 等行距）。

（3）减株增高　减株：高产棉田（公顷皮棉产量 2 250 ～ 3 000 kg 以上），播种密度 13.5 万～ 15 万株 /hm²，等行距 76 cm，株距 8.77 ～ 9.75 cm；一般棉田（公顷皮棉产量 1 500 ～ 2 250 kg），播种密度 13.5 万～ 18 万株 /hm²，等行距 76 cm，株距 7.31 ～ 9.75 cm；株高增至 80 ～ 90 cm，单株保留果枝 7 ～ 9 苔，最下部有效铃距地面高度不小于 18 cm。

（4）促早发早熟　①适期早播。当膜下 5 cm 地温连续 3 d 稳定通过 12℃时即可播种，正常年份在 4 月 5—20 日为宜。②播种深度。播深 1.5 cm，覆土厚度 1 ～ 1.5 cm。③提高整地和播种质量。整地质量：秋季翻耕深 30 cm 左右，施足有机肥。春耕时结合耙地清除残膜等杂物；播前施用除草剂对土壤进行封闭处理。播种前土壤达到"平（土地平整）、齐（地边整齐）、松（表土疏松）、碎（土碎无坷垃）、墒（足墒）、净（土壤干净无杂草、秸秆、残膜等杂物）"的标准。播种质量：铺膜平展紧贴地面，压膜严实，覆土适宜，采光面积 60% 以上；滴水管带每行棉花一条，播种时确保迷宫朝上，滴头朝播种行，位置准确；铺膜压膜铺设管带不错位、不移位；播行端直，深浅一致，覆土均匀，接行准确，不漏不重；播量精准，空穴率 2% 以下，单粒率 95% 以上，出苗率 90% 以上。④水分管理。干播湿出田块及时滴出苗水，6 月上中旬适时滴头水，滴灌一般间隔 7 ～ 10 d，视墒情、苗情和天气适当调整。8 月下旬至 9 月上旬停水，停水前 5 d 停肥。⑤养分供应。棉花生育期每公顷施入氮（N）240 ～ 300 kg、磷（P_2O_5）120 ～ 150 kg、钾（K_2O）180 ～ 200 kg。其中，氮肥的 20%、磷肥的 50% ～ 60% 可作基肥，其余的作追肥。根据棉花长势和土壤质地，结合滴灌耦合追施磷钾肥，初花期追施 30% ～ 40%、花铃期追施 60% ～ 70%。补施硼、锌等微量元素肥料每公顷 15 ～ 30 kg。⑥化控。花铃期采用水控与化控结合，只对点片较旺长的棉花化控，一般不进行大面积的机械喷施；打顶后 8 ～ 10 d 用缩节胺 120 ～ 225 g 喷施 1 次，之后视长势确定是否喷施第 2 次。⑦病虫防控采用农业防治、生物防治、物理防治、化学防治方法防治病虫为害，最大限度减少土壤和环境污染。化学农药防治按照 GB/T 8321—2018《农药合理使用准则》、NY/T 1276—2007《农药安全使用规范》执行。草害防控应检疫把关，严格控制检疫性杂草交互携带传播；清除田内及其田埂路旁杂草，控制繁殖扩散；高温腐肥，灭活杂草种子；结合田间中耕、开沟施肥灭除杂草；选用无污染、无残留的除草剂灭除杂草。

（5）生育期揭膜回收　宜于棉花盛蕾初花期、滴头水前采用行间地膜回收机回收地膜，控制土壤和田间残膜。并在收获前清除田间破碎地膜、废弃编织袋等，田间作业人员头戴棉布帽，严防异性纤维、其他杂物混入。

（6）脱叶催熟　选择适宜催熟脱叶剂，当日平均气温在 18℃以上（喷药时棉株自然吐絮率 40% 以上、上部棉铃铃期 45 d 以上、喷药后 5 ～ 7 d 的日平均气温不小于 15℃，夜间最低温度不小于 12℃时）喷透、喷匀棉株。

3. 机械化采收技术

（1）机采前准备　①采收前必须对驾驶人员进行严格、全面的驾驶培训，使其熟练掌握采棉机工作原理、性能以及保养、维修技术和实际操作要领。②凡是采用沟灌的棉田要把田间横埂、引渠填平，有碍于采棉机通过却不能清除的作出明显的标志。③对采棉机进行调整和全面技术保养，加足油、水、润滑油、清洗液，并配齐必要的保养和清洗工具。④配备好打模、拉运和存放籽棉的拖车和场地，规划好运棉路线预案。

（2）机械化采收作业注意事项　①机采时，采棉机行走路线要准确，要按照播种机播幅采收，严禁跨播幅采收，做到不错行、不隔行，棉行中心线应与采摘头中心线对齐。②严格控制采收作业速度。在棉株正常高度（60 ～ 80 cm）时，作业速度 5 ～ 5.5 km/h；当采收 50 cm 以下低棉株时，作业速度不能超过 3.5 km/h，若速度过快，下部棉花很容易漏采，降低采净率。③适当调整采棉工作部件。在保证采收籽棉含杂率不超过 10% 的前提下，尽量提高采净率。④及时掌握机采棉田的成熟程度，合理安排采收时间。对已成熟的棉田调集采棉机集中采收，以保证采收质量，同时形成规模优势，使采棉机发挥最佳工作效率。

（3）适时机采　当棉株吐絮率 95% 以上、脱叶率 95% 以上、籽棉自然含水

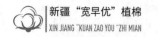
率符合机采标准时及时采收。10—24时采收。

参考文献

［1］陈冠文，邓福军，余谕.新疆苗情诊断图谱（续）［M］.乌鲁木齐：新疆科技卫生出版社，2009.

［2］中华人民共和国国家质量监督检验检局，中国国家标准化管理委员会，棉花收获机：GB/T 21397—2008［S］.北京：中国标准出版社，2008.

［3］李雪源.新疆棉花高效栽培技术［M］.北京：金盾出版社，2013.

［4］雷廷武.滴灌湿润比的解析设计［J］.水利学报，1994（1）：1-9，37.

［5］陈剑，吕新，吴志勇，等.膜下滴灌施肥装置应用与探索［J］.新疆农业科学，2010，47（2）：312-315.

［6］李富先，吕新，王海江，等.棉花膜下滴灌比例混合变量施肥系统的研发［J］.农业工程学报，2008，24（5）：115-118.

［7］王香茹，张恒恒，庞念厂，等.新疆棉区化学打顶剂的筛选研究［J］.中国棉花，2018，45（3）：7-12，31.

［8］康正华，赵强，娄善伟，等.不同化学打顶剂对棉花农艺及产量性状的影响［J］.新疆农业科学，2015，52（7）：1 200-1 208.

［9］杨成勋，姚贺盛，杨延龙，等.化学打顶对棉花冠层结构指标及产量形成的影响［J］.新疆农业科学，2015，52（7）：1 243-1 250.

［10］田笑明.新疆棉作理论与现代植棉技术［M］.北京：科学出版社，2016.

［11］潘洪生，姜玉英，王佩玲，等.新疆棉花害虫发生演替与综合防治研究进展［J］.植物保护，2018，44（5）：42-50.

［12］严昌荣，王序俭，何文清，等.新疆石河子地区棉田土壤中地膜残留研究［J］.生态学报，2008，28（7）：3 471-3 473.

［13］中国农业科学院棉花研究所.中国棉花栽培学［M］.上海：上海科学技术出版社，2019.

［14］王佳琪，徐莎莎.新疆棉田白色污染现状、问题及治理对策研究［J］.农村经济与科技，2016，27（9）：32-33.

［15］董伟伟，刘维忠，戴健.新疆棉田残膜治理措施研究［J］.农村科技，2015（1）：73.

［16］郑维，林修碧.新疆棉花生产与气象［M］.乌鲁木齐：新疆科技卫生出版社，1992.

［17］王思林.低温冷害对棉花种子影响的初步研究［J］.新疆农垦科技，1992（6）：35-36.

［18］陈冠文，邓福军，余渝.新疆棉花苗情诊断图谱［M］.乌鲁木齐：新疆科技卫生出版社，2002.

［19］梅拥军，曹新川，龚平，等.陆地棉籽叶受冷害不同程度与真叶出现的关系研究［J］.塔里木农垦大学报，2000，1（12）：1-4.

［20］陈冠文，张文东.陆地棉果枝分化异常的原因探索［J］.中国棉花，2000（9）：44.

［21］李新建，毛炜峄，杨举芳，等.以热量指数表示北疆棉区棉花延迟型冷害指标的研究［J］.棉花学报，2005，17（2）：88-93.

［22］陈冠文.各类雹灾棉田的救灾决策与灾后管理技术［J］.新疆农垦科技，2005（5）：23.

［23］李茂春，胡云喜.棉花播种出苗期风灾类型及抗灾措施［J］.新疆气象，2005（6）：28-29.

［24］陈冠文，刘奇峰.风害对棉株的影响与救灾对策［J］.中国棉花，1997（1）：28.

［25］阿布力孜，开赛尔，阿吉古丽，等.干热风对棉花生长发育的为害及对策建议［J］.农业科技通讯，2009（10）：70-71.

［26］陈冠文，李莉，祁亚琴，等.北疆棉花红叶早衰特征及其原因探讨［J］.新疆农垦科技，2007（6）：8-10.

［27］李保成，胡建国，余渝，等.高温对不同栽培措施下棉铃生长的影响［J］.绿洲农业科学与工程，2016（1）：55-60.

［28］喻树迅，周亚立，何磊.新疆兵团棉花生产机械化的发展现状及前景［J］.中国棉花，2015，42（8）：1-4，7.

［29］张旺峰，田景山，董恒义，等.新疆北疆机采棉优质高效综合栽培技术规程［J］.中国棉花，2019，46（6）：37-39.

第八章
新疆棉花产业展望

近几年，新疆无论在棉花种植面积、总产量还是单位面积产量都一直稳居全国首位，尤其是单产水平已迈入世界先进行列。未来新疆棉花产业要以提高国际市场竞争力为核心，紧紧围绕建设现代化强区为目标，以"宽早优"等先进植棉模式为载体，按照资源节约型、环境友好型、竞争稳定型的发展思路，实现新疆棉花产业的健康可持续发展。

第一节 发展瓶颈与前景

一、发展的主要瓶颈问题

近十余年来，新疆棉花生产得到长足的发展，取得了世人瞩目的成绩，与此同时，有碍于健康发展的瓶颈问题也日趋凸显，主要表现在以下方面。

1. 水资源制约

（1）水资源不足　新疆多年平均水资源总量为832亿m^3，而水资源可利用总量仅为596.8亿m^3，其中，地表水可利用量为522.2亿m^3，地下水资源可开采量为153.2亿m^3（占可利用资源总量的25.7%），而地下水可开采量与地表水可利用量的不重复量为74.55亿m^3。全疆平均产水系数为0.327，平均产水模数为$5.062 \times 10^4 m^3/km^2$，是全国产水能力最低的区域之一[1]。资料显示，新疆地表水年均径流量882.4亿m^3，其中，生态用水400亿m^3，地表可引用量482亿m^3。目前地表水引用量已达470亿m^3（地方400亿m^3，兵团70亿m^3），其中，农业用水446.5亿m^3。全疆（含兵团）总用水量已达510亿m^3（地表径流量引用470亿m^3，地下水40亿m^3），农业总用水484.5亿m^3。新疆是典型的内陆干旱生态脆弱区，气候干燥少雨，天山以北地区除伊犁河谷降水量400 mm左右外，其他大部分地区降水量 200 mm 左右；天山以南地区降水量一般在 100 mm 以下。新疆年降水量 150 mm，年蒸发量 1 500～3 000 mm，干旱指数高达 10～15，降水稀少，蒸发强烈，气候干旱。

新疆水资源空间分布极不平衡，"北多南少，西多东少"是其基本特征。以天山为界将新疆分为北疆和南疆两大部分，面积分别占新疆的 28% 和 72%，年径流量则各占约 50%。从和田地区的策勒县经巴州的焉耆线到昌吉州的奇台县划一直线可将新疆分为面积大致相当的西北和东南两部分，西北区域的地表水资源为 738 亿 m³，占新疆地表水资源量的 93%，而东南部分仅占新疆水资源总量的 7%。

在时间分布上，由于河川径流的最主要来源为山区降水和冰川融水，河川径流量年际变化幅度较小，但年内分配极不均匀，春季占年水量的 10%～20%，夏季占 50%～70%，秋季占 10%～20%，冬季占 10% 以下，春旱、夏洪、秋缺、冬枯也是水资源开发利用中面临的主要问题之一。水资源的地理分布与棉花种植集中产区配置不一致，天气原因使每年融雪型洪水来水时间不一，来水量总量分配不均、棉花集中产区的缺水问题更加突出。

（2）棉花生产对水资源消耗量大　李雪源研究指出，棉花占新疆灌溉面积的 1/3（33.8%～37.5%）。以目前新疆约 186.67 万 hm²（2 800 万亩左右）棉花面积（地方滴灌 66.67 万 hm²）、非滴灌 66.67 万 hm²，兵团 53.33 万 hm²（800 万亩）全滴灌计，以目前全疆棉田基本灌溉定额 4 125 m³/hm²、非滴灌棉田水系数 1.667 计，全疆棉花总的基本灌溉定额用水量 95.5 亿 m³。以目前全疆棉田灌溉用水定额平均 4 710 m³/hm² 计，全疆棉田总灌溉用水量 108.8 亿 m³。棉田灌溉需水 100 亿 m³，加上其他 24 亿 m³ 的洗盐、运输水，生产 350 万 t 棉花必须保障 120 亿～130 亿 m³ 的水，占农业用水总量的 24.8%～26.8%。以目前每立方水可生产出 1.07 kg 籽棉、0.43 kg 左右皮棉计，生产出 350 万 t 皮棉必须保障有 81.4 亿 m³ 的水。这些数据从不同方面说明了生产 350 万 t 棉花的用水量[2]。《新疆农牧业现代化建设规划纲要》提出，农业用水比例由目前的 95% 左右，调减到 93%，农业用水总量由目前的 484.5 亿 m³，降到 474.3 亿 m²。加之新疆必须有 400 亿 m³ 的生态用水底线，使农业用水量更加紧张。

（3）灌溉面积逐年增加　据 2013 年《新疆维吾尔自治区统计年报》，2012 年新疆（含兵团）总灌溉面积 431.17 万 /hm²，比 2011 年总灌溉面积增加 12.72 万 hm²，比 2010 年增加 284 万 hm²。资料显示，2012—2016 年的 5 年，新疆农

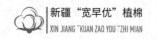

业灌溉用水占总用水量的比例依次为：93.43%、93.49%、93.48%、93.66%和93.33%，一直是九成以上。灌溉面积所占比例与水资源的总量有限性，加剧了棉花生产用水的紧张。

（4）工业等非农业用水量明显增加　随着新疆工业化、城镇化迅速发展（四大石化基地建设、纺织工业基地建设、城镇化建设），预计到2020年新疆工业需水总量将达12.92亿 m³，与2010年相比将净增6.85亿 m³，城镇化用水将净增4.16亿 m³，生态用水将净增59.32亿 m³。新疆农业节水潜力仍需要进一步挖掘，才能满足工业等非农业用水的需要。

（5）水资源浪费现象依然严重　截至2017年底，全疆高效节水灌溉面积达354.93万 hm²，其中，新疆地方高效节水灌溉面积达到238.53万 hm²，占地方总灌溉面积的48%（高效节水灌溉面积中滴灌占95.36%，喷灌占1.37%，低压管道灌占3.27%）。在节水灌溉面积中，高效节水规模占总灌溉面积的比例仍有较大节水空间。新疆农业用水比重为92.5%，灌溉水有效利用系数为0.542。北疆、东疆的渠道防渗率和高效节水面积比例均高于南疆，而农业用水比重低于南疆。南疆节水潜力较大[3]。2013年，新疆一共有511座水库，到了2016年该数量上升到了538座，其他指标像节水灌溉面积、泵站数也有一定上升。但是直至2017年新疆农业的灌溉水有效利用系数0.542，远低于以色列的0.7以上。

2.棉田土壤质量下降

目前，新疆棉田的土壤环境与20世纪80—90年代土壤环境有较大差别。新疆棉花生产规模大，植棉时间长，种植比例高，主要植棉地区棉花种植面积占耕地总面积的比例达到60%～70%，个别地区高达80%以上。至21世纪，大部分种植棉花的农田已连作15年，有的条田超过20年以上，棉花长期大面积连作现象十分普遍。21世纪以来，虽然相对棉花的单产水平和总产量总体仍保持逐年增加的趋势，但随着棉花种植年限的延长，长期连作的棉田化肥使用量大，导致土壤理化性质变差、土壤板结严重、有机质含量严重不足。据第三次土壤普查（2016年度），新疆大部分棉田土壤有机质含量较低，北疆为1.29%～1.35%，南疆仅为0.85%～0.89%，属中低水平。

棉花枯萎病、黄萎病重发，棉蓟马、盲蝽、棉叶螨等次生害虫也均成为主要害虫。

同时，残留地膜污染严重，植棉成本增加，比较优势下降等问题引发的土壤障碍逐渐显现。

因此，持续提高新疆棉田的土壤质量、保证棉花生产安全、实现绿洲农业的可持续发展，成为新疆棉花生产中迫切需要解决的重要问题之一。

3. 创新性种质匮乏、制约突破性品种选育

截至 2019 年，新疆已审定命名新陆早、新陆中系列品种分别达 99 个和 95 个。但自育品种遗传系谱中涉及不同生态型、不同遗传组分的亲本较少，表现为遗传系谱简单，品种间亲缘关系较近，遗传基础明显狭窄。李雪源研究团队（2005—2014 年）利用 SSR 标记对 94 份新疆自育陆地棉品种的基因进行分析，并与品种系谱分析相结合，研究新疆陆地棉品种的遗传多样性[3]。结果表明，94 份品种间成对遗传相似系数为 0.384 6 ～ 0.983 5，71.9% 的品种相似系数在 0.601 ～ 0.8，反映出新疆陆地棉品种间的遗传相似性相对较高。分子聚类结果与品种本身遗传系谱背景和演变趋势吻合度较高，符合品种的真实特性。自育品种在分子水平上差异不大，说明新疆陆地棉品种间遗传关系相对简单，总体上遗传多样性不够丰富。种质资源的不丰富导致自育品种遗传基础的来源受限，从而使得选育的品种遗传组分差异较小，品种相似度较高，突破性品种较少。种质资源创新已经成为新疆提高棉花综合竞争力的重大关键科技问题。

另外，由于长期的集中连作和棉种的大引大调，病虫害已成为新疆棉花生产可持续发展的严重隐患。棉花枯萎病、黄萎病在全疆棉区普遍发生，并呈加重趋势，使得原有品种难以抵抗高致病力病原菌的侵害而表现出感病现象。新疆棉区的棉铃虫、棉蚜、棉叶螨等虫害的发生也不断加重，有些年份棉铃虫、棉蚜、棉叶螨等虫害呈现出大范围暴发态势，给棉花生产造成巨大威胁。从目前育成应用棉花品种的综合性状来看，不仅品质、产量性状尚需进一步改良，其抗病（虫）性、抗逆性等性状更应得到很好的提高。

4. 生产条件和植棉技术制约

新疆作为我国乃至全球的棉花高产区，光温生产潜力优势十分明显。但受热量资源的影响，棉花生产力水平并不是很高，只是全区棉花平均光温生产潜力的30.5%，也就是说还有 69.5% 的光温生产潜力未发挥出来。2012 年，新疆棉花单产达到 2 056.89 kg/hm^2，较全国棉花单产提高了 29.3%。同样拥有新疆丰富的光照资源等条件，兵团的单产水平普遍高于地方 23% 以上，达到 2 494.1 kg/hm^2，这也仅实现了平均光温生产潜力的 50%。新疆棉花生产涌现了一批高产典型。如：1999年新疆策勒县 0.35 hm^2 试验地生产皮棉 3 750 kg/hm^2，获当时世界小面积单产之冠；2004 新疆生产建设兵团第二师 33 团 7.67 hm^2 棉田，单产皮棉达 3 552 kg/hm^2；

2006年兵团第八师149团19连职工李森合种植的标杂A1杂交棉棉花新品种，以皮棉单产4 191 kg/hm^{2}打破了全国纪录；新疆农业科学院经济作物研究所于2009年、2010年连续2年在兵团第一师16团开展超高产棉花创建活动，2009年创下了4 hm^{2}滴灌棉田单产皮棉4 900 kg/hm^{2}的世界最高单产纪录，2010年也达到每公顷籽棉10.59 t的超高产水平。2020年第四师63团11连陈玉清种植的2 hm^2"宽早优"+中棉所979棉田，单产籽棉9 660 kg/hm^2，皮棉4 153.8 kg/hm^2；第六师102团7连刘常青10hm^2"宽早优"+中棉所979棉田，单产籽棉9 000 kg/hm^2，皮棉3 870 kg/hm^2。这些超高产实例，揭示了新疆棉花生产具有很大的增产潜力。

制约先进棉花生产潜力充分发挥的主要因素，一是农业生产条件依然薄弱。新疆棉区土壤盐渍化面积约占总耕地面积的33%，其中，重盐渍化土壤占8%左右。膜下滴灌等节水技术虽然已得到大面积应用，但由于一次性投入大、水资源管理制度不合理等，先进地方棉区高标准滴灌节水技术的应用率还很低。常规沟畦灌占全疆棉花种植面积的50%左右，土地平整质量不高，大水漫灌的现象普遍存在。农业基础条件较差的状况不仅影响重大技术的应用效果、增产难度加大，而且给推行集约化经营、提高劳动生产效率带来巨大困难。二是社会化农业技术服务体系亟待加强，技术棚架问题依然突出，先进的植棉技术大多棉农并不掌握。优质棉基地建设加强了农业技术推广站植物病虫害测报体系，但总体上还不能满足新疆棉花产业发展的需要。主要是农业信息化技术应用水平低，难以实现信息资源共享，尤其是病虫害的测报基本以各自为主，没有形成测报、决策信息网络体系。气象信息网络建设、人工增雨和防雹减灾等基础设施仍需加强。

5. 植棉成本居高不下

棉花全程机械化是提高劳动生产效率、降低生产成本、提高植棉效益的有效途径。目前，新疆全程机械化环节依次包括土地准备、精量播种、水肥滴灌、中耕植保、棉花打顶、脱叶催熟、机械采收、籽棉转运、清理加工等环节。配套的机械有秸秆还田机、残膜回收机、耕翻整地机、铺膜铺管精量播种机、滴灌系统、中耕机、打顶机、高地隙喷雾机、采棉机、田间籽棉运转机、打模设备、开模设备、清理加工设备等。各个环节之间是既独立又相关的串联关系，任何一个环节的农机配套不合理，都会导致全程机械化受阻。其中，机械化收获和后续加工环节仍是制约棉花生产全程机械化的瓶颈。据新疆维吾尔自治区发展和改革委员会调查，2013年，全区棉花生产平均每亩总成本达2 115.25元，较上年增加

325.19 元，增长 18.17%，是 2000 年的 3.6 倍；每亩净利润为 530.27 元，较上年减少 143.99 元，下降 21.36%。其中，每亩人工成本费用为 1 018.36 元，较上年增加 318.86 元，增长 45.58%，占总成本的 48.1%。部分地区平均每千克人工拾花费达到 2.4～2.8 元，平均每亩拾花费最高达近 900 元。据国家棉花监测系统新疆棉花种植成本调查报告显示，2018 年新疆植棉成本除租地费用外，地方手摘棉每亩总成本为 1 869 元，兵团机采棉每亩总成本为 1 453 元（表 8-1）。

表 8-1　2018 年新疆植棉成本调查表　　　　　　单位：元/亩

项　目	新　疆　地　方				新疆兵团	
	手摘棉	同比（%）	机采棉	同比（%）	机采棉	同比（%）
租地植棉总成本	2 303	14	1 633	33	1 887	27
自有土地植棉总成本	1 869	-10	1 199	9	1 453	3
土地承包（租地费用）	434	24	434	24	434	24
生产总成本	655	-16	655	-16	808	-16
其中：棉种	59	-6	59	-6	46	-1
地膜	56	2	56	2	124	23
农药	96	-3	96	-3	60	-1
化肥	251	-13	251	-12	359	-14
水电费	192	3	192	3	220	-23
人工总成本	1 010	2	138	7	110	-7
其中：田间管理费	138	7	138	7	110	-7
灌溉/滴灌人工费	61	3	—	—	—	—
拾花人工费	810	-9	—	—	—	—
机械作业总成本	160	7	350	9	421	1
其中：机械拾花费	—	—	189	1	196	-5
其他成本	45	-2	56	9	114	25

数据来源：国家棉花市场监测系统。

　　欧兴江和刘晨（2013）以沙湾县为例，比较了机械采棉与手工采棉的效益。2012 年，按照沙湾县的籽棉平均单产 360 kg/亩计算，手工采收籽棉的价格平均为 2.5 元/kg（含吃住、交通费），每亩采收成本 900 元。而机械采收的价格为240 元（头遍 180 元，复采 60 元），仅采收费用一项，机械化采摘较手工采摘可节省 660 元/亩。陈传强等研究指出[4]，棉花生产成本中人工采摘成本逐年提高已成为制约今后棉花生产发展和棉农增收的主要因素之一。机械化采收可以大大提高采摘效率，降低成本。2016 年，新疆生产建设兵团采棉机保有量达到

2 120台，棉花机采率为 92.9%，新疆自治区地方拥有采棉机 750台，机采率达到 20%。加快推进棉花机械化采收，实现棉花生产全程机械化，成为新疆棉花降低生产成本、提高劳动效率和植棉效益，乃至可持续发展的重大战略问题。

6. 棉花生产规模化程度低

据 2019《新疆统计年鉴》资料，全疆 524.2 万 hm² 耕地承包给 275.6 万户，户均 1.9 hm²，按地力等级还分散为 3～6 块；新疆兵团棉区户均植棉 6 hm² 左右，与地方农户相比，棉花生产力水平、组织化、规模化程度较高，这是新疆兵团植棉技术水平、产量、效益显著高于地方的主要原因之一。

新疆棉区家庭小规模分散经营生产的方式，不利于植棉先进农业装备的应用，许多高产、高效智能技术很难落实到位，致使棉花生产成本增加，经济效益下降，降低了棉花整体竞争力，极大地制约了生产力的发展。保证新疆棉农达到全国农村居民平均收入的最低临界植棉规模，会随着新疆和全国农民人均收入的变化而相应发生变化（2014 年全国和新疆农村居民人均可支配收入分别为 10 489 元和 8 742 元），但总趋势是临界植棉规模只会扩大不会降低。所以，规模化种植是新疆植棉业现代化的发展方向。

棉花生产规模化、专业化的主要出路在于发展合作经济，包括农户之间自愿、有偿的土地流转。农民专业合作社已成为继农村家庭承包经营以来的又一次重大改革、创新和突破。提高棉农组织化程度，重点发展已被实践证明行之有效的、受广大农民欢迎的"四大合作社模式"，即"土地联营型、合作租赁型、产业带动性、专业服务型"等模式，逐步推进棉花的生产、加工、销售、服务结合，形成协调发展的棉花产业体系。

二、国家支持新疆棉花产业的政策导向

鉴于新疆得天独厚的植棉优势，国家先后出台了一系列支持新疆棉花产业的政策。

1. 建立粮食生产功能区和重要农产品生产保护区

《国务院关于建立粮食生产功能区和重要农产品生产保护区的指导意见》（简称《意见》）指出，以新疆为重点，黄河流域、长江流域主产区为补充，划定棉花生产保护区 3 500 万亩。主要目标是，力争用 3 年时间完成 10.58 亿亩"两区"地块的划定任务，做到全部建档立卡、上图入库，实现信息化和精准化管理；力争用 5 年时间基本完成"两区"建设任务，形成布局合理、数量充足、设

施完善、产能提升、管护到位、生产现代化的"两区"，国家粮食安全的基础更加稳固，重要农产品自给水平保持稳定，农业产业安全显著增强。因此，应认真落实党中央、国务院决策部署，统筹推进"五位一体"总体布局和协调推进"四个全面"战略布局，牢固树立和贯彻落实创新、协调、绿色、开放、共享的发展理念，实施藏粮于地、藏粮于技战略，以确保国家粮食安全和保障重要农产品有效供给为目标，以深入推进农业供给侧结构性改革为主线，以主体功能区规划和优势农产品布局规划为依托，以永久基本农田为基础，将"两区"细化落实到具体地块，优化区域布局和要素组合，促进农业结构调整，提升农产品质量效益和市场竞争力，为推进农业现代化建设、全面建成小康社会奠定坚实基础。《意见》要求要以县为基础精准落地。县级人民政府要根据土地利用、农业发展、城乡建设等相关规划，按照全国统一标准和分解下达的"两区"划定任务，结合农村土地承包经营权确权登记颁证和永久基本农田划定工作，明确"两区"具体地块并统一编号，标明"四至"及拐点坐标、面积以及灌排工程条件、作物类型、承包经营主体、土地流转情况等相关信息。依托国土资源遥感监测"一张图"和综合监管平台，建立电子地图和数据库，建档立卡、登记造册。意见明确了新疆的"棉花生产保护区的重点地位"并要认真落实。新疆作为国家划定的棉花重点生产保护区，对维护国家棉花产业安全承担着责无旁贷的责任。

2019 年的中央一号文件《中共中央国务院关于坚持农业农村优先发展做好"三农"工作的若干意见》提出，全面完成粮食生产功能区和重要农产品生产保护区划定任务，高标准农田建设项目优先向"两区"安排。恢复启动新疆优质棉生产基地建设，将糖料蔗"双高"基地建设范围覆盖到划定的所有保护区。在提质增效基础上，巩固棉花、油料、糖料、天然橡胶生产能力加快推进并支持农业走出去，加强"一带一路"农业国际合作，主动扩大国内紧缺农产品进口，拓展多元化进口渠道，培育一批跨国农业企业集团，提高农业对外合作水平。

2. 农业部规划"新疆要稳棉保供"

农业部关于印发《全国种植业结构调整规划（2016—2020 年）》的通知明确棉花要稳定面积、双提增效。受种植效益下降等因素影响，棉花生产向优势区域集中、向盐碱滩涂地和沙性旱地集中、向高效种植模式区集中，在已有的西北内陆棉区、黄河流域棉区、长江流域棉区"三足鼎立"的格局下，提升新疆棉区，巩固沿海沿江沿黄环湖盐碱滩涂棉区。到 2020 年，棉花面积稳定在 5 000 万亩左右，其中，新疆棉花面积稳定在 2 500 万亩左右。西北地区要稳棉保供。推进

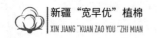

棉花规模化种植、标准化生产、机械化作业，提高生产水平和效率。发挥新疆光热和土地资源优势，推广膜下滴灌、水肥一体化等节本增效技术，积极推进棉花机械采收，稳定棉花种植面积，保证国内用棉需要。到2020年，棉花面积稳定在2 500万亩以上。农业农村部印发的《2019年种植业工作要点》指出要恢复启动新疆优质棉生产基地建设。

3. 国家目标价格补贴

国家发展和改革委、财政部《关于深化棉花目标价格改革的通知》指出，2014—2016年，国家在新疆启动了为期3年的棉花目标价格改革试点。经过3年实践，棉花目标价格改革试点取得了明显成效，探索出一条农产品价格由市场供求形成、价格与政府补贴脱钩的新路子，实现了全国棉花生产布局的战略调整，带动了棉花生产、加工、流通、纺织全产业链发展，提升了国产棉花质量和市场竞争力，为农业供给侧结构性改革提供了实践经验。经国务院同意，2017年起在新疆深化棉花目标价格改革。指导思想和目标是认真落实党中央、国务院决策部署，统筹推进"五位一体"总体布局和协调推进"四个全面"战略布局，牢固树立和贯彻落实创新、协调、绿色、开放、共享的发展理念，深入推进农业供给侧结构性改革，协同发挥政府和市场"两只手"的作用，进一步深化棉花目标价格改革，打造新疆优质棉花生产基地，稳定棉农种棉积极性，提升国内棉花产业竞争力，促进棉纺织产业持续健康发展。

（1）合理确定定价周期 棉花目标价格水平3年一定。如定价周期内棉花市场发生重大变化，报请国务院同意后可及时调整目标价格水平。调整优化补贴方法是：对新疆享受目标价格补贴的棉花数量进行上限管理，超出上限的不予补贴。补贴数量上限为基期（2012—2014年）全国棉花平均产量的85%。按上述机制，确定2017—2019年新疆棉花目标价格水平为每吨18 600元。由于临储收购政策运行区域覆盖到三大棉花主产区而试点的目标价格政策在新疆封闭运行，这个周期运行3年所带来的最直观变化是新疆棉区的地位越发举足轻重。

对于目标价格试点政策实行的区域，按照国家改革方案，仅在新疆执行，黄河流域、长江流域只是实行定额补贴方式，范围涉及9个省（山东、河南、河北、湖北、湖南、江苏、江西、甘肃和安徽），每年补贴额为新疆补贴标准的60%，以每吨2 000元为上限。

（2）"保险＋期货"服务棉花目标价格改革，成效显著 据《期货日报》消息，在目标价格改革过程中，期货市场始终坚定地做"参与者""推动者"和

"创造者"。郑州商品交易所（简称郑商所，下同）通过促进棉花期货功能发挥，帮助棉纺织经营企业合理管理市场价格波动风险，稳定行业整体运行。同时，郑商所积极改、大胆试，将棉花期货基准交割地转移至新疆，突出新疆棉花定价中心作用；开展"保险＋期货"试点，探寻建立市场化棉花价格补贴的办法。

期货市场能够为企业提供风险管理的平台工具，帮助实体企业稳定经营，从而提高整个行业的坚韧度和稳定度。目标价格补贴政策的重心在新疆，棉花期货在巩固新疆产区优势方面发挥了积极作用。一方面便于新疆生产建设兵团等棉花生产单位利用期货套保，稳定棉农收益，巩固新疆棉花主产区地位；另一方面顺应棉花行业发展趋势，于2017年9月启用新疆棉花期货交割库，调整基准价区至新疆，突出新疆棉花价格标杆作用，加快棉花行业向新疆转移。目前，越来越多的新疆棉花通过期货市场实现保值和销售。通过助力新疆棉花行业健康发展，棉花期货突出了目标价格改革的实效，让好政策达到好效果。

通过积极开展"保险＋期货"试点，期货市场正在探索一条市场化棉花价格补贴的新方式。2016年开始，郑商所在棉花期货基础上开展"保险＋期货"试点，截至目前共建设试点28个，交易所支持资金2 506万元，累计赔付金额1 544.77万元，项目覆盖新疆、甘肃、山东、湖南、湖北等主产省（区），为4.05万 t的棉花生产保"价"护航。

从试点效果来看，"保险＋期货"是目标价格补贴的有益补充：一是成本更低。从2018年新疆试点结果来看，采用"保险＋期货"方案后，预计每吨棉花能降低约1 000元的补贴成本。1月28日，棉花期权上市，"保险＋期货"对冲风险的成本将更低。二是市场化程度更高。"保险＋期货"试点引入保险公司和期货公司，通过期货市场和场外期权分散执行风险，市场化运营程度更高，减少政府公共资源占用。三是模式更加灵活。在保价格的基础上，"保险＋期货"延展性更强，也可通过探索保收入的形式，切实保障农民收入。当前，在现行以交易所为主的"保险＋期货"项目成功实践后，应鼓励政府加大投入，引入更多市场化力量，进一步推广"保险＋期货"，让更多的农民从中受益。

4. 国家支持新疆发展纺织服装产业带动就业

第二次中央新疆工作座谈会2014年5月28—29日在北京举行。这次会议全面总结了2010年中央新疆工作座谈会以来的工作，科学分析了新疆形势，明确了新疆工作的指导思想、基本要求、主攻方向，对当前和今后一个时期新疆工作作了全面部署。

国务院办公厅《关于支持新疆纺织服装产业发展促进就业的指导意见》指出,纺织服装产业具有劳动力密集、市场化程度高、集群式发展、产业链长、品牌优势明显等特点。新疆已初步形成了以棉纺和黏胶纤维为主导的产业体系,具有棉花资源、土地、能源和援疆省(市)产业援疆等优势,发展纺织服装产业具有较好基础。但同时也面临着劳动力综合成本高、劳动生产率低、远离主销市场、运输成本高、配套产业发展滞后、技术人才缺乏等挑战,现有优势尚未转化为产业优势。大力发展纺织服装产业,是建设新疆丝绸之路经济带核心区的重要内容,对于优化新疆经济结构、增加就业岗位、扩大就业规模、推动新疆特别是南疆各族群众稳定就业、加快推进新型城镇化进程,促进新疆社会稳定和长治久安具有重要意义。

(1)主要目标 到2020年,新疆棉纺业规模和技术水平居国内前列,服装服饰、家纺、针织行业初具规模,民族服装服饰、手工地毯等特色产业培育成效显著,织造、印染等产业链中间环节实现部分配套,黏胶清洁生产和污染治理水平全面达到行业准入要求,产业整体实力和发展水平得到提升,就业规模显著扩大,基本建成国家重要棉纺产业基地、西北地区和丝绸之路经济带核心区服装服饰生产基地与向西出口集散中心。

第一阶段(2015—2017年):棉纺产能达到1 200万纱锭(含气流纺),棉花就地转化率为20%;黏胶产能87万t;服装服饰产能达到1.6亿件(套)。全产业链就业容量达到30万人左右。

第二阶段(2018—2020年):棉纺产能达到1 800万纱锭(含气流纺),棉花就地转化率保持在26%左右;黏胶产能控制在90万t以内;服装服饰产能达到5亿件(套)。全产业链就业容量约50万~60万人。相关服务业获得长足发展,就业岗位明显增加。

(2)重点任务 合理布局产业发展。重点支持阿克苏纺织工业城、石河子经济技术开发区、库尔勒经济技术开发区、阿拉尔经济技术开发区等园区打造综合性纺织服装产业基地;着力扶持喀什(含兵团第三师,下同)、和田(含兵团第十四师,下同)等南疆人口集中区域特别是少数民族聚居区发展服装服饰、针织、地毯等劳动密集型产业;建设乌鲁木齐、石河子、兵团第十二师等新疆国际纺织品服装服饰商贸中心、纺织服装机械及零配件和服饰辅料交易中心,以及喀什服装服饰专业市场、和田地毯专业市场、霍尔果斯纺织品边贸市场;依托新疆丰富的化工原料,推进聚酯、化纤产业链发展,有序推进产业进程,有效承接东中部产业转移，积极培育特色产业和中小企业，大力开拓国内外市场。充分发挥新疆向西开放的地缘便利和口岸、文化优势，以进出口贸易、境外投资等多种形式，由近及远、由易到难拓展国际市场，支持一批出口带动作用强、市场影响力大的生产企业在境外建立营销网络。

（3）政策措施　①实施财政支持政策。中央财政加大对新疆纺织服装产业发展的投入力度，主要用于支持重点纺织服装工业园区、产业集中区基础设施建设以及新增就业员工社保和岗前培训补贴、污水处理设施运行补贴等。对增加就业作用明显的服装服饰、针织、家纺项目和南疆地区（含兵团南疆四个师，下同）相关项目要加大支持力度。地方财政资金也要向纺织服装产业倾斜。②实行社保和员工培训补助。推动新疆特别是南疆地区落实纺织服装企业吸纳就业困难人员社会保险补贴政策。对企业吸纳劳动者并开展岗前就业技能培训的，按规定给予职业培训补贴。③完善运费补贴政策。国家继续实施出疆棉纺织品运费补贴政策，并扩大到服装家纺等深加工产品。支持新疆开通国际货运班列。鼓励新疆加大对南疆的运费补贴支持力度。④改善园区生产经营环境。阿克苏纺织工业城、石河子经济技术开发区、库尔勒经济技术开发区、阿拉尔经济技术开发区等园区实行微利价供气、大用户直接购电政策，合理降低纺织服装企业用能用电成本。2020年前，新疆纺织服装产业发展专项支持资金建设的标准厂房应免费或低价出租给相关生产企业使用。⑤加大金融支持力度。研究制定金融支持新疆纺织服装产业发展的具体措施，引导疆内各类银行业金融机构信贷投放向纺织服装产业倾斜。贯彻落实国家和新疆关于金融支持小微企业发展的政策措施，支持纺织服装中小微企业发展；创新金融服务模式，积极支持新疆纺织服装企业采取发行企业债券、集合债券、中小企业集合票据等多方式多渠道融资。支持金融机构在新疆设立更多分支机构，适度扩大新疆金融机构贷款审批权限。⑥健全地方配套政策。鼓励新疆出台地方配套扶持政策，做好水、电、热供应和污水集中处理等公共服务，切实加强对项目投资和财政补助资金审核、发放、使用的管理和监督，确保资金使用安全有效。防止棉纺、黏胶产能无序过度扩张，超出阶段发展目标的产能建设应停止备案，不得享受相关优惠政策。地方配套政策兵团同样适用。

事实上，新疆发展纺织服装产业带动就业工作酝酿已久。一年多来，经过多次研究、反复论证，发布了《发展纺织服装产业带动就业的意见》《新疆发展纺织服装产业带动就业规划纲要（2014—2023年）》等文件，表明了新疆大力发展纺织

服装产业带动就业的决心与信心，把新疆发展纺织服装产业上升为国家战略。

第二次中央新疆工作座谈会明确提出，要把促进就业放在更加突出的位置，把发展纺织服装产业作为一项战略举措，实施发展纺织服装产业带动就业规划，支持纺织服装产业发展。

2013年5月，时任中共中央政治局常委、全国政协主席、中央新疆工作协调小组组长俞正声在新疆考察期间，听取了新疆关于棉花以及棉花产业链发展的汇报后，就如何利用新疆丰富的棉花资源，延伸产业链，促进就业，特别是促进南疆地区少数民族群众就业等问题希望新疆方面能认真研究。根据中央领导的指示，自治区党委和政府先后召开了十余次会议，专题研究新疆纺织服装产业发展问题，邀请了行业组织、大专院校、在疆的纺织服装企业，以及部分援疆省（市）纺织服装企业进行座谈与交流，特别是对影响纺织服装产业发展的印染产业发展和污水处理设施建设等关键问题，自治区领导亲自率领相关部门负责人赴浙江萧山、绍兴等地考察，经过深入调研，认真研究，反复论证，形成了上报国务院的报告，编制了《新疆发展纺织服装产业带动就业规划纲要（2014—2023年）》及13个专题研究报告，得到了中央领导同志的充分肯定。

2013年12月，根据李克强总理和张高丽副总理的批示，由国家发展和改革委员会牵头，组织工信部、商务部、中国纺织工业联合会与中国国际工程咨询公司调研组来疆调研，并委托中国国际工程咨询公司对新疆维吾尔自治区上报国务院的报告和规划纲要进行评估。评估认为，新疆发展纺织服装产业不仅是必要的，也是可行的，并对报告和规划纲要提出了许多好的意见和建议。

新疆纺织在"十二五"规划发展中，提出"三城七园一中心"（"三城"即阿克苏纺织工业城、石河子纺织工业城、库尔勒纺织工业城；"七园"即哈密、巴楚、阿拉尔、沙雅、玛纳斯、奎屯、霍尔果斯；"一中心"即乌鲁木齐纺织品国际商贸中心）的发展思路，同时着力推进产业集聚区的建设与发展，目前已取得较为良好的效果。与此同时，积极引进投资项目，引导各园区避免同质化竞争，主动向差异化、特色化、集群化发展。

三、发展前景展望

1. 生产发展目标

（1）棉花总产目标　根据新疆水资源承载力与棉花种植面积大致平衡的构想，预计2020年和2030年全疆目标植棉面积200万hm² 左右，皮棉总产目标

400 万 t，总产占全国的"半壁江山"将是新疆棉花的适宜定位，所超比例不宜过大，保持长江流域、黄河流域与西北内陆棉花面积"三足鼎立"的合理布局，新疆与内地产量各占一半的态势，对保障人口大国原棉的稳定供给与规避市场和气候风险具有重要的战略意义。

（2）挖掘单产、保障总产　以 2004—2014 年的 10 年平均单产 1 772 kg/hm^2 为基数，按单产皮棉年增长率 2020 年 2.2% 和 2030 年 1.3% 进行测算，2020 年单产水平达到 2 065 kg/hm^2，2030 年达到 2 175 kg/hm^2；再以总产 400 万 t 为目标，只需种植棉花面积 184 万～193 万 hm^2，可比目前实际播种面积减少约 67 万 hm^2（1 000 万亩）。

（3）主攻均衡增产　2000—2009 年的新疆生产建设兵团皮棉 10 年平均单产水平 1 902 kg/hm^2，比同期地方 1 592 kg/hm^2 高 19.5%；2010—2013 年的 4 年兵团单产 2 436 kg/hm^2，比地方 1 892 kg/hm^2 高 28.8%，说明提高地方单产实现均衡增产还有巨大潜力；据中国棉花生产检测预警数据，最近 10 多年气候变化对北疆棉区整体有利，区域单产水平大幅度提高，近 10 年籽棉单产提升到了 6 000～7 500 kg/hm^2，比 20 世纪 90 年代长期徘徊在 3 750～4 500 kg/hm^2 的中产水平，增幅高达 60% 以上。诸多的高产实例说明，提高低产、中产区棉花单产水平，对实现均衡增产具有重要且现实意义。

（4）提高原棉质量　提高原棉质量是建设新疆植棉强区的必然选择，也是提高新疆棉花产业市场竞争力的重要因素之一。一是提高遗传品质。要求纤维长度、细度和比强度品质指标相协调，根据机采棉的新需求，纤维长度和比强度达到"双三零"水平，即纤维长度不短于 30 mm，比强度超过 30 cN/tex。二是改善生产品质。重点是降低霜后花率，提高可纺棉的比例，提升采收质量，有效控制残膜"三丝"混入籽棉。三是提高初加工水平，包括纤维长度损失最小，杂质、色泽影响最小。机采棉清花工艺最大限度地减少损失。四是调整纤维类型结构，提升优质专用棉比例，包括海岛棉、陆地中长绒棉、彩色棉和有机棉的比例。

（5）促进棉农增收　新疆棉花是典型的技术密集、物质密集和资金密集型的经济作物，棉花是棉区农民务农的主要经济来源，促进棉农增收是棉花生产的基本目标，也是新疆棉花可持续发展的基本保证。根据新疆棉花高投入的特征，要保障棉农的基本收益，棉花主产品产值在 37 500 元 /hm^2（2 500 元 / 亩）水平上下。在提高单产保证产值的同时，要通过技术创新降低生产成本，从而提高植棉

效益，促进棉农增收，提高市场竞争力。

（6）实现全程机械化和信息化管理　以"宽早优"植棉技术为载体，以自动控制水肥一体化滴灌技术和田间生态因子动态监测信息技术为核心，集成精量播种技术、病虫草害绿色综合防控技术、化学调控和免打顶技术、机采棉技术、籽棉运转和清理加工技术等，并与这些技术所要求的现代农业机械装备相配套。农业农村部关于《开展主要农作物生产全程机械化推进行动的意见》提出：新疆生产建设兵团重点以适应规模化生产的365～373马力级大型带车载打垛功能的采棉机为核心的全程机械化生产模式为主，重点开展加装卫星导航系统的精量播种机械、高效精准施药机械集成示范，推广和示范残膜回收及秸秆处理机械技术。新疆地方重点以适应一定规模化生产的290马力以上的中、大型自走式采棉机和配套的棉模设备为核心的全程机械化生产模式为主，重点开展加装卫星导航系统的精量播种机械、高效精准施药机械集成示范，推进机械打顶（化学打顶）技术和残膜回收及秸秆处理机械技术的应用，进一步完善机采棉种植模式。在保持棉花有较高土地生产率的同时，大幅度提高植棉劳动生产率和资源利用率，进而实现经营管理的现代化。

2.现代植棉业的可持续发展

（1）建设棉花生产新模式　新疆兵团现代化农业生产实践经验证明，棉花生产模式建立在规模化、机械化、水利化、自动化、信息化、社会化基础上，实现"宽早优"的"快乐植棉"将不遥远。新疆将大力推进以"宽早优"模式为载体的精准植棉集成技术，积极推进土地流转，使棉花生产向适度规模化转变，壮大发挥农业合作社等社会化服务组织，同时建立高效的棉花产业集群、营造开放的市场环境、制定优惠的棉花生产扶持政策，则现代植棉业将具有更良好的发展环境。

（2）建设良性循环的绿洲生态植棉产业　高效节水灌溉是新疆农业现代化的基础和前提。根据新疆水资源的承载力和可持续发展对水资源的需求，要坚定不移地加快高效节水工程等基础设施建设。到2020年标准化的基本农田比重达60%以上，高效节水灌溉面积占农业灌溉面积比重达60%以上（310万 hm^2），农业综合灌溉水利用系数从2011年的0.487提高到0.57。调减棉花实际种植面积65万 hm^2（约1 000万亩），建立绿洲耕地用养结合的现代农业制度。随着区域经济结构的不断调整优化，预计新疆棉区中粮、棉、果、畜均衡发展型棉区的比例将进一步扩大，这对不断提高棉区农户收入、降低分散棉花产业风险有一定好处。因此，应从制度上安排对植棉区种植饲草、饲料或其他轮作作物给予一定补贴，既可为棉田源源不断地提供有机肥培肥地力，又可带动棉田科学轮作，从农药、化肥、生长调节剂的科学施用，土壤残膜污染防治，作物结构优化等方面确保棉区生态良性循环。基本建成农业灌溉现代水权制度，强化水资源综合管理，提高水资源利用效率，为绿洲生态和谐、环境友好提供制度保障。

（3）建设现代绿洲棉花生产保障体系　①完善棉花目标价格体系。该政策旨在解决棉农收益不稳、预见性差，以及和国内外棉花市场联动性弱、棉花价差不合理、影响纺织企业竞争力的双重问题。国家按照市场供求和种植成本加基本收益确定目标价格，每年播种前公布，当市场价格低于目标价格即对植棉者直接进行差价补贴。完善目标价格运作机制，有利于引导棉花生产、流通、消费，促进产业上下游协调发展；有利于引导种植者预期产量收益，来调整种植意向或采用先进技术提高棉花单产，避免价格波动对棉农收益的影响；有利于引导棉花种植向优势区域集中，助推种植结构的优化调整。②完善农业保险制度。农业保险旨在解决因灾歉收、因灾亏损和因灾致贫问题，符合WTO的绿箱政策，有利于提高防灾和灾后补救能力，保持棉花生产的稳定。完善农业保险制度，一要以完善补贴机制为核心，提高中央财政保费补贴比例和组建政策性农业再保险公司，通过这两种机制，既可有效减轻地方财政配套比例及农户缴费压力，又可降低保险机构以不低于市场利润率水平来承包农业的风险。二要提升新疆农业保险保障服务能力与信息化水平，利用互联网时代的大数据技术，增强农业保险服务的科技含量。三要增强棉农的风险意识，将农业保险和农业信贷结合起来，探索实施"政府+信贷+保险+农业产业化组织"的"四位一体"模式，更好地发挥农业保险在棉花生产向"六化一体"模式转变的"助推器"作用，进一步巩固和发展"保险+期货"服务棉花目标价格改革，增强植棉抵御市场风险能力。③完善棉花生产的金融支持体系。在新疆棉花产业链的生产环节，农村信用社、农业银行和中国农业发展银行是信贷资金供应的主渠道。要发挥商业险金融与政策性金融的合力作用，通过运用差额准备金制度，引导区域金融加大对棉花生产环节的信贷投入，同时将部分财政支农资金以利息补偿和风险补偿的形式，对支农信贷经营中的损失予以补贴，发挥财政支农资金的乘数效应。要通过发放棉花良种繁育、预购贷款、棉花生产基地建设、机采棉设施中长期贷款，积极引导新疆棉花产业向"六化一体"方向发展。④建设棉花生产的公益性、社会化服务体系。发展农业社会化服务体系是发展现代化农业的客观要求。棉花生产社会化服务是由棉花生产经营主体把生产过程中的某些环节和项目,交由政府公共服务部门、农业合作经济组织和社会其他服务机构组成的组织体系来完成。因此,一要大力培育专业化的植棉合作社和公益性的专业服务机构,提供科技服务、信息服务、经营决策服务、政策法律服务等。二要发展托管性植棉全程机械化作业服务公司,提供"全程托管""统防统治"等劳务服务。三要加强农业互联网建设,提供产前信息化、产中科学化和产后市场化服务,形成快速反应的信息采集、加工、诊断和发布体系,解决棉花信息化服务"最后一公里"问题。⑤发展新疆纺织服装产业,促进资源转化。有关研究表明,中国棉花产业链利润率链中种植生产占6%、初加工占8%、纺织占38%、服装制造占18%、销售占30%。产业链上游利润微薄,中下游环节如纺织、服装制造和销售的附加值较高。新疆棉花产业链上游生产和初加工环节比重较大,下游加工、纺织和服装制造比重过低,原棉不能在产地有效转化,需要大批量外运,不仅增加了运输成本,而且减弱了整体竞争力。棉花资源优势并未充分转变成经济效益和产业优势,在很大程度上影响了棉花种植业的健康发展。加快发展新疆纺织服装产业,成为保证新疆现代化植棉业可持续发展的必然选择。

2014年7月,新疆出台《发展纺织服装产业带动就业规划纲要(2014—2023年)》,设立了200亿元左右的纺织服装产业发展专项资金,推出税收、补贴、低电价等十大特殊优惠政策,扶持纺织服装业发展。国务院办公厅《关于支持新疆发展纺织服装产业发展促进就业的指导意见》确定了发展目标,制定了具体支持政策(见本节"国家政策导向")。到2014年年底,19个援疆省(市)约有50家棉纺织企业进军新疆,纺织设备位居全国领先水平。新疆发展服装产业带动就业和促进现代植棉业发展的作用逐步显现。

(4)建立以"宽早优"植棉模式为载体的优质高效技术体系 在"宽早优"模式示范推广的同时,进一步开展高光效的群体结构研究,提高光能利用率;加强种质创新,加快培育优质、高产、多抗、适合机采的杂交和常规棉花新品种;建立以精量播种、膜下滴灌水肥一体化为核心的全程机械技术体系,降低生产成本、提高植棉效益、增强植棉环节的市场竞争力,实现棉花生产的健康可持续发展。

第二节 "宽早优"机采棉及全程机械化助推新疆棉花产业

新疆棉花产业的健康发展，在很大程度取决于其经济效益的高低，也是获取市场竞争力的基础。随着经济社会的发展，劳动用工价值的不断攀升，劳动用工成本成为制约植棉效益的主要因素之一。因此，通过以机械化采收为代表的全程机械化，在提高棉花品质和产量的同时，降低生产成本，是实现新疆棉花产业健康发展的方向。

一、棉花机械化采收的意义

棉花机械采收就是用机械来采收棉花。机械采收是降低用工成本的主要环节，是新疆棉花提升综合竞争力的主要手段之一。棉花机械采收具有诸多优点。

1. 省工高效

据李雪源资料[5]，与手工收摘相比，机械采收可节省 50% 以上的费用。机械采收费用由 3 部分组成：一是采摘费用 1 800 元 /hm^2，目前，1 台采棉机价格为 170 万元，经济使用寿命期为 10 年，采摘面积 0.33 万 hm^2（约 5 万亩），以此推算，采摘费用约 1 800 元 /hm^2；二是喷洒落叶剂等费用，摊入成本 270 元/hm^2，脱叶剂费用平均 600 元 /hm^2；三是清花设备和配套的部分基建设施以及运行费用，摊入成本约 330 元 /hm^2。合计机采棉运行后费用 3 000 元 /hm^2，而目前手工拾棉总成本为 7 200 元 /hm^2 左右，可减少拾花费用 58.3%。不仅减少拾花费，还可以减轻劳动强度，提高劳动效率，每台采棉机每年可采收 333.3 hm^2 棉花。

2. 不违农时

由于机械化采收速度快，节约了收摘时间，为腾茬整地赢得了主动，尤其是新疆冬季零下几十摄氏度的寒冬，如违农事，就影响了冬前耕翻、冬季冻融的效果。特别是在规模化植棉的新形势下，机械化采收对不违农时意义更大。

3. 社会效益显著

实行机械化采收因采收效率高，不仅降低了采收费用，而且节省了大量劳动力，在社会进步、劳动力大幅度增值的形势下，节省的劳动力支援有关行业社会效益十分显著。

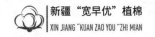

二、"宽早优"植棉更适合机采和全程机械化

"宽早优"植棉更适宜于机械化采收和全程机械化，主要体现在以下方面。

一是"宽早优"76 cm等行距种植，适应了采棉机功能，机械采收时有利于采棉部件的抱合、集中和采收，提高机采效率；等行距且行距较宽有利于采棉机和各种机械作业。

二是宽等行、减密度的种植方式，群体结构合理，通风透光，开花结铃吐絮集中，有利于采棉机采摘，提高纤维一致性。

三是株高80～100 cm，有利于采棉部件的均匀采收，提高采棉机效率。

四是等行距种植，枝叶分布均匀，脱叶催熟效果好，有利于生育后期棉叶落地，减少宽窄行方式的窄行间棉叶挂枝的现象，降低机采棉的含杂率，提高和保证棉花纤维品质。

五是宽等行、适密度种植，减少了地膜的破孔行数和孔数，不仅有利于提高地温，也便于残膜回收，残膜回收率可达90%以上；推广"宽早优"棉花行间覆膜、生育期间揭膜可全部回收，为根治"白色污染"和降低机采棉的含杂率奠定基础。

六是棉株均匀健壮，棉株直立抗倒伏、不倾斜，有利于植保、中耕除草、采棉等机械作业，提高作业效率和效果。

由上述看出，"宽早优"的宽等行种植，不仅有利于机械化采收，与宽窄行相比也利于生育期间的机械化作业，因此，"宽早优"植棉为棉花生产全程机械化、降低用工成本、提高植棉效益拓展了更广阔前景。

三、全程机械化助推新疆棉花产业发展

纵观新疆棉花生产的发展，机械化作业对新疆棉花生产的发展发挥了巨大的推动作用，成为生产发展的主动力。尤其在机械化发展的重要环节助推新疆棉花跃上一个个新台阶。

1.地膜覆盖机械化助推新疆棉花产业提升

1979年，新疆石河子垦区引进地膜覆盖技术种植棉花，但是人工作业效率低，难以大面积推广。据此，新疆兵团掀起了铺膜播种机创新热潮，成立了十几个铺膜机研制小组，不到2年时间就完成了2BMS系列机具的研究，研制成了13种联合作业新机型，班次作业效率相当于300个人工，并通过了农牧渔业

部组织的科研成果鉴定。1983—1994 年期间，兵团继续加大力度改进铺膜播种新机具。根据不同区域的土壤气候条件和农艺要求，不间断地研制推广多种新机具，形成了系列新产品，完成了从成果到产品再到商品的转换全过程。这个时期，新疆地膜植棉机械化推广面积达 6 890 万亩。兵团棉农人均管理定额由 15 亩提高到 30 亩，兵团皮棉平均亩单产也由 1982 年的 38.6 kg 提高到 1994 年的 82 kg。地膜植棉机械化推动了新疆棉花产业的第一次提升。期间由农业部立项、新疆建设兵团承担的"棉花铺膜播种机的研制与推广"项目荣获 1995 年国家级科学技术进步一等奖。该项目是一项集科研、推广、管理于一体的系统工程，使棉花大面积地膜覆盖栽培模式成为现实，经济、社会效益十分显著。新疆生产建设兵团到 1994 年止已推广地膜棉田 2 400 万亩，平均亩产增加 15 kg，按 1995 年棉花收购价计算可增收 43.2 亿元，棉花铺膜播种机的研制与推广起了很关键的作用。

2. 膜下滴灌、精密播种机械化，促进新疆棉花产业第二次提升

20 世纪 90 年代后期，为实现新疆棉花产业的第二次提升，在地膜植棉技术的基础上，兵团提出了基于机采棉条件下，植棉全程水肥调控的膜下滴灌、精量播种栽培新农艺，与新农艺相配套的联合作业新机具成为待攻克瓶颈。兵团又掀起了研究膜下滴灌、精密播种机具的热潮。4 年奋斗，难关攻克，研制了一次作业完成八道工序的膜下滴灌精量播种机，达到了播量精准、播程一致、轴距均匀、适宜机采和高密度的农艺要求，快速实现了产业化。将棉花的单产由 1994 年的 82 kg 提高到 2014 年的 155.7 kg，引领了新疆地膜植棉机械化技术的发展。到 2017 年，兵团棉花膜下滴灌播种面积达 602 万亩，占当时兵团棉花总面积的 80%。此时膜下滴灌、机械化采收、精量播种技术与装备创新，又助推了新疆棉花产业的第二次提升。通过膜下滴灌水肥一体化管理技术，2015 年，兵团综合机械化水平已达到 93%。

3. 生产全程机械化助推新疆棉花产业第三次提升

2018 年，新疆棉花占全国皮棉总产的 83.84%，成为全国最大的棉花生产基地。棉花全程机械化是广大科技工作者多年奋斗的目标。针对棉花生产方式落后、生产效率低和比较效益下降等突出问题，兵团以机械装备创新为攻关目标，以机械化采收为主线，集成高产栽培技术、田间管理配套技术、脱叶催熟技术、机械采收技术、采后储运技术，建立棉花生产机械化技术体系，相继研发出种床精细整备、超窄行精量播种、脱叶剂高效喷洒、机械采收与储运等关键技术装

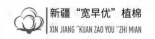

备，率先在国内实现棉花生产全程机械化。通过规模化推广应用，棉花生产用工大幅减少，生产成本大幅降低，用机械化手段实现了棉花生产的精耕细作。生产全程机械化助推了新疆棉花产业的第三次提升。

4. 全程机械化和信息化、智能化技术助推新疆棉花产业再上新台阶

棉花生产全程机械化和信息化技术改变了传统的植棉模式。20 世纪 90 年代前，农场职工、新疆农民植棉积极性不高，收入微薄。每年 5 月定苗和 9 月采收，兵团"机关关门、学校停课、工厂停工"，还有 60 万内地采棉大军进疆，全民投身棉花生产。目前的状态是：全兵团各植棉团场 10 d 完成播种，30 d 内完成收获、秸秆还田和耕翻作业。人均管理面积大幅提升，职工收入大大提高，实现了产业跨越式发展。近年来，信息化技术融入农业装备发展很快，北斗卫星导航拖拉机自动驾驶系统在兵团得到了广泛应用。兵团应用卫星导航定位自动驾驶进行棉花播种，能一次完成铺膜、铺管、播种作业，1 000 m 播行垂直误差不超过 3 cm，播幅连接行误差不超过 3 cm，有效解决了农机播种作业中出现的"播不直、接不上茬"的老大难问题。

卫星导航拖拉机自动驾驶技术，在白天、黑夜都可以全天候播种作业。播种的行无缝对接，播行笔直。北斗导航、拖拉机自动驾驶在新疆地区何以能迅速推广，主要原因是性价比高，老百姓使用后，可以挣到钱，效益增强，这时候进行大范围推广就成为可能。现在农机信息达到了"实时掌控"，采棉机作业信息实现"看得见"，无人机植保在试验当中可以达到"指哪打哪"的效果。智能化技术大范围应用，实现了农机作业实时远程监控、轨迹管理、车辆档案管理、报表系统管理、车辆巡检等功能。通过监测农机作业情况，及时获得农业大数据，建立农情数据库。借助无人机精准施药提高农药资源利用率；复式作业和联合作业机械、低排放的拖拉机、保护性耕作机械、节水灌溉机械、精量播机械、低残留的植保机械成为农业机械发展的主流。智能化技术应用让棉花产业又一次提升。

5. 残膜回收助推新疆棉花可持续发展

地膜铺盖栽培为农民带来了巨大的经济效益，使新疆兵团棉花单产走在世界前列，也带动了全疆棉花产业发展，但这种方式产生的残膜污染对生态环境、对农业可持续发展带来了阻碍。残膜回收成为新疆农业可持续发展亟待解决的难题。适合中国国情的农田残膜回收机械研究开发，难度很大，只能走全新的创新创造之路。2017 年秋季，兵团研制出 3 种概念样机，进行了性能试验，证明原理可行。在此基础上设计的 3 种新型试验样机已试制完工，2018 年 9—11 月进行了较全面性能试验与作业考核，为 2019 年小批量试生产奠定基础。截至目前，兵团已研制出十多种不同类型的残膜回收新机具。有理由相信，经过不懈努力，新疆棉田残膜治理一定会取得显著成效，有力促进新疆棉花产业的可持续发展。同时，农田残膜治理也必将再次助推装备制造产业的发展。

2019 年 5 月，农业农村部、国家发展和改革委员会、工业和信息化部、财政部、生态环境部、国家市场监督管理总局联合下发了《关于加快推进农用地膜污染防治的意见》。2016 年 3 月 31 日，新疆维吾尔自治区第十二届人民代表大会常务委员会第二十一次会议通过的《新疆维吾尔自治区农田地膜管理条例》等使新疆农田残膜治理走上规范化、法制化轨道。

2018 年《新疆维吾尔自治区统计年报》显示，年末农业机械总动力 2 688.96 万 kW，比上年增长 0.5%。农作物耕种收综合机械化水平 84.68%，机耕率 97.62%，机播率 94.35%，机收率 57.77%。中国新闻网数据显示，2018 年，新疆兵团棉花播种面积达 1 281.05 万亩、增长 23.1%，其中机采棉面积 1 030.01 万亩，棉花机采率 80.4%；棉花产量达 204.65 万 t（平均亩产皮棉 159.8 kg）、增长 20.8%，创历史新高。随着现代化科技的创新和发展，"宽早优"植棉的推广应用，新疆棉花的现代化装备和全程机械化技术必将助推棉花产业的进一步提升，为新疆棉花产业发展拓展更加广阔的空间。

第三节　新疆与中亚五国棉花产业

中亚五国分别是哈萨克斯坦、塔吉克斯坦、乌兹别克斯坦、吉尔吉斯斯坦、土库曼斯坦。从东北至西南新疆分别与哈萨克斯坦、吉尔吉斯斯坦、塔吉克斯坦接壤，与土库曼斯坦、乌兹别克斯坦近邻。在地质条件、气候条件、地缘文化等方面存在相似性，在农业资源、技术优势等方面存在互补性。中国新疆与中亚五国的地缘优势、口岸优势及人文优势等，为中国新疆与中亚五国的棉花产业合作与交流创造了良好条件。

中国新疆与相邻的中亚国家均具有棉花种植的优势，而依托国家间团体、企业合作，将新疆"宽早优"等先进的棉花生产技术和管理经验，移植应用到中亚地区，提高其棉花产业生产效率，在促进双边产业成长的基础上，形成利益共同体，对促进科技发展、实现棉花产业共赢具有重要意义。

随着纺织服装全球产业网络加速重构，我国纺织工业发展既要面对发达国家

的各种形式的贸易摩擦，又要迎接其他发展中国家和欠发达国家的低成本挑战，海外投资已经成为我国纺织产业重要策略选择。

开放发展是大势所趋，统筹用好国际国内两个市场、两种资源，才能不断提高农业竞争力，赢得国际竞争主动权。中国新疆与中亚五国在棉花产业的合作，一方面有利于突破新疆棉花产业发展瓶颈，促进新疆棉花产业转型升级；另一方面可以加快提升中亚五国农业现代化的技术水平，将会是一个双赢的局面。我国农业 "走出去" 的战略需要明确国际化、全局化、产业链、差异化和合作国五大基本点。针对建设农产品生产基地、发展农产品精深加工业、拓展农业生产性服务和延伸非农业生产领域四个方面，制定总体政策目标和具体政策目标。了解新疆与中亚五国棉花产业状况是促进合作交流、实现双赢的前提和基础。

一、中亚五国棉花产业概况

中亚五国以及北高加索地区的阿塞拜疆作为主要原棉产地，也是全球棉花集中产地。苏联时期，棉花产量占全球的份额，1924—1926 年占全球的 2.5%，20 世纪 50 年代占全球的 15%，60 年代占全球的 18% 左右，70 年代约占全球的 20%，80 年代占全球的份额减少到 15% 上下，1991—1993 占全球的 12%。70 年代中期，苏联棉花总产曾位居全球之首，但 70 年代末期被美国超过退居第二位；到 80 年代初被中国超过，居第三位。长绒棉产量 1972 年曾占全球的 5.8%。

20 世纪 50 年代，苏联农业和棉花专家应邀来华指导棉花生产和科学技术研究，那时传授的技术对我国棉花种植产生积极影响，一些技术迄今仍起作用，包括国家棉花品种区域试验方法、合理密植技术、化学肥料施用技术和病虫害综合防治技术，特别是害虫的天敌繁育和使用技术迄今在乌兹别克斯坦国家仍保持和使用，棉田生物防治技术位居全球先进水平。

1991 年 12 月 8 日，苏联宣布成立独立国家联合体（独联体），12 月 25 日宣布苏维埃社会主义联盟解体，自此开始分解成 15 个主体国家，整个地区的社会经济遭受沉重打击。植棉业和棉纺业也不例外，棉花生产、农业机械、轧花、棉纺织业，以及科学技术研究都出现了不同程度的倒退，棉花产能大幅度下降，科学研究几乎处于停止状态，其中阿塞拜疆下降幅度最大。

中亚五国是苏联棉花的主要产地，苏联解体后，中亚的植棉业长期陷入困境，中亚五国植棉区与中国，特别与地理上较为接近的中国新疆等西北地区的产品结构在很多方面趋同。从自然条件来看，中亚各国植棉的自然条件优于我国最好的棉区——南疆。从植棉业的整体来看，20世纪80年代以前，中亚地区在种子、土地、肥料、匀苗、灌溉、密度、植保及田间管理等方面都建立了一整套规范的农艺体系。除此之外，中亚还是长绒棉的传统产区。

棉花作为中亚五国的支柱性产业存在着较大的优势，但由于中亚五国发展中始终面临着长期经济增长动力不足的问题，苏联解体后经过10年的挣扎，进入21世纪，苏联和中亚地区棉花生产进入恢复阶段，单产有所提高，总产有所增长，科学技术研究也有不同程度的恢复，但是，都没有达到苏联时期的最好水平。从而在一定程度上限制了其植棉业的进一步发展。当前面临主要问题：一是农业和轧花机械严重老化，缺少零部件，农业生产资料短缺，轧花加工能力不足，有的不得不出口籽棉，棉花的附加值极低。二是市场体制和经济体制的转换滞后于经济发展，企业与企业之间、国与国之间的货币交换存在障碍，各国税法的不一致和不透明，企业生存和发展遭遇不少困难，长期贷款和投资不足，新型工业化进程缓慢；一些内陆国家还存在口岸和货物进出口不畅的问题。三是由于苏联时期工业体系配置的不完整，解体后各国针对经济发展的需要，通过招商引资，增加基础设施建设，正在积极构建农业生产资料工业和棉纺织工业。因此，中亚五国也亟需通过区域经济合作走出困境。

中亚五国作为我国重要的贸易伙伴，也是"一带一路"倡议所面向的国家，有横跨亚欧与中国接壤的地理优势（其中，哈萨克斯坦、吉尔吉斯斯坦和塔吉克斯坦与我国新疆陆地接壤），2014年中央一号文件指出，"支持到境外特别是与周边国家开展互利共赢的农业生产和进出口合作"。因此，我国应充分开发与中亚五国的棉花合作潜力，这不仅可以拓宽我国原棉进口渠道、解决我国国内棉花品质不佳的问题，也是充分响应"一带一路"倡议、扩充"新丝绸之路经济带"建设的经济交流内涵。

我国与中亚五国棉花互补性分析方面，傅亭林等研究[6]，贸易互补性指数是在显示性比较优势指数和显示性比较劣势指数的基础上计算出来的指数，用来衡量国家或地区之间贸易联系的紧密程度。表8-2中所呈现的是以中国进口，中亚五国出口衡量的棉花贸易互补性指数，可以看到，除哈萨克斯坦贸易互补性指数整体偏小（但均>1），其他4个国家与我国棉花贸易互补性均极强，其中，乌兹别克斯坦、塔吉克斯坦更具有绝对的优势。从整个中亚地区来看，中亚五国与我国的棉花贸易互补性指数近十年来均较大，说明中亚五国整个地区与我国在棉花上的互补性非常强。

表 8-2 2007—2016 年中亚五国—中国棉花贸易互补性指数

年份 （年）	国别关系					
	哈—中	吉—中	土—中	乌—中	塔—中	中亚五国—中
2007	4.734	31.801	36.330	236.677		33.323
2008	7.741	61.444	78.154	630.751		75.502
2009	7.355	66.347	162.574	403.330		60.123
2010	5.397	61.874	386.438	579.205		78.149
2011	2.305	43.390	76.291	386.455		34.264
2012	7.221	77.148	82.811	756.149		56.340
2013	5.670	38.715	113.505	427.300		50.030
2014	3.621	42.863	117.955	224.003	538.254	33.508
2015	0.776	7.148	21.841	59.225	405.674	41.393
2016	4.521	30.064	70.972	84.978	310.239	32.710

二、中国新疆与中亚五国棉花产业合作潜力分析

随着"丝绸之路经济带"战略在《中共中央关于全面深化改革若干重大问题的决定（2013）》中上升为国家战略后，在中国"一带一路"倡议的引领下，发挥中国新疆与中亚地区的地缘、相似的自然和人文条件优势，作为向西开放核心区和国家战略的支撑点，在农产品贸易、技术交流和企业合作方面具有极大的合作潜力。

中亚五国拥有丰富的农业资源，与我国农业存在明显的互补性和互利性。在棉花产业经济中，中国与中亚五国之间并非简单存在棉花贸易的竞争关系，棉花产业及其相关产业经济合作领域更有待开发和探索。近年来，随着中国新疆棉花产业凭借区域植棉相对优势和国家政策扶持下快速成长，成为稳定中国棉花市场的重要保障，但是新疆棉花产业快速发展背后也呈现出许多问题，如新疆植棉成本攀升、棉农收益难以保障、棉花内在品质下降明显及农业生态问题逐渐凸显等，这些都成为制约新疆棉花产业发展的瓶颈。与此同时，中亚国家亟需依托"丝绸之路经济带"，开展区域经济合作，解决长期经济增长动力不足的问题。棉花产业是农业中重要产业，是带动中亚五国棉花相关工业发展的重要产业，也是发展国内工业，转型过渡成为中等发达工业国家的途径之一。在充分利用国内外两种资源和两种市场的"走出去"发展战略中，中亚五国在我国对外农业合作中未能真正地进入我国农业合作领域。中国新疆与中亚五国的地缘优势、口岸优势

及人文优势等，为中国与中亚五国的棉花产业合作与交流创造了良好条件。开放发展是大势所趋，统筹用好国际国内两个市场、两种资源，才能不断提高农业竞争力，赢得国际竞争主动权。中国新疆与中亚五国在棉花产业的合作，一方面有利于突破新疆棉花产业发展瓶颈，促进新疆棉花产业转型升级；另一方面可以加快提升中亚五国农业现代化的技术水平，将会是一个双赢的局面。

1. 中国与中亚五国的资源禀赋比较

通过分析得知，影响棉花生产总成本的两个最主要因素是土地成本和人工成本，从中亚五国棉花生产的资源禀赋现状（表8-3）可以得出如下结论。

表8-3　中亚5国棉花生产资源禀赋现状

国别	农业人口（万人）	耕地面积（万hm²）	农业人均工资水平（元/年）
哈萨克斯坦	771.50	3 900.00	2 645.94
吉尔吉斯斯坦	270.36	137.00	1 451.65
塔吉克斯坦	594.27	71.40	3 423.11
土库曼斯坦	264.20	230.00	2 491.27
乌兹别克斯坦	1 002.89	403.40	3 082.70
合计（均值）	2 903.22	4 741.80	2 618.93

数据来源：商务部2014版对外投资合作国别指南。

第一，中亚五国在农业用地上更有优势。王力等[7]研究，中亚五国的耕地面积极为丰富，人均耕地面积可达0.49hm²；第二，中国新疆在农业劳动力资源方面更有比较优势。中亚五国虽然耕地面积数量巨大，但人口数量相对较小，属于农业劳动力相对短缺的国家；第三，中亚五国的农业用工成本明显低于中国新疆。中亚五国农业人均工资水平为2 618.93元/年，以棉花生产周期为6个月计算，平均每天的工资为14.5元/d，而中国新疆农业人均工资水平为80元/d。

乌兹别克斯坦是中亚五国中棉花产量和出口表现最优国家，该国一直坚持科研推动棉花产量提升和品质改善。乌兹别克斯坦目前已收集有棉花种质资源9 000多份，其中，本国的2 500份，美洲的2 500份，亚洲的2 000份，非洲的1 200份，澳洲的500份，是全球拥有棉花种质资源多的国家之一[8]。乌兹别克斯坦丰富的种质资源是拓展中亚五国与中国棉花产业合作范围的基础。

近年来，塔吉克斯坦通过发展种质资源研究和育种推动棉花产量的稳步提升, 2010 年、2011 年、2012 年产量分别为 95 000t、103 400 t 和 135 200 t。目前, 除俄罗斯返还的部分棉花种质资源外, 塔吉克斯坦也在不断寻求与乌兹别克斯坦合作。另外, 塔吉克斯坦重视同周边国家如伊朗、土耳其等国的交流合作关系。在国外种质资源和优良品种的交流引进方面, 塔吉克斯坦最早从中国新疆引进的棉花品种有新海 7 号 (海岛棉)、新陆早 1 号等[9]。

迄今为止, 中国农业科学院棉花研究所共收集到国内外陆地棉 6 822 份、陆地棉野生种系 350 份、海岛棉 585 份、亚洲棉 378 份、草棉 17 份、多年生野生棉 41 份, 合计 8 193 份, 我国棉花种质资源的保存数量稳居世界第 4位[10]。因此, 中国与中亚五国在种质资源领域都有丰富的资源, 各自都有种质资源合作需求, 也在丰富种质资源和科研育种推动棉花产量和品质方面有着共同的认知。

综上所述, 中亚五国耕地资源丰富、农业人口比重较大、人均工资水平较低, 可以与中国在棉花生产方面形成资源优势互补, 开发潜力大。

2. 棉花产量现状比较

根据联合国粮食及农业组织统计, 2000 年以来, 中亚五国的整体棉花产量波动较小, 其中, 乌兹别克斯坦棉花产量最高, 是世界第五大产棉国, 年均产量平均为 110.6 万 t, 是我国的棉花主要进口国之一; 其次为土库曼斯坦, 年均产量平均达到 26 万 t; 其他如哈萨克斯坦、吉尔吉斯斯坦及塔吉克斯坦产量较低, 年均产量平均 13 万 t 及以下。吉尔吉斯斯坦棉花产量最为稳定, 基本保持在年均 3 万 t 左右; 而土库曼斯坦产量波动较大, 近 5 年来才逐渐趋于平稳, 保持在20 万 t 左右; 塔吉克斯坦和哈萨克斯坦的产量极为接近, 并且两国 2010 年后棉花产量都出现了明显的涨幅, 未来前景较好。

中国从 2000 年以来的棉花产量呈现较为剧烈的波动, 尤其是 2000—2007年, 棉花产量连年上涨, 产量大幅增加, 从最初的 441.7 万 t 增长至 762 万 t, 年均增长 8.1%; 之后又出现了下降趋势, 2010 年之后又再度增长, 直至 2012年之后出现连续下降。因此, 中国棉花生产随年度波动较大, 对于本身是消费大国又是生产大国来说, 不利于本国棉花产业安全。

同样, 根据联合国粮食及农业组织统计, 中亚五国 2001—2013 年总棉花产量年平均波动率为 9.26%; 而中国新疆 2001—2013 年棉花产量波动年平均波动率为 13.26%。中国生产波动率均值比中亚五国棉花波动率均值高出 4 个百分点。一方面说明中国由于受到国内消费、国际市场、政策等多种因素影响, 对市场等诸多影响因素的反应较为敏感；另一方面也说明，中国的棉花生产容易受到国际市场的影响，竞争力逐渐减弱，植棉优势逐渐丧失。

3.资金投入状况比较

自中亚五国独立以来，虽然重视农业的程度在逐渐提高，但受经济发展的制约，农业投入体制仍然不够完善，中亚五国普遍存在农业资金投入不足的情况。2009—2012 年，中亚五国农业得到农业外部支持的资金总额相当于各国 2013 年的 GDP 比例分别为：乌兹别克斯坦 0.92%、塔吉克斯坦 5.4%、土库曼斯坦 0.1%、哈萨克斯坦 0.6%、吉尔吉斯斯坦 8.2%。其中，吉尔吉斯斯坦和塔吉克斯坦的棉花生产外部支持由于国内投入的微乎其微，主要仍然依赖联合国粮食及农业组织等国际组织的救济援助。

中国政府历来十分重视棉花生产，特别是改革开放以来，中国对棉花产业越来越重视，多次进行了棉花流通体制改革，中央财政也逐年增加对于棉花的投入，出台了良种补贴、大型农机具补贴、临时收储政策、棉花目标价格补贴等惠农政策，用来保证棉农收入、保障棉花产业安全。

整体来说，虽然中亚五国与中国新疆对棉花的投入总体仍显不足，但相对来说，中国新疆对棉花投入方面占有优势。

4.生产技术比较

棉花是乌兹别克斯坦、土库曼斯坦和塔吉克斯坦农业的支柱产业，占大田作物面积的 1/4 以上，但中亚五国棉花种植技术、农机具等目前还较为落后。以世界第五大产棉国——乌兹别克斯坦为例，第一，在采摘方式方面，目前乌兹别克斯坦的棉花大部分还靠手摘，其棉花纤维长度均在 32～35 mm，但是"三丝"比例较高；第二，在种植技术方面，乌兹别克斯坦的棉花播种使用的农机比较陈旧，不能做到精量播种，因此行距、整齐度都难以保证，并且当地在水资源的开发和利用方面也比较保守，水平较低；第三，在管理技术方面，乌兹别克斯坦目前人均可管理 2～3 亩棉花，处于世界较低水平。

中国的棉花生产技术体系已经较为成熟，中国新疆 70% 以上的棉花种植区均采用机采棉，2007 年开始中国就可以自主生产采棉机，目前国产采棉机的性能也在逐渐提高。在种植技术方面，中国采用气吸式精量播种机、棉花双膜覆盖精量播种机等进行精量播种，保证了栽培行距的统一。此外，灌溉方式采用膜下滴灌，不仅省水还可防止杂草生长。管理技术也处在世界前列，采用遥感、远红外检测等管理手段，最高人均可管理 500～1 000 亩棉田。

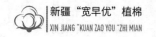

三、中国新疆与中亚五国棉花合作意义

"丝绸之路经济带"战略之所以能得到众多国家认可，是因为它摒弃意识形态的羁绊，将有关国家联系起来，强调通过友好合作达到互利共赢、共同发展，而实现的手段是通过友好协商、求同存异，最终结成"利益共同体"和"命运共同体"。

中国与中亚五国棉花产业合作，不仅能推动中国农业"走出去"战略在中亚地区的发展，也更加符合"丝绸之路经济带"倡导协同发展精神。在棉花产业中，中亚五国棉花产量在全球棉花占比总体呈现下降趋势，根据联合国粮食及农业组织有关统计，中亚五国在2003年棉花产量占全球棉花产量比为7.8%，2009年降为7.4%，而2013年降到6.7%，因此，中亚五国棉花产业发展未能赶上世界棉花产业发展平均水平。中国在2003年棉花产量占全球棉花产量比平均为25%，2009年为30.5%，而2013年为25.7%，总体上中国棉花产量呈现大波动式上升趋势；另外，中国生产棉花多为内需。在国际上，2000—2012年美国棉花出口累计2 720 662.85t，位居世界第一，远高于乌兹别克斯坦和巴西等棉花出口大国。由表8-4可知，中国棉花与中亚五国棉花贸易潜力巨大。

表8-4　中国棉花进口中亚五国进口比　　单位：%

国家	2007年	2008年	2009年	2010年	2011年	2012年	2013年	2014年
哈萨克斯坦	0.05	0.03	0.33	0.04	0.13	0.07	0.02	0.15
吉尔吉斯斯坦	0.01	0	—	0	0.01	—	—	—
塔吉克斯坦	0.02	0.01	—	0.08	0.02	0.13	0.07	0.08
土库曼斯坦	0.17	0.19	—	0.27	0.13	0	0.03	0.13
乌兹别克斯坦	11.4	8.02	10.92	11.98	6.18	5.92	7.38	5.83

数据来源：中国棉花网，http://dc.cncotton.com/dc/index/cn/portal.action。

1. 与中亚五国展开棉花产业合作的基础和潜力

（1）整体分析　农业尤其是棉花产业一直是中亚国家经济的支柱产业。中亚地区农业土地利用率较低，但农业土地肥沃，人均占有率高，具有较高的开发潜力，但受限于当地政府财政资金的紧缺，农业投入力度远远不足。

（2）棉花产业贸易潜力　目前就棉花进口而言，最具合作潜力的是乌兹别克斯坦，最具开发潜力的为哈萨克斯坦。但是，中国与中亚棉花贸易以中国进口未梳棉花为主，受限于国内棉花进口配额政策。而且，中亚国家加工企业设备落后，加工过程中对棉纤维损伤严重，质量大幅受损。就棉纺织品出口而言，中国主要向中亚国家出口棉纺织品，但棉纺织品的竞争优势在下降。

（3）棉企合作中的潜力　中亚国家地广人稀，光热条件及农业自然资源使之具有生产棉花的潜力。但受限于本国的资金和技术问题，发展困难。

2. 中国与中亚国家棉花产业互补性分析

第一，对中国而言，与中亚开展棉花产业合作，一是解决了国内粮棉争地的问题。二是为我国原棉进口提供来源国，增加稳定的国内原棉市场供给，提高中国在棉花国际市场上的棉花定价权。三是响应了国家在农业领域的"一带一路"政策。四是不仅增加了与中亚的合作深度，可以通过中亚与欧洲等国家展开合作。第二，就中亚地区而言，中亚棉花生产成本极低，农业（耕地）和种质资源丰富，净出口量仅次于美国。但由于府财政资金紧缺，生产管理模式的落后，极低的技术和资金投入，农业灌溉等基础设施的缺乏，中亚棉花种植面积减小、单产极低，棉花加工设备老旧。虽有较高增产潜力但依靠本国种植水平增产潜力弱。我国新疆农业现代化已经比较完善，在作物生产上，高密度种植技术、矮化种植技术、膜下滴灌技术、膜上精量点播技术、秋耕冬灌溉蓄水保墒预防病虫害技术、滴水出苗、田间因苗诊断技术、水肥一体化技术、生物菌肥和缓释肥技术、化学调控技术、机械收获技术、智能加工种子皮棉技术、现代育种技术等已经大幅增加了作物的产量。这为中国与中亚地区展开棉花产业合作提供了基础条件。第三，调研发现，目前中亚部分国家农业部门、种子管理部门及棉花加工企业均希望引进中国棉花品种和种植技术，以提高本国棉花产量，带动棉农植棉积极性，这为双方提供了合作方向。

因此，相比美国单方面强势棉花贸易输出，无论是中亚国家依托"丝绸之路经济带"，开展区域合作，解决长期经济发展内生动力不足，还是中亚五国和中国新疆形成的良好合作条件，棉花产业合作无疑将是互利共赢的合作项目之一。

四、与中亚国家合作建议

植棉业虽然是中亚五国的支柱性产业也是优势产业，但是，其产棉量相对于我国大的需求还是不足；中亚五国近年来自身在不断发展植棉业的下游产业纺织品，使其可供出口的棉花量在不断减少。因此，我国从中亚五国进口棉花贸易不应再成为我国与中亚五国棉花产业合作的重点，其重点应放在我国与中亚五国棉花项目合作上，特别是我国对于中亚五国棉花投资上。我国与中亚五国就棉花产业存在着较强的互补性。但从进口贸易方面来看，已经无法满足我国的需求，因此，我国应与中亚五国在棉花产业上进行合作。一方面可以解决我国棉花自给不足、质量低下的问题，有利于突破我国棉花产业的发展瓶颈；另一方面可以让中亚五国在植棉业的基础设施及技术方面得到改善，以及使得中亚五国获得资金方面的支持，这将使我国与中亚五国都可以从中获利。考虑到中亚五国各国之间存在着较大的差异，故针对不同的国家提出以下具体建议。

一是塔吉克斯坦和吉尔吉斯斯坦虽然在植棉方面存在着普遍有利的气候条件，但对于植棉业的技术和基础设施方面均存在着较大的劣势。因此，应利用我国的纺织产业、区位、技术优势和塔、吉两国的环境、市场、人力资源优势，在当地打造现代化棉花产业基地，带动当地棉花产业，助力塔、吉两国经济发展。

二是从以往来看，我国对哈萨克斯坦主要以直接投资为主。对于新时期推动中哈棉花产业合作而言，我国应结合目前在哈萨克斯坦重大棉花产业项目，加大棉业机械的市场开拓力度，促使中哈棉花贸易由产业间向产业内发展。政府方面，应尽快商讨签署中哈投资协定和避免双重征税协定，着力降低交易成本，提高服务效率，为企业"入哈"提供良好的营商环境。

三是对于乌兹别克斯坦而言，目前我国已是乌第一大投资国（第一大棉花买家）第一大电信设备和土壤改良设备供应国。而我国新疆地区与其棉花产业的结构趋同使中乌贸易很容易受到两国市场变化的影响。因此，我国应鼓励不同环节的棉花企业联合出海，在乌开展上下游合作，构建作物种植、收购、加工、仓储物流、贸易等涉棉产业链。

四是相较于其他中亚四国而言，我国与土库曼斯坦棉花产业方面的合作较少。我国企业到土库曼斯坦从事进口业务的中国公司基本上全都没有棉花进口经营权，主要从事棉花的副产品棉短绒的进口。近年来，土库曼斯坦花费巨额投资用于完善及升级该国的纺织业，这使得我国纺织业的投资机会变得更多。因此，对于我国与土库曼斯坦就棉花产业合作而言，我国应加强与东道国政府的合作，可以邀请东道国政府和当地有一定影响力的企业共同投资。

五、中亚与中国新疆棉花产业合作模式

中亚棉花产业合作能为农业区域合作注入新活力，开展比现今农产品贸易更为多元化的农业区域合作，推动中亚五国与中国之间多元化、深层次互动合作，

提升中亚五国与中国棉花产业在国际棉花产业中的竞争力，形成区域农业合作优势。基于由单一领域合作模式向多领域、多层次合作是农业合作发展趋势，提出以下生产合作、贸易合作到生产＋贸易合作模式、"两园模式"。

1．生产合作模式

生产合作模式，指农产品在种植管理领域进行合作。

（1）种质资源合作　中亚五国共同构建以中亚五国和中国新疆地理环境的种质资源平台，以市场利益为主的形式推动平台发展，构建育种研发、推广种植利益合理分配机制，推动平台发展。

（2）土壤改良合作、病虫害防治合作　中国新疆棉花产业发展生态瓶颈已经凸显。同时，中亚五国尤其是乌兹别克斯坦的生态防病虫害和轮作防止土壤老化技术，也是推动中国新疆休耕和轮作合作项目成功的保障。

（3）棉花种植管理合作　中国新疆在棉花种植节水灌溉和田间管理技术上，已经形成先进的现代化农业生产技术。

针对跨国农业生产合作方面，合作方式有农业技术创新联盟合作、企业联合合作以及农业科技园合作，以达到双方共同经营、利润共享的模式。这种模式会比单边开发成本小、收益大。

2．贸易合作模式

贸易合作模式，多指农产品国际或区域贸易合作。中亚五国和中国棉花贸易合作空间巨大，合作方式有棉花通道合作、出口合作以及共同开发中亚、欧洲市场等。与大部分发展中国家相比，乌兹别克斯坦的纺织业及服装加工出口业在市场准入条件方面具有相对优势。乌兹别克斯坦服装被许可进入美国、欧盟等世界主要服装市场，由于乌兹别克斯坦享受美国最惠国待遇，没有配额限制并享受特惠税率。在服装纺织方面，中亚五国和中国新疆可通过互补式构建合作项目，从而带动整个中亚地区服装产业发展。

在贸易合作制度安排方面，对于中亚五国和中国棉花产业来说，较为适宜的合作方式有优惠贸易安排和自由贸易区等方式，也是降低交易成本、推动商业贸易繁荣途径之一。

3．生产＋贸易合作模式

生产＋贸易合作模式，是合作发展较高级阶段，是产加销整体产业链合作。但是要根据中亚五国各国发展状况，通过比较优势来进行棉花产业合作。如生产合作适宜在充裕农业资源和廉价的农业劳动力国家之间展开，如吉尔吉斯斯坦和

塔吉克斯坦；而哈萨克斯坦和土库曼斯坦除了生产合作之外，因其工业基础相对较好，也适宜拓展纺织业等工业方面合作；而乌兹别克斯坦不仅具有较好的生产管理技术和纺织工业基础，而且具有世界主要服装市场的市场准入优势，更适宜展开全产业链合作。

中亚五国和中国新疆棉花产业合作，在国际上，有利于同国际其他棉花生产和贸易大国的竞争，拓展中亚五国和中国棉花产业的国际市场；在国内，对中亚五国来说有利于促进本国棉花产业发展，对中国来说，不仅有利于缓解美国等棉花大国的贸易冲击，也利于中国新疆先进成熟现代棉花产业技术输出，调整中国产业结构，发展棉花相关的第三产业。

4."两园模式"——"农业示范园区"＋"棉花产业园区"

新疆中泰新建新丝路农业投资有限公司（下称"中泰新丝路"），是在2014年，由新疆维吾尔自治区大型国有企业新疆中泰有限责任公司与新疆生产建设兵团所属中新建国际农业合作有限责任公司建立的合营企业。该企业在塔吉克斯坦建立了集棉花种植、加工、纺织、销售为一体的纺织产业园项目。公司已投资项目5个，涉及棉纺、农机服务、设施农业、农业基金管理等领域，项目总投资30 307万元。其中，全资子公司1个，五五均股公司2个，参股公司2个。投资新建农机维修站1座，占地面积3.2万 m²（48亩），可满足246台各类农机器具的保养维修；投资建设钢结构棉籽库棚1座，占地面积3 800 m²；新建种子加工厂及滴灌带生产厂；对棉花种植区的5座泵站进行更新改造，水利设施滴灌面积3.5万亩，设施管道沟灌面积1万亩，传统沟灌10.5万亩。2018年计划种植棉花15万亩，其中，12万亩为公司种植，3万亩与当地家庭农场合作种植。

作为中塔两国农业合作重点项目之一，该项目正在农行新疆兵团分行的金融支持下不断发展壮大，带动当地农业产业飞速发展。目前公司成为首个在塔吉克斯坦大规模使用滴灌节水灌溉设施种植棉花等农作物的企业，已经在塔吉克斯坦建成该国最大的种子加工厂、滴灌带厂，并将"公司＋农户"的种植模式在塔吉克斯坦推广应用。

2017年，新疆农垦科学院承担的"中吉现代农业技术联合研究与示范中心"项目在吉尔吉斯斯坦展开，主要是以玉米制种和玉米生产示范、向日葵制种和向日葵生产示范为工作重心，面积835亩，根据当地的气候条件以及机械化水平的高低，针对不同的作物采用不同的耕作方式和灌溉方式。项目主要涉及：首先，棉花和玉米作物品种的审定；其次，在当地设立玉米制种机构，培育出了符合当地需求的玉米品种，品种销售良好。同时，建立了玉米生产示范区，棉花栽培技术推广区，并为当地政府官员、科研院校、农场主等提供相关培训。最后，在当地开展技术交流会议，交流玉米制种和栽培技术应用方面的经验。

新疆农垦科学院联合国内农业物资相关企业在塔吉克斯坦建立"中塔棉花新品种联合研究与示范基地"，集现代农业科技合作、棉花新品种植技术研发试验、示范展示、技术服务及培训为一体。立足于塔吉克斯坦国内棉花亟需发展的现状，通过技术引领，引进和筛选适合塔吉克斯坦国内种植的棉花高产优质的新品种和建立相应的棉花栽培技术，解决塔吉克斯坦国内棉花种植品种品质低，栽培技术差等亟待解决问题。具体实施内容：首先，建设中塔棉花新品种联合研究与示范基地。选择合适的地区开展棉花新品种引进和筛选研究，结合各种品种对比试验，筛选出适合塔吉克斯坦国内种植的高产优质棉花新品种（品系），为棉花生产示范、技术培训等提供保障。其次，开展棉花新品种（品系）配套技术体系联合研究与展示示范。开展棉花新品种高产栽培等试验研究。对筛选出的适合当地的棉花新品种，提出适应当地推广的棉花新品种高产高效栽培技术模式，并通过技术集成创建当地的高产示范田，展示示范兵团现代化农业生产技术的集成创新成果。最后，开展棉花新品种（品系）推广技术服务和培训。组织农业专家在当地开展棉花新品种种植技术服务和培训，通过发放资料、播放视频、召开现场会等方式培养塔吉克斯坦国内棉花新品种栽培和推广的农技人才，提高棉花种植人员素质和农业生产技术水平。中国新疆通过与中亚五国棉花产业合作，进一步拓展新疆棉花产业前景，丰富中国农业"走出去"战略和"丝绸之路经济带"内涵。

参考文献

［1］ 左文龙，汪寿阳，陈曦，等．新疆水资源开发利用现状及其应对跨越式发展的战略对策［J］．新疆社会科学，2013（1）：33-34.

［2］ 吴春辉．新疆农业节水灌溉现状分析［J］．吉林水利，2019（12）：39-44.

［3］ 李雪源，王俊铎，梁亚军，等．新疆棉花生产形势与任务［C］//中国棉花学会 2014 年年会论文汇编，2014.

［4］ 陈传强，蒋帆，张晓洁，等．我国棉花生产全程机械化生产发展现状、问题与对策［J］．中国棉花，2017，44（12）：1-4.

［5］ 李雪源．新疆棉花高效栽培技术［M］．北京：金盾出版社，2013.

［6］ 傅亭林，杨莲娜．我国与中亚五国棉花贸易潜力研究［J］．宜春学院学报，2019，4（2）：44-50.

［7］ 王力，苗海民，温雅．中国与中亚五国棉花合作潜力分析及模式探究［J］．新疆大学学报（哲学·人文社会科学版），2016，44（5）：64-69.

［8］ 沈本久，朱文金．乌兹别克棉花高产优质经验［J］．新疆农业学校，1996（1）：46.

［9］ 师伟军．对塔吉克斯坦棉花生产与科研的考察报告［J］．江西棉花，2011，10（33）：65.

［10］杜雄明，周忠丽，贾银华，等．中国棉花种质资源的收集与保存［J］．棉花学报，2007，19（5）：350.

附 录
"宽早优"植棉发布实施的地方标准

为促进"宽早优"植棉技术规范化、标准化，中国农业科学院棉花研究所经过十余年的努力，制定了"宽早优"植棉相关技术标准，经有关部门批准并发布实施。截至2020年已发布实施9项。

一、"宽早优"机采棉优质化生产技术规程（DBN6523/T 231–2018）

（昌吉回族自治州质量技术监督局 2018–07–10 发布，2018–08–10 实施）

1 范围

本标准规定了机采棉优质化生产技术的术语定义、生产目标、基本要求、优质化生产、机械采收和加工等。

本标准适用于纤维品质指标优良、"宽早优"棉花机械化采收的优质化生产，其他类似地区可参照执行。

2 规范性引用文件

下列文件对于本文件的应用是必不可少的。凡是注日期的引用文件，仅所注日期的版本适用于本文件。凡是不注日期的引用文件，其最新版本（包括所有的修改单）适用于本文件。

GB 4407.1 经济作物种子 第1部分 纤维类

GB 8321 农药合理使用准则

GB 13735 聚乙烯吹塑农用地面覆盖薄膜

NY 400 硫酸脱绒与包衣棉花种子

NY/T 1133 采棉机 作业质量

NY/T 1276 农药安全使用规范 总则

NY/T 1384 棉花泡沫酸脱绒包衣技术规程

DBN6523/T 233 "宽早优"植棉　种子质量标准

3　术语与定义

下列术语和定义适用于本标准。

3.1　"宽早优"植棉 "kuanzaoyou" planting cotton

宽等行种植、促早发早熟、品质优良的植棉方式。具体是：76 cm 等行距种植、增强立体采光（株高 70 ～ 80 cm，株间通风透光），促早发（4 月苗、5 月蕾、6 月花、7 月铃）、早熟（8 中下旬吐絮，喷洒脱叶剂时自然吐絮率达 40% 以上，且不早衰），生产优质原棉的植棉方法。

3.2　优质化生产 high-quality production

实现"优质棉"纤维品质指标的生产过程。

3.3　优质棉 high-quality cotton

符合纺织工业需要，各纤维品质指标匹配合理的棉花。

3.4　机采籽棉 machine harvested cotton

采用棉花采收机采收的籽棉。

3.5　原棉 raw cotton

供纺织厂作纺织原料等用的皮棉。

3.6　宽等行 wide equal line

行距相对"矮密早"植棉模式的行距较宽，且宽度相等，是区别于宽行、窄行相间种植的一种种植方式。

3.7　精量播种 precision sowing

使用棉花精量播种机械，按照栽培要求将预定数量的高质量棉花种子每穴 1 粒播种。

4　生产目标

4.1　品质目标

机采的籽棉质量优于 NY/T 1133—2006《采棉机　作业质量》指标；收获的籽棉在加工过程中，经籽清、皮清的次数较常规机采棉减少；优质原棉比例 90% 以上。纤维品质达到 AA 级以上，其中：纤维长度 30 mm、长度整齐度指数 ≥ 83、断裂比强度 ≥ 30 cN/tex、马克隆值 3.7 ～ 4.9。

4.2　产量目标

皮棉产量每公顷 2 200 kg 以上，自然吐絮率不低于 85%。

5　基本要求

5.1　气候条件

在昌吉早熟、特早熟棉区，在喷洒脱叶剂时，棉株自然吐絮达 30% ～ 40% 的要求。

5.2　灌排条件

田地配套灌排系统、水源能满足棉花生育期需水量及冬春灌需求。

5.3　田块条件

棉田长度、宽度、面积、平整度符合或优于采棉机作业条件要求；土壤肥力中等以上。

5.4　区域化种植

依据气候、土壤、生产条件等在一个区域内规划种植 1 ～ 2 个棉花品种，并分区种植。

6　优质化生产技术

6.1　品种选择

6.1.1　选用品质优良（籽清、皮清后达到预定品质目标）、适合机械采收、高产、抗病、抗逆性强的早熟或特早熟棉花品种；利用现代育种技术，加快培育与机采相吻合且符合上述要求的新品种进程。

6.1.2　种子质量符合 DBN 6523/T 233 的规定，优于 GB 4407.1、NY 400、NY/T 1384 的指标，符合种子精选、粒重分级、分区播种技术要求。

6.2　宽等行种植

按照"宽早优"植棉技术要求，实行 76 cm 或 86 cm 宽等行距种植；采用铺管（滴灌管带）、铺膜、压膜、精量穴播、播种行覆土等一体机播种，每行 1 条滴灌带，采用膜厚 ≥ 0.01 mm，拉力、强度优于 GB 13735 的地膜，行上覆膜的 1 膜 3 行，膜宽 2.05 m（76 cm 等行距）。

6.3　减株增高

减株：高产棉田（公顷皮棉产量 2 250 ～ 3 000 kg 以上），播种密度 13.5 万 ～ 15 万株 /hm^2，等行距 76 cm，株距 8.77 ～ 9.75 cm；一般棉田（公顷皮棉产量 1 500 ～ 2 250 kg），播种密度 13.5 万 ～ 18 万株 /hm^2，等行距 76 cm，株距 7.31 ～ 9.75 cm；株高增至 90 ～ 100 cm，单株保留果枝 7 ～ 9 苔，7 月 1 日打顶结束。

6.4 促早发早熟

6.4.1 适期早播

当膜下 5 cm 地温连续 3 d 稳定通过 12℃时即可播种，正常年份在 4 月 5—20 日间为宜。

6.4.2 播种深度

播深 1.5 cm，覆土厚度 1～1.5 cm。

6.4.3 提高整地和播种质量

整地质量：秋季翻耕深 30 cm 左右，施足有机肥。春耕时结合耙地清除残膜等杂物；播前施用除草剂对土壤进行封闭处理。播种前土壤达到"平（土地平整）、齐（地边整齐）、松（表土疏松）、碎（土碎无坷垃）、墒（足墒）、净（土壤干净无杂草、秸秆、残膜等杂物）"的标准。

播种质量：铺膜平展紧贴地面，压膜严实，覆土适宜；滴水管带每行棉花一带，播种时确保迷宫朝上，滴头朝播种行，位置准确；铺膜压膜铺设管带不错位、不移位；播行端直，深浅一致，覆土均匀，接行准确，不漏不重；播量精准，空穴率 2% 以下，单粒率 95% 以上，出苗率 90% 以上。

6.4.4 水分管理

干播湿出田块及时滴出苗水，6 月上中旬适时滴头水，滴灌一般间隔 7～10 d，视墒情、苗情和天气适当调整。8 月下旬至 9 月上旬停水。

6.4.5 养分供应

棉花生育期每公顷施入氮（N）240～300 kg、磷（P_2O_5）120～150 kg、钾（K_2O）180～200 kg。其中氮肥的 20%、磷肥的 50%～60% 可作基肥，其余的作追肥。

根据棉花长势和土壤质地，结合滴灌耦合追施磷钾肥，初花期追施 30%～40%、花铃期追施 60%～70%。补施硼、锌等微量元素肥料每公顷 15～30 kg。

6.4.6 化控

膜下滴灌棉田子叶期到 2 片真叶期化控，每公顷缩节胺（98% 甲哌鎓）用量 4.5～7.5 g 加水适量喷叶，弱苗可不调；5～7 叶期每公顷用缩节胺 7.5～15 g，一般不超过 22.5 g；盛蕾期每公顷用缩节胺 22.5～30 g，若要灌水，可在灌水前 2～3 d 喷洒；花铃期采用水控与化控结合，只对点片较旺长的棉花喷施，一般不进行大面积的机力喷施；打顶后 8～10 d 用缩节胺 120～225 g 喷施一次，之后视长势确定是否喷施第二次。

6.4.7　病虫草害防控

病虫防控：采用农业防治、生物防治、物理防治、化学防治方法防治病虫为害，最大限度减少土壤和环境污染。化学农药防治按照 GB/T 8321、NY/T 1276 执行。

草害防控：检疫把关，严格控制检疫性杂草交互携带传播；清除田内及其田埂路旁杂草，控制繁殖扩散；高温腐肥，灭活杂草种子；结合田间中耕、开沟施肥灭除杂草；选用无污染、无残留的除草剂灭除杂草。

6.5　生育期揭膜回收

宜于棉花盛蕾初花期、滴头水前采用行间地膜回收机回收地膜，控制土壤和田间残膜；头水前未揭膜棉田，于打秆前和春季整地前机械和人工两次回收残膜，回收率 80％ 以上。

6.6　机械采收

6.6.1　脱叶催熟

选择适宜催熟脱叶剂，于日平均气温在 18℃ 以上，喷药时棉株自然吐絮率 40％ 以上、喷透、喷匀棉株。

6.6.2　适时机采

采用采棉机收获，当棉株吐絮率 95％ 以上、脱叶率 95％ 以上、籽棉自然含水率符合机采标准时及时采收。采收时间控制在当日上午 10 时以后至晚上 12 时前采收。优质棉花采收一次完成，并单收、单运、单贮。采棉机操作人员要专业培训、熟练操作，严格操作规程。

6.6.3　异性纤维防控

收获前清除田间破碎地膜、废弃编织袋等，人工采收地头等环节要使用棉布兜、棉布袋，头戴棉布帽，严防异性纤维混入。

6.7　加工

机采棉宜采用"即采即轧即清理"的方式；控制籽棉、皮棉清理次数，既保证清杂效果，又减少对纤维的损伤。

二、"宽早优"机采棉生产技术规程（DBN 6523/T 232—2018）

（昌吉回族自治州质量技术监督局 2018-07-10 发布，2018-08-10 实施）

1　范围

本标准规定了"宽早优"机采棉的术语定义、生产目标、基本要求、栽培技术、收获等。

本标准适用于"宽早优"机采棉的区域，其他类似地区可参照执行。

2　规范性引用文件

下列文件对于本文件的应用是必不可少的。凡是注日期的引用文件，仅所注日期的版本适用于本文件。凡是不注日期的引用文件，其最新版本（包括所有的修改单）适用于本文件。

GB 4407.1　经济作物种子　第 1 部分　纤维类

GB 8321　农药合理使用准则

GB 13735　聚乙烯吹塑农用地面覆盖薄膜

NY 400　硫酸脱绒与包衣棉花种子

NY/T 1276　农药安全使用规范　总则

NY/T 1384　棉花泡沫酸脱绒包衣技术规程

DBN6523/T 233　"宽早优"植棉　种子质量标准

3　术语与定义

下列术语和定义适用于本标准。

3.1　"宽早优"植棉 "kuanzaoyou" planting cotton

宽等行种植、促早发早熟、品质优良的植棉方式。具体是：76 cm 等行距种植、增强立体采光（株高 70 ～ 80 cm，株间通风透光）、促早发（4 月苗、5 月蕾、6 月花、7 月铃）、早熟（8 中下旬吐絮，喷洒脱叶剂时自然吐絮率达 40% 以上，且不早衰），生产优质原棉的植棉方法。

3.2　宽等行 wide equal line

行距相对"矮密早"植棉模式的行距较宽，且宽度相等，是区别于宽行、窄行相间种植的一种种植方式。

3.3　优质棉 high-quality cotton

符合纺织工业需要，各纤维品质指标匹配合理的棉花（NY/T 1426—2007 定义 3.8）。

3.4　精量播种 precision sowing

使用棉花精量播种机械，按照栽培要求将预定数量的高质量棉花种子每穴 1 粒播种。

4　生产目标

4.1　品质目标

优质棉比例 90% 以上。纤维品质达到 AA 级以上，其中：纤维长度 28 mm、

长度整齐度指数 ≥ 83、断裂比强度 ≥ 28 cN/tex、马克隆值 5.0 以内。

4.2　产量目标

皮棉产量每公顷 2 200 kg 以上，自然吐絮率不低于 85%。

5　基本要求

5.1　气候条件

在昌吉早熟棉或特早熟棉区，满足喷洒脱叶剂时，棉株自然吐絮率达 30% ～ 40% 的要求。

5.2　灌排条件

田地配套灌排系统、水源能满足棉花生育期需水量及冬春灌需求。

5.3　土壤条件

土壤质地主要以轻沙壤土、壤土、轻黏土为宜。地势平坦，土壤肥力中等以上。

6　栽培技术

6.1　播前准备

秋季翻耕深 30 cm 左右，施足有机肥。春耕时结合耙地清除残膜等杂物；播前施用除草剂对土壤进行封闭处理。播种前土壤达到"平（土地平整）、齐（地边整齐）、松（表土疏松）、碎（土碎无坷垃）、墒（足墒）、净（土壤干净无杂草、秸秆、残膜等杂物）"的标准。

6.2　播种

6.2.1　品种选择

选用符合生产目标，适应当地自然条件、生产条件，具有优质、抗病、丰产、抗逆等综合性状的早熟、特早熟品种。棉花种子质量应优于 GB 4407.1、NY 400、NY/T 1384 的规定，与"宽早优"植棉技术相配套，符合 DBN 6523/T 233 的规定。

6.2.2　播种期

当膜下 5 cm 地温连续 3 d 稳定通过 12℃ 时即可播种，正常年份在 4 月 5—20 日为宜。

6.2.3　播种方式

采用铺管（滴灌管带）、铺膜、压膜、精量穴播、播种行覆土等一体机播种，要求每穴单粒率 95% 以上、空穴率 2% 以下。膜厚 ≥ 0.01 mm，膜宽 2.05 m，1 膜 3 行，76 cm 等行距种植，每行 1 条滴灌带。

6.2.4　种植密度

高产棉田（公顷皮棉产量 2 250 ～ 3 000 kg 以上），播种密度 13.5 万～ 15.0 万株 /hm²，等行距 76 cm，株距 8.77 ～ 9.75 cm；一般棉田（公顷皮棉产量 1 500 ～ 2 250 kg），播种密度 13.5 万～ 18.0 万株 /hm²，等行距 76 cm，株距 7.31 ～ 9.75 cm。株高增至 70 ～ 80 cm，单株保留果枝 7 ～ 9 苔，7 月 1 日前打顶结束。

6.2.5　播种深度

播深 1.5 cm，覆土厚度 1.0 ～ 1.5 cm。

6.2.6　覆膜和播种质量

采用膜厚 ≥ 0.01 mm，拉力、强度优于 GB 13735 的地膜，铺膜平展紧贴地面，压膜严实，覆土适宜；滴水管带每行棉花一带，播种时确保迷宫朝上，滴头朝播种行，位置准确；铺膜压膜铺设管带不错位、不移位；播行端直，深浅一致，覆土均匀，接行准确，不漏不重；播量精准，空穴率 2% 以下，单粒率 95% 以上，种子与膜孔错位率 3% 以下，出苗率 90% 以上。

6.3　田间管理

6.3.1　滴灌

干播湿出田块及时滴出苗水，6 月上中旬适时滴头水，滴灌一般间隔 7 ～ 10 d，视墒情、苗情和天气适当调整。8 月下旬至 9 月上旬停水。

6.3.2　施肥

棉花生育期每公顷施入氮（N）240 ～ 300 kg、磷（P_2O_5）120 ～ 150 kg、钾（K_2O）180 ～ 200 kg。其中氮肥的 20%、磷肥的 50% ～ 60% 可作基肥，其余的作追肥。

根据棉花长势和土壤质地，结合滴灌耦合追施磷钾肥，初花期追施 30% ～ 40%、花铃期追施 60% ～ 70%。补施硼、锌等微量元素肥料每公顷 15 ～ 30 kg。

6.3.3　化控

膜下滴灌子叶展平时，结合防治蓟马第 1 次化控，喷施缩节胺（98% 甲哌鎓）每公顷 7.5 ～ 15.0 g；棉田 2 片真叶期旺长，每公顷缩节胺（98% 甲哌鎓）用量 4.5 ～ 7.5 g 加水适量喷叶，弱苗可不调；5 ～ 7 叶期旺长每公顷用缩节胺 7.5 ～ 15.0 g，一般不超过 22.5 g；盛蕾期每公顷用缩节胺 22.5 ～ 30.0 g，若要灌水，可在灌水前 2 ～ 3 d 喷洒；花铃期采用水控与化控结合，只对点片较旺长的棉花喷施，一般不进行大面积的机力喷施；打顶后 8 ～ 10 d 用缩节胺 120 ～

225 g 喷施一次，之后视长势确定是否喷施第 2 次。

6.3.4　打顶

单株保留果枝 7 ～ 9 苔，株高控制在 80 ～ 90 cm，早熟棉区 7 月 1 日前后为宜。

6.3.5　病虫害防治

采用农业防治、生物防治、物理防治、化学防治方法防治病虫为害，最大限度减少土壤和环境污染。化学农药防治按照 GB/T 8321、NY/T 1276 执行。

6.3.6　杂草防治

检疫把关，严格控制检疫性杂草交互携带传播；清除田内及其田埂路旁杂草，控制繁殖扩散；高温腐肥，灭活杂草种子；结合田间中耕、开沟施肥灭除杂草；选用无污染、无残留的除草剂灭除杂草。

6.4　脱叶催熟

选择适宜催熟脱叶剂，于日平均气温在 18℃ 以上、喷药时棉株自然吐絮率40% 以上，喷透、喷匀棉株。

6.5　揭膜回收

宜于棉花盛蕾初花期、滴头水前，一般 6 月上中旬揭膜或切除边膜并回收，控制土壤和田间残膜；头水前未揭膜棉田，于打秆前和春季整地前机械和人工两次回收残膜，回收率80% 以上。

7　收获

7.1　机械采收

棉花采摘采用采棉机收获，当棉株吐絮率95% 以上、脱叶率95% 以上、籽棉自然含水率符合机采标准12% 以下及时采收。并单收、单运、单贮。采棉机操作人员要专业培训、熟练操作，严格操作规程。

7.2　异性纤维防控

收获前清除田间破碎地膜、废弃编织袋等，推广机械采收。如人工采收地头等环节要使用棉布兜、棉布袋，头戴棉布帽，严防异性纤维混入。

三、"宽早优"植棉 种子质量标准（DBN6523/T 233—2018）

（昌吉回族自治州质量技术监督局 2018-07-10 发布，2018-08-10 日实施）

1　范围

本标准规定了"宽早优"植棉 种子质量的术语定义、质量要求、质量检验、

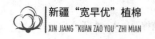
检验规则、配套技术。

本标准适用于昌吉州棉区以及生产环境相似的植棉区。

2 规范性引用文件

下列文件对于本文件的应用是必不可少的。凡是注日期的引用文件，仅所注日期的版本适用于本文件。凡是不注日期的引用文件，其最新版本（包括所有的修改单）适用于本文件。

GB/T 3242—2012 棉花原种生产技术规程

GB/T 3543.2 农作物种子检验规程 扦样

GB/T 3543.7—1995 农作物种子检验规程 其他项目检验

NY 400—2000 硫酸脱绒与包衣棉花种子

3 术语与定义

下列术语和定义适用于本标准。

3.1 "宽早优"植棉 "kuanzaoyou" planting cotton

宽等行种植、促早发早熟、品质优良的植棉方式。具体是：76 cm 等行距种植、增强立体采光（株高 70 ～ 80 cm，株间通风透光），促早发（4 月苗、5 月蕾、6 月花、7 月铃）、早熟（8 中下旬吐絮，喷洒脱叶剂时自然吐絮率达 40% 以上，且不早衰），生产优质原棉的植棉方法。

3.2 种子 seeds

指用于棉花种植的材料和繁殖的材料，是用于棉花生产、有生命的生产资料。

3.3 毛籽 fuzzy seeds

籽棉经轧花、剥绒，其表面附着有短绒的棉籽。NY 400—2000。

3.4 脱绒籽 naked seeds

经脱绒及精选后的棉籽。通常又称光籽。NY 400—2000。

3.5 包衣种子 capsuled seed

将种衣剂均匀地包裹在脱绒子表面并形成一层膜衣的种子。NY 400—2000。

3.6 精量播种 precision sowing

使用棉花精量播种机械，按照栽培要求将预定数量的高质量棉花种子每穴 1 粒播种。

4　质量要求

4.1　毛籽质量指标，见表1。

表1　毛籽质量指标

项目	纯度（%）		净度（%）	发芽率（%）	水分（%）	健子率（%）	破子率（%）	短绒率（%）
	原种	良种						
质量指标	≥99.5	≥98.0	≥98.0	≥85.0	≤12.0	>85	≤5	≤9

4.2　光籽质量指标，见表2。

表2　光籽质量指标

项目	纯度（%）		净度（%）	发芽率（%）	水分（%）	残酸率（%）	破子率（%）	残绒指数
	原种	良种						
质量指标	≥99.5	≥98.0	≥99.5	≥95.0	≤12.0	≤0.15	≤2	≤15

4.3　包衣种子质量指标，见表3。

表3　包衣种子质量指标

项目	纯度，%		净度%	发芽率%	水分%	破子率%	种衣覆盖度%	短绒率%
	原种	良种						
质量指标	≥99.5	≥98.0	≥99.5	≥95.0	≤12.0	≤2	≥95.0	≤99.65

4.4　光籽和包衣种子粒重（平均粒重的%）分级指标，见表4

表4　光籽和包衣种子粒重（平均粒重的%）分级指标

项目	1级	2级	3级（不合格）
质量指标	90%～120%	80%～89%	<80%和>120%

5　质量检验

　　光籽和包衣种子粒重分级方法：按照GB/T 3543.2和GB/T 3543.7—1995第四篇规定方法执行，测定该品种的平均籽指，1级和2级为合格种子，按级别在

棉田分区播种，3 级不作种子。其他按照 NY 400—2000 规定的方法执行。

6 检验规则

以品种纯度指标为划分种子质量级别的依据，纯度达不到原种指标降为良种，达不到良种指标即为不合格种子，即"宽早优"植棉不宜使用。如达不到本标准规定的良种指标，高于 NY 400—2000 规定的良种最低指标，若用于其他植棉方式可自选择；达不到 NY 400—2000 规定的良种纯度最低指标，即为不合格种子。

以发芽率等其他指标为划分种子质量级别的依据，达不到规定指标为不合格种子，不宜作"宽早优"植棉种子。

7 标志、包装、运输、贮存

按照 NY 400 规定执行。

8 配套技术

8.1 执行 GB/T 3242—2012，提高种子纯度和质量。

8.2 宜加强种子田管理，提高种子产量和质量。

8.3 加强种子精选，在保证种子质量的前提下，提高种子利用效果。

四、"宽早优"植棉播种质量控制技术规程（DBN 6523/T 274—2019）

（昌吉回族自治州市场监督管理局 2019–07–01 发布，2019–07–31 实施）

1 范围

本标准规定了"宽早优"植棉模式下棉花播种质量的术语和定义、播前准备、播种要求、播种检查等技术规范。

本标准适用于昌吉棉区"宽早优"模式棉花播种质量控制技术规范。其他类似地区可参照执行。

2 规范性引用文件

下列文件对于本文件的应用是必不可少的。凡是注日期的引用文件，仅所注日期的版本适用于本文件。凡是不注日期的引用文件，其最新版本（包括所有的修改单）适用于本文件。

GB 4407.1 经济作物种子 第 1 部分：纤维类

GB/T 19812.1 塑料节水灌溉器材 第 1 部分：单翼迷宫式滴灌带

NY/T 1118 测土配方施肥技术规范

NY/T 1559 滴灌铺管铺膜精密播种机质量评价技术规范

DB65 3189　聚乙烯吹塑农用地面覆盖薄膜

DBN 6523/T 233　"宽早优"植棉种子质量标准

3　术语和定义

下列术语和定义适用于本标准。

3.1　精量播种 precision sowing

使用棉花精量播种机械，按照栽培要求将预定数量的高质量棉花种子每穴 1 粒播到棉田土壤中适当位置的播种技术方法。

3.2　空穴率 empty hole rate

播种过程中，按照单穴单粒的要求落入种子而因杂物代替或无种子落入造成空穴。空穴数与播种穴数的比例即为空穴率，以百分数表示。

3.3　错位率 dislocation rate

错位是指播种时种子落入种穴位置偏于一侧或地膜打孔位置与种孔不对应，造成种子发芽时顶膜出苗。错位穴数与播种穴数的比例即为错位率。

3.4　重播指数 replay index

重播是指播种时因二次种穴打孔而造成重复落入种子。重播穴数与应播种穴数的比例即为重播指数。

3.5　漏播指数 miss see ding index

播种过程中，按照密度与株距设计原则，应该进行膜上打孔并播入种子但未打孔和播种的为漏播。漏播距离除以株距为漏播穴数，漏播总穴数与应播总穴数的比例即为漏播指数。

4　播前准备

4.1　整地质量

前茬作物秋季翻耕深 30 cm 左右，施足底肥。春季适墒整地为待播状，清除残膜等杂物；播种前土壤达到"平（土地平整）、齐（地边整齐）、松（表土疏松）、碎（土碎无坷垃）、净（土壤干净无杂草、秸秆、残膜等杂物）"的标准。播前施用除草剂对土壤进行封闭处理。

4.2　种子质量

要求种子应确保棉田出苗率。棉花种子质量符合 DBN 6523/T 233 要求。

4.3　地膜滴管

地膜质量符合 DB65 3189 要求；滴灌带质量符合 GB/T 19812.1 要求。

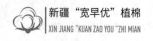

4.4 其他要求

应选用成熟度好、籽粒饱满、纯度高、生活力强的种子。精选后经种子包衣处理，种子形状、大小均匀一致，种子质量符合 DBN 6523/T 233 要求。施肥应符合 NY/T 1118—2006《测土配方施肥技术规范》要求。

4.4 种植方式

土壤肥力中等以上、水源条件有保障的地块，选用"宽早优"种植模式，1 膜 3 行等行距 76 cm。

5 播种要求

5.1 播种密度选择

高产棉田播种密度 9 000～10 000 株/亩，株距 8.3～9.7 cm；一般棉田播种密度 10 000～12 000 株/亩，株距 7.3～8.3 cm。

5.2 播种日期确定

当膜下 5 cm 地温连续 3 d 稳定通过 12℃时即可播种，正常年份在 4 月 5—20 日为宜。

5.3 播种方式

采用机械膜上精量点播机进行播种，1 穴 1 粒。先播后覆土，播种深度 1.0～1.5 cm；侧播播种深度 2.0～2.5 cm。播行端直，深浅一致，覆土均匀，接行准确，不漏不重；播量精准，出苗率 90% 以上。

5.4 播种机具

正式播种前要对精量点播机进行调试，装载种子时注意防止杂物堵塞种子管等，并对播种穴盘空转至种子正常下落。

6 播种检查

6.1 检查方式

初播后随机抽查连续 20 穴，检查种子播种深度、空穴率、错位率、覆土情况等，发现问题，调整机械，及时更正，确保播种出苗。

6.2 空穴率

空穴率 2% 以下，单粒率 95% 以上。开播后空穴率高时，要及时检查种箱是否有异物堵塞及落种顺畅。

6.3 质量要求

6.3.1 下种均匀，深浅一致。精量播种 1 穴 1 粒，播种深度一致，一般播深 2～3 cm，干播湿出的棉田播种后应及时滴出苗水。

6.3.2　重播指数≤5%，漏播指数≤2%，错位率≤3%，播种深度合格率≥95%，覆土厚度合格率≥98%。

6.4　铺膜铺管

铺膜平展紧贴地面，边膜压实；覆膜后要及时封压土带，防止大风揭膜。覆土时不可把采光面都盖严，采光面积60%以上。滴灌带3行3带，播种时确保迷宫朝上，滴头朝播种行，位置准确；铺膜压膜铺设管带不错位、不移位。滴灌铺管铺膜质量符合NY/T 1559技术要求。

五、"宽早优"机采棉脱叶催熟技术规程（DBN 6523/T 275—2019）

（昌吉回族自治州市场监督管理局2019-07-01发布，2019-07-31实施）

1　范围

本标准规定了"宽早优"机采棉脱叶催熟技术的术语和定义、技术要求、施药要求和脱叶检查标准。

本标准适用于昌吉棉区"宽早优"植棉模式机采棉脱叶催熟技术操作。其他地区可参照执行。

2　规范性引用文件

下列文件对于本文件的应用是必不可少的。凡是注日期的引用文件，仅所注日期的版本适用于本文件。凡是不注日期的引用文件，其最新版本（包括所有的修改单）适用于本文件。

NY/T 3213　植保无人飞机　质量评价技术规范

3　术语和定义

下列术语和定义适用于本标准。

3.1　棉花脱叶催熟 cotton defoliation ripening

在棉花吐絮期，为了棉花机械收获作业而采用化学药剂对棉花植株上的叶片调控促其提前落叶、棉铃集中吐絮的手段，是机械采收前的必要环节，从而提高棉花机械采收效率、降低机采棉杂质含量。

3.2　农药母液 pesticide mother liquor

将农药原液按照配制倍数，加入一定质量或一定体积的水或其他稀释剂，配制而成的药液，以便配制更高稀释倍数的药液。

4 技术要求

4.1 施药适期

施药前后 3～5 d 的日最低气温应不低于 12℃，日平均气温不低于 20℃；用药后 5～7 d 天气晴好，光照充足，日平均气温 16℃以上；棉田自然吐絮率达 30% 以上。

4.2 施药前准备

清除棉田中的障碍物、残膜残管和杂草等，尤其是龙葵等恶性杂草，以免机采时污染棉花，影响棉花等级。标记无法清除的障碍物。行车路线做到不重不漏。

4.3 药剂选择

脱叶剂选用符合标准的脱叶剂种类，催熟剂选用乙烯利，同时选择相应的药液助剂，以提高脱叶剂、催熟剂的附着力与渗透力。

4.4 安全防护

作业时要戴口罩、保护镜和橡胶手套，穿保护性工作服，严禁吸烟和饮食。药瓶等各类包装物要集中放置，统一处理。

5 施药要求

5.1 药剂用量

脱叶剂用量根据有效成分含量与助剂配比使用方法按药品说明书使用。

5.2 配制母液

田间喷施前需将脱叶剂、催熟剂和助剂各自配成农药母液。准备 3 个大于 15 L 的水桶，桶内各加等量半桶清水，分别将脱叶剂、催熟剂和助剂倒入 3 个水桶中，边加药边搅拌，加药结束后，进行顺时针和逆时针回水搅拌，直至搅拌均匀。

5.3 配制用药

机载喷雾机药箱中应先加脱叶剂母液，然后加催熟剂母液，最后加脱叶剂助剂母液。加农药母液同时启动药箱内搅拌泵，然后机载喷雾机药箱进行二次加水至规定浓度并搅拌。严禁加水过满，药箱顶部必须加盖封闭；药液应随混随用，已混好的药剂不能隔夜放置。

5.4 用药方式

作业机具选择高地隙高架喷雾机等，悬挂牵引式喷杆喷雾机行走速度宜为 4～5 km/h，大型自走式喷杆喷雾机行走速度宜为 8～12 km/h。喷施药液要均匀，不重不漏。

5.5　无人机施药

选用植保无人飞机施药时，宜采用超微量高浓度喷洒，植保无人机在整个作业过程中应保持匀速和一定高度，航线高度不大于 5 m，飞行速度为 3 ～ 5 m/s，避免作业中的漏喷和重喷。植保无人飞机作业质量符合 NY/T 3213 要求。

6　效果检查及采收

6.1　效果检查

喷药后 6 h 内若降雨，应根据降水量来确定重喷药量与时期，小雨或微雨不需要重喷。

田间施药后 3 ～ 5 d，检查如有漏喷并及时补施；5 ～ 7 d 检查用药效果，脱叶率低、催熟效果差的宜第 2 次用药。

6.2　适时采收

当棉株吐絮率95％以上、脱叶率85％以上、籽棉自然含水率符合机采标准时及时采收。

六、"宽早优"机采棉全程机械化技术规范（DBN 6523/T 276—2019）

（昌吉回族自治州市场监督管理局 2019－07－01 发布，2019－07－31 实施）

1　范围

本标准规定了昌吉州"宽早优"机采棉生产全程机械化的术语和定义、基本要求、整地、播种、田间管理、采收储运、残膜回收和秸秆处理等作业环节的技术要求。

本标准适用于昌吉棉区"宽早优"机采棉全程机械化作业。其他类似地区可参照执行。

2　规范性引用文件

下列文件对于本文件的应用是必不可少的。凡是注日期的引用文件，仅注日期的版本适用于本文件。凡是不注日期的引用文件，其最新版本（包括所有的修改单）适用于本文件。

GB 8321　农药合理使用准则

GB 10395.1　农林机械　安全　第 1 部分：总则

GB/T 21397　棉花收获机

GB/T 24677.1　喷杆喷雾机　技术条件

NY/T 499 旋耕机 作业质量

NY/T 650 喷雾机（器） 作业质量

NY/T 742 铧式犁 作业质量

NY/T 997 圆盘耙 作业质量

NY/T 1133 采棉机 作业质量

NY/T 1143 播种机质量评价技术规范

NY/T 1227 残地膜回收机 作业质量

NY/T 1276 农药安全使用规范 总则

NY/T 1559 滴灌铺管铺膜精密播种机质量评价技术规范

NY/T 2086 残地膜回收机操作技术规程

NY/T 3015 机动植保机械 安全操作规程

DB65 3186 聚乙烯吹塑农用地面覆盖薄膜

DBN 6523/T 233 "宽早优" 植棉 种子质量标准

3 术语和定义

下列术语和定义适用于本文件。

3.1 田间作业轨迹 field operation track

机械精密定量和导航定位播种路线轨迹，以播种轨迹为基础，为田间中耕作业、农药喷施、棉花机械收获等确定作业行走路线而记录并校正的轨迹。

3.2 卫星定位导航 satellite Positioning and Navigation

以卫星定位系统来确定的机械作业路线的指示操作系统，为播种、中耕、施药、收获等作业提供行驶路线指示。

3.3 边膜 edge film

棉花播种时采用地膜覆盖方式，地膜边缘埋入土壤中的部分。

4 基本要求

4.1 棉田要求

大块棉田宜林带、道路、灌排系统、电力配套，便于机械作业。

4.2 机械要求

4.2.1 作业机械采用卫星定位导航，应用卫星精准定位、自动导航、地形匹配辅助导航等现代信息技术装备，实现播种时精准田间作业轨迹、后续作业机械则追寻其播种田间作业轨迹开展中耕、打药、棉花收获、残膜回收等作业。

4.2.2 作业机械要符合产品质量标准，性能、功率等达到设计指标，具有质量合格证、生产许可证，备有易损易坏的配件和配套的维修工具。每次作业前做好机械维护调试，保证作业顺畅。

4.3 操作要求

作业机械的驾驶员应是专业人员或经过专业培训的人员，并严格按照机械操作规程进行作业、调整和维护等。操作安全按 GB 10395.1、NY/T 3015 执行。

4.4 农艺要求

选用株型适当紧凑、茎秆柔韧而不倒伏、早熟性好、吐絮集中且含絮力适中的品种，对脱叶剂敏感、第一果枝高度控制距地面 18 cm 以上便于机械采收。棉花种子质量应符合 DBN 6523/T 233 规定。

5 整地

5.1 前茬作物收获后，及时处理秸秆；有残膜的田块使用残膜回收机清运残膜。秋耕春耙清除残膜、秸秆、杂草、杂物。

5.2 耕性良好的土壤宜用铧式犁耕翻，然后用钉齿耙或圆盘耙耙地；黏性土壤先翻耕再旋耕。间隔 3～5 年深松 1 次。用铧式犁耕深 30 cm 左右，作业质量符合 NY/T 742 规定；旋耕机、圆盘耙作业质量符合 NY/T 499、NY/T 997 规定。

5.3 结合耕翻用平地机平整土地，根据墒情确定耙深，一般轻耙深 8～10 cm，重耙深 12～15 cm，耙深合格率＞90%。农机设计规定耕幅与实际耕幅一致，实际耕幅小于规定耕幅时有漏耕，大于规定耕幅时有重耕，检查机械并调整耕幅一致。

5.4 播种前土壤达到"平（土地平整）、齐（地边整齐）、松（表土疏松）、碎（土碎无坷垃）、净（土壤干净无杂草、秸秆、残膜等杂物）"的要求。播前地面喷施除草剂封闭。

6 播种

6.1 精量播种

当膜下 5 cm 地温连续 3 d 稳定超过 12℃时即可播种，正常年份在 4 月 5—20 日为宜。采用铺管铺膜、精量播种、种孔覆土、加装卫星导航系统的精量播种多功能一体化机械。地膜符合 DB 65 3189 要求，宽度 2.05 m 的地膜，1 膜 3 行 3 管；宽度 1.25 m 的地膜，1 膜 2 行 2 管。

6.2 播种要求

采用 76 cm 等行距，高产棉田播种密度 9 000～10 000 株/亩，株距 8.3～9.7 cm；一般棉田播种密度 10 000～12 000 株/亩，株距 7.3～8.3 cm。播深

1.0～1.5 cm，种行膜面覆土厚度 1.0 cm 左右。

6.3 播种质量

铺膜平展紧贴地面，压膜严实，覆土适宜，采光面积 60% 以上；滴灌带 1 行棉花 1 管，位置准确；铺膜压膜铺设管带不错位、不移位；播行端直，深浅一致，覆土均匀，接行准确，不漏不重；播量精准，空穴率 2% 以下，单粒率 95% 以上，种子与膜孔错位率 3% 以下，出苗率 85% 以上。播种机质量符合 NY/T 1143 要求，滴灌铺管铺膜精密播种机质量符合 NY/T 1559 规定。

7 田间管理

7.1 中耕松土

宜用锄铲式中耕机或锄铲式中耕施肥机等进行中耕松土作业。出苗后至花铃期，在露地的棉行间中耕松土 2～3 次，苗期做到表土松碎、不埋苗、不压苗、不伤苗；蕾期如遇雨或土壤板结，及时进行露地中耕，深度为 8 cm 左右；无设施滴灌棉田现蕾开花后封行前进行综合中耕，可采用中耕联合作业机进行揭边膜、中耕、培土、除草作业。

7.2 施肥追肥

基肥使用肥料撒肥机于耕地前均匀撒施；追肥全程采用水肥一体化管理。

7.3 机械化施药

7.3.1 苗期植株较矮时选用作业幅度宽、喷洒效率高的大型高地隙吊杆式高效喷雾机、风幕式喷杆喷雾机、航空植保高效机械。成株期宜选择带有双层吊挂垂直水平喷头喷雾机械；优先应用低量喷雾、静电喷雾、高效精准施药机械集成示范等实现精准施药。喷杆喷雾机技术条件符合 GB/T 24677.1 要求，喷雾作业质量符合 NY/T 650 规定。化学农药防治按照 GB 8321、NY/T 1276 规定执行。

7.3.2 结合田间中耕破板结或开沟施肥灭除杂草；选用无污染、无残留的除草剂灭除杂草。

7.3.3 苗期植株较矮时选择吊杆式高效喷雾机，对棉行顶部喷洒；现蕾后宜选择风幕式喷杆喷雾机、航空植保高效机械，或带有双层吊挂垂直水平喷头喷雾机械，上部喷雾和侧面吊臂喷洒相结合；打顶后以喷洒上部果枝为主。大型机械喷药要在田外调试，避免药液在田间跑冒滴漏。

7.3.4 脱叶催熟作业宜用风幕式喷杆喷雾机、航空植保高效机械，或带有双层吊挂垂直水平喷头喷雾机械上部喷雾和侧面吊臂喷洒相结合。日平均气温在 18℃以上，喷药时棉株自然吐絮率 40% 以上，上部棉铃铃期 35 d 以上。喷药后

5～7 d 的日平均气温 ≥ 15℃，夜间最低温度 ≥ 12℃，选择适宜催熟脱叶剂喷洒棉株。脱叶率、吐絮率符合机采棉采收要求。

8 采收储运

8.1 采收时间

采收时棉株吐絮率 ≥ 95%、脱叶率 ≥ 85%，籽棉自然含水率符合机采标准，清除龙葵等杂草，且棉株上无杂物，如塑料残物、化纤残条等。

8.2 采收储运

采用适合机采模式的自动打包机，中、大型自走式采棉机，并配套装棉、打模、运输、开模等机械装备，实现采收、储运机械化。

8.3 机采质量

采棉机作业质量符合 GB/T 21397、NY/T 1133 规定。

9 残膜回收

9.1 回收时间

生育期于滴头水前回收残膜，采用中耕切割机沿播种作业轨迹回收边膜；棉花收获后、耕地前采用地膜回搂机进行回收；耕层内残膜于犁后和播种前进行耙地回搂。

9.2 回收作业

9.2.1 苗期残膜回收机械，选用轮齿式收膜机、伸缩杆齿式收膜机、齿链式收膜机等；耕前残膜回收机械，选用弹齿式收膜机、链扒式捡拾机、残膜集条机、气吸式残膜回收机等；耕层内残膜清捡机械，选用犁后残膜清拣机、播前整地残膜回收机等，回收率 ≥ 75%。机械作业按照 NY/T 2086 执行。

9.2.2 卫星定位导航作业机械要追寻播种田间作业轨迹，实现起膜边装置精确对准膜边，将膜边完全挖起，简化机具结构，提高残膜回收率。

9.3 质量标准

坚持在秋翻、春播前采用机械化回收残膜，结合人工揭膜、捡拾残膜等方法提高残膜回收率。回收质量符合 NY/T 1227 标准。

10 秸秆处理

10.1 秸秆还田

应用秸秆粉碎还田机将采摘后的秸秆直接粉碎，铺放于地表，机械深耕后翻入土壤还田。

10.2 质量标准

秸秆粉碎还田，宜将秸秆有效粉碎，长度≤10 cm、残茬高度≤8 cm，粉碎不遗漏，撒铺要均匀。

七、"宽早优" 机采棉品种标准（DBN 6523/T 297—2020）

（昌吉回族自治州市场监督管理局 2020–11–28 发布，2020–12–28 实施）

1 范围

本文件规定了昌吉州 "宽早优" 机采棉品种标准的术语和定义、基本要求、品种标准和配套条件。

本文件适用于昌吉州 "宽早优" 机采棉的品种选择，其他类似棉田和地区可参照执行。

2 规范性引用文件

下列文件对于本文件的应用是必不可少的。注日期的引用文件，仅该日期对应的版本适用于本文件；不注日期的引用文件，其最新版本（包括所有的修改单）适用于本文件。

GB/T 21397—2008　棉花收获机

NY/T 2673—2015　棉花术语

NY/T 1426—2007　棉花纤维品质评价方法

NY/T 1133—2006　采棉机　作业质量

3 术语与定义

下列术语和定义适用于本文件。

3.1 "宽早优" 植棉 "kuanzaoyou" planting cotton

宽等行种植、促早发早熟、品质优良的植棉方式。具体是：76 cm 或 86 cm 等行距种植、增强立体采光（株高 80～100 cm，株间通风透光）、促早发（4 月苗、5 月蕾、6 月花、7 月铃）、早熟（8 中下旬吐絮，霜前自然吐絮率 90% 以上，且不早衰），生产优质原棉的植棉方法。

3.2 机采棉 machine Pick Up Cotton

按照机械化采收的农艺要求进行种植栽培管理的棉花。

3.3 棉花品种 cotton cultivar

人工选育或发现并经过改良、形态特征和生物学特性一致，遗传性状相对稳定的棉花植物群体。

[来源：NY/T 2673—2015　基础术语 3.15]。

3.4　优质棉 high-quality cotton

符合纺织工业需要，各纤维品质指标匹配合理的棉花。

[来源：NY/T 1426—2007　定义 3.8]。

3.5　果枝 fruiting branch

着生于棉株中、上部，由主茎叶腋的一级腋芽（混合芽）发育而成，其形成曲折多节，每节长出 1 片叶和 1 个花蕾，是开花结铃的主要部位。

[来源：NY/T 2673—2015　生产术语 4.19]。

3.6　第一果枝节位 first fruiting branches node

棉株第一个果枝着生在主茎的节位（子叶节不计算在内）。

[来源：NY/T 2673—2015　生产术语 4.23]。

3.7　催熟脱叶技术 ripening and defoliation technique

在棉花生育后期，应用人工合成的化合物促进棉铃开裂和叶片脱落，以解决棉花后期晚熟和机采棉含杂问题的技术。

3.8　吐絮率 rate of the opened cotton boll

棉铃成熟开裂，子棉绽露于铃外为吐絮。吐絮棉铃占总铃数的百分比为吐絮率。

3.9　采净率 rate of the picked cotton

采棉机采收的籽棉量占应收获的籽棉量的比率。

4　品种标准

4.1　品种长势

品种生长势强，具有充分利用地力、光热资源和"宽早优"模式的常规品种或杂交棉品种。

4.2　纤维品质

机采棉品质要求，上半部纤维平均长度 ≥ 30 mm，断裂比强度 ≥ 30 cN/tex，马克隆值 3.7 ～ 4.7，整齐度指数 ≥ 85%；衣分 ≥ 40%。

4.3　丰产稳产性

棉株生长势强，且早熟、不早衰；个体健壮，可充分利用"宽早优"模式营造的环境条件；除不可抗拒自然灾害，年度间皮棉单产 160 ～ 180 kg/ 亩，且稳定。

4.4 株型特征

4.4.1 株型Ⅱ式果枝、果枝与主茎夹角40°～50°、节间长度7～10 cm、植株宽度宜在76～86 cm。

4.4.2 株高 株高80～100 cm。

4.4.3 果枝始节高度 第一果枝始节高度（距地面）20 cm以上。

4.4.4 叶片 叶片上举，中等偏小。

4.4.5 群体特性 种植密度9 000～11 000株/亩，叶面积指数（LAI）为4.2～4.5。

4.5 早熟性

生育期110～123 d，单株果枝8～10苔。棉株自然吐絮率在40%以上，适时喷洒脱叶催熟剂。

4.6 抗性

抗枯萎病、耐黄萎病、抗虫、耐盐碱、耐旱、不倒伏。

4.7 机采特性

吐絮畅、且集中，含絮力适中，对脱叶剂敏感，适合机采。

5 配套条件

5.1 棉田肥力和规格

5.1.1 土壤肥力中等以上，满足 "宽早优" 机采棉品种的皮棉产量160～180 kg/亩需求。

5.1.2 棉田地势平坦，灌排方便，尽量减少沟渠，适于采棉机作业要求；棉田符合GB/T 21397—2008要求。

5.2 种植方式和行距偏差

种植方式和行距偏差符合NY/T 1133—2006要求。

八、"宽早优" 优质机采棉株型化控与脱叶催熟技术规程（DBN 6523/T 298—2020）

（昌吉回族自治州市场监督管理局2020-11-28发布，2020-12-28实施）

1 范围

本文件规定了昌吉州 "宽早优" 优质机采棉化学调控与脱叶催技术的术语和定义、品种选择、种植密度、株型要求、脱叶催熟剂及机械采收等。

本文件适用于昌吉地区"宽早优"植棉模式下优质机采棉化学调控与脱叶催熟技术作业。其他类似地区可参照执行。

2　规范性引用文件

下列文件对于本文件的应用是必不可少的。注日期的引用文件，仅该日期对应的版本适用于本文件；不注日期的引用文件，其最新版本（包括所有的修改单）适用于本文件。

GB/T 24677.1　喷杆喷雾机　技术条件

NY/T 3213　植保无人飞机　质量评价技术规范

NY/T 1426—2007　棉花纤维品质评价方法

3　术语与定义

下列术语和定义适用于本文件。

3.1　"宽早优"植棉 "kuanzaoyou" planting cotton

宽等行种植、促早发早熟、品质优良的植棉方式。具体为：76cm 等行距、增强立体采光（株高 80 ~ 100 cm，株间透光），促早发（4 月苗、5 月蕾、6 月花、7 月铃）、早熟（8 月中下旬吐絮，喷施脱叶剂时自然吐絮率达 40% 以上，且不早衰），生产优质原棉的植棉方法。。

3.2　化学封顶 chemical toping

利用化学药剂强制延缓或抑制棉花顶尖生长，控制棉花的无限生长习性，从而达到类似人工打顶的调控营养生长与生殖生长的目的，此方法称为"化学封顶"。

3.3　化学封顶剂 chemical topping agent

是用于化学封顶的一种生长延缓剂，本文件指增效型 甲哌鎓（25% 甲哌鎓水剂）。

3.4　优质棉 high-quality cotton

符合纺织工业需要，各纤维品质指标匹配合理的棉花。

【来源：NY/T 1426—2007　定义 3.8 】。

3.5　脱叶催熟 chemical defoliation and ripening

为便于机采，利用化学药剂（即脱叶催熟剂）促进棉花落叶及棉铃开裂吐絮、加快成熟的技术。

4　品种选择

选择通过国家或省级农作物品种审定委员会审定的适于机采的优质棉品种。

5　种植密度

种植密度为 9 000 ～ 11 000 株 / 亩，行距 76 cm。

6　化学调控

6.1　化学调控目标

要求株高 80 ～ 100 cm，第 1 果枝始节高度大于 20 cm，主茎节间长度 7 ～ 10 cm，果枝夹角 40° ～ 50°，相对紧凑的 Ⅱ 式果枝，株宽在 76 ～ 83.6 cm。

6.2　化学调控技术

6.2.1　苗期

根据苗情况，用甲哌鎓化学调控 2 次。第 1 次在 1 ～ 2 片真叶期，两叶平展，用量为 0.3 ～ 0.5 g/ 亩，弱苗可以不化调。第 2 次在 4 ～ 6 叶期，用量 0.5 ～ 1.0 g/ 亩，壮苗用下限，旺苗用上限。

6.2.2　蕾期

6.2.2.1　根据苗情况，用甲哌鎓化学调控 2 次。第 1 次在现蕾期至头水前：为了塑造棉花的理想株型，旺、壮苗棉田除适当推迟头水外，也可根据苗情施用缩节胺，一般用量为 1.0 ～ 1.5 g/ 亩。

6.2.2.2　第 2 次在头水后至开花期：化控以水肥调控为主，只需对长势过旺的棉田进行化调，通常在滴灌后 2 ～ 3 d 进行，用量为 1.5 ～ 2.0 g/ 亩。

6.2.3　花铃期

棉花进入营养生长与生殖生长并进时期，以水肥调控为主，主要针对长势过旺的棉田进行化调，甲哌鎓用量 2.0 ～ 2.5 g/ 亩。

6.3　打顶后

6.3.1　人工打顶棉田　打顶后 7 ～ 10 d，化学调控 1 次。用量一般为 8 ～ 10 g/ 亩。

6.3.2　化学封顶

化学封顶时间较人工打顶时间推迟一周，在 7 月 5—10 日，或果枝 10 ～ 12 苔，株高 80 ～ 90 cm。用 25% 缓释增效型甲哌鎓水乳剂，甲哌鎓亩用量 50 ml 左右（旺长棉田可适当提高到 75 ml，较弱棉田可减至 30 ml），或 97% 甲哌鎓粉剂，用量 75 ～ 150 g/ 亩，兑水量 30 ～ 40 L/ 亩，机械喷施。

6.3.3　注意事项

喷施化学封顶剂时，喷杆离棉株顶心 30 cm 左右。化学封顶剂用量和化学封顶时间一定要与棉花生长情况相结合，并通过水肥和系统常规甲哌鎓化控保障棉花生长稳健。化学封顶剂可以与杀虫剂混用。

7　脱叶催熟

7.1　脱叶催熟标准

脱叶率达到 90% 以上，吐絮率达到 95% 以上。

7.2　施药时间

9 月 1—10 日，自然吐絮率达到 30% ～ 40%，使用脱叶剂 5 ～ 7 d 晴天，日平均气温 16℃以上，日最低气温连续 3 d 不低于 12℃。

7.3　药剂用量

7.3.1　正常棉田（适时施药时棉株自然吐絮率在 40% 左右）

7.3.1.1　脱吐隆：用量为脱叶剂 13 ～ 15 ml/ 亩 + 烷基乙磺酸盐 50 ml/ 亩 + 乙烯利 70 ml/ 亩。

7.3.1.2　瑞脱龙：80% 噻苯隆可湿性粉剂，用量为脱叶剂 25 ～ 30 g/ 亩 + 专用助剂 6.3 ml/ 亩 + 乙烯利 70 ml/ 亩。

7.3.1.3　欣噻利：50% 噻苯隆·乙烯利悬浮剂 150 ～ 180 ml/ 亩。

7.3.1.4　噻苯隆：50% 噻苯隆可湿性粉剂 3 040 g/ 亩 +40% 乙烯利水剂 150 ～ 300 ml/ 亩。

7.3.1.5　兑水量为 40 ～ 80 L/ 亩，机械喷施。

7.3.2　贪青晚熟棉田（适时施药时棉株自然吐絮率在 30% 以下）

分两次喷施，第 1 次喷施时间较正常时间提前 5 ～ 7 d，用量为正常药量的 50% ～ 70%；第 1 次施药 10 d 后进行第 2 次施药，药量不低于正常药量的 70% 左右。

7.4　施药要求

药液配置应先配制母液，再进行 2 次稀释。对棉株中上部和外围叶片、棉铃进行均匀喷雾，保证全部叶片和棉铃全部着药。悬挂牵引式喷杆喷雾机喷雾机技术条件应符合 GB/T 24677.1，植保无人机作业剂量符合 NY/T 3213 要求。对于长势较旺和贪青棉田，严禁一次性超剂量高浓度用药，易造成叶片干枯不落。喷施 6 h 内遇雨，需重喷。

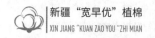

九、"宽早优"机采棉有机肥替代部分化肥技术规范
（DBN6523/T 300—2020）

（昌吉回族自治州市场监督管理局 2020-11-28 发布，2020-12-28 实施）

1　范围

本文件规定了昌吉州"宽早优"机采棉有机肥替代部分化肥的术语和定义、基本要求、替代技术。

本文件适用于昌吉地区有机肥替代部分化肥作业。其他类似地区可参照执行。

2　规范性引用文件

下列文件对于本文件的应用是必不可少的。注日期的引用文件，仅该日期对应的版本适用于本文件；不注日期的引用文件，其最新版本（包括所有的修改单）适用于本文件。

GB/T 2440　尿素

GB/T 15063　复混肥料（复合肥料）

NY 525—2012　有机肥料

HJ 555—2010　化肥使用环境安全技术　导则

NY 884—2012　《生物有机肥》

NY/T 500—2015　秸秆粉碎还田机　作业质量

DBN6523/T 231—2018　"宽早优"机采棉优质化生产技术规程

3　术语与定义

下列术语和定义适用于本文件。

3.1　有机肥料 organic manure

主要来源于植物和（或）动物，经过发酵腐熟的含碳有机物料，其功能是改善土壤肥力、提供植物营养、提高作物品质。

【来源：NY 525—2012　定义 3.1】。

3.2　化肥 chemical fertilizer

化学肥料简称化肥。用化学和（或）物理方法制成的含有一种或几种农作物生长需要的营养元素的肥料。也称无机肥料，包括氮肥、磷肥、钾肥、微肥、复合肥料等。

【来源：HJ 555—2010　定义 2.3】。

3.3　生物有机肥 microbial organic fertilizer

指特定功能微生物与主要以动植物残体（如畜禽粪便、农作物秸秆等）为来源并经无害化处理、腐熟的有机物料复合而成的一类兼具微生物肥料和有机肥效应的肥料。

【来源：NY 884—2012　定义 3】。

3.4　常规施肥 regular fertilization

亦称习惯施肥，指当地前三年平均施肥量（主要指氮、磷、钾肥）、施肥品种和施肥方法。

【来源：NY/T 496—2002　定义 3.25】。

3.5　配方施肥 formula fertilization

综合运用现代农业科技成果，根据作物需肥规律、土壤供肥性能与肥料效应，在作物播种前提出有机肥、氮磷钾化肥和各种微肥的合理配比、用量和相应的施肥技术。

【来源：HJ 555—2010　定义 2.14】。

3.6　"宽早优"植棉 "kuanzaoyou" planting cotton

宽等行种植、促早发早熟、品质优良的植棉方式。

【来源：DBN6523/T 231—2018　定义 3.1】。

4　基本要求

4.1　土壤要求

土壤耕层 0 ～ 30 cm 有机质含量 ≥ 10g/kg，速效氮 ≥ 50 mg/kg，速效磷 ≥ 10 mg/kg，速效钾 ≥ 100 mg/kg，pH 值 7 ～ 8。地势平坦，排灌方便，适宜机械作业。

4.2　肥料要求

有机肥料技术指标和重金属的限量指标符合 NY 525—2012 中第四章 4.2 和 4.3 的要求。检验规则和包装、标识符合 NY 525—2012 中第七章 7.1 和 7.2 的要求。其他类型的有机肥料符合相应要求。

化学肥料指单质肥料、复合肥料符合相应的肥料质量标准。

5　技术目标

皮棉增产 1% ～ 5%，或效益提高 5% 左右。

以平衡施肥、配方施肥为基础，与当地棉田常规施肥相比，使用有机肥料替

代化肥，化肥用量减少 20%，化肥利用率提高 10% 以上；有机肥替代为 20%。

6 施肥技术

6.1 基肥施用

棉花收获后，清理地膜和滴灌带，使用大马力粉碎机将棉花秸秆粉碎（作业质量按 NY/T 500—2015 的要求），每亩地施用 1 ~ 2 kg 秸秆腐熟（菌）剂，促进棉花秸秆腐熟，增加土壤有机质含量。结合秋深翻，施足基肥。每亩施生物有机肥 75 ~ 100 kg（或棉籽饼 75 ~ 100kg，或牛粪 200 ~ 300 kg，或羊粪 150 ~ 200 kg），化学氮肥（N）2 ~ 3 kg，磷肥（P_2O_5）3 ~ 4.5 kg，钾肥（K_2O）1.5 ~ 2 kg，耕翻时施入。化肥使用按照 HJ 555—2010 执行。

6.2 追肥施用

棉花不同生育时期随水追施肥料，具体用量见表 1。氮肥为尿素，磷肥为磷酸一铵或磷酸二铵，钾肥为硫酸钾，棉花生长前期也可选择水溶肥或液体菌肥。

表 1　不同时期肥料推荐用量　　　　　　　　　　　　（单位：kg/ 亩）

施肥次数	日期	氮肥（N）	磷肥（P_2O_5）	钾肥（K_2O）	腐植酸	黄腐酸钾	Zn	B
1	4月下旬	—	—	—	1.5	—	—	—
2	6月上旬	1 ~ 1.5	0.3	0.2	—	0.2	—	—
3	6月中旬	1 ~ 1.25	0.2	0.2	—	0.2	0.15	0.10
4	6月下旬	1.2 ~ 1.5	0.3	0.3	—	—	0.15	0.10
5	7月上旬	1.5 ~ 1.8	0.45	0.45	—	—	—	—
6	7月中旬	1.5 ~ 1.8	0.45	0.45	—	—	—	—
7	7月下旬	1.2 ~ 1.5	0.3	0.3	—	—	—	—
8	8月上旬	1.2 ~ 1.6	—	—	—	—	—	—

7 注意事项

7.1 生物有机肥和土壤杀菌剂不能同时施用。

7.2 肥料具体用量根据土壤肥力水平调整

肥力水平较高的棉田（年均籽棉产量 400kg 以上）按照上述推荐用量高值施用，肥力水平中等（年均籽棉产量 300 ~ 400 kg/ 亩）的棉田按照上述推荐用量中间值施用，肥力水平较低（年均籽棉产量 300 kg/ 亩以下）的棉田按照上述推荐用量低值施用。

新疆棉花产业发展大事记

（中华人民共和国成立后）

1. 1950 年，中国人民解放军第一兵团第二军第五师赴新疆阿克苏垦区等地，开荒植棉 1 793 hm²，平均单产 172.5 kg/hm²。同年，驻守北疆的第二十二兵团第九军第二十五师、第二十六师奉命开赴沙湾县境内的炮台、小拐等地开荒生产，首次在 45° 10′ N，85° 03′ E 成功试种了棉花。

2. 1951 年，兵团从苏联引进了 C3173 等棉花良种，在南疆和北疆垦区种植，使植棉面积迅速扩大。

3. 1953 年，第二军第五师阿克苏垦区沙井子农业试验站从农业部引进长绒棉品种来德福阿金，当年试种成功，证明南疆塔里木盆地可以种植长绒棉。

4. 1951—1953 年从苏联进口棉花播种机 603 台（架）。

5. 从 1953 年开始，在苏联专家迪托夫的指导下，南北疆垦区全面推广苏联先进的植棉技术，采用 60 cm 等行距，每亩保苗 6 000 ～ 8 000 株，运用了施基肥、选种浸种、药剂拌种、间苗定苗、沟畦灌溉、整枝打杈等新技术。

6. 1955 年，新疆生产建设兵团成立后的第一年，种植棉花 9 673 hm²，平均皮棉单产 610 kg/hm²，比当年全国单产 263 kg/hm² 高 1.32 倍。

7. 1959 年，陈顺理培育出了我国第一个适应塔里木种植的零式分枝长绒棉新品种——"胜利一号"。至此，中国的第一个长绒棉品种诞生。

8. 1959—1968 年，第一师农科所陈顺理等历时 8 年杂交选育出第二个丰产、早熟、纤维细度都符合要求、强度也基本合格的海岛棉新品种"军海一号"。

9. 1959 年，在新疆和田东部的民丰县北大沙漠中发掘的东汉墓，出土了作为餐布的两块蓝白印花布、白布裤和手帕、粉扑等棉织品和棉絮制品。1976 年，该县尼雅遗址的东汉墓又出土了蜡染棉布。因而新疆植棉的历史，一般认为不少于 1 500 年。

10. 1960—1968 年，第二师塔里木良种繁育试验站杨树新等采用多父本混合花粉杂交培育出军棉 1 号，逐渐替换了苏联品种 108 夫、C1470，该品种成为南疆早中熟陆地棉区的主栽品种。

11. 1965年，新疆兵团第七师127团建成了我国第一个机采籽棉清理加工厂。

12. 1969—1976年，第八师下野地试验站刘汉珠等从722品种内选出来的自然变异株，经系统选育而成，1978年经自治区品种审定委员会正式命名为"新陆早一号"，决定在北疆早熟棉区推广种植。"新陆早1号"是新疆第一个早熟陆地棉新品种。选育出新陆早1号，替代了苏联品种KK1543，成为北疆地区的主栽品种，不仅使棉花纤维长度普遍提高到29 mm，而且使产量大幅度提高，解决了新疆棉花早熟、丰产、优质问题。

13. 1970年，开始推广（60+30）cm宽窄行播种方法，棉花密度增加到每公顷15万株左右。

14. 1980年，石河子农科所、石河子农学院、第八师121团、下野地良种繁育场率先进行新型棉花地膜覆盖试验，平均单产皮棉1 989.7 kg/hm²，比对照增产85%以上。次年地膜覆盖在南疆、北疆垦区开始推广。据全疆1982—1985年4年71点次试验数据统计，地膜植棉效益超过以往任何生产技术措施，其增产幅度北疆平均为61.8%，南疆平均为44%，东疆平均为12.4%，盐碱地平均增产69.5%。该技术模式从20世纪90年代开始在全疆迅速普及推广，大幅度提高了棉花单产水平，实现了棉花生产跳跃式快速发展。

15. 1981—1983年，第一师、第三师、第七师、第八师等近10个团场先后研制出12种适于膜下条播和膜上穴播的联合铺膜播种机，能够一次完成整地、铺膜、压膜、打孔、播种、覆土等多功能机械作业要求，为大面积推广"矮、密、早、膜"栽培技术体系铺平了道路。20世纪80年代，以地膜覆盖为中心的棉花机械化技术开始推广。90年代中后期，植棉机械化技术不断创新，发展迅猛，肥料深施机、联合整地机、平地机、棉秆还田机、新型喷雾机、棉秆收获机、残膜回收机等一大批关键性作业机械在棉花生产中发挥了重要作用。

16. 20世纪80年代中期至90年代初，全疆推广了以"五个一"培肥工程为主要内容的施肥技术，重点在培肥土壤上下功夫。实行"五肥齐抓"（指厩肥、绿肥、油渣、秸秆、化肥）培肥地力。

17. 20世纪80年代初，新疆棉区的农田水利设施条件比较落后，大型水利枢纽不健全。80年代中期以后，南疆、北疆修建了大型的水利枢纽、水库100多座，并开始修建农田水利设施。90年代初以后，开始大力建设农田水利设施，主要是农田各级防渗渠道的修建。

18. 20 世纪 80 年代开始，棉区开始修建防风林工程，90 年代后期，主要棉区防风林体系基本建设完成，棉花的生产条件得到显著改善。

19. 1980—1984 年，新疆第五次棉花品种更新换代，结束了依靠国外品种的历史，棉花生产品种完全实现新疆自育和国内引进。

20. 20 世纪 80 年代后期，中棉所 12 被引入新疆，该品种有效解决了当时新疆棉花生产所用品种的综合性状较差，尤其是抗性差的难题，迅速成为该时期新疆南疆主推品种之一，持续推广近 10 年，在南疆市场占有率达到 20%，累计推广 100 万 hm^2 左右。

21. 1980—1987 年，新疆生产建设兵团农业第八师在该师 121 团、143 团农场进行滴灌试验，积累了许多宝贵经验。1996 年，第八师水利局等单位在充分调查研究的基础上，使用北京绿源公司生产的滴灌器材，在 121 团 1.67 hm^2 弃耕地上进行棉花膜下滴灌技术试验，获得成功。1997 年，又在该师 3 个团场进行试验验证，再获成功。1998—2000 年，兵团组织石河子大学、新疆农垦科学院、农八师水利局、第一师沙井子试验站等单位分工协作，对棉花膜下滴灌技术的应用问题，例如滴灌灌溉制度、滴灌施肥技术、滴灌高产机理、滴灌综合效益、滴灌系统器材国产化等进行了 3 年广泛深入的研究，得到一系列研究成果，从而使棉花膜下滴灌的综合管理技术日趋成熟，为日后全面推广应用打下了坚实的基础。

22. 1987 年，"聚乙烯地膜及地膜覆盖栽培技术"，获国家科技进步奖一等奖。

23. 20 世纪 90 年代，在"矮、密、早、膜"栽培技术体系基础上又产生一个重大技术革新，开发了棉花"宽膜、高密度、优质、高产高效"综合配套植棉技术，它是将地膜覆盖面由窄膜（60 ～ 70 cm）发展到宽膜（145 ～ 150 cm）和加宽膜（160 cm），膜上点播取代膜下条播，并采用与各棉区生态条件和生产条件相适应的种植方式、施肥技术、灌溉技术、化学调控（化控）技术等多项技术相结合形成的综合技术体系。

1995 年以后，宽膜植棉面积迅速推广到南疆、北疆棉区。自 1997 年始，兵团推广 31.5 万 hm^2，棉花单产稳定在 1 500 kg/hm^2。1999 年，新疆地膜覆盖植棉面积占棉花种植面积的 98.7%，其中，高密度矮化宽膜覆盖植棉面积 55.9 万hm^2，占棉花种植面积的 56%，当年新疆平均皮棉单产达到 1 359.6 kg/hm^2，稳居全国各植棉省（区）之首。

24. 20世纪90年代中期，由于棉花面积迅速扩大，棉花连作面积大，区内外引调种频繁，80年代以前选育的品种大多不抗病等，全疆棉花枯萎病、黄萎病为害日益严重。新疆科技工作者采取引进与自育相结合的办法，引进中棉所12、中棉所19、中棉所36，选育出新陆早10号、新陆早12号、新陆中14号、新陆中26号、新海18号等抗枯萎病、黄萎病棉花品种，有效解决了90年代中期新疆自育品种不抗枯萎病、黄萎病问题。

北疆早熟棉区选育的新陆早6号、新陆早7号、新陆早8号（1997年审定）逐步取代新陆早1号成为主栽品种。南疆早中熟棉区以中棉所17（1992年引入）、中棉所19（1993年引入）、中棉所12（1994年引入）、中棉所35（1996年引入）、豫棉15号（1995年引入）逐步取代军棉1号成为主栽品种。南疆早熟长绒棉以新海14号、新海13号（分别于1995年和1998年审定）为主更换了军海1号、新海3号、新海11号，这次品种更换对新疆棉花稳健快速发展起到了重要作用。

25. "八五"（1991—1995年）期间，新疆提出了"一黑一白"产业为重点的优势资源转换战略。为保证国家掌握稳定的棉花资源，同时也考虑发挥地区优势，国务院决定调整全国棉花生产布局，实施棉花西移战略，启动了新疆优质棉基地建设。棉花种植业（一白）作为实施优势资源转换战略的重中之重，得到国家连续4个五年计划的持续支持，有重点、分步骤地解决制约新疆棉花发展的重大问题，四期项目总投资117.22亿元，其中国家投资35亿元。

26. 1995年，由兵团农业局、科委主持的"棉花铺膜播种机的研制和推广"获国家科技进步奖一等奖。

27. 1995年，农民人均纯收入中棉花占38%，1996年占195%。南疆许多主产棉县，棉花收入占农民纯收入50%～60%，棉花加工产值占工业总产值的60%～80%，棉花加工、销售提供的利税占县财政收入50%以上，形成农民靠棉花脱贫致富，工业靠棉花增值，财政靠棉花增收，团场靠棉花扭亏增盈的格局。

28. 1995年，兵团开始了彩色棉的种植。现已形成了南疆农三师、北疆农八师两个彩色棉生产基地，最大年份种植面积达到1万hm²。

29. 1996年，全疆棉铃虫发生面积已达540万亩，棉枯萎病已有8个地州、28个县、263个乡村发生。1996年，棉花减产，病虫害是重要原因之一。

30. 1997年，中棉所35被引入新疆，该品种比对照新陆中3号早熟3～

5 d，霜前花率 90%，产量比对照增产 28.6%，当年创造了皮棉 3 465 kg/hm² 的高产纪录。中棉所 35 突出解决了新疆棉花生产中枯萎病、黄萎病重，新疆自育品种抗病性较弱的问题，加之适应性广，与新疆生态特点、栽培模式相适应的株型、发育规律等特性，很快得到大面积推广，并成为南疆主推品种。与中棉所 12 推广年限相类似，中棉所 35 持续推广近 10 年。1997 年，中棉所在阿克苏的阿拉尔设立试验基地，在试验过程中，中棉所 35 的产量、品质、抗性、早熟性均表现较好，得到农一师领导的重视。

1998 年，以中棉所 35 为基础品种，组建南疆塔里木中棉种业有限责任公司。中棉所 35 是继军棉一号之后第二个作为新疆棉区原棉品质定级样本的品种，使用时间较长。

31. 1996—1998 年，兵团启动实施了机采棉收获关键技术项目，分 7 个子课题：美国新型采棉机试验、机采棉清理加工线设备与工艺试验、机采棉农艺配套和脱叶催熟剂试验、机采棉标准研究、人工快速采收机机械清棉试验等，在农一师 1 团、8 团试验取得成功。

32. 1997 年，新疆生产建设兵团棉花单产突破 1 500 kg/hm² 以后，连续 3 年皮棉单产徘徊此水平（1998 年，1 647 kg/hm²；1999 年，1 606.6 kg/hm²；2000 年，1 690 kg/hm²）。

33. 1999 年，兵团主管农业的胡兆章副司令提出了精准农业技术在棉花上的研究与应用的重大课题，以提升现代农业装备水平和科学管理水平，加快农业现代化进程，解决兵团连续 3 年单产徘徊不前，与发达国家美国、澳大利亚、以色列相比劳动生产率还很低，棉花抵御国际市场价格风险的竞争力较弱的问题。当年，兵团农业局组织有关科研、生产单位开展精准农业技术研究与示范。在推广应用种植业十大主体技术的基础上，引进消化吸收国内外技术，结合兵团实际创新性地提出了农作物精准种子技术、精准播种技术、精准灌溉技术、精准施肥技术、精准收获技术、田间作物生长及环境动态监测技术等 6 项精准技术，建立了由精准农业核心技术体系、精准农业技术指标体系、精准农业技术规程体系和精准农业技术装备体系 4 个子系统构成的精准农业技术体系，获国家专利 3 项，开发出速溶高效滴灌固态复合肥，培育棉花新品种 25 个。精准农业强调系统集成的思想，以全程机械化、信息化为特征，作业精准化为核心，要求实现三方面的精准：定位的精准，精准确定播种、灌溉、施肥的部位；定量的精准，精准确定种、水、肥、药的施用量；定时的精准，精准确定实施作业的时间，从而达到增产、增效、节本、资源合理利用、可持续发展的目的。至 2005 年，6 项精准农业技术累计推广 3 700 多万亩，棉花单产年均增长 3.45%，7 年累计节本增效 41 亿多元。2004 年，"兵团精准农业技术体系的建立及在棉花上的大面积应用"获兵团科技进步一等奖。

34. 1999 年，国家发展计划委员会等八部门"印发《关于新疆棉花以出顶进管理暂行办法》的通知"（计经贸〔1999〕352 号）。"以出顶进"是指以新疆棉顶替进口原棉、棉纱和棉坯布加工产品出口。使加工贸易企业购买新疆棉花，按国际市场价格进供货，价格能大大低于国内市场，等于或略低于国际市场。以出顶进贸易，用国际货币结算的国内贸易。商品没有运出国外，但仍按出口规定办理报关、单证和结汇等一切手续，由国内有外汇支付能力的工矿企业购入该商品。这种贸易一般报请政府有关机构，如中央各地方的外经贸委批准，方可进行。

35. 1999 年，新疆策勒县 0.35 hm² 试验地生产皮棉 3 750 kg/hm²（250 kg/亩），获当时世界棉花小面积单产之冠；2004 年，新疆生产建设兵团第二师 33 团 7.67 hm² 棉田，单产皮棉达 3 552 kg/hm²（236.8 kg/亩）；2006 年，兵团第八师 149 团 19 连职工李森合种植的标杂 A1 杂交棉花新品种，以皮棉单产 4 191 kg/hm²（279.4 kg/亩）打破了全国纪录；新疆农业科学院经济作物研究所于 2009 年、2010 年，连续 2 年在兵团第一师 16 团开展超高产棉花创建活动，2009 年，创下了 4 hm² 滴灌棉田单产皮棉 4 900 kg/hm²（326.67 kg/亩）的世界最高单产纪录，2010 年，也达到每公顷产籽棉 10.59 t（706 kg/亩）的超高产水平。这些超产实例，揭示了新疆棉花生产具有很大的增产潜力。

36. 2000 年 12 月，新疆农垦科学院选育的新陆中 9 号中长绒棉花品种通过新疆农作物品种审定委员会审定命名。该品种纤维绒长 33 ～ 34 mm，比强 36 ～ 39 cN/tex，可单独适纺 80 支以上高支纱，填补了新疆中长绒棉品种的空白。

37. 2001 年，"兵团棉花机械化收获综合配套技术研究与示范"获兵团科技进步奖一等奖。

38. 2001 年，新疆生产建设兵团农五师从河南省农业科学院引进标杂 A1 杂交棉试种成功后，2004—2006 年连续创造了北疆乃至全国棉花的高产新记录。2005 年底，新疆生产建设兵团设立了农业重大科技攻关项目"杂交棉产业化关键技术研究与示范"，其中包括新疆生产建设兵团尽快建立自己的杂交棉制种基地。

39. 2002 年 12 月，科技部批准成立"国家节水灌溉工程技术研究中心（新疆）"。中心成立后，共获国家发明专利 3 项，实用新型专利 28 项，主持制定国家标准 5 个。承办国际培训班 6 期，培训 16 个国家的节水灌溉技术人员和政府人员 115 人。截至 2008 年，农民用得起的"天业滴灌系统"累计推广 3 000 多万亩，辐射全国 24 个省（区、市），应用作物 30 多种，推广到 7 个国家，应用面积 3.6 万亩。2003 年，"干旱区棉花膜下滴灌综合配套技术研究与示范"获国家科技进步奖二等奖。

40. 2003 年，兵团开始全面推广精准植棉技术即以精准灌溉和精准施肥为核心，以精准监测为保证，以精准播种为接口，前接精准种子，后接精准收获，将 6 项精准技术与其相关的农机装备，以相互关联的完整性和系统性作用于棉花生产全过程。南疆、北疆棉区一批单产皮棉 3 000 ～ 4 000 kg/hm² 超高产创建典型不断产生。

41. 2003 年 2 月，新疆农垦科学院棉花研究所培育的早熟海岛棉新品种"新海 22 号"通过新疆维吾尔自治区农作物品种审定委员会审定。该品种适合在新疆北疆早熟棉区种植和南疆作搭配品种或"救灾"品种，开辟了北疆种植长绒棉的历史，对改变北疆棉花纤维类型单一和棉花种植结构的调整具有重要意义。

42. 2006 年，新疆农业科学院培育出了第一个转基因抗虫棉品种新陆棉 1 号，审定号：国审棉 2006018。为开展高产、优质、抗病虫棉花新品种辅助育种奠定了基础。

43. 1999—2003 年，新疆农垦科学院陈学庚（2013 年当选中国工程院院士）等通过对滴灌管铺设技术、种孔防错位技术、排种电子监控技术、膜上打孔精量穴播技术的深入研究，首创设计出一次联合作业可完成畦面整形、开膜沟、滴灌管铺设、铺地膜、膜边覆土、打孔播种、种孔覆土等 9 道程序的棉花气吸式铺管铺膜精量播种机。该机的研制成功为新疆大面积推广应用膜下滴灌技术提供了有力的农机装备保障。

44. 2001—2003 年，新疆天业集团在引进国外设备的基础上，通过消化吸收和再创新，实现了滴灌器材生产设备全部国产化，开发了一次性可回收边缝式迷宫滴灌带、自动反冲洗新型过滤器和大流量补偿式滴头，独辟蹊径地把过滤和滴头改进结合起来，自主研制了先进的废旧滴灌带回收设备，大幅度降低滴灌器材的生产成本，打破了国外滴灌产品价格垄断，使滴灌系统造价从 2.25 万元 /hm² 降低为 0.6 万元 /hm² 以下，解决了滴灌技术让农民"用得起"、河水利用滴灌技

术和废旧滴灌带回收再利用三大难题。

45. 2003 年，中国农业科学院棉花研究所（中棉所）高级农艺师古捷开始在吉尔吉斯斯坦推广棉花技术。作为中棉所中亚综合试验站站长，古捷还获得了吉尔吉斯斯坦农业部的嘉奖。吉尔吉斯斯坦时任农业部长艾达拉利耶夫在向古捷颁奖时说："过去，苏联棉花研究所的棉花最高产量纪录是每公顷 3.3t，多少年都没人打破过，中国的技术简直就是传奇。"

46. 2005 年，中央开始安排新疆农机购置补贴专项资金 1 000 万元，2006 年达到 1 800 万元，2007 年为 6 200 万元，2008 年为 2 亿元，2009 年 5 亿元，2010 年 8 亿元。

47. 2005 年，"干旱区棉花膜下滴灌综合配套技术研究与示范"获国家科技进步奖二等奖。

48. 2006 年，膜下滴灌技术在兵团南疆、北疆迅速推广，面积达 37.3 万 hm^2，比 1996 年的 1.67 hm^2 增加了 21.3 倍，皮棉单产比 1997 年提高 37% 以上，达到 2 071 kg/hm^2。截至 2012 年，全疆农业高效节水灌溉面积突破 230 万 hm^2。2013 年，新疆棉田膜下滴灌面积 128.2 万 hm^2，占棉田总面积的 54.4%，其中，兵团基本实现棉田全面积膜下滴灌。2014 年，新疆地方棉田滴灌面积扩大到 184 万 hm^2，节水灌溉技术位居全国各省（区）首位，成为我国乃至世界最大的农业高效节水灌溉集中区。

49. 2007 年，国家安排新疆实施棉花政策性保险试点，棉花承保面积 65.6 万 hm^2，保费率 7%，保额 6 000 元 /hm^2，承保比例达到 36.8%，参加棉花保险农户达到 66 万户。2008 年，棉花政策性保险在新疆全面铺开，其中，中央财政补贴承担 35%，自治区财政补贴承担 25%，地、县、企业、农户共同承担 40%，有效缓解了地方政府财政救灾资金压力，为受灾棉农及时恢复生产生活秩序、规避植棉风险发挥了主要作用。

50. 2008 年 9 月，首批由石河子贵航农机装备公司生产的 60 台平水牌 4MZ–5 型采棉机下线，标志着采棉机生产由国外垄断的局面被打破。

51. 2008 年，由新疆农垦科学院和兵团农机推广中心完成的"棉花精量铺膜播种机具的研究与推广"获国家科技进步奖二等奖。

52. 2009 年，"西部干旱地区节水技术及产品开发与推广"获国家科技进步奖二等奖。

53. 2009 年 8 月 19 日，原农业部下发紧急通知，要求多年来组织大量农民工赴疆采摘棉花的甘肃、青海、宁夏、重庆、陕西、山东、山西、河南、四川等9省（区、市）农业部门，充分利用农技推广培训体系，加强对当地采棉工的技能培训，协助做好入疆采棉工联系组织和指导服务。

54. 2009年12月1日，由乌兹别克斯坦共和国、哈萨克斯坦共和国、中华人民共和国铁路运输专家参加的棉花跨境运输包装问题会谈在乌鲁木齐举行。

55. 截止2010年，新疆规模以上纺织企业共108家，其中，兵团41家，地方67家。

56. 2010年8月18—20日，全国棉花高产创建现场观摩暨生产形势分析会在新疆维吾尔自治区昌吉州召开。会议认真贯彻落实全国农业厅局长座谈会议精神，全面分析当前棉花生产形势及存在问题，研究部署了棉花生产及高产创建活动的各项工作。

57. 2010年10月14日，全国棉花交易市场、中国储备棉管理总公司发布"关于新疆企业不得购买内地仓库存放储备棉的公告"，自2010年10月14日起，新疆企业不得购买存放在内地仓库的储备棉，否则，按违约处理。

58. 2011—2013年，国家发展和改革委员会、财政部、农业部等八部委联合发布，在新疆、安徽、山东等13个省（区）实行棉花临时收储制度。2011年，临时收储价标准级皮棉到库价格1.98万元/t，执行时间2011年9月1日至2012年3月31日，即新棉交售期。2012年临时收储价格2.04万元/t，执行时间2012年9月至2013年8月。2013年临时收储价为2.04万元/t。

59. 2012年8月23日，新疆维吾尔自治区召开新疆棉花工作电视电话会议，对新疆2012年的棉花收储运销各项工作进行再动员、再部署。会议要求，全力做好棉花收储运销工作，确保新疆棉农收益和棉花产业健康发展。

60. 2012年起，继连续3个五年计划扶持新疆优质棉基地建设后，国家计划再投资14.13亿元用于新疆"十二五"（2011—2015）优质棉基地建设。

61. 2013年6月16日新华社消息，从2013年起，中国科学院新疆生态和地理研究所承担的"中塔棉花有害生物治理及示范"项目启动，这是我国首次向塔吉克斯坦输出棉花生产技术。我国科技人员计划用3年时间在其境内建立10～12个虫害监测站。

62. 2013年，兵团种植58.8万hm²棉花，单产皮棉2 497.5 kg/hm²，较2000年增长47.8%，使棉花生产力水平在较短时间内实现了跨越式发展。

63. 2014年，国家提出在新疆实施棉花目标价格补贴政策。2014年目标价格为 19 800 元/t, 2015 年为 19 100 元/t, 2016 年为 18 600 元/t, 2017—2019 年为 18 600 元/t, 目标价格补贴政策仅在新疆执行, 黄河流域棉区和长江流域棉区只实行定额补贴方式, 范围涉及 8 个省, 包括河南、河北、湖北、湖南、江苏、江西、甘肃和安徽, 每年补贴为新疆兵团标准的 60%, 以每吨 2 000 元为上限。

64. 2014 年, "滴灌水肥一体化专用肥料及配套技术的研发与应用"获国家科技进步奖二等奖。

65. 2014 年, 新疆兵团棉花生产机械化率达 92%, 拥有采棉机 1 750 台, 机械收获棉花 43 万 hm², 占兵团植棉面积的 75%。率先在国内实现大面积棉花种植、采收、清理加工全程机械化。新疆地方棉花生产机械化率约为 80%, 2009 年机械采棉实现了零的突破。到 2012 年, 采棉机数量达到 194 台, 机械化采收面积达到 4 万 hm² 左右, 机械采收面积占地方植棉面积的 3%。

66. 2014 年 7 月, 新疆出台《新疆发展纺织服装产业带动就业规划纲要（2014—2023 年）》, 设立 200 亿元左右的纺织服装产业发展专项资金, 推出税收、补贴、低电价等十大特殊优惠政策, 扶持纺织服装业发展。全力打造"三城七园一中心": "三城"即阿克苏纺织工业城、库尔勒纺织服装工业城和石河子纺织工业城, "七园"即哈密、巴楚、阿拉尔、沙雅、玛纳斯、奎屯、霍尔果斯; "一中心"即乌鲁木齐市纺织品国际商贸中心。

67. 2014 年 5 月, 中央第二次新疆工作会议提出发展新疆纺织服装业, 国家发展和改革委员会、工业和信息化部联合出台《关于支持新疆发展纺织服装产业发展促进就业的指导意见》, 新疆也出台了《发展纺织服装业带动就业的意见》《新疆发展纺织服装业带动就业规划纲要（2014—2023）》和《新疆纺织服装业十大优惠政策》等政策性文件, 集中体现在政策支持、项目带动和资金补贴等方面。

68. 2014 年年底, 19 个援疆省（市）约有 50 家棉纺织企业进军新疆, 纺织设备位居全国领先水平。

69. 2015 年 4 月 7 日, 国家发展和改革委员会公布 2015 年新疆棉花目标价格水平确定为每吨 19100 元。

70. 2015 年 9 月 14 日, 新疆公布 2015 年度棉花目标价格改革试点工作实施方案, 调整棉花"直补"方式, 自此, 新疆大部分地区将按交售量对棉农进行补贴。

71. 2015 年 10 月 21 日, 国务院新闻办举行新闻发布会, 介绍推进价格机制改革有关情况。发展改革委价格司司长许昆林指出, 新疆棉花目标价格试点总体来说比较成功，当地棉农非常欢迎。

72. 2015 年 11 月下旬至 12 月中下旬，新疆维吾尔自治区和新疆生产建设兵团陆续下发棉花目标价格补贴，自治区首批兑现标准是每千克籽棉 1.2 元，兵团首批兑现标准是每千克籽棉 0.5 元。

73. 2015 年，"新疆棉花大面积高产栽培技术的集成与应用"获国家科技进步奖二等奖。

74. 2015 年 6 月，国务院办公厅《关于支持新疆发展纺织服装产业发展促进就业的指导意见》确定了发展的阶段性目标：第一阶段，2015—2017 年，棉纺产能达到 1 200 万纱锭（含气流纺），棉花就地转化率为 20%；黏胶产能 87 万 t；服装服饰产能达到 1.6 亿件（套）。全产业链就业容量达到 30 万人左右。第二阶段，2018—2020 年棉纺产能达到 1 800 万纱锭（含气流纺），棉花就地转化率保持在 26% 左右；黏胶产能控制在 90 万 t 以内；服装服饰产能达到 5 亿件（套）。全产业链就业容量为 50 万 ~ 60 万人。

75. 2016 年，发布《新疆维吾尔自治区纺织工业"十三五"发展规划》。规划主要目标：到 2020 年，新疆棉纺业规模保持适度发展，避免过快过热投资，同时，棉纺业技术水平居国内前列，服装服饰、家纺、针织行业取得明显发展，出口产品疆内生产比重大幅提高，民族服装服饰、新疆地毯等特色产业培育成效显著，使新疆成为替代转移全国纺织业基础产能的新基地、打造中国纺织行业转型升级的示范区、引领产业技术标准品牌发展的新潮流和中国纺织服装产业向西开放的新突破。到 2020 年，棉纺产能达到 1 800 万纱锭（含气流纺）；棉织机 2 万台；针织品 3 万 t；家纺产品 1 500 万套；黏胶产能控制在 90 万 t 以内；服装服饰产能达到 5 亿件（套）；就业 60 万人。结构调整目标：到 2020 年，新疆棉花总用量达到 100 万 ~ 120 万 t，服装家纺等终端劳动密集型产业规模显著扩大，产值占行业总产值的比重超过 30%。南疆 4 地州纺织服装产业取得重大发展，产值占全疆总产值比重超过 40%。

76. 2017 年 3 月 16 日，国家发展和改革委员会、财政部发布《关于深化棉花目标价格改革的通知》，明确从 2017 年起在新疆深化棉花目标价格改革。确定 2017—2019 年新疆棉花目标价格水平为每吨 1.86 万元。

77. 2017 年 4 月 10 日，国务院印发《关于建立粮食生产功能区和重要农产品生产保护区的指导意见》，提出"以新疆为重点、黄河流域、长江流域主产区为补充，划定棉花生产保护区 3 500 万亩"。

78. 2017年5月16日，农业部印发《农膜回收行动方案》，要求到2020年，全国农膜回收网络不断完善，资源化利用水平不断提升，农膜回收利用率达到80%以上，"白色污染"得到有效防控。其中，涉及棉花的区域重点及技术措施是：新疆棉区全面推广使用0.01 mm以上的加厚地膜，发展地膜回收农机合作社，推进地膜机械化捡拾回收。华北地区突出地膜使用减量化，推广工厂化育苗和机械化移栽，减少地膜覆盖面积。

79. 2017年12月15日，2017年度新疆各地棉花目标价格补贴发放工作正式启动。第一批陆地棉补贴标准为0.5元/kg。

80. 2018年4月27日，新疆维吾尔自治区发布文件《关于加强棉纺在建项目管理推进产业高质量发展的通知》。对79个备案项目中58个自主投资建设的项目和21个尚未自主投资建设的项目分类处置，并坚决控制产能总量。国家明令淘汰的落后生产工艺、装备和内地淘汰的二手设备，一律不得向新疆转移、使用。尚未订购设备的气流纺棉纺项目，一律不再给予现有棉纺产业政策支持。除现有棉纺企业扩建项目和全产业链确需配套的棉纺项目外，其他棉纺项目一律不得新建。

81. 2018年7月，中国农业科学院棉花研究所编制的《"宽早优"机采棉优质化生产技术规程》《"宽早优"机采棉生产技术规程》《"宽早优"植棉——种子质量标准》等3项地方标准，通过昌吉自治州审定，并发布实施；2019年和2020年连续2年又发布实施地方标准6项，初步形成了"宽早优"植棉标准化技术体系。

82. 2018年8月26日新疆新闻在线网综合报道：眼下，一批新疆农业科研机构和企业把先进的农业技术推广到了国外，不断加强与"一带一路"沿线国家农业领域的合作。在乌兹别克斯坦锡尔河州鹏盛工业园，经科学测产，中国农业科学院西部农业研究中心中亚实验站种植的750亩棉花亩产达400多kg，高出当地3倍多，刷新了乌兹别克斯坦棉花单产最高纪录。为此，8月15日，乌兹别克斯坦全国棉花现场会就在园区召开，现场观摩中国植棉技术。目前，新疆天业集团已与巴基斯坦、哈萨克斯坦、塔吉克斯坦、厄立特里亚等10多个国家（地区）签订了合作协议，建成了厄立特里亚滴灌节水高效示范项目、塔吉克斯坦千亩节水农业项目。

83. 2018年9月3日，2018新疆棉花产业发展论坛在新疆乌鲁木齐隆重举办。主题"新疆棉花产业高质量发展的路径、机遇和挑战"。

84. 2018年9月上旬，《2018年兵团棉花目标价格改革工作实施方案》出台，明确了补贴范围，规定植棉户可在兵团范围内自由交售籽棉。新疆生产建设兵团发改委审查、确定、公示了2018年度第一批103家棉花目标价格改革加工企业。

85. 2018年10月9日，新疆农垦现代农业有限公司新年度首次棉副产品拍卖项目在兵团公共资源交易中心第7分中心如期举行，此次拍卖会成交量总计为3.6万t，成交率100%。

86. 2018年10月中下旬，新疆维吾尔自治区人民政府办公厅印发《2018自治区棉花"价格保险＋期货"试点方案（试行）》，确定在博尔塔拉蒙古自治州博乐市、喀什地区叶城县、阿克苏地区柯坪县开展试点。根据方案，保险期限5个月，从2018年9月1日0时至2019年1月31日24时。棉花价格保险费实行财政补贴支持政策，棉农不缴纳保险费。

87. 2018年12月28日，中国棉花公证检验网发布消息：截至2018年12月27日24点，2018棉花年度全国960家棉花加工企业加工并公证检验棉花433.3317万t。其中，新疆745家加工企业，检验量达412.3741万t（占95.2%）；内地215家，公证检验20.9576万t（占4.8%）。

88. 2019年1月16日，中国农业科学院发布了2018年十大科技进展。关键科学问题类4项、重大品种与产品类2项、重大关键技术与装备类4项，其中包括"中641"与"宽早优"相结合的高品质棉生产技术模式。中国农业科学院棉花研究所张西岭研究团队培育的优质棉新品系"中641"与"宽早优"植棉新技术集成，2018年在新疆示范种植增产效果显著，纤维品质明显高于当地主栽品种，在"良种良法配套、农机农艺融合"方面取得重大突破。

89. 2019年3月1—3日，中国工程院学术活动新疆无膜棉育种及配套栽培工程前沿技术研究研讨会在中国农业科学院棉花研究所海南科研中心召开。会议指出，解决新疆残膜污染问题任务艰巨，使命光荣，责任重大，棉花科研工作者要着力开展无膜棉相关技术研究，制定长期工作方案，彻底解决好新疆残膜污染问题。

90. 2020年6月，中国农业科学院棉花研究所研制的"一种适宜于西北内陆棉区'宽早优'的原棉生产方法"获国家发明专利授权。

91. 2020年9月，"新疆'宽早优'机采棉绿色优质高效技术集成示范田"通过专家组现场鉴定，在鉴定结论指出，"宽早优"综合技术达到国内领先水平，具有广阔的应用前景。

新疆棉花推广的部分主要品种简介

（一）早熟陆地棉品种

1. 新陆早 1 号（69-1）

品种来源 由新疆生产建设兵团农七师下野地试验站从 722（T5C-S5A×6110）系统选育而成。1978 年通过新疆维吾尔自治区农作物品种审定委员会审定并命名（新审棉 1978 年 013 号），1990 年通过国家农作物品种审定委员会审定（GS08007—1990）。

特征特性 生育期 117～124d，属特早熟陆地棉品种，霜前花率达 80% 以上。植株为塔形，株高 60～80 cm。果枝类型 Ⅱ～Ⅲ，第 1 果枝着生在第 4～5 节，果枝节间长 4.5～8.5 cm，平均果枝 10～12 苔。结铃性强，棉铃卵圆形，4 或 5 室，铃色深绿，有褐色斑点，铃壳薄，吐絮畅而集中。单铃重 4.5～5 g，衣分 33%～35%，衣指 5.6～5.9 g，籽指 11.1 g。适应性广，抗旱性强，耐瘠薄，苗期抗寒性弱，后期有早衰现象。

产量表现 1973—1975 年在新疆维吾尔自治区棉花区域试验中，皮棉产量比对照品种 KK1543 增产 10%～12.2%。1977—1979 年参加西北内陆棉花品种区域试验，平均皮棉产量 1 125 kg/hm^2，大田生产产量达到 1 350～1 500 kg/hm^2。

纤维品质 纤维主体长度 29.5～30.5 mm，细度 5 900～6 900 m/g，单纤维强力 4～4.3 g，断裂长度 24～27 mm，比强度 22.3 cN/tex，马克隆值 3.5，成熟系数 1.7，整齐度 90%。

适应性 适宜在北疆早熟棉区及甘肃河西走廊棉区种植。该品种是新疆到 1999 年为止使用年限最长（近 20 年）的主栽品种，也是覆盖面最广、推广面积最大的品种。在甘肃省曾是推广多年的主栽品种。1995 年推广面积 30 万 hm^2。从 1998 年起，被新陆早 6 号、新陆早 7 号、新陆早 8 号更换。

2. 新陆早 6 号（系 550）

品种来源 是新疆生产建设兵团农七师农科所以 85-174 品系为母本，美国贝尔斯诺品种为父本进行有性杂交，经多年定向选育而成。1994—1997 年参加西北内陆棉区北疆亚区第六轮棉花区域试验和生产试验。1997 年 11 月通过新疆维吾尔自治区农作物品种审定委员会审定并命名（新审棉 1997 年 007 号）。

特征特性　生育期 125 d，属早熟陆地棉品种，霜前花率达 90% 以上。植株 I 型果枝，株型紧凑，第 1 果枝节位 5 ～ 6 节。结铃率高，棉铃卵圆形，铃壳薄，含絮力强，吐絮畅，易采收。单铃重 5.5 g，衣分 42.7%，衣指 7.7 g，籽指 9.2 g。苗期生长快，蕾花期生长稳健，后期不早衰，根系发达，抗逆性强。

产量表现　1994—1996 年参加西北内陆棉区北疆亚区第六轮棉花区域试验，平均霜前皮棉产量 1 507.8 kg/hm²，比对照新陆早 1 号增产 22.8%。

纤维品质　纤维主体长度 29.7 mm，细度 6 107 m/g，单纤维强力 3.15 g，比强度 19.0 cN/tex，马克隆值 3.9，成熟系数 1.7，纤维含糖微量。

抗病性　不抗枯萎病、黄萎病。

适应性　适宜在北疆早熟棉区种植。1998 年推广面积最大达 10 万 hm²，成为当时的主栽品种。

3. 新陆早 7 号（822）

品种来源　新疆石河子棉花研究所 1982 年以自育品系 347-2 为母本，塔什干 2 号为父本进行杂交，经过海南加代和本地多年连续定向选择培育而成。自 1991—1997 年先后参加了地区多点试验、自治区攻关联试、西北内陆棉区区域试验和生产试验。1997 年 11 月通过新疆维吾尔自治区农作物品种审定委员会审定命名（新审棉 1997 年 008 号）。

特征特性　生育期 125 d，属早熟陆地棉类型，霜前花率 90% 以上。植株塔形，I ～ II 型果枝，株型紧凑，果枝始节为 4 ～ 5 节。开花集中，结铃性强，成铃率高。棉铃中等偏大，五室铃稍多。吐絮集中且畅快，含絮力适度，宜采期长。单铃重 5.4 ～ 6.2 g，衣分 39% ～ 41.4%，衣指 7.6 g，籽指 10 ～ 11 g。

产量表现　1994—1996 年参加西北内陆棉区北疆亚区区域试验结果，霜前皮棉平均单产 1 531.5 kg/hm²，比对照品种增产 24.7%。1997 年生产试验结果，皮棉平均单产 2 043 kg/hm²，比对照品种增产 22.4%。

纤维品质　纤维主体长度 28.2 ～ 30.3 mm，比强度 20 ～ 22.5 cN/tex，马克隆值 3.8 ～ 4.5。纤维含糖微量。

抗病性　1997 年北疆石河子黄萎病圃剖秆鉴定结果，病情指数为 11.9，达到抗黄萎病标准。

适应性　在北疆棉区、南疆焉耆盆地、甘肃河西走廊和宁夏黄河河套地区的无枯萎病或轻度至中度黄萎病地均宜种植。1999 年在北疆、甘肃河西走廊等

棉区推广面积达 18 万 hm²，推广面积占棉区棉田的 60% 左右，成为当时的主栽品种。

4. 新陆早 8 号（1304）

品种来源　新陆早 8 号（1304）是新疆石河子棉花研究所 1982 年以抗黄萎病材料为母本，新陆早 1 号为父本进行有性杂交，F_1 代种子进行辐射处理，后经多年的南繁北育，定向选择培育而成。1994—1997 年参加西北内陆棉区北疆亚区第六轮棉花区域试验和生产试验。1997 年 11 月通过新疆维吾尔自治区农作物品种审定委员会审定命名（新审棉 1997 年 014 号）。

特征特性　生育期 125 d，属早熟陆地棉类型，霜前花率 90% 以上。植株呈塔形，Ⅰ 型分枝，果枝始节位 4 ～ 5 节，株型紧凑。叶片中等偏小，五裂缺刻深，皱褶明显，叶片深绿，叶层分布合理，通风透光性好。棉铃卵圆形，中等偏大，开花结铃集中，结铃性强，铃壳薄，吐絮畅快集中，棉絮洁白，含絮力适中，易摘拾，适宜机械采收。单铃重 5.3 ～ 5.6 g，衣分 38.3% ～ 41%，衣指 6.7 g，籽指 10.7 g。出苗快而整齐，前期生长稳健，中期生长发育快，后期不早衰。

产量表现　1994—1996 年在西北内陆棉区北疆亚区第六轮棉花区域试验中，霜前皮棉单产 1 477.5 kg/hm²，较对照品种增产 20.3%。1997 年生产试验中，霜前皮棉单产 2 107.5 kg/hm²，较对照增产 29.7%。

纤维品质　区域试验棉样经新疆维吾尔自治区纤维检验局测定：纤维主体长度 28 mm，比强度 20.2 cN/tex，马克隆值 3.4，细度 6 608 m/g，成熟系数 1.5，含糖微量。1997 年新疆维吾尔自治区七一棉纺厂试纺结果：纤维主体长度 29.8 mm，细度 5 761 m/g，成熟系数 1.98，马克隆值 4.2，短绒率 11.4%。

抗病性　1997 年石河子棉花所病圃鉴定，剖秆调查黄萎病病指 13.5，属耐黄萎病类型。

适应性　适宜北疆棉区、南疆部分早熟棉区、甘肃河西走廊棉区等地种植。1999 年推广面积为 8.9 万 hm²，2000 年推广面积 10 万 hm²，成为当时的主栽品种。"十一五"期间该品种在甘肃河西走廊棉区仍有种植。

5. 新陆早 13（97-65）

品种来源　新陆早 13（97-65）是新疆生产建设兵团农七师农科所 1989 年以自育早熟、优质品系 83-14 为母本，抗病中 5601 和 1639 品系为混合父本进行有性杂交，后代经过南繁北育及病圃定向选择培育而成。1999—2001 年参加西北内陆第八轮早熟棉品种区域试验及生产试验。2002 年 1 月通过新疆维吾尔自治区农作物品种审定委员会审定命名（新审棉 2002 年 024 号），2003 年通过国家农作物品种审定委员会审定（国审棉 2003001）。

特征特性　生育期 121 d，属特早熟品种，霜前花率 92% 以上。植株塔形，Ⅱ型果枝，较紧凑。叶片中等大小，裂刻较深，田间通透性好。棉铃卵圆形，结铃性强。开花吐絮集中，含絮好，易采摘。铃重 5.4～5.8 g，衣分 40%～41%，衣指 7 g，籽指 9.9 g。植株生长势较强，后期不早衰。

产量表现　1999—2000 年参加西北内陆棉区第八轮早熟棉区区域试验，霜前皮棉单产 1 720.1 kg/hm²，比对照新陆早 7 号和中棉所 24 分别增产 11.5% 和 12.3%。2001 年参加生产试验，平均籽棉单产 4 142.72 kg/hm²、皮棉单产 1 641.1kg/hm²，分别比对照新陆早 10 号增产 28.6% 和 14.3%，比中棉所 36 增产 19.4% 和 12.2%。

纤维品质　2.5% 跨长 30.6 mm，比强度 21.2 cN/tex，麦克隆值 4.3，纤维整齐度 48.2%，伸长率 7.1%，反射率 74.7%，气纱品质 1 906。

抗病性　高抗枯萎病，感黄萎病。

适应性　国家品审会审定意见：经审核，该品种符合国家棉花品种审定标准，通过审定。该品种丰产性好，纤维品质较好，高抗枯萎病，感黄萎病。适宜在新疆北疆早熟棉区、甘肃河西走廊无病或轻病地区种植。

6. 新陆早 17（原代号新 B1）

品种来源　系新疆农业科学院经济作物研究所于 1998 年从内地引进的高代材料 9908 品系中系选而成。1999 年在玛纳斯试验站参加引种比较试验，从中选择早熟性好、抗病性强及丰产性状突出的优良单株，当年送海南进行扩繁。2000 年在玛纳斯试验站进行品系比较试验，继续送海南进行扩繁。2001 年推荐参加区试，2001—2002 年参加国家西北内陆棉区陆地棉品种（早熟组）区域试验，2003 年参加新疆维吾尔自治区北疆早熟棉区棉花品种生产试验。2004 年 2 月经过新疆维吾尔自治区农作物品种审定委员会审定通过并命名。

特征特性　新陆早 17 号接近于特早熟陆地棉，在新疆早熟棉区生育期 120 d 左右。霜前花率 95% 以上，衣分 44% 左右。植株呈塔型，果枝Ⅱ型，夹角较小，株型紧凑，株高 60 cm 左右，第一果枝高度 15～18 cm，第一果枝节位 5～6 个，主茎茸毛较少，茎秆绿色。子叶肾型，叶片中等大小且叶片较薄，叶色淡绿，缺刻较明显。铃卵圆形，铃较大，多为 5 室，铃壳较薄，单铃重 5.6 g。种子较小，褐色，毛子披灰色短绒。籽指 11 g 左右。早熟性好，苗期生长稳健，

现蕾早，现蕾后生长势强，开花结铃集中，单株结铃性强，后期不早衰，含絮性好，吐絮畅而集中。

产量表现　2001—2002 年参加国家西北内陆棉区陆地棉品种早熟组区域试验，两年 7 点平均：籽棉、皮棉、霜前皮棉产量分别为每公顷 3 979.5 kg、1 705.5 kg、1 641 kg，比对照新陆早 10 号分别增产 10.4%、13.4%、16.1%，分别列于同组参试品种的第 3 位、第 1 位和第 1 位。

2003 年，参加新疆维吾尔自治区北疆早熟棉区棉花品种生产试验，4 点平均结果：籽棉产量、皮棉产量、霜前皮棉产量分别为 4 251.45 kg、1 843.95 kg、1 772.1 kg，分别比对照新陆早 10 号增产 6.8%、13.2%、17.0%。均位于参试品种的第 1 位。

纤维品质　2001—2002 年区试，经农业部棉花品质监督检验测试中心检测，两年各点平均纤维长度 28.3 mm，整齐度 45.4%，比强度 20 cN/tex（ICC 标准），伸长率 7.2%，马克隆值 4.2，反射率 76.4%，黄度 8.1，环缕纱强 215 Lbf，气纱品质 1 969，纺纱均匀性指数 136。棉纤维综合指标达到优质棉标准。

抗病性　新疆维吾尔自治区植物保护站抗性鉴定，2001 年枯萎病指：蕾期病指 0，剖秆病指 0.7，属高抗型；黄萎病指：蕾期病指 0.6，剖秆病指 7.7，属高抗型。2002 年枯萎病指：蕾期病指 0，剖秆病指 3.0，属高抗型；黄萎病指：蕾期病指 2.1，剖秆病指 14.6，属抗病型。新珠早 17 号是该组参试品种中抗枯萎病、抗黄萎病表现最好的品系。该品种无论是在正常年份还是非正常年份，均表现出较强的适应性及抗逆性。

适应性　新陆早 17 号是一个集丰产、抗病、优质于一身的优良早熟陆地棉新品种，适合新疆早熟棉区及部分特早熟棉区种植。

7. 新陆早 24（康地 51028）

品种来源　是新疆康地农业科技发展有限责任公司以中长绒棉品系 7047 为母本，C-6524 为父本进行杂交，经多年南繁北育选择培育而成。2003—2004 年西北内陆棉区北疆亚区区域试验和生产试验。2005 年 4 月通过新疆维吾尔自治区农作物品种审定委员会审定命名（新审棉 2005 年 061 号）。

特征特性　生育期 129 d 左右，属早熟中长绒陆地棉品种，霜前花率 85% 左右。植株呈塔形，Ⅱ型果枝，果枝始节位 4～5 节。茎秆粗壮抗倒伏，叶中等偏大，叶色深绿，叶量少、适中，群体通风透光性好。结铃性强，铃大，铃长卵形，4 或 5 室。单铃重 7 g 左右，衣分 40.4%，籽指 10.5 g。开花吐絮集中，含絮好，好摘花。

产量表现　2003—2004 年在西北内陆棉区北疆亚区区域试验中，籽棉、皮棉、霜前皮棉单产分别为 4 365 kg/hm²、1 773.2 kg/hm²、1 530.2 kg/hm²，分别比对照新陆早 10 号增产 11.5%、7.6% 和 0.4%。

纤维品质　区域试验多点取样，经农业部棉花品质监督检验测试中心纤维品质检验结果：纤维 2.5% 跨长 33 mm，比强度 33.8 cN/tex，整齐度 85.6%，马克隆值 3.4，伸长率 6.5%，反射率 77.4%，黄度 7.8，纺纱均匀性指数 172，纤维品质达到中长绒棉标准。

抗病性　抗枯萎病，耐黄萎病。

适应性　适宜在北疆早熟棉区种植。该品种是第一个在早熟棉区较大面积推广的抗枯萎病的早熟中长绒棉品种。

8. 新陆早 26 号（TH99-5）

品种来源　品系来源于新陆早 8 号的变异株，1997 年进入病圃，鉴定于 1999 年，抗枯萎病、黄萎病综合性状优良，于 2002 年定名为"TH99-5"。2006 年，通过维吾尔新疆自治区农作物品种审定委员会审定（新审棉 2006 年 63 号）。

特征特性　全生育期 123 d，霜前花率 85.78%。植株筒形，从出苗到开花期生长发育较快，生长势强，后期的生长势较稳健，株高 71.7 cm，茎较粗，茎秆绒毛较密，花冠大小一般，乳黄色。Ⅰ～Ⅱ型分枝，果枝始节 4.5，平均果枝 8.9 苔（打顶后），果枝与主茎夹角较小，有利于通风透光。子叶肾形，叶片中等大小，叶色黄绿色，叶裂深。铃长卵圆形有铃尖，铃较大，单铃重 6.5～6.8 g，多为 4～5 室，结铃性强。吐絮畅而集中，纤维色泽洁白，含絮力强，易摘拾。种子灰褐色梨形，籽指 12.6 g，衣分 42.89%。

产量表现　2003—2004 年，北疆早熟棉区品种区域试验 2 年平均结果：籽棉产量、皮棉产量、霜前皮棉产量分别为 309.96 kg/亩、133.3 kg/亩、113.27 kg/亩，分别为对照的 94.96%、100.98%、97.72%，分别排名第 3 位、第 2 位、第 2 位，霜前花率 85.78%。2005 年参加北疆早熟棉区棉花品种生产试验，生育期 118 d，霜前花率为 98.38%，衣分 42.42%，籽棉 333.24 kg/亩，为对照的 100.81%，皮棉 141.38 kg/亩，为对照的 105.51%；霜前皮棉单产 139.1 kg/亩，为对照的 106.93%，均居第 1 位。

纤维品质　上半部平均长度 31.06 mm，比强度 30.53 cN/tex，马克隆值 5.08，整齐度指数 85.96%，反射率 77.71%，黄度 7.57，纺纱均匀性指数

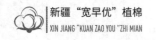

148.95。

抗病性 经自治区植保站的病圃鉴定：TH99-5枯萎病在发病高峰期病指为2.2，剖秆病指为9.8；黄萎病在发病高峰期病指为9.6，剖杆病指为51.3，高抗枯萎病和高抗黄萎病。

适应性 该品种适宜在新疆北疆的早中熟棉区、南疆早熟棉区、河西走廊等地区种植。

9. 新陆早33号（垦4432）

品种来源 新陆早33号（垦4432）由新疆农垦科学院棉花研究所利用自育品系石选87天然重病地中的变异单株，经定向选择南繁北育培育而成。2004—2006年参加西北内陆棉区早熟组棉花区域试验和生产试验。2007年2月通过新疆维吾尔自治区农作物品种审定委员会审定命名（新审棉2007年058号），2007年11月通过国家农作物品种审定委员会审定（国审棉2007018）。

特征特性 生育期125 d，属早熟陆地棉，霜前花率90%。植株筒形，Ⅰ型分枝，果枝始节5～6节，始节高度15～20 cm，适宜机械采收。株型紧凑，茎秆粗壮坚硬。叶片中等大小，叶色深绿，果枝叶量小，植株清秀，通透性好。结铃性强，棉铃卵圆形，铃中等偏大，吐絮畅，絮色洁白，含絮力适中，易摘拾。单铃重5.9 g，衣分39.5%～40.1%，籽指11.6～12.65 g。中后期生长势较强，不早衰。

产量表现 2004—2005年西北内陆棉区早熟组棉花区域试验籽棉、皮棉、霜前皮棉产量分别为5 029.2 kg/hm²、1 984.5 kg/hm²和1 765.7 kg/hm²，分别较对照增产（新陆早13号，下同）5.4%、3.8%和4.9%，均位居2年参加品种（系）首位。2006年生产试验籽棉、皮棉、霜前皮棉产量分别为5 163 kg/hm²、2 073 kg/hm²和2 073 kg/hm²，分别较对照增产6.1%、5.1%和5.1%。

纤维品质 区域试验及生产试验多点取样经农业部棉花品质监督检验测试中心测定，纤维上半部平均长度30.2 mm，比强度30.6 cN/tex，整齐度85.3%，马克隆值4.4，伸长率6.7%，反射率77.0%，黄度7.2，纺纱均匀性指数153.7。

抗病性 区域试验抗病性鉴定结果（发病高峰期）枯萎病病指8.2，属抗枯萎病类型；黄萎病病指21.9，属耐黄萎病类型。

适应性 适宜北疆、南疆部分早熟棉区和甘肃河西走廊等棉区种植。2009年在北疆、甘肃河西走廊等棉区推广15万hm²，至2012年累计推广面积达66万hm²，为该时期推广面积最大的早熟棉品种，也是当时机采棉的首选种植品种。

10. 新陆早36号（石K8）

品种来源　新陆早36号（石K8）是新疆石河子棉花研究所1997年在丰产品系1304为母本抗病品系BD103为父本，通过有性杂交，经多年南繁北育、病圃鉴定筛选定向选育而成。2005年参加新疆维吾尔自治区早熟组棉花品种区域试验，2006年同时参加生产试验。2007年2月经新疆维吾尔自治区农作物品种审定委员会审定命名（新审棉2007年61号）。

特征特性　生育期120 d，属特早熟陆地棉，霜前花率98.7%。Ⅱ型果枝，株型较紧凑。棉铃卵圆形，中等大小，结铃性较好。吐絮集中，絮白，易采摘。单铃重5.6 g，衣分41.5%，籽指9.9。早熟性突出，整个生育期长势稳健。

产量表现　2005—2006年新疆维吾尔自治区棉花区域试验（早熟组）结果，籽棉、皮棉和霜期皮棉产量分别为5 423.1 kg/hm²、2 254.4 kg/hm²和2 231.9 kg/hm²，分别较对照新陆早13号增产10.7%、11.6%和11.7%。2006年生产试验结果，籽棉单产5 356.65 kg/hm²，较对照增产4.4%；皮棉单产2 263.1 kg/hm²，较对照增产5%。

纤维品质　2005—2006年经农业部棉花品质监督检验测试中心测试，纤维上半部平均长度28.7 mm，比强度29.4 cN/tex，马克隆值4.4，伸长率6.7%，反射率76.9%，黄度8，纺纱均匀性指数143。

抗病性　区域试验抗病性鉴定结果（发病高峰期），黄萎病病指24.5，枯萎病病指4.6，属高抗枯萎病、耐黄萎病类型。

适应性　适宜北疆、甘肃河西走廊等棉区种植。2010年在北疆、甘肃河西走廊等棉区推广23万hm²，为该时期主栽品种之一。

11. 新陆早37号（原名96-19）

品种来源　新陆早37号(原名96-19)是农五师农科所选育的高抗枯萎病，抗黄萎病棉花新品种。以本所自育品系8号为母本，以9001、系5及90-2花粉混合为多父本杂交，经海南加代，采用系谱选择法，在本所黄萎病重病地连续定向选育而成。2003年参加本所品种（系）比较试验，表现抗病性好、丰产、优质。2004—2005年参加新疆维吾尔自治区棉花品种区域试验，2006年参加自治区棉花品种生产试验，2007年2月经新疆维吾尔自治区农作物品种审定委员会审定命名。

特征特性　植株呈塔形，Ⅱ型果枝，高抗枯萎病，抗黄萎病，苗期发育迅速，易出现高脚，中期生长稳健，后期生长势较强，不早衰，茎秆粗壮，茎秆、

叶片上茸毛较多，叶片大，叶色灰绿，苞叶大，铃较大，卵圆形，有明显喙尖，吐絮畅，絮色洁白，易拾花。生育期128d，第一果枝节位5.4，株高65 cm，铃重6.5 g，籽指11.3 g，衣指7.9 g，衣分40%。

产量表现　2005年区域试验的8个试验点中，籽棉产量比对照新陆早13号增产3.9%，皮棉产量比对照增产2.8%。2006年在农五师试验点中，籽棉产量比对照新陆早13号增产12.55%，皮棉产量比对照增产11.02%。2006年全疆6个生产试验点，籽棉产量为对照的101.7%，皮棉产量为对照的98.55%。

纤维品质　2004—2005年两年区试中，纤维样品经农业部纤维品质监督检验测试中心测定，上半部平均长度29.91 mm，整齐度指数85.12%，比强度30.65 cN/tex，伸长率7.07%，马克隆值4.29，反射率76.92%，黄度为7.83，纺纱均匀性指数152.5。

抗病性　经新疆维吾尔自治区植保站病圃田间分级调查鉴定，花蕾期、花铃期黄萎病病指分别为8.8和17。花蕾期、花铃期剖杆鉴定，枯萎病病指分别为0.2、0.7和4.3，达高抗水平，说明新陆早37号属双抗类型。

适应性　适宜北疆棉区、南疆早熟棉区、甘肃河西走廊棉区等地种植。

12. 新陆早45号（西部4号）

品种来源　新陆早45号（西部4号）由新疆农垦科学院棉花研究所与新疆西部种业有限公司合作选育。2003年利用优选新陆早13号作为母本，9941作为父本杂交，后代通过南繁加代、天然重病地优选变异单株，经定向选育而成。2008—2009年参加新疆维吾尔自治区农作物品种审定委员会审定命名（新审棉2010年37号）。

特征特性　生育期128 d左右，属早熟陆地棉品种，霜前花率96.2%。株型塔形，Ⅱ型果枝，果枝始节位为4节。叶片中等大小，叶色灰绿。铃中等大小。卵圆形，吐絮畅，含絮力一般，易摘拾。单铃重5.5 g，衣分40.4%，籽指9.9。茎秆绒毛多，生长稳健，长势较强。

产量表现　2008—2009年参加新疆维吾尔自治区早熟陆地棉区域试验，籽棉、皮棉和霜前皮棉产量分别为5 614.9 kg/hm²、2 294.6 kg/hm²和2 205.9 kg/hm²，分别较对照新陆早13号增产8.9%、8.2%和7.6%。2009年生产试验，籽棉、皮棉、霜前皮棉产量分别为5 554.2 kg/hm²、2 242.9 kg/hm²和2 157.3 kg/hm²，分别较对照增产17.4%、17.2%和15.2%。

纤维品质　区域试验及生产试验多点取样经农业部棉花品质监督检验测试中

心测定，纤维上半部平均长度 30.3 mm，比强度 32.1 cN/tex，整齐度 86.1%，马克隆值 4.1，伸长率 6.6%，反射率 78.4%，黄度 7.5，纺纱均匀性指数 165.3。

抗病性　区域试验抗病性鉴定结果（发病高峰期），枯萎病病指 0，属高抗枯萎病类型；黄萎病病指 50.6，属感黄萎病类型。

适应性　适宜北疆棉区种植。2013 年推广面积 17 万 hm²。

13. 新陆早 48

品种来源　新陆早 48（原代号惠远 710）由新疆惠远农业科技发展有限公司杂交育种，亲本：石远 87×优系 604；后代经多年南繁北育定向选择而成。2008—2009 年参加西北内陆棉区早熟品种区域试验。审定情况：2010 年由新疆维吾尔自治区农作物品种审定委员会审定通过。审定编号：新农审字（2010）第 40 号。

特征特性　生育期 118 d 左右，属特早熟陆地棉。植株筒形，Ⅰ型果枝，果枝始节为 5～6 节，株型紧凑。棉铃卵圆形，中等偏大，结铃性较强，吐絮畅，含絮力适中，絮色洁白，适宜机械采收。单铃重 5.8 g，衣分 41.8%，籽指 11.5。

产量表现　2008—2009 年参加西北内陆棉区早熟品种区域试验，两年平均籽棉、皮棉和霜前皮棉分别为 5 647.5 kg/hm²、2 287.5 kg/hm² 和 2 244 kg/hm²，分别较对照新陆早 13 号增产 8.9%、14.4% 和 15.1%。2010 年西北内陆棉区早熟品种生产试验，籽棉、皮棉、霜前皮棉产量分别为 5 376 kg/hm²、2 196 kg/hm² 和 2 034 kg/hm²，分别较对照新陆早 36 号增产 5.6%、4.7% 和 7.6%。

纤维品质　经农业部棉花纤维品质监督检验测试中心检测（HVICC），纤维上半部平均长度 28.8 mm，比强度 28.11 cN/tex，马克隆值 4.3，断裂伸长率 7%，反射率 79%，黄度 7.2，整齐度 85.4%，纺纱均匀性指数 145。

抗病性　抗枯萎病，耐黄萎病，不抗棉铃虫。

适应性　适宜在北疆棉区、南疆早熟棉区及甘肃河西走廊棉区种植。2009—2010 年，在农八师和玛纳斯县两地累计示范推广面积为 7.77 万 hm²。

14. 新陆早 50 号

品种来源　新陆早 50 号是新疆农业科学院经济作物研究所以 97-65 为母本，本所自育优系 225 为父本杂交，其 F₁ 与优系 Y-605 杂交，后经多年南繁北育、定向选择以及病圃抗性鉴定和筛选，2004 年选出优良株系进行比较试验。2008—2010 年参加自治区早熟棉花品种区域试验和生产试验，产量及品质性状等优异，2011 年 5 月通过新疆维吾尔自治区农作物品种审定委员会审定。

特征特性　植株呈塔形，Ⅱ型果枝，株型较紧凑，叶色深绿，叶片较小、缘皱、上举。叶柄绒毛少，茎秆较硬、光滑，茸毛稀少，茎秆柔韧性好，抗倒伏。棉铃卵圆形，中等大小，分布均匀。果枝始节位5节，衣分44.9%，籽指9.9 g，生育期126 d左右，霜前花率96.3%，生育期田间表现良好，长势稳健，吐絮畅，含絮力强。结铃性强，脱落少，后期不早衰，易于管理。

产量表现　2008—2009年参加新疆早熟棉区试，7点两年汇总平均，皮棉、霜前皮棉和籽棉每公顷分别为2 209.35 kg、2 067.6 kg和4 863 kg，分别为对照新陆早13号的104.19%，100.84%和94.9%。2010年参加新疆早熟棉生产试验，5点汇总平均，皮棉、霜前皮棉和籽棉产量每公顷为2 186.7 kg，2 149.05 kg和4 915.95 kg，较对照新陆早36号增产6.94%，5.56%和1.66%，名列参试品系第1位。

纤维品质　2008—2009两年区试及2010生产试验取样，经农业部棉花品质监督检测中心测试（HVICC）平均结果：纤维上半部平均长度30.16 mm，比强度29.4 cN/tex，马克隆值4.01，断裂伸长率6.8%，整齐度指数85.95%，短绒指数4.33，纺纱均匀性指数，154.57，反射率80.65%，黄色深度7.05。纤维品质达到优质棉标准。

抗病性　2010年新疆早熟棉区试鉴定结果（发病高峰期）：枯萎病病指1.16，属于高抗枯萎病类型；黄萎病病指63.52，属于感黄萎病类型。

适应性　该品种适宜于新疆北疆早熟棉区和南疆部分早熟棉区。

15. 新石 K28

品种来源　中国农业科学院棉花研究所、石河子农业科学研究院由新陆早46号系统选育而成。审定编号：国审棉20190020。

特征特性　非转基因早熟常规品种。春播生育期121d。出苗较好，长势较强，整齐度较好，不早衰，吐絮畅。植株较紧凑，株高77.9 cm，Ⅰ～Ⅱ式果枝，茸毛较多，叶片中等大小，叶色中等，第一果枝节位6节，单株结铃6.3个，铃卵圆形，单铃重5.8g，衣分42.1%，籽指10.4g，霜前花率95.8%。

产量表现　2016—2017年参加西北内陆早熟品种区域试验，两年平均籽棉、皮棉和霜前皮棉亩产分别为360.5 kg、151.7 kg和144.8 kg，分别比对照新陆早36号增产9.2%、11.3%和10.1%。2018年生产试验，籽棉、皮棉和霜前皮棉亩产分别为370.9 kg、160.3 kg和160.1 kg，分别比对照新陆早36号增产9.9%、13.3%和13.2%。

纤维品质　HVICC 纤维上半部平均长度 31.1mm，断裂比强度 31.8cN/tex，马克隆值 4.2，断裂伸长率 6.6%，反射率 82.6%，黄色深度 6.9，整齐度指数 85.6%，纺纱均匀性指数 162，纤维品质Ⅱ型。

抗病性　抗枯萎病（病指 6.7），耐黄萎病（病指 28.2）。

适应性　适宜在西北内陆早熟棉区种植。

16. 新陆早 84 号（区试代号 HX13-3）

品种来源　新疆合信科技发展有限公司选育。亲本组合为新陆早 43 号 × 金垦杂 825；审定编号：新审棉 2017 年 48 号。

特征特性　在新疆早熟棉区，从出苗到吐絮约 120 d 左右，霜前花率 98.7%。植株筒形，植株较紧凑，茎秆多毛，果枝夹角小。叶层分布合理，通透性好。茎秆坚韧抗倒伏，宜机采。整个生育期长势稳健。Ⅰ式果枝，第一果枝节位 5 ～ 6 节，果枝 8 ～ 10 苔。子叶为肾形，真叶普通叶型，掌状五裂，叶片中等大小，绿色、缘皱，背面有细茸毛，铃卵圆形，中等。铃面光滑，有腺体。种子梨形，褐色，中等大小，毛籽灰白色，短绒中量。单铃重 5.2 g，籽指 10.5 g，衣分 41.9%，在正常栽培管理条件下，皮棉单产 140kg/ 亩左右。

抗病性　经石河子农业科学院棉花研究所鉴定，枯萎病病指 3.7，高抗枯萎病，黄萎病病指 31.8，耐黄萎病。

纤维品质　经农业部棉花品种监督检验测试中心（安阳）检测，纤维上半部平均长度 31.3 mm，比强度 32.7 cN/tex，马克隆值 4.1，整齐度指数 84.6%，品质达到Ⅱ型品种类型。

产量表现　2014—2015 年两年新疆自治区早熟机采棉区域试验，平均亩产皮棉 142.7 kg，比对照减产 0.2%。2016 年生产试验，平均亩产皮棉 113.8 kg，比对照增产 1.1%。

适应性　适宜新疆早熟棉区域种植。

17. 新陆早 83 号（区试代号新石杂 15）

品种来源　石河子农业科学研究院选育，自育（217×KH9）；审定编号：新审棉 2017 年 47 号。

特征特性　生育期 118d，霜前花率 95.3% 以上。植株塔形，Ⅱ型果枝，叶片中等大小，铃卵圆形，单铃重 5.9 g，籽指 10.8g，衣分 42.7%。

产量表现　2014—2015 年新疆维吾尔自治区早熟杂交棉区域试验，两年平均亩产皮棉 155.9 kg，比对照增产 11.1%。2016 年生产试验，平均亩产皮棉

129.3 kg，比对照增产 13.1%。

纤维品质　经农业部棉花品质监督检验测试中心（安阳）检测，纤维上半部平均长度 30.6 mm，比强度 31.6 cN/tex，马克隆值 4.4，整齐度指数 85.4%。

抗病性　经石河子农业科学研究院棉花研究所鉴定，该品种枯萎病病指3.1，高抗枯萎病，黄萎病病指 34.8，耐黄萎病。

适应性　适宜北疆早熟棉区种植。

18. 中棉所 36

品种来源　中棉所 36 是中国农业科学院棉花研究所以 H109 为母本，以早熟品系中 662 为父本杂交选育而成的棉花品种。于 1999—2002 年分别通过天津市（1999）津种审字第 010 号，新疆维吾尔自治区新农审字（2002）第 023 号和全国品种审定委员会审定（国审棉 990007），是新疆北部棉区主推品种。

特征特性　种子饱满，出苗快，幼苗整齐、苗壮。植株筒形，较紧凑，株高 71 ～ 78 cm，茎秆坚硬，抗倒性强。生育期在新疆棉区 132 d（在黄河流域 113 d），整个生育期长势旺，茎秆、嫩叶被有茸毛。果枝上举，第一果枝着生节位第 5 ～ 6 节，果枝 9 ～ 11 苔。铃卵圆形，铃重 5 g，籽指 11 g，衣分36.6% ～ 38%，结铃集中，吐絮畅，棉絮洁白有丝光。

产量表现　1996—1997 年参加全国夏棉品种区试，平均霜前皮棉亩产 153.5 kg，比对照中棉所 16 号增产 16.8%，达极显著水平，居参试品种的第 1 位，霜前花率达 85%。1998 年全国夏棉生产试验，霜前皮棉亩产 156.4 kg，比对照中棉所 16 增产 13.9%，达极显著，居参试品种首位。1999 年在新疆倒春寒严重，使棉花生长发育晚 20 多天的情况下，中棉所 36 生长发育快，仍表现出与丰产年1997 年相同的优势，霜前皮棉亩产 154 kg，较对照新陆早 6 号增产 15.2%，霜前花率 90.1%。

纤维品质　1996—1997 年农业部棉花品质监督检验测试中心测试结果，平均 2.5% 跨长 29.3 mm，比强度 23.2 cN/tex，马克隆值 4.4，伸长率 6.8%，光反射率 75%，环纺纱强 124，气纺品质 1902，整齐度 49.8%，黄色深度 8。纤维洁白有丝光，各项指标符合纺织工业的要求。

抗病性　据有关资料显示，中棉所 36 区域试验鉴定结果，枯萎病病情指数为 7.2，黄萎病病情指数为 17.5，蚜害指数为 20.3，蚜害减退率 37.3%，总体抗性优于中棉所 16。

适应性　适宜在黄河流域棉区麦（油）棉两熟种植，也适宜在京、津、唐地区和新疆北部棉区作一熟春棉种植。

19. 中棉所 16

品种来源　系中国农业科学院棉花研究所以中棉所 10 号选系中 211 × 辽 4086 杂交育成的夏播短季棉品种。1990—1992 年通过河南省、山东省、河北省和全国农作物品种审定委员会审定。1993 年获农业部科技进步奖一等奖，并被列入国家科委、农业部重大科技成果推广计划。1995 年获国家科技进步奖一等奖。

特征特性　生育期短，在黄淮地区夏播生育期 114d，在西北内陆棉区生育期延续至 130 d 左右，该地只能作一熟春棉使用。株高 70 ～ 80 cm，植株筒形，茎秆较硬，主茎日光红明显。第一果枝着生于第 5 ～ 6 节。叶片中等大小，缺刻深，浅绿色。铃椭圆形，有尖，铃重 5 g，衣分 36.8%，籽指 10.5 g，短绒浅灰褐色，霜前花率 70% ～ 80%，早熟不早衰。

纤维品质　1986—1989 年经北京市纤维检验所测定结果，主体长度 29.4 mm，单纤维强力 4.02 g，细度 5 994 m，断裂长度 24.0km，成熟系数 1.58，纺 18 号纱品质指标 2 295 分，综合评定上等优级。

产量水平　1988—1989 年参加河南省麦套棉区域试验，平均霜前皮棉亩产 70.9 kg，比对照中棉所 12 增产 28%，平均亩产小麦 341 kg。山东省区域试验，霜前皮棉平均亩产 59.7 kg，比对照鲁棉 6 号增产 16.5%。河北省冀东棉区区域试验，霜前皮棉平均亩产 47.8 kg，比对照冀棉 16 增产 7.9%。全国麦套夏棉区域试验，平均亩产皮棉 63.5 kg，霜前皮棉 50.7 kg，比对照中棉所 10 号增产 22.2%。目前大面积生产田，一般亩产小麦 250 ～ 400 kg，皮棉 55 ～ 70kg，高产田可达 90kg 左右。

抗病性　枯萎病病情指数 7.3，黄萎病病情指数 19。属兼抗枯萎病、黄萎病类型。

适应性　适宜黄淮棉区作麦套夏棉种植和长江流域棉区麦（油）后移栽及特早熟棉区（包括新疆）作春棉种植。

20. 中棉所 24

品种来源　中棉所 24 系中国农业科学院棉花研究所选育的短季棉品种，组合为中 343 ×（中 10 × 美 B 早）。1995—1997 年分别通过河南省、天津市和全国农作物品种审定委员会审定。国家审定：GS08001—1997；省级审定:（豫）审证字第 95517 号，（1996）津种审字第 008 号。

特征特性 中棉所 24 生育期 112 d，比中棉所 16 早熟 2 d，霜前花率 80%
以上。株高 70～80 cm，植株筒形，秆硬抗倒伏，主茎紫红色，茸毛少。第一
果枝着生在第 6 节，单株果枝 6～10 个。叶片中等大小，叶色深绿。开花结铃
集中，铃椭圆形有尖，单株结铃 8～12 个，衣分 38%，籽指 9.8 g，短绒灰白
色，吐絮畅。苗期生长慢，现蕾后转旺。

纤维品质 纤维手感柔软，洁白有丝光，1992—1993 年经农业部棉花品质
监督检验测试中心测试，2.5% 跨长 29.2 mm，比强度 22.9 g/tex，马克隆值 3.9，
环纺纱强 135。

产量表现 1991 年多点生态品系比较试验，3 省 4 点平均霜前皮棉亩产 60.3 kg，
比对照中棉所 16 增产 15.3%，达极显著水平。1992—1993 年河南省夏棉区域试
验，在棉铃虫猖獗的情况下，霜前皮棉平均亩产 31.3 kg，比对照中棉所 16 增产
12.5%，达显著水平。1994 年河南省夏棉品种生产试验，平均霜前皮棉亩产 44.7 kg，
较对照增产 12%。

抗病性 枯萎病病情指数 0.9，黄萎病病情指数 12.1，根腐病病情指数
22.4，叶斑病病情指数 24.1，兼抗多种病害。

21. 新陆早 76 号（H 杂 –3）

品种来源 是新疆合信科技发展有限公司以自育早熟高代品系 9019 为母本，
与早熟棉新陆早 38 号优系为父本组配的杂交组合，经多年南繁北育，通过自然
病圃田筛选鉴定定向选育而成。2016 年 3 月经新疆维吾尔自治区农作物品种审
定委员会审定通过。

特征特性 新陆早 76 号为早熟陆地杂交棉，生育期从出苗到吐絮 125 d 左
右，植株塔形，茎、叶中量绒毛，花冠乳白色，花药乳黄色，Ⅱ型果枝，第一果
枝节位在第 5～6 节，果枝 8～10 苔，子叶为肾形，叶片掌状五裂，中等大小，
叶色深绿色，叶缘皱，叶片背面有细茸毛，铃为卵圆形，中等偏大，多为 5 室，
铃面光滑，有腺体，单铃重 6.3 g，籽指 11.6 g，衣分 41.7%，吐絮畅，不落絮，
易拾花，可机采，种子肾形，褐色，中等大小，毛籽灰白色，短绒中量。

产量表现 2013—2014 年参加新疆维吾尔自治区早熟杂交棉组区域试验，
2015 年参加生产试验，皮棉单产比对照增产 15.7%，增产显著。

纤维品质 2013—2014 年新疆维吾尔自治区区试取样，经农业部棉花品质
监督检验测试中心棉花纤维品质检验（HVICC 校准），新陆早 76 号比强度 30.4
cN/tex，纤维上半部平均长度 30.3 mm，马克隆值 4，整齐度指数 85.4%。

抗病性　2015 年经过新疆维吾尔自治区区试抗病性鉴定，枯萎病病指 8.5，抗枯萎病，抗逆性强，耐瘠薄和低温。黄萎病病指 34.7，属耐黄萎病品种。

适应性　适宜北疆棉区、南疆早熟棉区，甘肃河西走廊棉区等地种植。

（二）早中熟陆地棉品种

1. 军棉 1 号（12412）

品种来源　军棉 1 号（原代号 12412）是新疆生产建设兵团农二师农业科学研究所 1960 年以司 1467 为母本，以五一大铃、3521、147 夫、早落叶、2 依 3、新海棉、司 1470 等品种混合花粉为父本杂交，在 1968 年选育而成。1979 年通过新疆维吾尔自治区农作物品种审定委员会审定并命名。

特征特性　生育期 131 ～ 133 d，属早中熟陆地棉品种。植株呈塔形，果枝Ⅰ～Ⅱ型，第一果枝着生节位在第 4.1 ～ 4.2 节。茎秆坚实粗壮，绒毛较多。发叶性强，叶色淡绿，叶裂浅。花冠、苞叶均较大。铃卵圆形，铃嘴微尖，铃面油腺明显，吐絮畅，易采收。单铃重 7.3 ～ 8.6 g，衣分 38.8%，衣指 8.3 g，籽指 12.6 ～ 14.6 g。

产量表现　一般皮棉产量 1 200 ～ 1 500 kg/hm²，最高可达 2 700 kg/hm²。1985—1987 年，南疆陆地棉品种区域试验霜前皮棉比对照 108 夫增产 5.2%。

纤维品质　纤维主体长度 30 ～ 32 mm，细度 5 515 m/g，单纤维强力 3.9 g，整齐度 82.5% ～ 92.5%，断裂长度 25.1 km。

抗病性　耐瘠、耐旱和耐碱，但不抗枯萎病和黄萎病。

适应性　适宜新疆南疆早中熟棉区种植。自 1983 年推广以来，迅速成为南疆的主要栽培品种，1991 年种植面积 21 万 hm²。

2. 新陆中 1 号（巴 5442）

品种来源　新疆维吾尔自治区巴州农业科学研究所从［（巴州 6017 × 上海无毒棉）× 巴 6017］组合后代中选择，于 1988 年育成。亲本巴州 6017 为司 1470 × 司 1581 的杂交后代；上海无毒棉为蓝布莱特 G15 × 方强选系的杂交后代选系。1988 年 4 月 5 日经新疆农作物品种审定委员会审定通过，定名为新陆中 1 号。

特征特性　生育期 151 d，属早中熟品种类型。果枝Ⅰ型，株型紧凑。铃圆形，铃重 6.6 g，铃壳夹絮紧，吐絮不畅。籽指 13 g，衣指 8.5 g，衣分 39.5%，种子短茸，灰绿色，种皮较薄，轧花时容易被轧破。

产量表现　1985—1987 年西北内陆棉区南疆亚区区域试验霜前皮棉比对照军棉 1 号增产 2.8%。1990 年在巴州、喀什、和田 3 地（州）扩种 4 000 hm² 以上。

纤维品质　区试中纤维长度28.9 mm，强力4 g，细度6 235 m/g，断裂长度24.9 km，成熟系数1.5。生产中该品种优质棉达95%，衣分40.5%，含糖1.9以下。

抗病性　不抗枯萎病和黄萎病。

适应性　适宜新疆南疆早中熟棉区种植，具耐水肥、抗旱、抗盐碱、中下部结铃多、衣分高的特点。大面积连片种植预防田间鼠害，必要时可用草原防鼠药剂防治，如敌鼠钠盐、杀鼠灵、杀鼠醚等均可取得明显效果。

3. 新陆中5号（原代号87766）

品种来源　新疆农垦科学院经济作物研究所1976年用陕西棉花所陕721与108夫杂交，经多年连续选育而成；1994年11月16日，新疆农作物品种审定委员会审定并命名。

特征特性　生育期148～150 d，属早中熟品种类型。果枝位Ⅰ-1型，株型筒形。主茎粗壮，叶片大，茎叶绒毛少，苞叶小。平均单株结铃8.8个，成铃率44.9%。絮雪白，黄尖少，吐絮畅而集中。铃椭圆端尖，铃重6.09 g，衣分38.9%，衣指6.99 g，籽指11.1 g，不孕籽率12%。种子短茸，灰绿褐色。

产量表现　1991—1993年，分别在阿克苏、喀什、和田等地进行平整区域试验，霜前皮棉单产为1 539 kg/hm²，较对照军棉1号增产12.12%。在上述地区进行的生产试验，皮棉单产为1 837 kg/hm²，比军棉1号增产20.6%。

纤维品质　绒长为31.5 mm，断裂长度为23.7 km，细度为6 109 m/g，比强度为23.7 cN/tex，马克隆值3.9，成熟度为1.82，纤维含糖量微、轻。

抗病性　属高耐枯萎病，耐黄萎病。

适应性　适宜于新疆南疆早中熟棉区种植。

4. 新陆中9号（原代号386-5）

品种来源　新陆中9号（386-5）是新疆农业科学院经济作物研究所选育的高品质陆地型中长绒棉新品种。它是利用群体剩余遗传变异，从优质品种新陆中4号中系统选育而成，突出特点是既具有普通陆地棉的丰产性，达到了普通陆地棉的产量水平，又具有中长绒棉优异的纤维品质，可单独适纺60～80支高质纱。2000年12月1日通过新疆维吾尔自治区农作物品种审定委员会审定通过，命名为新陆中9号。

特征特性　生育期135 d，属早中熟品种类型。株型呈筒形，果枝类型Ⅰ～Ⅱ型。叶片较大，叶色浅绿，绒毛少、苞叶大、花蕾大，铃重可达7 g以上，铃大呈梨形，铃嘴尖有皱褶，棉铃在棉株上、中、下部分布均匀，且以内围铃为主，吐絮快而集中。衣分一般在 35% ～ 38%，单株结铃 5.5 ～ 7.5 个，果枝数 11.2 个，籽指 12.7 g，衣指 7.7 g。棉苗前期生长势强，生长发育快，易壮苗早发，对肥水较敏感，蕾铃易脱落；该品种根系发达，且功能期长不早衰。

产量表现　1994—1996 年参加了西北内陆棉区第六轮常规棉品种区试，其霜前皮棉产量较对照军棉 1 号增产 12.7%，丰产性表现较好。2000 年在新疆维吾尔自治区种子管理总站主持的生产试验中，2 个生产试验点均表现增产，在尉犁县每公顷皮棉 1 570.6 kg，较对照军棉 1 号增产 21.94%，在岳普湖县每公顷产皮棉 2 484 kg，较对照新岳 1 号增产 6%。

纤维品质　新陆早 9 号为高品质陆地棉中长绒棉新品种，其纤维品质明显优于普通的优质陆地棉，经多年多点次各类试验测试，其纤维 2.5% 跨长 32 ～ 34 mm，比强度为 24.5 ～ 27.5 cN/tex，马克隆值 3.6 ～ 4.4，气纱品质 2 108 ～ 2 217，细度 7 008 m/g，可纺 60 ～ 80 支甚至更高的高支纱，或作为优质配棉使用。

抗病性　抗（耐）枯萎病，感黄萎病。

适应性　具有良好的生态适应性，出苗快而整齐，苗期生长势较强，能够较好地抵御苗期恶劣的气候条件；适宜在新疆南疆和东疆的无病、轻病区种植。

5. 新陆中 12 号（原代号新岳 1 号）

品种来源　新陆中 12 号是从苏联品种 108 夫中系统选育，经过 12 年定向培养而成。于 2000 年通过新疆维吾尔自治区农作物品种审定委员会审定通过，命名为新陆中 12 号。

特征特性　新陆中 12 号生育期 140 d 左右。果枝 Ⅰ 型，植株紧凑，第一果枝着生节位第 5 ～ 6 节。叶色深绿，叶面不平展，裂刻较深。铃大卵圆形，多 5 室。铃重 6.5 ～ 7.5 g，衣分 38.5% ～ 39.5%，籽指 11 ～ 12 g，种子灰白色。

产量表现　1996 年在喀什地区棉花区试中，皮棉单产 2 295 kg/hm^2，1997 年皮棉单产 2 379 kg/hm^2，1998 年皮棉单产 1 173 kg/hm^2。

纤维品质　纤维色泽洁白，主体长度 29 mm 以上，单纤维强力 3.8 g 以上，马克隆值 3.8 ～ 4.6，纤维含糖量低。

抗病性　耐棉花枯（黄）萎病。

适应性　适宜于新疆南疆早中熟棉区种植。

6. 新陆棉 1 号（国抗 62）（代号 2000-2）

品种来源　由新疆农业科学院经济作物研究所与中国农业科学院生物技术研

究所合作，以 GK12 为父本，1772 为母本（自育品种）通过花粉管通道转导 Bt 基因，经过多年加代性状聚合、选择、鉴定、基因安全评价等研究，纯化培育的新疆第一个国审抗虫棉品种。2006 年 6 月通过国家农作物品种审定委员会审定命名为新陆棉 1 号，于 2005 年 12 月通过农业部农作物转基因安全评价，农基安证字（2005）第 084 号。

特征特性　生育期 143 d。植株塔形，Ⅱ型果枝，果枝始节 5 节，株型松散。叶片中等大小，叶色深绿，缺刻较深；铃卵圆形，铃嘴角尖，结铃性强，铃重可达 6.5 g，衣分 41% ～ 42%，单株结铃 7.96 个，果枝数 11 个，籽指 10.68 g。全生育期生长稳健。

产量表现　2004 年参加国家西北内陆区域试验，籽棉、皮棉、霜前皮棉产量分别为 4 705.5 kg/hm^2、1 921.5 kg/hm^2 和 1 753.5 kg/hm^2，分别较对照中棉所 35 增产 5.1%、5% 和 3.41%。在参试的 8 个品系中产量居第 1 位。2005 年籽棉、皮棉、霜前皮棉产量分别为 5 003.7 kg/hm^2、2 023 kg/hm 和 1 808.25 kg/hm^2，分别较对照增产 5.89%、6.44% 和 3.03%。霜前花率 88.92%。

纤维品质　经农业部纤维品质检验检测中心测定，纤维绒长 32 mm，整齐度 83.46%，比强度为 >31 cN/tex，伸长率 6.87%，反射率 76.16%，马克隆值 4.2，纺纱均匀性指数 139。

抗病性　经中国农业科学院生物技术研究所鉴定，黄萎病花铃期病指为 7.6，达到高抗；枯萎病花铃期病指为 16.7，达耐病水平。

抗虫性　经中国农业科学院生物技术研究所鉴定，2000-2 的 Bt 蛋白含量在 558 ～ 820ng/g，均达到高抗虫性标准。

适应性　新陆棉 1 号（国抗 62）是新疆第一个高产优质多抗棉花品种。适宜种植于南疆和东疆的早中熟棉区。

7. 新陆中 26 号（巴棉 3 号）

品种来源　新陆中 26（原代号巴棉 3 号）是巴州富全新科种业棉花研究所从 17-79 品系中选出的 6603 品系，2006 年 2 月通过新疆维吾尔自治区农作物品种审定委员会审定命名（审定编号：新审棉 2006 年 61 号）。

特征特性　生育期 130 d。植株塔形，Ⅰ～Ⅱ型分枝，果枝上举，果枝始节 4 ～ 5 节。茎秆硬、抗倒伏；叶片偏小、皱褶，通透性好，适宜密植；结铃性较强，铃卵圆、壳薄，单铃重 5.8 g，籽指 10.6 g，霜前花率 95.9%，衣分 44.58%。

产量表现　2004—2005 年新疆维吾尔自治区区试和生产试验结果，皮棉产量 2 081.25 ～ 2 384.7 kg/hm²，籽棉产量 4 695 ～ 5 385 kg/hm²；在 2005 年，新陆中 26 号在兵团第二师 30 团棉花区试中单产籽棉 6 470.6 kg/hm²，位居第 2；在 30 团大面积示范种植 200 hm²，平均单产籽棉 5 880 kg/hm²，最高达到 7 500 kg/hm²。

纤维品质　平均长度 29.57 mm，整齐度 84.29%，比强度为 27.62 cN/tex，伸长率 7.09%，反射率 79.2%，马克隆值 4.37，黄度为 7.27，纺纱均匀性指数 139.2。

抗病性　黄萎病病指 19.4，枯萎病病指 0.7，属高抗枯萎，耐黄萎病。

适应性　适宜于新疆早中熟棉区种植。

8. 新陆中 28 号（原代号华棉 1 号）

品种来源　母本中 9409、父本邯 109。于 2006 年通过新疆维吾尔自治区农作物品种审定委员会审定通过，命名为新陆中 28 号。

特征特性　生育期 137 d 左右，现蕾开花比中棉所 35 晚 2 ～ 3 d，吐絮期比中棉所 35 晚 3 ～ 4 d。株型比较紧凑，果枝始节高。单铃重 5.5 ～ 6.5 g，衣分 42% ～ 44%。吐絮快而集中，吐絮畅而不散，含絮力适中，霜前花率比中棉所 35 高 3% 以上，适宜机械采收，采收率高达 96% 以上。

产量表现　新疆维吾尔自治区区试中 2003—2004 年两年平均籽棉增产 8.7%，皮棉增产 14.38%，霜前皮棉增产 11.63%，霜前花率 86.9%，铃重 6.2 g，衣分 44%。2005 年生产试验中，籽棉单产 4 793.85 kg/hm²，比对照增产 2.81%，居第 3 位，皮棉 2 081.7 kg/hm²，比对照增产 6.27%，居第四位，霜前皮棉 1 949.4 kg/hm²，比对照增产 4.68%，居第 3 位，霜前花率 93.35%。

纤维品质　纤维上半部平均长度 30.61 mm，整齐度 84.39%，比强度为 27.05 cN/tex，伸长率 6.85%，反射率 76.8%，马克隆值 4.5，黄度为 7.93，纺纱均匀性指数 131.29。加工品质好，无籽屑，棉结少，长度、强度和细度搭配合理，可纺优质细质纱。

抗病性　高抗枯萎病，抗（耐）黄萎病。

适应性　适宜于新疆南疆早中熟棉区种植。

9. 新陆中 36 号（K20-7）

品种来源　新陆中 36 是新疆石河子大学棉花研究所选育的早中熟陆地棉新品种。1995 年以自育的抗耐黄萎病的 91-19 优系为母本，优质丰产抗黄萎病的 155 系为父本进行杂交，后经连续 3 年的南繁北育和定向选择，于 2003 年选育出 K20-7 品系。2005—2006 年参加新疆维吾尔自治区区域试验，2007 年参加生

产试验，2008 年 3 月通过新疆维吾尔自治区审定命名为新陆中 36 号。新陆中 36 号在新疆早中熟棉区已得到大面积推广应用。

特征特性　全生育期 134 d，霜前花率 94.6%。Ⅱ型果枝，植株塔形，果枝始节 5.1 节。叶片中等大小、叶量少，上举，植株清秀，适合机采棉的高密度种植方式，结铃性强，铃卵圆形，有铃尖，铃多为 4 室或 5 室。铃重 5.72 g，籽指 10.58 g，衣分 43.85%。出苗快而整齐，苗期至蕾期、花铃期生长势强，吐絮畅而集中，纤维色泽洁白，含絮力适中，易摘拾。

产量表现　2005—2006 年两年区域试验平均结果为：籽棉、皮棉、霜前皮棉产量分别为 4 917 kg/hm²、2 155 kg/hm² 和 2 048 kg/hm²，籽棉比对照中棉所 35 减产 1.19%，皮棉、霜前皮棉分别较对照中棉所 35 增产 3.37% 和 2.9%。霜前花率 94.62%。2007 年生产试验结果：籽棉、皮棉、霜前皮棉产量分别为 5 678 kg/hm²、2 489 kg/hm 和 2 365 kg/hm²，分别较对照增产 9.31%、9.18% 和 10.74%。霜前花率 94.86%。

纤维品质　2005—2006 年农业部棉花纤维品质监督检验测试中心（HVICC）检测，2.5% 跨长 30.83 mm，比强度为 29.83 cN/tex，马克隆值 4.2，断裂伸长率 6.6%，反射率 76.25%，黄度 7.4，整齐度 84.37%，纺纱均匀性指数 151。

抗病性　经新疆维吾尔自治区棉花品种抗病鉴定，枯萎病病指 7.54，黄萎病病指 42.12，抗枯萎病，耐黄萎病。

适应性　适宜于新疆早中熟棉区种植。2007—2009 年累计在巴州、阿克苏、喀什等地示范推广约 29 万 hm²。

10. 新陆中 84 号（原代号新 72）

品种来源　新陆中 84 号（原代号新 72）是由新疆农业科学院经济作物研究所培育的棉花新品种。以丰产性好、品质优的新陆中 27 号作母本，以品质优良、抗病性、适采性强的自育丰产高代品系 K3334 为父本，2006 年配制杂交组合，通过多年南繁北育，前期对该组合后代材料的抗病性及综合性状进行选择，后期重点加强对产量、纤维品质的强化定向筛选以及生态适应性筛选，于 2010 年育成。2017 年 12 月通过新疆维吾尔自治区品质审定委员会审定命名（新审棉 2017 年第 51 号）。

特征特性　生育期 138 d 左右。植株塔形，Ⅱ型果枝，叶片中等大小，通风透光好；株高 75 cm 左右，第一果枝节位 5.6，果枝数 8 ～ 10 苔，单株成铃 7 个左右；铃卵圆形，铃重 5.5 ～ 6 g，衣分 44.5%，籽指 10.5 g；丰产性好，吐絮畅而集中，含絮好，棉纤维色泽洁白。

产量表现　2015—2016 年新疆维吾尔自治区早中熟陆地棉区域试验中，2年平均，籽棉、皮棉、霜前皮棉产量分别为 5 548.5 kg/hm²、2 350.5 kg/hm² 和 2 154 kg/hm²，分别较对照中棉所 49 增产增产 8.6%、9.4% 和 8.5%。2016 年新疆维吾尔自治区早中熟陆地棉生产试验结果：籽棉、皮棉、霜前皮棉产量分别为 6 367.5 kg/hm²、2 757 kg/hm 和 2 676 kg/hm²，分别较对照新陆中 54 号增产 10.1%、13.1% 和 11.2%。

纤维品质　2015—2016 年参加新疆维吾尔自治区早中熟陆地棉区域试验取样，经农业农村部棉花品质监督检验测试中心测定（HVICC 校正），2 年结果平均，纤维上半部平均长度 31 mm，断裂比强度为 31.9 cN/tex，马克隆值 4.1，整齐度指数 85.6%。

抗病性　2016 年经新疆维吾尔自治区生产试验进行棉花枯、黄萎病抗病性鉴定：枯萎病发病率为 10.7%，病指 3.9，高抗枯萎病；黄萎病剖秆检查发病率 47.8%，病指 30.2，耐黄萎病。

适应性　适宜于新疆南疆早中熟棉区种植。

11. 中棉所 96A

品种来源　中国农业科学院棉花研究所培育，品种来源：中棉所 49 × 中221；2019 年经新疆维吾尔自治区农作物品种审定委员会评审通过。

特征特性　植株稍松散呈筒形，Ⅱ型果枝，适宜机采。株高 85cm，生育期128d 左右，果枝始节 5.8～6，叶色较浅，叶片较小，植株绒毛较多，开花结铃集中，吐絮畅、含絮力适中，采净率高达 95% 以上。铃卵圆形，铃重 6.5g 左右，衣分 43.5% 左右。

产量表现　南疆地区示范种植表现：2018 在新疆兵团第三师 51 团示范种植1 300 亩，平均籽棉产量 528 kg，高产地块可达 592 kg；同年在库尔勒、阿克苏等地示范，最低籽棉亩产也在 480 kg 以上。丰产、稳产性好。

纤维品质　绒长 31.5mm，比强度 30.5cN/tex，马克隆值 4.5 左右。

抗病性　该品种抗枯萎、耐黄萎。

适应性　适宜在新疆南疆棉区种植。枯萎病、黄萎病重病地不宜种植。

12. 中棉所 12

品种来源　中棉所 12 是以乌干达 4 号为母本，邢台 6871 为父本杂交，1984年多系混合育成的丰产、抗病、优质棉花品种。先后经河南、山东、山西、陕西、河北、浙江等省农作物品种审定委员会审定，1989年通过全国农作物品种审定委员会国家审定（GS 08002—1989）。1989年获农业部科技进步一等奖，1990年荣获国家发明一等奖。截至1994年，全国已累计种植1.1亿亩，覆盖了我国黄河流域、长江流域和新疆内陆部分棉区。

省级审定：(1986)豫农审字第03号，(1987)鲁种审字第0064号，(1987)晋农品审（认）字第1号，(1988)陕种审证字第182号，浙江1990审定证明，(1990)冀（品审）字第1号，鄂农牧字（90）第008号文件，(1991)川审棉5号，新农审字第9426号。1989年通过全国农作物品种审定委员会审定国家审定：GS08002—1989。

特征特性　生育期135 d，属中熟棉品种。植株较高大，茎秆粗壮。叶片中等，缺刻较深。铃卵圆形，铃重5 g，衣分42%，籽指10 g，种子短茸较厚。出苗较一般品种慢1～2 d，苗期生长势偏弱，蕾期开始转旺，花铃期生长稳健。根系发达，早熟不早衰，丰产潜力大。

纤维品质　有关资料显示，中棉所12经北京市纤维检验所测定，主体长度29.9 mm，单纤维强力3.91 g，细度5 855 m/g，断裂长度22.8 km，试纺18号纱，品质指标2 385分，综评为上等优级。

产量表现　1985—1986年黄河流域、长江流域棉花抗病品种区域试验，皮棉平均亩产分别为92 kg和85 kg，比对照分别增产17.5%和11.5%，达极显著水平。1987年起定为黄河流域区域试验对照品种。

抗病性　枯萎病指数4.1，黄萎病指数14.3，优于国家科技攻关规定指标，属兼抗品种。

13. 中棉所35

品种来源　中棉所35（中9409）母本为丰产品系中23021，父本为抗病、优质杂交材料（中棉所12 × 川1704），杂交选育而成。

1999—2000年先后通过河南省、山东省、新疆维吾尔自治区和全国农作物品种审定委员会审定。

特征特性　在黄河流域生育期为130 d，比中棉所12早7 d左右。种子较大，籽指11.5 g，衣分38.5%，种子3 d的发芽势达75%以上，田间出苗较快，克服了国内一些高产品种子指小、出苗差的缺陷。苗期耐旱、耐湿，蕾期以后生长迅速，开花结铃速度快，早熟不早衰。植株清秀，茎秆光滑有弹性，营养枝条细小、赘芽少，第一果枝着生节位7节。叶片较小，缺刻深，上举性好，植株通风透光性好，不易旺长。铃长卵圆形，铃面光滑，铃尖非常突出，铃重 5.7 g，吐絮畅，含絮力适中，易收摘，霜前花率达 95%。

纤维品质　据有关资料显示，农业部棉花质量监督检验测试中心测试结果，纤维 2.5% 跨长 30.2 mm，比强度 22.3 cN/tex，马克隆值 4.3，气纺品质 1 946，达上等优级，尤其纤维色泽洁白，黄色深度仅为 7.7。

产量表现　1996—1997 年参加河南省麦套春棉品种区试和黄河流域麦套春棉区试，霜前皮棉产量分别为 1 275 kg/hm^2 和 1 125 kg/hm^2，分别为对照品种中棉所 17 的 122.8% 和 109.8%。1998 年参加河南麦棉春套生产试验，霜前皮棉产量为每公顷 1 400 kg，为对照中棉所 19 的 111.1%。1996—1997 年参加山东一熟棉田中熟区试，霜前皮棉产量为每公顷 1 079 kg，为对照中棉所 12 的 111%。1998 年分别参加新疆一熟棉田中熟区试和山东一熟棉田生产试验，霜前皮棉产量分别为 1 755 kg 和 1 355 kg，分别为对照中棉所 12 的 137.7% 和 110.8%。

抗病性　资料显示，河南省和黄河流域麦套春棉区试的结果，中棉所 35 平均枯萎病指 3.4，黄萎病指 28.4，属高抗枯萎病，耐黄萎病品种。

14. 中棉所 49（原名：中 287）

品种来源　中棉所 49(原系中 287) 系中国农业科学院棉花研究所育成的常规早中熟陆地棉新品种，亲本组合为中棉所 35 × 中 51504。2002—2003 年参加西北内陆棉区早中熟组区域试验，2003 年同时参加西北内陆棉区早中熟棉花品种生产试验，2004 年分别通过新疆维吾尔自治区和国家农作物品种审定委员会审定（国审棉 2004003）。适宜西北内陆无霜期 180 d 以上的早中熟棉区种植。

特征特性　早中熟陆地棉品种，全生育期 145 d。植株塔形，茎秆柔软有韧性，茸毛少，叶片中等大小、上举，叶裂深，Ⅱ 型果枝。株高 61.3 cm，第一果枝节位 5.5 节，株果枝数 10.4 苔，单株结铃 7.1 个，铃卵圆形，单铃重 6.1 g，籽指 11.1 g，不孕籽率 6.7%，衣分 41.8%，霜前花率 93.7%。

产量表现　2002—2003 年参加西北内陆棉区早中熟组区域试验，籽棉、皮棉、霜前皮棉亩产分别为 314.1 kg、130.9 kg、119.1 kg，分别比对照中棉所 35 增产 6.95%、10.93% 和 17.22%。2003 年参加生产试验，籽棉、皮棉、霜前皮棉亩产分别为 337.9 kg、146.9 kg、114 kg，分别比对照中棉所 35 增产 8.84%、16.66%、26.33%。

纤维品质　2.5% 跨长 28.8 mm，比强度 21.4 cN/tex，纤维整齐度 48.2%，马克隆值 4.3，伸长率 7.1%，反射率 77.5%，黄度 7.6，纺纱均匀性指数 142。

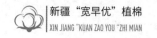

抗病性　抗枯萎病，耐黄萎病，不抗棉铃虫。

15. 豫棉 15 号

品种来源　河南省农业科学院经济作物研究所利用品种商 85-5 的天然变异植株系统选育而成（国审棉 20000001）。省级审定情况：1997 年河南省农作物品种审定委员会审定，1998 年新疆自治区农作物品种审定委员会审定。

特征特性　河南试验结果，霜前皮棉比中 17 增产 12.3%，新疆试验结果比中 19 增产 17.7%，1997 年在新疆创造了亩产 233.7 kg 全国历史最高产量纪录。生育期 130 d，属中早熟品种。单铃重 5.7 g，衣分 38～42%，籽指 11.6 g。

纤维品质　2.5% 跨长 30.5～31.3 mm，比强度 21.1～21.4g/tex，马克隆值 4～4.3，单根纤维着力低，不孕籽少，加工质量高。

抗病性　枯萎病指 0，黄萎病指 19.4，耐旱性优于中 17、中 19。

适应性　适宜在黄河流域棉区麦棉两熟春棉套种及新疆南疆棉区春播一熟地区种植。栽培中注意及时防治棉铃虫。

16. 冀 668

品种来源　河北省农林科学院棉花研究所选育的棉花新品种，2000 年通过河北省农作物新品种审定，定名为"冀 668"。2001 年通过全国农作物新品种审定，定名为国审"冀 668"。

特征特性　出苗快且整齐，苗势壮，整个生育期生长稳健。株型塔形，植株清秀。茎秆绿色坚硬，铃大，铃圆形。结铃性强，上中下部结铃分布均匀。衣分高，早熟性好，早熟不早衰。吐絮顺畅，易采摘。疯杈少，易管理。

产量表现　1999—2000 年在全国黄河流域春棉品种区域试验平均结果：籽棉产量、皮棉产量、霜前皮棉亩产分别为 214.1 kg、87.9 kg、80.3 kg；较对照分别增产 13.9%、15.2% 和 18.1%，皆居第 1 位。1999—2000 年西北内陆棉区第八轮陆地棉新品种区域试验结果：皮棉产量、霜前皮棉亩产分别为 134.6 kg、121.4 kg；较对照分别增产 25.8% 和 25.2%，皆居第 1 位。

纤维品质　1998—1999 年农业部品质监督检测试验中心检测的品质平均结果：纤维长度 30.2 mm，整齐度 47.7%，比强度 22.0 cN/tex（HVICC 为 28.38 cN/tex）。纤维色泽洁白，品质优良。

抗病性　经中国农业科学院棉花研究所植保室鉴定，枯萎病指为 7.49，黄萎病指为 13.88，属抗枯萎兼抗黄萎类型，抗虫，顶尖被害率低，百株累计活虫少，比生产上大面积推广的抗虫棉品种抗虫性能好。耐旱抗涝，耐脊薄，耐盐碱。

适应性　适宜黄河流域棉区和新疆南疆棉区广泛种植。

17. 中棉所 41（ZGK9708）

品种来源　中国农业科学院棉花研究所、中国农业科学院生物技术研究所，利用中棉所 23 导入国产 Bt 和 CpTI 双价抗虫基因选育而成（国审棉麻 2002001）。

特征特性　植株筒形，较紧凑，株高中等，果枝上举，叶深绿色、大小适中，皱褶明显，透光性好，铃卵圆形，铃嘴尖，单铃重 5.3 g，衣分 40%，籽指 11.6 g。中早熟抗虫常规品种，生育期 130 d 左右，出苗快、苗壮、苗齐、前期长势强，后期长势一般，整齐度好，结铃性强，铃壳含絮力适中，吐絮顺畅，抗风，易采收。

产量表现　2000—2001 年参加黄河流域抗虫棉品种区试，2000 年籽棉、皮棉、霜前皮棉平均亩产分别为 218.2 kg、85.2 kg、71.2 kg，分别比对照品种中棉所 29 增产 3.5%、1.4% 和 0.1%，2001 年籽棉、皮棉、霜前皮棉平均亩产分别为 244.6 kg、99.2 kg、93.1 kg，籽棉比对照品种中棉所 38 减产 2.3%，皮棉、霜前皮棉均比对照增产 3.1%；2001 年生产试验，籽棉、皮棉、霜前皮棉平均亩产分别为 244.2 kg、99.6 kg、93.5 kg，籽棉比对照品种中棉所 38 减产 0.6%，皮棉、霜前皮棉分别比对照增产 6.1% 和 5.4%。大田生产一般亩产皮棉 90 kg 左右。全株平均铃重 5.3 g，籽指 11.5 g，衣分 42% ~ 4.35%。2000—2014 年新疆兵团推广面积分别为 34.2 万 hm²、86.6 万 hm²、93 万 hm²、89.2 万 hm²、60 万 hm²。

纤维品质　2002 年在库尔勒市包头湖农场取样测试，2.5% 跨长 29.3 mm，比强度 21.1 cN/tex，马克隆值 4.4，反射率 82%，纤维整齐度 86%，成熟系数 0.9，短绒率 6.0%。纤维色泽洁白且有丝光，适纺性好。

抗病性　耐枯萎病、黄萎病，抗棉铃虫。抗盐碱能力强。

18. 中棉所 19

品种来源　中棉所 19 是中国农业科学院棉花研究所以〔（7259×6651）×中 10〕×（7263×6429）复合杂交育成。1993 年由陕西省审定（1993）编号 268、河南省（豫 1993）审证字第 2 号、（96）鲁农审字第 1 号和全国农作物品种审定委员会审定 GS08003—1993，属陆地棉中早熟棉花品种。

品种特性　生育期 128 ~ 130 d。植株紧凑，茎秆硬且多毛，抗倒伏，赘芽少，第 1 果枝节位高。叶小、色浓绿，缺刻深。铃卵圆形，铃重 5.4 g，衣分 42.3%，籽指 9.2 g，出苗好，发育快，苗期长势旺。株高 110 cm，生长整齐，结铃性强，吐絮集中，烂铃少。

纤维品质 据有关资料显示,陕西省区域试验取样,农业部棉花品质监督检验测试中心测试结果,2.5%跨长29.1 mm,比强度21.2 g/tex,马克隆值4。河南省麦套棉区域试验取样,北京市纤维检验所测试,主体长度30.9 mm,单纤维强力3.77 g,细度6 448 m/g,断裂长度24 km。长江流域抗病区域试验测试,2.5%跨长29.4 mm,比强度21.2 g/tex,马克隆值4.5,环纺纱强122,气流纺织品质指标1 841。新疆南疆纤维平均长度30.3 mm,断裂长度21.2 km,马克隆值4.1。

产量水平 1989—1990年河南省抗病区域试验,霜前皮棉平均亩产67.8 kg,比对照中棉所12增产2.6%,1990年河南省麦套棉区域试验,霜前皮棉平均亩产71.2 kg,比对照中棉所17增产4.3%,小麦亩产370 kg。1991—1992年长江流域抗病区域试验,霜前皮棉平均亩产65.8 kg,比对照中棉所12增产12.9%,居首位。在新疆南疆,中等偏上地力,单产籽棉4 941.0 kg/hm^2,皮棉1 981.5 kg/hm^2,霜前花率84%。

抗病性 兼抗枯萎病、黄萎病,耐棉苗根腐病,抗耐棉铃虫,高抗红铃虫和Ⅱ级抗蚜虫。

19. 中棉23号(中164)

品种来源 中国农业科学院棉花研究所以〔[(5658×5254)×4067]×中10〕×冀8育成。审定编号:国家审定国审棉980007;省级审定(豫)审证字第95516号。

特征特性 生育期132 d,属早发型中熟品种。株高95 cm,果枝Ⅱ式,果枝着生节位较低,下部果枝夹角大,上部果枝夹角小,全株呈塔形,株型松散,通透性好。叶片中等,有皱褶,色稍淡。铃重5.4 g,衣分40%,籽指10 g。

纤维品质 黄河流域区域试验,平均2.5%跨长27.4 mm,比强度19.6 g/tex,马克隆值4.8。河南、安徽省区域试验,平均2.5%跨长29～31 mm,比强度21～23 g/tex,马克隆值4～4.5。

产量表现 1991—1992年参加黄河流域棉花品种区域试验,霜前皮棉平均亩产60.2 kg,居参试品种之首,比中棉所12增产17.1%。1993年生产试验,皮棉和霜前皮棉平均亩产分别为89 kg和79.9 kg,分别比对照中棉所12增产20.4%和20.3%。1993—1994年参加河南和安徽省区域试验,霜前皮棉平均亩产分别为69.5 kg和68.5 kg,分别比对照中棉所12和泗棉2号增产10.7%和35.82%,均居参试品种之首。衣分40%,籽指10 g。

抗病性 枯萎病病情指数5.99,黄萎病病情指数19.4,属抗枯萎病和黄萎病类型。此外，兼有一定抗虫、耐旱和耐盐碱性。

适应性　适宜于北方棉区一熟春播、两熟春套，南方两熟棉区早、中、晚茬棉田套播或套栽。适播期弹性大，北方春播适期偏晚，春、夏套播适期偏早，南方春套播4月下旬，直播最晚不宜晚于5月底，并采取先板茬抢播，后浇水灭茬等促早发措施。

20. 中棉所 17

品种来源　中棉所17系中国农业科学院棉花研究所以（7259×6651）×中棉所10号杂交育成的高产、优质、抗病虫的中早熟棉花品种。1990年山东省审定：(90)鲁农审字第3号，1991年河南省审定（豫）审证字第91001号。国审品种登记号GS08001—1991。1993年在南疆引进示范，1995年开始推广。1994年获农业部科技进步一等奖，1996年获国家科技进步二等奖。

特征特性　该品种为中早熟品种。出苗快，苗势旺，发育早，株型紧凑，1～5个主茎节间较短，第一果枝节位较低，株高适中，生长稳健，叶色浅绿。结铃性强，桃大，吐絮畅，易收摘。

产量表现　该品种适合于麦田晚春套种，在麦田套种情况下产量较高，如1988年在豫北同中棉所12比，增产12%，同辽9比增产64.8%。1989年较中棉所12增产7.7%，较中棉所375增产7.2%。1988—1989年在山东省区试中，两年平均较鲁棉6号增产7.6%，1989—1990年在黄河流域麦套棉试验中，较中棉所12平均增产14.2%。1989—1990年在河南生产试验中较中棉所12增产10.85%，较中棉所16增产21.95%。1989年在山东省生产试验中较鲁棉6号增产14.7%。1988—1989年冀、鲁、豫、皖8县（市）麦棉套晚春播试验中，每亩产皮棉75kg左右，小麦250～300kg，居第一位。

纤维品质　1984—1986年北京市纤维检验所测试结果，主体长度31.47mm，单纤维强力3.99g，细度6402m/g。断裂长度25.5km，成熟系数1.58，试纺32支纱，品质指标高达2703分，综评上等优级。该品种在山东1988—1989年区试中，主体长度31.1mm，细度6142m/g，强力3.68g，断长23.02km，纤维洁白有丝光。其缺点是若播种过早，下部易烂铃。

抗病性　高抗枯萎病，耐黄萎病，抗苗期角斑病和后期红叶茎枯病。

适应性　适宜于黄淮海地区麦棉晚春套种植。

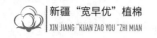
21. 中棉 43 号（中 2230-35）

品种来源　选育单位中国农业科学院棉花研究所。亲本组合：石远321×5716。

特征特性　属中早熟春棉品种，生育期 133 d，铃长卵圆形，茎紫红色，叶片大小中等，缺刻较浅，茸毛稀少，透光性好，叶形掌状，叶色浅绿色，株高 94 cm，株型较松散，塔形，果枝部 26 cm，现蕾较早，雌雄蕊乳白色，节位6～7，果枝数 13～15 苔，结铃数 18～20，铃长卵圆形，铃重 5.4 g，吐絮畅而集中。

产量表现　2000 年参加河南省棉花春播组区域试验，平均籽棉、皮棉、霜前皮棉产量依次为 216 kg、79.8 kg、57.2 kg，分别比对照品种中棉 19 增产 33%、25.7%、17.1%；2001 年继试，平均籽棉、皮棉、霜前皮棉亩产依次为 238.7 kg、96.39 kg、94.72 kg，分别比对照中棉所 29 减产 4.6%、4.7%、3.8%。2002 年参加河南省杂交棉品种区域试验，平均籽棉、皮棉、霜前皮棉亩产依次为 244.05 kg、96.4 kg 和 88.1 kg，分别比对照品种中棉 41 增产 6.56%、5.39%、6.1%。2002年参加河南省杂交棉品种生产试验，平均籽棉、皮棉、霜前皮棉亩产依次为210.8 kg、83.5 kg、78.5 kg，分别比对照品种中棉 41 增产 1.9%、3.2%、4.4%。

纤维品质　纤维洁白有丝光，籽指 10.4 g，衣分 39.6%，2.5% 跨长 30.1 mm，比强度 22.3 cN/tex，马克隆值 4.8，纺纱均匀性指数 153，气流纺纱指标 2 071，纤维长度 30.1 mm，整齐度 85.3%。

抗病性　抗枯萎病，耐黄萎病，抗倒伏性较好。

适宜性　适宜在河南省春播和春套棉区和其他审定棉区种植。

（三）海岛棉品种

1. 军海 1 号

品种来源　1963 年农一师农科所在 9122 品种繁殖田进行株选的过程中，发现了 1 株天然变异株，1964 年按铃行种植，各铃行表现早熟、丰产、优质，且株型较稳定。1965—1967 年品系比较选育成功，1968 年开始大面积推广，1974年本区各团种植面积近 5 000 hm²，之后几年又推广到南疆其他地区，种植面积达 8 000 hm²。

特征特性　军海 1 号属零式果枝，生育期 160～155 d，后缩短为 144～150 d；铃柄和节间较短（为很紧凑的零式株型），茎叶绒毛极多，种子灰绿色，铃近似圆锥形，铃嘴特长而尖，纤维乳白色，铃重 3 g 左右，衣分初育成时为

31%，后提高到 32%～33%，霜前花产量达 75% 以上。

产量表现　1968 年大面积棉田（土壤肥力低）皮棉 375～450 kg/hm²，丰产棉田产量皮棉 750 kg/hm² 以上，小面积高产棉田皮棉 1 500 kg/hm² 以上。

纤维品质　1967 年初育成时主体长度为 40～41 mm，纤细细度 7 510 m/g，单纤维强力 4.4 g，断裂长度 33.3 km，优于进口的埃及长绒棉。

抗病性　抗黄萎病，耐枯萎病。

适应性　军海 1 号是 20 世纪 70 年代塔里木地区长绒棉生产的主栽品种。适宜在新疆长绒棉种植区种植。

2. 新海 3 号（混选 2 号）

品种来源　原新疆军区生产建设兵团农科所（现新疆农垦科学院）与农一师农科所（现新疆生产建设兵团农一师农科所）于 1965 年从 9122 繁殖基地中选得的天然变异株，1966 年由农三师农科所驻团结农场样板工作组引入，与农三师团结农场 2 队共同种植、观察、筛选、鉴定，1967 年分别在团结农场 8 队与 2 队继续进行观察鉴定，1968—1970 年由农三师 43 团继续评选鉴定和繁殖而系统育成。原代号为混选 2 号，1972 年开始大面积示范。1978 年获得新疆维吾尔自治区首届科学大会授予长绒棉新品种优秀科技成果奖。1982 年新疆维吾尔自治区农作物品种审定委员会审定通过，命名为新海 3 号，确定为南疆长绒棉区的主要栽培品种。

特征特性　全生育期为 142～146 d。植株筒形，零式果枝，现蕾始节 3～4 节。茎秆粗壮，布满黑色油点，被灰白色茸毛，前期青绿稍显微红，中期下部嵌紫色条纹，吐絮时泛红。下部 3 或 4 片真叶为心脏形，中上部叶片逐渐 3～5 裂，呈掌状裂叶，叶裂较深。铃嘴较尖，铃色深绿光亮，褐色油点多而凹陷明显。铃壳较厚，吐絮畅。单铃籽棉中 2.5～3 g，衣指 5.2～6.3 g，衣分 30%～32%，籽指 12～14 g。棉籽卵圆形，嘴尖，灰绿稀毛籽。

产量表现　1979—1981 年参加新疆维吾尔自治区南疆长绒棉区域试验，3 年 7 点 17 次试验结果显示，比当地品种军棉 1 号增产 15%。麦盖提垦区农三师 43 团场自 1972 年推广新海 3 号以来，长绒棉单产纪录不断被刷新，1976—1982 年，正常年份平均亩产一直保持百斤（50 kg）皮棉以上，1～3 级花的绒长在 37 mm 以上，比例达 90%。1979 年种植面积已达 7 000 hm² 以上，霜前花率占 80%，逐步取代了军棉 1 号。

纤维品质　分梳绒长 40 cm 左右，纤维整齐度 82%，主体长度 38.2 cm，成

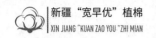

熟系数 1.8，细度 7483 m/g，单纤维强力 4～4.5 g，断裂长度 29～32.6 km，可纺 160～200 支细纱，纤维品质达到或超过进口埃及长绒棉。

抗病性　适应性广，抗逆性强，由于植株含毒量高而多毛，枯萎病、黄萎病、叶斑病、蚜虫等病虫为害轻。

适应性　该品种具有优质、早熟、丰产、生长势强、适应性广、抗病虫、不早衰、整枝省工、吐絮畅而集中，收摘花容易、色泽洁白晶亮、商品价值高等优点，适宜在新疆长绒棉种植区种植。

3. 新海 5 号（77-48）

品种来源　新海 5 号（原代号 77-48）是由吐鲁番地区农科所和新疆农业科学院经济作物研究所以吐海 2 号为母本、土海 1 号为父本杂交选育而成。1981 年进入区试，1984 年通过新疆维吾尔自治区农作物品种审定委员会审定并命名。

特征特性　生育期 120～130 d，属中晚熟海岛棉品种。植株呈塔形，属Ⅰ～Ⅱ型分枝，果枝类第一果枝着生节位第 4～5 节。茎秆坚实粗壮。吐量中等，叶色淡绿，5 裂。铃卵圆稍尖，多为 3 室，铃面油腺明显，吐絮畅，易采收。单铃重 3～3.5 g，衣分 32.3%，衣指 5.4 g，籽指 11.5 g，种子顶端被绿色短绒。

产量表现　一般皮棉产量 1 126.5 kg/hm² 左右。1981—1984 年区域试验霜前皮棉比对照吐海 2 号增产 7.4%。自 1984 年推广以来，迅速成为吐鲁番火焰山以南的主要栽培品种。

纤维品质　纤维主体长度 38.34 mm，细度 7 509 m/g，单纤维强力 4.58 g，断裂长度 34.1 km。

抗病性　抗枯萎病。

适应性　适宜于新疆吐鲁番火焰山以南中晚熟棉区种植。

4. 新海 9 号（79-531）

品种来源　新海 9 号（原代号 79-531）是由吐鲁番地区农科所和新疆农业科学院经作所 1976 年以 3761 为母本、72-69 为父本杂交，经单株选择于 1979 年定型。1985 年进入区试，1987 年通过新疆维吾尔自治区农作物品种审委员会审定并命名。

特征特性　生育期 109～130 d，属中早熟海岛棉品种。植株圆筒形，零式果枝型。茎秆较粗，无绒毛。叶片较大，叶色深绿，绒毛少，叶量中等。铃卵圆形，铃面油点较大，吐絮畅，易采收。单铃重 3.5～4 g，衣分 35%，衣指 5.7～6.3 g，籽指 12～2.6 g，种子半毛籽，短茸褐色。

产量表现　一般皮棉产量 1 100 kg/hm² 左右。1985—1987 年区域试验霜前皮棉比对照新海 5 号增产 0.9% ～ 16.8%，比新海 2 号增产 20.2%。自 1987 年推广以来，迅速成为吐鲁番火焰山以北的主要栽培品种。

纤维品质　纤维主体长度 36.09 mm，细度 7 069 m/g，单纤维强力 4.42 g，断裂长度 31.25 km。

抗病性　抗枯萎病。

适应性　适宜于新疆吐鲁番火焰山以北早中熟棉区种植。

5. 新海 14 号（86-430）

品种来源　新海 14 号（原代号 86-430）是新疆生产建设兵团农一师农业科学研究所以 1120 为母本，44116 为父本杂交选育而成。1998 年通过新疆维吾尔自治区自治区农作物品种审定委员会审定并命名（审定编号：新审棉 1998 年 009 号）。从审定到 2000 年在南疆阿克苏、库尔勒、喀什等地累计推广面积 8.97 万 hm²，是海岛棉品种中示范面积较大的品种。

特征特性　生育期 143 d，属中熟海岛棉品种。果枝类型零式。现蕾节位 2 或 3 节，中部常有 1 或 2 个有限果枝，果枝数 13 ～ 15 苔，铃柄短，开展角度小，株型紧凑。叶片较大，深绿，茎叶茸毛较多。铃卵圆形，多为 3 室，铃壳较薄，吐絮畅，纤维色泽白，单铃重 2.7 g，衣分 32.9%，籽指 12.4，种子被灰绿色短茸。

产量表现　1991—1993 年新疆维吾尔自治区第五轮长绒棉区试 3 年 13 个点次，平均籽棉产量 3 880.5 kg/hm²，为对照的 140.3%；皮棉产量 1 276.6 kg/hm²，为对照的 149.86%；霜前皮棉产量 1 194.0 kg/hm²，为对照的 147.3%；南疆海岛棉品种区域试验结果霜前皮棉较对照新海棉 3 号增产 47.3%。

纤维品质　纤维 2.5% 跨长 35.5 mm，比强度为 29.9 cN/tex，马克隆值 3.8，反射率 77.2%，黄度 7.2。

抗病性　抗黄萎病。耐低温，较抗蚜虫。

适应性　适宜在南疆阿克苏、库尔勒、喀什和和田等长绒棉区种植。

6. 新海 21 号（96-107）

品种来源　新海 21 号是新疆兵团农一师农科所于 1993 年经（新海 8 号 × 吉扎 75）的 F_2 ×（新海 10 号 × A 杂交铃）的 F_2 杂交南繁北育而成。2000 年参加新疆维吾尔自治区第 8 轮长绒棉区域试验，2002 年参加新疆维吾尔自治区生产试验。2003 年 2 月经新疆维吾尔自治区农作物品种审定委员会审定并定名。

特征特性 生育期 141 d，零式果枝，株型筒形，较紧凑，茎秆较粗。叶色较深。真叶叶裂 5 片，裂口较深，叶片较大，叶色深绿，叶绒毛一般。铃卵圆形，铃面有明显油腺点。铃嘴较尖，铃室多为 3 室。单铃重 3.1 g，衣分 32.1%。吐絮畅而集中，好拾花，絮色洁白。种子较大，圆锥形，被灰绿色短茸。

产量表现 新疆维吾尔自治区第八轮长绒棉品种区域试验 2000—2001 年平均霜前籽棉 4 556.4 kg/hm² 比对照新海 14 号增产 32.03%，居第一位。霜前皮棉 1 449.15 kg/hm² 比对照增产 32.65%。大田一般皮棉单产 1 650 kg/hm² 以上，高产田皮棉单产 2 100 kg/hm² 左右。

纤维品质 经农业部棉花纤维检测中心对比区试 2000—2001 年多点棉样分析，2000—2001 年平均（HVICC 校准），2.5% 跨长 36.45 mm，整齐度 48.38%，比强度为 32.29 cN/tex，马克隆值 4.13，光反射率 74.23%，黄度 7.6。

抗病性 2001 年新疆维吾尔自治区自治区植保站鉴定抗黄萎病，病情指数 13.5。2002 年鉴定耐黄萎病，病情指数 30.2。不早衰，抗叶斑病，高抗疫霉病，不抗枯萎病。

适应性 适宜在阿克苏、库尔勒、喀什和和田等地无枯萎病区和轻病区种植。因其高产、稳产、适应性强、品质优异，成为南疆长绒棉主栽品种，已累计推广种植近 7 万 hm²。

7. 新海 36 号（207）

品种来源 新疆阿拉尔农一师农科所和新疆塔里木河种业股份有限公司合作于 2001 年，由 259 与 051 杂交，后代材料在天然病圃经多年定向选择而成。2005—2006 年参加品种比较试验，2007 年参加新疆维吾尔自治区南疆早熟组长绒棉预备试验，2008—2009 年参加新疆维吾尔自治区南疆早熟组长绒棉区域试验，2009 年参加新疆维吾尔自治区南疆早熟组长绒棉生产试验后审定命名。

特征特性 生育期 146 d。株型筒形，零式果枝，株型较紧凑，果枝数 14.1 苔。茎秆坚硬，抗倒伏，真叶为普通叶，叶片小，叶色深绿，叶片 3 或 4 裂，裂口深。铃长卵圆形，铃面有明显的油腺点，铃室多为 3 室，铃重 2.8 ~ 3.2 g，衣分 31.6%，籽指 12.5 g，絮色洁白，吐絮畅。种子圆锥形，黑褐色，光籽。

产量表现 2008—2009 年两年平均籽棉产量、皮棉产量、霜前皮棉产量分别为 5 256 kg/hm²、1 653 kg/hm²、1 545 kg/hm²，分别比对照增产 14.6%、10.1%、10.5%。霜前花率 93.23%。2009 年生产试验籽棉产量、皮棉产量分别为 5 885 kg/hm²、1 881.3 kg/hm²，分别比对照增产 17.43%、11.33%，霜前皮棉

产量 1 707.75 kg/hm^2，比对照增产 9.85，分别为第 1 位、第 3 位、第 3 位。

纤维品质　上半部平均长度 38 mm，整齐度 88.9%，比强度为 44.5 cN/tex，伸长率 5.1%，马克隆值 3.7，反射率 74.8%，黄度 7，气纺指标 232.7。

抗病性　经新疆维吾尔自治区植保总站鉴定，枯萎病病情指数为 7.69，为抗病品种；黄萎病病情指数为 36.21，属耐病品种。田间生长势强，抗逆性较好，丰产稳产，适应性强。

适应性　南疆阿克苏、库尔勒、喀什等地均可种植。

（四）彩色棉品种

1. 新彩棉 1 号（棕 9801）

品种来源　新彩棉 1 号（棕）（原代号棕 9801）由新疆天彩科技股份有限公司于 1996 年从引进的棕色彩棉 BC–B01 品系中，经多年系统选育和南繁加代育成。2000 年 12 月，新疆农作物品种审定委员会审定通过并命名。该品种早熟、丰产、纤维品质好，对枯萎病具有一定抗性。审定后累计推广 3.3 万 hm^2。

特征特性　全生育期为 127 ～ 131 d，属早熟类型品种。Ⅲ 型果枝，株型为筒形，第 1 果枝着生节位为第 6 节，高度为 19 ～ 20 cm。叶片薄，发叶量轻。铃为椭圆形，铃嘴稍尖，多为 4 室或 5 室。铃重 5 g，单株结铃 6 ～ 8 个，衣分 32% ～ 34%，衣指 5.3 g，籽指 14.7 g，籽指被棕色短绒。絮棕色，吐絮集中。

产量表现　高品种丰产性好，大面积推广平均皮棉产量 1 290 kg/hm^2 左右，最高的达 1 500 kg/hm^2 以上。

纤维品质　据农业部棉花品质监督检验测试中心 HVI900 对区试棉样检测结果，2.5% 跨距长度 29.43 mm，比强度为 21.86 cN/tex，马克隆值 3.4，整齐度 48.13%，伸长率 7.6%。纤维品质、长度、强力均达到白色陆地棉的较优质品种标准。

抗病性　该品种对枯萎病具有一定的抗病性，但不抗黄萎病。

适应性　适宜在新疆早熟棉区种植。

2. 新彩棉 2 号（原代号棕 9802）

品种来源　系新疆天彩科技股份有限公司 1995 年从引进的棕色采棉 BC–B05 品系中经多年系统选育和南繁加代育成。2000 年 12 月经新疆农作物品种审定委员会审定通过并命名。

特征特性　从出苗到吐絮为 133 ～ 138 d，属早棕中熟类型品种。株高 70 ～ 75 cm，茎秆节间长度为 3.5 ～ 4.0 cm。在增加密度，实行全程化控后，株型紧

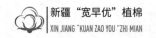

凑Ⅱ型果枝，果枝为10～11苔。第1果枝着生节位第5.8～第6节，高度为17～18 cm。侧枝为1～3个。叶片适中，发叶量中等。铃为卵圆锥形，多为4～5室；铃重为5 g左右，单株结铃为7～9个。絮棕色，吐絮集中。衣分33%～36%，衣指5.3 g，籽指14.6 g，短茸棕色。

产量表现　丰产性好，大面积每公顷皮棉1 350～1 500 kg，最高产达2 130 kg。

纤维品质　据2000年农业部棉花品质监督检验测试中心检测结果，2.5%跨距长度28.33 mm，比强度20.05 cN/tex，马克隆值3.6，整齐度48.88%，伸长率8.1%。长度、比强度均同白色陆地棉一般品种。

抗病性　对枯萎病发生具有一定抗病性。

适应性　新疆适宜棉区种植。

3. 新彩棉3号（原代号绿9803）

品种来源　新彩棉3号（绿），原代号绿9803，由新疆天彩科技股份有限公司于1996年从引进的绿色彩棉BC-G01品系中，经多年系统选育、定向选择和南繁加代育成。2002年1月，新疆农作物品种审定委员会审定通过并命名。该品种中早熟、纤维品质好、产量较高，不抗枯萎病、黄萎病，审定后累计推广近3 400 hm²。

特征特性　全生育期129～135 d，属早中熟类型品种。Ⅱ～Ⅲ型果枝，第一果枝着生节位为5.11节，株型较松散，呈塔形。叶片稍宽，掌状分裂，裂口较深，发叶量中等。花瓣大，色乳白。铃为椭圆形，铃嘴稍尖，一般为4或5室，铃重为4.63 g，衣分24.5%～26.6%，籽指11.58，不孕籽率7%，单株结铃为6.9个。絮为草绿色，吐絮集中。种子被绿色短茸。

产量表现　该品种产量较高，在一般栽培条件下平均皮棉产量675～825 kg/hm²。

纤维品质　据农业部棉花品质监督检验测试中心HVI900对区试棉样检测结果2.5%跨距长度27.6～28.23 mm，比强度为13.88～16.6 cN/tex，马克隆值2.52～2.8，整齐度45.76%，伸长率8%。

抗病性　新疆维吾尔自治区植物检疫站枯萎病、黄萎病鉴定结果为感病。

适应性　适宜于新疆南、北疆早熟棉区种植。

4. 新彩棉5号（原名棕204-1）

品种来源　是由新疆中国彩棉（集团）股份有限公司以新陆早7号为母本，棕9802为父本进行杂交，并对其后代选择和南繁加代以及多次自交纯合而育成，表现早熟，优质，抗枯黄萎病，絮色棕色透红的天然彩色棉花新品种。2002—2003年参加新疆自治区天然彩色棉花品种区域试验和生产示范。2004年3月通过新疆自治区农作物品种审定委员会审定。

特征特性　该品种全生育期为127 d，株高61 cm，主茎粗壮，Ⅱ型果枝。第1果枝着生节位第4.5节，平均果枝数为10.1个，叶片中等大小，平展，深绿色，叶缺一般，发叶量适中，铃中等，长卵圆形，絮色棕而透红。铃重4.6 g，籽指9.8 g，衣分36.3%，霜前花率86.9%。植株筒形，较紧凑；吐絮早、畅且集中，絮色纯正，棕色透红，较已审定的新彩棉1号、2号色深，归属于天然彩色棉的一个新色系，早熟性较突出，霜前花率平均为87.4%，均列参试材料的首位，结铃性较强，丰产性和稳产性表现突出。

产量表现　2002—2003年自治区彩棉区域试验，表现丰产性较好，2002年籽棉、皮棉、霜前皮棉产量均名列第1位，2003年籽棉、皮棉、霜前皮棉产量分别名列第2位、第1位、第1位。两年平均籽棉、皮棉、霜前皮棉产量分别为每公顷3 681.5 kg、1 346 kg、1 178 kg，分别为对照新彩棉1号的105.1%、114.3%、120.1%，均名列第一位，其皮棉增产幅度已达到杂交优势的水平。2003年石河子、阿克苏、和田3地（州）4点次的生产试验结果：每公顷籽棉产量4 539 kg，皮棉产量1 709.6 kg，霜前皮棉产量1 461.3 kg，其籽棉产量和皮棉产量分别比对照增产13.1%、12%。

纤维品质　经农业部棉花品质监督检验测试中心测定，两年结果：上半部平均长度26.9 mm，比强度22.5 cN/tex，马克隆值3.4，整齐度81.6%，伸长率8.3%，反射率78.5%，黄度7.7，纺纱均匀性指数112.1。

抗病性　2003年4—10月经自治区植物保护站在南疆、北疆人工病圃进行了抗枯萎病、黄萎病性鉴定，两年平均结果，枯萎病病指3.5，黄萎病病指8.2，结果为抗枯萎、黄萎病。

适应性　适宜于南疆、北疆宜棉区种植。

5. 新彩棉6号(原品系代号棕330)

品种来源　新疆天然彩色棉花研究所于1997年选用早熟优质白色细绒棉"新陆早6号"为母本，又选用抗病性较好、高产的彩色棉优良选系"棕2"为父本配制杂交组合，并对其后代分离群体进行多年的南繁北育、定向选择，结合系谱提纯和自交纯合选育而成。2003—2004年参加新疆维吾尔自治区彩色棉品种区域试验，2004年参加新疆维吾尔自治区彩色棉品种生产试验，2005年2月

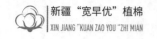
28 日经新疆农作物品种审定委员会审定通过并命名为新彩棉 6 号。

特征特性　全生育期 131.5 d，比对照新彩棉 1 号早熟 5.5 d。植株筒形，清秀，株型较紧凑，Ⅱ型果枝，茎秆粗壮，茸毛较多，根系发达，绿茎绿叶，整个生育期整齐度较好，株高 55.1 cm，第一果枝节位 4.3 个，果枝数 9.4 个，株铃数 4.5 个，每公顷铃数 77.32 万个；叶片中等偏大，平展，深绿色；铃中等，长卵圆形，4～5 室，单铃重 5.4 g；絮色为棕色，早熟，吐絮畅而集中；衣分 38.84%，霜前花率 88.8%，籽指 10.7 g。

产量表现　经 2003—2004 年连续两年自治区区域试验结果显示，该品种平均每公顷产籽棉、皮棉、霜前皮棉分别是 3 865.5 kg、1 402.5 kg、1 272 kg，分别为新彩棉 1 号的 108.1%、114.02%、131.88%，均居参试品种的第 1 位，其增产优势和产量幅度已接近杂交优势水平。2004 年多点生产试验结果显示，新彩棉 6 号平均每公顷产籽棉、皮棉、霜前皮棉分别为对照品种（新彩棉 1 号）的 108.18%、123.43%、139.26%，霜前花率 88.5%，衣分 38.78%。

纤维品质　据农业部棉花品质监督检验测试中心 HVI900 对区试棉样检测结果（HVICC 标准）：上半部平均长度 27.2 mm，整齐度 82.4%，比强度 24.2 cN/tex，伸长率 7.2%，马克隆值 3.8，反射率 75.4%，黄度 7，纺纱均匀性指数 112.4。

抗病性　2004 年经新疆维吾尔自治区植保站按全国统一病情指数标准分别在南北疆棉花枯黄萎病圃进行抗病性鉴定，新彩棉 6 号在花铃期被鉴定为高抗枯萎、耐黄萎病（枯萎病发病率为 0，病指 0；黄萎病发病率为 37.0%，病指为 20.3）。

适应性　适宜南北疆早中熟宜棉区推广种植。

6. 新彩棉 9 号（彩杂 –1）

品种来源　天然彩色杂交棉组合彩杂 –1 系于 1998 年利用棉花三系配套技术，以白棉 H 型雄性不育系为母本，以彩棉新品系彩 174 为父本，进行杂交，连续 7 代回交，转育出彩色棉雄性不育系 6H，再与海岛棉型恢复系海 R1535 配成杂交组合，选育出新疆第一个彩色杂交棉优势组合彩杂 –1。2006 年 2 月 13 日，经新疆维吾尔自治区农作物品种审定委员会审定通过并命名为新彩棉 9 号。

特征特性　生育期 126 d，属早熟陆地棉类型。Ⅲ型果枝，株型筒形，第一果枝着生节位为第 4 节，主茎粗壮，株型较松散。单株结铃性强，为对照新彩棉 1 号的 175.9%，铃重 4.52 g，衣分 31.29%，籽指 12.58 g。吐絮早，畅而集中，霜前花率 97.46%。整个生育期生长势较强。

产量表现　该品种丰产性、稳产性突出。2004—2005年新疆维吾尔自治区区试中，每公顷籽棉、皮棉、霜前皮棉分别为4 653.45 kg、1 455.3 kg、1 320.75 kg，分别比对照新彩棉1号增产133.66%、125.35%、129.03%。

纤维品质　经农业部棉花品质监督检验测试中心2004—2005年两年测定：纤维上半部平均长度30.66 mm，比强度33.94 cN/tex，马克隆值3.57，整齐度84.03%，伸长率7.76%。

抗病性　经新疆维吾尔自治区植保站按全国统一病情指数标准分别在南、北疆棉花枯萎病和黄萎病病圃进行抗病性鉴定，彩杂−1在发病高峰期对枯萎病免疫。对黄萎病病情指数为29.5，表现为耐病。

适应性　是目前彩色棉品种中产量较高、品质较优的彩色杂交棉品种。适宜在新疆南疆、北疆棉区种植。

7. 新彩棉19号（原代号棕643）

品种来源　新彩棉19号（原代号棕643）是由中国彩棉（集团）股份有限公司于2002年以早熟高产的白棉S543为母本，选用优良棕色棉品种新彩棉1号为父本配成杂交组合，对其后代分离群体经过多次南繁北育、定向选择与自交纯合选育而成的早熟、高产、优质的棕色棉新品种。经2008—2009年连续两年的新疆维吾尔自治区彩色棉品种区域试验及2010年彩色棉品种生产试验，于2011年7月经新疆农作物品种审定委员会审定通过，并命名为新彩棉19号（审定编号：新审棉2011年52号）。

特征特性　生育期128 d左右，属早熟陆地型彩色棉。植株较紧凑，塔形，主茎粗壮，Ⅱ型果枝。叶片中等大小，叶色深绿，缺刻较深，发叶量适中。花冠较大，棉铃卵圆形。生长势稳健，第一果枝着生节位5.5节，平均果枝数为7.13个，吐絮畅；单株结铃5.36个，铃重5.33 g，籽指10.57 g，霜前花率95.53%，衣分37.16%。

产量表现　2008—2009年新疆维吾尔自治区彩色棉品种区域试验表明，两年平均籽棉产量、皮棉产量、霜前皮棉产量分别为4 372.35 kg/hm²、1 642.65 kg/hm²和1 563.15 kg/hm²，分别为对照新彩棉15号的99.48%、105.24%和105.08%。2010年生产试验平均籽棉产量、皮棉产量、霜前皮棉分别为3 753.15 kg/hm²、1 383 kg/hm²和1 184.25 kg/hm²，分别为对照新彩棉17号的115.46%、115.11%和106.19%，增产优势显著。

纤维品质　经农业部棉花纤维品质监督检验测试中心2008—2009年区域试

验及 2010 年生产试验连续 3 年的测试结果,纤维上半部平均长度 29.55 mm,整齐度 83.79%,比强度 30.1 cN/tex,伸长率 6.46%,马克隆值 4.01。

抗病性　2008 年经新疆维吾尔自治区植物保护站按全国统一病情指数分别在南疆和北疆枯萎病、黄萎病病圃进行了抗病性鉴定,鉴定结果为耐枯萎病。

适应性　该品种适宜于在新疆南、北疆早熟棉区无黄萎病或轻病区种植。2012—2015 年累计推广种植 61 000 hm²。